普通高等教育食品科学与工程类“十二五”规划教材

食品添加剂

高彦祥　主编

中国林业出版社

内容简介

根据我国《食品安全国家标准　食品添加剂使用标准》(GB 2760—2011)、《食品安全国家标准　食品营养强化剂使用标准》（GB 14880—2012）及卫生部发布的食品添加剂增补公告（截至 2012 年 6 月 30 日），本书简述了我国食品添加剂的定义、分类、安全性评价及最新法律、法规知识；全面系统地介绍了主要食品添加剂的理化性质、作用机理，重点阐述了食品添加剂使用方法及其注意事项，在食品加工过程中应用技术与发展趋势；根据 FAO/WHO 联合食品添加剂专家委员会（JECFA）的技术报告（截至 2011 年第 966 卷）及国内外最新发表的文献资料，扼要介绍了食品添加剂的安全性，并通过案例分析对食品添加剂的安全使用、非食用物质添加与滥用食品添加剂的危害性及其造成的食品安全隐患进行了阐释。

本书可作为食品科学与工程类相关专业的教学用书与食品技术及管理人员的参考用书。

图书在版编目（CIP）数据

食品添加剂/高彦祥主编. —北京：中国林业出版社，2013. 8
普通高等教育食品科学与工程类“十二五”规划教材
ISBN 978-7-5038-7146-7

Ⅰ. ①食…　Ⅱ. ①高…　Ⅲ. ①食品添加剂 – 高等学校 – 教材　Ⅳ. ①TS202. 3

中国版本图书馆 CIP 数据核字（2013）第 181841 号

中国林业出版社·教材出版中心

责任编辑： 高红岩
电话： 83221489　83220109　　**传真：** 83220109

出版发行　中国林业出版社(100009　北京市西城区德内大街刘海胡同 7 号)
E-mail:jiaocaipublic@ 163. com　电话:(010)83224477
http://lycb. forestry. gov. cn
经　　销　新华书店
印　　刷　北京宝昌彩色印刷有限公司
版　　次　2013 年 8 月第 1 版
印　　次　2013 年 8 月第 1 次印刷
开　　本　850mm × 1168mm　1/16
印　　张　23. 5
字　　数　570 千字
定　　价　44. 00 元

《食品添加剂》编写人员

主　编　高彦祥

副主编　袁　芳　许洪高　白卫东　刘钟栋

编　者　（按拼音排序）

白卫东（仲恺农业工程学院）
樊　蕊（中国农业大学）
高彦祥（中国农业大学）
侯占群（中国农业大学）
刘　蕾（中国农业大学）
刘　璇（中国农业大学）
刘钟栋（河南工业大学）
徐　响（中国农业大学）
许朵霞（中国农业大学）
许洪高（中国农业大学）
闫秋丽（中国农业大学）
杨　伟（中国农业大学）
袁　芳（中国农业大学）

前言

食品添加剂作为食品的重要组成成分，在改善食品的色、香、味、形，提高食品品质和食品营养价值，延长食品货架期，改进食品生产工艺，提高生产率等方面发挥着巨大作用。许多食品工业新技术和新产品开发均与食品添加剂的科学合理使用紧密相关，食品添加剂已成为食品工业科技创新的重要基础。

民以食为天，食以安为先，食品安全关系国计民生，已成为全社会高度关注的焦点。随着食品相关领域认知水平的提高，影响食品安全的风险因素不断被认知，党中央、国务院将食品安全上升到国家安全的高度。近年来，“大头娃娃”“毒火腿”“毒海带”“三聚氰胺”“瘦肉精”“塑化剂”等食品安全事件的发生让消费者对食品添加剂，特别是食品色素、防腐剂等，产生强烈的抵触情绪。但上述食品安全事件均与食品添加剂无关，为不法分子在食品中添加了非食用物质。相反，合理使用食品添加剂不仅不会危害食品安全，反而能为食品安全发挥保驾护航的作用。但是，由于食品工业准入条件的不完善，不法商贩逐利及侥幸心理的驱使，近年来也出现了“染色馒头”“人造红枣”“万能牛肉膏”等食品安全事件，食品添加剂的“无原则使用”“盲目添加”和“违规使用”等问题导致了人们对食品添加剂的困惑和恐惧，将食品添加剂视为食品安全隐患的罪魁祸首。舆论媒体正确宣传、消费者科学认识和食品企业规范使用食品添加剂，消除社会对食品添加剂的误解，营造有利于食品添加剂科学发展的社会环境，已成为行业共识。

随着《食品安全国家标准管理办法》的实施，《食品安全国家标准　食品添加剂使用标准》（GB 2760—2011）、《食品安全国家标准　食品营养强化剂使用标准》（GB 14880—2012）已相继发布。为了让我国高等院校食品相关专业师生及食品生产技术管理人员了解新版GB 2760、GB 14880 的变化及我国允许使用食品添加剂的性能和特点，安全使用食品添加剂，笔者组织部分高等院校教师编写了《食品添加剂》一书。

《食品添加剂》根据食品相关专业培养目标和要求，紧密结合新版 GB 2760、GB 14880，以学生应获得的知识和能力的培养与提高为核心确立本书的知识组成，确定不同篇章的学习目标和学习内容。本书突出基础理论与实际应用相结合，旨在加深学生对食品添加剂的理解。

“食品添加剂”是食品相关专业的一门专业基础课，本书结合食品添加剂课程的自身特性及食品添加剂的功能类别，除介绍各类添加剂的基础知识外，详细介绍了我国食品添加剂的使用方法及其注意事项、应用技术与发展趋势。本书通过案例分析阐释了食品添加剂的监管和安全使用的重要性、非食用物质添加与滥用食品添加剂的危害性及其造成的食品安全隐患。书中未列举全部食品添加剂，仅将食品中常用的食品添加剂进行了介绍，未尽食品添加剂内容，读者可参考其他相关书籍和手册。

本书分为绪论、防腐保鲜类、调色护色类、调味增香类、质构改良类与其他食品添加剂共 6 篇 17 章，其中，第 1 篇及附录由中国农业大学高彦祥、许洪高负责编写；第 2 篇由中国农业大学高彦祥、杨伟、徐响负责编写；第3篇由中国农业大学许洪高、闫秋丽、刘蕾负责编写；第4篇由仲恺农业工程学院白卫东、中国农业大学许洪高负责编写，第5篇由河南工业大学刘钟栋、中国农业大学侯占群、杨伟、许朵霞负责编写；第6篇由中国农业大学袁芳、樊蕊、刘璇负责编写。中国农业大学高彦祥主持全书的编写、统稿和审定工作，中国农业大学许洪高承担了各类稿件的编录、汇总、校对和整理工作。在此特别感谢各位编者的密切配合，同时感谢中国林业出版社高红岩对本书最终出版所做之努力。

尽管主要编写人员具有多年从事食品添加剂教学科研工作经验，但个人能力和专业水平有限，难免书中出现错误和不妥之处，敬请读者批评赐教。

高彦祥

2013年1月于中国农业大学

目录

前言

第1篇 绪论

第3篇　调色、护色类食品添加剂

第4篇 调味增香类食品添加剂

第5篇 质构改良类食品添加剂

第1篇

绪　论

第 1 章

食品添加剂简介

学习目标

掌握食品添加剂的定义、分类及其在食品工业中的地位和作用，了解食品添加剂的现状及发展趋势。

无论是工业化食品加工，还是现代餐饮业的菜肴制作，均在自觉或不自觉地使用着调味剂、焦糖色等食品添加剂(food additives)，食品添加剂已经成为现代食品加工不可或缺的成分，它们对改善食品的色、香、味、形，以及对食品或食品原料的保鲜、提高食品的营养价值、开发食品加工新工艺等方面均发挥着十分重要的作用。

普通食品可能含有一种到几种食品添加剂，如：食用植物油、方便面含有抗氧化剂；豆腐含有凝固剂；酱油含有着色剂、防腐剂；巧克力含有增稠剂、着色剂；饮料含有增稠剂、着色剂、香精等。据统计，国际上使用的食品添加剂有 14 000 余种(包括非直接使用的)，其中直接使用的有 5 000 余种，常用的有 2 000 种左右。截至 2012 年 6 月 30 日，我国《食品安全国家标准　食品添加剂使用标准》(GB 2760—2011)和《食品安全国家标准　食品营养强化剂使用标准》(GB 14880—2012)及后续卫生部发布的增补公告(附录)批准使用的食品添加剂约有 2 563 种，食品添加剂的品种之多、应用范围之广，需要进行系统地认知和了解，才能实现科学、安全、高效地使用。

1.1　食品添加剂定义、分类与编码系统

1.1.1　食品添加剂定义

什么是食品添加剂？世界各国对食品添加剂的定义不尽相同，所规定的添加剂种类亦有区别。

我国《食品安全国家标准　食品添加剂使用标准》(GB 2760—2011)将食品添加剂定义为：“为改善食品品质和色、香、味，以及为防腐、保鲜和加工工艺的需要而加入食品中的人工合成或者天然物质。营养强化剂、食品用香料、胶基糖果中基础剂物质、食品工业用加

工助剂也包括在内。”我国台湾省规定：“食品添加剂是指食品的制造、加工、调配、包装、运输、贮存等过程中用以着色、调味、防腐、漂白、乳化、增香、稳定品质、促进发酵、增加稠度、强化营养、防止氧化或其他用途而添加于食品或与食品接触的物质。”

日本《食品卫生法》(2005 修订版)规定：“生产食品的过程中，或者为生产或保存食品，用添加、混合、浸润/渗透等方法在食品内或食品外使用的物质称为食品添加剂”。

美国食品和药品管理法规第 201 款规定：食品添加剂是指在食品生产、制造、包装、加工、制备、处理、装箱、运输或贮藏过程中使用的、直接或间接地变成食品的一种成分或影响食品性状的任何一种物质，也包括达到上述目的，在生产、制造、包装、加工、制备、处理、装箱、运输或贮藏过程中所使用的辐照源。在其应用条件下，该物质经科学程序评估安全，但未经过“公认安全”评估。食品添加剂不包括：①农药残留；②农药；③着色剂；④根据 21 U. S. C 451、34 Stat. 1260、21 U. S. C. 71 及增补法案使用的物质；⑤新兽药；⑥维生素、矿物质、中草药、氨基酸等膳食补充剂。美国将食品添加剂分为直接食品添加剂和间接食品添加剂两大类，直接食品添加剂指直接加入到食品中的物质；间接食品添加剂指包装材料或其他与食品接触的物质，在合理的预期下，转移到食品中的物质。根据该定义，食品配料亦是食品添加剂的一部分，这是美国与大多数国家对食品添加剂定义的不同之处。

欧盟食品添加剂法规(No 1333/2008)中将食品添加剂定义为：不作为食品消费的任何物质及不作为食品特征组分的物质，无论其是否具有营养价值。添加食品添加剂于食品中是为了达到生产加工、制造、处理、包装、运输、贮藏等技术要求，食品添加剂(或其副产品)在可以预期的结果中直接或间接地成为食品的一种组分。但食品添加剂不包括下列物质：①因甜味特性而被消费的单糖、双糖、低聚糖及含有这些物质的食品；②因香气、滋味、营养特性及着色作用而添加的食品预混料(compound foods)，这些食品预混料在生产过程中已经添加了香精；③应用于包装材料的物质，其并不能成为食品的组分，且不与食品同时被消费；④含有果胶的产品及干苹果渣、柑橘属水果皮或番木瓜/榅桲(quinces)皮及其混合物通过稀酸水解，再用钠盐或钾盐进行部分中和得到的湿果胶产品；⑤胶基糖果中基础剂物质；⑥白糊精或黄糊精、预糊化淀粉、酸或碱处理淀粉、漂白淀粉、物理改性淀粉和淀粉分解酶(amylolytic enzymes)处理的淀粉；⑦氯化铵；⑧血浆、可食用胶、蛋白水解物及其盐、牛乳蛋白及谷蛋白(gluten)；⑨没有加工功能的氨基酸及其盐，但不包括谷氨酸、甘氨酸、半胱氨酸、胱氨酸及其盐；⑩酪蛋白及其盐；⑪菊粉。

联合国粮农组织(FAO)和世界卫生组织(WHO)联合组成的食品法典委员会(CAC)的《食品添加剂通用法典标准》(Codex Stan 192—1995，2010 修订版)规定：“食品添加剂指其本身通常不作为食品消费，不用作食品中常见的配料物质，无论其是否具有营养价值。在食品中添加该物质的原因是出于生产、加工、制造、处理、包装、装箱、运输或贮藏等食品的工艺需求(包括感官)，或者期望它或其副产品(直接或间接地)成为食品的一种成分，或影响食品的特性。该术语不包括污染物，或为了保持或提高营养质量而添加的物质”。这里的污染物指“凡非故意加入食品中，而是在生产、制造、处理、加工、充填、包装、运输和贮存等过程中带入食品中的任何物质”。

食品添加剂与食品配料并不是同一概念，食品配料是指在制造或加工食品时使用并存在(包括以改性形式存在)于最终产品中的任何物质，包括主料、辅料及添加剂。主料是指加工食品时使用量较大的一种或多种物料；辅料是指加工食品时使用的一种或多种物料，与主料相比其相对用量很小，其主要作用是辅助食品加工，与食品添加剂相比其相对用量较大，但不列入添加剂管理范畴，如淀粉、蔗糖、食盐以及香辛料、佐料等调味品。而食品添加剂的使用品种、应用范围以及最大使用量均有严格的限制与要求，食品添加剂与食品主料和辅料完全不同。

1.1.2 食品添加剂分类

食品添加剂按其来源可分为天然的与化学合成的食品添加剂两大类，目前使用最多的是化学合成食品添加剂。天然食品添加剂是利用动物、植物或微生物代谢产物等为原料，经提取、分离或纯化所得的天然物质。而化学合成食品添加剂通过化学手段，使元素或化合物发生包括氧化、还原、缩合、聚合、成盐等反应所制备的物质。从安全性、成本和方便性等方面考虑，天然食品添加剂具有安全性高等优点，而化学合成食品添加剂具有价格低廉、使用运输保藏方便等优点。

由于各国对食品添加剂定义的差异，食品添加剂的分类亦有区别（表 1-1）。我国 GB 2760—2011 根据功能将食品添加剂分为 23 类。而联合国 FAO/WHO 食品添加剂和污染物法规委员会（CCFAC）在 1989 年制定的《食品添加剂类别名称和国际编码系统》（Codex Class Names and the International Numbering System for Food Additives，CAC/GL 36—1989）中按用途将食品添加剂分为 23 类，在 2008 年 7 月召开的第 31 届会议上通过了修订版，将食品添加剂分为 27 类。除不含我国规定的酶制剂、营养强化剂和香料外，其他 20 类均包括，此外还有碳酸充气剂、载体、填充剂、乳化盐、固化剂、发泡剂、包装用气和推进剂几大类。美国联邦法规（21 CFR §170.3）将食品添加剂分为 32 类。日本按照使用习惯和管理要求，将食品添加剂划分为指定添加剂、既存添加剂、天然香料和既是食品又是食品添加剂物质，其中指定添加剂分为 27 类。欧盟在 2008 年新颁布的食品添加剂法规（No 1333/2008）中将食品添加剂分为 26 类。

表 1-1 不同国家和组织对食品添加剂的分类

序号	中国	日本	美国	欧盟	FAO/WHO
01	酸度调节剂	酸度调节剂	pH 调节剂	酸 酸度调节剂	酸度调节剂
02	抗结剂	抗结剂	抗结剂与自由流动剂	抗结剂	抗结剂
03	消泡剂	消泡剂	—	消泡剂	消泡剂
04	抗氧化剂	抗氧化剂	抗氧化剂	抗氧化剂	抗氧化剂
05	漂白剂	漂白剂	—	—	漂白剂
06	膨松剂	膨胀剂	膨松剂	膨松剂	膨松剂
07	胶基糖果中基础剂物质	胶基糖果基础剂	—	—	—
08	着色剂	食用色素 助色剂	着色剂和助色剂	着色剂	食用色素
09	护色剂	护色剂	—	—	护色剂

（续）

序号	中国	日本	美国	欧盟	FAO/WHO
10	乳化剂	乳化剂	乳化剂和乳化盐	乳化剂 乳化盐	乳化剂 乳化盐
11	酶制剂	—	酶类	—	—
12	增味剂	调味料	增味剂	增味剂	增味剂
13	面粉处理剂	面粉处理剂	面粉处理剂	面粉处理剂	面粉处理剂
14	被膜剂	被膜剂	—	—	—
15	水分保持剂	水分保持剂	水分保持剂	水分保持剂	水分保持剂
16	营养强化剂	膳食增补剂	营养增补剂	—	—
17	防腐剂	防腐剂	抗微生物剂	防腐剂	防腐剂
18	稳定剂和凝固剂	—	固化剂	稳定剂 固化剂	稳定剂 固化剂
19	甜味剂	非营养型甜味剂	非营养型甜味剂 营养型甜味剂	甜味剂	甜味剂
20	增稠剂	增稠剂或稳定剂	稳定剂和增稠剂	增稠剂	增稠剂
21	食品用香料	食用香料	香味料及其辅料	—	—
22	食品工业用加工助剂	—	加工助剂	—	—
23	其他	—	螯合剂	螯合剂	螯合剂
		—	推进剂、充气剂和气体	包装用气 推进剂	包装用气 碳酸充气剂 推进剂
		—	表面光亮剂	上光剂	上光剂
		杀虫剂	熏蒸剂	—	—
		防粘剂	润滑和脱模剂	—	—
		溶剂或萃取剂	溶剂和助溶剂	—	—
		品质保持剂	氧化剂和还原剂	胶凝剂	胶凝剂
		消毒剂	干燥剂	—	—
		防霉剂	表面活性剂	膨胀剂	膨胀剂
		其他（包括：吸附剂、酿造剂、发酵调节剂、助滤剂、加工助剂、品质改良剂）	成型助剂	发泡剂	发泡剂
			增效剂	载体	载体
			质构或组织形成剂	改性淀粉	—
			腌制和酸渍剂	—	—
			面团增强剂	—	—

1.1.3 食品添加剂编码系统

为了便于食品添加剂的查找和应用，一般对食品添加剂进行编码。各国及国际组织对食品添加剂有不同的编码系统。但各编码系统均具有开放的特点，以便食品添加剂的增补和删减。

FAO/WHO 下属 CAC 在 1989 年为替代复杂冗长的食品添加剂名称、协调食品添加剂命名系统而创立了食品添加剂国际编码系统(International Numbering System for Food Additives，INS 系统)，必须指出的是，纳入 INS 系统的部分化学物质可能并没有通过食品添加剂联合专家委员会(JECFA)的评估。INS 系统不包括食品用香料、胶基糖果中基础剂物质、膳食增补剂及营养强化剂等几类添加剂的编码。作为食品添加剂发挥功能的酶制剂已经纳入到 INS 系统的 1100 系列中。INS 编码通常由 3 ~4 位数字组成，如 100 为姜黄、1001 为胆碱盐及其酯类。实际上，一个号码并不指代唯一的一种食品添加剂，可能指代一类相似的化合物，并通过字母后缀和括起来的小写罗马数字后缀进行区分。如焦糖色有 150a、150b、150c、150d 4 种，均表示具有相同色调、编号为 150 的食品褐色素，后缀字母 a、b、c、d 表示按照不同加工方法获得的不同焦糖色产品；此外，姜黄素的 INS 码为 100(i)，姜黄的 INS 码为 100(ii)，均表示具有相似功能、编号为 100 的食品黄色素，后面的(i)、(ii)等括起来的小写罗马数字表示该添加剂符合不同的产品标准。根据食品添加剂编码范围可以将添加剂进行归类，其中 100 ~ 199 为色素；200 ~ 299 为防腐剂；300 ~ 399 为抗氧化剂和酸度调节剂；400 ~499 为增稠剂、稳定剂和乳化剂；500 ~ 599 为酸度调节剂和抗结剂；600 ~ 699 为增味剂；700 ~899 为饲料添加剂；900 ~ 999 为被膜剂、气体、甜味剂等；1000 ~ 1999 为其他添加剂(表 1-2)。在构建 INS 系统之初已经对相似功能的食品添加剂进行了归类处理，但由于食品添加剂编码系统的开放性及食品添加剂品种不断增补，几乎每一个三位数字均对应于一种添加剂，因此，食品添加剂在 INS 系统中的位置已经不再被认为是与原先既定的功能目的相对应。

表 1-2 CAC 食品添加剂编码系统(INS 系统)

100 ~ 199 色素	100 ~ 109 黄色	300 ~ 399 抗氧化剂和酸度调节剂	300 ~ 305 抗坏血酸盐
	110 ~ 119 橙色		306 ~ 309 生育酚
	120 ~ 129 红色		310 ~ 319 没食子酸盐和异抗坏血酸盐
	130 ~ 139 蓝色和紫色		320 ~ 329 BHA、BHT 乳酸盐
	140 ~ 149 绿色		330 ~ 339 柠檬酸盐和酒石酸盐
	150 ~ 159 褐色和黑色		340 ~ 349 磷酸及正磷酸盐
	160 ~ 199 其他		350 ~ 359 柠檬酸盐、苹果酸盐和己二酸盐
200 ~ 299 防腐剂	200 ~ 209 山梨酸盐		360 ~ 369 丁二酸盐及富马酸盐
	210 ~ 219 苯甲酸盐		370 ~ 399 其他
	220 ~ 229 亚硫酸盐	400 ~ 499 增稠剂，稳定剂和乳化剂	400 ~ 409 海藻酸盐
	230 ~ 239 联苯酚、生物防腐剂和甲酸盐		410 ~ 419 天然胶类
	240 ~ 259 硝酸盐		420 ~ 429 糖醇及其他天然物质
	260 ~ 269 乙酸盐		430 ~ 439 聚氧乙烯类
	270 ~ 279 乳酸盐		440 ~ 449 天然乳化剂
	280 ~ 289 丙酸盐		450 ~ 459 多磷酸盐
	290 ~ 299 其他		460 ~ 469 环糊精及纤维素类

（续）

400～499 增稠剂，稳定剂和乳化剂	470～489 脂肪酸及其衍生物	700～899	饲料添加剂
	490～499 其他	900～999 其他	900～909 蜡类及矿物油
500～599 酸度调节剂及抗结剂	500～505 碳酸盐		910～915 合成上光剂
	507～523 氯化物及硫酸盐		916～930 膨松剂
	524～528 碱		940～949 包装用气
	529～549 碱金属化合物		950～969 甜味剂
	550～560 硅酸盐		990～999 起泡剂
	570～580 硬脂酸盐及葡萄糖酸盐	1000～1999 其他添加剂	1000～1399 其他添加剂
	585～599 其他		1400～1499 淀粉衍生物
600～699 增味剂	620～629 谷氨酸盐		1500～1999 其他添加剂
	630～635 肌苷酸盐		
	640～649 其他		

我国拥有自己的食品添加剂编码系统，即中国编码系统（Chinese Numbering System for Food Additives，CNS 系统）。我国食品添加剂的编码，由食品添加剂的主要功能类别代码和在本功能类别中的顺序号组成，以 5 位数字表示，前两位数字码为类别标识，小数点后三位数字表示在该类别中的编号代码。如阿拉伯胶的我国编码（CNS 号）为 20.008，表示阿拉伯胶归属第 20 类——增稠剂类，顺序号为 008，表示阿拉伯胶是序列号为第 8 号的食品增稠剂。但我国的食品添加剂编码系统并不涵盖 GB 2760—2011 附录 B、附录 C 及附录 D 中所列的食品添加剂。因为附录 B 食品用香料并不要求在最终食品的外标签上进行标示，所以其编码自成体系，这将在本书第四篇单独介绍。此外，附录 C 为食品工业用加工助剂，一般应在制成最后成品之前除去，所以也未列入 CNS 编码系统，而附录 D 胶基糖果中的基础剂物质未列入 CNS 编码系统，这与国际通用编码系统相符。GB 2760—2011 中所包含的食品添加剂如禁止使用，其代码废除，新增加允许使用的食品添加剂在相应的类别内顺序后排。过氧化苯甲酰和过氧化钙已于 2011 年 5 月 1 日起禁止使用，它们的 CNS 编号 13.001 和 13.007 也在 GB 2760—2011 中删除。

欧盟编码系统（E numbers）采用食品添加剂国际编码系统（INS 系统），但仅包括被欧盟批准使用的食品添加剂。每一种添加剂编码前有前缀 E 字母，意即欧洲。与 INS 相似，在 E 编码系统中，为区别相似物质，部分添加编码后面会后缀小写罗马数字或字母。如卡拉胶的编码有 E407（卡拉胶）和 E407a（精制卡拉胶），二磷酸盐的编号有 E450 i～E450 vii 等。

1.2 食品添加剂地位与作用

自从史前时代，化学物质已经被添加到食物里，随着食物被加工成各种食品，食品添加剂的使用种类和数量逐渐增多，食品加工技术的发展也增加了添加剂的种类及其使用。目前，逾 2 500 种添加剂应用到不同食品中，虽然这些添加剂得到了普遍认可，但也引起诸多争议。

1.2.1 食品添加剂在食品工业中的地位

食品添加剂行业是我国食品工业的重要组成部分，是食品工业创新发展的基础，食品添加剂与食品工业之间是相互促进的关系。

(1)没有食品添加剂就没有现代食品工业

应用食品添加剂改善了食品的色、香、味，保持或提高了食品的品质，强化了食品的营养，延长了食品的货架期，改进了食品生产工艺，提高了劳动生产率等，为食品工业发展发挥了保驾护航的作用。我国食品添加剂的管理和法规标准方面与国际接轨程度较高，与大多数国家一样，对于食品添加剂的品种、生产、使用等方面均有严格的规定。目前，我国已批准使用的食品添加剂2 400余种，广泛应用到加工食品中，几乎所有的食品工业产品均使用食品添加剂。因此，没有食品添加剂就没有现代食品工业。

(2)食品添加剂是食品工业的灵魂

随着食品工业的发展，食品添加剂的使用范围越来越广泛，世界上食品工业越先进的国家允许使用的食品添加剂品种就越多，使用范围就越广。近年来，食品添加剂在食品工业科技创新方面的作用越来越明显，许多食品工业新技术和新产品均与食品添加剂的开发使用有关，食品添加剂发展成为了食品工业科技创新的重要源头。在实际生产中，食品新产品特色的体现大多均是通过食品添加剂科学使用实现的。随着食品工业不断发展，食品添加剂已经成为了食品工业的灵魂。

(3)食品添加剂为食品安全保驾护航

国际上对食品添加剂的管理非常严格规范，我国对于食品添加剂的管理首先考虑的就是安全性，任何一种食品添加剂都是经过严格科学实验和安全评价才被批准使用的，每一个品种的使用范围和使用量均有严格的规范标准。只有经过国家批准允许使用的才能称为食品添加剂。曾在社会上造成极大影响的食品安全事件中出现的一些物质，均是不法分子在食品中违法添加的非食用物质，并不是合法的食品添加剂。这些食品安全事件没有一件与食品添加剂本身有关。相反，科学地使用食品添加不仅不会危害食品安全，反而保证了食品安全。长期以来食品添加剂一直为食品安全发挥着保驾护航作用。

①使用食品添加剂保障了食品安全　在食品安全中，对食品危害最大是“食源性污染”，主要是微生物的污染和食物的氧化变质。加工食品均需要有一定时间的保质期，保持食品的新鲜和防止污染是必不可少的，食品防腐剂和抗氧化剂发挥了极为重要的作用。同样，我国对于防止食品污染、变质，允许添加的食品添加剂均有使用范围和使用量的严格规定。因此，正确使用食品添加剂不会危害食品安全，而是最大限度地保证了食品安全。

②使用食品添加剂可以有效防止非食用物质的违法使用　随着生活水平的提高，消费者要求食品既要满足营养、安全的需要，同时也要满足感官的需求，一些不法分子利用人们的消费心理采用各种违法手段制假、贩假，在食品中违法添加非食用物质，达到欺骗消费者的目的，从中非法牟利，给食品安全造成了极大危害。食品添加剂本身也是为了满足人们对食品品质、感官、安全的要求，按标准使用食品添加剂既可以满足食品加工的需要，也可以满足人们的消费心理，同时保证食品安全。所以，正确宣传、科学认识和规范使用食品添加剂，就能够制止违法添加非食用物质的行为。

(4)发展食品添加剂行业是包容性增长和可持续发展的重要体现

①食品添加剂行业的发展带动了农村经济的发展，为解决城乡“二元经济”和缩小城乡差别发挥了重要作用　食品添加剂行业总产量80%以上的原料均是农副产品，食品添加剂本身也是农副产品深加工必须使用的原料，它的生产和使用提高了农副产品的附加值，促进了食品工业的发展，直接带动了农民增收。

②使用食品添加剂可以改变传统生产工艺，减少污染，节约资源，节约土地，优化自然环境　如高倍甜味剂三氯蔗糖的生产原料是蔗糖，每吨三氯蔗糖仅消耗4t蔗糖，而甜度是蔗糖的600倍。我国的耕地已经非常紧张，不可能再扩大甘蔗的种植面积，而糖类消费将进入一个快速增长期，解决不好供需矛盾将会影响整个食品工业的发展和人们的日常生活。使用安全、低热量、口感好的高倍甜味剂已成为国内外重要发展趋势，还将极大地节约土地资源，从而推动消费方式和经济发展模式的转变。

1.2.2　食品添加剂在食品工业中的作用

食品工业离不开食品添加剂，日常生活亦离不开食品添加剂。食品添加剂对食品工业发展和人民生活水平提高的影响面之广、力度之大主要源于食品添加剂具有以下重要作用。

(1)提高食品安全性与营养价值

毋庸置疑的是，在食品中添加防腐剂和营养强化剂可以提高食品的安全性和营养价值。防腐剂的使用可以避免食品受到微生物的污染。抗氧化剂，如丁基羟基茴香醚(BHA)、二丁基羟基甲苯(BHT)、没食子酸丙酯(PG)、维生素E等，不仅能够有效阻止由氧化引起的食品酸败，而且还能减少因氧化而产生的各种不利影响，如肉及肉制品的褪色、水果和蔬菜的褐变等。

根据统计数据，以我国水果产量损失为例，每年平均损失达3 000万吨，占总产量的20%，按1.0元/千克计算，直接经济损失高达300亿元人民币，蔬菜的采后损失亦十分惊人，若再考虑因果蔬风味、质量等造成的损失，其损失超过千亿。大部分加工食品营养丰富，微生物极易生长繁殖，自然状态下食品很快变质而失去食用价值，有些微生物在生长繁殖过程中还会产生有毒有害的代谢产物而引发食物中毒。选择合适的食品添加剂，如保鲜剂、抗氧化剂等，可以有效延长果蔬、食品的保质期，同时通过抑制微生物的生长繁殖和有害物质的产生防止食物中毒，提高食品的安全性。此外，延长食品保质期可方便长途运输，调节市场供给。

(2)改善食品感官品质，使食品易于被消费者接受

食品感官品质包括色、香、味、形态和质构等，是衡量食品质量的重要指标，在很大程度上影响着人们对食品的喜好程度和消费欲望。然而，很多天然产品的色泽、口感和质地因生产季节、产地、年份的不同而存在较大差异，并且在加工和贮藏过程中发生明显变化，使用色素、香料、乳化剂、增稠剂等，可以保持食品感官品质的一致性，掩盖不良风味，提高食品的感官品质和可接受性。

(3)有利于食品加工操作，适应生产的机械化和连续化

如在制糖过程中添加乳化剂可缩短糖膏煮炼时间，消除泡沫，使晶粒分散均匀，提高过饱和溶液的稳定性，降低糖膏黏度，提高热交换系数，稳定糖膏质量；使用葡萄糖酸-δ-

内酯作为豆腐凝固剂，有利于豆腐的机械化、连续化生产；果蔬汁生产过程中添加酶制剂，可以提高出汁率、缩短澄清时间、有利于过滤。

(4) 保持或提高食品的营养价值

营养丰富的食品在加工过程中不可避免地存在营养损失，选择合适的食品添加剂既可以减少其营养损失，还可以提高其营养价值。如在肉制品加工过程中添加磷酸盐，在提高原料肉持水性的同时避免了水溶性营养物质的流失；在某些食品中适当地添加属于营养素范围的食品营养强化剂，如在食盐中强化碘、酱油中强化铁、谷物中添加赖氨酸可显著提高食品营养价值，这对促进营养平衡、防止营养不良，提高人群健康水平具有重要意义。

(5) 满足不同人群的饮食需要

不同人群由于年龄、职业、身体状况等因素的差异对食品、营养的需求各不相同，食品添加剂的使用可以满足不同人群的饮食需求。例如，含低热量甜味剂的食品可满足肥胖人群和糖尿病患者的需要，添加膳食纤维的食品有益于消费者肠道功能的改善，而富含 DHA 的食品则非常适合儿童脑发育的生理需求。

(6) 丰富食品种类，提高食品方便性

目前，多数超市提供上万种食品，提供消费者更大的选择空间。食品添加剂促进了方便食品、休闲食品、低能量食品、健康食品、功能食品、新资源食品的开发。对于方便食品，添加剂使这些食品可以提前烹饪好，并且保持风味、质构、营养价值。尽管这些食品中有一些产品可以通过新型包装来增加方便性，但大多数产品还是普遍使用防腐剂和增稠剂。据估计，使用抗氧化剂的谷物产品的货架期可延长一倍。

(7) 提高原料利用率，节省能源

很多食品添加剂使原来被认为只能丢弃的物质重新得到利用，如在果汁生产过程产生的果渣通过使用某些添加剂成为果酱原料，还可以从中提取色素等物质再利用；橙皮渣中加入果胶酶、纤维素酶，通过现代化工艺可以生产饮料混浊剂；生产豆腐的副产品豆渣通过加入合适的添加剂可以制成可口的膨化食品。

(8) 降低食品的生产成本

尽管没有研究表明使用食品添加剂可以降低食品的成本，但许多加工食品如果完全不用添加剂而想获得同样品质就会使成本增加，例如，使用高倍甜味剂代替蔗糖，既可降低食品成本，又可使食品满足肥胖症、糖尿病和龋齿等人群的需要。

综上所述，食品添加剂具有诸多功能，已经成为食品工业不可或缺的一部分。毋庸置疑，食品添加剂使人类的食品变得丰富多彩。

1.2.3　食品添加剂使用原则

食品添加剂的使用前提：①保持或提高食品本身的营养价值；②作为某些特殊膳食用食品的必要配料或成分；③提高食品的质量和稳定性，改进其感官特性；④便于食品的生产、加工、包装、运输或者贮藏。

食品添加剂的使用应该遵守以下原则：①不应对人体产生任何健康危害；②不应掩盖食品腐败变质；③不应掩盖食品本身或加工过程中的质量缺陷或以掺杂、掺假、伪造为目的而使用食品添加剂；④不应降低食品本身的营养价值；⑤在达到预期目的前提下尽可能降低在食品中的使用量。

按照《食品添加剂使用标准》(GB 2760—2011)使用的食品添加剂应当符合相应的质量标准。在下列情况下，食品添加剂可以通过食品配料(含食品添加剂)带入食品中：①根据《食品添加剂使用标准》(GB 2760—2011)，食品配料中允许使用该食品添加剂；②食品配料中该添加剂的用量不应超过允许的最大使用量；③应在正常生产工艺条件下使用这些配料，并且食品中该添加剂的含量不应超过由配料带入的水平；④由配料带入食品中的该添加剂的含量应明显低于直接将其添加到该食品中通常所需要的水平。

1.3 食品添加剂现状与发展趋势

1.3.1 食品添加剂早期应用

最早有意识使用的食品添加剂是防腐剂。在古代，当人类烤肉之前，肉被放在一块石头上，石头上面渗出一层薄薄的盐，人们发现，烤出来的肉不仅味道鲜美，而且发现烧烤后的食物能保存较长时间。其实，这就是人类早期使用食品"添加剂"的开始，而肉经过篝火的烟熏之后，其中的酸类、酚类等成分对肉的防腐、抗氧化、保存发挥了重要作用，只不过在当时人们不可能认识到这些而已。

公元前11世纪就开始使用盐渍法加工食品，盐渍法古代称为"菹"，它是利用食盐溶液的渗透压，造成蔬菜和微生物的生理脱水达到保鲜目的。《诗经·小雅·信南山》："疆场有瓜，是剥是菹"，讲的就是腌瓜。

在周朝时人们就已经开始使用肉桂增香。公元前770年到公元前476年，我国发明制酱和造醋，酱和醋都是粮食发酵加工制成的。约公元前221年，我国出现豆豉。豆豉是一种豆类发酵后加盐而成的豆制品，主要用来调味。《楚辞·招魂》中已有"大苦咸酸"的记载。文中的大苦，就是豆豉。公元前2世纪，我国发明豆腐，据考古报道，1959~1960年间，河南密县打虎亭曾发掘了一个东汉墓，墓内出土了大量的石画像，其中有一幅就是制豆腐图，图中描绘了浸大豆、磨浆、滤豆浆、压豆腐等整个制豆腐的过程。人们用盐卤和石膏点豆腐，利用的是强电解质破坏蛋白质表面的水膜，使胶体凝聚成豆腐。公元1世纪后期，我国已掌握从蔗浆炼糖的技术，当时称作"石密"。公元3世纪，我国已能提取植物油，古代称为脂或膏。亚硝酸盐大概在800年前的南宋用于腊肉生产，并于公元13世纪传入欧洲。公元6世纪，农业科学家贾思勰还在《齐民要术》中记载了天然色素用于食品的方法。泡菜的历史有几千年了，加工过程中人们不自觉使用了食品添加剂，过去的食盐、海盐等均是粗制天然盐，正是泡菜口感变脆的因素。

公元前1500年，埃及用食用色素为糖果着色，公元前10世纪，罗马人利用蜂蜜保藏水果，公元前4世纪，人们开始为葡萄酒人工着色。工业革命后，随着现代化学的发展，食品添加剂从天然材料逐渐转变为化学合成，最早使用的合成食品添加剂是1856年英国人Perkins从煤焦油中制取的染料色素苯胺紫。

1.3.2 食品添加剂现状

1.3.2.1 目前食品添加剂的主要品种

随着全球食品工业的发展，食品总量的快速增长和科学技术的进步，全球食品添加剂品种不断增加，产量持续上升。目前，全世界应用的食品添加剂已多达25 000余种，直接使用的有3 000~4 000种，其中常用的有600~1 000种。美国食品与药品管理局(FDA)公布使用的食品添加剂约3 000种，其中受监管的约1 800种。日本使用的食品添加剂约1 100种，欧盟允许使用的有1 000~1 500种。截至2012年6月30日，我国《食品添加剂使用标准》(GB 2760—2011)及后续卫生部发布的增补公告批准使用的食品添加剂约有2 563种，其中包括食用香料1 868种、营养强化剂127种、加工助剂159种、胶基糖果中基础剂物质30种。

1.3.2.2 我国食品添加剂行业规模

2008年世界食品添加剂市场总销售额约为220亿美元，其中美国、欧洲、日本等发达国家和地区的市场销售额占全球总量的1/2以上，这充分说明以加工食品为主导的经济技术发达国家使用食品添加剂的总量超过经济技术落后国家。

虽然我国食品添加剂行业起步较晚，但发展迅速。我国食品添加剂经过几十年的奋斗，已经发展成规模化、集约化经营的现代化添加剂产业，已成长为食品添加剂国际贸易的主要力量。目前，我国各类食品添加剂生产企业有1 500余家，食品添加剂总产值约占国际贸易的10%，其中柠檬酸、苯甲酸钠、山梨酸钾、糖精钠、木糖醇、维生素C、异抗坏血酸钠和维生素E、乙基麦芽酚等品种处于领先地位。在食用色素方面，我国已成为世界食用色素品种最多的生产和消费大国，在国际贸易中占有一定的份额。在1 500多家企业中，有不少企业在产量、技术方面都已经处于国际领先水平，成为我国食品添加剂行业的骨干力量，促进我国食品添加行业在国际贸易中的地位不断上升。

据不完全统计，我国2010年食品工业的产值近6万亿元，同比增长22%；食品添加剂的生产、经营企业大约3 000家，2010年食品添加剂主要产品的总产量约为710万吨，同比增长11%；销售收入720亿元，同比增长12.5%；出口创汇32亿美元。其中，天然色素、焦糖色素和天然提取物等产品的产量为35万吨，销售额达30亿元；乳化剂、增稠剂和品质改良剂的产量达到62万吨，销售额近30亿元；甜味剂的产量约130万吨，同比增长11%，其中化学合成高倍甜味剂产量约12万吨，糖醇类甜味剂约115万吨；防腐剂、抗氧化剂产量约24.5万吨，同比增长13%；香精、香料类产品的产量约为12.1万吨。

2011年食品添加剂行业受各种复杂因素的影响，虽然主要产品的产量、销售额有一定幅度的增长，但增幅小于往年，特别是上半年，全行业出现近二十年来的首次负增长。经过全行业的共同努力，下半年的经营状况开始好转，产品生产和销售均出现恢复性增长。据不完全统计，2011年食品添加剂主要产品的总产量为762万吨，同比增长8.1%；销售额为767亿元，同比增长6.4%；出口创汇约34亿美元，同比增长6.26%。着色剂中主要产品的产量约37.1万吨，同比增长5%；销售额31.6亿元，同比增长4.7%。增稠剂、乳化剂和品质改良剂中主要产品产量67.5万吨，同比增长12%，销售额近59亿元，同比增长9%。高倍甜味剂总产量约11万吨。防腐剂和抗氧化剂总产量约为26万吨，同比增长约6%。食用香精香料总产量约为13.1万吨，同比增长9%左右。其中，食用香精产量与2010年相比略有增长，食用香料增长约13%。营养强化剂中维生素类产品产销平稳发展，合成维生素E产销量稳步增长，同比增幅超过10%。

1.3.2.3 我国食品添加剂行业发展的瓶颈

目前，我国食品添加剂行业的发展深受食品安全事件的影响，其中有三大因素阻碍了我国食品添加剂行业快速发展——标准缺失、诚信缺失、宣传不当。

（1）标准缺失

我国国家质量监督检验检疫总局规定，只有对具有国家标准或行业标准的食品添加剂产品，生产企业才可申领生产许可证。但我国很多食品添加剂还没有国家标准或行业标准，存在标准滞后的问题，这对行业发展极为不利。很多食品添加剂企业因没有相应的国家标准或行业标准，无法申领生产许可证，处于无证生产的尴尬境地，既不利于食品安全，也给执法监管带来困惑。因此，我国相关部门应该尽快制定符合我国国情又与国际接轨的食品添加剂行业或国家标准。

（2）诚信缺失

一些道德败坏的食品企业或者个人为牟取暴利，在食品中违法添加非食用物质，或者滥用食品添加剂，不仅导致食品安全事件的发生，而且影响了食品添加剂在公众中的形象。例如，2008年的“三聚氰胺”乳粉事件、2011年的“瘦肉精”“塑化剂”等食品安全事件中的添加剂均是非食用物质。这些事件不仅损害了消费者的身心健康，而且也影响了食品添加剂的兴旺发展和正常的国际贸易。

这些问题的解决，需要有关部门的严格监管、媒体的正确报道，最主要的是要培养企业以及从业人员的职业道德、法律意识。

（3）宣传不当

宣传不当可分为两个部分，一是媒体对食品安全事件报道缺乏科学根据；二是相关部门对相关知识普及缺失。

在一些涉及食品添加剂的食品安全事件中，一些媒体在缺乏科学依据和未对事实进行求证的前提下，将非食用物质归类于食品添加剂，使得消费者对食品添加剂产生误解，让食品添加剂行业蒙受“冤情”，阻碍了行业的正常发展。

此外，食品添加剂相关知识普及工作的缺失，也是公众对食品添加剂产生误解的因素之一。我们不能把所有消费者培养成食品添加剂专家，但是，我们有必要将食品添加剂的基础知识普及给广大消费者，这既有助于分辨选购食品，又能树立食品添加剂的正面形象，从而促进食品添加剂行业的健康发展。

1.3.3 食品添加剂发展趋势

我国食品添加剂行业的发展趋势可从“产品发展趋势”和“行业企业发展趋势”两方面进行阐述。

1.3.3.1 我国食品添加剂产品发展趋势

随着人民生活水平的提高，人们对健康食品的推崇也将日益增高。如营养食品、保健食品、功能食品、绿色食品、有机食品等，已成为食品消费市场的热点。然而，这些食品生产与天然食品添加剂密切相关。推崇天然已经成为世界性的潮流。所以，食品添加剂行业应以“营养、保健、安全、高效”为准则，大力发展以农副产品为主要原料的天然食品添加剂、复配食品添加剂和具有功能性的食品添加剂。

(1)大力发展以农副产品为主要原料的天然食品添加剂

鉴于对食品安全的考虑，消费者对合成食品添加剂抱有排斥态度。尽管政府和研究机构对使用的食品添加剂品种进行了严格、细致的毒理学研究和评价，制定了相应的法规和使用标准，保证了消费者的食用安全。但由于对健康的关注，消费者更崇尚以动植物为原料，经加工获得的天然食品添加剂。天然色素、香料、抗氧化剂等成为目前研究开发的重点。即便是合成食品添加剂，也朝着安全无毒的方向发展。

(2)低热量、低吸收品种具有较大的市场优势

目前世界由肥胖而引起生理功能障碍的人群越来越多，因此，高甜度、低热量甜味剂和脂肪替代品越来越受到消费者欢迎，甜菊糖、阿斯巴甜、阿力甜、三氯蔗糖、安赛蜜等甜度大、热量低、无毒安全的甜味剂和蔗糖聚脂肪酸酯、山梨酸聚酯等代脂类产品应运而生，而且未来市场前景广阔。

(3)具有特定保健功能的食品添加剂品种发展迅速

较为典型的有可被肠道内双歧杆菌利用、促进双歧杆菌增殖的低聚糖产品；热量低、不刺激胰岛素分泌、能缓解糖尿病的糖醇类产品；具有保护细胞、传递代谢物质的磷脂类产品；能够捕获体内自由基的抗自由基物质，如维生素C、维生素E、β-胡萝卜素等。

(4)复合食品添加剂市场潜力巨大

近年来，复合食品添加剂的研究与应用一直是行业的热点。复合食品添加剂产品是由两种或两种以上食品添加剂和配料经物理方法按照一定比例复合而成。例如，复合磷酸盐、复合甜味剂、复合发酵粉、复合酶制剂、食用香精等。与单一食品添加剂相比，复合食品添加剂具有能耗低、污染少、功能互补增效、用量少、成本低、可缩短食品企业新产品开发周期等优点。完全符合我国“十二五”期间节能减排等政策要求，因此，复合食品添加剂开发是一个不可忽视的发展领域。

1.3.3.2 我国食品添加剂行业发展趋势

“十二五”期间，科技创新、节能减排、调整产业结构等是行业发展不可逆的潮流。食品添加剂行业为了得到更大的发展，必须顺应潮流，实现这些目标。

(1)注重产业结构调整，坚持“走出去”的发展模式

产业结构调整是当今我国发展经济的重要课题，调整和建立合理的产业结构，目的是促进经济和社会的发展，人民物质文化生活的改善。食品工业作为国民经济的支柱产业，其产业结构的调整显得尤为重要。食品添加剂行业作为食品工业的重要组成部分，其产业结构调整的重要性不言而喻。在“十二五”期间，我国食品添加剂行业必须改变目前食品添加剂企业数量多、规模小的状况，重点扶持技术力量强、规模较大的企业，通过集约化、规模化经营，不断增强竞争力、提高产品质量、降低成本、不断开发新品。

我们要坚持“走出去”的发展模式，完善我国食品添加剂产业的结构调整，缩小与世界领先企业在规模、产能以及产品质量方面的差距，扶持企业成为食品添加剂国际贸易的主要力量。

(2)重视技术研发及设备更新

企业应坚持技术创新，食品竞争的特点之一就是要求“新”——口感新、风味新、不拘一格。这就要求香精企业的调香师在复配和创新方面下工夫，多开发一些具有新意的产品以满足消费者不断变化的需求。食品添加剂生产企业，必须对食品生产配方和工艺流程深入了解和认真研究，这样才能在同类产品中突出优势，形成不同于其他企业的核心竞争力。

此外，由于节能减排政策的进一步实施，除了在产品生产技术上创新之外，生产设备的更新换代更加重要。拥有先进的、节能环保的生产设备不仅符合“十二五”发展规划要求，也是企业提高生产效率，节约生产成本的关键。所以，在未来的时间里生产设备的更新换代也是一个重要发展趋势。

(3)企业将加强管理推进体制改革，重视品牌塑造

企业推进体制改革，应以人为本，调动员工的积极性，以诚信赢市场。加强质量、设备、环境管理，从管理出效益，应具有全局观点，一切行动应有益于企业的发展。

企业在注重技术研发和产品质量的同时，也要注重品牌宣传，利用专业期刊广告、技术文章发表、公关活动等营销方式，扩大品牌知名度，树立品牌形象，创立并发展我国食品添加剂企业的民族品牌，与国际市场上食品添加剂大公司的产品进行竞争。

(4)加强应用研究和推广工作，重视客户服务

据国内一些大型的食品企业反映，国产优质食品添加剂企业上门服务少，因而失去了客户。所以，我国食品添加剂企业应该学习国外食品添加剂企业下设应用研究中心的做法，加强技术力量，研究开发新型食品添加剂，做到技术服务到用户。

1.3.3.3 我国食品添加剂行业未来发展需注意的问题

我国食品工业已经持续了10年的高速发展，专家预计我国食品工业在“十二五”期间将继续运行在高速发展的轨道上。与其配套的食品添加剂行业也将保持相应的发展速度。但是在未来几年我国食品添加剂发展还需关注以下问题。

(1)食品添加剂安全问题

安全是食品添加剂的永恒主题，未来我国食品添加剂安全需要从健全法规、规范品种应用范围和使用量、提高产品质量、规范生产过程等方面加强研究、管理和监督。

(2)食品添加剂新品种研发的问题

我国食品添加剂行业在品种数量上与世界先进水平还存在较大差距，必须加大关键性品种的开发速度，同时要重视具有我国特色的新品种开发。不断开发新产品、新品种，不断扩大应用新领域。

(3)用现代科学技术提升传统食品添加剂生产技术水平和产品质量

许多食品添加剂可以采用生物质原料通过生物技术方法制造，产品既满足了消费者日益提高的要求，又符合行业可持续发展战略，应该进一步加强这方面的研究和产业化工作。

"十二五"期间，食品工业广阔的发展空间，给食品添加剂的发展带来了无限生机。企业应该顺应潮流，坚持科技创新，开发天然、健康且具有一定功能性的食品添加剂；努力缩小与国际先进水平的差距，实现品种繁多、品质安全等目标，才能在国际市场上具有更强的竞争力。此外，我国是世界上农产品生产、加工、消费的大国，13 亿人口每天消费量最大的是食品。所以，我国食品添加剂行业，应在保持生产和出口增长的同时，把研发力量瞄准国内的潜在市场，采用先进技术开发新品种、降低成本，使我国食品添加剂行业健康快速发展。

1.4 本书编写目的与任务

1.4.1 食品添加剂技术在食品学科中重要性

民以食为天，食以安为先，安全与质量是对食品的基本要求。现代生活提高了人们对食品品种和质量的要求，而作为食品工业灵魂的食品添加剂担当着决定性的角色。食品添加剂是以化学、物理学、生物学、食品科学、食品工艺学、营养学、毒理学等为基础，研究食品添加剂的性质、作用，以及对食品品质、食品安全与健康的影响。通过对食品配方设计、生产加工的管理和控制，保证食品的营养品质和质量安全，促进人体的健康。因此，食品添加剂与食品学科间存在着极其密切的关系，食品添加剂的发展反映了整个科学技术的发展。

1.4.2 本书编写目的

食品添加剂从最初的调味应用，对食品贮藏、安全发挥着保驾护航作用，进而发展成为食品工业科技创新的重要源泉，为全球经济的发展作出了卓越的贡献。但是，近几年来我国相继发生"瘦肉精""吊白块""苏丹红""孔雀石绿""三聚氰胺"等重大食品安全事件，公众和舆论均将矛头指向食品添加剂，认为"食品添加剂是安全事件的源头"。这种对食品添加剂的认识误区主要是由于人们缺乏食品添加剂的相关科学知识，以及媒体的炒作。因此，系统学习、掌握食品添加剂的相关知识，使公众科学认识食品添加剂和企业合法使用食品添加剂，是食品相关专业学生——未来食品工业中坚及食品科研工作者的光荣使命和责任。

随着《食品安全法》《食品安全法实施条例》《食品安全国家标准管理办法》的实施，《食品添加剂使用标准》(GB 2760—2011)、《食品营养强化剂使用标准》(GB 14880—2012)已相继发布。本书旨在通过食品添加剂法律法规、标准、应用研究成果的整理归纳，使我国高等院校食品相关专业学生及食品生产管理人员及时了解新版 GB 2760、GB 14880 的变化及我国允许使用食品添加剂的性能和特点，做到合理、安全地使用食品添加剂。

1.4.3 课程教学目标

对食品添加剂的认识和学习，首先需要了解食品添加剂的定义、分类、作用、应用等基本知识，理解食品添加剂对提高食品质量和促进食品工业发展的积极作用，学习和掌握添加剂的毒理学及安全性评估的相关知识。其次，食品添加剂的使用必须遵守相关的法律和标准，掌握食品添加剂的国家标准、国际标准和法律法规等管理体系，是正确使用食品添加剂的前提。应用食品添加剂的目的是为了提高加工食品的质量，延长食品的货架期，改善食品的色、香、味和质构以及有利于食品加工机械化和规模化生产。因此，掌握各种食品添加剂的性状、性能、作用机理、应用技术和使用范围是本课程的主要教学任务。

思考题

1. 什么是食品添加剂？
2. 我国允许使用的食品添加剂种类有哪些？
3. 简述食品添加剂的使用原则。
4. 食品添加剂在食品加工中具有哪些作用？
5. 简述食品添加剂对食品工业的影响。
6. 论述我国食品添加剂的现状与发展趋势。

参考文献

国家发展和改革委员会，工业和信息化部．食品工业“十二五”发展规划．2011. 12.
刘志皋．1997. 试论食品添加剂学科事业的发展[J]. 中国食品添加剂，3：31－34.
秦卫东．2008. 食品添加剂课程教学体系的思考与分析[J]. 徐州工程学院学报，23(2)：83－85.

第2章

食品添加剂安全性及其评价

学习目标

掌握食品添加剂的安全性评价程序，了解食品添加剂的危害分析及其安全问题。

近年来我国相继发生“瘦肉精”“吊白块”“苏丹红”“孔雀石绿”“三聚氰胺”等重大食品安全事件，国外食品也因为“农药残留”“大肠杆菌超标”而广受非议，食品安全问题成为全球关注的焦点，这其中食品添加剂安全性受到的质疑最多。许多食品生产企业在食品外包装上显著标识“本品不含任何添加剂”“本品绝不含防腐剂”等歧视性宣传用语以及广大媒体对食品安全事件长篇累牍、非专业角度的报道使消费者陷入对食品添加剂的认知误区。

食品添加剂对食品工业发展的重要性已为企业所认可，按照《食品添加剂使用标准》(GB 2760—2011)使用食品添加剂，不会对人体健康产生危害作用。但并不是所有食品添加剂绝对安全，某些添加剂的使用仍存在争议。例如，JECFA在1992年第39届会议上认定溴酸钾存在遗传毒性，且新试验数据证明其用于面粉处理剂存在安全风险，故撤销了JECFA第33届会议所推荐的面粉中60mg/kg的最大使用量，取消其作为面粉处理剂。我国于2005年7月1日从食品添加剂目录中删除了溴酸钾。但日本仍允许溴酸钾作为面粉处理剂使用，最大用量为30mg/kg。此外，添加剂和食品的销售还受舆论和政策导向的影响，如面粉处理剂中的过氧化苯甲酰、过氧化钙因媒体批判、民意调查反对，自2011年5月1日起在我国禁止使用。

本章着重分析食品添加剂的利弊和安全性评价方法，全面认识食品添加剂的安全性。

2.1 食品添加剂危害分析

根据引起危害的因素及危害程度，目前食品领域危害人体健康的最主要因素是微生物污染引起的食物中毒；第二是营养缺乏、营养过剩所导致的营养健康问题；第三是环境污染；第四是误食某些天然物质如毒蘑菇等所引起的食物中毒；第五才是食品本身和食品添加剂引起的安全性问题。

尽管食品添加剂按照《食品添加剂使用标准》(GB 2760—2011)的规定使用不存在任何安

全问题，但超范围、过量添加食品添加剂仍然存在安全隐患，对人体产生一定危害。一般认为，食品添加剂的危害包括间接危害和潜在毒害作用。此外，部分人群存在添加剂过敏，即在正常情况下食用含食品添加剂的食品时出现的不良反应。

2.1.1 食品添加剂间接危害

食品添加剂的间接危害，可以认为是其广泛使用所带来的负面影响。食品添加剂的使用虽然丰富了食品种类，但也产生了一些营养价值极低的"垃圾食品"，包括部分快餐食品、休闲食品和饮料。这些"垃圾食品"热量高、营养价值低，因为感官品质良好而误导消费者，长期食用此类产品，容易引起肥胖、营养不良等疾病。但这种影响并不对人体产生直接的危害作用，一般通过合理选择、控制消费量避免产生不良作用。

消费者认为，在丰富的食品市场，应该允许这些所谓"垃圾食品"的存在，它们并不一定具有很高的营养价值，但能满足人们休闲娱乐的需求，增加生活的乐趣，而且对人体无明显危害。消费者在掌握一定营养知识的前提下，可以自由选择消费此类食品。

2.1.2 食品添加剂与过敏反应

过敏反应(allergic reaction)是指机体对某些抗原初次应答后，再次接受相同抗原刺激时发生的一种以生理功能紊乱或组织细胞损伤为主的特异性免疫应答。有些过敏反应发作急促，可在几分钟内出现；但有的作用缓慢，病症在数天后才出现。引起过敏反应的抗原性物质称为过敏原(allergen)。日常生活中的许多物质都可以成为过敏原，如异种血清(如破伤风抗毒素)、某些动物蛋白(鸡蛋、羊肉、鸡肉、鱼、虾、蟹等)、细菌、病毒、寄生虫、动物毛皮、植物花粉、尘螨，以及油漆、染料、化学品、塑料、化学纤维和药物等，甚至淀粉也可导致过敏。但是，过敏反应程度与过敏原数量不成正比，即症状的出现或严重程度与数量无直接关系。过敏反应对人类生命和健康的危害日益严重，据统计，全球过敏症受害人群超过25%。近年来，由于工业发展迅速，环境污染加剧，过敏症发病率呈明显上升趋势。

食品添加剂通常为小分子物质，由其引起的过敏反应并不多见或者症状较轻，不会对人体造成明显的危害。对食品添加剂过敏的病人通常均有遗传性过敏症状，如湿疹、鼻炎、哮喘，而有遗传性过敏症的人群比非遗传性过敏症的人群对食品添加剂更敏感。有调查显示，成人比儿童更容易出现食品添加剂过敏反应，其中的原因尚不清楚，可能是长期累积的结果，也可能是由于成人过强的心理作用所致。

食品添加剂引起的过敏反应包括皮肤过敏反应和呼吸道过敏反应等。

2.1.2.1 常见皮肤过敏反应

常见的由食品添加剂引起皮肤过敏症包括急性荨麻疹、血管神经性水肿、紫斑症、接触性荨麻疹、原始刺激性皮炎、光照性皮炎、接触性皮炎等。部分由病毒引起的病症与这些过敏症症状相似，因而常被怀疑为食品或食品添加剂所致。

(1)荨麻疹和血管神经性水肿

可能引起慢性和周期性荨麻疹或血管性水肿的食品添加剂包括：苯甲酸(盐)、山梨酸(盐)、偶氮类色素(柠檬黄、日落黄等)、β－胡萝卜素、胭脂红、二丁基羟基甲苯(BHT)、丁基羟基茴香醚(BHA)、硝酸盐及亚硝酸盐、香辛料(肉桂、丁香、白胡椒等)和乙醇等。

血管神经性水肿是慢性和周期性荨麻疹常见的伴随症状，在约2/3的病人身上会同时发生，最常见的是在脸(嘴唇、眼睑、脸颊)和舌头上，还有手和脚。慢性荨麻疹病人一般还有其他症状反应，如血管收缩、鼻炎、腹泻和腹胀。

接触性荨麻疹也被认为是接触性荨麻疹综合征，它除了局部的荨麻疹和湿疹的皮炎外也包括无显著特点的荨麻疹或长期的哮喘症状。根据荨麻疹反应的不同机制，接触性荨麻疹分为两种主要类型，即免疫性(ICU)和非免疫性(NICU)接触性荨麻疹。

接触性荨麻疹的主要症状包括接触部位发痒、刺痛感、发红。对于免疫性接触性荨麻疹，症状可能在几分钟内表现出来，而非免疫性荨麻疹的症状通常需要在30~50min甚至更长时间后才会表现出来。

在食品添加剂中，免疫性接触性荨麻疹最常见的过敏原有：各种香辛料(肉桂、芥末、辣椒、小豆蔻、香菜等)、吐温80、海藻酸钠、瓜尔豆胶、卡拉胶等。芥末、肉桂和辣椒能产生免疫性和非免疫性接触性荨麻疹反应，但许多其他香辛料，如小豆蔻、香菜，通常只会导致免疫性接触性荨麻疹的发生。烤肉馆和脆饼店的工作人员由于经常接触粉状香辛料，容易在手部和脸部出现免疫性接触性荨麻疹皮炎，症状为唇炎、传染性口角炎、湿疹以及口腔黏膜性水肿等。

香辛料中，肉桂、芥末和辣椒是研究最多的接触性荨麻疹的过敏原。苯甲酸(盐)，山梨酸(盐)，苯乙烯酸、肉桂酸及肉桂醛接触皮肤时易引起非免疫性接触性荨麻疹。引起非免疫性接触性荨麻疹的浓度依赖于暴露的皮肤部位及暴露方式，食品厂工人经常用手接触食品添加剂，容易发生非免疫接触性荨麻疹反应。

(2)紫斑症

紫斑症主要表现为发烧、不适、腹部及关节疼痛等。对有荨麻疹和经常性紫斑症的病人来说，经口摄入10mg柠檬黄后，过敏性紫斑症3h后就会出现。

(3)接触性皮炎

食品厂工人接触性皮炎发病一般是由潮湿的工作环境或清洁剂引起的，但一些食品添加剂由于具有刺激性也可能引起手部皮炎。面包师是常见的接触性皮炎患者，这与其经常接触乙酸、乳酸、重碳酸钾、乙酸钙、漂白剂、乳化剂等食品添加剂有一定关系。

对羟基苯甲酸酯类、山梨酸(盐)、丁基羟基茴香醚(BHA)、2,6-二叔丁基-4-甲基苯酚(BHT)、没食子酸丙酯(PG)、维生素E、香辛料、卡拉胶、偶氮类色素和其他调味剂能引起延迟型接触性过敏症。BHA是引起厨师职业性手炎、嘴炎和唇炎的主要原因。此外，由于PG广泛应用于皮肤护理品，由其引起的炎症也时有发生。

香辛料也是接触性过敏原，但是对于导致过敏症的确切成分目前尚不清楚。丁香酚、肉桂醛、肉桂酸和肉桂醇是已知的存在于许多香辛料中的过敏原。

(4)光照性皮炎

光照性皮炎俗称晒斑，一般在暴晒后数小时内于暴露部位出现皮肤红肿，亦可起水疱或大疱，皮损部位有烧灼感、痒感或刺痛。在许多食品添加剂中，糖精是目前有报道的唯一一种属于过敏性机制引起光照性皮炎的食品添加剂。

2.1.2.2 常见呼吸道过敏反应

哮喘、鼻炎和鼻息肉是主要的呼吸道过敏症状，常见的引起呼吸道过敏反应的食品添加剂有偶氮类色素、苯甲酸盐、硫化物、香辛料等。

2.1.2.3 其他过敏反应

与皮肤和呼吸道相比，其他器官很少发生由食品添加剂引起的过敏反应。因偶氮类色素或硫化物而导致呼吸道和皮肤过敏反应的病人，可能会出现晕船、腹泻、腹胀和呕吐等症状，但是当过敏症状消失后，与添加剂有关的肠胃症状随之消失。有关研究证实：仅有少数肠胃病人的症状是由食品或食品添加剂引起的，大多数病人是心理作用所致。

2.1.3 食品添加剂毒性

毒性指某种物质对机体造成损害的能力，毒害指在确定的数量和作用方式下，使用某种物质引起机体损害的可能性。食品添加剂对人体的毒性概括起来有致癌性、致畸性和致突变性，这些毒性的共同特点是对人体作用较长时间才能显露出来，即对人体具有潜在危害，这是人们关注食品添加剂安全性的主要原因。

当然，毒性与毒害不仅与物质的化学结构、理化性质有关，而且也与其有效浓度或剂量、作用时间及次数、接触部位与途径，甚至物质的相互作用及机体的机能状态等有关。构成毒害的基本因素是物质本身的毒性及剂量。一般说，某种物质不论其毒性强弱，对人体都有一个剂量 - 效应关系或剂量 - 反应关系，即一种物质只有达到一定的浓度或剂量水平，才能显示其毒害作用。因此，评价一种物质是否有毒，应视具体情况而定，只要某种物质在一定条件下使用时不呈现毒性且没有潜在的累积毒害作用，这种物质就可以认为是安全的。

不可否认，当前科技水平有限，可能部分食品添加剂具有潜在的危害作用。但随着科学技术的发展，食品添加剂的使用和管理制度日趋严格。凡是对人体有害，对动物有致癌、致畸作用的并且有可能危害人体健康的食品添加剂品种已被禁止使用；对那些疑似有害的添加剂在使用前需要进行严格的安全性分析，以确定其是否许可使用，许可使用的范围、最大使用量与残留量，以及建立更高标准的质量规格、分析检验方法等。同时，各种新型、作用效果显著、安全性高的食品添加剂正在不断得到开发和应用。

通过食品添加剂知识的普及宣传，产品中使用食品添加剂的标识，使消费者具有知情权和充分的选择依据，从而使消费者科学认识食品添加剂及其使用。

2.2 食品添加剂安全性评价

食品添加剂安全是食品安全的重要组成部分，为了加强食品添加剂管理，保障食品添加剂安全使用，世界上许多国家成立了专门机构制定食品添加剂使用的标准、法规，对食品添加剂实行严格的评估、审批和监管。这其中，由 FAO/WHO 联合成立的食品添加剂联合专家委员会(JECFA)是食品添加剂和污染物安全性评价最重要的国际性专家组织，各国制定标准一般均以 JECFA 的评价结果为参考。

JECFA 成立于1956年，由各国该领域的专家组成，其主要职责是评估食品添加剂和食品中污染物的安全性。JECFA 每年根据食品添加剂法典委员会(CCFA)提出的需要进行安全性评价的食品添加剂和污染物的重点名单，按照“食品添加剂和污染物安全评估原则”，充分考虑申请者和政府部门提供的相关信息资料，进行广泛深入的文献调研，对 CCFA 提交的物质进行毒理学评价，并根据各种物质的毒理学资料制定相应的日容许摄入量值(acceptable daily intake，ADI)。CCFA 每年定期召开会议，对 JECFA 通过的各种食品添加剂标准、试验方法和安全性评价进行审议，再提交 CAC 复审后公布，以期在国际贸易中制定统一的规格标准和检验方法。

2.2.1 食品添加剂安全性评价原则与方法

目前，JECFA 已对数千种食品添加剂进行了安全性评价，其研究结果广为各国食品添加剂管理部门所引用。JECFA 食品添加剂评价遵循的主要原则是1987年由 WHO 发布的《食品添加剂和食品中污染物的安全性评价原则》，可概括为：①再评估原则：因食品添加剂使用情况的改变(添加量增减、摄入量和摄入模式改变等)，对食品添加剂认识程度的加深，以及检测技术和安全性评价标准的改进，需要对添加剂安全性进行再评估。②个案处理原则：不同添加剂理化性质、使用情况各不相同，因此，没有统一的评价模式。③分两个阶段评价：先搜集相关评价资料，再对资料进行评价。

食品添加剂安全性评价主要包括化学评价和毒理学评价，化学评价关注食品添加剂的纯度、杂质及其毒性、生产工艺以及成分分析方法，并对食品添加剂在食品中发生的化学作用进行评估。

毒理学评价是识别添加剂危害的主要数据来源，它又可分为体外毒理学评价和动物毒理学评价。体外毒理学研究指的是用培养的微生物或来自于动物或人类的细胞、组织进行的毒性研究。体外系统主要用于毒性筛选以及积累更全面的毒理学资料，也可用于局部组织或靶器官的特异毒性效应研究，研究细胞毒性、细胞反应、毒物代谢动力学模型等。体外毒理学评价无法获得 ADI 数据，但其对于分析毒性作用的机制有重要意义。

动物毒理学研究在食品添加剂的危害识别中具有重要作用，它能够识别被评价物质的潜在不良效应，确定效应的剂量-反应关系，明确毒物的代谢过程，并可将动物试验数据外推到人类，以确定食品添加剂的 ADI 值。JECFA 及世界各国在对食品添加剂进行危害性评估时，一般均要求进行毒理学评价，并根据被评价物质的性质、使用范围和使用量，被评价物质的结构-活性和代谢转化，被评价物质的暴露量等因素决定毒理学试验的程序。

JECFA 认为香料化学结构简单、毒性弱、人群暴露量低，因此其安全性评价可以不采用普通食品添加剂的安全评价方法。JECFA 现在采用的香料安全性评价方法是其在1995年会议上确认通过的，主要依据香料的自然存在状况、人体摄入量(经食品)、化学结构与活性关系，以及现有的毒理学和代谢学资料来判定使用某种香料是否存在安全风险。由于食用香料品种多，很难对每种食用香料进行评价，一般根据用量及从分子结构上可能预见的毒性等来确定优先评价的顺序。

2.2.2 食品添加剂毒理学评价程序

(1)毒理学常用术语

半数致死量(median lethal dose，LD_{50})：指引起受试对象50%个体死亡所需的剂量，单位为mg/kg BW。

绝对致死剂量(absolute lethal dose，LD_{100})：指引起受试对象中一组受试动物全部死亡的最低剂量，单位为mg/kg BW。

最小致死剂量(minimal lethal dose，MLD)：指引起受试对象中个别动物死亡的剂量，低一档剂量即不再引起动物死亡，单位为mg/kg BW。

最大耐受剂量(maximal tolerance dose，MTD)：指不引起受试对象中动物死亡的最大剂量，单位为mg/kg BW。

最小有作用剂量(minimal effective dose)或称阈剂量或阈浓度：是指在一定时间内，一种毒物按一定方式或途径与机体接触，能使某项灵敏的观察指标开始出现异常变化或使机体开始出现损害作用所需的最低剂量，也称中毒阈剂量，单位为mg/kg BW。

最大无作用剂量(maximal no-effective dose，MND)或可观察的无副作用剂量(no observed adverse effect level，NOAEL)：是指在一定时间内，一种外源化学物按一定方式或途径与机体接触，根据目前的认识水平，用最灵敏的试验方法和观察指标，未能观察到机体任何损害作用的最高剂量，单位为mg/kg BW。最大无作用剂量根据亚慢性试验的结果确定，是评价毒物对机体损害作用的主要依据。

(2)食品添加剂毒理学评价程序

对于任何一种食品添加剂，每个国家均严格规定了其使用范围和最大使用量，以保证食品安全，这些规定均建立在科学严密的毒理学评价基础上。我国食品添加剂毒理学评价遵循国家标准GB 15193.1—2003 ~ GB 15193.21—2003，其中《食品安全性毒理学评价程序》(GB 15193.1—2003)参考国际上的通用法则而制定，详述了毒理学评价的4个阶段：

第一阶段：急性毒性试验(经口急性毒性)，包括LD_{50}、联合急性毒性、一次最大耐受剂量试验。急性毒性试验的目的为测定LD_{50}，了解受试物的毒性强度、性质和可能的靶器官，为进一步进行毒性试验的剂量和毒性观察指标的选择提供依据，并根据LD_{50}进行毒性分级。

第二阶段：遗传毒性试验，传统致畸试验，30d喂养试验。遗传毒性试验主要对受试物的遗传毒性以及是否具有潜在致癌作用进行筛选；致畸试验是为了了解受试物是否具有致畸作用；30d喂养试验的目的在于：对只需进行第一、二阶段毒性试验的受试物，在急性毒性试验的基础上，通过30d喂养试验，进一步了解其毒性作用，观察对生长发育的影响，并可初步估计最大未观察到有害作用的剂量。

此阶段主要了解受试物在机体内的蓄积情况。遗传毒性试验的组合应该考虑原核细胞与真核细胞、体内试验与体外试验相结合的原则。试验项目：

①鼠伤寒沙门菌/哺乳动物微粒体酶试验(Ames试验)或V79/HGPRT基因突变试验，Ames试验首选，必要时可选其他试验。

②骨髓细胞微核试验或哺乳动物骨髓细胞染色体畸变试验。

③TK 基因突变试验或小鼠精子畸形分析或睾丸染色体畸变分析。

④其他备选遗传毒性试验：显性致死试验、果蝇伴性隐性致死试验、非程序性 DNA 合成试验。

⑤传统致畸试验。

⑥30d 喂养试验。如受试物需进行第三、第四阶段毒性试验者，可不进行本试验。

第三阶段：亚慢性毒性试验——90d 喂养试验、繁殖试验、代谢试验。90d 喂养试验和繁殖试验是为了观察受试物以不同剂量水平经长期喂养后对动物的毒性作用性质和作用的靶器官，了解受试物对动物繁殖及对子代的发育毒性，观察对生长发育的影响，并初步确定最大未观察到有害作用剂量和致癌的可能性；为慢性毒性和致癌试验的剂量选择提供依据。代谢试验目的在于了解受试物在体内的吸收、分布和排泄速度以及蓄积性，寻找可能的靶器官；为选择慢性毒性试验的合适动物种、系提供依据；了解代谢产物的形成情况。

第四阶段：慢性毒性试验(包括致癌试验)，其目的在于了解长期接触受试物后出现的毒性作用以及致癌作用；最后确定最大未观察到有害作用剂量，为受试物能否应用于食品的最终评价提供依据。

凡属我国创新的物质，一般要求进行 4 个阶段的试验。特别是对其中化学结构提示有慢性毒性、遗传毒性或致癌性可能者或产量大、使用范围广、摄入机会多者，必须进行 4 个阶段的毒性试验。凡属与已知物质(指经过安全性评价并允许使用者)的化学结构基本相同的衍生物或类似物，则根据第一、二、三阶段毒性试验的结果判断是否需要进行第四阶段的毒性试验。凡属已知的化学物质，WHO 已公布每人每日容许摄入量，同时生产单位又有资料证明我国产品的质量规格与国外产品一致，则可以先进行第一、二阶段毒性试验。如试验结果与国外产品一致，一般不要求进行进一步毒性试验，否则应进行第三阶段毒性试验。

2.2.3　食品添加剂摄入量评价方法

2.2.3.1　日容许摄入量(ADI)及安全系数

食品添加剂是根据工艺的必要性而有目的添加到食品中的特殊化学物质，无论国际组织还是各国政府相关机构都积极开展食品添加剂的安全性评估。各国政府相关机构对安全性进行评估时将各国的食物供给和不同地域的饮食习惯纳入到考虑的范围，所得食品添加剂摄入量数据更具科学性。

食品添加剂摄入量评价有 3 个目的：

①监控化学物质的摄入量，同时监测日容许摄入量(ADI)。

②鉴别处在 ADI 边缘甚至超过 ADI 的消费群体。

③针对所有高摄入量的消费群体，监管机构对食品添加剂法规进行重新评价，摄入量评价可为其提供重要信息。

摄入量评价的主要目标是保护消费者的健康、监控食品添加剂的规范使用。

ADI 是指人体每日摄入某种物质直至终生，而不产生可检测到的对健康产生危害的量，以每千克体重可摄入的量表示，即 mg/kg BW。ADI 是在最大无作用剂量(MNL 或 NOAEL)的基础上制定的。根据毒理学资料的充分与否，JECFA 将食品添加剂分为公认安全(general recognized as safe，GRAS)类、A类、B类和C类。GRAS类可按正常需要使用。A类，又分为A1和A2类。A1类：经JECFA评价，认为毒理学资料清楚，能制定正式ADI值；A2类：JECFA认为毒理学资料不够完善，制定暂定ADI值。B类：JECFA曾进行过安全性评价，但毒理学资料不足，未能制定ADI值。C类：经JECFA评价，认为在食品中使用不安全，或者仅可在特定用途范围内严格控制使用。

对于未规定具体ADI值的情况，JECFA有以下几条术语解释：①可接受(acceptable)：是指该物质在使用中无毒理学意义，或者由于技术或感官原因能够自我限制摄入量，因此没有安全问题；②不作特殊规定(not specified)：是指该物质的毒性很小，以现有的化学、生化、毒理或其他方面的资料和总膳食摄入水平，不会对人体造成健康危害，因此，不必用一个数值表示ADI值，符合这一标准的添加剂必须按照良好生产规范(good manufacturing practices，GMP)原则使用；③无限制(not limited)：是指该物质不被组织大量吸收或在组织中蓄积；④无结论(not allocated or not evaluated)：是指该物质的毒理学资料不够完善，未制定ADI值；⑤暂定(temporary)：是指现有的毒理学资料能够证明在短期内食用该物质的安全性，但是不足以证明终生食用的安全性。暂定ADI值以更高的安全标准制定；待毒理学资料完善后，修订ADI值。

鉴于从有限的动物试验推论到人群时，存在固有的不确定性，在考虑种属间和种属内敏感性的差异，实验动物与接触人群数量上的差别，人群中复杂疾病过程的多样性，人体摄入量估算的困难程度及食品中多种组分间可能的协同作用等基础上，有必要确定一定的安全性界限，常用的方法是使用安全系数。

安全系数一般定为100，即假设人比实验动物对受试物敏感10倍，人群内敏感性差异为10倍。但是100的安全系数也不是固定不变的，安全系数的确定应根据受试物的性质，已有的毒理学资料的数量和质量，受试物毒性作用性质及实际应用范围、数量、适用人群等诸多因素进行相应的增大和减小，只有在全部资料综合分析的基础上，才能确定适宜的安全系数。

100是通用的安全系数，但在一些特殊情况下也可选用其他系数。当人类已经掌握某种添加剂对人类的剂量-效应关系及其对人类的毒性时，可取10作为安全系数。此外，安全系数100不适用于微量元素(维生素、矿物质等)。为了满足营养需要和身体健康，一些微量元素的安全系数会缩小，安全系数为10的食品添加剂有：维生素A、维生素D、一些特殊氨基酸等。此外，作为人类能量来源的一些物质同样不能以100作为安全系数。

当长期的动物试验研究证明一种食品添加剂具有不可避免的毒性时，一般会将其安全系数扩大为1 000，以至达到“无副作用”的目的。毒理学家同样也可以根据毒性大小判定合适的安全系数。例如，当产生一系列的副作用，或有致畸等毒性时，毒理学家将该食品添加剂的安全系数定为1 000。

2.2.3.2 食品添加剂最大允许使用量计算方法

(1)食品添加剂使用量计算的基本原则

①计算的食品添加剂水平和数量表示方式应当与指定ADI值时针对的物质相同。

②对于以浓缩物或粉末形态销售的、在消费之前需要复原的食品，计算食品添加剂的使

用量应当按最终进食产品执行。

(2)无数值型ADI值食品添加剂使用量计算方法

对于已经制定的ADI值“不需限定”“不作特殊规定”的食品添加剂，原则上，允许在所有食品中使用，除了按良好生产规范(GMP)使用外无其他限制，但是，应该指出的是ADI值无需限定并不意味着可以无限制的摄入。

对于某些情况下，不能制定ADI值的只能是在特定情况下使用一种物质是可接受的，只能批准为按照限定的条件使用。

(3)有数值型ADI值食品添加剂使用量计算方法

如果一种食品添加剂同时在固体食品和液体饮料中使用，则在固体食品和液体饮料中使用时均不能使用该添加剂的全部ADI值，而应该根据实际情况分配一定比例的ADI值，即确定食品添加剂在固体食品和液体饮料中的使用比例(FS和FL，其中FS+FL=1)。

计算人体生理条件允许所摄入的最大数量食物和饮料，可以计算添加剂在食品中的最大限量。所有人群中，儿童对于固体食品的摄入量最大(按每千克体重每天约50g食品)。儿童从开始进食开始，能量摄入不会超过100kcal/(kg·d)(1kcal=4.2kJ)，同时对食品使用一转换因子2kcal/g(包括固体食品和乳制品，但不包括饮料)，从而最大的食品摄入量为50g/(kg·d)，从而固体食品添加剂的最大使用量为ADI/50g食品或者(ADI×20)mg/kg食品。从而可以使用这些数据和ADI值计算食品中添加剂的最大允许平均浓度。并且考虑到50g/(kg·d)含有食品添加剂的固体食品的摄入量从技术角度而言可能偏低，另外ADI的安全因子覆盖了整个人群(包括成人和儿童)，基于幼小儿童摄入量的计算后认为，在上述计算的基础上采用安全因子2可以判定食品添加剂的最大使用量，即(ADI×40)mg/kg食品。当食品添加剂的最大使用量低于FS×ADI×40时，这种食品添加剂一般适合所有食品中使用；如果固体食品中有50%含有这种食品添加剂，则食品添加剂的最大使用量低于FS×ADI×80也可以接受；依此类推，当固体食品中有25%含有这种食品添加剂时，则该食品添加剂的最大使用量低于FS×ADI×160也可以接受；当固体食品中有12.5%含有这种食品添加剂时，则该食品添加剂的最大使用量低于FS×ADI×320也可以接受；当某种食品添加剂的最大使用量高于FS×ADI×320时，则所有来源的该种添加剂的潜在摄入量的计算结果不超过ADI值时才可以接受。

从婴儿、儿童和成人的液体饮料摄入数据统计可见，除乳制品外，所有人群对液体饮料的摄入量不超过100mL/(kg·d)，CAC的《食品添加剂通用法典标准》(Codex stan 192—1995)中约定，对于液体饮料，当食品添加剂的最大使用量低于FL×ADI×10时，这种食品添加剂一般适合所有食品中使用；如果液体饮料中50%含有这种食品添加剂，则食品添加剂的最大使用量低于FL×ADI×20也可以接受；依此类推，当液体饮料中有25%含有这种食品添加剂时，则该食品添加剂的最大使用量低于FL×ADI×40也可以接受；当液体饮料中有12.5%含有这种食品添加剂时，则该食品添加剂的最大使用量低于FL×ADI×80也可以接受；当某种食品添加剂的最大使用量高于FL×ADI×80时，则所有来源的该种添加剂的潜在摄入量的计算结果不超过ADI值时才可以接受。

以山梨酸(ADI=25mg/kg BW)为例，假设其只存在于固体食品中，饮料中不含有，后续的计算表明这种添加剂在食品中的添加最高不能超过500mg/kg。由于山梨酸并未被添加到所有食品中，因此从科学角度而言其真正允许摄入量可以超过所规定的量。

参考人体每日能量需求量计算添加剂的每日摄入量，也可以确定添加剂在食品中的最高限量。以着色剂为例，含着色剂食品提供的能量占每日总能量摄入量的比例 p 可通过调查每日食品消费量来计算，应用这一数据可确定系数 f:

$$f=\frac{\text{每日能量平均摄入总量}-\text{每日从不含着色剂食品中摄入的能量}}{\text{每日从已知含着色剂食品中摄入的能量}}$$

f 值结合 p 值就可以计算每日着色剂摄入量的理论值。该方法的优点是可以估算添加剂的最大摄入量。

在英国，有研究表明从不含着色剂的食品中获得的能量可定为人均 4 668kJ/d，从添加着色剂的食品中获得的为 3 831kJ/d，则总和为 8 499kJ/d。但是在英国人均每日能量消耗在 8 373～12 560kJ/d 之间，有些从事重体力工作的人群则高达 20 934kJ/d。假设超过 8 499kJ/d 的那部分能量完全来自含有着色剂的食品，一个成年人的每日能量平均摄入量定为 10 467kJ/d，则

$$f=\frac{10\ 467-4\ 668}{3\ 831}=1.5$$

对于高能量消耗者，即能量摄入量为 20 934kJ/d 的人群，也可以用相同的方法计算 f 值 ($f=3.0$)。利用这两个系数可以计算从各种食品中摄入着色剂的量。此方法虽然简单方便，但可能会高估了实际摄入量，因为它过分强调了某些特定的食品，因此在实际使用中需要乘以修正因子 α。

$$\alpha=\frac{\text{每年所消费这些特定食品中添加的着色剂总量}}{\text{每年所生产这些特定食品中添加的着色剂总量}}$$

采用以上这些方法，可以确定食品添加剂摄入量的最高限值，当某种食品添加剂应用范围拓宽时，应参照 ADI 值重新审定每日平均摄入量。当平均摄入量和 ADI 值接近时，尽可能不在新范围内使用。如果技术上要求必须使用时，应减少此食品添加剂在其他食品的应用，这时可以选用具有类似功能的其他食品添加剂代替。

2.2.3.3 膳食中食品添加剂摄入量的估算方法

有关膳食中食品添加剂摄入量的估算方法和信息来源概括如图 2-1，膳食中食品添加剂摄入量的估算方法可分为单因素法和双因素法。单因素法的信息来源一般集中于食品添加剂的生产和使用；双因素法的信息来源主要是食品添加剂在食品中的含量和食品的消费信息。在双因素法中，调查者需要把两方面的信息联系起来估算出食品添加剂的摄入量。不管是单因素法，还是双因素法，由于存在大量假设，因此都存在很大的系统误差，误差程度视计算方法而异。有些方法中，为方便计算统计，假设食品中食品添加剂的含量是最大允许使用量，这明显会导致估算结果偏高。调查过程中，由于无法获得所有必需的数据，调查者可能选择其他来源的调查数据，而根据此数据计算结果的有效性值得怀疑。由于调查涉及很多因素，误差在所难免，选用经过精心设计的方法，其调查结果仍然具有很高的参考价值。

食品添加剂摄入量估算方法较多，但它们有较大的差异，而且都有一定的局限性。操作方便的方法具有很多假设，而且通常不考虑消费人群变化带来的影响。相反，那些更准确的方法一般均不容易操作进行，而且需要巨大的资金投入。引入新的食品添加剂或者扩充某种

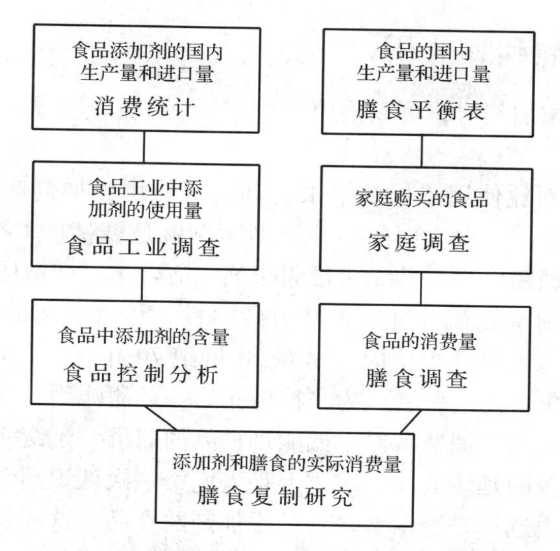

图 2-1 食品添加剂和食品消费信息来源流程图

添加剂的用途时，可以根据生理极限最大消费量或不同食品能量获得的比例来估算其最大允许摄入量。这些方法也可以结合来自食品添加剂的生产、出口、进口和食品工业的食品添加剂使用信息资料及食品中添加剂最大允许使用量的假设、消费平衡调查和家庭调查方法，反映食品添加剂总体的摄入量。如果市场菜篮子试验和营养调查的每一步都经过充分设计，那么估算出来的摄入量就比较准确。但这些方法都存在一个缺点，即未能详细考虑个体之间的差异性，因此得到的摄入量只是平均值。而食品选择调查和膳食复制调查这两种方法可以反映个体间的差异，因此比较适合实际应用中对食品添加剂摄入量的估算。膳食复制调查的资金投入较大，但这种方法可以用来评价其他方法的准确性，并能对其他方法的估算结果进行校正。

尽管添加剂摄入量估算方法存在诸多局限性，但从中获得的数据具有重要意义。估算添加剂的摄入量不仅能保证食品的安全，而且还可以反映食品添加剂在食品中使用量的变化以便修改与消费者和食品加工企业密切相关的食品添加剂法律、法规。

2.3 食品添加剂安全问题

食品添加剂在改善食品色、香、味和质构，提高食品营养价值，加快新产品开发等方面发挥着重要作用。食品添加剂已经成为现代食品工业的重要组成部分，也是食品工业技术进步和食品科技创新的重要推动力。正是因为食品添加剂的使用才使得食品品种丰富多彩和易于被消费者接受，在食品添加剂生产和使用过程中，除保证其发挥应有的功能和作用外，最重要的是应保证食品的安全卫生。

食品添加剂对食品的安全并不总是有利的，有时也存在部分过敏反应等副作用。食品添加剂安全包括利弊分析、安全生产及安全使用等方面。

2.3.1 食品添加剂利弊分析

在食品中使用食品添加剂时，可以采用“利－弊”分析法或“弊－弊”分析法对食品添加进行利弊平衡。

“利－弊”分析，即对比使用添加剂带来的利与不使用添加剂产生的弊，权衡利弊，最终确定是否使用食品添加剂。这方面的一个典型案例就是糖精(学名为邻－磺酰苯甲酰)的使用：有利的一方面，糖精作为一种无热量甜味剂，适合于生产糖尿病患者和肥胖者消费的食品(饮料)；弊处即是有动物试验证明糖精有致癌性，尽管目前尚无证据表明人类摄入少量糖精会诱发癌症。正是由于这个原因，早在20世纪70年代，美国FDA就下令禁止在食品中添加糖精。但是，更多的消费者认为，糖精作为一种甜味剂，其对人类的益处大于其潜在危害。不久美国国会认识到消费者对于低能量食品的需求，延缓实施此项法令，糖精也因此得以继续生产。此法令的延缓实施，实质上是人们第一次认识到食品添加剂利弊平衡的重要性，并允许消费者自由选择是否消费含食品添加剂的食品。这一延缓政策持续到现在，毫无疑问它对食品添加剂的继续使用和发展产生了重大而深远的影响。

“弊－弊”分析，从另一个角度权衡食品添加剂的利弊关系，即对比使用与不使用添加剂带来的弊处，权衡两种弊处，最终确定是否使用食品添加剂。溴酸钾的使用是这方面的典型案例之一。溴酸钾在焙烤行业曾被认为是最好的面粉处理剂之一，其可使面粉中所含的类胡萝卜素褪色，同时抑制蛋白分解酶，能够赋予面筋较强的弹性和强度，改善面团的结构和流变特性，对于冻藏小麦粉的效果尤其显著，能使焙烤制品获得理想的发酵效果及令人满意的产品外观。溴酸钾作为一种慢速氧化剂，能够提高面筋的持气性，提高面团的机械适应性等。在1992年，溴酸钾即被证实存在遗传毒性，且认定经溴酸钾处理的面粉制作的面包中存在溴酸钾残留，基于食品中不能存在溴酸钾的基本原则，JECFA取消了溴酸钾作为面粉处理剂的合法地位。但早在1988年因当时检测水平所限，对添加62.5mg/kg的面粉按GMP规范所制作的面包中未检测出溴酸钾残留，设定了面粉中溴酸钾的最大添加量为60mg/kg。截至目前，还未发现能够与溴酸钾相媲美的面粉处理剂替代品，但是从食品安全角度考虑，我国于2005年7月1日从食品添加剂名单中删除了溴酸钾。此外，防腐剂的使用也可以采用此分析方法。我国目前食品生产中使用的防腐剂绝大多数为化学合成品，使用不当会产生一定的副作用，长期过量摄入会对人体健康造成危害。传统的肉制品、果脯蜜饯、糕点等食品不添加防腐剂很难长期保存，不利于调节市场供应。综合考虑，我国允许食品中使用防腐剂，但必须在合理范围内适量添加，确保食品安全。

总之，只要严格遵照国家相关法律、法规，正确使用食品添加剂，可以保证食品的安全性，而且还可以在充分发挥添加剂作用的同时，最大限度地消除其可能给人类带来的不良影响。

2.3.2 食品添加剂生产与应用中存在的安全问题

食品添加剂在生产和使用过程中存在诸多安全问题，具体分为：

(1)食品添加剂生产企业良莠不齐，导致食品添加剂本身质量不达标而引起使用安全问题

食品添加剂行业生产企业很多，有些企业生产条件落后、管理不善、产品质量不稳定，造成食品添加剂行业总体信誉度较差的局面。此外，生产企业片面追求利润，采用非食用物质生产复配食品添加剂在国内外造成了极其恶劣的影响，如台湾引爆的“塑化剂”风波。用盐酸水解的植物蛋白制造调味液，添加到酱油中，造成氯丙醇超标。

(2)把非食用物质作为食品添加剂使用

“三聚氰胺”乳粉事件就是最典型的案例，把非食用物质三聚氰胺冠以华丽的名称——“蛋白精”后混淆黑白、滥竽充数，给我国乳品行业带来了甚至是毁灭性的打击，造成了难以估量的经济损失。

(3)滥用食品添加剂

部分食品企业对食品添加剂的安全性不了解，误认为食品添加剂可以添加到任何食品中，从而造成了食品的质量问题，例如按照国家标准要求，罐头产品中不得检出甜味剂、防腐剂，但很多罐头中应用了甜味剂。还有部分企业为了达到保质期长和食品色泽好的目的，或为了以次充好，通过使用食品添加剂冒充天然品，或超标使用食品添加剂，尤以防腐剂、抗氧化剂、面粉处理剂、甜味剂和着色剂等品类的食品添加剂超标使用问题严重。

(4)使用食品添加剂的方法不科学

中小食品生产企业由于技术力量薄弱，不了解正确使用食品添加剂的方法，造成因添加食品添加剂使食品质量反而下降的问题，或产生对人体健康有害的物质。

(5)食品添加剂标识不规范

部分食品企业生产的食品，其产品标识不能严格按照《食品安全国家标准　预包装食品标签通则》(GB 7718—2011)的要求执行。也有部分企业为迎合消费者的心理，竞相在广告或标签的醒目处印上“本产品绝不含任何食品添加剂”之类的文字，以标榜自己的产品安全，这无疑给消费者传递了错误的信息，加重了消费者对食品添加剂的疑虑。

(6)进口食品中食品添加剂问题不容忽视

随着食品国际贸易往来的日益繁荣，国内食品市场的洋品牌在吸引消费者眼球的同时，也培养了部分忠实的消费者。然而，国家检验检疫部门在对通过正常贸易进口食品实施的检验中，多次检出了甜蜜素、着色剂超标等问题；对于非法入境的进口食品，其质量安全更是无法保证。

思考题

1. 简述食品添加剂的毒理学评价程序。
2. 简述急性和慢性毒性试验的内容。
3. 食品添加剂的日容许摄入量和食品中的最大使用量如何确定？以山梨酸钾为例，试计算其在食品中的最大允许使用量。
4. 试论述食品添加剂使用过程存在的安全隐患。过量摄入食品添加剂将产生哪些危害？
5. 简述食品添加剂的安全性。

参考文献

张俭波，赵丽娟．2006. 食品添加剂暴露量评估方法[J]. 中国食品卫生杂志，18(5)：459 - 463.

DOUGLASS J S，BARRAJ L M，TENNANT D R，et al. 1997，Evaluation of the budget method for screening food additive intakes[J]. Food Additives and Contaminants：Chemistry，Analysis，Control，Exposure & Risk Assessment，14(8)：791 - 802.

第3章

食品添加剂的监管

学习目标

掌握我国对食品添加剂的管理办法，学会查阅《食品添加剂使用标准》(GB 2760—2011)和《食品营养强化剂使用标准》(GB 14880—2012)；了解美国、日本、FAO/WHO、欧盟等国家和组织对食品添加剂管理的法律、法规。

了解食品添加剂管理的相关法规，正确使用食品添加剂对于食品安全、社会稳定具有重要的意义。但不同国家和地区制定了各自的食品添加剂法律法规。

3.1 FAO/WHO对食品添加剂的监管

1962年，FAO与WHO联合成立了食品法典委员会(CAC)，是世界上第一个协调国际食品标准法规的国际组织，其在保护消费者健康和促进国际间公平食品贸易方面发挥了重要作用。CAC制定的标准致力于保护各国消费者的健康安全，维护国际间公平的食品贸易，为各国食品标准的制定提供重要的科学参考依据。自1961年第11届粮农组织大会和1963年第16届世界卫生大会分别通过了创建CAC的决议以来，已有173个成员国和1个成员国组织(欧盟)加入该组织，覆盖全球99%的人口。CAC下设秘书处、执行委员会、6个地区协调委员会、21个专业委员会(包括10个综合委员会、11个商品委员会)和1个政府间特别工作组。

CAC于1962年设立的食品添加剂法典委员会(Codex Commission on Food Additives, CCFA)是10个综合委员会中最早成立的，具体负责：规定食品添加剂的最大使用量、功能分类、规格和纯度、食品添加剂分析方法，以及提出JECFA优先评价的食品添加剂名单等相关内容。1988年食品添加剂法典委员会更名为食品添加剂和污染物法典委员会(CCFAC)，并于2005年7月将CCFAC拆分为食品添加剂法典委员会和食品污染物法典委员会。目前，CCFA作为一种松散型的组织，联合国所属机构所通过的决议只能作为建议推荐给各国，作为其制定相关法律文件的参照或参考，而不直接对各国发挥指令性法规的作用。

CAC公布的关于食品添加剂的管理标准有《食品添加剂销售时的标签通用标准》(Codex

Stan 107—1981)、《食品添加剂通用法典标准》(Codex Stan 192—1995)、《食品添加剂参考规格目录》(CAC/MISC 6—2001)、《食品添加剂摄入量的初步评估指南》(CAC/GL 3—1989)等，并根据需要进行不间断地修订。

目前，CAC 为各国提供的主要法规和标准有如下几类：

①允许用于食品的各种食品添加剂的名单，以及它们的毒理学评价结果(ADI 值)。

②各种允许使用的食品添加剂质量指标等规定。

③各种食品添加剂质量指标的通用测定方法。

④各种食品添加剂在食品中允许使用范围和建议用量。

2012 年 3 月 12 ~ 16 日，第 44 届 CCFA 会议在浙江省杭州市举行，是我国担任国际食品添加剂法典委员会主持国以来主办的第六次会议。来自 55 个成员国和 1 个成员组织(欧盟)及 31 个国际组织的 200 余名代表参加了本届会议。本次会议重点研究食品添加剂法典通用标准(GSFA)、食盐标准、JECFA 优先评估的食品添加剂名单、食品添加剂质量规格标准等相关内容。

3.2 其他国家和地区对食品添加剂的监管

3.2.1 美国对食品添加剂的管理

美国是食品添加剂的主要生产国和使用国，其食品添加剂的产值和种类在世界上均位居榜首。对于食品添加剂的生产、销售和使用，美国有一套完善的管理办法。美国食品添加剂的使用应遵循美国 FDA 和美国农业部(USDA)及美国环境保护局颁布的相关法律，具体包括：《联邦食品、药品和化妆品法案》和美国联邦法规(Code of Federal Regulation，CFR)第 21 卷所包括的食品和药品行政法规(US FDA CFR 21 Part 70 ~ 74，80 ~ 82，170 ~ 189)。美国食品用化学品法典(Food Chemicals Codex，FCC)具有"准法律"的地位，是 FDA 评价食品添加剂质量是否达标的一项重要依据。

美国法律规定，由 FDA 直接参与食品添加剂法规的制定和管理。因肉类由美国农业部管理，用于肉和家禽制品的添加剂需得到 FDA 和 USDA 双方的认证；而酒和烟由酒精烟草税收与贸易局(TTB)管理，用于酒、烟的食品添加剂也实行双重管理。食品添加剂立法的基础工作往往由相应的协会承担，如食品香精立法的基础工作由美国食品香料和萃取物制造者协会(FEMA)担任，其安全评价结果得到 FDA 认可后，以肯定列表的形式公布，并冠以 GRAS(一般公认安全)的 FEMA 编码。随着科技进步和毒理学资料的积累，以及现代分析技术的提高，每隔若干年后，食品添加剂的安全性被重新评价和公布。美国食品和药品管理法规第 402 款规定，只有经过评价和公布的食品添加剂才能生产和应用，否则认定为不安全。含有不安全食品添加剂的食品则"不宜食用"，不宜食用的食品禁止销售。美国 FDA 已推出一项新的公认安全物质的通报系统，即由生产企业向 FDA 提交其产品及根据用途属于公认安全物质的报告，FDA 在一定时间内(通常为 180d)，向申请人发函确认或否认所申请物质的公认安全性。

2007 年 9 月 27 日，时任总统布什签署了美国食品与药品管理局 2007 年修正法案

(FDAAA)。该法案增加了新的第417条——“应通报食品注册”，从而对《联邦食品、药品和化妆品法案》做出了修订。第417条要求卫生及公共服务部(部长)在FDA内部建立应通报食品注册系统。通过会议确定应通报食品注册的目的是提供“可靠的机制来追踪伪劣食品情况，以支持FDA将有限的监督资源用于保护公共健康上”。

2011年1月4日，美国总统奥巴马正式签署《FDA食品安全现代化法案》，该法案主要包括提高防御食品安全问题的能力、提高检测和应对食品安全问题的能力、提高进口食品的安全性及其他规定4部分内容。

(1)第一部分　提高防御食品安全问题的能力

授予卫生与人类服务部(HHS，管辖FDA)部长拥有对食品相关记录的审查权限，扩大该部食品安全相关范围。

食品工厂的所有者、经营者或代理人应当评估可能影响工厂生产、加工、包装、贮存食品的危害因素、确定并实施预防性控制措施，以使危害最小化，或是杜绝危害的出现。此外，对于特定设施制定适用外的规定。

部长应发布：①降低食源性污染风险的指导文件；②基于已知安全风险，设定生鲜蔬菜和水果的安全生产与收获的最低标准，此外，部长拥有可对规定之外的变更的全部或部分批准的权限。

部长须按要求进行评估并收取费用，包括：①食品设施的复检；②食品的义务召回；③自愿参与规定的进口商的进口活动费用；④进口商的复检。

部长应指示制定在自愿的基础上使用，且用于控制学校及早期教育机构中食品过敏症和过敏反应风险的导则。

(2)第二部分　提高检测和应对食品安全问题的能力

部长应当要求：①根据食品设施和进口食品的已知安全风险，识别高风险设施，并分配设施检验资源；②对美国境内或欲出口到美国境内的食品，设立产品履历追踪系统。

部长应当通过疾病预防控制中心，进行食源性疾病数据的收集、分析、报告和应用以提高监控系统。

部长拥有强制食品召回权。

(3)第三部分　提高进口食品的安全性

美国进口商应当执行基于风险之国外供应商的风险审核活动，以验证此进口的食品生产符合危险分析与食品安全的要求，且非掺假食品或贴错标签的食品。

自愿参与的美国进口商可根据部长制订的计划要求按规定加快食品的审查和进口。

部长有要求提供证明的权力：①进口食品应提供符合本法适用要求的证明；②可以和国外政府及登记备案的国外食品机构签订协议，以便于检验。若食品工厂的所有者、经营者、代理人或者国外政府拒绝美方指定人员进厂检验，该类食品不准进入美国。

部长应当建立一个认可的认证机构体系，授权第三方审计机构，以证明食品出口到美国的国外机构是否符合本法的适用要求。

3.2.2　欧盟对食品添加剂的管理

食品是国民经济重要的组成部分，欧盟通过立法实现所有成员国实施统一的食品添加剂标准、使用和监管制度。欧盟各成员国对食品添加剂的立法已有多年，旨在实现双重目标——为其消费者提供高水平的保护措施，以及成为一个完全开放的统一市场。

欧盟内部促使食品添加剂法规一体化的过程是一个漫长的过程，欧盟食品添加剂法规具体的发展历程或框架见图 3-1。大致经历了 3 个阶段：

阶段一：早期欧盟有关食品添加剂的立法集中于单一功能类别食品添加剂，第一个指令是 1962 年颁布的色素指令和欧盟食品添加剂编码系统，后续的食品添加剂法规包括防腐剂(1964)、抗氧化剂(1970)以及乳化剂、稳定剂、增稠剂和胶凝剂(1974)。各成员国认可这些法规是一个缓慢的过程，导致这些指令仅仅局限于对允许使用的食品添加剂的规格进行说明，各成员国允许对这些食品添加剂的使用范围和最大使用量进行规定和立法。

阶段二：为了避免各成员国的食品添加剂管理和使用条件的差异阻碍食品的自由贸易，创建一个公平竞争环境以促进自由贸易市场的建立和完善。这些努力在 1988 ~ 1995 年取得突破，确立了以 89/107/EEC 食品添加剂通用要求指令的纲领性文件，并基于欧盟食品添加剂框架指令(89/107/EEC)制定了 3 个单一性食品添加剂指令和支持指令的添加剂纯度标准：食用色素指令(94/36/EC)和食用色素纯度标准(95/45/EC)、甜味剂指令(94/35/EC)和甜味剂纯度标准(95/31/EC)、其他食品添加剂指令(95/2/EC)和其他食品添加剂纯度标准(96/77/EC)。

阶段三：2008 年 12 月 16 日，欧盟委员会通过了提升食品品质的一系列食品添加物的法规，包括：食品添加剂、食品酶制剂、食用香料的法规及食品添加剂、酶制剂和香料的认证程序。

(EC) No 1331/2008 食品添加剂、酶制剂及食用香料的通用认证程序法规，该法规提供了一个高效的、集中的、透明的、具有固定期限的食品添加剂、食用酶制剂和食用香料及赋香食品配料的认证批准过程，该法规已于 2010 年 12 月 16 日正式生效。

(EC) No 1332/2008 法规涵盖了 83/417/EEC、(EC) No 1493/1999、2000/13/EC、2001/112/EC 及(EC) No 258/97 等多部法规，创建了酶制剂评价和认证的统一规则。该法规已于 2009 年 1 月 20 日生效。欧盟各国有关食品酶制剂及含食品酶制剂食品的使用和销售相关规定在各自国家内仍然有效直到采纳欧盟的食品酶制剂名录。

(EC) No 1333/2008 食品添加剂法规强化了食品安全和消费知情的原则，它采纳了一种更加高效、简化的食品添加剂专家委员会认证程序，又称“权力下放”程序。该法规将所有食品添加剂法规合并成一个法规，方便了消费者和从业者的使用。除了过渡期的增补规定，该法规已在 2010 年 1 月 20 日生效。

(EC) No 1334/2008 食用香料及具有赋香功能的部分食品配料法规涵盖了(EEC) No 1601/91、(EC) No 2232/96、(EC) No 110/2008 及 2000/13/EC 等多部法规，该法规是将最新的科学建议融入现行法规中，该法规已于 2010 年 1 月 20 日生效，但由于食用香料正在执行相关共同体程序，因此，法规(EC) No 2232/96 将继续有效直到采用欧盟委员会的香料名录为止。

食品添加剂过渡期增补规定，根据(EC) No 1333/2008 法规的第 30 款，在 94/35/EC，94/36/EC 及 95/2/EC 指南允许使用的食品添加剂及其使用条件将并入该法案的食品添加剂名录的附件Ⅱ。在结束这些添加剂的通用和特殊使用条件之前必须先经过复审。

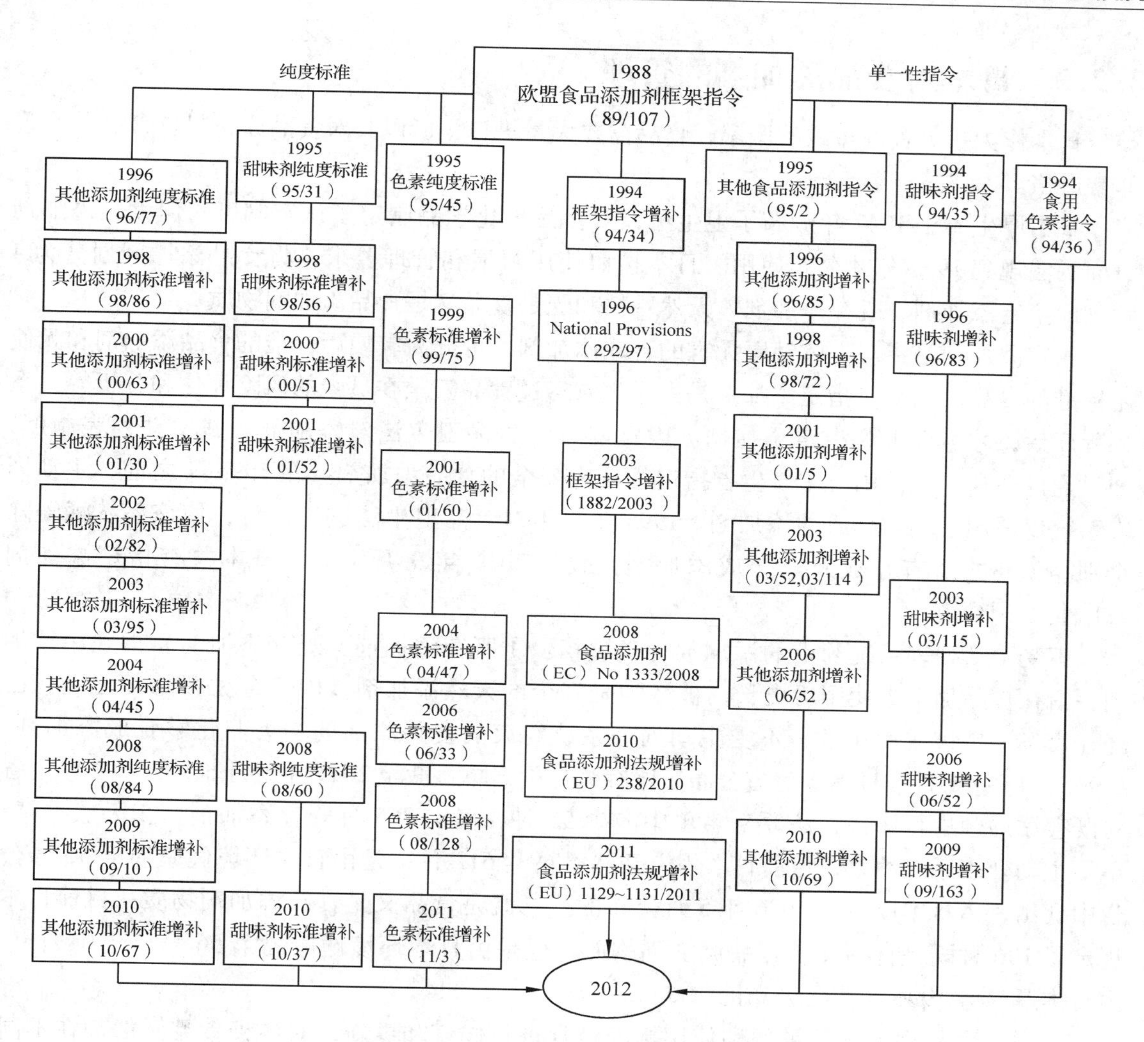

图 3-1 欧盟食品添加剂法规框架(不包括食品用香料)

在 94/35/EC，94/36/EC 及 95/2/EC 等法规中已经允许使用的食品添加剂将继续被允许使用，直到复审定稿以及已经转移到新法规的附录Ⅱ部分的添加剂肯定列表名录中。必要时，在欧盟食品添加剂肯定列表名录定稿之前，该附录可以按专家委员会程序(comitology procedure)进行增补或修订。

2011 年 11 月 14 日，欧盟委员会通过两部食品添加剂使用新法规，其中一部法规列出了某些添加剂的名单，此法规将从 2013 年 6 月起生效；另一部法规对食品成分中所含酶制剂、调味剂等添加剂和营养成分作出了相关规定，该法规将在欧盟通过官方公报正式公布 20d 后生效。新法规一是规定了添加剂可被加入食品的特定情形；二是根据不同的食品类别分别列明可用的添加剂名单，以更清楚地显示每一类食品中可以使用的添加剂；三是设定了食品添加剂安全需重新评估的项目；四是设定了申请使用新食品添加剂的指南和介绍。

3.2.3 日本对食品添加剂的管理

日本作为一个资源短缺的国家，食品需要大量进口，所以其对食品原材料及食品的监管非常严格。

日本厚生省于1947年颁布了卫生法，对食品中化学品制定了认定制度，但食品添加剂方面的法规到1957年才公布使用。日本按照使用习惯和管理要求，将食品添加剂划分为4种，即指定添加剂、既存添加剂、天然香精和既是食品又是食品添加剂物质。

指定添加剂是指对人体健康无害的合成添加剂，可分为有使用标准的食品添加剂和无使用标准的食品添加剂。指定添加剂是由厚生省经过食品安全委员会的风险评估和分析等一系列程序后，才可审批为指定添加剂。1947年日本食品卫生法对添加剂实施主动列表制度，即只允许在食品中使用日本厚生省指定的认为安全的食品添加剂。在1995年之前，主动列表系统仅适用于化学合成的添加剂。1995年日本对食品卫生法进行修订，使该系统涵盖除个别豁免外的所有合成及非合成添加剂。截至2011年9月1日，日本共有指定添加剂421种。

不受主动列表系统约束的添加剂种类包括：①既存添加剂：既存添加剂亦指现用添加剂，指在食品加工中使用历史长，被认为是安全的天然添加剂。1995年法规修订之前，已经在市场上销售或使用的、不受主动列表系统约束的食品添加剂均为非化学合成添加剂。1996年4月16日，日本厚生省公布了既存添加剂名单。截至2011年5月6日，日本厚生省对既存添加剂进行修订，从原来名单中减少55种，确定365种既存添加剂。②天然香精：不受主动列表系统约束，目前日本规定天然香精共612种，是由日本环境健康局第56号公告中列出，由日本厚生省1996年5月公布的。③既是食品又是食品添加剂物质：目前日本规定了106种既是食品又是食品添加剂物质，也是由日本环境健康局第56号公告中列出，由日本厚生省1996年5月公布的。

日本对食品添加剂的种类和使用标准经常进行修订和更新，对各种食品添加剂在不同种类食品中的具体添加剂限量都进行详细规定。2004年2月，日本实施新修订的《食品卫生法》，对食品添加剂的管理更加严格。新《食品卫生法》规定，食品添加剂申请扩大使用范围，必须经过新成立的隶属内阁政府的食品安全委员会批准。2011年日本厚生省发布了最新食品添加剂使用标准和指定食品添加剂名单，它们分别在2011年9月1日和2011年9月5日生效。日本新的食品添加剂使用标准包括通用使用标准和具体使用标准，通用使用标准规定了复合食品添加剂中如含有已建立使用标准的添加剂成分，则该复合添加剂按该成分的既有标准执行。由含某些特定添加剂的食品配料或食品加工而成的某些特定食品，视为该添加剂应用于此类特定食品。而日本食品添加剂具体使用标准，其内容覆盖全面且种类划分详细，几乎覆盖到所有食品，并且针对不同食品种类，具体设定有不同的添加剂使用标准。

3.3　我国对食品添加剂的监管

3.3.1　我国食品添加剂的监管

中华人民共和国卫生部于2011年4月详细介绍了我国对食品添加剂的监管及相关知识。

3.3.1.1　我国食品添加剂管理状况

目前，我国与国际食品法典委员会和其他发达国家对食品添加剂的管理措施基本一致，有一套完善的食品添加剂监督管理和安全性评价制度。列入我国国家标准的食品添加剂，均进行了安全性评价，并经过食品安全国家标准审评委员会食品添加剂分委会严格审查，公开向社会及各有关部门征求意见，确保其技术必要性和安全性。

(1)食品添加剂监管职责分工

根据《食品安全法》及其实施条例的规定和部门职责分工，卫生部负责食品添加剂的安全性评价和制定食品安全国家标准；质量监督检验检疫总局负责食品添加剂生产和食品生产企业使用食品添加剂监管；工商部门负责依法加强流通环节食品添加剂质量监管；食品药品监督管理局负责餐饮服务环节使用食品添加剂监管；农业部门负责农产品生产环节监管工作；商务部门负责生猪屠宰监管工作；工信部门负责食品添加剂行业管理、制定产业政策和指导生产企业诚信体系建设。

(2)食品添加剂生产经营的主要监管制度

为贯彻落实《食品安全法》及其实施条例，加强食品添加剂的监管，按照《关于加强食品添加剂监督管理工作的通知》(卫监督发〔2009〕89号)和《关于切实加强食品调味料和食品添加剂监督管理的紧急通知》(卫监督发〔2011〕5号)的要求，各部门积极完善食品添加剂相关监管制度。

在安全性评价和标准方面，制定了《食品添加剂新品种管理办法》《食品添加剂新品种申报与受理规定》《食品添加剂使用标准》(GB 2760—2011)。

在生产环节，制定了《食品添加剂生产监督管理规定》《食品添加剂生产许可审查通则》。

在流通环节，制定了《关于进一步加强整顿流通环节违法添加非食用物质和滥用食品添加剂工作的通知》和《关于对流通环节食品用香精经营者进行市场检查的紧急通知》。

在餐饮服务环节，出台了《餐饮服务食品安全监督管理办法》《餐饮服务食品安全监督抽检规范》和《餐饮服务食品安全责任人约谈制度》，严格规范餐饮服务环节食品添加剂使用行为。

3.3.1.2　食品添加剂使用标准

食品添加剂的主要标准包括使用标准和产品标准。

《食品添加剂使用标准》(GB 2760—2011)规定了我国食品添加剂的定义、范畴、允许使用的食品添加剂品种、使用范围、使用量和使用原则等，要求食品添加剂的使用不应掩盖食品本身或者加工过程中的质量缺陷，或以掺杂、掺假、伪造为目的使用食品添加剂。食品添加剂按功能分为 23 个类别。GB 2760—2011 包括 2 563 种食品添加剂，其中加工助剂 159 种，食品用香料 1 868 种，胶姆糖基础剂物质 55 种，其他类别的食品添加剂 334 种。此外，我国还制定了《食品营养强化剂使用标准》(GB 14880—2012)，对食品营养强化剂的定义、使用范围、用量等内容进行了规定。目前，允许使用的食品营养强化剂约 127 种。

食品添加剂产品标准规定了食品添加剂的鉴别试验、纯度、杂质限量以及相应的检验方法。2010 年卫生部制定发布了 95 项食品添加剂产品标准。对于尚无产品标准的食品添加剂，根据卫生部、质量监督检验检疫总局等九部门《关于加强食品添加剂监督管理工作的通知》(卫监督发〔2009〕89 号)规定，其产品质量要求、检验方法可以参照国际组织或相关国家的标准，由卫生部会同有关部门指定。

3.3.1.3 食品添加剂产品标准

卫生部 2011 年第 11 号公告规定，生产企业建议指定产品标准的食品添加剂，应当属于已经列入《食品添加剂使用标准》(GB 2760—2011)或卫生部公告的单一品种食品添加剂(包括食品添加剂、加工助剂、食品用香料，不包括复配食品添加剂)。对于尚无国际标准或国外标准可参考的，拟提出指定标准建议的生产企业应当向中国疾病预防控制中心营养与食品安全所提交书面及电子版材料，包括指定标准文本、编制说明及参考的国际组织或相关国家标准。指定标准文本应当包含质量要求、检验方法，其格式应当符合食品安全国家标准的要求。

3.3.1.4 食品添加剂生产许可

《食品安全法》规定，国家对食品添加剂的生产实行许可制度，申请食品添加剂生产许可的条件、程序，按照国家有关工业产品生产许可证管理的规定执行。《工业产品生产许可证管理条例》第 9 条则规定了企业取得生产许可证的 7 个条件，其中第一款明确规定申请企业应当有营业执照。质监部门执行时，应进一步确认营业执照的经营范围应当包括食品添加剂的生产。

依据《工业产品生产许可证管理条例》和《食品添加剂生产监督管理规定》，取得生产许可，应当具备的条件包括：①合法有效的营业执照；②生产食品添加剂相适应的专业技术人员；③生产食品添加剂相适应的生产场所、厂房设施；其卫生管理符合卫生安全要求；④生产食品添加剂相适应的生产设备或者设施等生产条件；⑤生产食品添加剂相适应的符合有关要求的技术文件和工艺文件；⑥健全有效地质量管理和责任制度；⑦生产食品添加剂相适应的出厂检验能力；产品符合相关标准以及保障人体健康和人身安全的要求；⑧符合国家产业政策的规定，不存在国家明令淘汰和禁止投资建设的工艺落后、耗能高、污染环境、浪费资源的情况；⑨法律、法规规定的其他条件。

3.3.1.5 违法使用非食用物质加工食品案件的查办和惩治

为加大对违法使用非食用物质加工食品行为的打击力度，切实维护广大人民群众的健康权益，最高人民法院、最高人民检察院、公安部、司法部联合印发了《关于依法严惩危害食品安全犯罪活动的通知》(法发〔2010〕38 号)。卫生部会同公安部等六部门下发了《关于加强违法使用非食用物质加工食品案件查办和移送工作的通知》。

3.3.2　我国食品添加剂的法律、法规

为保证食品质量安全，卫生部等职能部门采取了一系列管理措施，并制定了有关食品添加剂的法律、法规，对食品添加剂的使用和生产进行严格管理。自新中国成立以来，经过60 年的发展，我国有关食品添加剂管理法规和标准的发展已经初具规模。我国食品添加剂法律、法规发展历程见图 3-2。

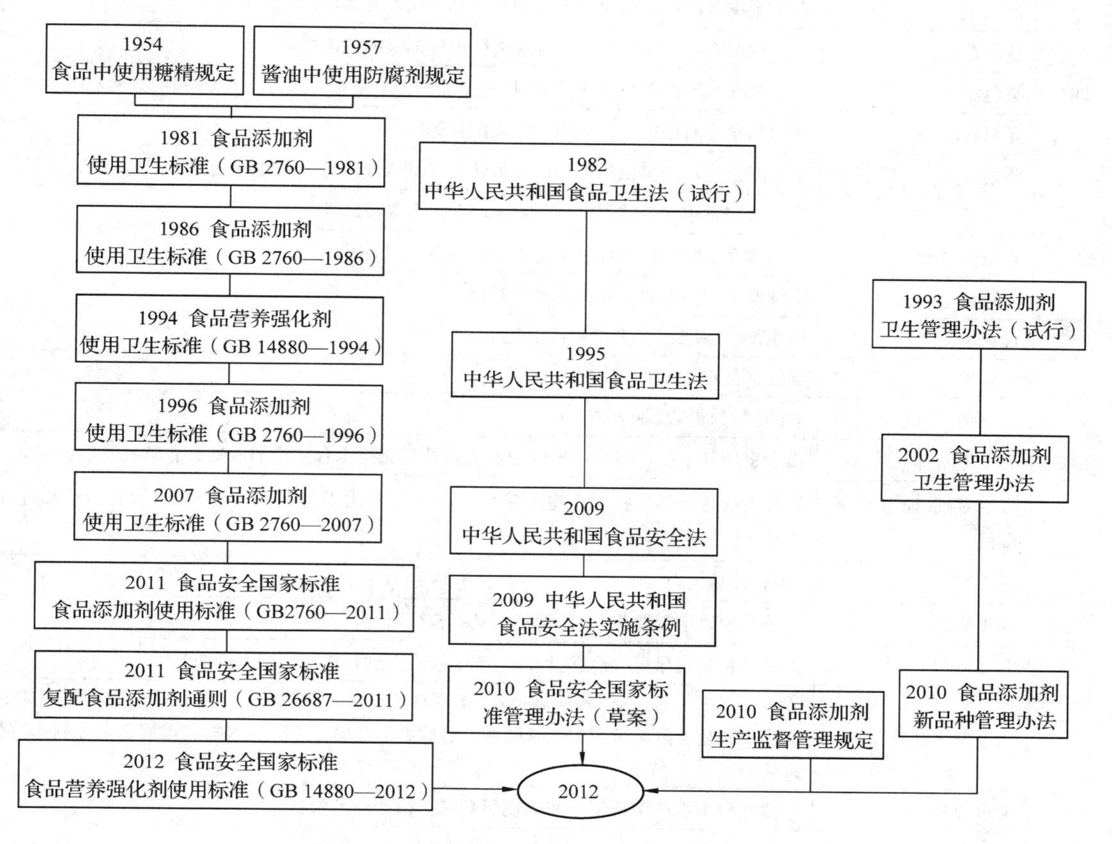

图 3-2　我国食品添加剂法律、法规发展历程

上述法律、法规的颁布和实施，为我国食品添加剂的管理奠定了法律基础和组织保证，逐步形成了现行管理法规与标准体系。

案例分析

食品安全事件剖析

近年来，披露曝光的重大食品安全事件，既有非食用物质(如苏丹红、三聚氰胺、瘦肉精等)所致，也有超范围、超量滥用食品添加剂所产生的(如染色馒头事件)。通过对 2001 ~ 2011 年所发生的重大食品安全事件的梳理(表 3-1)，其中，添加非食用物质的案例超过了90%，有些还屡次发生。滥用食品添加剂所导致的食品安全事件也层出不穷。为打击在食品

生产、流通、餐饮服务中违法添加非食用物质和滥用食品添加剂的行为，保障消费者健康，全国打击违法添加非食用物质和滥用食品添加剂专项整治领导小组自2008年到2011年6月以来陆续发布了6批《食品中可能违法添加的非食用物质和易滥用的食品添加剂名单》(表3-2，表3-3)。

表3-1 2001~2011年食品安全事件汇总

年份	事　件	概　述
2001	毒瓜子	在瓜子中非法使用工业润滑油增加产品的表面光泽度
	瘦肉精	广东河源484名市民因消费含瘦肉精饲料饲喂的猪肉中毒
	染色黄鱼	浙江某些水产经营户用化学染料“王金黄”染色黄鱼
	龙口粉丝	龙口粉丝含有吊白块，即甲醛次硫酸氢钠
	陈馅月饼	南京某公司对未售出的月饼回收取馅，翻炒入库冷冻，来年继续加工产品销售
2002	假白糖	浙江金华发现9.5吨假白糖(蔗糖30%，硫酸镁30%)
	荔枝保鲜剂	使用含有大量硫酸的保鲜剂对荔枝进行保鲜处理
	假蜂蜜	漯河某公司白糖水+盐酸生产人造蜂蜜
2003	毒花生	山东烟台“桃红”工业染料浸泡花生米
	毒狗肉	浙江嘉县48t含氰化物狗肉
	毒火腿	农药“敌敌畏”浸泡火腿原料
	假冒黑木耳	山东枣庄某干货市场使用墨汁浸泡大木耳冒充黑木耳，添加硫酸铜和硫酸镁防虫保鲜
	卤制品添加酸性橙事件	浙江温州苍南县某些工厂违法使用焦糖色素和化工原料酸性橙生产“乡巴佬”系列卤制品
	毒海带	“碱性品绿”浸泡海带
2004	大头娃娃	劣质乳粉致阜阳婴儿“重度营养不良综合征”
	龙口粉丝	玉米淀粉替代绿豆/豌豆淀粉，生产过程使用过氧化苯甲酰、碳酸氢铵
	用毛发水制造酱油	2004年1月5日，《每周质量报告》报道湖北省荆州市某调味品厂在毛发中大量添加氢氧化钠和盐酸熬制所谓的氨基酸液，然后添加红糖、工业肠衣盐和焦糖色素等制作“酿造酱油”，以次充好
	染色虾米	广西北海市水产市场部分摊点使用亮藏花精给虾米染色
	利用非食品原料生产食用明胶案	四川省崇州市某明胶厂以皮革废料为原料，使用工业硫化钠、双氧水等制备食用明胶
	凉果非法使用非食品添加剂	广东省质监局发现普宁市某凉果加工企业使用保险粉、硝酸铵、苯甲酸、乙二胺四乙酸二钠漂白凉果，其中硝酸铵为非食品添加剂，苯甲酸和乙二胺四乙酸二钠两种添加剂国家标准不允许用于凉果加工中
	双氧水漂白开心果事件	广东两家开心果生产厂家使用工业双氧水“漂白”开心果
	石蜡冒充牛油事件	重庆市某食品厂生产的重庆火锅底料违禁添加石蜡冒充牛油
	工业盐腌制泡菜	四川彭州出现用工业盐腌制泡菜，中途喷洒敌敌畏防腐

（续）

年份	事件	概述
2005	苏丹红	从辣椒酱、辣腐乳、酱腌菜，到肯德基新奥尔良烤翅、长沙坛坛香牌风味辣椒萝卜、河南某品牌辣椒粉以及方便面里相继被检出了“苏丹红”(一号)
	“化学牛乳”“人造牛乳”事件	山东省淄博市某食品有限公司生产的“纯鲜奶”和“纯牛奶”是用水、糖、香精、“人造蛋白”等与牛奶毫无关联的物质调配而成
	一氧化碳熏制金枪鱼	上海对进口金枪鱼经常采用一氧化碳熏制来代替超低温冷冻链进行保鲜。金枪鱼用一氧化碳熏制后，即使鱼肉已不新鲜，但仍能保持鲜红
	防腐剂超标事件	国家质量监督检验检疫总局(以下简称“国家质检总局”)对酱卤类肉制品(酱肘子、酱猪耳、酱肉、扒鸡、卤鸡翅、凤爪等)质量进行了国家监督抽查，共抽查了9个省、直辖市的39家企业的40种产品，合格24种，产品抽样合格率为60.0%，不合格原因，一是防腐剂和着色剂超标严重，二是复合磷酸盐超标
	铅铬绿污染碧螺春茶叶事件	苏州市场和浙江丽水发现近1 000kg添加工业色素“铅铬绿”制作的假“碧螺春”，重金属严重超标
	果脯“封杀”事件	广东省潮安县部分企业生产的果脯、蜜饯因二氧化硫残留量超标半年内累计17次被北京市工商局全面封杀
	孔雀石绿事件	内地出口到香港的淡水鱼含有孔雀石绿
2006	可乐含苯事件	如果碳酸饮料同时含有苯甲酸钠(防腐剂)与维生素C(抗氧化剂)这两种成分，可能会产生相互作用生成苯，而苯是致癌物
	瘦肉精	上海市发生多起因食用猪内脏、猪肉导致的疑似瘦肉精食物中毒事件，逾300人到医院就诊
	“苏丹红”鸭蛋	采用苏丹红Ⅳ添加到饲料中饲喂鸡鸭，产生含苏丹红的红心鸡蛋和鸭蛋
	工业火碱、工业盐酸	山东省济南市无照经营者利用工业火碱、工业盐酸加工翅丝和蹄筋
	多宝鱼事件	多宝鱼多种抗生素超标
2007	白酒含糖精钠	某知名品牌白酒含糖精钠，糖精钠只允许在调配酒中添加
	“王金黄”浸染豆腐皮案件	广东省中山市对某豆腐加工店进行检查时发现该店使用“王金黄”浸染豆腐
	薯片溴酸钾超标事件	2007年12月，国家质检总局通报某品牌薯片于2006年7月进境时抽检出含有溴酸钾；2008年1～2月，该品牌薯片在进境时再次被查出含有溴酸钾
	茶叶炒制中添加滑石粉	浙江省嵊州市某茶叶有限公司在茶叶炒制中违规添加滑石粉
	双氧水加工肉制品	陕西省咸阳市某些熟肉加工点使用双氧水对生肉进行漂白、清洗，然后加入工业盐经高温加热后制成熟肉制品销售
2008	人造红枣进疆	酱油对青枣着色，糖精钠和甜蜜素调味
	甲醛浸泡太湖银鱼	无锡市消费者买到经高浓度甲醛溶液浸泡的银鱼，这种银鱼外表可以拨出一层清晰的皮状物，炒熟后韧性十足，嚼如橡胶
	二噁英污染食品事件	2008年12月7日，爱尔兰官方初步认定，一家饲料加工厂利用回收原料加工饲料时未按规定使用食用油处理面包干和面团等原料，而是使用了工业用机油，让猪肉受到了二噁英的污染

（续）

年份	事　　件	概　　述
2008	鸭脖子非法添加酸性橙事件	武汉工商部门查处了几家卤鸭“黑作坊”，这些作坊为使卤鸭子着色均匀，便于销售，使用酸性橙进行着色
	窝窝头中非法添加柠檬黄事件	杭州市工商行政管理局会同杭州市卫生局对杭州市区的超市和现场加工销售点进行窝窝头专项整治，抽样检测，发现：杭州市场的27批次产品有8批次产品检出柠檬黄
	辣椒酱中非法使用食品添加剂事件	重庆一家食品制作工厂为了使辣椒酱看起来颜色更鲜艳而大量添加增稠剂、胭脂红和日落黄
	工业醋酸勾兑米醋案件	北京市昌平工商局在白庙村捣毁了一个制售假酱油醋的黑窝点，用工业醋酸简单勾兑就成了米醋
	葡萄酒甜味剂超标事件	深圳市工商局公布了2008年1季度流通领域葡萄酒质量监测情况，共抽检葡萄酒79批次，合格产品68批次，合格率为86.0%，主要不合格项目为超范围添加甜蜜素、安赛蜜、糖精钠等人工合成甜味剂
	矿泉水溴酸钾超标事件	2008年7月，国家质检总局在已经进行了监测的104种瓶装水中发现有13种产品溴酸盐含量超过《生活饮用水卫生标准》的限量要求
	三聚氰胺	三鹿乳业因产品非法添加三聚氰胺而宣布倒闭
2009	OMP牛奶	某知名公司在牛乳产品中添加造骨牛奶蛋白（OMP），但我国未对OMP的安全性作出明确规定
	皮革水解蛋白配制乳粉事件	浙江某公司用皮革水解蛋白配制乳粉提高蛋白质含量
	腐竹	2009年北京市工商局查处了11家违规添加吊白块的腐竹企业
	二亚硫酸钠漂白豆芽事件	扬州市某批发市场中的商贩使用含二亚硫酸钠的白色粉末漂白豆芽
	荧光增白剂加工蘑菇	南宁市市场上的蘑菇白嫩光滑，卖相十足，经调查非法添加了荧光增白剂
	硼酸作食品防腐剂和膨松剂	安徽省铜陵市部分面制品含有非法添加的硼酸、硼砂，用于增加食品的韧性、弹性
	面包中使用溴酸钾	湖北、福建、北京、广东等地不法商贩为了使面包增筋并保持较好的卖相，在制造过程中使用溴酸钾
	三聚氰胺	在青海省一家乳制品厂，检测出三聚氰胺超标达500余倍，而原料来自河北等地
	麦乐鸡事件	美国出售的麦乐鸡，含有泥胶和石油成分的化学物质
	女婴“早熟”事件	武汉先后出现3例女婴因食用乳粉而出现性“早熟”现象
2011	瘦肉精	用含瘦肉精的饲料饲喂的生猪成为某知名品牌冷鲜肉、肉制品的原料
	染色馒头	上海某食品有限公司生产的三种“高庄牌”白馒头、玉米馒头和黑米馒头非法添加食用色素和甜味剂
	万能牛肉膏	“牛肉膏”添加剂可以将鸡肉、猪肉加工成“牛肉”，已在一些小吃店成为“公开的秘密”。25kg猪肉冒充牛肉可节省近千元成本。广东佛山有商家在猪肉中添加硼砂假冒牛肉，涉案假牛肉逾1.6万kg
	塑化剂风波	台湾某公司制售的食品添加剂“起云剂”含有化学成分邻苯二甲酸（2－乙基己基）酯（DEHP），该“起云剂”已用于运动饮料、果汁、茶饮料、果酱果浆、胶淀粉类产品或食品添加剂

表 3-2　食品中可能违法添加的非食用物质名单

序号	名　　称	可能添加的食品品种
1	吊白块	腐竹、粉丝、面粉、竹笋
2	苏丹红	辣椒粉、含辣椒类的食品(辣椒酱、辣味调味品)
3	王金黄、块黄	腐皮
4	蛋白精、三聚氰胺	乳及乳制品
5	硼酸与硼砂	腐竹、肉丸、凉粉、凉皮、面条、饺子皮
6	硫氰酸钠	乳及乳制品
7	玫瑰红 B	调味品
8	美术绿	茶叶
9	碱性嫩黄	豆制品
10	工业用甲醛	海参、鱿鱼等干水产品、血豆腐
11	工业用火碱	海参、鱿鱼等干水产品、生鲜乳
12	一氧化碳	金枪鱼、三文鱼
13	硫化钠	味精
14	工业硫磺	白砂糖、辣椒、蜜饯、银耳、龙眼、胡萝卜、姜等
15	工业染料	小米、玉米粉、熟肉制品等
16	罂粟壳	火锅底料及小吃类
17	革皮水解物	乳与乳制品、含乳饮料
18	溴酸钾	小麦粉
19	β－内酰胺酶(金玉兰酶制剂)	乳与乳制品
20	富马酸二甲酯	糕点
21	废弃食用油脂	食用油脂
22	工业用矿物油	陈化大米
23	工业明胶	冰淇淋、肉皮冻等
24	工业酒精	勾兑假酒
25	敌敌畏	火腿、鱼干、咸鱼等制品
26	毛发水	酱油等
27	工业用乙酸	勾兑食醋
28	肾上腺素受体激动剂类药物(盐酸克伦特罗，莱克多巴胺等)	猪肉、牛羊肉及肝脏等
29	硝基呋喃类药物	猪肉、禽肉、动物性水产品
30	玉米赤霉醇	牛羊肉及肝脏、牛奶
31	抗生素	猪肉
32	镇静剂	猪肉
33	荧光增白物质	双孢蘑菇、金针菇、白灵菇、面粉

（续）

序号	名　称	可能添加的食品品种
34	工业氯化镁	木耳
35	磷化铝	木耳
36	馅料原料漂白剂	焙烤食品
37	酸性橙Ⅱ	黄鱼、鲍汁、腌卤肉制品、红壳瓜子、辣椒面和豆瓣酱
38	氯霉素	生食水产品、肉制品、猪肠衣、蜂蜜
39	喹诺酮类	麻辣烫类食品
40	水玻璃	面制品
41	孔雀石绿	鱼类
42	乌洛托品	腐竹、米线等
43	五氯酚钠	河蟹
44	喹乙醇	水产养殖饲料
45	碱性黄	大黄鱼
46	磺胺二甲嘧啶	叉烧肉类
47	敌百虫	腌制食品
48	邻苯二甲酸酯类物质，主要包括：邻苯二甲酸二(2－乙基)己酯(DEHP)、邻苯二甲酸二异壬酯(DINP)、邻苯二甲酸二苯酯、邻苯二甲酸二甲酯(DMP)、邻苯二甲酸二乙酯(DEP)、邻苯二甲酸二丁酯(DBP)、邻苯二甲酸二戊酯(DPP)、邻苯二甲酸二己酯(DHXP)、邻苯二甲酸二壬酯(DNP)、邻苯二甲酸二异丁酯(DIBP)、邻苯二甲酸二环己酯(DCHP)、邻苯二甲酸二正辛酯(DNOP)、邻苯二甲酸丁基苄基酯(BBP)、邻苯二甲酸二(2－甲氧基)乙酯(DMEP)、邻苯二甲酸二(2－乙氧基)乙酯(DEEP)、邻苯二甲酸二(2－丁氧基)乙酯(DBEP)、邻苯二甲酸二(4－甲基－2－戊基)酯(BMPP)等	乳化剂类食品添加剂、使用乳化剂的其他类食品添加剂或食品等

表 3-3　食品中可能滥用的食品添加剂品种名单

序号	食品品种	可能易滥用的添加剂品种
1	渍菜(泡菜等)、葡萄酒	着色剂(胭脂红、柠檬黄、诱惑红、日落黄)等
2	水果冻、蛋白冻类	着色剂、防腐剂、酸度调节剂(己二酸等)
3	腌菜	着色剂 、防腐剂、甜味剂(糖精钠、甜蜜素等)
4	面点、月饼	乳化剂(蔗糖脂肪酸酯等、乙酰化单甘脂肪酸酯等)、防腐剂、着色剂、甜味剂
5	面条、饺子皮	面粉处理剂
6	糕点	膨松剂(硫酸铝钾、硫酸铝铵等)、水分保持剂(磷酸钙、焦磷酸二氢二钠等)、增稠剂(黄原胶、黄蜀葵胶等)、甜味剂(糖精钠、甜蜜素等)

（续）

序号	食品品种	可能易滥用的添加剂品种
7	馒头	漂白剂（硫磺）
8	油条	膨松剂（硫酸铝钾、硫酸铝铵）
9	肉制品和卤制熟食、腌肉料和嫩肉粉类产品	护色剂（硝酸盐、亚硝酸盐）
10	小麦粉	二氧化钛、硫酸铝钾、滑石粉
11	臭豆腐	硫酸亚铁
12	乳制品（除干酪外）	防腐剂（山梨酸、纳他霉素）
13	蔬菜干制品	硫酸铜
14	酒类	甜味剂（甜蜜素、安赛蜜）
15	面制品和膨化食品	硫酸铝钾、硫酸铝铵
16	鲜瘦肉	胭脂红
17	大黄鱼、小黄鱼	柠檬黄
18	陈粮、米粉等	焦亚硫酸钠
19	烤鱼片、冷冻虾、烤虾、鱼干、鱿鱼丝、蟹肉、鱼糜等	亚硫酸钠

从近十年的食品安全事件可见，我国食品安全事件的特点是：①非法使用非食用物质，如三聚氰胺、苏丹红Ⅰ和苏丹红Ⅳ、瘦肉精、增塑剂、敌敌畏；②超量或超范围滥用食品添加剂，如糖精钠，柠檬黄等食品添加剂；③假冒伪劣追求高额利润，如阜阳大头娃娃事件、牛肉膏事件；④类似食品安全事件重复出现，如2001年、2006年、2009年出现的瘦肉精事件。

“食品工业是道德工业”，除表3-1中的食品安全事件外，食品中出现异物、杂物的报道，如肉制品中出现肠衣、铝扣等，透露出食品生产可能存在回料加工的现象。食品企业内部管理薄弱，从业人员道德水平亟待提高，守法意识亟待加强，全程监管亟待深入，从业信用机制和退出机制的建设是我国食品安全全面提升所需解决的问题。

思考题

1. 食品添加剂新品种申请需要提供哪些资料？
2. 食品添加剂生产企业需具备哪些条件？
3. 申请食品添加剂生产许可时需提交哪些资料？
4. 比较我国与美国、欧盟、日本的食品添加剂管理法规的异同点。
5. 美国允许使用的腌制和酸渍剂有哪些？这些物质在我国如何管理？
6. 我国管理食品添加剂的生产和使用的法律、法规有哪些？

参考文献

“爱健康　喝果汁——果蔬汁饮料行动计划”市场活动工作组．2011．我国果蔬汁饮料消费者调查分析报告[R].
陈颖，徐建中. 2005. 亚硝酸盐食物中毒的调查及其预防对策[J]. 职业与健康，10(21)：1498－1499.
陈正行，狄济乐. 2002. 食品添加剂新产品与新技术[M]. 南京：江苏科学技术出版社.
方艳玲，方艳敏. 2005. 肉类食品添加剂中亚硝酸盐的监测[J]. 中国热带医学，5(7)：1526－1527.
高彦祥，方政. 2005. 酶解锦橙皮渣制取饮料混浊剂的研究[J]. 食品科学，26(4)：193－197.
顾振宇，韩剑众，蒋进宁. 2006. 食品安全标识(标签)对消费者心理的影响研究[C]. 食品感官科学前沿与发展——首届我国食品感官科学学术研讨会暨《食品感官科学》课程建设研讨会论文集，126－128.
郝利平，夏延斌，陈永泉，等. 2009. 食品添加剂[M]. 北京：中国农业大学出版社.
侯建星，毛慧萍，陈蓉芳，等. 2009. 食品营养标签使用现状及消费者知晓情况调查[J]. 上海预防医学，21(8)：379－380.
姜红，李树研，侯小平. 2005. 亚硝酸盐的中毒及其检验[J]. 科学中国人，8：54－55.
李宁，王竹天. 2008. 国内外食品添加剂管理和安全性评价原则[J]. 国外医学卫生学分册(6)：321－327.
李宁. 2003. 从食品安全谈硝酸盐和亚硝酸盐[J]. 中老年保健，11：36－37.
刘志皋，高彦祥. 1994. 食品添加剂基础[M]. 北京：中国轻工业出版社.
刘钟栋. 2005. 食品添加剂原理及应用技术[M]. 2版. 北京：中国轻工业出版社.
罗东军，张中胜. 2005. 滥用食品添加剂的危害[J]. 职业与健康，11：1751.
朴奎善. 1995. 果蔬保藏技术的前景[J]. 延边医学院学报，18(1)：69－72.
孙宝国. 2008. 食品添加剂[M]. 北京：化学工业出版社.
唐传核，彭志英. 2003. 低过敏以及抗过敏食品研究进展[J]. 食品与发酵工业，26(4)：44－49.
魏红. 2004. 食品中的亚硝酸盐与人体健康[J]. 中国初级卫生保健，3(18)：58.
杨勇，阚建全，赵国华，等. 2004. 食物过敏与食物过敏原[J]. 粮食与油脂，3：43－45.
姚桢. 1999. 食物过敏的流行现状与趋势[J]. 日本医学介绍，19(9)：421.
叶永茂. 2005. 如何正确看待食品添加剂[J]. 中国食品药品监督，6：57－59.
叶永茂. 2005. 食品添加剂及其安全问题[J]. 药品评价，2(2)：81－90，112.
翟金义，郭晓冬. 2009. 浅析食品添加剂使用中存在的问题及对策[J]. 农产品加工学刊，4：77－78.
张俭波，刘秀梅. 2009. 食品添加剂的危险性评估方法进展与应用[J]. 中国食品添加剂，1：45－51.
张利胜. 2004. 肉类安全当心亚硝酸盐[J]. 观点与角度，10：38.
BRANEN A L. 1975. Toxicology and biochemistry of butylated hydroxyanisole and butylated hydroxytoluene [J]. Journal of the American Oil Chemists' Society, 52(2): 59－63.
Class Names and the International Numbering System for Food Additives. CAC/GL 36－1989 (2009 revision). http://www.ffcr.or.jp/zaidan/FFCRHOME.nsf/pages/spec.stand.fa.
PRATHIRAJA PHK, ARIYAWARDANA A. 2003. Impact of nutritional labeling on consumer buying behavior [J]. Sri Lankan Journal of Agricultural Economics, 5(1): 35－46.
SCHRANKEL K R. 2004. Safety evaluation of food flavoring [J]. Toxicology, 198: 203－211.
SLOAN A E. 2000. The top ten functional food trends [J]. Food Technology, 54(4): 33.

第2篇

防腐保鲜类食品添加剂

第4章

食品防腐剂

学习目标

掌握食品防腐剂的定义、分类、抑菌机理，了解常用食品防腐剂的结构、特性、使用方法、使用注意事项和应用范围。

4.1 食品防腐剂概述

4.1.1 食品防腐剂定义

食品防腐剂(preservatives)是防止食品腐败变质、延长食品贮存期的物质。因兼有防止微生物繁殖引起食物中毒的作用，又称抗微生物剂(antimicrobials)。

我国对食品防腐剂的使用有严格规定，防腐剂应符合以下标准：①合理使用对人体无害；②不影响消化道菌群；③在消化道内可降解为食物的正常成分；④不影响药物抗菌素的使用；⑤对食品热处理时不产生有害成分。

我国《食品添加剂使用标准》(GB 2760—2011)公布允许使用的食品防腐剂有27种，包括苯甲酸及其钠盐、山梨酸及其钾盐、对羟基苯甲酸甲酯钠、对羟基苯甲酸乙酯及其钠盐、脱氢乙酸等。美国允许使用的食品防腐剂约50种，欧盟约49种，日本约40种。

4.1.2 食品防腐剂分类

食品防腐剂按作用效果分为杀菌剂和抑菌剂，但二者常因浓度、作用时间和微生物性质等不同而难以区分。防腐剂按来源可分为化学防腐剂和天然防腐剂两大类。化学防腐剂又可分为有机防腐剂与无机防腐剂。前者主要包括苯甲酸、山梨酸等，后者主要包括亚硫酸盐和亚硝酸盐等。天然防腐剂是由动物、植物和微生物分泌代谢或者机体自身存在的，经提取、分离、纯化而制成的具有抑菌作用的物质，如蜂胶、鱼精蛋白、甲壳素和壳聚糖、乳酸链球菌素、纳他霉素等，均能对食品发挥一定的防腐保鲜作用。

4.1.3 防腐剂作用机理

一般认为食品防腐剂对微生物的抑制作用是通过影响细胞亚结构而实现的，这些结构包括细胞壁、细胞膜、与代谢有关的酶、蛋白质合成系统及遗传物质。每个亚结构对菌体而言都是必需的，食品防腐剂只要作用于其中的一个亚结构便能达到杀菌或抑菌的目的（凌关庭，2003；Russel 等，1991）。

不同防腐剂的作用机理大致分为以下几种。

（1）弱有机酸

常用的弱有机酸有乙酸、乳酸、苯甲酸和山梨酸等，它们对细菌、真菌均有抑制作用。该类防腐剂在弱酸条件下具有最大抑菌活性。在溶液中，弱酸随 pH 值不同而存在解离和未解离两种状态间的动态平衡。在低 pH 值情况下，由于此类分子多数处于未解离状态，未解离的有机弱酸分子是亲脂性的，因此，可自由透过原生质膜；进入细胞后，在高 pH 值环境下，分子因解离成带电质子和阴离子而不易透过膜，并在细胞内蓄积。防腐剂分子不断扩散到细胞内直至达到平衡，引起细胞内 H^+ 的流失，改变细胞内 pH 值状态及蓄积毒性阴离子，抑制细胞的基础代谢反应，最终达到抑菌目的（Russel，1991）。

在很多情况下，细菌也可经诱导产生适应性，如 *Escherichia coli* O_{157}：H_7 经 pH 2.0 强酸条件处理后诱导其耐酸反应可对苯甲酸产生一定抗性。一些革兰阳性菌（G^+），如单核细胞增生李斯特菌，在 pH 5.0 温和酸性条件下培养后，可明显增强其在 pH 3.0 时的耐酸性。推测是细胞有一个复杂的耐酸防御系统，使其可在低 pH 值下存活。真菌同样对弱有机酸产生适应性，酵母对弱有机酸适应性研究的结果表明细胞膜上的H^+ – ATP酶和转移子 Pdr12 可分别将细胞内的 H^+ 和防腐剂阴离子排出，从而维持细胞正常的新陈代谢（Henriques 等，1997）。

（2）过氧化氢

在乳中发现过氧化物酶系统对细菌和真菌均有较强抑菌作用（Reiter 等，1984），许多 G^+ 和 G^- 菌可以被过氧化物酶系统抑制，通常 G^- 菌比 G^+ 菌更敏感。该系统在过氧化氢和硫氰酸盐的存在下可发挥最大活性，过去也将过氧化氢直接加入食品中，但由于对维生素 C 破坏较大，现在多用于食品包装材料的灭菌，不再作为食品加工助剂等直接用于食品中。

在合适的条件下，过氧化氢可分解产生具有极强氧化能力的活性氧[O]。活性氧[O]可以破坏微生物体内的原生质，也能破坏微生物的芽孢及病毒，从而达到抑菌甚至杀菌的目的。此外，在分子氧的不完全还原过程中产生的超氧化自由基，与过氧化氢和痕量金属离子（Fe^{2+}）协同作用可产生极具氧化能力的羟基自由基。过氧化氢的抑菌效果与使用浓度、环境 pH 值、温度等有关，如在室温下对芽孢的杀菌能力很弱，而在高温时则很强（Branen 等，1983）。

细菌和真菌通过多种途径保护自身免受过氧化氢伤害，许多细菌依靠过氧化氢酶降低过氧化氢毒性，但过氧化氢向细胞内有很高的扩散速率，在细胞浓度较低时，细胞自身的过氧化氢酶缺少足够的活性保护细胞，在细胞浓度较高时，过氧化氢酶阳性细胞则可产生足量的酶保护大多数细胞免受伤害。细菌芽孢对氢过氧化物的耐受性一般认为是源于芽孢形成过程中合成的 α/β 酸溶性蛋白质的存在，它们可保护休眠状态的 DNA 免受损伤（Bagyan 等，

1998）。酵母细胞有一整套抗氧化防御系统（Moradas-Ferreira 等，1996），包括超氧化物歧化酶、过氧化氢酶、细胞色素、过氧化物酶、谷氨酰胺半胱氨酸合成酶等。用低浓度过氧化氢处理后，酵母的许多应激系统被激活，可保护细胞耐受更高浓度的过氧化氢。

（3）螯合剂

食品中常用的螯合剂有：柠檬酸盐、乳酸盐、焦磷酸盐和乙二胺四乙酸二钠（EDTA）等，其防腐作用主要是通过与其他防腐剂协同作用而实现。①对于 G^- 菌，螯合剂具有 G^- 细胞外膜渗透剂的作用。EDTA 可从 G^- 部分除去含脂多糖的外壁层，还能帮助溶解类脂化合物，特别是脂肪酸，从而增加了其对化学防腐剂的敏感性。②对 G^+ 菌的抑制作用则主要是由于和金属离子结合。当溶液 pH 值下降时 EDTA 螯合重金属离子的能力下降，抑菌活性也随之降低；柠檬酸盐由于其 Ca^{2+} 螯合活性可抑制分解蛋白质的肉毒梭菌（*Clostridium botulinum*）的生长。③对于真菌，EDTA 通过螯合 Zn^{2+} 可抑制酵母的生长，可能是阻碍了正常细胞壁的合成。

（4）肽类

抑菌肽是存在于生物体内的一类广谱抑菌活性多肽，也是先天免疫系统中重要的组成部分。目前已经从哺乳动物、昆虫及两栖动物中发现了几百种抑菌肽，并对其结构、活性和作用机理作了大量的研究（Adham 等，2007）。抑菌肽抑菌活性高、抑菌谱广、相对分子质量小、热稳定好、带有正电荷，并且是两性分子，通过破坏细菌的细胞膜抑菌或杀菌（郭新竹等，2001）。

蛋白质和肽类对原核生物细胞的作用具有专一性，靶位点为细菌膜表面的酸性磷脂，如磷酸酰甘油、磷脂酸和磷酸酰丝氨酸。抑菌肽对真菌膜的专一性与麦角固醇相关，外正内负的跨膜电势的形成有利于这些肽类对膜的干扰。乳酸链球菌肽对菌体营养细胞的质膜具有破坏作用，并抑制细胞壁中肽聚糖的生物合成，使细胞壁质膜和磷脂化合物合成受阻，造成细胞内容物泄漏直至细胞裂解，对芽孢的作用是在孢子出芽膨胀的起始阶段抑制其发芽。

有的抑菌肽作用的靶结构则为细胞壁。微生物细胞壁对细胞生存至关重要，细胞壁结构的独特性也使得它成为微生物受攻击的目标。从细胞外降解细菌细胞壁的酶，如溶菌酶，已被用作食品防腐剂。溶菌酶能够水解 N－乙酰胞壁酸和 N－乙酰葡糖酸的 β－1,4－糖苷键。G^+ 菌细胞缺少外膜而更易受到溶菌酶的抑制作用。

植物溶菌酶能降解真菌细胞壁的 β－1,3－糖苷键、β－1,6－糖苷键和壳聚糖聚合物。但利用溶菌酶作为食品防腐剂仍有很多问题有待解决，如酶在食物环境中可能会失活，在实际生产中缺乏成本竞争优势等。

（5）其他小分子有机物

植物中天然存在的许多小分子有机物具有很好的防腐作用，如肉桂酸、对羟基苯甲酸酯等。牛至、丁香、荔枝等均可以提取获得具有抑菌作用的物质（Jennifer 等，2001；Mohammad 等，2007），如香草酚、阿魏酸、对烯丙基茴香醚、愈创木酚等。这些成分一般为疏水性物质，能使细胞膜功能紊乱甚至使细胞膜破裂，最终导致微生物死亡。

但许多小分子物质具有浓烈的气味，使其在食品中的应用受到限制，如洋葱和大蒜中的异硫氰酸酯具有较强抑菌作用，其衍生物烯丙基异硫氰酸酯和甲基异硫氰酸酯早已作为杀虫剂在农业上应用，在食品中则由于其气味问题而妨碍了其应用。

综上所述，各种防腐剂对微生物抑制有不同的作用机制；同时，微生物本身对防腐剂产生一系列应激反应而产生适应性。通常，几种防腐剂协同作用可发挥最佳抑菌效果。

4.2 食品防腐剂各论

4.2.1 合成食品防腐剂

(1)苯甲酸及其钠盐(Benzoic acid，CNS号：17.001，INS号：210；Sodium benzoate，CNS号17.002，INS号：211)

苯甲酸又名安息香酸，白色鳞片或针状结晶，无臭或略带安息香气味，有收敛性。在酸性条件下可随水蒸气挥发，易溶于乙醇而难溶于水。苯甲酸钠为白色颗粒或结晶性粉末，无臭或略带安息香气味，味微甜，有收敛性。苯甲酸及其钠盐是最常用的防腐剂之一，天然存在于蔓越莓、洋李、梅脯、肉桂、熟丁香和大多数浆果中。

苯甲酸为一元芳香羧酸，其25%的饱和水溶液pH值为2.8，酸性较弱，在pH值为2.5~4.0时能够抑制多种微生物(酵母、霉菌、细菌)，pH>4.5则由于发生解离而降低防腐效果。苯甲酸溶解度低，实际生产中大多使用其钠盐，抗菌是钠盐转化为苯甲酸后起作用的。未解离的苯甲酸亲油性强，易通过细胞膜进入细胞内，干扰霉菌和细菌等微生物细胞膜的通透性，阻碍细胞膜对氨基酸的吸收；进入细胞内的苯甲酸分子可酸化细胞内的贮存碱，抑制微生物细胞内呼吸酶系的活性，阻止乙酰辅酶A缩合反应，从而起到防腐作用(侯振建，2004)。

对大鼠、兔子和狗口服苯甲酸钠，测得其LD_{50}分别为2 700mg/kg BW、2 000mg/kg BW和2 000mg/kg BW。大鼠的短期毒理学试验表明：30d内，饲喂16~1 090mg/kg BW剂量的苯甲酸钠后，并未观察到苯甲酸钠对动物体重、食欲和死亡率的影响，亦未发现任何器官的生理性病变，当饲喂8%苯甲酸钠剂量的食物，历时90d后，有大鼠死亡，肾脏和肝脏的质量明显增加，而更低剂量的试验组未发现不良现象。对9位受试者口服1 200mg苯甲酸钠，在14d的观察期内未发现任何异常现象。通过大鼠的长期饲喂试验，对四代大鼠中的两代(共计40只)饲喂含0.5%和1.0%苯甲酸钠的饲料，观察其生长期内的生理变化，未发现苯甲酸钠对其生长发育、寿命和死亡率的影响(FAO/WHO，1962)。苯甲酸的ADI值为0~5mg/kg BW(苯甲酸及其盐的总量，以苯甲酸计)(FAO/WHO，1996)。人类和动物体内具有有效的苯甲酸盐解毒机制，摄入体内的苯甲酸盐在9~15h内与甘氨酸结合生成马尿酸而由尿排出，其余部分与葡萄糖醛酸结合成1-苯甲酰葡萄糖醛酸由尿排出。因此，苯甲酸是安全的(郭新竹等，2001)。

苯甲酸及其钠盐的使用范围和使用量见《食品添加剂使用标准》(GB 2760—2011)及其增补公告。

(2)山梨酸及其钾盐(Sorbic acid，CNS号：17.003，INS号：200；Poiassium Sorbate，CNS号：17.004，INS号：202)

山梨酸，别名花楸酸、2,4-己二烯酸，是一种不饱和一元脂肪酸，无色、单斜晶体或结晶体粉末，具有特殊气味和酸味，对光热均稳定，但在氧气中长期放置易氧化着色，微溶于水。山梨酸钾，别名2,4-己二烯酸钾，无色至浅黄色鳞片状结晶或结晶性粉末，无臭或稍具臭味，在空气中露置能被氧化而着色，有吸湿性，极易溶于水(58.2g/100mL)。

山梨酸的防腐性在未解离状态时最强，其防腐效果随pH值升高而降低，在pH 5.6以下使用防腐效果最好；山梨酸对酵母、霉菌、好气性菌、丝状菌均有抑制作用，还能抑制肉毒杆菌、金黄色葡萄球菌、沙门菌的生长繁殖，但对兼性芽孢杆菌和嗜酸乳杆菌几乎无效(王燕等，2005)。

山梨酸的LD_{50}为7.4～10.5g/kg BW(小鼠，经口)；ADI值为0～25mg/kg BW(以山梨酸计，FAO/WHO，1973)。即使超出食品的正常添加量，山梨酸也是公认危害最小的防腐剂。只是在其用于化妆品和药品时可能会刺激皮肤黏膜，并使敏感性高的个体皮肤发炎。

山梨酸盐能够抑制香肠中梭状芽孢杆菌、沙门杆菌和金黄色葡萄球菌的生长，培根中金黄色葡萄球菌的生长，胰酶解酪蛋白大豆培养基中腐败假单胞菌和荧光假单胞菌的生长，禽肉中金黄色葡萄球菌和埃希大肠杆菌的生长，猪肉中耶尔森菌的生长等。

山梨酸及其钾盐的使用范围和使用量见《食品添加剂使用标准》(GB 2760—2011)及其增补公告。

(3)对羟基苯甲酸酯类及其钠盐(对羟基苯甲酸甲酯钠 Sodium methyl *p*-hydroxyl benzoate；对羟基苯甲酸乙酯及其钠盐 Ethyl *p*-hydroxyl benzoate，Sodium ethyl *p*-hydroxyl benzoate，CNS号：17.032，17.007，INS号：219，214，215)

对羟基苯甲酸酯，又称尼泊金酯(parabens)，为苯甲酸衍生物，无色细小结晶或白色结晶性粉末，几乎无臭，稍有涩味，易溶于乙醇，难溶于水。对羟基苯甲酸酯类包括甲、乙、丙、异丙、丁、异丁、已、庚、辛酯，它们在乙醇中的溶解度从甲酯到庚酯依次增大，在水中的溶解度则依次降低。对羟基苯甲酸酯类钠盐能够显著提高其溶解度，而且保持了抑菌效果，但也易于吸湿，溶解后久置会结晶析出，所以使用时应注意干燥保存，即溶即用(林日高，2002)。我国《食品添加剂使用标准》(GB 2760—2011)仅批准对羟基苯甲酸甲酯钠、对羟基苯甲酸乙酯及其钠盐可用作食品防腐剂。

对羟基苯甲酸酯类的抑菌效果好，在相同的抑菌效果下，其使用量仅为苯甲酸钠的10%、山梨酸钾的15%～30%；且防腐效果不随pH值的变化而改变，在pH 4～8的范围内均有很好的抑菌效果，而苯甲酸钠在pH值大于5.0、山梨酸钾在pH值大于5.5时抑菌效果就变得很弱；它们对霉菌、酵母、细菌有广谱抑菌作用，对霉菌、酵母的作用较强，对细菌特别是革兰阴性杆菌的作用较差。对羟基苯甲酸酯类的防腐效果一般与烷基部分的链长成正比，即随烷基碳原子数的增加而提高，尽管目前还没有足够的证据说明尼泊金酯的毒性随着烷基链碳原子数的延长而增大，但2006年，JECFA对尼泊金酯的再次评估发现雄性大鼠/小鼠的精子数量和精液浓度的下降与摄入对羟基苯甲酸丙酯、对羟基苯甲酸丁酯浓度成正比，但对羟基苯甲酸甲酯和对羟基苯甲酸乙酯并未表现出相似毒性。

对羟基苯甲酸酯类进入机体后的代谢途径与苯甲酸基本相同，在人体内可快速被水解、共轭化，并随尿液排出。对小鼠、猪和人体做短期毒理学试验：每日饲喂小鼠含0.5～5.0mg的对羟基苯甲酸甲酯的饲料，观察80d内未发现异常生理变化，血液指标正常；对猪饲喂含11～100mg对羟基苯甲酸甲酯的饲料，在120d内未发现任何毒副作用；长期小鼠试验表明：分别对小鼠饲喂含2%和8%对羟基苯甲酸甲酯的饲料，在96周内，2%剂量的试验组未发现异常现象，而8%剂量组的小鼠在试验早期出现体重下降的现象，随后趋于正常，小鼠的器官未发现明显的生理变化(FAO/WHO，1962)。通过对50位受试者涂抹含有0.1%~5.0%对羟基苯甲酸甲酯的异丙醇溶液，每隔一天进行一次，10次以后未发现过敏现象。对羟基苯甲酸乙酯的毒理学试验结果与上述结果类似。对羟基苯甲酸甲酯的LD_{50}为3 000mg/kg BW(狗，经口)，对羟基苯甲酸乙酯的LD_{50}为5 000mg/kg BW(小白鼠，经口)；ADI值为0~10mg/kg BW(以对羟基苯甲酸计，FAO/WHO，2001)。

对羟基苯甲酸甲酯、对羟基苯甲酸乙酯及其钠盐的使用范围和使用量见《食品添加剂使用标准》(GB 2760—2011)及增补公告。

(4)丙酸(Propionic acid，CNS号：17.029，INS号：280)、丙酸钙(Calcium Propionate，CNS号：17.005，INS号：281)、丙酸钠(Sodium propionate，CNS号：17.006，INS号：282)

丙酸具有类似乙酸刺激性酸味的液体，可溶于水、乙醇、乙醚和氯仿中；丙酸钠为白色晶体粉末或颗粒，无臭或微带特殊臭味，易溶于水、乙醇、微溶于丙酮；丙酸钙为白色结晶性粉末，无臭或微带丙酸味；有吸湿性，对水和热稳定；易溶于水，微溶于甲醇、乙醇，不溶于苯及丙醇。丙酸盐的防腐效果是通过转化为丙酸发挥作用的。

丙酸能够抑制真菌和部分细菌，而丙酸盐对各类霉菌、需氧芽孢杆菌和革兰阴性杆菌均有较强的抑制作用，对引起食品发黏的菌类如枯草杆菌的抑菌效果较好，能有效防止黄曲霉毒素的产生，但对酵母菌几乎不起作用，因此常用于面包中作为防腐剂。丙酸钙在酸性条件下产生游离丙酸，具有抑菌作用，最小抑菌浓度为0.01%。其抑菌作用受环境pH值的影响，在pH 5.0时对霉菌的抑制作用最佳，pH 6.0时抑菌能力明显降低。

丙酸的毒性相当低，作为一种正常的食品成分，也是人体和反刍动物体内代谢的一种中间产物，因此，其ADI值无限制(FAO/WHO，1997)。

王红宁(1994)等在研究防腐剂对芽孢杆菌的抑菌、杀菌作用时发现，丙酸钙对芽孢杆菌繁殖体有抑制杀灭作用。严成(2009)研究了丙酸钙对牛肉保鲜效果的影响，结果表明：用3%丙酸钙，0℃下牛肉的贮藏期为24d，常温下贮藏期为12d，与不添加丙酸钙的牛肉(6d即腐败变质)相比，贮藏时间明显延长。同时，添加丙酸钙的牛肉，钙含量有所提高，因此增加了牛肉的营养价值。陈南南(2011)在研究食品防腐剂对腐败菌的抑制效果时发现，不同防腐剂对腐败菌的抑制作用有所区别，其中丙酸钙对枯草芽孢杆菌的抑制作用最好。包红朵(2011)研究发现：丙酸钙对河谷镰刀菌和黄曲霉菌均有抑制作用，而且，随着防腐剂浓度的增加，抑制效果越明显。

丙酸及其钠盐、钙盐的使用范围和使用量见《食品添加剂使用标准》(GB 2760—2011)及增补公告。

4.2.2 天然食品防腐剂

(1)乳酸链球菌素(Nisin，CNS号：17.019，INS号：234)

乳酸链球菌素又名乳酸链球菌肽，是由某些乳酸链球菌(*Streptococcus lactis*)和乳酸乳球菌(*Lactococcus lactis*)在代谢过程中生成的具有较强杀菌能力的小肽，由34种氨基酸组成。

乳酸链球菌素的溶解度与体系的pH值有关，Nisin不溶于非极性溶剂，在水中的溶解度随pH值的下降而增大，pH值大于7时几乎不溶于水，pH 2.5时溶解度为12%，但乳酸链球菌素在食品中添加量很低，故溶解度不会限制其应用；其稳定性也与pH值相关，乳酸链球菌素溶液在高温灭菌(121℃，15 min)和pH 3.0~3.5的条件下较稳定(活力损失小于10%)，但偏离此pH值范围，其活性显著降低(如pH 1.0或pH 7.0时，活力损失大于90%)。研究发现，在pH值为5.6~5.8的干酪标准化加工中，巴氏杀菌对Nisin活力无明显影响(活力损失小于20%)，此外，食品成分对Nisin的热稳定性有保护作用(Delves - Broughton，2005)。

Nisin主要抑制或杀死G^+菌，包括芽孢杆菌(如肉毒梭状芽孢杆菌)、耐热腐败菌(如嗜热脂肪芽孢杆菌)，而对G^-菌、霉菌和酵母菌无效(Delves - Broughton，1992)。由于多数G^+菌能引起食品腐败并导致食物中毒，乳制品、罐头食品、发酵食品、快餐食品中的腐败微生物及致病菌大部分可被Nisin杀死或抑制(李科德等，2002)。如罐头食品中的嗜酸脂肪芽孢杆菌、热解乳杆菌、肉毒梭状芽孢杆菌、生孢梭菌、凝结芽孢杆菌，乳制品中的金黄色葡萄球菌、溶血链球菌、肉毒梭状芽孢杆菌，啤酒中的乳杆菌、明串珠菌等，均对Nisin敏感。Nisin通过抑制细菌营养细胞的细胞壁中肽聚糖等生物合成，使细胞膜和磷脂化合物合成受阻，最终导致细胞内物质外泄，引起细胞裂解；芽孢经热处理后，损伤越严重，应用Nisin的效果越好，此过程受到硫化氢的调控(黄琴，2007)。虽然Nisin抑菌谱较窄，仅对G^+起作用，但与冷冻、加热、低pH值、EDTA及表面活性剂等抑菌、杀菌方式结合使用，对部分G^-有致死作用。

人类食用含乳酸链球菌、乳酸乳球菌及Nisin的乳品已有一百多年的历史，至今未见中毒或副作用的报道。同时，人们对Nisin的安全性作了大量的研究，Nisin作为一种多肽物质，对蛋白水解酶特别敏感，食用后在消化道内很快被α-胰凝乳蛋白酶分解成氨基酸，因此，不会改变肠道内的正常菌群，不会在人体内蓄积而引起不良反应，更不会与常用的抗生素(如青霉素、链霉素等)产生交叉抗性。此外，对Nisin进行的毒性和生物学研究(包括致癌性、存活性、再生性、血液化学、肾功能、脑功能等)均证明其对人体无毒，被认定为是一种安全的食品防腐剂。Nisin的LD_{50}为7g/kg BW(小鼠，经口)；ADI值为33 000IU/kg BW(FAO/WHO，2001)，与普通食盐的LD_{50}相近。目前，Nisin已经在世界上60多个国家和地区得到了广泛的使用。

Nisin常与其他食品添加剂复配使用以提高Nisin的防腐效果。Chung等(2000)通过试验证实，将Nisin和溶菌酶按一定比例混合使用，抑菌效果明显高于二者单独使用。张德权等(2006)认为Nisin与溶菌酶之间存在极显著的协同效应。邓明等(2005)将山梨酸钾(0.54g/kg)、Nisin(500mg/kg)和EDTA(1.12g/kg)复配防腐剂应用于真空包装冷鲜肉，取得了较好效果，冷却肉在4℃下贮藏7d，细菌总数仅为6.9×10^6 CFU/g。亚硝酸盐能有效抑制肉制品中肉毒梭状芽孢杆菌的生长和繁殖，是常用的肉制品护色剂。有研究认为，添加200mg/kg的Nisin和40mg/kg的亚硝酸盐可降低香肠中75%的亚硝酸盐用量，且抑菌效果比单一使用亚硝酸盐高4倍(3 200 CFU/g)，不仅明显延长了产品的货架期，而且对香肠的色、香、味无影响(王广萍，2006)。铝箔包装扒鸡的保质期可达8个月以上，但肉质易软烂、咀嚼性差。为提高软包装扒鸡的品质，在加工中添加100mg/kg的Nisin，可使软包装扒鸡的杀菌温度由121℃降至105℃，对产品货架期无明显影响，口感与手工制作的散装扒鸡接近(Gögüş，2004)。

在啤酒和葡萄酒中添加0.25～2.5mg/L的Nisin，可有效抑制嗜酸乳杆菌、片球菌和肠膜明串珠菌等引起的腐败，而对酵母菌无抑制作用，因此，可将Nisin直接添加到发酵罐中（Delves－Broughton，2005）。鸡蛋常需要在64.4℃处理2.5min以防止沙门菌的污染，但尚不能杀灭芽孢和耐热性革兰阳性菌，添加2.5～5mg/kg的Nisin能显著提高蛋制品的货架期，抑制蜡状芽孢杆菌和单核增生李斯特菌等的生长（Rojo－Bezares，2007）。

乳酸链球菌素的使用范围和使用量见《食品添加剂使用标准》（GB 2760—2011）及增补公告。

（2）纳他霉素（Natamycin，CNS号：17.030，INS号：235）

纳他霉素亦称游链霉素，是一种多烯大环内酯类抗真菌剂，由5个多聚乙酰合成酶基因编码的多酶体系合成，是一类两性物质，分子中有一个碱性基团和一个酸性基团，等电点为6.5。纳他霉素为白色至奶油黄色结晶粉末，几乎无臭无味。

纳他霉素是一种天然、广谱、高效、安全的酵母菌及霉菌等真菌抑制剂，它不仅能够抑制真菌，还能防止真菌毒素的产生；同时，具有用量低，活性高，抑菌作用时间长，使用方便，不改变食品风味等特点（姚自奇等，2007；王喜波等，2007）。纳他霉素在pH 5.5～8.5的范围内具有较好的稳定性，100℃短时间处理对其活性影响不大，但对氧化剂和紫外线敏感（姚朔影，2011；朱美娟，2009）。

由于纳他霉素难溶于水和油脂，一般认为其很难被消化吸收，摄入机体的纳他霉素大部分会随粪便排出（郑鹏然，1997）。给奶牛喂饲高剂量的纳他霉素，结果表明，90%的纳他霉素及其分解产物可以排出体外。卫生学调查和皮肤斑点试验表明，纳他霉素不引起过敏性反应，经降解处理后的纳他霉素在急性毒性、短期毒性试验中均未表现出对动物生理的损害。纳他霉素的ADI值为0～0.3mg/kg BW（FAO/WHO，2001）。世界环境监控系统—食品污染监控评估程序（GEMS/Food）陈述了纳他霉素在440种食品（共13类）中的用量，奶酪和肉制品中的最高用量分别为40mg/kg和20mg/kg（FAO/WHO，2007）。

陆晓滨等（2003）在酱油中添加15mg/kg的纳他霉素，可有效抑制酵母菌的生长和繁殖，且对酱油的口感和风味无任何影响。姚自奇等（2007）在常温（25℃）条件下在酸乳制品中添加10mg/kg的纳他霉素和冷藏条件下（6℃）添加215mg/kg的纳他霉素，可显著抑制霉菌和酵母菌的生长，且不影响酸乳制品的感官特征。姜爱丽等（2007）利用20mg/L的纳他霉素溶液对新鲜草莓果实进行浸泡和喷雾处理，结果表明：纳他霉素可有效控制果实表面霉菌数量，并可降低果实呼吸强度及腐烂率上升的速度，抑制叶柄叶绿素含量下降的速率，提高果实花色素苷的含量。徐金辉等（2008）研究了纳他霉素对葡萄酒酵母的抑制作用。结果表明：纳他霉素对汉逊酵母的最低抑制浓度为5mg/L，对柠檬形克氏酵母的最低抑制浓度为7mg/L。但纳他霉素的抑菌性能易受高温影响，因此不适合在高温灭菌前添加。

纳他霉素的使用范围和使用量见《食品添加剂使用标准》（GB 2760—2011）及增补公告。

（3）溶菌酶（Lysozyme，INS号：1105，EC 3.2.1.17）

溶菌酶又称为胞壁质酶（muramidase）或N－乙酰胞壁质肽聚糖水解酶（N-acetylmuramide-glycanohydrlase），广泛存在于鸟类、家禽的蛋清和哺乳动物的泪液、唾液、血浆、乳汁、胎盘以及体液、组织细胞中，是一种碱性蛋白质，其纯品为白色或微黄色结晶体或无定型粉末，无嗅，味甜，易溶于水，不溶于丙酮、乙醚。溶菌酶化学性质非常稳定，在干燥条件下，室温可长期保存。在自然条件下，即使 pH 值在 1.2 ~11.3 范围内剧烈变化，溶菌酶结构仍保持不变，活性也不受影响；在酸性条件下，对热的稳定性很强，pH 3.0 时 96℃加热处理 15min 仍能保持 87% 的酶活性；碱性条件易破坏酶的活性，此时溶菌酶的热稳定性变差（Laurents，1997）。

溶菌酶通过破坏细胞壁中的 N－乙酰胞壁酸和 N－乙酰氨基葡萄糖之间的 β－1,4 糖苷键，破坏肽聚糖结构，在内部渗透压的作用下使细胞胀裂，细菌溶解。G^+ 和 G^- 细胞壁中肽聚糖含量不同，前者约含 80% 的肽聚糖，后者仅含少量肽聚糖，因此，溶菌酶能有效杀死 G^+，而对 G^- 破坏较小。人和动物细胞无细胞壁结构，也无肽聚糖成分，故溶菌酶对人体细胞无毒副作用。在食品工业中，溶菌酶能够选择性地使目标微生物细胞壁溶解而使其失去生理活性，而对食品中的其他营养成分几乎不会产生任何影响。

作为食品添加剂的溶菌酶来源于鸡蛋清，通常以盐酸盐的形式存在，其 ADI 值可接受（FAO/WHO，1992）。

溶菌酶在杀菌防腐过程中无需加热，属于冷杀菌，因而避免了高温杀菌对食品风味的破坏作用，尤其对热敏感的物质具有重要意义（赵红艳，2008）。

在食品工业中，溶菌酶可以作为婴儿食品的添加剂，主要用于牛乳的“人乳化”（尤其在欧洲）。人乳中含有大量的溶菌酶，但牛乳中含量很少，在乳粉或鲜乳中添加溶菌酶，不但可以防腐保鲜，延长乳制品的保存期，而且还有利于婴儿肠道菌群正常化，增强婴儿免疫力。此外，溶菌酶对牛乳中 G^+ 菌、枯草杆菌、地衣型芽孢杆菌等具有较强的抑制作用。由于溶菌酶具有一定的耐高温特性，因此也适用于超高温瞬时杀菌乳，其方法是在包装前添加或在杀菌前添加。

溶菌酶可作为冷鲜肉以及香肠、红肠等肉类熟制品的防腐剂，顾仁勇等（2003）研究发现：0.05% Nisin 和 0.05% 溶菌酶混合液能有效延长猪肉的保鲜期，结合真空包装技术能使猪肉在 0 ~4℃条件下保鲜 30d 以上。俞其林等（2007）将蛋清溶菌酶配制成 2% ~3% 的溶液，将包装纸浸入酶液 2 ~3h，取出后在 50 ~60℃条件下烘干（酶活力基本不损失），用该包装纸包装煮熟的大豆和新蒸的馒头，常温下贮存，结果显示：6d 后大豆和馒头无异味产生，品质良好，而用普通纸包装的这些食品贮存 1d 表面就会发黏，并有异味产生。李永富等（2009）使用溶菌酶对冷却猪肉进行保鲜研究，结果表明：80 000U/mL 溶菌酶液能够有效地抑制微生物的繁殖，对猪肉的色泽保持较好。Ntzimani 等（2010）将溶菌酶和植物天然抑菌成分制成复配保鲜剂，涂在半熟的鸡肉上，真空包装后于 4℃条件下贮存，其货架期可以延长 18d。

我国卫生部 2010 年第 23 号增补公告规定：溶菌酶可在干酪中按生产需要适量使用，在发酵酒中的最大使用量为 0.5g/kg。

4.3 食品防腐剂合理使用

目前，防腐剂在使用中尚存在以下几个主要问题：①应用企业对防腐剂的作用原理和使用方法了解不够全面，误认为使用量越多越能延长食品保质期，盲目增加使用量。②很多小企业卫生条件差，产品在生产和包装环节已经存在大量微生物污染，或者食品原料本身就有许多微生物，但防腐剂本身并不具备杀菌功能。③消费者对食品防腐剂基本知识的缺乏，错误地认为含有食品添加剂的食品，对健康产生不利影响，因此对食品添加剂使用产生排斥心理。④媒体的不当宣传进一步造成消费者对防腐剂产生恐慌心理。

正确合理使用各类防腐剂必须掌握以下 3 个方面的知识：①全面了解所用防腐剂的杀菌和抑菌谱，目标食品可能携带的腐败菌种类及其性质，以及防腐剂在该食品中的最大使用量。②掌握所用防腐剂的性状，包括溶解性、最适 pH 值、对光和热的稳定性等。③了解食品本身的性质、加工条件、贮藏环境等对防腐剂作用的影响。

4.3.1 食品防腐剂使用目的

食品是人类赖以生存的基本物质，新鲜的食品则是保障人类健康的基本条件。食品中含有丰富的蛋白质、碳水化合物和脂肪类营养物质，在物理、化学和有害微生物等的作用下，食品失去原有的色、香、味、形而发生腐烂变质，其中有害微生物的作用是导致食品腐烂变质的主要原因。

使用防腐剂仅是食品保藏的方法之一，特别是现代化的高新技术飞速发展，为食品的保藏提供了广阔的空间。冷藏的应用显著提高了食品的保质期。但是，冷藏不能抑制引起食品腐败的嗜冷微生物。电阻加热杀菌(欧姆杀菌)是一种新型热杀菌方法，适用于大多数能用泵输送的、溶解有盐类离子且含水量在 30% 以上的食品，而一些脂肪、油、糖等非离子化的食品则不适合使用该技术。辐照杀菌技术、高压脉冲电场杀菌、超高压杀菌技术的杀菌效果也比较理想，但基础设备投资较高。而与高新技术杀菌相比，食品防腐剂对食品的贮藏保鲜具有以下特点：

①应用范围广，适应性强　食品防腐剂可以应用于所有食品，高新技术保鲜只能适用于某类特定食品，应用范围较小。

②不会破坏食品的营养成分　高新技术可能对食品中不稳定的营养成分有一定的破坏作用，尽管人们正在力图减少这种破坏作用。

③防腐剂用量较少，成本较低　采用高新技术杀菌，需要购买昂贵的设备，一次性投资较大。

④防腐剂应用技术成熟　高新技术目前大多还处于实验室或中试的研发阶段，不可能在较短的时间得到大规模应用。

⑤不改变和增加食品的加工工序，使用简单　高新技术应用还要增加食品的加工工序，降低生产效率，增加能耗。杀菌费用在一些食品加工成本中占相当大的比例，直接影响产品的价格。

⑥提高物理杀菌效率　采用单一杀菌方法较难达到食品防腐的要求，而且要求的条件可能较高。如果采用物理杀菌的同时加入防腐剂，使微生物降低到一定的水平，防腐剂可以发挥较好的效果，而且防腐剂的存在，可以明显降低物理杀菌条件。

食品防腐剂对食品的贮藏保鲜应用与高新技术相比具有一定的优越性，特别是在面临世界性的能源枯竭、环境污染、人口爆炸等诸多问题的情况下，采用添加防腐剂方法还将是食品防腐保鲜的主要手段。

4.3.2 食品防腐剂使用原则

在食品的生产加工过程中，由于防腐剂的种类、性质、使用范围、价格和毒性等不同，所以在使用时应遵循以下4条原则：

①防腐剂一般杀菌作用较小，大多数只有抑菌作用，因此，在食品加工过程中实行严格的卫生管理，在添加食品防腐剂之前，尽可能减少食品的污染，否则防腐剂的抑菌效果不仅差，而且有可能成为微生物繁殖的营养源，如山梨酸钾对腐败的食品不能发挥防腐作用。

②了解各类防腐剂的毒性和使用范围，按照安全使用量和使用范围添加，如苯甲酸钠，因其具有一定的毒性，在有些国家已被禁用，而我国严格规定了其只能在酱类、果酱类、酱菜类、罐头类和一些酒类中使用。

③了解各类防腐剂所能抑制的微生物种类，有些防腐剂对霉菌有效果，有的则只对酵母菌有效果，掌握防腐剂的这一特性才能对症下药，如苯甲酸抑制酵母菌和霉菌能力强，可用于酸性食品、饮料及水果制品中。丙酸对酵母菌基本无效，而对其他菌有一定抑菌能力，可用于焙烤食品。

④根据各类食品加工工艺的不同，应充分考虑防腐剂的溶解性和稳定性，以及对食品风味的影响等因素，综合其优缺点，做到科学使用。

4.3.3 食品防腐剂使用注意事项

食品防腐剂的使用应该注意以下几点。

(1)防腐剂抑菌的有效pH值范围

在液体食品中抑菌剂是处于水解平衡状态的，发挥抑菌作用的可能是其解离部分，也可能是未解离部分。例如，苯甲酸等酸型防腐剂，未解离酸分子的防腐功能最强，防腐效果随pH值而改变，一般在酸性条件下效果明显；苯甲酸盐抑菌作用的最适pH值为2.5~4.0，pH>4.5时则抑菌能力显著下降，而酯型防腐剂中的尼泊金酯类抑菌作用强，防腐效果受pH值影响小，能在pH 4~8之间使用。

(2)温度对防腐剂稳定性的影响

加热与防腐剂并用对微生物抑制有协同作用，但需要充分考虑防腐剂的稳定性。对热稳定的防腐剂适合在加热前添加，而对热敏感的防腐剂则必须在加热结束并冷却到一定温度后才能添加。

(3)食品的水分活度

通常细菌生存的水分活度在0.9以上，而霉菌一般在0.7以上，故在水分活度高的情况下，大多数微生物均能生长，通过降低水分活度与防腐剂并用对食品的防腐是有效的，同时可以降低防腐剂用量。

(4)食品中的成分

食品中的盐类、糖类和乙醇等成分对防腐剂的使用有较大影响，它们主要是通过降低食品的水分活度，从而利于食品的防腐。但食品中有些成分与防腐剂产生化学反应，使防腐剂失去应有的作用，甚至产生副作用，如二氧化硫和亚硫酸盐能与食品中的醛、酮、糖类等反应，而亚硝酸盐可与蛋白质分解产生的多种氨基化合物反应，生成毒性较大的亚硝胺。

此外，有些防腐剂可能被微生物利用而失去防腐效果，如山梨酸能被乳酸菌还原成山梨糖醇而失效。

(5)防腐剂的添加时机

一般而言，食品被污染的程度越高，则防腐剂的防腐效果就越差。因此，通常防腐剂在微生物的诱导期之前和期间加入比在微生物进入快速增殖的对数期加入能取得更好的防腐效果，同时防腐剂添加量也可相应地减少。

(6)防腐剂的溶解与分散

在使用防腐剂时，针对食品腐败的具体情况进行不同的防腐保藏处理。①水果、蔬菜、冷藏类食品等的腐败常发生在食品的外部，此时选用的防腐剂应能均匀地分散在食品的表面，而对其溶解性的要求并不高，甚至不需要完全溶解。②对于饮料、乳品、烘烤食品等，由于腐败常从内部开始，则要求所用的防腐剂应具有良好的溶解分散性，能够均匀分散在食品中，才能发挥良好的防腐作用。

(7)防腐剂协同作用

在防腐剂混合使用中，存在以下3种效应：

①增效(协同)　使用混合防腐剂的抑菌效果优于单一防腐剂，如山梨酸和山梨酸钾并用可扩大抑菌范围。

②增加(相加)　各单一防腐剂的效果简单的加和。

③对抗(拮抗)　使用混合防腐剂的抑菌浓度高于各单一防腐剂的浓度。

一般常在同类型防腐剂间复配使用，如酸型防腐剂与其盐，同种酸的几种酯复合使用，如对羟基苯甲酸酯类经过复配后，水溶性显著提高，且扩大了防腐剂抑菌谱。金属盐中有些对防腐剂有拮抗作用，如氧化钙能减弱山梨酸、苯甲酸的抑菌效果。将具有长效作用的防腐剂与作用迅速但持久性差的防腐剂复合使用，也能增强防腐剂的效果，如山梨酸钾和脱氢乙酸钠复配用于香草饼中。

(8)与其他方法并用

防腐剂与辐照相结合，二者具有增效作用，可降低辐照保鲜处理时的辐照剂量，从而减少或防止辐照的副作用，节约能源和材料。

因此，正确使用食品防腐剂，合理消费含防腐剂的食品，有利于食品工业健康发展。此外，政府监管部门应加大对违法滥用防腐剂行为的打击力度，不断完善防腐剂的相关法律、法规，将防腐剂的生产和使用控制在合理的范围内。

4.3.4 防腐剂在食品工业中应用

(1)食品防腐剂使用现状

人类使用防腐剂的历史相当久远，有些方法沿用至今。据美国FDA统计，即使是冷藏设备十分普及的欧美国家，防腐剂的用量仍以每年3%的平均速度增长。肖长清等(2009)对超市常见食品所使用的添加剂作了较全面的调查，着重分析了现阶段食品防腐剂的使用现状及其原因，具体见表4-1。

表4-1 食品中常用的防腐剂

防腐剂	肉制品/水产品类	饼干/糕点类	调味料类
苯甲酸钠			酱油、片片菜、姜汁风味豆瓣
山梨酸钾	火腿肠、盐焗鸡翅、某品牌鸭脖、某品牌鲜鱼、某品牌多味鱼	早餐派、果味什锦蛋糕、营养早餐、卷卷心、巧克力涂层蛋糕、全麦圈	老抽、酱油、坛坛香、红油豆瓣
脱氢乙酸钠		蛋黄派、素饼	
双乙酸钠		米棒、薯片	
苯甲酸钠+山梨酸钾			老抽头遍酱油、酱油、沙拉酱、美味黄豆、油炒小尖椒
苯甲酸钠+冰乙酸			红油豆瓣
苯甲酸钠+尼泊金酯			加加酱油
山梨酸钾+乳酸链球菌素	火腿肠		
山梨酸钾+纳他霉素		妙芙欧式蛋糕、蛋黄派、巧克力派	
山梨酸钾+纳他霉素+丙酸钙		瑞士卷	
山梨酸钾+纳他霉素+脱氢乙酸钠		香草饼	
丙酸钙+脱氢乙酸钠		奶香小餐包	

不同种类食品中添加的防腐剂有所区别，从调查结果可以看出肉类食品中添加的防腐剂主要是山梨酸钾，有些也使用乳酸链球菌素；饼干糕点类食品中添加的防腐剂主要有山梨酸钾、脱氢乙酸钠、丙酸钙，个别产品中还使用纳他霉素；酱油调味品中的防腐剂主要是苯甲酸钠、山梨酸钾。从上述结果不难看出，目前我国食品中添加的防腐剂主要是苯甲酸钠和山梨酸钾为代表的化学防腐剂。

(2)天然食品防腐剂复配使用

大多数防腐剂属于化学防腐剂，具有一定的毒性，在食品中添加过量以及长期使用都会对人体的健康造成一定的损害。近些年，随着人们生活水平和健康意识的不断提高，对食品安全的要求也在不断加强，要求减少化学防腐剂使用的呼声越来越高。单一防腐剂不可能抑制食品中所有腐败菌，用几种防腐剂的协同效应不仅可以增强抑菌效果，同时可降低单一防腐剂的用量，进而提高安全性。目前，工业上大多使用复配防腐剂进行食品的防腐保鲜。

我国批准使用的天然防腐剂只有 Nisin 和纳他霉素等少数几种，将这两种防腐剂复配用于食品保鲜具有广阔的应用前景。易建华等(2008)以萝卜为原料，进行酱菜制作，重点研究了 Nisin 与纳他霉素在酱菜加工中的应用，结果表明，将这两种防腐剂复配使用，可有效提高酱菜保藏品质；该复合防腐剂对酱菜总酸度影响较小；酱菜在 3 个月的保藏期间，其感官品质因添加复合防腐剂而得到改善。姜元荣等(2002)将两者复配用于酱油防霉，也得到类似的结果。与 Nisin 复配，纳他霉素的最小抑菌浓度（MIC）从单独使用的 20μg/kg 降低到 8μg/kg，纳他霉素和乳链菌肽的最佳质量混合比例为 80∶20。Pintado 等（2010）研究了含有苹果酸、Nisin 和纳他霉素的乳清蛋白膜的保鲜效果，认为其可以有效抑制奶酪表面的腐败微生物，延长奶酪货架期。

Nisin 和溶菌酶的抑菌谱存在一定的互补性，将它们复配后用于食品能够取得良好的防腐保鲜效果（张德权，2006）。郭良辉等（2007）研究了冷藏条件下，Nisin 与溶菌酶组成的复配防腐剂对蚌肉的防腐保鲜效果，结果表明：复配防腐剂的防腐保鲜效果良好，可将蚌肉的保质期延长 1 倍以上。同时，Nisin 对脂肪酸败有明显的抑制作用，而溶菌酶能够抑制细菌繁殖、减缓总挥发性盐基氮（TVB-N）值上升。Mangalassary 等（2008）认为，两者复配结合巴氏灭菌能够抑制单核李斯特菌生长，抑制作用可维持 2～3 周。

近年来研究发现，二氧化碳气体结合无菌包装技术能延长乳及乳制品的货架期，对乳及乳制品中的 G^- 菌，尤其是假单胞菌、霉菌和酵母菌均有抑制效果。二氧化碳和 Nisin 在抗菌谱上具有明显的互补性。梁艳等（2008）研究了 Nisin 与二氧化碳在巴氏杀菌乳保鲜中的协同作用，认为：4℃下充入 42.87mmo/L 二氧化碳可将巴氏奶货架期延长 3d，与 Nisin 协同后效果更显著；0℃下 42.87mmol/L 二氧化碳和 400IU/g Nisin 协同作用后，可将巴氏奶货架期延长至 18d。

EDTA 是一种重要的金属螯合剂，与 Nisin 复配可显著增强抑菌效果，提高食品品质。Economou 等（2009）将 Nisin 与 EDTA 复配后用于延长鸡肉货架期，研究表明，两者复配具有良好的协同作用。在研究的 9 组试验中，单独使用 Nisin（1 500IU/g）以及使用复配组合均可有效抑制嗜温性细菌、假单胞菌、乳酸菌以及大肠杆菌的生长繁殖。其中，1 500IU/g Nisin－10mmol/L EDTA、500IU/g Nisin－50mmol/L EDTA 和1 500IU/g Nisin－50mmol/L EDTA 这 3 种复配组合均能有效降低鸡肉中挥发性胺、三甲胺氮（TMA－N）、TVB－N 的形成。

大蒜素存在于百合科植物大蒜鳞茎中，属于天然广谱抗菌剂，具有抑制细菌、真菌、病原虫及病毒的作用。大蒜素与 Nisin 复配对全脂、低脂、脱脂奶粉中单核细胞增生李斯特菌的抑制具有显著的协同效应（Kim，2008）。植酸与 Nisin 也具有良好的协同效应。植酸是一种生物螯合剂，可以破坏 G^- 菌细胞壁外层的脂多糖，使细胞壁内层的肽聚糖暴露，从而增加 G^- 菌对 Nisin 的敏感性，增强 Nisin 的抑菌效果（潘丽君，2008）。山楂是我国批准的药食兼用型中药，具有营养、保健、抗菌等多种功能，利用传统水煎法提取的山楂有效成分与 Nisin 复配后可显著提高 Nisin 的活性。二者的复配物可以很好地抑制枯草芽孢杆菌、酿酒酵母和大肠杆菌的生长繁殖，且山楂独特的风味在一些特定食品中具有良好的应用前景（吕晓楠，2009）。

4.4 食品防腐剂发展趋势

食品防腐是一个古老的话题，在人类还没有化学合成食品防腐剂之前，人们已经寻找到了使食品保质期延长的方法，如低温、干燥、腌渍等；随着食品工业的发展，传统防腐方法已不能满足需要，人们对食品防腐方法提出了操作简单、保质期长、防腐成本低等更高的要求；开发抑菌性强、安全无毒、适用性广和性能稳定的食品防腐剂已成为食品科学研究的热点。

目前，我国防腐剂的发展呈如下趋势。

(1)由毒性较高向毒性更低、更安全方向发展

人类进步的核心是健康和谐。随着人们对健康的要求越来越高，对食品的安全标准提出了更高的要求，因此，新型食品防腐剂必须对人体无害，可被机体代谢分解，同时进入环境中也不能造成污染。近年来，我国禁用了一些不符合食品安全要求的防腐剂，如对羟基苯甲酸丙酯及其钠盐、噻苯咪唑等，而一批更安全的防腐剂，如乳酸链球菌素、纳他霉素等得到了推广应用(郝纯，2004)。

(2)由化学合成食品防腐剂向天然食品防腐剂方向发展

鉴于化学合成食品防腐剂存在的安全隐患，人类正在努力探索无毒、无害的天然食品防腐剂。目前，食品科学家在对天然食品防腐剂的研究方面已取得了一些成果，如微生物源的乳酸链球菌素、纳他霉素、红曲米素等；动物源的溶菌酶、壳聚糖、鱼精蛋白、蜂胶等；植物源的琼脂低聚糖、杜仲素、香辛料、丁香、乌梅提取物等；微生物、动物和植物源复配的R－多糖等(曾锋等，2005)。其中，微生物源天然防腐剂最具有发展前途，且一些微生物源天然防腐剂已在部分国家得到了广泛的应用。

(3)由单一防腐向广谱防腐方向发展

目前广泛使用的食品防腐剂，它们的抑菌范围窄，大多数食品生产企业为提高防腐效果而复配使用多种防腐剂，但同时也给食品带来了一定的安全隐患。开发抑菌效果好、抑菌范围广、产品毒副作用小、安全性高的新一代食品防腐剂为解决上述问题提供了研究方向(王冬梅等，2011)。

(4)由苛刻的使用条件向方便使用方向发展

目前使用的食品防腐剂，对食品生产条件有较苛刻的要求，如对食品的pH值、加热温度等敏感；有的水溶性差，有的异味太重，有的则会导致食品褪色等。因此，开发使用方便、不改变生产工艺、不额外增加使用成本、对食品生产条件没有苛刻要求的食品防腐剂也是必然的发展趋势。

(5)高价格的天然食品防腐剂向低价格方向发展

虽然在食品加工过程中食品添加剂的用量少，但天然食品防腐剂过高的成本会增加产品在终端市场上的竞争力，这也限制了天然食品防腐剂的推广应用，如溶菌酶、乳酸链球菌素、纳他霉素、鱼精蛋白等新型天然食品防腐剂，它们的成本远高于目前使用的化学防腐剂。尽管如此，天然食品防腐剂的使用量正逐年扩大，发展势头不可逆转，特别是成本低、抑菌范围广、使用方便的天然防腐剂必将替代化学合成防腐剂而成为主流。

4.4.1　食品防腐剂新产品研发

由于食品种类繁多，微生物性状各异，现有防腐剂还不能满足我国食品工业迅速发展的需要，因此寻求更多广谱、高效、低毒的新型防腐剂是目前食品科学研究中的热点之一。

(1)ε－聚赖氨酸(ε－poly－L－lysine)

ε－聚赖氨酸是由微生物发酵生成的一种由赖氨酸单体通过酰胺键形成的多肽，为淡黄色粉末，吸湿性强，略有苦味；溶于水，微溶于乙醇，但不溶于乙酸乙酯、乙醚等有机溶剂；带正电荷，阴离子物质可与其结合；没有固定的熔点，250℃以上开始软化分解。

ε－聚赖氨酸通常由25～30个赖氨酸聚合而成，聚合度低于十肽便会丧失抑菌活性；相对分子质量在3 600～4 300的ε－聚赖氨酸抑菌活性较强。ε－聚赖氨酸具有广谱抑菌性，可有效抑制G^+菌、G^-菌、酵母菌和霉菌，抑菌最适pH 5～8，最小抑制浓度小于或等于50μg/mL(金丰秋，2003)。

刘慧等(2000)研究表明，ε－聚赖氨酸和乙酸复配使用对黑曲霉和枯草芽孢杆菌具有明显抑制作用。张东荣等(2006)对ε－聚赖氨酸的热稳定性进行了研究，结果表明：在80℃和100℃处理30min，120℃处理20min后，其抑菌效果无明显变化。陈雄等(2007)采用高效液相色谱法对ε－聚赖氨酸在不同pH值条件下的稳定性进行了研究，结果表明：ε－聚赖氨酸在pH 2～11范围内性质稳定，抗酸能力强，在磷酸、乙酸、柠檬酸、苹果酸、酒石酸等酸性溶液中稳定。

Neda(1999)经过对小鼠的急性与慢性毒理学试验，认为ε－聚赖氨酸没有毒性。此外，ε－聚赖氨酸对生殖系统、神经系统、免疫系统，以及胚胎的发育、后代的生长都不会产生毒性。ADME(absorption，distribution，metabolism and excretion)试验表明ε－聚赖氨酸很难被生物体的肠胃吸收，因此它是一种高效、安全的生物防腐剂(Hiraki，2003)。1989年日本首先开始工业化生产ε－聚赖氨酸类制剂，并在食品、化工、医药等行业中得到了广泛的应用。2003年美国FDA批准ε－聚赖氨酸进入美国市场并应用于食品防腐。目前，只有日本窒素公司(Chisso Corporation)形成年产千吨级的ε－聚赖氨酸工业化生产规模。国内ε－聚赖氨酸的研究大多处在实验室阶段，部分研究团队已经进入中试阶段，但发酵水平较日本仍有一定差距。

(2)鱼精蛋白(protamine)

鱼精蛋白是存在于许多鱼类成熟精巢组织中的一种碱性蛋白，与DNA紧密结合在一起，以核精蛋白形式存在；其相对分子质量通常在1万以下，一般由30个左右的氨基酸组成，其中2/3以上是精氨酸。

鱼精蛋白主要有以下特点：①作为一种天然产物，其具有很高的安全性，且无臭、无味。②精氨酸含量丰富，具有很高的营养价值。③鱼精蛋白在中性和碱性介质中有良好的抑菌活性(Uyttendaele等，1994)。④热稳定性好，在一定温度范围内(常温至121℃)加热对鱼精蛋白的抑菌活性无显著影响(Potter等，2005)。⑤Mg^{2+}、Ca^{2+}、Fe^{3+}等高价金属离子对鱼精蛋白的抑菌活性有一定的影响，但一价金属离子及食品营养成分对其抑菌活性影响较小(钟立人等，2001)。⑥食品中主要营养成分，如蛋白质、脂肪、糖类对鱼精蛋白抑菌活性影响较小(Stumpe等，1998)。早期研究认为，鱼精蛋白对G^+菌的抑菌效果显著，对G^-菌、霉菌和酵母菌等真核微生物几乎无影响。但目前陆续有研究者认为：鱼精蛋白具有广谱的抑菌活性，对G^-菌、霉菌和酵母菌均有明显的抑制作用，且能抑制枯草杆菌、巨大芽孢杆菌和地衣芽孢杆菌的生长(上官新晨，2004；王陆玲，2007)。

自从1931年MeClean报道了鱼精蛋白具有抑菌活性以来，国内外学者对其作了大量的研究，基于鱼精蛋白优良的抑菌特性，其已被广泛应用于各类食品的防腐保鲜中，日本早在20世纪80年代就已经将鱼精蛋白用于饭团、马铃薯等食品的保鲜和保藏(吴华，1994)。单独使用鱼精蛋白作为防腐剂，一般添加量需占食品总量的0.5%以上，成本较高，所以实际应用中一般将它与其他防腐剂或保鲜方法结合使用。李来好等(1998)发现鱼精蛋白对延长鱼糕的保质期有一定效果，添加0.8%鱼精蛋白的鱼糕在12℃和24℃时保质期分别为7d和5d，与添加0.3%苯甲酸钠或0.2%山梨酸钾的效果相同；李燕等(2004)将鱿鱼鱼精蛋白添加到新鲜的鱼糜制品中，结果表明：甘氨酸和乙酸钠与鱿鱼鱼精蛋白以一定的比例复配使用可增强抑菌效果，甘氨酸和乙酸钠具有较高的安全性，复配使用能够节约鱼精蛋白的用量；谢小保等(2006)研究了鲤鱼鱼精蛋白的抑菌活性，结果表明鱼精蛋白具有较好的热稳定性，且与EDTA复配后可显著增强抑菌效果，在酱油中可以代替苯甲酸。

4.4.2 食品防腐剂新技术开发

随着科学技术的不断进步，开发了一些食品防腐剂应用新技术，这些技术正逐步应用于各种食品加工。

(1)乙醇及乙醇气体发生剂在食品防腐保鲜中的应用

乙醇用作消毒杀菌已有很长历史，并已用于食品加工环境、设备和操作者手指的消毒剂。自1985年以来，日本由于在低浓度乙醇防腐技术及其复配技术方面取得的卓越研究成果，使乙醇制剂发展很快，其用量已占防腐剂市场的60%左右。日本有微胶囊化的乙醇保鲜剂，在密封包装中缓慢释放乙醇蒸气以防止霉菌的生长，质量分数为6%的乙醇微胶囊，杀菌能力相当于70%的乙醇，将微胶囊化的乙醇置于乙醇蒸气不易透过的密封包装中，利用微胶囊缓慢释放的乙醇气体达到杀菌防腐的目的。乙醇对霉菌、大肠杆菌等微生物的抑菌能力较强，而对酵母菌则很弱。利用乙醇保存食品不致感觉到有乙醇存在，则其浓度不得超过4%。采用低浓度的乙醇和适当pH值，能明显增强对微生物的抑制作用。

在乙醇的复配制剂中加入脂肪酸甘油酯、甘氨酸、乙酸钠、柠檬酸钠、蔗糖脂肪酸酯等发挥协同作用，可降低乙醇用量而避免对食品风味的影响。为防止水分随乙醇挥发，可在复配制剂中加入单硬脂酸甘油酯、乳酸钠等水分保持剂，以克服食品的干燥，如用80%乙醇、1%~3%乳酸钠、0.5%~1.5%单硬脂酸甘油酯、0.05%蔗糖脂肪酸酯及18%的水复配而成的固体酒精，在15℃下用于蛋糕可保存10d，用于奶油和草莓均为8d。这类乙醇气体发生剂可用于果子、面包、面类及珍味类，亦可用于液体食品、裱花奶油、色拉、鱼糕、草莓蛋糕、生面条等食品。

乙醇气体发生剂作为不直接添加在食品中的保鲜剂，具有安全性高、抑菌能力强等特点，其应用前景十分广阔。

(2)抑菌食品保鲜膜在食品防腐保鲜中的应用

随着加工、运输、贮存一体化技术的大规模发展，商品流通扩展到世界各地。因此，食品的保存不仅需要维持一定的货架期，而且还需要营养新鲜。对于用薄膜包装食品，若在膜中加入防腐剂，能有效地抑制食品表面的微生物生长，且不需要低温冷藏技术。这样既可以节省能源，也可降低食品的贮藏成本。

食品抑菌膜包装分为4种类型：

①热压抑菌膜　在成膜时将防腐剂添加到包装薄膜中，使防腐剂和薄膜结合为一体。

②涂布抑菌膜　将防腐剂涂刷在包装膜材料上，包装材料成为防腐剂的载体。

③可食性涂层抑菌膜　由多糖、蛋白质和脂质物质制备而成，能生物降解、可食，具有

生物相容性、外表美观、阻隔氧气的优点。例如，用含有有机酸的海藻酸盐涂覆牛肉表面实现牛肉的抑菌保鲜。

④天然高分子抑菌膜　将片球菌素(pediocin)或者乳酸链球菌素固定在纤维素膜上制成的抑菌膜，能够完全抑制单核细胞增生李斯特菌，这种技术已经实现了工业化应用。

2003 年，美国研制出一种用于水果的新型生物防腐剂，它是由改良的紫胶和蔗糖酯类构成。该生物防腐剂形成的抑菌膜能促进水果表面自然存在的有益菌的生长，从而有助于维持水果的质量。该生物防腐剂抑制水果腐烂的机理是水果表面的有益微生物与引起水果腐烂的病原菌竞争营养，因为有益菌密度大，吸收了水果表面的大部分营养，使处于生长初级阶段的病原菌饥饿而死，从而实现了抑制水果腐烂的目的。

需要注意的是，防腐剂用在食品包装材料上，不可避免与食品相接触，因此使用时必须考虑相关的食品法规。选择防腐剂需要考虑的因素有：生产加工中的热稳定性，对薄膜透明度和色泽产生的影响，与塑料本身相容性，与其他添加剂相互作用以及是否产生不良气味。

(3)微胶囊技术的研究进展及其在防腐剂中的应用前景

微胶囊技术是用特殊的方法将固体、液体或气体物质包埋在一种微型胶囊内而成为固体微粒产品。微胶囊、微球都是指一种具有聚合物壁材的微型密封结构，它是通过微胶囊化过程实现的，即先将需要包覆的物质(主要为固体和液体)细化成为粒径极其微小的固体颗粒或液滴，然后以其为核心，利用特殊的方法，将具有成膜性能的聚合物在其表面沉积涂覆，形成无缝薄膜，最后经过分离、干燥等过程而得到。微胶囊的直径一般在 2～200μm，壁厚为 0.5～150μm。微胶囊在一定的条件下可以有控制地将所包裹的材料释放出来，利用这种“可控释放”的特点，而制成长效制剂，并达到减少添加量的目的。

天然防腐剂本身有许多无法克服的缺点，现在急需开发防腐效果与化学合成防腐剂相当的天然防腐剂，或使现有防腐剂具有传统防腐剂所不具备的优点：缓释或控释特性，稳定性提高，对人畜的毒害小；可有效掩盖防腐剂的不良气味，减少防腐剂的使用量；隔离与食品成分的相互作用，改变防腐剂形态便于运输、贮存和添加。对防腐剂的这些新需求，可以采用微胶囊技术予以实现。

应用微胶囊包埋技术对食品防腐剂进行生产工艺的改进，使其在降低使用量的情况下保证其防腐效果。苯甲酸钠用 β－环状糊精包埋成微胶囊，对比实验显示，微胶囊防腐剂能显著延长防腐的有效期。有试验证明，山苍籽油具有明显的抗真菌作用，但由于山苍籽油易于挥发，不适宜保存，利用环糊精挥发油粉末化技术将其制成微胶囊后既可保持成分稳定，又便于使用，并能缓释。有专利报道，选用山梨酸作为防腐剂并且用硬化油脂为壁材形成微胶囊，一方面可避免山梨酸与食品直接接触，另一方面利用微胶囊的缓释作用，缓慢释放出山梨酸以达到杀菌的目的，延长食品货架期。武伟等(2002)研究了以阿拉伯胶和麦芽糊精为壁材，喷雾干燥法制备的肉桂醛微胶囊产品具有一定的缓释抑菌效果。谭龙飞等(2006)以壳聚糖、麦芽糊精和蔗糖等主要材料作为壁材通过乳化喷雾干燥法制备肉桂醛精油微胶囊。黄晓丹等(2008)以明胶和阿拉伯胶为壁材，谷氨酰胺转氨酶为固化剂，采用复凝聚法制备肉桂醛微胶囊。梁嘉臻(2008)申请的发明专利介绍了一种微胶囊食品防腐剂及其制备方法，可使防腐剂在食品加工的后期定向释放，解决防腐剂影响发酵类食品发酵、在加工过程中损失大的问题，同时解决了水溶性壁材包埋率低、包埋效果差的缺陷。

(4)纳米技术在食品防腐剂和抗氧化剂中的应用前景

纳米技术是指粒径小于1 000nm的物质的生产、加工与应用。纳米科学属于一个多学科交叉领域，包括化学、物理学、生物学和工程学，引起了工业界的广泛兴趣，为研究和发展具有新功能的材料和产品提供了方法和思路。

采用纳米技术研制的纳米抑菌剂保鲜包装材料可提高新鲜果蔬等食品的保鲜效果和延长其货架期，保留更多的营养成分，如纳米系列银粉不仅具有优良的耐热、耐光性和化学稳定性，而且具有抑菌时间长、对细菌和霉菌等均有效的特点，可以有效地延长抑菌时间，添加到食品包装材料中有良好的抑菌效果，且不会因挥发、溶出或光照引起颜色改变或食品污染，还可加速氧化果蔬释放出的乙烯，减少包装中乙烯含量，从而达到良好的保鲜效果。但纳米银粉的成本太高。最近来自英国利兹大学的研究发现，纳米氧化镁和纳米氧化锌具有很强的杀菌效果，高艳玲等(2005)的研究亦表明纳米氧化锌对常见的食品污染菌具有较广谱的杀菌、抑菌能力，如果将其用于纳米包装材料的生产，将明显地延长食品货架期，降低生产成本。

黄媛媛等(2006)研制了一种新型纳米包装材料，对比了纳米包装与普通包装对绿茶保鲜品质的影响。结果表明，纳米包装的透湿量、透氧量比普通包装低28.0%、21.0%，纵向拉伸强度比普通包装高24.0%。在贮存期间采用纳米包装的绿茶维生素C、茶多酚、氨基酸和叶绿素的保留率分别比普通包装的产品高7.7%、10.0%、2.0%、6.9%。陈丽等(2001)将纳米二氧化钛粒子和其他11种功能材料加入到PVC保鲜膜中，可使富士苹果的保存期延长到208d，同时对蔬菜也有较好的保鲜效果。而尼龙6纳米塑料与传统的尼龙塑料相比，其氧气和二氧化碳的透过率降低了1/2，水的透过率也下降了30%左右。美国新泽西的研究人员正在研究一种智能包装，在食品开始变质之前释放防腐剂。该包装材料通过纳米技术建立起生物开关，从而能根据需要释放防腐剂。

案例分析

食品防腐剂超范围超量使用问题

背景：

2012年3~5月，国家质检总局及部分省工商行政管理局公布了流通领域和生产企业被抽检食品质量监测情况，涉及防腐剂不合格的产品信息如下：

序号	产品名称	规格型号	生产日期	不合格项目	公布时间
1	干吃汤圆(熟粉类糕点冷加工)	散装	2011-11-19	山梨酸或山梨酸钾超标	2012-3-23
2	百酱、圆豆酱	200g/袋	2011-12-17	苯甲酸(标准值：≤1.0g/kg，实测值：1.2g/kg)	2012-5-12
3	营口大酱王	180g/袋	2011-12-23	山梨酸(标准值：≤0.5g/kg，实测值：0.81g/kg)	2012-5-12
4	纯天然黄豆酱	750g/瓶	2011-10-30	山梨酸(标准值：≤0.5g/kg，实测值：0.60g/kg)	2012-5-12

（续）

序号	产品名称	规格型号	生产日期	不合格项目	公布时间
5	甜面酱	3.5kg/桶	2011－12－20	苯甲酸（标准值：≤1.0g/kg，实测值：1.33g/kg）	2012－5－12
6	秘制酱鸭脖（猛辣型）	60g/包	2012－2－4	山梨酸及其钾盐超标	2012－4－26
7	香辣鸭爪	450g/包	2012－2－28	苯甲酸及其钠盐超标	2012－4－26
8	泡凤爪	130g/袋	2012－1－20	山梨酸超标	2012－4－18

防腐剂的超标使用主要是山梨酸（钾）、苯甲酸（钠）等超范围或超量使用，食品中添加山梨酸（钾）不合格的事件屡屡出现。例如，2010年7月，北京市工商局抽样调查发现，北京欧尚超市有限公司丰台店检出3批次食品不合格，包括广州市某食品有限公司生产的鱿鱼丝、青岛某集团某食品有限公司生产的鱿鱼丝，两种鱿鱼丝检出“甲醛、山梨酸”项目不合格。国家质检总局发布的2010年5月进口不合格食品信息显示，共有145批次的不合格洋货在进入我国国门时由于质量问题被拦截。酒类商品是此次不合格的主要产品，如苏州某品牌名酒有限公司从葡萄牙进口的“肯帕干白葡萄酒”检出山梨酸被销毁。沈阳市质监局于2010年4月13日至2010年4月26日在沈阳市辖区内抽查了4家蜜饯企业生产的4批次产品，产品总体合格率为75%，一批次产品检出山梨酸含量超标。监测发现，沈阳某食品有限公司2010年4月13日生产的羊肝羹（150g/盒）山梨酸检出值为0.8g/kg，标准值为≤0.5g/kg。山梨酸超标将危害消费者的身体健康应引以高度重视。

苯甲酸类产品由于受传统工艺及价格较低等因素的影响，目前仍是用量最大的防腐剂。其在安全方面出现的问题也是屡见不鲜。例如，2010年11月30日，吉林省工商局抽检共涉及长春、四平、公主岭、双辽等地区15个经营单位，46家生产企业生产的65个批次食品。发现苯甲酸超标的产品占不合格样品的13%；2010年11月12日，某企业果丹皮苯甲酸及钠盐不合格被责令停售。2010年9月20日，上饶市对上市月饼进行抽查，合格率仅为75%，在不合格的产品中不合格项主要是苯甲酸超量使用。因此，对苯甲酸（钠）的使用需引起广泛的关注。

分析：

食品含有丰富的蛋白质、碳水化合物和脂肪等营养物质，在物理、化学和有害微生物等因素的作用下可腐败变质，其中有害微生物是导致食品腐败变质的主要原因。而人类对自然界存在的污染物控制能力十分有限，到目前为止尚未研制出对微生物侵染有抵抗力的食品品种，食品中微生物的污染仍将在今后相当长的一段时间内继续对人类健康造成威胁；另外，食品生产、加工、流通、制作方式的改变以及食品销售的异地化等对食品保质期的要求越来越高，因此食品的保鲜与防腐已成为食品加工生产面临的首要问题（李凤琴，2009）。食品中添加适量、经批准使用的防腐剂，不仅可以达到防腐保鲜、延长货架期的目的，同时能够有效防止食物中毒，如黄曲霉及其毒素对人体健康的危害极大，添加丙酸盐、双乙酸钠等防腐剂能有效抑制黄曲霉生长和毒素的产生（孔青，2011）。

使用防腐剂保藏食品是行之有效的食品保藏方法，我国食品添加剂使用标准GB 2760—2011严格规定了各种防腐剂的使用量，只要按规定使用，它们均是安全的，容易出现问题的主要是在使用过程中的超量或超范围添加。

食品防腐剂超范围超量使用的原因主要有以下五点，一是缺乏安全意识：某些厂商为了迎合一些消费者认为保质期越长，食品质量越好的错误认识，超量使用防腐剂，以延长食品保质期。二是缺乏卫生意识：食品防腐剂除了抑菌作用外，往往还有一定的杀菌和消毒作用。一些中小型企业，尤其是一些小作坊，将防腐剂视为万能药，在原料、生产环境和生产过程卫生不达标的情况下，试图利用防腐剂兼具杀菌消毒的特点，降低食品中的细菌数，引起超量使用问题。三是硬件不足：有些小作坊设备陈旧，缺乏最基本的计量工具、搅拌设备，造成防腐剂用量严重超标。四是追求利润最大化：一些企业为降低生产成本，往往使用最廉价但毒性较大的防腐剂。五是不同国家和地区对防腐剂的使用标准不同，如台湾地区没有制定对羟基苯甲酸甲酯可以用于碳酸饮料，因此，在2011年公布了一批可口可乐原液中检查出"对羟基苯甲酸甲酯"并判定违规，但这在中国大陆、美国和欧盟均是合法的。

纠偏措施：

为保障食品防腐剂的正确使用和发展，食品企业、消费者、政府及相关部门等应共同努力，发挥各自的积极作用。

(1)加强食品防腐剂知识的宣传

一方面，消费者应了解有关食品防腐剂的科学常识，消除误解，理性看待防腐剂，能够认识到防腐剂除了可以防止食品变质外，也可以防止食物中毒的发生；另一方面，应提倡绿色消费。应该认识到，一些防腐剂，尤其是一些化学合成防腐剂，长期过量摄入会对身体健康造成损害，特别是对婴幼儿、孕妇这些特殊人群，因此消费者应关注天然防腐剂，如纳他霉素、乳酸链球菌素、溶菌酶、壳聚糖等的使用，提倡消费安全、营养、无公害的防腐剂。

(2)企业自律

食品生产企业应从技术上解决防腐剂的安全使用问题，更应正确对待防腐剂的标签、标识问题，不应故意误导消费者。更重要的是，食品生产企业使用的防腐剂的质量应符合相应的标准和有关规定，并且品种及使用量须严格遵循《食品添加剂使用标准》(GB 2760—2011)及卫生部相关公告的规定。

(3)加强相关法规培训

加强对食品生产经营者的法律、法规和卫生知识，特别是食品防腐剂作用及使用知识的培训，提高其遵守法律的自觉性，提高生产者的技术水平，综合应用各种手段保证食品安全卫生。食品企业使用防腐剂时应掌握以下几点：①协同作用。几种防腐剂复配使用会达到更好的效果，但使用防腐剂时必须符合标准规定，用量应按比例折算，且不能超过最大使用量。②可适当增加食品的酸度，在酸性食品中，微生物不易生长。③与合理的加工、贮藏方法并用，加热后可减少微生物的数量，因此，加热后再添加防腐剂，可以发挥最大功效。在正确使用范围和使用量前提下，做到安全使用防腐剂。

(4)强化卫生监督、加大执法力度

卫生监督机构要加强对食品生产经营企业的监督管理，要求生产经营者将防腐剂的生产和使用控制在国家允许的合理范围内，同时，加大对违法滥用防腐剂行为的打击处罚力度，杜绝非法滥用防腐剂的恶性违法案件的发生；责令改进标签中对防腐剂的违规标注，以保护消费者的知情权和健康权不受侵犯。

(5)加强社会监督、呼吁社会共同参与

食品防腐是一个系统工程，随着现代物流业的发展，食品流通调配率越来越高，一种食品生产、运输、销售、消费的周期越来越短，越来越多的生、鲜食品无需过多的防腐剂处理便可安全食用。同时，呼吁全社会关注食品中防腐剂的使用情况，积极举报违法使用的案件，防患于未然。以维护广大消费者的健康权益，创造关爱健康、追求天然、崇尚绿色消费的良好社会氛围。

总之，为了彻底杜绝滥用防腐剂现象，政府监管部门在加大食品抽样检查的同时，需要对食品防腐剂的使用进行教育和指引；食品企业需加强内部管理，正确使用食品防腐剂；消费者应正确认识防腐剂，购买正规企业生产的产品，避免防腐剂超标使用带来的危害。

思考题

1. 什么是食品防腐剂?
2. 防腐剂通过哪些途径发挥对微生物的抑制和杀灭作用?
3. 简述防腐剂的分类、不同类别防腐剂的特点、应用范围和防腐效果。
4. 防腐剂使用时有哪些注意事项?怎样合理使用防腐剂?
5. 以果汁饮料为例，试设计果汁饮料的防腐技术方案。

参考文献

包红朵，王冉. 2011. 两种防霉剂抑制黄曲霉菌及禾谷镰刀茵的生长和饲料防霉效果研究[J]. 饲料工业，32(6)：53－55.

陈丽，李喜宏，胡云峰. 2001. 富士苹果 PVC/TiO_2纳米保鲜膜研究[J]. 食品科学，22(7)：74－76.

陈南南，徐歆. 2011. 不同防腐剂对3种模式腐败菌抑菌效果的比较[J]. 食品科学，32(1)：14－18.

陈雄，章莹. 2007. 利用高效液相色谱仪初步研究 ε－聚赖氨酸的稳定性[J]. 食品研究与开发，28(8)：11－13.

邓明，哈益明，严奉伟. 2005. Nisin、EDTA 和山梨酸钾在冷却肉贮藏保鲜中的交互效应分析[J]. 食品科技，9：66－70.

高艳玲，刘熙，王宗贤. 2005. 纳米金属氧化物对食品污染菌的杀、抑能力研究[J]. 食品科学，26(4)：45－48.

顾仁勇. 2003. 溶菌酶、Nisin、山梨酸钾用于冷却肉保鲜的配比优化[J]. 食品与发酵工业，29(7)：45－48.

郭新竹，宁正祥. 2001. 食品防腐剂作用机理的研究进展[J]. 食品科技，5：40－42.

郭新竹，宁正祥. 2001. 天然肽类防腐剂研究进展[J]. 食品与发酵工业，2：72－75.

郝纯. 2004. 天然食品防腐剂——细菌素的研究新进展[J]. 食品科学，25(12)：193.

侯振建. 2004. 食品添加剂及应用技术[M]. 北京：化学工业出版社.

黄琴，马国霞，周绪霞，等. 2007. 乳酸链球菌素的抑菌机制[J]. 中国食品学报，42(2)：133－138.

黄晓丹，张晓鸣，董志俭，等. 2008. 复凝胶法制备肉桂醛微胶囊的研究[J]. 食品工业科技，29(3)：63－69.

黄媛媛，胡秋辉. 2006. 纳米包装材料对绿茶保鲜品质的影响[J]. 食品科学，27(4)：244－246.

姜爱丽，胡文忠，田密霞，等. 2007. 纳他霉素在草莓保鲜中应用的研究[J]. 食品科学，28(12)：515－520.

姜元荣，钱海峰，孟德奇. 2002. 纳他霉素与乳酸链球菌素复合防腐剂在酱油防霉中的应用[J]. 无锡轻工大学学报，21(2)：170－172.
金栋．2009．双乙酸钠的生产技术及应用前景[J]．精细化工原料及中间体，5：7－10.
金丰秋，金其荣．2003．新型生物防腐剂——聚赖氨酸[J]．中国食品添加剂，5：87－88.
孔青，翟翠萍，林洪．2011．粮油食品中黄曲霉毒素去除方法研究进展[J]．粮食加工，36(4)：47－49.
李凤琴，李玉伟，王晔茹，等．2009．食品用防腐剂防腐效果测定和评价程序研究[J]．卫生研究，38(6)：657－661.
李科德，韩木兰，柏建玲．2002．乳酸链球菌素的研究和应用[J]．微生物学通报，29(4)：102－104.
李来好．1998．鱼精蛋白对延长鱼糕制品有效保存期的作用[J]．食品工业科技，14(2)：27－29.
李燕，汪之和，王麟，等．2004．鱿鱼鱼精蛋白的抑菌作用及在保鲜中的应用[J]．食品科学，25(10)：80－84.
李永富，孙震，史锋．2009．溶菌酶对猪肉的保鲜作用[J]．上海农业学报，25(4)：61－63.
梁嘉臻．一种微胶囊食品防腐剂及其制备方法[P]：中国，CN 101228962A，2008－07－30.
梁艳，李晓东，何述栋，等．2008．Nisin 协同 CO_2 在巴氏杀菌乳保鲜中的应用[J]．中国乳品工业，36(9)：27－30.
林日高，林捷，周爱梅，等．2002．对羟基苯甲酸酯类钠盐的抑菌作用及其稳定性研究[J]．中国食品添加剂，3：19－23.
凌关庭．2003．食品添加剂手册[M]．北京：化学工业出版社.
刘慧，徐红华，王明丽，等．2000．聚赖氨酸抑菌性能的研究[J]．东北农业大学学报，31(3)：294－298.
陆晓滨，赵祥忠，林玉振．2003．纳他霉素对酱油防腐效果的影响[J]．中国调味品，292(6)：41－43.
吕晓楠，吴兆亮，赵艳丽，等．2009．Nisin 与山楂提取物复配的抑菌性能研究[J]．安徽农业科学，37(15)：6839－6840.
潘丽君，刘兰花，曾敏．2008．Nisin 和植酸复合抑制腌制蔬菜中 G^- 腐败菌的效果研究[J]．食品工业科技，29(2)：263－268.
上官新晨．2004．鲤鱼抗菌精蛋白的提取、分离、抗菌特性研究及抑菌机理探讨[D]．西安：陕西师范大学.
沈勇根，上官新晨，蒋艳，等．2003．双乙酸钠在食品防腐保鲜中的应用现状与前景[J]．江西农业大学学报，25(10)：43－45.
孙京新，李爱民．2002．南京盐水鸭复合保鲜效果的研究[J]．肉类工业，254(6)：19－21.
谭龙飞，文毓，黄永杰．2006．以壳聚糖麦芽糊精和蔗糖为壁材制备肉桂醛微胶囊[J]．食品科学，27(1)：115－118.
王冬梅，秦国旭．2011．绿色合成尼泊金酯的研究进展[J]．滁州学院学报，13(5)：67－70.
王广萍，郝奎，付忠梅．2006．Nisin 在乳和乳制品保藏中的应用[J]．中国乳业，4：39－42.
王红宁，柳萍．1994．十种防霉剂、抗氧化剂对四株芽孢杆菌抑菌、杀菌作用的研究[J]．四川农业大学学报，12：642－645.
王陆玲，金明晓，韩红梅，等．2007．鱼精蛋白抑菌效果及在肠肉制品中的应用研究[J]．食品科学，28(12)：215－217.
王喜波，刘杨．2007．天然生物食品防腐剂——纳他霉素[J]．食品研究与开发，128(1)：12－15.
王燕，车振明．2005．食品防腐剂的研究进展[J]．食品研究与开发，26(5)：167－170.
吴华，吴疆．1994．国外研究鱼精蛋白抑菌性保存食品的最新动向[J]．食品科技动态，12：21－24.
武伟，杨连生，谭龙飞．2002．肉桂醛缓释微胶囊的制备研究[J]．食品科学，23(3)：70－73.
肖长清，许小春．2009．食品中常用防腐剂的调查[J]．湖北第二师范学院学报，26(8)：54－57.
谢小保，王春华，曾海燕，等．2006．鲤鱼鱼精蛋白的提取及抑菌活性研究[J]．生物加工过程，4(3)：62－66.

徐金辉，刘树文，董新．2008．纳他霉素对葡萄酒酵母抑制效果的研究[J]．中外葡萄与葡萄酒，5：19－21.
闫革华，胡铁军，张广杰，等．2002．双乙酰钠在牛肉保鲜中的应用研究[J]．肉类工业，11：31－33.
严成．2009．丙酸钙对牛肉保鲜效果的研究[J]．食品科学，30(14)：300－303.
姚朔影，邱德清．2011．纳他霉素的稳定性研究[J]．中国食品添加剂，1：69－71.
姚自奇，庄艳玲．2007．纳他霉素在酸奶制品中的应用[J]．中国食品添加剂，1：33－35.
易建华，朱振宝．2008．乳酸链球菌素与纳他霉素在低盐酱菜中应用的研究[J]．食品工业科技，29(10)：227－228.
殷铭，田为成．2007．双乙酸钠应用研究进展[J]．畜牧与饲料科学，5：35－38.
俞其林，励建荣．2007．溶菌酶及其应用[J]．农产品加工学刊，109(8)：78－84.
曾锋，张立彦，曾庆孝．2005．微生物对食品防腐剂的抗性研究进展及应对措施[J]．现代食品科技，21(1)：154－156.
张德权，王宁，王清章．2006．Nisin、溶菌酶和乳酸钠复合保鲜冷却羊肉的配比优化研究[J]．农业工程学报，22(8)：184－187.
张东荣，张超．2006．ε－聚赖氨酸抑菌性能的初步研究[J]．河南工业大学学报，27(3)：75－80.
张建华，陆正清．2003．双乙酸钠防腐剂在酱油生产中的应用[J]．中国调味品，291(5)：34－36.
赵红艳，王爱军．2008．溶菌酶及其在食品工业中的应用[J]．职业与健康，24(1)：74－75.
郑鹏然，陈森．1997．霉克(Natamax)的防霉效果及安全性评价[J]．中国食品添加剂，4：44－48.
钟立人，吕民主，张合文．2001．鱼精蛋白的抑菌机理[J]．水产学报，25(4)：171－175.
朱美娟．2009．纳他霉素特性研究及在苹果汁中的应用[J]．农产品加工学刊，163(2)：31－32.
ADHAM M, ABDOUB S H, IGASHIGUCH I. 2007. Antimicrobial peptides derived from hen egg lysozyme with inhibitory effect against Bacillus species [J]. Food Control, 18: 173 - 178.
BAGYAN I, SETLOWB. 1998. New small, acid-soluble proteins unique to spores of Bacillus subtilis: Identification of the coding genes and regulation and function of two of these genes [J]. Journal of Bacteriology, 180(24): 6704 - 6712.
CHUNG, W, HANCOCK, R E W. 2000. Action of Lysozyme and Nisin mixtures against Lactic acid bacteria[J]. International Journal of Food Microbiology, 60(1): 25 - 32.
DELVES - BROUGHTON J. 2005. Nisin as a food preservative [J]. Food Australia, 57 (12): 525 - 527.
DELVES - BROUGHTON, J. 1992. Use of EDTA to enhance the efficacy of nisin towards Gram-negative bacteria [J]. International Biodeterioration Biodegradation, 32: 1 - 3, 15 - 16.
ECONOMOU T, POURNIS N, NTZIMANI A, et al. 2009. Nisin - EDTA treatment and modified atmosphere packaging to increase fresh chicken meat shelf - life [J]. Food Chemistry, 114(4): 1470 - 1476.
GÖĞÜŞ, BOZOGLU F, YURDUGUL S. 2004. The effects of nisin, oil-wax coating and yogurt on the quality of refrigerated chicken meat [J]. Food Control, 15(7): 537 - 542.
HENRIQUES M, QUINTAS C, LOUREIRO DISA M C. 1997. Extrusion of benzoic acid in Saccharomyces cerevisiae by an energy - dependent mechanism [J]. Microbiology, 143: 1877 - 1883.
HIRAKI J, ICHIKAWA T, NINOMIYA S I, et al. 2003. Use of ADME studies to confirm the safety of ε - polylysine as a preservative in food [J]. Regulatory Toxicology and Pharmacology, 37(2): 328 - 340.
JENNIFER C, THOMAS J M, INGOLF F N, et al. 2001. Bacteriocins: safe, natural antimicrobials for food preservation [J]. International Journal of Food Microbiology, 71: 1 - 20.
KIM E L, CHOI N H, BAJPAI V K, et al. 2008. Synergistic effect of nisin and garlic shoot juice against Listeria monocytogenes in milk [J]. Food Chemistry, 110(2): 375 - 382.
LAURENTS, D V, BALDWIN R L. 1997. Characterization of the unfolding pathway of hen egg white lysozyme [J].

Biochemisty, 36: 1496 - 1504.

MANGALASSARY S, HAN I, RIECK J, et al. 2008. Effect of combining nisin and/or lysozyme with in - package pasteurization for control of Listeria monocytogenes in ready - to - eat turkey bologna during refrigerated storage [J]. Food Microbiology, 25 (7): 866 - 870.

MOHAMMAD R F, GHOLAMREZA A. 2007. Antimicrobial activities of Iranian sumac and avishane shirazi (Zataria multiflora) against some food - borne bacteria [J]. Food Control, 18: 646 - 649.

MORADAS - FERREIRA P, COSTA V, PIPER P, et al. 1996. The molecular defences against reactive oxygen species in yeast [J]. Molecular Microbiology, 19(4): 651 - 658.

NEDA K, SAKURAI T, TAKAHASHI M, et a1. 1999. Two - generation reproduction study with teratology test of ε - poly - L - lysine by dietary administration in rats [J]. Japanese Pharmacology and Therapeutics , 27 (7): 9 - 29.

NTZIMANI A G, GIATRAKOU V I, SAVVAIDIS I N, et a1. 2010. Combined natural antimicrobial treatments (EDTA, lysozyme, rosemary and oregano oil) on semi cooked coated chicken meat stored in vacuum packages at 4℃: Microbiological and sensory evaluation [J]. Innovative Food Science and Emerging Technologies, 11 (1): 187 - 196.

PINTADO C M B S, FERREIRA MASS, et al. 2010. Control of pathogenic and spoilage microorganisms from cheese surface by whey protein films containing malic acid, nisin and natamycin [J]. Food Control, 21(3): 240 - 246.

POTTER R, HANSEN L T. , GILL T A. 2005. Inhibition of foodborne bacteria by native and modified protamine: Importance of electrostatic interactions[J]. International Journal of Food Microbiology, 103 (1): 23 - 34.

REITER B, HARMULV G. 1984. Lactoperoxidase antibacterial system: natural occurrence, biological function and practical applications [J]. Food Product, 47: 724 - 732.

ROJO - BEZARES B, SáENZ Y, ZARAZAGA M. 2007. Antimicrobial activity of nisin against Oenococcus oeni and other wine bacteria [J]. International Journal of Food Microbiology, 116 (1): 32 - 36.

RUSSEL A D. 1991. Mechanisms of bacterial resistance to non - antibiotics: food additives and food and pharmaceutical preservatives [J]. Journal of Applied Microbiology, 71: 191 - 201.

RUSSEL N J, GOULD G W. 1991. Food preservatives [M]. New York: Blackie AVI.

STUMPE S, SCHMID R, STEPHENS D L, et al. 1998. Identification of OmpT as the protease that hydrolyzes the antimicrobial peptide protamine before it enters growing cells of *Escherichia coli*. [J]. Journal of Bacteriology, 180 (15): 4002 - 4006.

UYTTENDAELE M, DEBEVERE J. 1994. Evaluation of the antimicrobial activity of protamine [J]. Food Microbiology, 11 (5): 417 - 428.

第5章

食品抗氧化剂

学习目标

掌握食品抗氧化剂的定义、种类和作用机理，熟悉常用食品抗氧化剂的结构、特性、使用方法和使用注意事项，了解食品抗氧化剂的现状与发展趋势。

5.1 油脂氧化及其影响

油脂是七大营养素之一，不仅是能量的最主要来源(日常饮食中大约40%的热量来自油脂)，而且还可作为脂溶性维生素的载体。油脂能使食物更加美味可口、给人饱腹感、为人体提供必需脂肪酸。受光、热、过渡金属、金属蛋白和辐照等诱发因素的影响，食品中的油脂不断地通过自由基历程氧化生成氢过氧化物，进而裂解成短链的醛、醇、酮和酸等，从而导致食品酸败和色素氧化，造成食品的感官品质劣变、营养价值降低、货架期缩短。

5.1.1 食品中的油脂

食品中的油脂一般是指脂肪酸与甘油形成酰基甘油酯，油脂中的脂肪酸通常是由16~20个碳构成的长链化合物，包括饱和脂肪酸和不饱和脂肪酸。碳链的长度及不饱和度决定脂肪酸的理化性质，从而决定含这些脂肪酸油脂的熔点、气味、滋味、氧化稳定性及其他重要性质。

存在于油脂或复杂产品中的甘油酯或油脂物质在生产、贮藏等环节以各种方式发生一些不良反应，最常发生的反应为水解反应(即在酯键处断裂，图5-1)和氧化反应(发生在甘油酯中脂肪酸的不饱和键上，图5-2)。

5.1.2 油脂氧化

油脂氧化是按自由基反应进行的自动链式反应，包括自由基的引发与传递、过氧化物的生成与分解一系列连续反应。

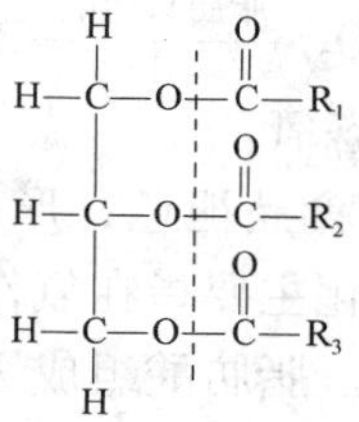

图 5-1　甘油三酯的水解（R_1，R_2，R_3代表不同脂肪酸）

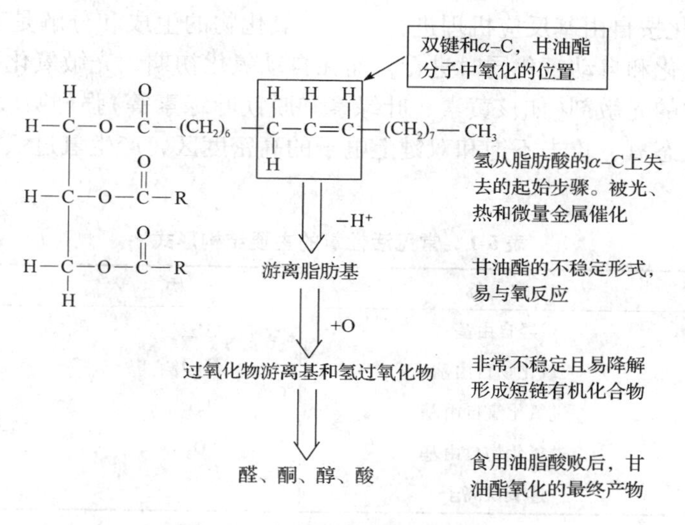

图 5-2　油脂酸败过程及其产物

(1)油脂氧化历程

引发反应：

$$RH + O_2 \xrightarrow{\text{催化剂}} R\cdot + \cdot OOH \qquad (1)$$

$$RH \xrightarrow{\text{催化剂}} R\cdot + \cdot H \qquad (2)$$

自由基传递：

$$R\cdot + O_2 \longrightarrow ROO\cdot \qquad (3)$$

$$ROO\cdot + R'\cdot \longrightarrow R'\cdot + ROOH \qquad (4)$$

终止反应：

$$ROO\cdot + R'\cdot \longrightarrow ROOR' \qquad (5)$$

$$R\cdot + R'\cdot \longrightarrow RR' \qquad (6)$$

注：RH 表示脂肪或脂肪酸分子，R·、ROO·、H·、HOO·分别表示脂肪酸游离基、过氧化物自由基、氢自由基、过氧化氢自由基，ROOH 表示氢过氧化物。

(2)氢过氧化物的来源

氢过氧化物的来源有两条途径，一是在自由基传递反应的过程中生成，见式(7)；二是油脂化合物分子与氧分子反应生成，见式(8)：

$$RH + {}^1O_2 \longrightarrow ROOH \qquad (7)$$

$$RH + {}^3O_2 \xrightarrow{\text{脂肪氧化酶}} ROOH \qquad (8)$$

注：$^1O_2$表示单线态氧，$^3O_2$表示三线态氧。

油脂氧化反应常导致维生素降解、食品褪色，形成的酮、醛是食品产生异味的原因之一，最终导致食品酸败变质。油脂的氧化主要指在氧作用下的自动氧化和光敏氧化。油脂的自动氧化是在暗处发生的主要氧化途径。脂肪酸组成影响脂肪氧化的速度，脂肪酸中双键数越多，越易被氧化。此外，共轭双键比非共轭双键易氧化，顺式结构比反式结构易氧化，长碳链的脂肪酸比短碳链的脂肪酸易发生氧化裂解反应（林春绵，2004）。多不饱和脂肪酸（PUFA）的自动氧化按自由基反应机理进行，氢过氧化物的生成和分解是其主要反应。在光照条件下，光敏氧化和自动氧化同时进行，而在自动氧化初期，光敏氧化是油脂自动氧化的主要诱因。油脂中的光敏剂（如核黄素、叶绿素和脱镁叶绿素等）强烈吸收可见光或紫外光，使基态氧变成激发态氧，攻击不饱和双键上电子的高密度区，产生氢过氧化物，发生光氧化作用。

表 5-1 常见活性氧的主要结构形式

结构	名称	结构	名称
HO·	羟自由基	O_2^-	氧阴离子
RO·	氧化物自由基	H_2O_2	过氧化氢
HOO·	过氧化氢自由基	$^1O_2$	单线态氧
ROO·	过氧化物自由基	O_3	臭氧
$Fe^{2+}\cdots O_2$	过氧铁离子		

空气中的氧大多数都是三线态氧（$^3O_2$，又叫双元基或两端游离基，biradical），几乎无反应活性，不会导致氧化劣变。但其中少数氧是激发态氧，激发态氧是单元基（$^1O_2$，单线态氧），单线态氧的种类较多，常见的如表 5-1 所示。表 5-1 中的活性氧都可以直接与 PUFA 反应产生过氧化自由（游离）基。

5.1.3 氧化油脂的影响

油脂物质是食品中主要组成成分之一，其品质和氧化稳定性直接影响食品的质量与安全。油脂氧化过程中产生的过氧化物能和食品中的不同成分发生反应，导致食品感官、质构和营养质量的劣变，还可能产生致癌物质。例如，氢过氧化物及其降解产物与蛋白质发生反应，自由基可改变酶的化学结构，导致酶丧失生物活性，同时使蛋白质发生交联，生成变性高聚物，其他自由基则可使蛋白质的多肽链断裂，并使个别氨基酸发生化学变化（Esterbauer 等，1991）。

油脂在不利环境的影响下发生一系列氧化反应，油脂分解为甘油和脂肪酸。同时，具有不饱和双键的脂肪酸经过自由基链式反应，裂解产生许多分解产物，包括醛、酮、酸等具有不愉快气味的小分子，导致油脂酸败。研究表明，食用高氧化值的油脂对心血管有明显的破坏作用（Yanagimoto，2002）。若机体缺少抗氧化物（如维生素 C 和维生素 E），不饱和脂肪酸容易发生体内自动氧化。PUFA 自动氧化产生的丙二醛导致胆固醇在血管壁聚集。丙二醛是油脂氧化的二次降解产物，具有细胞毒性，可与氨基酸及核苷酸发生反应，引起蛋白质和核酸结构与功能的改变，从而导致遗传物质突变（Esterbauer等，1991；Long等，2006）。胆固醇氧化产物对机体健康也存在威胁，胆固醇氧化产物可引起多种不良反应，如导致动脉粥样硬化、干扰固醇类代谢、诱导基因突变甚至致癌等。大量离体和活体试验都证明胆固醇氧化产物对动脉平滑肌细胞、血管内皮细胞、单核－巨噬细胞等有毒害作用（张明霞等，2002）。

油脂氧化不仅在自然状态下可以进行，且在人体内也可以发生，特别是易被氧化的PUFA，如花生四烯酸、二十二碳六烯酸等，在体内氧化后同样会产生过氧化物。营养学家建议，摄入PUFA的同时应补充一定量的抗氧化物质，否则有可能诱发癌症，因此采取积极措施防止或延缓油脂氧化十分必要。

5.2 食品抗氧化剂概述

5.2.1 食品抗氧化剂定义

食品中的油脂与空气中的氧气发生氧化反应，导致食品酸败、褪色、褐变、风味劣变及维生素破坏等后果，甚至产生有害物质，从而降低食品质量和营养价值。食品抗氧化剂是指能防止或延缓油脂或食品成分氧化分解、变质，提高食品稳定性的食品添加剂。

5.2.2 食品抗氧化剂分类

食品抗氧化剂分类目前尚无统一标准，常见的分类有以下几种：

(1)按溶解性分类

①油溶性抗氧化剂　此类抗氧化剂可溶于油脂，对油脂和含油脂的食品具有良好的抗氧化作用。如丁基羟基茴香醚（BHA）、二丁基羟基甲苯（BHT）、没食子酸丙酯（PG）、特丁基对苯二酚（TBHQ）及维生素E（V_E）。

②水溶性抗氧化剂　此类抗氧化剂能溶于水，如抗坏血酸及其盐类、异抗坏血酸及其盐类、亚硫酸盐类、茶多酚、植酸、氨基酸类等。

(2)按来源分类

①天然抗氧化剂　指从天然动、植物体或其代谢产物中提取的具有抗氧化能力的物质，天然抗氧化剂一般都具有较高的抗氧化能力而且安全无毒，其中一些已经用于食品加工，如愈创树脂、植酸、米糠油、生育酚混合浓缩物、茶多酚、芦丁等。

②合成抗氧化剂　指经化学合成具有抗氧化能力的物质，这类抗氧化剂一般具有较高的抗氧化能力，如BHA、BHT、TBHQ等。

(3)按作用机理分类

抗氧化剂按作用机理可分为自由基吸收剂、金属离子螯合剂、氧清除剂、单线态氧淬灭剂、甾醇抗氧化剂、过氧化物分解剂、紫外线吸收剂、多功能抗氧化剂及酶类抗氧化剂等。自由基吸收剂主要指在油脂氧化中能够阻断自由基连锁反应的物质，其作用机制是捕捉活性自由基，故又称自由基捕捉剂。自由基吸收剂一般为酚类化合物，具有电子供体的作用，如BHA、BHT、维生素E等。酶类抗氧化剂有葡萄糖氧化酶、超氧化物歧化酶（SOD）、过氧化氢酶、谷胱甘肽氧化酶等酶制剂，其作用机制是可以除去氧（如葡萄糖氧化酶）或消除来自于食物的过氧化物（如SOD）等。目前，我国尚未将酶类抗氧化剂列入食品抗氧化剂，但编入了酶制剂使用品种。

5.2.3 食品抗氧化剂结构特征

食品抗氧化剂种类很多，包括酚类、醌类、多不饱和烃类、有机酸类、硫醇类，以及多极性基团类等不同结构的化合物。

酚类化合物是芳香烃环上的氢被羟基取代的一类芳香族化合物，酚类易氧化成醌类而提供氢离子，氢离子能与自由基反应，从而阻断自由基链式反应，如黄酮类化合物、酚酸类化合物、维生素E、TBHQ等。黄酮类化合物在结构上具有C_6—C_3—C_6的特点，由于C_3部分的结构多样，可成环、氧化或取代，黄酮类化合物又分为黄酮类（flavones）、黄酮醇（flavonols）、异黄酮类（isoflavones）、查尔酮类（chalcones）及花青素类（anthocyanins）等。酚酸类化合物包括羟基苯甲酸类（hydroxybenzoic acid）和羟基肉桂酸类（hydroxycinnamic acid）。维生素E包括生育酚和生育三烯酚。

醌类化合物是指分子内具有不饱和二酮结构或容易转变成这种结构的有机化合物，天然醌类主要有苯醌（benzoquinones）、萘醌（naphthoquinones）、菲醌（phenanthraquinones）及蒽醌（anthraquinones）4种类型。中药紫草中的紫草素、维生素K类化合物属于α-萘醌；芦荟、决明子和大黄提取物中含有丰富的蒽醌类化合物，例如芦荟苷、芦荟大黄素、黄决明素、大黄酚、大黄素等。醌类化合物作为食品抗氧化剂是从20世纪80年代后逐步开始的，如维生素K、迷迭香醌、TBHQ等，其中TBHQ是国际上公认最好的食品抗氧化剂之一，已在几十个国家和地区广泛应用于油脂和含油脂食品中。

多不饱和烃类包括类胡萝卜素类化合物，是良好的自由基淬灭剂，具有很强的抗氧化性，能有效阻断链式自由基反应。8个异戊二烯（isoprene）的基本结构单位组成类胡萝卜素分子，类胡萝卜素分子往往具有对称结构，如番茄红素、β-胡萝卜素等。分子中共轭双键的数量决定类胡萝卜素的颜色、稳定性和抗氧化活性。此外，由于分子中存在双键结构，类胡萝卜素的构型是分子结构的重要特征，不同构型均影响类胡萝卜素的构效关系。

有机酸类分子中含有羧基，广泛存在于天然提取物中，如银杏叶提取物、葡萄籽提取物等。硫醇类存在于美拉德反应产物中。

5.2.4 食品抗氧化剂作用机理

食品抗氧化剂能够阻止由氧气引起的食品氧化酸败、褪色及风味劣变，对食品油脂物质具有保护作用。抗氧化剂种类较多，抗氧化剂的作用机理不尽相同，但均以其还原性为依据，提供的氢原子与脂肪酸自由基结合，使自由基转变为惰性化合物，终止脂肪酸的连锁反应。不同的食品体系，作用效果各异。例如，油脂中若含有铜、铁，即使有足量高效的抗氧化剂，油脂依然非常容易氧化；如果加入一定量的柠檬酸，则油脂会非常稳定。根据抗氧化剂的作用类型，抗氧化机理可以概括为以下几种：

①通过抗氧化剂自身氧化，使空气中的氧与抗氧化剂结合，从而防止食品氧化。这类抗氧化剂具有很强的抗氧化性，易与氧气发生反应，消耗食品内部和周围环境中的氧，减缓食

品中的氧化还原反应。这类抗氧化剂主要有抗坏血酸、抗坏血酸棕榈酸酯、异抗坏血酸或异抗坏血酸钠等。

②抗氧化剂释放出氢原子与油脂自动氧化反应产生的过氧化物结合，中断连锁反应，阻止氧化过程的继续进行。食用油脂中使用的抗氧化剂主要是酚类化合物，通常称为酚类抗氧化剂。酚类本身作为抗氧化剂是不活泼的，但是烷基取代 2、4 或 6 位后，由于诱导效应提高了羟基的电子云密度，因此增强了与脂质自由基的反应活性。酚类抗氧化剂能够从根本上抑制脂肪酸甘油酯氧化过程中自由基的自动氧化反应，反应机理如图 5-3。酚类化合物通过羟基抑制油脂游离基（R·）的形成，从而延迟油脂（RH）自动氧化的开始。延迟程度取决于抗氧化剂的活性、浓度以及其他一些因素，如光、热、金属离子和体系中其他的助氧化剂。根据酚类抗氧化剂的作用机理，当抗氧化剂的添加量可以抑制由于自动氧化引起脂肪游离基的形成时，抗氧化效果最佳。

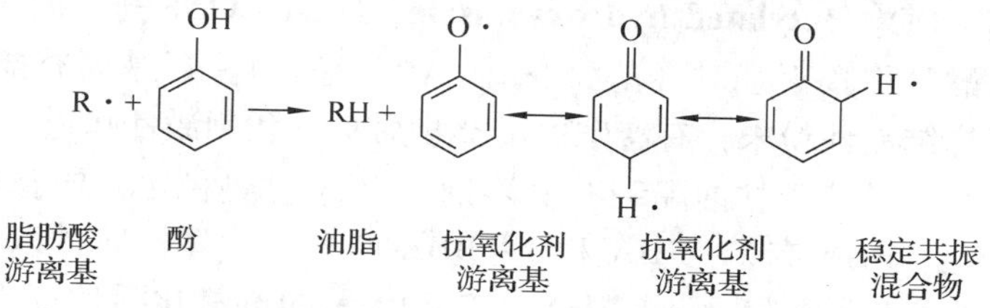

图 5-3 食用油脂中酚类抗氧化剂的作用机理

常用的酚类抗氧化剂产生的醌式自由基，可通过分子内部的电子共振而重新排列，呈现比较稳定的结构，这些醌式自由基不再具备夺取脂肪酸中氢原子所需的能量，从而具有保护油脂免于氧化的作用。很多抗氧化剂都属于这一类型，如 BHA、BHT、PG 等。

③通过抑制氧化酶的活性防止食品氧化变质。有些抗氧化剂可以抑制或者破坏酶的活性，从而排除氧的影响，阻止食品因氧化而产生的酶促褐变，减轻对食品造成的损失，如 L－抗坏血酸具有抑制水果蔬菜酶促褐变的作用。

④将能催化、引起氧化反应的物质络合，如抗氧化增效剂能络合催化氧化反应的金属离子等。食用油脂中通常含有从加工过程中接触金属容器带来的微量金属离子，高价态的金属离子之间存在氧化还原电势，能缩短链式反应的引发期，从而加快脂肪酸氧化的速度。柠檬酸、EDTA 等均含有氧配位原子，能与金属离子发生螯合作用，从而抑制金属离子的促氧化作用。多聚磷酸盐也具有络合金属离子的良好特性。

⑤通过阻止空气中的氧渗透或进入油脂内部，亦或抑制油脂表层上的空气对流，保护油脂免受氧化，从而起到抗氧化作用。

⑥兼具多重抗氧化特性。例如，磷脂既能络合金属离子、清除氧化促进剂，又能通过键的均裂释放出氢自由基消除链式反应自由基；美拉德反应的中间产物还原酮也具有这种双重特性，不仅能借助键的均裂产生氢自由基，而且可以清除氧化促进剂金属离子。因此，磷脂和美拉德反应产物能够在不同的油脂氧化历程中延缓氧化反应。

5.3 食品抗氧化剂各论

5.3.1 合成抗氧化剂

合成抗氧化剂一般具有简单易得、纯度高、抗氧化能力强等优点，目前，我国《食品添加剂使用标准》(GB 2760—2011)中允许使用的合成抗氧化剂主要有：丁基羟基茴香醚(BHA)、二丁基羟基甲苯(BHT)、没食子酸丙酯(PG)、叔丁基对苯二酚(TBHQ)等。合成抗氧化剂按照溶解性可分为油溶性和水溶性两类。

5.3.1.1 油溶性合成抗氧化剂

(1)丁基羟基茴香醚(Butylated hydroxyanisole，BHA，CNS 号：04.001，INS 号：320)

丁基羟基茴香醚又称叔丁基对羟基茴香醚、特丁基－4－羟基茴香醚、丁基大茴香醚，为白色或微黄色蜡样结晶性粉末，有特殊的酚类物质臭气和刺激性味道。贮存时通常压成碎小的片状，不溶于水，易溶于甘油酯和有机溶剂；BHA 对热稳定，弱碱性条件下不易被破坏，遇铁离子不变色。BHA 有 2－BHA 和 3－BHA 两种异构体，通常以两者混合物的形式存在，以 3－BHA 为主(≥90%)。3－BHA 比 2－BHA 的抗氧化活性高 1.5～2 倍，两者有一定的协同作用。

BHA 的 LD_{50}为 2.2～5g/kg BW(大鼠，经口)；ADI 值为 0～0.5mg/kg BW(FAO/WHO，1988)。研究证实，在人体内 24h 检测中，50mg 或 100mg 单剂量的 BHA 主要在尿中以葡萄糖苷酸和硫酸盐结合的形式被排泄掉。BHA 是一种皮肤刺激物，但在目前允许的吸收水平下，BHA 不会表现出使皮肤过敏或其他毒性作用。BHA 存在潜在的弱基因毒性。对 BHA 进行毒理学研究证实，BHA 可以引起前胃增生和癌变，影响程度与使用量和作用时间相关。

BHA 通过释放氢原子阻止油脂自动氧化而实现其抗氧化作用。0.005% 的 BHA 可使猪油的酸败期延长 4～5 倍，添加 0.01% 可延缓 6 倍，0.02% 比 0.01% 的抗氧化作用提高 10%，但用量超过 0.02% 时，其抗氧化效果反而下降。BHA 的热稳定性优于没食子酸丙酯，但作为一种易挥发的化合物，在高温下 BHA 会在食品中降解，如深度油炸。BHA 与其他抗氧化剂复配使用或与增效剂柠檬酸等并用，其抗氧化能力显著提高。BHA 还具有较强的抗微生物作用，且强于 BHT 及 TBHQ。100～200mg/kg 的 BHA 能抑制蜡样芽孢杆菌、鼠伤寒沙门菌、金黄色葡萄球菌、枯草芽孢杆菌等；食品中添加 200mg/kg BHA 能完全抑制青霉、曲霉、地丝菌等属的霉菌。

BHA 的使用范围和使用量见《食品添加剂使用标准》(GB 2760—2011)及增补公告。

(2)二丁基羟基甲苯(Butylated hydroxytoluene，BHT，CNS 号：04.002，INS 号：321)

二丁基羟基甲苯又称为 2,6－二特丁基对甲酚，为白色或无色结晶性粉末，无味，无臭，易溶解于甘油酯，不溶于水和丙二醇，对热稳定。当某些食品或包装材料中含有铁离子时，BHT 形成均二苯乙烯而产生黄色。将 BHT 进行微胶囊包埋，可防止因氧、光照等造成 BHT 本身的氧化，便于食品加工和保藏，延长食品保存期。

动物急性毒性研究表明 BHT 的肺毒性具有种属特异性和年龄特异性，目前还没有试验资料显示BHT有明显的致突变性和遗传毒性。慢性毒性试验研究表明大鼠在出生前和哺乳期接触BHT会提高肿瘤发生率，可能是长期摄入高剂量BHT导致的慢性肝损伤所引起。250mg/kg BW剂量的BHT引起大鼠肝肿大、肝细胞增生等慢性肝损伤，从而可导致恶性肿瘤。BHT可抑制细胞间的分子传递（这是促癌物的特性），并可通过改变细胞膜的功能促进肿瘤生长，这种作用存在品系差异。BHT的致癌作用依赖于起始致癌物的使用，起始致癌物不同，BHT对肿瘤发展的促进作用变化很大，但BHT剂量－反应曲线不明显。BHT能使人体的W1－38胚胎细胞分裂后期发生阳性的染色体异常。BHT的ADI值为0～0.3mg/kg BW（FAO/WTO，1995）。

二丁基羟基甲苯的抗氧化性较BHA弱，可能是因为其分子中两个特丁基围绕一个羟基而形成了较大位阻。BHT用于精炼油时，应先用少量油脂溶解，再将增效剂柠檬酸用水或乙醇溶解后加入油中搅拌均匀。BHT的抗微生物作用不及BHA，含BHT0.01%的猪肉，其酸败期可延长2倍。

BHT的使用范围和使用量见《食品添加剂使用标准》（GB 2760—2011）及增补公告。

（3）没食子酸丙酯（Propyl gallate，PG，CNS号：04.003，INS号：310）

没食子酸丙酯（PG）又称棓酸丙酯、3,4,5－三羟基苯酸－间丙酯，为白色到亮灰色结晶性粉末，无臭，稍具苦味，易溶于热水、乙醇、乙醚、丙二醇、甘油等。PG易与铜、铁离子反应呈暗绿色或紫色，光照能促进其分解。

没食子酸辛酯（OG）为白色或奶白色结晶，无臭，味微苦，不溶于水，易溶于乙醇、乙醚和丙二醇等。

没食子酸月桂酯（DG）也是一种在国际上普遍认为安全的抗氧化剂，为白色或奶白色结晶，无臭，味微苦，不溶于水，易溶于乙醇、乙醚、丙酮等。其热稳定性较PG差，在175℃下6～10h即分解。

与PG相比，OG和DG的油溶性强，更容易添加到食用油脂中，且与铁离子结合引起褪色的程度更小。然而，由于长链酯类的相对分子质量较大，相同质量浓度时的抗氧化活性较PG低，其改善食用油脂的氧化稳定性效果较差。

PG的毒性很低，大鼠的无明显损害作用剂量（NOAEL）为每日135mg/kg BW。ADI值为0～1.4mg/kg BW（FAO/WHO，1997）。食品中含0.2%～0.5% PG对人体无害，PG在人体内水解后生成的没食子酸大部分转化成4－O－甲基没食子酸、内聚成葡萄糖醛酸随尿液排出体外。OG的LD_{50}为4.7g/kg BW（大鼠，经口）；ADI值为0～0.1mg/kg BW（FAO/WHO，2001）。

20世纪40年代，人们发现PG对油脂的保护作用，目前已成为各国广泛使用的抗氧化剂之一，可用于油脂、肉、奶类、饮料、水产品、蔬菜及蛋类等。PG对猪油的抗氧化能力较BHA或BHT强。通常与BHA和BHT混合使用；与柠檬酸等增效剂有协同作用。

PG的使用范围和使用量见《食品添加剂使用标准》（GB 2760—2011）及增补公告。

（4）特丁基对苯二酚（Tertiary butylhydrogquinone，TBHQ，CNS号：04.007，INS号：319）

特丁基对苯二酚（TBHQ）又称为叔丁基对苯二酚、叔丁基氢醌，为白色到亮褐色晶状结晶或结晶性粉末，无异味异臭，可溶于油、乙醇、乙酸乙酯、异丙酯、乙醚，稍溶于水

(25℃，<1%；95℃，≤5%)；与金属离子(如铁、铜)结合不变色，但碱存在时可转为粉红色。TBHQ可显著增加食用油或脂肪的氧化稳定性，尤其是植物油。有研究结果表明：TBHQ与游离胺类物质反应产生不被接受的红色物质，影响了其在蛋白质食品中的应用。

TBHQ的毒性很低，其LD_{50}为700～1 000mg/kg BW；ADI值0～0.7mg/kg BW(FAO/WHO，1999)。动物试验研究表明：单剂量0.1～0.4g/kg BW饲喂动物后，机体组织中无残留，任何剂量试验均未发现与剂量相关的明显毒理学作用，且没有资料表明其具有致癌性。试验证明，经长期饲喂试验后大鼠各组织中TBHQ残留量很低，最高在脂肪中，仅4～5mg/kg(王克利，2002)。

TBHQ的抗氧化活性与BHA、BHT相当或者优于它们，在油脂、焙烤食品、油炸谷物食品、肉制品中广泛应用。按脂肪含量添加0.015% TBHQ的自制香肠，20℃保存30d，其过氧化值为0.061，而对照样升至0.160(肉制品中过氧化值超过0.10为败坏指标)。添加了TBHQ和BHT油炸方便面在货架期间的品质变化见表5-2。

表5-2 TBHQ对油炸方便面抗氧化作用

样品	棕榈油炸方便面				菜籽油炸方便面			
指标	过氧化值		羰基值		过氧化值		羰基值	
时间	1周后	1个月后	1周后	1个月后	2d后	1个月后	2d后	1个月后
空白	0.146 9	0.692	7.9	17.5	0.426 2	2.46	14.21	82.1
TBHQ组	0.136 9	0.181	7.7	11.58	0.250 9	2.41	10.84	77.11
BHT组	0.131 7	0.210	6.4	8.76	0.231 9	2.09	2.52	64.9

TBHQ的使用范围和使用量见《食品添加剂使用标准》(GB 2760—2011)及增补公告。

(5)硫代二丙酸二月桂酯(Dilauryl thiodipropionate，CNS号：04.012，INS号：389)

硫代二丙酸二月桂酯系由硫代二丙酸与月桂醇酯化而得，为白色结晶片状或粉末，有特殊甜香、类酯气味，不溶于水，溶于多数有机溶剂。

硫代二丙酸二月桂酯的LD_{50}为15g/kg BW(小鼠，经口)；ADI值为0～3mg/kg BW(以硫代二丙酸计，FAO/WHO，1973)。

硫代二丙酸二月桂酯的使用范围和使用量见《食品添加剂使用标准》(GB 2760—2011)及增补公告。

(6)抗坏血酸棕榈酸酯(Ascorbyl palmitate，CNS号：04.011，INS号：304)

抗坏血酸棕榈酸酯为白色或黄白色粉末，略有柑橘气味，易溶于植物油和乙醇，系由棕榈酸与L-抗坏血酸酯化而得。棕榈酸和抗坏血酸均为天然成分，酯化形成抗坏血酸棕榈酸酯后，不仅使抗坏血酸稳定性增强，而且保留了其生物活性。抗坏血酸棕榈酸酯耐高温，保护油炸食品和油炸用油的抗氧化能力强，是唯一许可用于婴幼儿食品中的抗氧化剂。

抗坏血酸棕榈酸酯的ADI值为0～1.25mg/kg BW(FAO/WHO，1973)，常用作抗氧化剂、护色剂和营养强化剂。

抗坏血酸棕榈酸酯的使用范围和使用量见《食品添加剂使用标准》(GB 2760—2011)及增补公告。

(7)4－己基间苯二酚(4－Hexylresorcinol，CNS号：04.013，INS号：586)

4－己基间苯二酚为白色粉末，易溶于乙醚和丙酮，难溶于水。4－己基间苯二酚对口腔黏膜、呼吸道和皮肤有刺激作用。4－己基间苯二酚的LD_{50}为550mg/kg BW(大鼠，经口)。JECFA尚未制定4－己基间苯二酚的ADI值，但用浓度高达50mg/L的4－己基间苯二酚处理甲壳纲动物(crustacea)时，可食部分的残留量约为1mg/kg，不引起毒性关注(FAO/WHO，1995)。

4－己基间苯二酚作为抗氧化剂、色素稳定剂、酶促褐变抑制剂和加工助剂用于虾等甲壳类产品中。除抑制虾类黑斑的形成外，4－己基间苯二酚能够抑制苹果、蘑菇、梨、香蕉、马铃薯等果蔬的褐变反应。4－己基间苯二酚的使用范围和使用量见《食品添加剂使用标准》(GB 2760—2011)及增补公告。

5.3.1.2 水溶性合成抗氧化剂

(1)L－抗坏血酸(维生素C，Ascorbic acid，CNS号：04.014，INS号：300)

L－抗坏血酸为白色结晶粉末，分子中的烯二醇基能被氧化成二酮基，呈强还原性，常用作抗氧化剂。抗坏血酸的稳定性则取决于温度、pH值、铜离子和铁离子的含量以及和氧气接触的程度，但干燥状态下在空气中相当稳定。抗坏血酸的水溶液易被热、光等显著破坏，特别是在碱性及重金属存在时更易被破坏，因此，在使用时必须注意避免在水及容器中混入金属离子和与空气接触。抗坏血酸在pH 3.4～4.5时较稳定。0.5%的抗坏血酸水溶液pH值为3.5，5%时的pH值为2.0。

抗坏血酸不能作为无水食品的抗氧化剂，可作为生育酚的增效剂，用于防止猪油的氧化。正常剂量的抗坏血酸对人体无毒性作用。抗坏血酸$LD_{50} \geq 5$g/kg BW(大鼠，经口)；ADI值不作特殊规定(FAO/WHO，1981)。

抗坏血酸能结合氧而成为除氧剂，并有钝化金属离子的作用，还可以抑制果蔬的酶促褐变、防止变色、风味劣变和其他因氧化而引起的质量问题。L－抗坏血酸的抗氧化作用主要是通过自身氧化消耗食品和环境中的氧，还原高价金属离子，使食品的氧化还原电位下降，减少不良氧化物的产生。常用作啤酒、无醇饮料、果汁等的抗氧化剂。

抗坏血酸是常用于腌制食品的一种发色助剂，加速形成均匀、稳定的色泽。抗坏血酸或异抗坏血酸能够还原亚硝酸盐生成一氧化氮，一氧化氮在还原条件下与肌红蛋白形成一氧化氮肌红蛋白，使腌制品呈现红色。

抗坏血酸的使用范围和使用量见《食品添加剂使用标准》(GB 2760—2011)及增补公告。

(2)L－抗坏血酸钠(Sodium ascorbate，INS号：301)

抗坏血酸钠为白色至浅黄白色结晶性粉末或颗粒，无臭，味稍咸；干燥状态下较稳定，遇光则颜色加深，在水中的溶解度为62g/100mL(25℃)；具有抗氧化性。

抗坏血酸钠的使用范围和使用量见《食品添加剂使用标准》(GB 2760—2011)及增补公告。

(3)D－异抗坏血酸(Erythorbic acid，CNS号：04.004 i，INS号：315)

D－异抗坏血酸为白色或黄白色颗粒、细粒或结晶粉末，无臭，微有咸味；极易溶于水(40g/100mL)，微溶于乙醇(5g/100mL)，难溶于甘油，不溶于乙醚和苯。1%水溶液的pH

值为2.8。异抗坏血酸在干燥空气中相当稳定，而在溶液中暴露于大气时则被迅速氧化。异抗坏血酸的生理活性仅为抗坏血酸的5%。异抗坏血酸比抗坏血酸耐热性差，而异抗坏血酸被氧化的速度远比抗坏血酸快，抗氧化能力约为维生素C的20倍。

异抗坏血酸的LD_{50}为15.3g/kg BW(大鼠，经口)，9.4g/kg BW(小鼠，经口)，5g/kg BW(兔，静脉注射)；ADI值不作特殊规定(FAO/WHO，1990)。

D－异抗坏血酸的使用范围和使用量见《食品添加剂使用标准》(GB 2760—2011)及增补公告。

(4)D－异抗坏血酸钠(Sodium erythorbate，CNS号：04.004ii，INS号：316)

D－异抗坏血酸钠又称为D－抗坏血酸钠、赤藓糖钠、异维生素钠、阿拉伯糖型抗坏血酸钠，易溶于水(55g/100mL)，几乎不溶于乙醇。2%水溶液的pH值为6.15～8.0。微量的金属离子、热、光均可以加速其氧化。干燥状态下稳定，在酸性条件下，可形成D－抗坏血酸。

D－异抗坏血酸及其钠盐主要用于两个方面：一是作为各种食品中需控制氧化变色和风味恶化的抗氧化剂，包括水果、蔬菜等各种加工制品(常与增效剂柠檬酸一起使用)、啤酒、葡萄酒、碳酸饮料、冷冻水产品及马铃薯制品等；二是用于香肠、火腿等肉类腌制品，以促进亚硝酸盐在腌制过程中的显色效果并延长货架期。

我国《食品添加剂使用标准》(GB 2760—2011)规定：D－异抗坏血酸钠可在各类食品(不包括八宝粥罐头)中按生产需要适量使用，但附表A.3所列食品种类(不包括葡萄酒)除外。D－异抗坏血酸钠在八宝粥罐头中的最大使用量为1.0g/kg，在葡萄酒中的最大使用量为0.15g/kg。

(5)抗坏血酸钙(Calcium ascorbate，CNS号：04.009)

抗坏血酸钙的化学名称为2,3,4,6－四羟基－2－己烯酸－γ－内酯盐，为白色或淡黄色结晶性粉末，无气味，易溶于水。抗坏血酸钙克服了维生素C的缺点，不仅比维生素C稳定，而且吸收效果好，在体内具有维生素C的全部功能，其抗氧化作用优于维生素C，且由于钙的引入，增强了维生素C的营养强化作用。

周友亚等(1999)研究了抗坏血酸钙作为保鲜剂在鸡肉和鱼肉中的抗氧化作用，结果表明其抗氧化效果良好，可以广泛地添加到肉类食品中，作为抗氧化剂或保鲜剂使用时不会因过量而引起不良后果。辛清明(1987)将维生素C和抗坏血酸钙分别添加到莜麦粉中，与未添加的莜麦粉做对比，在避光、不密封和室温保存3个月后，发现添加维生素C或抗坏血酸钙的莜麦粉无哈味，而未添加维生素C或抗坏血酸钙的莜麦粉有较明显酸败味。取3种样品分别用乙醚提取，测定提取液的过氧化值，结果显示添加抗氧化剂莜麦粉的过氧化值显著低于对照样。

抗坏血酸钙的ADI不作特殊规定(FAO/WHO，1981)。抗坏血酸钙的使用范围和使用量见《食品添加剂使用标准》(GB 2760—2011)及增补公告。

5.3.2 天然抗氧化剂

随着生活水平的提高和安全意识的增强，人们希望食品添加剂具有天然和多功能特性。其中的多功能性是指既能够达到食品所需要的添加效果，又能够预防和治疗各种疾病。为此，世界各国积极开发各种植物提取成分作为多功能食品抗氧化剂，以期满足消费者追求健康的需求。

关于天然抗氧化剂来源的报道很多，其中包括香辛料、中草药、牡蛎壳、咖啡豆、燕麦、茶、大豆、芝麻油、番茄、玫瑰果实、蔬菜(如洋葱和胡椒)、橄榄叶、豆豉、蛋白水解物、有机酸、乳蛋白、毛油中的不皂化物、愈创树脂和生育酚等各种天然原料。从商业角度考虑，迷迭香提取物、燕麦提取物和生育酚有较好的应用前景。

天然食品抗氧化剂分为油溶性和水溶性两大类，水溶性抗氧化剂的抗氧化效果在以油为主的食品体系中比油溶性抗氧化剂要好，在乳化体系中的结果恰恰相反，原因是水溶性抗氧化剂在油体系中可有效分布在空气和油分子的界面，从而防止油脂的氧化；当在水为主体的乳化体系中，会被水稀释而降低其有效浓度；同理，油溶性抗氧化剂在乳化体系中能维持有效浓度，因而比相同体系中的水溶性抗氧化剂呈现更好的抗氧化效果。天然抗氧化剂还会受到引发氧化作用因素的影响，表现出不同程度的抗氧化能力。Fakourelis 等(1987)在研究橄榄油的氧化稳定性时，证明叶绿素是引起油脂氧化作用的助氧化剂，抗氧化剂本身的性质因试验方法的不同及使用浓度的差异而表现出助氧化和抗氧化性。天然抗氧化剂的效果不能仅用油脂作为载体，因单一油脂所测得的抗氧化效果不能完全适用于最终加工产品，如饼干、巧克力等产品，除了含有油脂成分外，还含有钠和铁离子、乳化剂等非油脂成分，均可影响抗氧化效果。天然抗氧化剂多为动植物提取物，因其成分复杂，提取方法各异，造成抗氧化成分不同。此外，天然抗氧化剂的抗氧化效果取决于食品体系的种类以及贮藏条件。使用天然抗氧化剂时，必须综合考虑所添加的食品体系成分，同时尽量了解其有效成分，并依其特性合理使用。

5.3.2.1 油溶性天然抗氧化剂

(1)维生素 E(Vitamine E，DL－α－Tocopherol，CNS 号：04.016，INS 号：307)

维生素 E(DL－α－生育酚)系指混合生育酚浓缩物，为黄至褐色，几乎无臭、澄清透明的黏稠液体。天然生育酚有 α、β、γ、δ、ε、ζ、η 7 种同系物，以前 4 种为主，主要存在于大豆中；另有生育三烯酚，有 α、β、γ、δ 4 种主要同系物，主要存在于米糠油、椰子油等，而且均具有抗氧化活性。90℃时，不同生育酚对猪油的抗氧化能力为：δ－生育三烯酚＞δ－生育酚＞γ－生育三烯酚＞γ－生育酚＞β－生育三烯酚＞β－生育酚＞α－生育三烯酚＞α－生育酚，该顺序有时会因食品体系和温度的不同而发生改变。

混合生育酚浓缩物不溶于水，可溶于乙醇、丙酮和植物油，可与油脂任意比例混溶。对热稳定，在较高温度下仍有良好的抗氧化能力。在无氧条件下，即使加热到 200℃也不被破坏，耐酸，但不耐碱。

生育酚是一种无毒无害的食品添加剂，其 LD_{50}＞5g/kg BW；亚急性毒性＞4g/kg BW(小鼠、大鼠，经口)；ADI 值为 0.15～2mg/kg BW(FAO/WHO，1987)。

植物毛油中含有较多的生育酚，具有一定的氧化稳定性，但精炼工艺将损失 30% 生育酚。动物性油脂很少含有生育酚类天然抗氧化剂，故作为抗氧化剂的生育酚大多用于猪油、牛油等动物性脂肪及其加工制品。

生育酚具有产生酚氧基结构的能力，产生的酚氧基能消除脂肪及脂肪酸自动氧化过程中产生的自由基，还可以被超氧阴离子自由基和羟基自由基氧化，使不饱和油脂免受自由基进攻，从而抑制油脂的自动氧化。一般情况下，生育酚通过与脂过氧自由基反应，向其提供氢离子，使脂质过氧化链式反应中断，实现抗氧化作用。

生育酚的热稳定性、光稳定性及耐辐射性能均优于其他抗氧化剂，适合用作婴儿食品、功能食品及油脂产品的抗氧化剂。生育酚的用量在0.01%～0.10%时，抗氧化效果较好，用量进一步增大，其抗氧化活性将降低。鸡、猪和牛油添加0.02%的γ－生育酚比同浓度的BHA或BHT抗氧化效果好。仅用生育酚不能满足食品抗氧化要求时，将它与其他抗氧化剂混合使用，既可减少用量，又可提高抗氧化能力。

维生素E的使用范围和使用量见《食品添加剂使用标准》(GB 2760—2011)及增补公告。

(2)磷脂(Lecithins phosphatides，phospholipids，CNS号：04.010，INS号：322)

磷脂为淡黄至棕色，透明或不透明的黏稠液体，或浅棕色粉末或颗粒，无臭或略带坚果气味。不溶于水，在水中膨润呈胶体溶液状态，溶于乙醚及石油醚，难溶于乙醇和丙酮，在空气中或光照下迅速褐变。磷脂是一种混合物，主要包括磷脂酰胆碱(卵磷脂)、磷脂酰乙醇胺(脑磷脂)及磷脂酰肌醇。在大豆磷脂中这3种磷脂占组成的90%以上，其中卵磷脂的含量超过20%。

磷脂广泛分布于生物界，是生物膜的构成成分。磷脂作为一种天然的乳化剂及其在动植物中的广泛分布决定了它在食品、医药、化工以及化妆品等领域具有重要用途。磷脂能改善动脉壁的结构，还能修复线粒体；磷脂中的卵磷脂是神经信息的传递物。磷脂在一定程度上可促进油脂的消化吸收，同时可补充一定量的胆碱。

磷脂的ADI值无限制(FAO/WHO，1973)。

磷脂的使用范围和使用量见《食品添加剂使用标准》(GB 2760—2011)及增补公告。

(3)甘草抗氧化物(Antioxidant of glycyrrhiza，Licorice root antioxidant，CNS号：04.008)

甘草为豆科甘草属(*Glycyrrihiza* L.)灌木状多年生草本植物，是我国传统的中药材。从甘草中提取的抗氧化物，是一种即可增甜调味、抗氧化，又具有生理活性，能抑菌、消炎、解毒、除臭的功能性食品添加剂。甘草主要抗氧化成分为黄酮类化合物，包括甘草素(liquiritigenin)、异甘草素(isoliquiritigenin)、光甘草定(glabridin)和4′－O－甲基光甘草定(4′－O－Methylglabridin)等。

甘草抗氧化物，又称为甘草抗氧灵、绝氧灵，为棕色或棕褐色粉末，略有甘草的特殊气味。不溶于水，可溶于有机溶剂，在乙醇中的溶解度为11.7%，耐光，耐氧。甘草抗氧化物具有较强的清除自由基能力，尤其是对氧自由基的作用；并能从低温到高温(250℃)发挥其强抗氧化性，主要抗氧化成分是黄酮类和类黄酮类。甘草黄酮类化合物除具有抗氧化作用外，还有抑制大肠杆菌、金黄色葡萄球菌、枯草芽孢杆菌等作用。由于甘草抗氧化物经薄层分离后所得组分的抗氧化效果均低于总提取物，因此，甘草抗氧化物是一组复杂而又具有协同作用的混合物。

甘草抗氧化物的LD_{50} > 10mg/kg BW(大鼠，经口)。甘草抗氧化物可抑制油脂的酸败，并对油脂过氧化终产物丙二醛(MDA)的产生有明显的抑制作用，而MDA水平是衡量机体过氧化状态的重要指标(田云，2005)。王兴国等(1993)通过试验证实甘草抗氧化物与BHT、

卵磷脂和 α－生育酚及抗坏血酸、柠檬酸、富马酸，苹果酸和山梨酸混合使用均有协同效应，其中与 α－生育酚的协同效应最好，L－抗坏血酸次之，4 种有机酸对甘草抗氧化物的协同效应的强弱有如下规律：柠檬酸 > DL－苹果酸 > 富马酸 = 山梨酸。

甘草抗氧化物的使用范围和使用量见《食品添加剂使用标准》(GB 2760—2011)及增补公告。

(4)迷迭香提取物(Rosemary extract，CNS 号：04.017)

迷迭香(*Rosmarinus officinalis* L.)系唇形科迷迭香属植物，含有单萜、倍半萜、二萜、三萜、黄酮、脂肪酸、多支链烷烃、鞣质及氨基酸等化学成分，是公认的一种具有较高抗氧化作用的植物，但在不同环境条件、不同的生长阶段，其抗氧化有效成分会发生变化。迄今为止，已从迷迭香茎、叶中分离鉴定了 29 种黄酮类化合物，12 种二萜酚类化合物，如迷迭香酚、鼠尾草酚，以及 3 种二萜醌类化合物；从根中分离鉴定了 5 种二萜和二萜醌类化合物。迷迭香含 5.55% 酚类物质，主要为迷迭香酸、咖啡酸、绿原酸。此外，迷迭香叶中还含有多种脂肪酸、直链或支链烷烃和多种氨基酸(张婧等，2005)。

迷迭香提取物又称香草酚酸油胺，为淡黄色、黄褐色粉末或膏状液体，有特殊香味，不易挥发，具有良好的热稳定性。研究表明，在密封条件下将迷迭香抗氧化剂在 204℃ 加热 18h，或在 260℃ 下加热 1h，其活性变化很小。关于迷迭香抗氧化剂的主要质量指标，国外一般要求水溶性产品的迷迭香酸含量大于 6%，而脂溶性产品的有效成分(酚酸总量)则可分为大于 15%、25% 和 60% 等不同纯度的产品(刘先章，2004)。

迷迭香抗氧化成分主要为萜类、酚类和酸类物质(董文宾等，1991；王文中等，2002；陈美云，2000)。迷迭香提取物由于含有多种抗氧化有效成分，导致迷迭香具有高效和广泛的抗氧化性。目前普遍认为，迷迭香抗氧化机理主要在于其能淬灭单线态氧、清除自由基、阻断类脂自动氧化的连锁反应、螯合金属离子和有机酸的协同增效等。迷迭香酸中还原性的成分如酚羟基、不饱和双键和酸等，单独存在时具有抗氧化作用，混合在一起时具有协同作用。韩宏星等(2003)建立了小鼠运动性氧化损伤模型，发现迷迭香抗氧化提取物中的二萜酚类化合物对内源性氧化系统有影响，提高超氧化物歧化酶(SOD)和谷胱甘肽过氧化物酶(GSH-Px)活性，降低组织内的 MDA 含量，是抗氧化作用的物质基础。王文中等(2002)从迷迭香有效成分的结构分析中发现它们具有儿茶酚(茶多酚抗氧化的主要有效成分)结构骨架，理论上证明了这些成分的抗氧化性和良好的稳定性。

经毒理学和高温油炸等试验表明，迷迭香提取物具有安全、高效、耐热、耐光等特点。其 LD_{50} 为 12mg/kg BW(小鼠，经口)；在不同油脂中比 BHA 抗氧化活性高 1～6 倍；能长时间耐受 190℃ 的高温油炸而具有抗氧化效果，对各种复杂的类脂物氧化具有很强的抑制效果。

迷迭香酚、鼠尾草酚和迷迭香双醛对 3 种不饱和脂肪酸(油酸、亚油酸、亚麻酸)都显示出较强的抗氧化作用。在油酸中抗氧化效果是鼠尾草酚 > 迷迭香酚 > 迷迭香双醛，而在亚油酸和亚麻酸中则为迷迭香酚 > 鼠尾草酚 > 迷迭香双醛。三者抗氧化活性的差异与它们各自捕获自由基的数量有关。迷迭香酚含有 3 个酚羟基，捕获自由基的能力最强；鼠尾草酚含有两个酚羟基，捕获自由基的能力不及迷迭香酚；迷迭香双醛只含有一个酚羟基，虽然两个醛基也能够提供氢离子，但其抗氧化活性最低。三者之间存在的羟基数目，决定了它们的抗氧化活性的强弱。

迷迭香提取物的使用范围和使用量见《食品添加剂使用标准》(GB 2760—2011)及增补公告。

5.3.2.2 水溶性天然抗氧化剂

(1)茶多酚(Tea polyphenols, TP, CNS 号: 04.005)

茶多酚(TP)又称抗氧灵、维多酚,为30余种多酚类化合物的总称,主要包括:儿茶素、黄酮、花青素、酚酸4类化合物,其中以儿茶素的数量最多,占茶多酚总量的60%~80%。因此,茶多酚常以儿茶素作为代表。茶叶中已明确结构式的主要儿茶素有14种,包括儿茶素(C)、表儿茶素(EC)、没食子儿茶素(GC)、表没食子儿茶素(EGC)、没食子酸表儿茶素酯(ECG)、没食子酸没食子儿茶素(GCG)、没食子酸表没食子儿茶素酯(EGCG)、表儿茶素-3-(3′-O-甲基没食子酸酯)等。茶多酚为淡黄至茶褐色略带茶香的粉状固体或结晶,有酸味。易溶于水、乙醇、乙酸乙酯、冰乙酸,微溶于油脂,难溶于苯、氯仿和石油醚。耐热性及耐酸性好,茶多酚在160℃油脂中30min降解20%,在pH 2~7十分稳定。略有吸潮性,水溶液pH值为3~4,在pH≥8和光照下,易氧化聚合。遇铁变绿黑色络合物。茶多酚的抗氧化机理是儿茶素分子结构上的羟基作供氢体,与脂肪酸氧化产生的游离基相结合而中断脂肪酸氧化的连锁反应,抑制氢过氧化物的形成。茶多酚的抗油脂氧化活性与其组分的结构有关,组分的酚羟基数越多活性越强,具有抗氧化作用的成分主要是儿茶素。其中,EC、EGC、ECG和EGCG 4种儿茶素抗氧化能力最强。它们在相同浓度下的抗氧化能力依次为:EGCG > EGC > ECG > EC。

茶多酚的LD_{50}为(2 496±326)mg/kg BW(大鼠,经口)。在5%的LD_{50}浓度内,茶多酚的致畸、致突变为阴性。

茶多酚与维生素C、生育酚有协同效应,与柠檬酸共同使用效果更好。茶多酚中的儿茶素组分对体外油脂、体内脂质体、蛋白质、DNA等具有比天然抗氧化剂(如维生素C、生育酚)和化学合成抗氧化剂更强的保护作用。茶多酚可以作为保健食品、抗衰老化妆品、香皂、牙膏、口香糖的添加剂;作为防癌抗癌、防动脉硬化、降血脂血糖、抑菌杀菌等医药原料。

茶多酚的使用范围和使用量见《食品添加剂使用标准》(GB 2760—2011)及增补公告。

(2)植酸,植酸钠(Phytic acid/Inositol hexaphosphoric acid, Sodium phytate, CNS 号: 04.006)

植酸又称肌醇六磷酸、环己六醇六磷酸酯,浅黄色或浅褐色黏稠状液体,其分子中有12个羟基能与金属离子螯合成白色不溶性金属化合物(1g 植酸可螯合500mg 铁离子)。植酸易溶于水、95%乙醇、丙二醇和甘油,微溶于无水乙醇,几乎不溶于乙醚、苯和氯仿。植酸加热则分解,浓度越高对热越稳定。自然界中几乎无游离态的植酸存在,通常以钙、镁或钾等金属离子(如肌醇六钙镁)和蛋白质的络合物形态广泛存在于植物中。

植酸钠,又名肌醇六磷酸钠,白色粉末,具有吸湿性,易溶于水,具有很强的螯合金属离子的作用。

植酸的抗氧化特性是其能与金属离子发生极强的螯合作用,即植酸能与许多可促进氧化作用的金属离子螯合而使其失去活性，同时释放出氢，破坏自动氧化过程中产生的过氧化物，产生良好的抗氧化性(钟正升等，2003)。除具有抗氧化作用外，植酸还有调节 pH 值及缓冲、螯合金属离子作用，防止罐头特别是水产品罐头产生鸟粪石与变黑等。植酸在低 pH 值下可定量沉淀 Fe^{3+}，中等 pH 值或高 pH 值下可与所有的其他多价阳离子形成可溶性络合物，是一种新型的天然抗氧化剂，与维生素 E 具有协同增效效应。

植酸的 LD_{50} 为 4 300mg/kg BW(雌性小鼠，经口)，3 160mg/kg BW(雄性小鼠，经口)。

植酸/植酸钠的使用范围和使用量见《食品添加剂使用标准》(GB 2760—2011)及增补公告。

5.4　食品抗氧化剂合理使用

5.4.1　食品抗氧化剂使用目的

食品在贮藏、运输过程中除受微生物作用而发生腐败变质外，还与空气中的氧发生化学作用，引起食品特别是油脂或含油脂食品氧化酸败。这不仅降低食品营养，使风味和色泽劣变，而且产生有害物质，危及人体健康。为延长食品保质期，除采用冷藏等保鲜技术外，最为经济有效的方法是使用抗氧化剂。采用抗氧化剂延缓食品氧化是贮存食品的有效手段。

脂溶性抗氧化剂适宜油脂物质含量较多的食品，以避免其中的油脂物质及营养成分在加工和贮藏过程中被氧化而酸败，使食品变味、变质；水溶性抗氧化剂多用于果蔬的加工贮藏，用来消除或减缓因氧化而造成的褐变现象。有些抗氧化剂除抑制油脂氧化外还被用作食品调味剂或着色剂等，这种抗氧化剂不仅具有抗氧化的作用，而且具有食品品质改良的作用。

5.4.2　食品抗氧化剂使用原则

食品中的油脂发生氧化反应，首先必须有氧存在，其次必须有能量激发才能启动。使用抗氧化剂应遵循以下原则：

①减少外源性氧化促进剂进入食品，食品应冷藏保存，避免不必要的光照，尤其是紫外线辐射。

②去除食品中内源性氧化促进剂，避免或减少与铜、铁、植物色素(叶绿素、血红素)或过氧化物接触。一般抗氧化剂应尽量避免与碱金属接触，如 BHA 与钾离子或钠离子相遇后，出现粉红色。

③使用合适的容器或包装材料，在加工与贮藏过程中减少氧的介入，包装内尽可能地除掉氧，或采用真空/充氮包装。

④使用抗氧化剂时必须添加增效剂，以螯合金属离子，抑制其活性。抗氧化剂一般为白色，但某些抗氧化剂，如 BHA、BHT 及 PG 等遇重金属离子，特别在高温下，容易变成很深的颜色，需要加入增效剂防止变色。

5.4.3　食品抗氧化剂使用注意事项

每种抗氧化剂均具有特殊的结构及理化性质，在制造、保存及使用等方面应综合考虑，稍有不慎，不但不能发挥抗氧化作用，还很可能成为促氧剂。抗氧化剂使用注意事项包括以下几点。

(1)选择合适的抗氧化剂

不同抗氧化剂对油脂具有不同的抗氧化作用，一般而言，含亚油酸较少的油脂如棕榈油、花生油及橄榄油等，使用BHA、BHT、PG及维生素E等抗氧化剂；亚油酸含量较多的油脂如大豆油、葵花籽油、棉籽油（含亚油酸≥20%）及红花籽油（含亚油酸≥60%）等，则必须使用抗氧化性能较强的抗氧化剂，如TBHQ等。对红花籽油及棉籽油而言，TBHQ浓度为0.025%时，抗氧化能力为PG的2~3倍。BHA及BHT对这类油脂的作用甚微，加入增效剂对抗氧化剂的效果会有显著提高。

(2)选择合适的浓度

尽管抗氧化剂浓度增大，抗氧化能力随之提高，但这两者并不成正比。考虑到抗氧化剂自身的溶解度及毒性，其使用浓度一般不超过200mg/kg（即0.02%）。浓度太高，不仅使用困难，而且还可能促进氧化。因此，在使用抗氧化剂时，必须注意浓度的极限。但也存在一些特殊情况，如在精制油脂及高温使用时，某些抗氧化剂会损耗，例如BHA和BHT能与水蒸气一起蒸发，PG在高温下分解。因此，在此情况下可适量多添加一些抗氧化剂以保证抗氧化效果，同时确保残留量不超过法规规定的标准。

(3)溶解度

所用抗氧化剂及增效剂在油脂中必须有一定的溶解度，完全溶解是达到最佳抗氧化效果的先决条件。由于各种抗氧化剂及增效剂具有不同的溶解性能，因此在复合使用时必须首先考虑选择合适的溶剂，如BHA、PG与柠檬酸混用，前者易溶于油脂，而后二者则较难溶于油脂，但都能溶于丙二醇。如果它们再与BHT复配，则必须使用丙二醇及脂肪酸单甘油酯的混合溶剂。BHA、BHT、PG及柠檬酸四者复配，在一定的比例范围内，使用上述混合溶剂，可得到具有较强抗氧化能力的溶液。

虽然某些抗氧化剂能直接溶于油脂，但为了使其更均匀地分散到油脂中，最好先用合适的溶剂稀释后再添加，这样在加工时能更好地分散在食品中，增强抗氧化效能。

(4)加入时机和方法

抗氧化剂是可消除游离基的添加剂，应在油脂精炼后立即加入，添加过迟，R·生成ROOH，抗氧化剂将不再发挥作用，即抗氧化剂对已“酸败”的油脂不起作用。因此，必须在油脂氧化之前使用抗氧化剂，才能充分发挥其抗氧化作用。

抗氧化剂除直接加入油脂外，在某些食品中需要间接加入。例如，对花生仁等含油颗粒食品，需用喷雾法，将抗氧化剂溶液喷洒在颗粒表面。对易渗油的食品，则需将抗氧化剂加在包装物或容器内壁，或将抗氧化剂用香料或调味品稀释后加入食品。方法虽异，但抗氧化剂必须均匀适量。

(5)抗氧化剂增效剂及复配抗氧化剂

使用抗氧化剂时，两种或两种以上的抗氧化剂复配，或抗氧化剂与增效剂复配，其抗氧化效果较单独使用某一种抗氧化剂要好。有研究表明：茶多酚+维生素C、异抗坏血酸钠+茶多酚及异抗坏血酸钠+6%迷迭香提取液表现出较好的抗氧化效果。由此可见，利用抗氧化剂间的协同增效作用不但可增强其抗氧化活性，还可减少其用量，降低成本（商丰才等，

2008)。柠檬酸能够显著增强抗氧化剂的作用效果，因此广泛用作抗氧化增效剂用在食品中。例如，柠檬酸和维生素C复配可抑制水果褐变。柠檬酸与BHA、维生素E、没食子酸丙酯的混合物可延缓鱼油的氧化过程。

5.4.4　抗氧化剂在食品工业中应用

抗氧化剂在脂肪、油和乳化脂肪制品、焙烤食品、膨化食品和饮料等加工和贮藏中主要用于防止食用油脂的氧化酸败。BHA、BHT和PG 3种合成抗氧化剂的应用一直占主导地位。但近年来，合成抗氧化剂的安全性受到质疑，许多国家对BHA、BHT及PG等合成抗氧化剂的添加量和添加对象均进行了严格的限制。高效安全的天然抗氧化剂的开发和应用研究逐渐开展并取得了一定的效果。国内外天然抗氧化剂商品有近50种，抗氧化效果明显优于BHA和BHT的有迷迭香提取物、鼠尾草提取物、甘草提取物、茶多酚、鞣酸、向日葵籽提取物等。我国目前列入食品添加剂使用标准的天然食用抗氧化剂有茶多酚、迷迭香提取物、植酸、甘草抗氧化物等。其中，迷迭香提取物的抗氧化性能更优越，适用产品更广泛，可用于油脂、肉制品、水产品、休闲食品以及香料等，而且为天然植物提取物，在许多欧美国家其添加量不受限制。此外，发现杨梅、葡萄籽、竹叶、橘皮等提取物也具有很强的抗氧化作用。一些天然抗氧化剂除可以防止油脂和食品氧化，具有抗氧化作用外，还具有一定的保健功能。

(1)抗氧化剂在油脂中的应用

大豆色拉油、葵花籽油、花生油等食用油含有较多不饱和脂肪酸，虽含有一定量的天然抗氧化剂生育酚，但在加工精炼时大部分被除去。因此，在贮存条件不当的情况下极易氧化，一般添加生育酚或其他抗氧化剂以保证货架期品质。研究表明，儿茶素类物质对富含DHA的鱼油的氧化具有明显抑制作用。0.1%～0.12%的荷叶黄酮提取液对抑制豆油和猪油发生氧化具有较好的效果。香辛料是天然植物抗氧化剂的重要来源。

(2)抗氧化剂在油炸食品中的应用

马铃薯片、玉米片等油炸食品中油脂含量可达50%，油炸方便面中含油量一般也在20%以上，此类食品与空气的接触面积大，油脂类成分极易被氧化。因此，需要在采用充氮或真空包装的同时，在食品配料中添加抗氧化剂减缓油脂氧化。在“仙贝”中添加50mg/kg茶多酚可达到抑制油脂氧化的作用。在脆饼等食品中，抗坏血酸棕榈酸酯、生育酚和卵磷脂复配使用可明显提高抗氧化效果。

(3)抗氧化剂在肉制品中的应用

肉制品不含天然抗氧化剂，且含有促进油脂氧化的某些微量金属离子，使得肉类食品容易氧化酸败造成肉品品质下降，给肉制品工业造成严重的影响。脂肪在肉制品中呈均匀的小球分布，所以易加入抗氧化剂处理。通常采用BHA或TBHQ和螯合金属离子的柠檬酸及其衍生物进行复配，在有效防止氧化的同时也可保持肉的鲜红色泽。此外，添加抗坏血酸能降低肉制品的pH值，具有增强抗氧化性的作用。目前，实际应用较多的是异抗坏血酸钠。天然维生素E能有效地减少熟肉制品中有害物质亚硝酸盐的含量。研究表明，用儿茶素对冷冻的生肉进行处理，同浓度儿茶素的抗氧化能力是维生素E的2～4倍，而且，其效果随着用量的增加而提高。添加0.01%的竹叶抗氧化物能有效抑制肉灌肠类食品中的油脂氧化，改善风味。

(4)抗氧化剂在焙烤食品中的应用

焙烤食品深受消费者的欢迎，成为食品行业销售量很大的品种。某些焙烤食品的油脂含量比较高，如中式糕点，一般需要添加BHA、BHT和生育酚起抗氧化效果。在焙烤的葵花子中，添加TBHQ的抗氧化性能优于BHA和BHT。

(5)抗氧化剂在水产品中的应用

抗氧化剂在水产品中得到广泛应用。水产品含有丰富的多不饱和脂肪酸，易被氧化。此外，这类制品中还含有许多天然的氧化催化剂，如血红素等。鱼油中除含有大量的铁外，富含维生素A和维生素D，这两种维生素含有大量不饱和双键，易被氧化，需添加BHT和柠檬酸的混合物。竹叶抗氧化物是一种从竹叶中提取得到的黄色或棕黄色的粉末，其主要抗氧化成分包括黄酮、内酯和酚酸类化合物，既能阻断脂肪自动氧化的链式反应，又能螯合过渡态金属离子。虾蟹捕捞后的暂养水中加入0.015%的竹叶抗氧化物，并将暂养后的虾、蟹加工成软罐头，常温贮存3个月后，虾蟹肌肉匀浆中丙二醛(MDA)的含量显著低于空白对照。

(6)抗氧化剂在果蔬饮料中的应用

在果蔬饮料加工过程中，需要添加抗坏血酸等抗氧化剂改善果蔬汁的色泽和营养价值。抗坏血酸在果蔬饮料中的使用量为0.01%~0.05%，使用抗坏血酸钠盐时，用量需要增加1倍，在破碎时加入效果最佳。葡萄糖氧化酶也可作为抗氧化剂加入到果蔬饮料中，同时能够防止褐变和风味改变。

(7)抗氧化剂在其他食品中的应用

罐头、糕点、馅料、酱菜等食品中都含有一定量的油脂，均存在着油脂氧化问题，而添加抗氧化剂是延长食品保质期最直接、最经济、最简单的手段。

5.5 食品抗氧化剂发展趋势

我国在食品加工和食品添加剂生产方面同世界食品工业发达国家相比，还有一定的差距。食品添加剂行业秉持可持续发展的理念，崇尚安全和天然，与国际提倡"回归大自然、天然、营养、低热能"的趋势相一致。开发安全、高效、多功能的天然抗氧化剂是食品添加剂研究和开发的重要方向之一。

5.5.1 食品抗氧化剂新产品研发

(1)单宁(单宁酸)

单宁是一类广泛存在植物体内的多元酚化合物，一般指相对分子质量为500~3 000的多酚。大相对分子质量单宁的抗氧化活性比没食子酸强，其与生育酚、维生素C具有协同抗氧化作用。单宁的抗氧化活性表现在两个方面：一是通过还原反应降低环境中的氧含量；二是作为氢供体，通过释放出氢与环境中的自由基结合，终止自由基引发的连锁反应，从而阻止氧化过程的继续进行。单宁具有很强的清除自由基能力，可应用于食品、农林业、医药、化工、环境、材料等学科领域。

(2)鞣花酸

鞣花酸又名并没食子酸、胡颓子酸，是没食子酸的二聚衍生物。鞣花酸多以游离形式或鞣花单宁结构及葡萄糖苷的形式存在于多种水果、坚果和蔬菜中。研究表明，鞣花酸具有良好的抗氧化性能，其抗氧化活性是生育酚的50倍。鞣花酸还可以抑制多环芳烃、黄曲霉毒素和芳香胺等引发的癌变。啮齿动物试验表明，鞣花酸能够抑制肺、肝、皮肤及食道等部位由于化学诱导产生的癌变，其对于多环芳烃二酚环氧化物诱变作用的抑制活性比阿魏酸、绿原酸及咖啡单宁酸高两个数量级。鞣花酸在日本已经被允许作为食品抗氧化剂使用。

虽然鞣花酸的抗氧化能力强，但其脂溶性较差，影响其作为抗氧化剂的使用效果。因此，在不影响其抗氧化活性的前提下，通过分子修饰改善其脂溶性，如通过切断鞣花酸分子的内酯桥，使其与某些低分子醇反应生成酯，从而既可提高鞣花酸的脂溶性又保证其活性基团。自然界中还发现了多种鞣花酸酚羟基上的氢被取代的衍生物，对鞣花酸衍生物的性质及生理活性的研究和深入，将促进鞣花酸的开发和利用(李庆等，2001)。

(3)美拉德反应产物

美拉德反应主要是指食品中的氨基化合物(氨基酸、肽及蛋白质)与羰基化合物(糖类)之间发生的非酶褐变反应。美拉德反应产物(Maillard reaction products，MRPs)不仅提供风味、改变产品的色泽和质构，还具有多种生理活性(Lee，1994；2002)。食品加工过程中形成的MRPs或外加MRPs能够显著提高食品的氧化稳定性。美拉德反应不仅产生类黑精、还原酮等具有抗氧化活性的物质，还产生赋予食品风味且具有抗氧化性的挥发性杂环化合物，包括氧杂环的呋喃类、氮杂环的吡嗪类、含硫杂环的噻吩和噻唑类。MRPs的抗氧化性与反应物的性质有关，木糖－赖氨酸、木糖－色氨酸、二羟基丙酮－组氨酸和二羟基丙酮－色氨酸的MRPs抑制作用较高。不同种类的氨基酸和糖在不同的温度、时间等条件下反应，可获得不同活性的MRPs(Bedinghaus等，1995)。

(4)天然抗氧化肽

国内外对以动植物为原料制备天然抗氧化肽方面进行了大量的研究，许多食物可用于制备抗氧化肽，包括酪蛋白、乳清蛋白、胶原蛋白、毛虾、大豆、黑米、菜籽、灵芝、桂花、枸杞等，其相对分子质量一般低于1 500，可作为天然抗氧化剂用于各种食品。通过对制备的活性肽进行体外和体内活性检测发现，多数食源性多肽在体内外均具有明显的抗氧化作用(张昊等，2008)。

5.5.2 食品抗氧化剂新技术开发

(1)抗氧化剂复配技术

天然抗氧化剂的研发和应用是抗氧化剂的发展方向，但天然抗氧化剂的添加量较大，增加使用量给产品带来感官和理化性质的改变。不同抗氧化剂可以通过构成氧化还原循环系统或不同作用机理互补等途径形成抗氧化协同作用，不同的抗氧化剂共同作用能够起到复配增效的结果。目前国内外已经开始对抗氧化剂复配使用进行研究，通过复配可以大大降低使用成本。在研究多组分抗氧化协同作用的基础上，通过不同类型抗氧化剂的复配，研发和使用高效、安全的复合型天然抗氧化剂将成为未来食品抗氧化剂的发展趋势之一。对油脂抗氧化研究表明：TBHQ∶BHA为2∶1时可以实现最佳的复配抗氧化效果(De Guzman等，2009)。此外，维生素A、维生素C、维生素E两两复配对妊娠大鼠的饲喂试验结果表明，抗氧化剂能显著提高血清中高密度脂蛋白胆固醇(HDL－C)的水平，从而降低妊娠期罹患高血脂症的风险(Iribhogbe 等，2011)。

(2)微胶囊技术

微胶囊技术是一种微包装技术，是指小液滴、固体颗粒或气体被包埋在微胶囊壁材中，成为流动性的固体颗粒。采用适宜的壁材将抗氧化剂微胶囊化后添加到含油脂的食品或油脂中，通过控制一定的条件，使抗氧化剂缓慢释放，有效地防止了食品的氧化酸败。采用微胶囊技术包埋抗氧化剂，在其周围形成保护层，与外界隔绝，能够防止由于外界环境造成的氧化变质，保持抗氧化剂的抗氧化活性。该技术提高了有些抗氧化剂(如酚类物质)的稳定性，并且可通过控制不同壁材的组成及工艺条件，控制抗氧化剂的释放速度，从而使食品达到长期保存的效果。此外，该技术的应用扩大了抗氧化剂的使用范围，减少了使用量，从而减小了毒性，降低了成本。微胶囊化抗氧化剂包括 BHA(陈梅香等，2002)、BHT(张子德等，2003)、维生素 E(崔炳群，2002)、植物甾醇酯(崔炳群等，2002)、大豆磷脂(张鑫等，2001)等。目前主要集中于工艺技术的研究，但包埋后对抗氧化剂的抗氧化效果产生的影响、包埋方法及缓释控制的研究还有待深入。

(3)包装新技术

食品包装直接影响食品的质量和货架期，应用脱氧薄膜新技术可以达到较好的除氧效果。日本采用固定化酶技术，将葡萄糖氧化酶结合在壳聚糖或聚氮丙啶等薄膜上，利用酶催化葡萄糖与氧气反应的原理，作为液态食品包装中的脱氧系统。反应所需要的葡萄糖由食品直接提供或是通过微胶囊技术包埋于薄膜中，理论情况下，0.78g 葡萄糖可以将 500mL 空气中的氧气完全脱除。

(4)抗氧化剂与食品加工技术的结合

采用冷藏、真空包装、高压灭菌等高新加工技术及现代生物技术，与抗氧化剂并用能显著减缓油脂的氧化，使含有油脂的食品大幅度延长保质期，有效保持油脂食品的风味。现代食品加工技术与抗氧化剂并用，将提高食品抗氧化剂的有效利用，推动食品工业的发展，具有广阔的发展前景。

案例分析

规范使用食品抗氧化剂的重要性

背景：

国家质检总局2004年11月对11省市50家企业生产的膨化及油炸小食品抽查中，发现有3种小食品的抗氧化剂丁基羟基茴香醚(BHA)及二丁基羟基甲苯(BHT)超标使用。长沙市消费者协会2004年12月报道某品牌薯片BHT超标使用。香港食物安全中心2012年4月公布市场抽查结果，一批次“猪肉松丝”被检出含抗氧化剂“二丁基羟基甲苯(BHT)”超标15倍，含量达1.6g/kg(香港法规规定BHT在熟肉制品中的最大使用量为100mg/kg)。

分析：

油脂类(特别是含有较多不饱和脂肪酸)以及油脂含量高的食品易出现氧化问题，当油脂与氧气发生化学反应，就会出现酸败，产生异味。因此，在油脂含量高的食品中需要使用抗氧化剂，以延缓氧化作用所致的酸败过程。以薯片或蛋黄酱产品为例，标签上均标明使用的抗氧化剂名称，如BHT、维生素E、维生素C、磷脂等。

以薯片或蛋黄酱中使用的抗氧化剂 BHT 为例，BHT 是一种常用的食品抗氧化剂，可以稳定食品的感官品质，并提高食品中营养素的稳定性。由于薯片所含油脂在食品贮存过程中易被氧化，氧化的油脂会给消费者带来健康风险。

BHT 安全性评价已有大量报道，急性毒性研究结果表明，BHT 能够引起小鼠可逆性肺泡损伤，亚致死剂量(1 000 mg/kg BW)可在 48h 内诱发大鼠肝小叶中心坏死。遗传毒性研究结果表明，BHT 不引起枯草芽孢杆菌的 DNA 损伤，不诱导植物细胞的染色体畸变以及黑腹果蝇的染色体畸变。小鼠显性致死突变试验和小鼠遗传易位试验的结果均为阴性。

较高剂量的 BHT 在动物试验中显示出一定的急性和慢性毒性作用，在较低剂量如 25 mg/kg BW 的 BHT 对啮齿动物肝组织不会产生损害，这个剂量比人体正常摄入量高几百倍(人体每天实际摄入量 <0.1mg/kg BW)。因此，1987 年国际癌症研究所(IARC)对 BHT 的总体评价为不对人体有致癌性物质；1996 年 JECFA 评价的结论是 BHT 作为食品添加剂使用不会对人体有致癌危险。但随着对 BHT 在体内代谢过程的深入研究，揭示了 BHT 必须通过细胞色素 P-450 进行转化后才对人体产生影响。因此，必须考虑到 BHT 对其他化学物质毒性的影响，进一步开展 BHT 与相关化学物质的联合毒性研究，才能更全面地了解 BHT 对人体的危害作用，进而正确评价 BHT 作为食品添加剂的安全性和制订食品中允许的最大使用量。

1999 年 JECFA 把 BHT 的日容许摄入量(ADI)定为 0.3mg/kg BW。美国曾一度对其禁用，但后来发现在允许使用量范围内其安全性有保证，才继续允许使用，油脂中添加量一般为 0.2g/kg。我国《食品添加剂使用标准》(GB 2760—2011)规定最大使用量为 0.2g/kg。

纠偏措施：

《食品添加剂使用标准》(GB 2760—2011)是重要的食品安全基础标准，对指导食品添加剂的正确使用、保障食品安全、促进食品贸易发挥着巨大作用。GB 2760—2011 中规定了食品抗氧化剂在各类食品中的最大使用量，超量添加食品抗氧化剂是违法行为。食品添加剂的最大使用量是经过充分的毒理学评价而制订的，在最大使用量范围内使用食品添加剂对人体是安全、无害的。如果超量、超范围使用食品抗氧化剂，其安全性无法得到保证，就有可能对人体健康造成危害。只有严格执行食品添加剂使用标准，规范使用食品抗氧化剂才能保证食品安全。

在食品中超量使用食品抗氧化剂是一种严重违法犯罪行为，政府部门应按照《食品安全法》相关条款严厉追究不按照 GB 2760—2011 及其他相关规定使用食品抗氧化剂的相关企业和个人的刑事责任。加大惩罚力度，提高违法成本，让肇事者得不偿失。食品生产加工企业应进一步强化食品安全意识和法律、法规、标准意识，严格执行《食品安全法》和《食品添加剂使用标准》的规定，建立食品安全控制关键岗位责任制，在限定的使用范围和最大使用量内规范使用食品抗氧化剂。在满足消费者知情权的基础上，建立内部检查、自我约束的机制，全面提高食品法规的贯彻执行水平。消费者应理性看待食品抗氧化剂，在购买食品时注意食品的配料表，选择加工程度低的食品。如果食品出现安全问题，消费者要提高消费意识和自我保护意识，对于违法行为敢于举报，维护自身合法权益。

思考题

1. 抗氧化剂在食品体系中的作用机理有哪些？

2. 简述天然抗氧化剂的种类和性质。
3. 简述影响抗氧化剂作用的因素。如何提高其抗氧化效率?
4. 简述食品抗氧化剂的使用原则及其注意事项。
5. 简述食品抗氧化剂合理使用对食品安全的影响。
6. 阐述抗氧化剂在油脂加工和贮藏过程中的重要性。

参考文献

陈梅香,张子德,马俊莲. 2002. 微胶囊技术在抗氧化剂中的应用[J]. 河北农业大学学报,25(5):234-236.
陈美云. 2000. 迷迭香高效无毒抗氧化剂的开发利用[J]. 林产化工通讯,34(3):28-30.
崔炳群,王三永,李晓光. 2002. 植物甾醇酯微胶囊化研究[J]. 食品工业科技,23(7):25-27.
崔炳群. 2002. 天然维生素E微胶囊化研究[J]. 粮食与油脂,1:8-10.
董文宾,田家乐. 1991. 迷迭香天然食用抗氧化剂提取工艺研究[J]. 西北轻工业学院报,9(2):9-16.
高彦祥. 2011. 食品添加剂[M]. 北京:中国轻工业出版社.
韩宏星,曾慧慧. 2003. 迷迭香总二萜酚的体内抗氧化作用研究[J]. 中草药,34(2):147-149.
郝利平,夏延斌,陈永泉,等. 2002. 食品添加剂[M]. 北京:中国农业大学出版社.
李庆,姚开,谭敏. 2001. 新型天然抗氧化剂——鞣花酸[J]. 四川食品与发酵,37(4):10-14.
李银聪,阚建全,柳中. 2011. 食品抗氧化剂作用机理及天然抗氧化剂[J]. 中国食物与营养,17(2):24-26.
林春绵,徐明仙,陶雪文. 2004. 食品添加剂[M]. 北京:化学工业出版社.
刘先章,赵振东,毕良武. 2004. 天然迷迭香抗氧化剂的研究进展[J]. 林产化学与工业,24:132-138.
刘志皋,高彦祥. 1994. 食品添加剂基础[M]. 北京:中国轻工业出版社.
商丰才,黄琴,李卫芬. 2008. 6种新型抗氧化剂及组合清除自由基活性的研究[J]. 饲料研究,7:1-4.
田云,卢向阳,易克. 2005. 天然植物抗氧化剂研究进展[J]. 中草药,36(3):468-470.
王克利,李明元. 2002. 食品抗氧化剂及其分析技术[J]. 口岸卫生控制,7(6):27-35.
王文中,王颖. 2002. 迷迭香的研究及其应用——抗氧化剂[J]. 中国食品添加剂,51(5):60-65.
王兴国,裘爱泳,汤逢. 1993. 甘草抗氧化剂的研究[J]. 中国油脂,3:34-37.
吴建文,李冰,李琳. 2002. 脱氧剂的研究和使用[J]. 食品科学,23(5):148-149.
辛清明. 1987. 抗坏血酸钙的合成及其稳定性初试[J]. 食品与发酵工业,4:25-28.
张昊,任发政. 2008. 天然抗氧化肽的研究进展[J]. 食品科学,29(4):443-447.
张明霞,周建科,梁俊红. 2002. 胆固醇氧化产物毒害性作用的研究进展[J]. 中国动脉硬化杂志,10(5):451-454.
张婧,熊正英. 2005. 天然抗氧化剂迷迭香的研究进展及其应用前景[J]. 现代食品科技,21(1):135-137.
张鑫,李学红,高正波. 2001. 高纯度粉末状大豆磷脂微胶囊化的研究[J]. 食品工业科技,22(3):35-37.
张子德,陈梅香,马俊莲,等. 2003. 抗氧化剂二丁基羟基甲苯(BHT)的微胶囊化[J]. 食品工业科技,24(6):54-56.
钟正升,王运吉,张苓花. 2003. 天然食品添加剂——植酸的多功能性介绍[J]. 中国食品添加剂,2:74-77.
周家华,崔英德,曾颢. 2001. 食品添加剂[M]. 北京:化学工业出版社.
周友亚,李冀辉,高风格,等. 1999. 抗坏血酸钙的合成及抗氧化作用[J]. 河北师范大学学报(自然科学版),23(1):94-96.

朱会霞，孙金旭，张卿．2008. 抗氧化剂中微胶囊技术的应用及展望[J]．食品研究与开发，29(12)：145－147.

邹磊，甄少波，宋杨．2011. 食品抗氧化能力检测方法的研究进展[J]．食品工业科技，32(6)：463－465.

BEDINGHAUS A J, OCKERMAN H W. 1995. Antioxidant Maillard reaction products from reducing sugars and free amino acids in cooked ground pork patties [J]. Journal of Food Science, 60: 992－995.

DE GUZMAN R, TANG H, SALLEY S, et al. 2009. Synergistic effects of antioxidants on the oxidative stability of soybean oil － and poultry fat － based biodiesel [J]. Journal of the American Oil Chemistry Society, 86: 459－467.

ESTERBAUER H, SCHAUR R J, ZOLLNER H. 1991. Chemistry and biochemistry of 4 － hydroxynonenal, malonaldehyde and related aldehydes [J]. Free Radical Biology and Medicine, 11: 81－128.

FAKOURELIS N, LEE EC, MIN D B. 1987. Effects of chlorophyll and beta－carotene on the oxidation stability of olive oil [J]. Journal of Food Science, 52(1): 234－235.

IRIBHOGBE O I, EMORDI J E, IDONIJE B O, et al. 2011. Synergistic effects of antioxidant vitamins of lipid profile in pregnancy [J]. Current Research Journal of Biological Sciences, 3(2): 104－109.

LARRY BRANEN A, MICHAEL DAVIDSON P, SALMINEN S, et al. 2002. Food Additives [M]. 2nd ed. New York: Mercel Dekker, INC.

LEE HUEI. 1994. Formation and identification of carcinogenic heterocyclic aromatic amines in boiled pork juice [J]. Mutation Research/Fundamental and Molecular Mechanisms of Mutagenesis, 308 (1): 77－88.

LEE K G, SHIBAMOTO T. 2002. Roxicology and antioxidant activities of non － enzymatic browning reaction products: review [J]. Food Reviews International, 18: 151－175.

LONG J, WANG X, GAO H, et al. 2006. Malonaldehyde acts as a mitochondrial toxin: Inhibitory effects on respiratory function and enzyme activities in isolated rat liver mitochondria [J]. Life Science, 79: 1466－1472.

YANAGIMOTO K, LEE K G, OCHI H, et al. 2002. Antioxidative activity of heterocyclic compounds found in coffee volatiles produced by Maillard reaction [J]. Journal of Agricultural and Food Chemistry, 50 (19): 5480－5484.

YANAGIMOTO K, LEE K G, OCHI H, et al. 2002. Antioxidative acitivity of heterocyclic compounds formed in Maillard reaction products [J]. International Congress Series, 1245: 335－340.

第3篇

调色、护色类食品添加剂

第6章

食品着色剂

学习目标

了解食品着色剂的定义、分类、呈色机理、作用，掌握常用食品着色剂结构、特性、使用方法以及注意事项，了解食品着色剂的现状和发展趋势。

食品着色剂的使用历史最早可追溯至公元前400年，早期人类依赖于从植物、动物或者矿物质中提取获得食品着色剂，直到1856年William发现第一种合成着色剂。合成着色剂因着色力强、色调稳定性好、容易获得以及成本低等优点而广泛应用于食品中。随着人们对合成着色剂的深入认识以及毒理学评价，发现一些合成着色剂对机体的潜在危害，有些合成着色剂已禁止在食品中使用。经济发展使人们的生活水平不断提高，健康意识逐渐增强，人们越来越关注安全且具有营养保健功能的天然着色剂。近年来，采用天然食品着色剂生产的食品越来越受到消费者的青睐。

6.1 食品着色剂概述

6.1.1 食品着色剂定义

食品着色剂(colorant)是赋予及改善食品色泽的物质。在讨论食品着色剂时，通常将着色剂与色素的概念不加区分，所以食品着色剂又称为食品色素。

6.1.2 食品色素呈色机理

颜色是衡量食品质量的重要指标之一，色泽优良的食品不仅可以提高感官品质、给人以美的享受，而且还增进食欲。天然食品一般都有良好的色泽，但经过加工处理时，则会发生褪色或变色现象，为了保持或改善食品的色泽，在食品加工中往往需要对食品进行人工着色。

色素主要是由于其吸收波长及生色基(团)和助色基(团)的区别而呈现不同的颜色。

(1)吸收波长

各种不同物质能吸收不同波长的光，如果某物质所吸收的光，其波长在可见光区以外，该物质呈现白色；如果吸收的光波波长在可见光区域(400 ~ 800nm)，该物质就呈现一定的颜色，并由未被吸收的光波反映，即被吸收光波颜色的互补色。例如，某种物质选择吸收波长为510nm的光，这是绿色光谱，而人们看见它呈现的颜色为紫色，因为紫色是绿色的互补色。不同波长光波相应的颜色及呈现的颜色见表6-1。

表6-1　不同光波和颜色的关系

吸收光波		互补色	吸收光波		互补色
波长/nm	对应的颜色		波长/nm	对应的颜色	
400	紫	黄绿	530	黄绿	紫
425	蓝青	黄	550	黄	蓝青
450	青	橙黄	590	橙黄	青
490	青绿	红	640	红	青绿
510	绿	紫	730	紫	绿

(2)生色基(团)和助色基(团)

物质之所以能吸收可见光而呈现不同的颜色，是因为其分子本身含有某些特殊的基团，即生色基(团)，这些基团有碳-碳双键、酮基、醛基、羰基、偶氮等。有机物分子中含有一个生色基时，由于生色基的吸收波长在200 ~ 400nm，有机物仍为无色。如果有机物分子中有两个或两个以上生色基共轭时，可使分子对光的吸收波长移向可见光区域，该物质呈现颜色。例如，1,2-二苯基乙烯无色，但在两个苯环之间连接3个共轭的碳-碳双键，化合物便开始呈现淡黄色；连接5个共轭碳-碳双键，化合物则呈现橙色；连接11个共轭的碳-碳双键，化合物则呈现黑紫色。

有些基团，如—OH、—OR、—NH_2、—NR、—SR、—Cl、—Br等吸收波长在紫外区，但这些基团与共轭键或生色基连接，可使共轭键或生色基的吸收波移向长波长而显色，这些基团称为助色基(团)。

色素均是由发色团和助色团所组成，因此能够呈现各种不同的颜色。

6.1.3　食品色素分类

食品色素根据来源、溶解性、化学结构等有多种分类方式。

①根据食品色素的来源　可分为合成色素和天然色素。合成色素是指用化学合成方法制得的有机色素，目前主要以煤焦油中分离的苯胺为原料制得。天然色素主要指来自植物及动物组织、微生物和天然矿石原料的色素。其中，合成色素又根据色素的化学结构是否天然存在分为天然等同合成色素和人工合成色素两类。

②根据食品色素的溶解性　可分为脂溶性色素(如类胡萝卜素)、水溶性色素(如花青素)。

③根据食品色素的化学结构　可分为吡咯色素(如叶绿素、血红素)、多烯色素(异戊二烯衍生物，如类胡萝卜素)、酚类色素(如花青素、黄酮类色素)、醌酮色素(如红曲红、姜

黄素、虫胶红）及其他色素等。

6.2　食品合成色素

食品合成色素（artificial colorants）按化学结构可分为偶氮类色素（如苋菜红、柠檬黄等）和非偶氮类色素（如赤藓红、亮蓝等）两类；偶氮类色素按溶解性又分为油溶性和水溶性色素。油溶性色素不溶于水，进入人体不易排出，毒性较大，世界各国基本不再使用这类色素。水溶性偶氮类色素易排出体外，毒性小，使用广泛，且具有色泽鲜艳、着色力强、性质稳定和价格便宜等优点。色淀是指水溶性色素吸附到不溶性的基质上而得到的一种水不溶性色素，通常为提高水溶性色素在油脂中的分散性，提高色素对光、热、氧的稳定性，而将色素制成其铝色淀产品。

国内外对食品合成色素均有严格的安全质量标准，经卫生部批准允许使用的食品合成色素，使用时必须遵照《食品添加剂使用标准》（GB 2760—2011）所规定的使用范围和最大使用量。我国批准允许使用的食品合成色素共有16种（食品合成色素及其铝色淀计为一种，其中β－胡萝卜素和番茄红素为我国合成色素中仅有的两种油溶性天然等同色素）。

6.2.1　偶氮类合成色素

（1）苋菜红及其铝色淀（Amaranth and amaranth lake，CNS号：08.001，INS号：123）

苋菜红别名酸性红、杨梅红、苋紫、鸡冠花红、蓝光酸性红等，为紫红色至红棕色粉末或颗粒，无臭，化学名称为1－（4′－磺基－1′－萘偶氮）－2－萘酚－3,6－二磺酸三钠盐。苋菜红耐光、耐热，易溶于水、甘油、丙二醇及稀糖浆，微溶于乙醇，不溶于油脂和其他有机溶剂；最大吸收波长为（500±2）nm，耐盐及耐酸性好，在浓硫酸中呈紫色，稀释后呈桃红色，浓硝酸中呈亮红色，盐酸中呈棕色，产生黑色沉淀；易发生氧化还原反应，可被微生物利用而不适用于发酵食品；对柠檬酸、酒石酸稳定，遇碱变暗红，与铜、铁接触易褪色。

苋菜红的LD_{50} >10g/kg BW（小鼠，经口）、>1g/kg BW（大鼠，腹腔注射）；ADI值为0～0.5mg/kg BW（FAO/WHO，1984）。

苋菜红及其铝色淀的使用范围和使用量见《食品添加剂使用标准》（GB 2760—2011）及增补公告。

（2）胭脂红及其铝色淀（Ponceau 4R and ponceau 4R lake，CNS号：08.002，INS号：124）

胭脂红又名丽春红4R、天红和亮猩红，胭脂红及其铝色淀为红色至深红色颗粒或粉末，无臭，溶于水、甘油，微溶于乙醇，不溶于油脂；最大吸收波长（508±2）nm；耐酸性较好，对柠檬酸、酒石酸稳定；耐热性强、还原性稍差，耐菌性较差，遇碱变褐色，其他性能与苋菜红相似。

胭脂红的LD_{50}为19.3g/kg BW（小鼠，经口），>8g/kg BW（大鼠，经口）；ADI值为0～4mg/kg BW（FAO/WHO，2011）。

胭脂红及其铝色淀的使用范围和使用量见《食品添加剂使用标准》（GB 2760—2011）及增补公告。

(3)新红及其铝色淀(New red and new red lake，CNS 号：08.004)

新红为红色粉末，化学名称为2-(4-磺基-1-苯氮)-1-羟基-8-乙酸氨基-3,7-二磺酸三钠盐，易溶于水呈清澈红色溶液，微溶于乙醇，不溶于油脂，具有酸性染料特性，其他性能与苋菜红相似。

新红的 LD_{50} 为10g/kg BW(小鼠，经口)，新红的MNL为0.5%(大鼠)；无急性中毒症状及死亡，无胚胎毒性。

新红及其铝色淀的使用范围和使用量见《食品添加剂使用标准》(GB 2760—2011)及增补公告。

(4)诱惑红(Fancy red，Allura red，CNS 号：08.012，INS 号：129)

诱惑红又称食用赤色40号，为深红色均匀粉末，无臭，化学名称为1-(4-磺基-3-甲基-6-甲氧基-苯偶氮)-2-萘酚二磺酸二钠，溶于水、甘油和丙二醇，微溶于乙醇，不溶于油脂，水溶液呈微带黄色的红色溶液；耐光、耐热性强，耐碱和耐氧化还原性差。可使蛋白质着色，具有酸性染料的特性。

诱惑红的 LD_{50} 为10g/kg BW(小鼠，经口)；ADI值为0~7mg/kg BW(FAO/WHO，1981)。

诱惑红及其铝色淀的使用范围和使用量见《食品添加剂使用标准》(GB 2760—2011)及增补公告。

(5)酸性红(Carmoisine，Azorubine，CNS 号：08.013，INS 号：122)

酸性红又称淡红、偶氮玉红、二蓝光酸性红、食用红色3号，为红至棕色粉末或颗粒，化学名称为1-(4′-磺酸基-1-萘偶氮)-2-萘酚-3,7-二磺酸三钠盐，溶于水，微溶于乙醇。其水溶液在酸性体系呈红色，在碱性体系呈红光橙棕色，遇铜离子色泽变暗。

酸性红的 LD_{50} >10g/kg BW(小鼠，经口)；ADI值为0~4mg/kg BW(FAO/WHO，1983)；Ames试验未见致突变作用；微核试验未见对哺乳动物细胞染色体的致突变效应。

酸性红的使用范围和使用量见《食品添加剂使用标准》(GB 2760—2011)及增补公告。

(6)柠檬黄及其铝色淀(Tartrazine and tartrazine lake，CNS 号：08.005，INS 号：102)

柠檬黄又名酒石黄、酸性淡黄和肼黄，为橙黄色至橙色颗粒或粉末，无臭，耐光、耐热、耐酸、耐盐性均好，耐氧化性较差，遇碱微红，还原时褪色；易溶于水，溶于甘油、丙二醇，微溶于乙醇，不溶于油脂，0.1%水溶液呈黄色，最大吸收波长428nm；在酒石酸溶液、柠檬酸溶液中稳定，是最稳定的一种色素。柠檬黄易着色，坚牢度高，可与其他色素复配使用，匹配性好。

柠檬黄的 LD_{50} 为12.75g/kg BW(小鼠，经口)，2g/kg BW(大鼠，经口)；ADI值为0~7.5mg/kg BW(FAO/WHO，1964)。

柠檬黄及其铝色淀的使用范围和使用量见《食品添加剂使用标准》(GB 2760—2011)及增补公告。

(7)日落黄及其铝色淀(Sunset yellow FCF and its Lake，CNS 号：08.006，INS 号：110)

日落黄又名橘黄、晚霞黄，为橙红色颗粒或粉末，无臭，耐光、耐热、耐酸性好，遇碱呈红褐色，还原时褪色；易溶于水，0.1%水溶液呈橙黄色，溶于甘油、丙二醇，微溶于乙醇，不溶于油脂，最大吸收波长482nm；在柠檬酸和酒石酸溶液中稳定；其他性能与柠檬黄相似。

日落黄的 LD_{50} >2g/kg BW（大鼠，经口），>6g/kg BW（小鼠，经口）；ADI 值为 0～2.5mg/kg BW（FAO/WHO，1982）。

日落黄及其铝色淀的使用范围和使用量见《食品添加剂使用标准》（GB 2760—2011）及增补公告。

6.2.2 非偶氮类合成色素

（1）赤藓红及其铝色淀（Erythrosine and erythrosine lake，CNS 号：08.003，INS 号：127）

赤藓红又名樱桃红、四碘荧光素和食品色素红色 3 号，为红色至红褐色颗粒或粉末，无臭，化学名称为 9－邻羧苯基－6－羟基－2,4,5,7－四碘－3 异氧杂蒽酮二钠盐，易溶于水、乙醇、丙二醇和甘油，不溶于油脂；耐热性、耐碱性、耐氧化还原和耐细菌性均好，耐光性差，遇酸则沉淀；最大吸收波长 526nm；吸湿性强；具有良好的染着性，对蛋白质着色性尤佳。根据其性状，在需高温焙烤的食品和碱性、中性食品中着色力较其他合成色素强。

赤藓红 LD_{50} 为 6.8g/kg BW（小鼠，经口），1.9g/kg BW（大鼠，经口）；ADI 值为 0～0.1mg/kg BW（FAO/WHO，1990）。

赤藓红及其铝色淀的使用范围和使用量见《食品添加剂使用标准》（GB 2760—2011）及增补公告。

（2）番茄红素（合成）[Lycopene，INS：160d（i）]

番茄红素属于类胡萝卜素之一，针状深红色晶体，有合成和天然两种产品。番茄红素几乎不溶于水，微溶于乙醇和甲醇，溶于氯仿、苯等有机溶剂，对热、光、空气和湿度均敏感，容易氧化。商业上用于食品的番茄红素是将其制成乳状液或微胶囊粉末。

番茄红素的 ADI 值不作特殊规定（FAO/WHO，2010）。

目前，市场上的番茄红素产品分为合成番茄红素和以天然生物资源为原料制备的天然番茄红素。从分子结构角度而言，合成番茄红素和天然番茄红素并没有差异，化学和物理性质相同。但药物和食品中使用合成番茄红素和天然番茄红素将产生不同的生物学效价。已有证据表明造成生物学功能差异的主要原因是两者组成及异构体的差异。首先，天然番茄红素中存在一定数量的八氢番茄红素和 β－胡萝卜素。其次，合成番茄红素几乎 100% 由全反式异构体组成，而天然番茄红素含有相当数量的顺式异构体。天然番茄红素中各异构体之间的协同作用是其显著生物学功能的重要保障（刘沐霖等，2007）。

番茄红素（合成）的使用范围和使用量见《食品添加剂使用标准》（GB 2760—2011）及增补公告。

（3）喹啉黄（Quinoline yellow，CNS 号：08.016，INS 号：104）

喹啉黄化学名称为 2－（2－喹啉基）－1,3－茚二酮二磺酸二钠，为黄色粉末或颗粒，常含有少量一磺酸盐和三磺酸盐，辅色剂以及氯化钠和/或硫酸钠等非着色物质。喹啉黄易溶于水，微溶于乙醇。

喹啉黄的暂定 ADI 为 0～5mg/kg BW（FAO/WHO，2011）。

喹啉黄的使用范围和使用量见《食品添加剂使用标准》（GB 2760—2011）及增补公告。

（4）合成 β－胡萝卜素（β－Carotene，CNS 号：08.010，INS 号：160a）

合成 β－胡萝卜素为紫红色或暗红色晶体粉末，不溶于水、甘油、丙二醇、丙酮、酸和碱液，微溶于乙醇、乙醚和食用油，溶于二硫化碳、苯、己烷、石油醚和氯仿。弱碱时比较稳定，酸性时则不稳定；低浓度时呈橙黄色至黄色，高浓度时呈橙红色；受光、热、空气影响后色泽变淡，遇金属离子，尤其是铁离子则褪色；最大吸收波长455nm。

β－胡萝卜素的LD_{50} >8g/kg BW（狗，经口）；ADI值为0～5mg/kg BW（FAO/WHO，1974）。

β－胡萝卜素有合成和天然两种产品，合成β－胡萝卜素与天然β－胡萝卜素的不同主要表现在：

①构型不同　合成β－胡萝卜素为全反式β－胡萝卜素，而天然β－胡萝卜素是由各种构象组成的混合消旋体，由于天然原料的不同，所含的顺式β－胡萝卜素和反式β－胡萝卜素的比例亦有很大差异。

②制备方法不同　合成β－胡萝卜素，纯度相对较高，色泽稳定均一。而天然β－胡萝卜素一般从植物中提取或采用发酵法生产，其最大缺点是产品有效成分含量较低，杂质较多，且生产成本高。

③生物活性不同　研究发现，天然β－胡萝卜素异构体混合物在动物组织内更易吸收和贮存。此外，流行病学研究发现经常食用富含β－胡萝卜素食物可降低肺癌发病率。而美国采用合成β－胡萝卜素片在肺癌高危险人群进行预防肺癌试验，结果发现吸烟人群肺癌发病率反而升高，总死亡率也升高。世界卫生组织发表公告指出，服用化学合成类胡萝卜素片无助于防癌；多吃新鲜水果和蔬菜是抵御癌症的“第一道防线”。纯粹的化学制剂与富含该种物质的天然食物有本质的区别，天然食物具有的功能往往是其本身多种物质综合作用的结果（洪兴华等，2002）。

β－胡萝卜素已广泛用作黄色素以代替油溶性焦油系色素，用于油基食品时，常将其溶解于棉籽油等食用油或悬浮制剂（30%）中，经稀释后使用。为使其能分散于水中，可用甲基纤维素等作为保护胶体制成胶粒化制剂。

β－胡萝卜素的使用范围和使用量见《食品添加剂使用标准》（GB 2760—2011）及增补公告。

（5）靛蓝及其铝色淀（Indigo carmine and its lake，CNS号：08.008，INS号：132）

靛蓝又名食品蓝、酸性靛蓝、磺化靛蓝，无臭，易溶于水，水溶液呈深蓝色，溶于甘油、丙二醇，不溶于乙醇和油脂。耐光、耐热、耐碱、耐盐、耐氧化、耐细菌性均较差，还原时褪色。最大吸收波长610nm。靛蓝易着色，色调独特，使用广泛。

靛蓝的LD_{50}为2.5g/kg BW（小鼠，经口），>2g/kg BW（大鼠，经口）；ADI值为0～5mg/kg BW（FAO/WHO，1974）。

靛蓝及其铝色淀的使用范围和使用量见《食品添加剂使用标准》（GB 2760—2011）及增补公告。

（6）亮蓝及其铝色淀（Brilliant blue FCF and its lake，CNS号：08.007，INS号：133）

亮蓝为有金属光泽的红紫色颗粒或粉末，无臭，易溶于水，水溶液呈蓝色，溶于甘油、乙二醇和乙醇，不溶于油脂；耐光、耐热性强；在柠檬酸和酒石酸溶液中稳定，耐碱性强，耐盐性好；其水溶液加金属盐后慢慢沉淀，耐还原作用较偶氮类色素强。

亮蓝的LD_{50} >2g/kg BW（大鼠，经口）；ADI值为0～12.5mg/kg BW（FAO/WHO，

1969）。

亮蓝及其铝色淀的使用范围和使用量见《食品添加剂使用标准》（GB 2760—2011）及增补公告。

（7）叶绿素铜钠盐、叶绿素铜钾盐（Chlorophyllin copper complex，Sodium and potassium salts，CNS 号：08.009，INS 号：141ii）

叶绿素铜钠盐为墨绿色粉末，是以干燥的蚕沙或植物为原料，用乙醇或丙酮等提取叶绿素，然后使其与硫酸铜或氯化铜作用，铜离子取代叶绿素中镁离子，再将其用氢氧化钠溶液皂化，制成膏状物或粉末状产品。

叶绿素铜钠无臭或微带氨臭；有吸湿性，易溶于水，水溶液呈蓝绿色、透明，无沉淀，微溶于乙醇和氯仿，几乎不溶于乙醚和石油醚，水溶液中加入钙盐析出沉淀；耐光性较叶绿素强；着色坚牢度强，色彩鲜艳，但在酸性食品或含钙食品中使用时产生沉淀，遇硬水生成不溶性盐而影响着色和食品色泽。

叶绿素铜钠的 $LD_{50}>10g/kg$ BW（小鼠，经口），$>1g/kg$ BW（大鼠，腹腔注射）；ADI 值为 0～15mg/kg BW（FAO/WHO，1978）。

叶绿素铜钾盐为墨绿色粉末或深绿色液体，无臭或略带氨臭，易溶于水，略溶于醇和氯仿，不溶于油脂，水溶液透明，无沉淀；偏酸性（$pH<6.5$）、有钙离子存在则有沉淀析出；耐光性比叶绿素强，耐热。

叶绿素铜钠盐和叶绿素铜钾盐的使用范围和使用量见《食品添加剂使用标准》（GB 2760—2011）及增补公告。

（8）二氧化钛（Titanium dioxide，CNS 号：08.011，INS 号：171）

二氧化钛又称钛白，为白色无定型粉末，无臭、无味，不溶于水、盐酸、稀硫酸、乙醇和其他有机溶剂，缓慢溶于氢氟酸和热浓硫酸。二氧化钛的熔点为 1 855℃，沸点为 2 500～3 000℃，密度为 3.9～4.3g/cm^3；着色范围广，具有良好的遮盖能力。

二氧化钛的 $LD_{50}>12g/kg$ BW（大鼠，经口）；ADI 值无限制（FAO/WHO，1969）。

二氧化钛的使用范围和使用量见《食品添加剂使用标准》（GB 2760—2011）及增补公告。

（9）氧化铁黑（红）（Iron oxide black，Iron oxide red，CNS 号：08.014，08.015，INS 号：172i，172ii）

氧化铁黑（红）呈红棕色至黑色结晶或粉末，无臭，不溶于水、有机酸及有机溶剂；溶于浓无机酸；有 α－型（正磁性）及 γ 型（反磁性）两种类型；对光、热、空气稳定；对酸、碱较稳定；着色力强；密度 5.24g/cm^3；含量低则相对密度小；折射率 3.042；熔点 1 565℃（分解）。

氧化铁黑（红）的 ADI 值为 0～0.5mg/kg BW（FAO/WHO，1979）。

氧化铁黑（红）的使用范围和使用量见《食品添加剂使用标准》（GB 2760—2011）及增补公告。

合成色素一般较天然色素色彩鲜艳、坚牢度大、性能稳定、易于着色并可任意调色、成本低廉、使用方便。

6.3 天然色素

天然色素(natural pigment)是由天然资源(植物组织、动物组织、微生物等)获得的食品色素，具有色调柔和自然的特点，很多还具有较高的营养价值和药理保健作用(抗氧化、降血脂等)。

天然色素有不同的分类方式：

①根据来源　可分为植物源天然色素、微生物源天然色素和动物源天然色素。

②根据化学分子结构　可分为多烯色素、多酚色素、醌酮色素、吡咯色素、其他色素5类，见表6-2。大部分天然色素结构是苯并吡喃(花青素)、聚异戊二烯(类胡萝卜素)、四吡咯(叶绿素、亚铁血红素)。其他天然色素包括甜菜红、核黄素、焦糖色和昆虫色素等。

表6-2　食品天然色素的主要种类

结构组成	类　别	色素举例
多烯	类胡萝卜素类	β-胡萝卜素
	叶黄素类	辣椒红素、藏红花素
多酚	花色苷类	萝卜红、葡萄皮红
	黄酮类	高粱红、可可色素
	查尔酮类	红花红、红花黄
醌酮	酮类	姜黄素、红曲色素
	蒽醌类	虫胶色素
	萘醌类	紫草红色素
	卟啉类	叶绿素、血红素
吡咯	含氮花色苷	甜菜红、核黄素
其他	混合物	焦糖色

与合成色素相比，天然色素具有以下特点：①“天然”；②既是一种着色剂，又是一种营养素，还具有一定的药理作用；③色调自然，能更好地模仿天然颜色；④大多数为混合物，部分还带有原料特有的风味，如辣椒红和萝卜红所具有的辛辣味；⑤稳定性相对较弱，易受光照、温度、pH值、体系的极性、金属离子、添加剂等影响而褪色或变色；⑥不易着色均匀；⑦调色难度大，应用的专业性强，具有局限性；⑧批次间产品差异较大。

6.3.1 植物源天然色素

植物富含各种色素，是天然色素的主要来源，因此，植物源天然色素引起了研究者的广泛兴趣。大部分植物呈现的颜色主要是由多酚类、类胡萝卜素类以及叶绿素类色素产生，少部分颜色是由生物碱类的甜菜红色素和二酮类化合物姜黄色素产生。

6.3.1.1 多酚类

多酚类色素包括花色苷、查尔酮和黄酮3类物质。

(1)花色苷类

花色苷主要是花青素与单糖、双糖或多糖糖基化的化合物，6 种主要的花青素如图 6-1 所示。糖分子通常通过与 3 位或者 5 位羟基缩合形成花色苷，少数与 7 位羟基缩合。花色苷中的糖分子可以是单糖(如葡萄糖、半乳糖、鼠李糖和阿拉伯糖)，也可以是多糖(如芸香糖)。并且这些糖分子可以是酰化的，最常见的是酚酸类化合物，如香豆酸和咖啡酸，少数为 *p* – 羟基苯甲酸、丙二酸和乙酸。

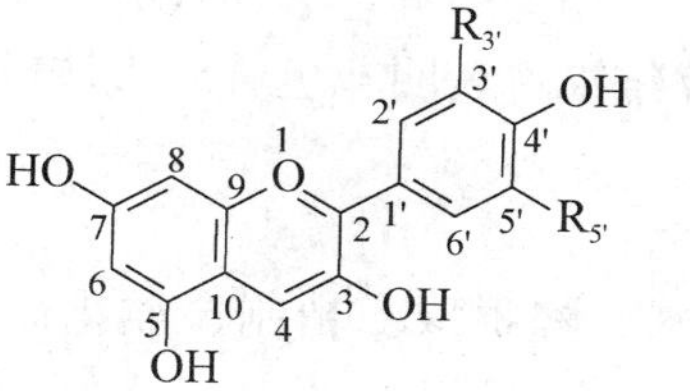

天竺葵色素：$R_{3'}$=H，$R_{5'}$=H
矢车菊色素：$R_{3'}$=OH，$R_{5'}$=H
飞燕草色素：$R_{3'}$=OH，$R_{5'}$=OH
牵牛色素：$R_{3'}$=OH，$R_{5'}$=OCH_3
芍药色素：$R_{3'}$=OCH_3，$R_{5'}$=H
锦葵色素：$R_{3'}$=OCH_3，$R_{5'}$=OCH_3

图 6-1　6 种主要花青素

花色苷广泛存在于可食用植物原料中，如红苹果皮、李子、葡萄、草莓、紫甘蓝、紫苏叶和蓝莓等。将蔓越莓汁、木莓(又称山莓)汁和接骨木果实的果汁经浓缩或喷雾干燥可用作食品色素。从红醋栗果皮、接骨木果实、花楸果和欧洲越橘果中均可提取花色苷。传统提取花色苷的方法常采用低沸点的醇溶剂(如乙醇、甲醇和正丁醇)，且用无机酸(如盐酸)进行调 pH 值。葡萄皮是花色苷的最主要来源，花色苷商品主要从葡萄皮或者葡萄加工副产物中获得。

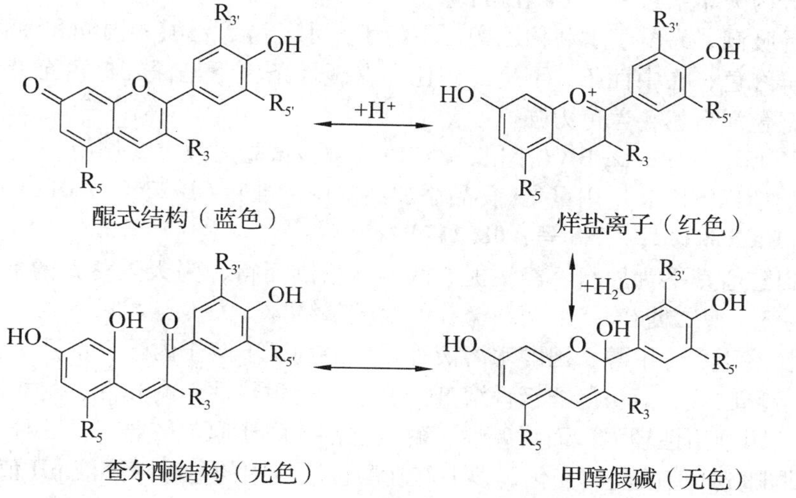

醌式结构(蓝色)　+H^+　烊盐离子(红色)
+H_2O
查尔酮结构(无色)　甲醇假碱(无色)

图 6-2　花色苷结构式的变化

花色苷易发生水解、还原等化学反应而褪色，如与抗坏血酸、氧气、过氧化氢和二氧化硫反应生成无色化合物；与金属离子及蛋白质形成复合物；水解反应失去糖分子生成不稳定的花青素。花色苷对 pH 值较为敏感，在较低的 pH 值条件下稳定性较好。此外，花色苷的结构随着 pH 值的变化而转变(图 6-2)，色泽也随之发生变化：当 pH < 1 时，花色苷呈现鲜艳的红色；当 pH 值升至 4 ~ 6 时，花色苷变为紫色甚至无色；当 pH 值升至 7 ~ 8 时，花色

苷呈现深蓝色；当 pH 值继续升高时，花色苷的颜色发生蓝色—绿色—黄色转变。花色苷溶于水或极性溶剂，对热非常敏感。温度对花色苷稳定性影响的研究表明，花色苷的热稳定性依赖于其结构特征，花色苷母核结构上的羟基以及糖苷基上的羟基，可以与一个或几个分子的香豆酸、阿魏酸、咖啡酸、对羟基苯甲酸和脂肪酸通过酯键形成酰基化的花色苷，从而增强其稳定性(Bakowska 等，2003)。

花色苷主要提供自然的红色或蓝色，其在低 pH 值的稳定性表明花色苷适用于高酸食品体系，如水果罐头、果浆、酸奶、果酒和饮料等。相关的毒理学和致突变研究结果表明，花色苷具有无毒、无致突变特性。此外，很多研究结果也表明花色苷对人体健康有益，拓宽了花色苷在食品乃至医药领域的应用范围。

红米红(Red rice red，CNS 号：08.111)

红米红是以稻米中的红色或黑色种子为原料，经提取、精制、纯化而得的天然食品色素，为紫红色液体或粉末，主要成分为矢车菊素 - 3 - 葡萄糖苷。红米红溶于水、乙醇，不溶于丙酮、石油醚；稳定性好，耐热、耐光，但对氧化剂敏感，钠、钾、钙、钡、锌、铜及微量铁离子对其无明显影响，但遇锡变玫瑰红色，遇铅与多量 Fe^{2+}，则褪色并沉淀；其水溶液在 pH 1 ~ 6 时为红色，在 7 ~ 12 时变成淡褐色至黄色，长时间加热则变黄色。

红米红的 LD_{50} >21.5g/kg BW(大鼠，经口)；Ames 试验无致突变作用。

红米红的使用范围和使用量见《食品添加剂使用标准》(GB 2760—2011)及增补公告。

黑豆红(Black bean red，CNS 号：08.114)

黑豆红以黑豆皮为原料经浸提、精制、浓缩、干燥而得，为深红色或紫红色膏状物或粉末，主要成分为矢车菊素 - 3 - 半乳糖苷。

黑豆红易吸潮，易溶于水和稀乙醇，不溶于无水乙醇、乙醚、丙酮和油脂。水溶液在酸性条件下呈鲜红色，在中性条件下呈红棕色，在碱性条件下呈深红棕色至蓝紫色；耐光性、耐热性均好，色泽自然，着色力强。

黑豆红的 LD_{50} >19g/kg BW(小鼠，经口)；微核试验无致突变作用。

黑豆红的使用范围和使用量见《食品添加剂使用标准》(GB 2760—2011)及增补公告。

萝卜红(Radish red，CNS 号：08.117)

萝卜红以红心萝卜为原料，经浸提、浓缩、精制而得，为天竺葵素的葡萄糖苷衍生物，是天竺葵素 - 3 - 槐二糖苷 - 5 - 葡萄糖苷的双酰基结构。

萝卜红易溶于水、甲醇、乙醇水溶液等极性溶剂，不溶于丙酮、正己烷、乙酸乙酯、无水乙醇、苯、环己烷、氯仿等非极性溶剂。萝卜红的耐热性、耐光性、耐酸性、耐盐性、耐金属离子性、耐细菌性较强；而耐碱性、耐氧化性、耐还原剂较弱，是一种非常稳定的天然色素。其色调随 pH 值改变而变化，萝卜红在酸性溶液中的色泽随溶液 pH 值的降低而变深，当溶液的酸性变弱时颜色变浅，在中性时吸光值最小，当溶液 pH 值高于 7 时，溶液变成浅黄色；且随着 pH 值的升高，吸光值增大。

萝卜红的 LD_{50} >15g/kg BW(小鼠/大鼠，经口)；Ames 试验、微核试验均无致突变作用。

萝卜红的使用范围和使用量见《食品添加剂使用标准》(GB 2760—2011)及增补公告。

玫瑰茄红(Roselle red，CNS 号：08.125)

玫瑰茄红是以草本植物玫瑰茄(又称洛神葵花)的花萼为原料提取的天然色素，为深红色液体、红紫色膏状或红紫色粉末；主要成分为飞燕草素-3-接骨木二糖苷、矢车菊素-3-接骨木二糖苷，还含有飞燕草素-3-葡萄糖苷和矢车菊素-3-葡萄糖苷。

玫瑰茄红易溶于水、乙醇和甘油，难溶于油脂、氯仿和苯等有机溶剂；在酸性溶液（pH<4）中呈红色，最大吸收波长（523±1）nm，pH 5~6时呈橙色，pH>7时呈暗蓝色，耐光、耐热性差；对铁、铜等金属离子不稳定，遇碳酸发生沉淀、褪色。

玫瑰茄红的LD_{50}为9.26g/kg BW（小鼠，经口）（福建省卫生防疫站，1982）。

玫瑰茄红的使用范围和使用量见《食品添加剂使用标准》（GB 2760—2011）及增补公告。

桑葚红（Mulberry red，CNS号：08.129）

桑葚红由烘干的黑桑葚经酸化乙醇提取、精制、浓缩、干燥而得，为深红色浸膏或粉末，主要成分为矢车菊素-3-葡萄糖苷，易溶于水和稀乙醇，不溶于非极性有机溶剂。pH 3~5时水溶液显红色，pH 5.7~6.0时无色，pH 7时呈紫色。光照会引起桑葚色素的降解，光照8h，色素的降解率为34.52%；光照10d，降解率为43.8%；光照30d，色素降解率达到68.4%（徐玉娟等，2002）。100℃以下稳定，对金属离子较敏感。

桑葚红的LD_{50}>13.4g/kg BW（大鼠，经口），>26.8g/kg BW（小鼠，经口）（四川省食品卫生监督检验所）。

桑葚红的使用范围和使用量见《食品添加剂使用标准》（GB 2760—2011）及增补公告。

葡萄皮红（Grape skin extract，CNS号：08.135，INS号：163ii）

葡萄皮红由葡萄皮浸提而得，为紫红色液体或粉末，主要着色成分为锦葵素、芍药素、翠雀素和3′-甲基花翠素或花青素的葡萄糖苷。葡萄皮红溶于水、乙醇和丙二醇，不溶于油脂；酸性条件下显红色，碱性条件下显暗蓝色，耐光、耐热、耐氧化性稍差。

葡萄皮红的LD_{50}>15g/kg BW（小鼠，经口）；ADI值为0~2.5mg/kg BW（FAO/WHO，1982）。

葡萄皮红的使用范围和使用量见《食品添加剂使用标准》（GB 2760—2011）及增补公告。

（2）查尔酮类

查尔酮类天然食品色素，主要指从红花（*Carthamas tinctorius*）花瓣中提取的水溶性色素，包括红花黄A、红花黄B和红花红3种色素。目前，查尔酮类色素在不同条件下稳定性的报道较少，但查尔酮类色素对pH值、光和微生物敏感。研究表明，加热和接触金属离子可导致查尔酮类色素的颜色发生变化。因此，查尔酮类色素在食品中应用受到限制。

红花黄（Carthamus yellow，CNS号：08.103）

红花黄是菊科植物红花所含的黄色色素，夏天开花期间，摘取带黄色的花，用水提取，精制、浓缩、干燥而得。红花黄为黄色或棕黄色粉末，易吸潮，吸潮时呈褐色，并结成块状，但不影响使用效果。红花黄易溶于水、稀乙醇，不溶于乙醚、石油醚、油脂等；对热稳定，100℃以下无变化，加工果汁经瞬时杀菌，色素保留率70%；在pH 2~7范围内色调稳定；耐光性较好，pH值为7且在日光下照射8h，色素保留率88.9%。

红花黄的LD_{50}>20.0g/kg BW（小鼠，经口）（日本田边制柴株式会社研究部）。

红花黄的使用范围和使用量见《食品添加剂使用标准》（GB 2760—2011）及增补公告。

红花红（Carthamins red）

红花红由菊科植物红花的干燥花瓣用水提取去除红花黄色素后的残渣，再用氢氧化钠或其他碱的水溶液提取，加酸沉淀、分离、干燥而得。红花红为深红至深紫色结晶或粉末，微臭，极难溶于水，溶于稀碱液，微溶于乙醇，几乎不溶于乙醚。目前，在我国尚未允许使用。

(3)黄酮类

高粱红(Sorghum red，CNS号：08.115)

高粱红色素由高粱壳浸提、浓缩、精制而得，为深褐色无定形粉末，主要成分为芹菜素(apigenin)和槲皮黄苷(quercetin)。

高粱红溶于水、乙醇和含水的丙二醇，不溶于非极性溶剂及油脂。高粱红水溶液为红棕色，偏酸性时色浅，偏碱性时色深；当食品体系 $pH < 3.5$ 时易发生沉淀，故不适用于高酸性食品。高粱红对光、热均稳定，易与金属离子络合成盐，与铁离子接触，体系由红棕色转变为深褐色，加入焦磷酸钠能抑制金属离子的影响。高粱红用于熟肉制品时，耐高温，成品为咖啡色。

高粱红 $LD_{50} > 10g/kg$ BW(小鼠，经口)；微核试验无致突变作用(天津市食品卫生监督所，1996)。

高粱红的使用范围和使用量见《食品添加剂使用标准》(GB 2760—2011)及增补公告。

6.3.1.2 多烯类

多烯类色素由于其良好的色泽和较为广泛的来源受到普遍关注，其不仅存在于植物中(如胡萝卜、番茄等)，在细菌、真菌、藻类及动物中也有广泛分布。迄今为止，人们已经分离鉴定超过500种的多烯类色素。类胡萝卜素的基本结构为 C_{40} 的碳氢长链并含有8个异戊二烯结构单元的化合物。碳氢长链两端不同的取代基造成了多烯类色素种类的多样性。不同的多烯类色素由于碳骨架两端的取代基和立体化学结构不同使其色泽存在差异。萜类化合物分子中至少应含有7个共轭双键才能使多烯类色素分子呈现出可见的颜色。分子中存在的共轭双键使得多烯类色素分子很容易被氧化，尤其在光照和脂质过氧化氢酶存在的条件下，促进了多烯类色素分子的异构化反应。多烯类色素一般为脂溶性色素，并且在相对较宽的pH值范围内比较稳定。

(1)天然胡萝卜素(Natural carotenes，CNS号：08.147)

天然胡萝卜素主要从胡萝卜、玉米、沙棘、红薯和油椰、丝状真菌(三孢布拉氏霉菌)、红酵母、杜氏盐藻、螺旋藻等富含天然胡萝卜素的植物和微生物中提取。天然胡萝卜素是多种胡萝卜素的混合体，而合成的全顺式胡萝卜素的结构及功能与天然胡萝卜素并不完全相同，天然胡萝卜素中含有反式胡萝卜素，具有更高的生理活性功能。

天然胡萝卜素为红褐色至红紫或橙色至深橙色黏稠状液体、膏状或粉末。由于胡萝卜素有11个共轭双键，在理论上可有272种顺、反式异构体。天然胡萝卜素中主要呈色物质为β－胡萝卜素，其次为α－胡萝卜素、γ－胡萝卜素和其他类胡萝卜素，除色素物质外，亦含有天然存在的油、脂和蜡等，所含成分因原料而异。

天然胡萝卜素溶于油脂呈黄至黄橙色；耐热、耐酸性良好，但不耐光；不溶于水，微溶于乙醇和油脂，易氧化，应避免与空气接触。

来源于三孢布拉氏霉菌(*Blakeslea trispora*)的β－胡萝卜素的 LD_{50} 为21.5g/kg BW(小鼠，

经口)；ADI值为0~5mg/kg BW(FAO/WHO，2001)，来源于植物的β-胡萝卜素ADI值可接受(FAO/WHO，1993)。

天然胡萝卜素的使用范围和使用量见《食品添加剂使用标准》(GB 2760—2011)及增补公告。

(2)辣椒红(Paprika red，CNS号：08.106)和辣椒橙(Paprika orange，CNS号：08.107)

辣椒红

辣椒红是以红辣椒果皮及其制品为原料，经有机溶剂或超临界二氧化碳萃取制得，为深红色黏性油状液体，主要含有辣椒红素、辣椒玉红素和其他类胡萝卜素物质。辣椒红可任意溶解于丙酮、氯仿、正己烷、食用油，易溶于乙醇，稍难溶于丙三醇，不溶于水。辣椒红耐光性差，波长210~440nm的光线，特别是285nm紫外光可促使其褪色；对热稳定，160℃加热2h几乎不褪色；Fe^{3+}、Cu^{2+}、Co^{2+}可使其褪色；遇Al^{3+}、Sn^{2+}、Pb^{2+}发生沉淀，此外不受其他离子影响；着色力强，色调因稀释浓度不同由浅黄至橙红色。

辣椒红的使用范围和使用量见《食品添加剂使用标准》(GB 2760—2011)及增补公告。

辣椒橙

辣椒橙一般是从辣椒粉中提取的辣椒油树脂，除去辣椒碱后，再经精制、分离所得，含有辣椒红，是辣椒红的粗制品，为红色油状或膏状液体。辣椒橙易溶于植物油、乙醚、乙酸乙酯，不溶于水；在丙酮中最大吸收波长为449nm；热稳定性好，在270℃时色泽仍稳定；在pH 3~12内色调不变，耐光性、耐热性均好。

辣椒橙的使用范围和使用量见《食品添加剂使用标准》(GB 2760—2011)及增补公告。

(3)番茄红(Lycopene，CNS号：08.150)

番茄红色素是以天然番茄为原料，以有机溶剂或超临界CO_2为提取介质制成的产品，为深红色油溶性膏状物，具有一定的黏性。

番茄红的使用范围和使用量见《食品添加剂使用标准》(GB 2760—2011)及增补公告。

(4)栀子黄(Gardenia yellow，CNS号：08.112)

栀子黄色素是从茜草科植物栀子的干燥成熟果实提取所得，一般为橙黄色粉末或深黄色液体，其主要成分为藏红花素和藏红花酸，一种罕见的水溶性类胡萝卜素。

栀子黄水溶液为柠檬黄色，稳定性好，着色力强，耐还原性、耐微生物性好，耐光、耐热，在pH 4~11范围内颜色基本不变，对金属离子稳定；对淀粉、蛋白质染色效果好。

栀子黄的LD_{50}为22g/kg BW(日本大阪工业试验所，1947)。

栀子黄的使用范围和使用量见《食品添加剂使用标准》(GB 2760—2011)及增补公告。

(5)叶黄素(Lutein，CNS号：08.146，INS号：161b)

叶黄素是以万寿菊油树脂为原料经精制制成的天然色素，商品为深棕色膏状树脂，纯度高时呈橘黄色至橘红色结晶或粉末状固体，纯叶黄素为棱格状黄色晶体，有金属光泽，叶黄素不溶于水，溶于正己烷等有机溶剂。叶黄素对光和氧不稳定，需在-20℃和氮气存在条件下贮存。

叶黄素的LD_{50}>10g/kg BW(小鼠/大鼠，经口)；Ames试验、小鼠骨髓嗜多染红细胞微核试验、小鼠精子畸形试验结果均为阴性(胡宪等，2009)；叶黄素的ADI值为0~2mg/kg

BW（FAO/WHO，2004）。

叶黄素的使用范围和使用量见《食品添加剂使用标准》（GB 2760—2011）、《食品营养强化剂使用标准》（GB 14880—2012）及增补公告。我国卫生部2008年第12号公告增补叶黄素酯（主要成分为叶黄素棕榈酸酯）为新资源食品，并允许在焙烤食品、乳制品、饮料、即食谷物、冷冻饮品、调味品和糖果中应用，要求食用量≤12mg/d。

（6）玉米黄（Corn yellow，CNS号：08.116）

玉米黄是从禾本科植物玉蜀黍黄粒种子中的角质胚乳中提取所得。玉米黄色素为黄色粉末、膏状液体或（溶于油脂中的）黄色油状液体，其主要成分为玉米黄素（zeaxanthin）和隐黄质（cryptoxanthin）。

玉米黄是β-胡萝卜素的衍生物，溶于乙醚、石油醚、丙酮、酯类等有机溶剂，不溶于水，在体内不能转化为维生素A，没有维生素A活性，对光、热稳定性差，尤其光照对玉米黄色素影响较大；对Fe^{3+}和Al^{3+}的稳定性也较差，但对其他离子、酸、碱及还原剂亚硫酸钠等较稳定。

玉米黄素（合成）的LD_{50} >4 000mg/kg BW（大鼠，经口），>8 000mg/kg BW（小鼠，经口）；90d毒性喂养试验发现，大鼠每天饲喂1 000mg/kg BW未产生不良反应；玉米黄素（合成）的ADI值为0~2mg/kg BW（FAO/WHO，2004）。

玉米黄的使用范围和使用量见《食品添加剂使用标准》（GB 2760—2011）及增补公告。

（7）菊花黄浸膏（Coreopsis yellow，CNS号：08.113）

菊花黄浸膏为黏稠液体或膏状物，有菊花的清香气味，相对密度1.25，易溶于水和乙醇，不溶于油脂；水溶液在pH值小于7时色调稳定显黄色；在pH值大于7时显橙黄色；耐光性、耐热性均好，着色力强。

菊花黄浸膏的LD_{50} >22.5g/kg BW（小鼠，经口），>21.5g/kg BW（大鼠，经口）。

菊花黄浸膏的使用范围和使用量见《食品添加剂使用标准》（GB 2760—2011）及增补公告。

（8）胭脂树橙（Annatto extract，CNS号：08.144，INS号：160b）

胭脂树橙是由生长于热带地区（如巴西、墨西哥、秘鲁、牙买加和印度等）的胭脂树种皮中提取所得，因制法不同有油溶性和水溶性两种。

油溶性胭脂树橙是红至褐色溶液或悬浮液，主要色素成分为红木素（胭脂树素），为橙紫色晶体，溶于碱性溶液，酸性条件下不溶解并可形成沉淀。不溶于水，溶于油脂、丙二醇、丙酮。红木素与β-胡萝卜素着色能力相当，增强橘黄色色泽，常用于乳制品和脂类食品，如人造黄油、奶酪、冰淇淋和焙烤食品。油溶性胭脂树橙也常与其他食品色素复配使用，形成不同色调。例如，与辣椒红油树脂混合产生偏红的色泽，用于奶酪生产；需要时，也可与姜黄油树脂混合，产生偏黄的色泽。

用碱溶液从胭脂树种皮中提取得到水溶性的降红木素，是胭脂树橙色素中含量较少的一种化合物。水溶性胭脂树橙为红至褐色液体、膏状或粉末物，略有异臭。主要色素成分为降红木素的钠或钾盐，染着性非常好，耐光性差；溶于水，水溶液为橙黄色，呈碱性；微溶于乙醇，不溶于酸；使用时pH值应在8.0左右。降红木素可用于熏鱼、奶酪、焙烤食品、肉制品（如法兰克福香肠）、小点心和糖果的生产。

胭脂树橙对pH值和氧的稳定性较好，热稳定性一般，但在强光下，较不稳定；在酸性条件下发生沉淀，且易被二氧化硫氧化褪色。

红木素的NOEL为1 311mg/kg BW（大鼠），ADI值为0～12mg/kg BW（FAO/WHO，2006）；降红木素的NOEL为69mg/kg BW（大鼠），ADI值为0～0.6mg/kg BW（FAO/WHO，2006）。

胭脂树橙的使用范围和使用量见《食品添加剂使用标准》（GB 2760—2011）及增补公告。

6.3.1.3 醌酮类

（1）酮类

姜黄（Turmeric Yellow，CNS号：08.102，INS号：100ii）及姜黄素（curcumin，CNS号：08.132，INS号：100i）

姜黄亦称姜黄粉，由多年生草本植物姜黄的地下根茎干燥粉碎而得，姜黄（*Curcuma longa*）是生产姜黄色素的主要来源。姜黄成分复杂，主要成分为姜黄素、脱甲氧基姜黄素、双脱甲氧基姜黄素。姜黄不溶于水，但可以通过将姜黄色素与氯化锌反应生成水溶性的复合物。姜黄色素是一种具有荧光的黄色色素，来源于姜黄根茎。姜黄色素是植物界稀少的具有二酮结构的色素，占姜黄的3%～6%。

姜黄素为橙黄色结晶粉末，味稍苦，不溶于水及乙醚，溶于乙醇、丙二醇，易溶于冰醋酸和碱溶液，在碱性时呈红褐色，在中性、酸性时呈黄色；对还原剂的稳定性较强，着色力强，着色后不易褪色，耐光性、耐热性、耐铁离子性较差。

姜黄素的LD_{50} >2g/kg BW（小鼠，经口）；NOEL为250～320mg/kg BW（大鼠）；ADI值暂定0～3mg/kg BW（FAO/WHO，2003）。

食品中加入姜黄或姜黄色素会呈现刺激性气味，因此，姜黄、姜黄色素或姜黄提取物的应用受到限制。然而，通过脱臭处理，无特殊气味的姜黄提取物可应用于食品生产，如添加到汤类、芥末、泡菜、糖果和罐装食品中。利用其在酸性条件下的稳定性，可将姜黄色素或姜黄提取物用于沙拉调料等酸性食品中。

姜黄、姜黄素的使用范围和使用量见《食品添加剂使用标准》（GB 2760—2011）及增补公告。

（2）萘醌类

紫草红（Gromwell red，CNS号：08.140）

紫草红主要成分为紫草宁（shikonin）及其衍生物。以紫草根为原料采用提取、精制、浓缩、干燥等方法制成。紫草红为紫褐色或紫红色针状晶体或黏稠状浸膏，带有紫草根药味；若以软紫草为原料，则带有氨气味；溶于苯、乙醚、丙酮、正己烷、石油醚、氯仿、甲醇、乙醇、甘油、动植物油脂及碱性水溶液，不溶于水；在碱性溶液中呈蓝色，在酸性溶液中呈红色，色调随pH值变化而改变，pH 4～6时呈红色，pH 7时呈红紫色，pH 8时呈紫色，pH 9时呈蓝紫色，pH 10时呈蓝色；耐热性好，耐盐性、染色力中等，耐金属离子较差；遇铁离子呈深紫色，遇铅呈蓝色，遇锡呈深红色；有一定的抗菌作用。

紫草红LD_{50}为4.64g/kg BW（小鼠，经口）；致突变试验：Ames试验、微核试验均无致突变作用。

紫草红的使用范围和使用量见《食品添加剂使用标准》(GB 2760—2011)及增补公告。

(3)卟啉类

叶绿素(Chlorophyll)

叶绿素是卟啉类着色剂，由4个吡咯环经次甲基连接形成，是一种二羧酸——叶绿酸与甲醇和叶绿醇形成的复杂酯。叶绿素有叶绿素a、叶绿素b、叶绿素c、叶绿素d、叶绿素f、原叶绿素和细菌叶绿素等多种，各种叶绿素的来源不同，具体见表6-3。

表6-3 叶绿素分类及来源

叶绿素名称	来源	最大吸收带
叶绿素a	所有绿色植物	红光和蓝紫光
叶绿素b	高等植物、绿藻、眼虫藻、管藻	红光和蓝紫光
叶绿素c	硅藻、甲藻、褐藻	红光和蓝紫光
叶绿素d	红藻	红光和蓝紫光
叶绿素f	细菌	非可见光(红外波段)
原叶绿素	黄化植物(幼苗期)	近于红光和蓝紫光
细菌叶绿素	紫色细菌	红光和蓝紫光

叶绿素可与碱起皂化反应而生成醇和叶绿酸盐；叶绿素容易受强光的破坏，可吸收光量子而转变成激发态的叶绿素，激发态叶绿素跃迁回基态时可发射出光量子而产生荧光。

叶绿素卟啉环中心连接一个镁原子，有两个共价键和两个配位键，酸性条件下水解很容易释放出镁，并生成脱镁叶绿素。然而，当叶绿素在碱性条件下水解后，其稳定性增强。除了镁原子，与卟啉环分子连接的还有一个丙酸叶绿醇酯，该叶绿醇侧链正是叶绿素疏水性特征的原因。通过水解脱除叶绿醇，生成叶绿素盐，在极性溶剂中的溶解性增加。

通常采用溶剂法从干植物原料中提取叶绿素，溶剂常使用氯代烃和丙酮。脱镁叶绿素与铜结合，形成更稳定的化合物。商业生产均可获得水溶性和油溶性的含铜叶绿素，且这两种色素的光热稳定性较好。然而，与水溶性叶绿素不同的是，油溶性叶绿素在酸性和碱性条件下不稳定。商业生产的叶绿素主要用于食品加工，如用于乳制品、食用油、汤、口香糖和糖果的着色。我国《食品添加剂使用标准》(GB 2760—2011)目前尚未列有天然叶绿素食品色素。

6.3.1.4 其他色素

(1)甜菜红(Beet red，CNS号：08.101，INS号：162)

藜科植物含有丰富甜菜红色素，甜菜红色素可以分为两大类，即甜菜红素和甜菜黄质。甜菜红素是指从红甜菜根(*Beta vulgaris*)中提取得到的红色素部分，这类色素的主要成分是甜菜苷。甜菜黄质是指从黄甜菜根(*Beta vulgaris* var. *lutea*)中提取得到的黄色素部分。其主要成分为甜菜黄质Ⅰ和甜菜黄质Ⅱ。

甜菜红亦称甜菜根红，为红色至红紫色液体、粉末或糊状物；水溶液呈红色至红紫色，pH 3.0~7.0比较稳定，pH 4.0~5.0稳定性最好；染着性好，但耐热性差，降解速度随温度升高而增加；光和氧促进其降解；抗坏血酸有一定的保护作用，稳定性随食品水分活度

(A_w)的降低而提高。因此，甜菜红主要用于高蛋白含量，如家禽肉肠、大豆蛋白产品、明胶点心和乳制品(如酸奶和冰淇淋)的着色。甜菜红的 LD_{50} >10g/kg BW(大鼠，经口)；ADI值不作特殊规定(FAO/WHO，1987)。

由于甜菜根中甜菜红色素含量较高，因此该植物被认为是一种比较有价值的食品色素原料。商业生产甜菜红色素多采用逆流固液萃取的方法，再经产朊假丝酵母(*Canadida utilis*)好氧菌发酵除去大量的糖类物质。

甜菜苷及甜菜黄质Ⅰ对pH值、温度和氧的稳定性研究试验证明，甜菜苷和甜菜黄质在pH 4~6之间最稳定。两种色素对空气和热均比较敏感。在有光照的条件下，甜菜苷降解速率将增加15.6%。因此，甜菜苷对光比较敏感。由两种色素性质可以看出，甜菜苷和甜菜黄质仅适用于货架期较短，且不经热处理加工的食品着色。

甜菜红的使用范围和使用量见《食品添加剂使用标准》(GB 2760—2011)及增补公告。

(2)落葵红(Vinespinach red，CNS号：08.121)

落葵红色素主要成分为甜菜花青素，其中少量为甜菜苷，是以一年生缠绕草本植物落葵(*Basell rubra*，别名木耳菜、胭脂豆、胭脂菜、藤菜、红藤菜等)的成熟果实为原料提取得到的天然色素。

落葵红为暗紫色粉末，易溶于水，不溶于丙酮、正己烷、乙酸乙酯、无水乙醇、苯、环己烷、氯仿等非极性溶剂，水溶液中最大吸收波长为540nm；pH 2~8范围内为红色，大于8为蓝色；耐盐性、耐光性尚好，落葵红的 LD_{50} >10g/kg BW(小鼠，经口)。

落葵红的使用范围和使用量见《食品添加剂使用标准》(GB 2760—2011)及增补公告。

(3)焦糖色(Caramel)

焦糖色根据生产方法分为4种：普通法焦糖色(CNS号：08.108，INS号：150a)、碱性亚硫酸盐法焦糖色(卫生部2010年第23号公告增补，INS号：150b)、氨法焦糖色(CNS号：08.110，INS号：150c)和亚硫酸铵法焦糖色(CNS号：08.109，INS号：150d)。

焦糖色是人类使用历史最悠久的食品色素之一，也是目前使用量最大的一种食品添加剂，具有色价高，着色力强，具有发酵酱油特有的红褐色，亮丽，黏度适中，溶解性好，耐盐度高，品质稳定等特点。

焦糖色的 LD_{50} >10g/kg BW(小鼠，经口)，>1.9g/kg BW(大鼠，经口)。普通法焦糖色，其ADI值不作特殊规定(FAO/WHO，1985)；氨法焦糖色和亚硫酸铵法焦糖色，其ADI值为0~200mg/kg BW(FAO/WHO，1985)；碱性亚硫酸盐法焦糖色ADI值为0~160mg/kg BW。90d饲喂试验表明，大鼠的NOEL为16g/kg BW(FAO/WHO，2000)。

焦糖色的使用范围和使用量见《食品添加剂使用标准》(GB 2760—2011)及增补公告。

(4)可可壳色(Cocao husk pigment，CNS号：08.118)

可可壳色为棕色粉末，无异味及异臭，微苦，易吸潮，易溶于水及稀乙醇溶液，水溶液为巧克力色；在pH 3~11内色调稳定，pH值小于4时易沉淀，随介质的pH值升高，溶液颜色加深，但色调不变；耐热性、耐氧化性、耐光性均强；几乎不受抗氧化剂、过氧化氢、漂白粉等影响；遇还原剂易褪色；对淀粉、蛋白质着色力强，并有抗氧化性，特别是对淀粉着色比焦糖色强；遇金属离子易变色沉淀。

可可壳色的 LD_{50} >10g/kg BW(大鼠，经口)。

可可壳色的使用范围和使用量见《食品添加剂使用标准》(GB 2760—2011)及增补公告。

6.3.2 微生物源天然色素

微生物可用于生产多种色素，如叶绿素，类胡萝卜素以及一些特殊色素，是食品色素非常有前景的来源之一。微生物作为食品色素来源，具有生长迅速和易于控制的优势。在所有的微生物资源中，研究最为广泛的是红曲和藻类。

(1)红曲米、红曲红(Red kojic rice，Monascus red，CNS 号：08.119，08.120)

红曲色素广泛用作食品色素，尤其在中国、日本、印度尼西亚和菲律宾。我国红米酒、红豆奶酪、腌制蔬菜、腌鱼和腌肉是一些通过红曲色素着色的东方传统食品。红曲色素的主要来源是真菌中的红曲霉，色素生产的传统方法包括在固体培养基(如蒸熟的大米)上培养真菌，培养结束后，将米干燥粉碎后作为色素，即红曲米。红曲红可由红曲米经乙醇提取而得。红曲霉(*Monascus* sp.)也可由液体培养产生红曲红色素。大米粉和木薯粉是两种最适宜的碳源，在碳源和氮源比为5.33和7.11时可获得最大的色素产率。

红曲米为棕红色或紫红色不规则碎末或整粒米，断面呈粉红色，质轻而脆，稍有酸气味，可溶于热水及酸、碱溶液，溶于氯仿呈红色，溶于苯呈橘黄色；对蛋白质染色力强，具有较好的耐热、耐光、耐氧化还原性，不受pH值和金属离子影响，红曲米的 LD_{50} >20g/kg BW(小鼠，经口)。

红曲红实际上是以橘黄色红曲红素(rubropunctatin)和红斑素(monascorubrin)、红色红斑胺(monascorubramine)和红曲红胺(rubropunctamine)，以及黄色红曲素(monascin，或monascoflavin)和红曲黄素(ankaflavin)为主的几种色素混合物(Jung 等，2003)。红曲红为暗红色粉末，带油脂状，无味无臭；溶于乙醇和丙二醇，不溶于水。着色力强，色调受pH值的影响较小，耐热性、耐金属离子性好，但耐光性稍差。红曲红色素中氧原子被水溶性蛋白质中氮原子替代并发生重排形成的复杂复合物可将红曲红色素变为水溶性分子。红曲红色素对热处理较为稳定且可抵制自身降解反应的发生。红曲红色素在pH 3~10的范围内均可稳定存在。红曲红的 LD_{50} >10g/kg BW(小鼠，经口)。

红曲米及红曲红的使用范围和使用量见《食品添加剂使用标准》(GB 2760—2011)及增补公告。

(2)藻蓝(Spirulina Blue，CNS 号：08.137)

除了小球藻是叶绿素主要藻类来源外，海藻也是一类可生产色素的原料，包括红藻(rhodophyta)、蓝绿藻(cyanophyta)和隐藻(cryptomonad)等，产生的色素为胆素蛋白质。胆素蛋白质可分为两类：蓝色的藻胆青素和红色的藻胆红素。

藻胆红素和藻胆青素均溶于水，在pH 5~9范围内比较稳定，在低pH值体系发生沉淀。然而，采用蛋白酶对藻胆色素进行水解，可增强其在低pH值体系的稳定性。从普通藻类中提取的藻胆色素对热比较敏感，但从嗜热菌发酵液中提取的色素热稳定性较好。

螺旋藻(spirulina)蛋白质含量为60%~70%，螺旋藻作为非洲人和墨西哥人的一种食品已有几百年的历史。迄今为止，没有关于螺旋藻产生副作用的报道。在日本已有将蓝色色素用于口香糖、饮料、酒精饮料和发酵乳制品(如酸乳)的生产专利。大日本油墨化学公司(Dainippon Ink and Chemical Inc)从蓝绿藻(*Spirulina platensis*)提取的蓝色色素已经实现商业化生产。其他应用藻胆青素的食品包括糖果、蜜饯、冰淇淋和冰冻果汁等。

藻蓝也称螺旋藻蓝色素，是以蓝藻类螺旋藻属的宽胞节旋藻的孢子为原料，利用现代的生物技术萃取得到的着色剂。藻蓝属蛋白质结合色素，与蛋白质有相同的性质，为蓝色颗粒或粉末；溶于水，其水溶液颜色为鲜艳的蔚蓝色。

藻蓝的使用范围和使用量见《食品添加剂使用标准》(GB 2760—2011)及增补公告。

6.3.3 动物源天然色素

6.3.3.1 胭脂虫红

胭脂虫红是用雌性蚧虫提取的多种红色素，来源于洋红蚧属(*Dactylopius*)球菌胭脂虫的胭脂红酸，胭脂虫是一种仙人掌寄生虫。一般情况下，在雌性蚧虫性成熟期进行捕捉并将收集到的昆虫晾干。用热水提取干蚧虫尸体，再用合适的表面活性剂和蛋白水解酶处理，使用离子交换树脂进行纯化，浓缩得到胭脂虫红产品。

(1)胭脂虫红(Carmine cochineal，CNS号：08.145，INS号：120)

胭脂虫红主要成分是胭脂虫酸(又称胭脂红酸)，一种蒽醌衍生物。为深红色液体，呈酸性(pH 5~5.3)，其色调依pH值而异，处于橘黄至红色之间；不溶于冷水，稍溶于热水和乙醇。胭脂虫红铝是胭脂虫红酸与氢氧化铝形成的螯合物，为一种红色水分散性粉末，不溶于乙醇和油，溶于碱液，微溶于热水。

胭脂红酸的LD_{50} >21.5g/kg BW(小鼠，经口)；ADI值为0~5mg/kg BW(FAO/WHO，1982)。胭脂虫红、胭脂虫提取物或胭脂红酸可能引起部分人群的过敏反应，建议食品企业在食品标签上明确标示该物质，以提醒过敏人群进行正确选择适合其体质的食品(FAO/WHO，2001)。

胭脂虫红的使用范围和使用量见《食品添加剂使用标准》(GB 2760—2011)及增补公告。

(2)紫胶红(Lac dye red，CNS号：08.104)

紫胶红又称虫胶红，是从豆科、桑科植物上的紫胶虫(*Laccife lacca*)的雌虫所分泌的树脂状物质紫胶，用稀碳酸钠水溶液萃取、精制而得。着色成分是由紫胶酸Ⅰ、紫胶酸Ⅱ、紫胶酸Ⅲ、紫胶酸Ⅳ、紫胶酸Ⅴ5种成分组成的混合物，其中紫胶酸Ⅰ占85%。

紫胶红为鲜红色或紫红色粉末或液体，微溶于水、乙醇和丙二醇，在20℃时溶解度为0.033 5%(水)、0.916%(95%乙醇)，而且纯度越高，在水中的溶解度越低。色调随环境pH值变化而改变，在pH<4.0时，呈橙黄色；pH 4.0~5.0时，呈鲜红色；pH>6.0时，呈紫红色；当pH>12时褪色。紫胶红在酸性介质中对光和热稳定性较好；对维生素C稳定，几乎不褪色；对金属离子十分敏感，特别是当铁离子浓度在10^{-6}以上，能使色素变黑。

紫胶红的使用范围和使用量见《食品添加剂使用标准》(GB 2760—2011)及增补公告。

6.3.3.2 血红素(Heme)

血红素含有4个吡咯环，属于卟啉环色素，分子结构与叶绿素类似，但分子中心的金属原子为铁原子。血红素在动物界最丰富，与蛋白质形成复合物，如肌肉中的肌红蛋白和血液中的血红蛋白。它作为动物体内氧载体而存在。当铁原子被氧化，复合物就呈现鲜红的颜色，如含氧的血液。当加热含氧的血液时，氧原子将会失去，形成一种褐色，呈现熟肉的外观特征。

目前，已有各种从蛋白质复合物提取血红素方法的报道，提取血红素涉及使用混合有机溶剂和酸，如醚和乙酸或乙酸乙酯和乙酸。据报道，使用混合的丙酮和乙酸提取血红素，产率高达80%。为了保持血红素的红色，使用其他配体替代较不稳定的氧原子，建议的配体包括咪唑、S－亚硝基半胱氨酸、一氧化碳、各种氨基酸、亚硝酸盐等。此外，血红素结构中心的铁原子可被更加稳定的金属原子替代。

动物毒理学研究表明，血红素无毒。然而，血红素的特征颜色限制了其在食品上的应用，一般只用在香肠和肉制品中。

6.4 食品色素合理使用

6.4.1 食品色素使用原则

①食品色素应选择《食品添加剂使用标准》(GB 2760—2011)中允许使用的食品添加剂品种。

②按照《食品添加剂使用标准》(GB 2760—2011)中规定的使用范围和最大使用量在食品中添加食品色素，在达到预期效果的前提下尽可能降低食品色素的使用量。

③根据食品产品及加工工艺参数，选择合适的食品色素进行应用或调色后添加。

6.4.2 食品色素使用注意事项

在食品调色中，着色、护色、发色、褪色是重要的研究内容，但在具体加工过程中，应该注意以下几个问题：

①深入研究食品的物性，根据不同食品选择合适的加工工艺，尽量避免加工过程中产生变色和褪色。

②合成色素的使用必须按我国《食品添加剂使用标准》(GB 2760—2011)规定的使用范围和最大使用量执行，不允许使用未经国家批准的合成色素。同一色泽的色素混合使用时，各自用量占其最大使用量的比例之和应不大于1。固体饮料、高果糖浆及饮料浓缩液(浆)中色素加入量按该类产品稀释倍数加入。

③根据食品的状态，采用合适的添加形式。直接添加粉末状色素在食品中不易实现均匀分散，易形成色素斑点。水溶性食品色素宜先用少量温水溶解，然后在不断搅拌下加入食品中，通常将色素配成1%～10%的溶液使用，所用水应为软化水或纯净水，以避免钙、镁离子引起色素沉淀。油溶性色素应先加工成水包油型(O/W)乳状液或水分散性微胶囊后，再添加到食品中。调配食品或贮存食品的容器，应采用玻璃、搪瓷、不锈钢等耐腐蚀的清洁器具，避免与铜、铁器皿接触。

④采用避光、避热、防酸、防碱、防盐、防氧化还原、防微生物污染等措施保存食品色素。不同色素的稳定性见表6-4。一般色素难以耐受100℃以上高温，因此，食品应尽量避免长时间置于100℃以上的高温下；食品还应避免过度暴晒，最好置于暗处或不透光容器

表6-4 不同色素的稳定性

色素	光	热	酸	碱	微生物	氧化还原性
日落黄	＋＋	＋＋	＋	－（转红）		－
柠檬黄	＋＋	＋	＋	－		－
胭脂红	＋	＋				－
苋菜红	＋	＋	＋	－（转蓝）	－	－
诱惑红	＋	＋				－
亮蓝	＋	＋	＋			
β－胡萝卜素	－	－	－			－
赤藓红	－	－	－			
靛蓝	－	－	－	－		－

注：“＋”代表稳定；“－”代表不稳定。

中。此外，有些色素还受食品防腐剂的影响，如苯甲酸钠使赤藓红、靛蓝变色，胭脂红、苋菜红也受其影响。在使用这些色素时，需要扬长避短。

⑤根据食品的销售区域和民族习惯，选择适当的拼色形式和颜色。食品色泽应能满足不同民族、风俗和宗教信仰的要求，符合消费者的传统习惯，并尽量保持与食品原有色泽一致。

6.4.3 天然色素在食品工业中应用

随着人们对食品添加剂安全性意识的提高，天然色素越来越受到关注，其具有的生理功能也不断地为人们所利用，世界各国允许使用的天然色素种类和使用范围均在不断增加。天然色素应用在我国具有悠久的历史，我国丰富的植物资源为天然色素的发展提供了物质基础。目前，天然色素已广泛地应用于我国的加工食品，如果蔬汁饮料、面制品、肉制品等，在饮料中应用效果尤为突出。

6.4.3.1 在肉制品中的应用

红曲色素具有对酸碱稳定、耐热性强、对蛋白质的染色性好、几乎不受金属离子氧化剂和还原剂的影响等特点，是我国香肠、火腿、叉烧肉等制品使用的主要色素。近年来，由于水溶性红曲红色素的出现，改善了红曲色素的水溶性，在腌制液及注射液中分散性好，易于调配，且对热稳定。因此，其在肉制品中的应用范围越来越广。

我国对传统肉制品改进的同时积极引进技术开发西式肉制品，较为成功的是源于德国的高温蒸煮香肠，在我国取名为“火腿肠”。这类香肠通过高温加工，以较高 F 值杀菌使其货架期得到保证，现已成为中国肉制品市场上的主导产品。为提高这类产品的感官特性，尤其是色泽，大多添加红曲色素。国内市场上另一类发展前景较好的产品是低温肉制品，深受消费者青睐，红曲色素也广泛应用于此类产品。同时，红曲添加到肉制品中，可部分代替肉制品中的发色剂——亚硝酸盐。德国肉类研究中心对此进行研究和探讨，结果表明，在腌制肉类产品中添加红曲色素后，可将亚硝酸盐用量减少60%，而其感官特性和贮藏性不受影响。

如再进一步降低亚硝酸盐用量，则产品风味略有别于原产品。添加红曲色素并减少60%亚硝酸盐用量的产品，不仅色泽均匀，其颜色稳定性也远优于原产品。王柏琴等人(1995)也证实了以1 600mg/kg红曲色素制作的发酵香肠，其颜色接近150 mg/kg亚硝酸钠为发色剂制作的发酵香肠。大幅减少亚硝酸盐的用量，可使产品中亚硝酸盐残留导致的亚硝胺类致癌物出现概率显著下降。对健康意识较强的消费者来说，添加红曲色素加工的产品显然更具吸引力。

6.4.3.2 在果蔬汁及功能饮料中的应用

由于不同的水果颜色各异，在配制果汁饮料时应尽量接近水果真实颜色。水果丰富多彩的颜色主要由叶绿素、叶黄素、胡萝卜素、花色苷、黄酮等色素呈现。因此，若使果汁饮料接近天然水果色泽，必要时可用多种天然色素进行复配，确定主色，然后考虑辅色，通过不同组合调配颜色，从而达到果汁饮料的色泽要求。此外，考虑到果蔬汁在货架期内的品质稳定性，需对添加天然色素的果蔬汁产品进行对光、热稳定性试验。

(1)天然β-胡萝卜素在果蔬汁中的应用

采用2%的天然β-胡萝卜素乳状液，适量添加到果汁含量为50%的胡萝卜和番茄复合果蔬汁中，着色效果较好。为验证色素在货架期的物理稳定性，进行离心和沉降稳定性以及加速货架期试验测试：经过3 000r/min离心15min、常温及37℃保温一个月后，产品均无明显变化；55℃保温2周后，色素有轻微上浮。综合评价，该色素乳状液可用于该复合果蔬汁的着色。采用2%天然β-胡萝卜素乳状液，适量添加至10%的橙汁饮料后，进行常温、37℃、55℃保温试验，一周、两周至一个月稳定性试验结果表明可满足生产需要。

(2)叶黄素在果蔬汁及功能食品中的应用

美国Kemin公司采用金盏花为原料生产叶黄素，使叶黄素成为一种食品添加剂。叶黄素及其酯因不溶于水，所以生产商一般以纯度70%~80%以上的叶黄素为原料，添加乳化剂等食品添加剂制备水溶性叶黄素，提供给饮料企业，像Kemin、DSM和ORYZA均生产能溶于水的叶黄素产品。国外生产的含有叶黄素的饮料，其包装标注“含有对眼睛健康有益的叶黄素”，有些还添加复合维生素(如Well Eye Power)。DSM将水溶性叶黄素乳状液应用于果蔬汁的研发。例如，将适量水溶性叶黄素、玉米黄质与浓缩香蕉汁、浓缩梨汁、水混合，配以香蕉香精和梨香精，经高速搅拌、高压均质后，再添加果糖、菊粉、乳酸钙、乳酸锌、维生素E、抗坏血酸、柠檬酸等营养强化剂和风味调节剂，制成含叶黄素益于眼睛健康的果蔬饮料。2003年，广州范乐医药公司将叶黄素和多种维生素配制成护眼胶囊——辉乐牌乐盯软胶囊(国食健字G 20041025)，主要功效成分为叶黄素1.51%、维生素C 3.06%、锌0.8%。

6.4.3.3 在方便面中的应用

目前，国内用于方便面的食品色素主要有柠檬黄、日落黄、β-胡萝卜素、栀子黄、姜黄、玉米黄等。姜黄虽然价格低廉，但稳定性较差；玉米黄色素性质稳定，但价格昂贵。经过反复试验对比，栀子黄色素的性价比最高。

栀子黄色素可用于湿面、油炸面、烘干面等方便面中，能显著改善方便面的外观色泽，使其具有蛋黄、金黄、橘黄色，并可以根据用户需求在色调方面进行调配。使用时只需将栀子黄色素倒入容器中(尽量不要使用铁制容器)，然后加入适量的水稀释，再加入配料罐中搅拌均匀(也可以直接把所需的栀子黄色素加入配料罐中)，然后加入面中和面，操作简单，无需改变工艺和设备。

栀子黄色素添加量越多，颜色越黄；但并不是越多越好，色素用量超过一定范围，颜色虽然加深，亮度却有下降，油炸方便面的面饼中添加0.1%左右的栀子黄色素较好。添加焦磷酸钠有一定的护色效果，添加其他食品添加剂对方便面着色的影响非常小。在方便面面饼中添加栀子黄色素可以为方便面面饼着色，但只有一种黄色不能满足市场的需要，还需要根据不同的要求添加其他天然色素(如栀子绿、栀子蓝、辣椒红、红曲红、红花黄、胭脂树橙等)调整其色调，如添加辣椒红使面块具有橙红色，添加栀子绿可以使面块呈现嫩绿色等。

为了提高栀子黄色素的稳定性，可以通过减少栀子苷含量，利用包埋技术、添加稳定剂等避免栀子黄色素与金属离子的接触，或通过调节 pH 8 ~9 等方法防止其绿变和褐变。

6.5 食品色素发展趋势

我国食品色素开发较晚，最初主要是以合成色素为主(90%以上)，经过20多年的发展，我国食品色素除了在品种、产量、产值上有了较快的发展，在结构上也发生了很大的变化。天然色素在总的食品色素中的地位得到了快速的提升；合成色素则由于现有品种基本可以满足食品着色需要，并且新品种的安全性评价需要很高的费用这两方面原因，而很少开发新品种。与食品天然色素相比，食品合成色素的应用受到使用量、使用范围的限制，但是在一定的使用范围内，其仍然具有天然色素不具备的优势，而对于允许使用的合成色素，只要按照法规规定要求使用就不会对人体产生危害。随着色素合成技术的发展，合成色素也将越来越安全(董桂彬，2008)。

为使我国天然色素真正与国际市场接轨，还需从以下几个方面进行深入的研究：①加强植物资源的研究和开发，筛选稳定性好、成本低廉的天然食品色素。②改进工艺，减少产品杂质，提高纯度。③加强应用技术的开发，培养专业技术人才。通过复配使产品在颜色、剂型、稳定性、pH值等适应性上最终满足食品的需要，从而使天然色素的应用更加方便、广泛。④对天然色素分子进行改造和修饰，以提高色素的稳定性；近年来，天然色素的应用技术发展很快，可以使油溶的天然色素改变溶解性，使其可以在水里溶解或分散均匀，水溶性的天然色素也可以经过加工使其在油脂产品里溶解或均匀分散，有些还可以兼性溶解，既可以在水里溶解，亦可以在油里溶解，提高天然色素的应用领域。⑤脱除异味，采用超临界技术和其他包埋技术去除各种天然色素的异味或减少到人们可以接受的程度。⑥分析天然食品色素的成分和结构，合成与天然色素结构相同或相近的类似物。

我国食品色素未来的发展趋势主要有以下4个方面。

(1)大力发展天然、营养、多功能色素

我国食品色素产业是随着食品工业的蓬勃发展而壮大的，国家根据食品工业发展的需要对食品添加剂提出了“天然、营养、多功能”的发展方针。今后，在我国化学合成色素与天然色素并用的情况下，应当大力发展“天然、营养、多功能”的天然色素，着力开发、研究、生产、使用既可以着色，又有某些生理功能的天然色素。

(2)提高技术与装备水平，促进食品色素产业快速发展

我国食品色素产业虽有少数工厂拥有较好的生产色素的技术、工艺和装备，但多数企业在技术、工艺方面比较落后，设备陈旧或简陋，必须不断创新提高，才能使产品上档次，产业有发展。我国色素生产可以采用的高新技术包括基因重组、细胞工程、发酵工程、吸附色谱、凝胶过滤、膜分离技术、超临界二氧化碳流体萃取分离技术、微胶囊化、冷冻干燥等技术。

(3)综合利用、挖潜增效

我国食品色素另一条发展道路是：一种原料生产一系列产品，物尽其用，提高经济效益。例如，生产辣椒红色素的工厂，原料为辣椒。辣椒种子可以提取辣椒碱及辣椒油，残渣含高蛋白；辣椒种皮可以提取辣椒红色素、辣椒碱，残渣再配上面酱、油、鲜味剂，可制成精制辣酱。姜黄原料可以同时生产出姜黄油、姜黄素、姜黄油树脂、姜黄粉、乳化姜黄色素等多种产品，大幅度降低了成本，提高了经济效益。

(4)实现产品的标准化、系列化，开拓国内外市场

加工食品中色素的用量，特别是高品质色素和天然色素逐年增加，为把国内市场做好、做大，必须使我国的色素产品实现标准化、系列化，便于食品加工企业使用。同时应开拓国际市场，世界色素需要量大，尤其天然色素消耗量每年以大致5%的速度增长。把我国的优质色素、有特色的色素推到世界各国，将使我国色素在参加国际竞争中得到更快发展。

6.5.1 食品色素新产品研发

(1)合成色素新产品开发

近年来，国外正在致力于大分子聚合物合成色素的开发，这种色素在生理上无活性，并经同位素标记证实几乎完全不会吸收，摄入人体内由肠道排出，不会对人体产生危害，可适用多种食品着色。美国 Dynapol 公司开发的红色素的相对分子质量约为30 000，具有类似苋菜红的光谱特征；开发的黄色素的相对分子质量约130 000，具有类似柠檬黄的光谱特征（张国文，2004）。除此之外，国内外制造商着重致力于应用研究开发，除了提高现有产品色素质量外，还在这些色素不同制剂和衍生产品上进行开发，以满足客户对色调、性能等方面的需求。

(2)天然色素新产品开发

随着食品添加剂向多功能发展，多功能天然食品色素的研究日趋活跃。在多功能食品色素中，营养型天然食品色素备受瞩目，最为成功的是胡萝卜素类色素。由于胡萝卜素类是维生素A的前体，同时很多研究均发现胡萝卜素类有显著的防治癌症与心血管病的作用，因此，国外把胡萝卜素类列为营养添加剂，美国已把β-胡萝卜素应用到婴幼儿食品中；叶绿素铜钠盐有止血消炎的作用，花色素苷具有消炎、抗肿瘤、清除氧自由基、抑制脂蛋白氧化和血小板聚集的功能。因此，人们越来越倾向于使用天然色素，减少毒副作用或增加产品的天然特色。可以预言，多功能天然食品色素是未来食品色素的重点发展方向之一（黎彧，2003）。

6.5.2 食品色素新技术开发

采用新技术和新工艺提升天然色素的应用稳定性，提高其耐热、耐光、耐 pH 值、耐氧和耐金属离子的性能，是食品色素领域的重要课题。目前使用食品色素，特别是提升天然色素稳定性的技术包括：微胶囊化技术、化学改性技术、辅色稳态复配技术等。

(1)微胶囊化技术

微胶囊化技术已经在其他工业中得到了广泛的应用，特别在医药工业，在保持药片的药效上发挥了很好的作用。为了保持天然色素的原有物理或化学特性，也需要采用微胶囊化技术。大多数食品和饮料均是以水为基质，微胶囊化技术特别适合油溶性色素的应用，如 β－胡萝卜素、叶黄素、姜黄、胭脂虫红等。微胶囊化的色素具有应用方便、较好的水分散性、设备易清洗等优点。常用的微胶囊化技术包括：喷雾干燥技术、挤压微胶囊化技术、微乳化技术(微射流、膜乳化、微通道乳化、高压均质等)。在食品色素的微乳化过程中，壁材的选择、乳滴大小的控制非常重要。良好的乳化色素能改善其耐光、耐 pH 值等性能。

Henriette 等(2007)对甜菜苷在加工过程中稳定性和微胶囊化贮存进行了研究。结果表明，添加了甜菜苷与添加合成色素的奶酪在风味上没有差别，光照对其降解影响较大，微胶囊化甜菜苷稳定性增强。Ersus 等(2007)对紫萝卜色素提取物喷雾干燥微胶囊工艺进行了研究，当进口温度高于 160℃则花色苷损失较多，20～21 DE 值的麦芽糊精作为壁材有较高的载量，在 4℃贮存条件下微胶囊半衰期为 25℃条件下的 3 倍。Xiong 等(2006)研究表明，黑加仑花色苷溶液降解符合一级动力学模型，60～100℃测定条件下，活化能随 pH 值增加而降低。黑加仑花色苷铁离子还原力随其降解而降低，完全降解后其降解物仍保留 30%活性，Fe^{3+} 对飞燕草类黑加仑花色苷稳定性起负作用，冷冻干燥花色苷葡聚糖凝胶微胶囊比红外干燥活性高 20%。刘云海等(2004)研究喷雾干燥法制备高包埋率微胶囊化花青素的壁材优化以及工艺条件，当花色苷/壁材为 1∶4、麦芽糊精/β－环糊精为 3∶1、阿拉伯胶比例为 10%、进口温度 120℃、出口温度 80℃时，其微胶囊化效果最好、包埋率高，且花色苷微胶囊化后，其稳定性有显著提高。刘云海等(2004)探讨了不同壁材对微胶囊花色苷影响。当芯壁比为 1∶3、明胶/海藻酸钠为 1∶4、壳聚糖浓度为 0.75%、进口温度 130℃、出口温度 90℃时，花青素的微胶囊化效果最好，稳定性得到提高。Nayak 等(2010)研究了不同 DE 值的麦芽糊精对印度山竹花色苷进行微胶囊试验。结果表明，浓度为 5%的 21 DE 麦芽糊精微胶囊抗氧化活性及花色苷含量最高，玻璃化转变温度为 44.59℃，扫描电镜结果显示，微胶囊粒径为 5～50μm。

(2)化学改性技术

有研究表明，花色苷与有机酸酰基化后能有效地保护花色苷母核阳离子免受水分子的攻击，避免其因光异构化而褪色，这种保护作用是由酰化花色苷中有机酸实现的，由于花色苷上的糖基与有机酸酰化后形成有机大分子，所以这种作用又称为分子内辅色(Brouillard, 1982；Dangles 等，1993)。分子内辅色机理的典型模式是花色苷的“三明治”构型。酰化花色苷的有机酸与糖基相连，而这些糖基可折叠成一条带将有机酸置于 2－苯基苯并吡喃骨架的表面，这种堆积作用能够较好地抵抗水亲核攻击和其他类型的降解反应，因而提高了花色苷稳定性。将花色苷进行乙酰化是一种较为有效的稳态方法。

(3)辅色稳态复配技术

食品色素的辅色稳态复配技术主要是通过添加金属离子螯合剂、抗氧化剂、稳定剂等与食品色素进行复配，从而实现使食品色素稳定的结果。

三聚磷酸钠能消除 Fe^{3+} 等对姜黄色素的影响(刘巍等，1991)，半胱氨酸可提高仙桃红色素的耐热、耐光性(符光篆等，1994)，此外，pH 4.4～5.4 时，抗坏血酸能较长时间保持苋菜红色素的玫瑰红色，其次是茶多酚。抗坏血酸的添加量为 0.04%～0.06%，茶多酚添加量为 0.02% 时苋菜红色素的水溶液玫瑰红色最鲜艳(卢玉振等，1994)。一些研究报道了酰基化天然色素具有较高的稳定性。Baublis 等(1994)研究了筋骨草(ajuga)和 Trandescantia 两种植物中主要花色苷的稳定性，发现前者的花色苷为 p－羟基肉桂酸、阿魏酸和丙二酸酰化的葡萄糖苷矢车菊色素，后者为含三分子阿魏酸、一分子咖啡酸和一个末端葡萄糖的矢车菊色素－3, 7, 3′－三糖苷；Trandescantia 花色苷由于芦丁、绿原酸和咖啡酸这类辅色素的存在，有助于分子间的稳定，因而对光具有较明显的稳定作用。Fossen 等(1998)报道酰基化牵牛花色素及其衍生物在 pH 6.0 的颜色甚至比低 pH 值时还稳定。Sadilova 等(2006)比较了草莓、接骨木果和黑胡萝卜中花色苷的稳定性，3 种食品中花色苷分别为：草莓中天竺葵色素－葡萄糖苷、接骨木果中矢车菊色素二糖苷、黑胡萝卜中酰化和未酰化的矢车菊色素衍生物。3 种花色苷的热降解遵循一次反应动力学，它们的半衰期分别为(3.2 ± 0.1)h、(1.9 ± 0.1)h 和(4.1 ± 0.0)h。表明花色苷的酰化作用延长了其半衰期、增强了稳定性，因此，酰基化作用有效地提高了天然色素的稳定性。

通过添加不同类型的辅色剂以分子内辅色方式实现花色苷的稳态化是近几年研究热点。研究人员越来越关注具有抗氧化活性的天然提取物作为辅色剂的作用效果。Bakowska 等(2003)研究了芦丁、绿原酸和黄芪提取物对花色苷的辅色作用，结果表明，辅色效果随着辅色剂浓度增加而增强，紫外灯对花色苷破坏作用明显，黄芪提取物辅色效果优于其他辅色剂。Manzano 等(2008)进行了黄烷醇作为花色苷辅色剂的试验，结果表明，被测成分均能与花色苷相互作用使颜色变化减小，含有 2～3 个儿茶酚初级结构的寡聚物比其单体辅色效果好，反应中间体需一定时间达到平衡，说明辅色现象是受热力学而不是受动力学控制。Shikov 等(2008)研究了玫瑰花瓣浸提物作为草莓花色苷辅色剂的热稳定性，结果表明，花色苷半衰期有显著的增加，色素稳定性有明显的提高，经纯化后的玫瑰花瓣提取物在色素/辅色素摩尔比为 1∶2 时发挥的稳定效果最好，添加辅色剂使草莓花色苷的热降解速率降低，稳定性提高。

案例分析

从染色馒头分析食品色素使用问题

背景：

2011 年 4 月，“染色馒头”事件被曝光，引起社会强烈反响。染色馒头因其添加了食品添加剂“柠檬黄”而引起人们的担忧，人们甚至谈“添加剂”即色变。柠檬黄是我国批准使用的合成食品色素，但在食品添加剂使用标准中柠檬黄不允许在发酵面制品中应用，染色馒头即属于超范围违法添加食品添加剂，是一种违反《食品安全法》的行为。染色馒头是通过回收馒头后非法添加色素做出来的。2011 年 4 月初，《消费主张》节目报道，在上海市浦东区的一些华联超市和联华超市的主食专柜都在销售同一个公司生产的3种馒头：高庄馒头、玉米馒头和黑米馒头。这些染色馒头的生产日期随意更改，食用过多对人体造成危害。

2011年，经上海市公安部门审查，上海盛禄食品有限公司分公司自2011年1月以来，违法生产、销售掺有违禁添加剂柠檬黄的“问题馒头”83 716袋(每袋4只)，价值达人民币20余万元。将“问题馒头”销往上海市华联、联华、迪亚天天、乐天玛特、惠侬、乐家购物中心松江店、大润发购物中心、吉买盛、物美、如海10家超市。据上海市质量技术监督局检测结果，在4月11日和12日现场抽取19批次样品中，有4批次成品中检出柠檬黄，含量为0.000 44g/kg、0.000 48g/kg、0.005 3g/kg、0.004 0g/kg；2批次成品中甜蜜素含量不符合食品添加剂使用标准中糕点类产品允许的最大使用量0.65g/kg，分别为1.0g/kg、1.1g/kg。

早在2008年，杭州市工商行政管理局会同杭州市卫生局对杭州市区的超市和现场加工销售点进行专项整治，同时对销售的窝窝头进行抽样检测。共抽查了杭州市场的27批次商品，其中只有19批次合格，合格率为70%。不合格原因主要是使用了柠檬黄色素。无独有偶，同年温州市鹿城区工商分局对市场上的窝窝头进行抽检，发现“成盛”“三味缘”“茂森”的窝窝头被检出有柠檬黄。“成盛”窝窝头平均每千克含柠檬黄0.5mg，“三味缘”窝窝头平均每千克含柠檬黄1.2mg，“茂森”窝窝头平均每千克含柠檬黄1.4mg。

类似的事件还有很多，如榨菜中超量使用柠檬黄以缩短腌制过程，提高产品感官品质；普通面条中添加色素充当蔬菜面；学校附近供小学生的染色零食(辣片、碎面)等。因此，加强食品色素使用监管非常重要。在食品加工过程，强化标准的严格执行，同时强化食品标签管理。

分析：

我国自古就有将红曲米酿酒、酱肉、制红肠等习惯，但合成色素的应用是现代食品工业发展的结果，自从诞生就充满了争议。

很多人认为食品色素仅是改变颜色，而事实并非如此，食品颜色的改变会直接影响味觉体验。成分和加工过程完全相同的食品，不同的颜色将导致不同的接受度。此外，对于加工食品，消费者对在货架上呈现不同颜色的同种食品接受度不同。因此，大规模的工业化生产中，使用食品色素增加产品的吸引力和实现食品的标准化生产成为常规操作。但天然色素的价格过高和稳定性欠佳，使合成色素具有一定的优势。

传统意义上的合成色素大多以苯、甲苯、萘等芳烃类合成，不仅没有营养，同时在合成过程中产生的杂质(如砷、汞、苯酚、乙醚、氯化物等)均有不同程度的毒性(丁成翔等，2009)。合成色素普遍存在致癌性，甚至引起遗传因子的损伤和变异。1968～1970年，前苏联曾对苋菜红这种食品色素进行了长期动物试验，结果发现致癌率高达22%。美国、英国等国科研人员在相关研究后也发现，不仅是苋菜红，许多其他合成色素也对人体有伤害作用，可能导致生育力下降、畸胎等。蒋利刚等(2011)探讨了柠檬黄对雄性小鼠生殖细胞的影响，发现高浓度的柠檬黄1g/kg(高剂量组)能使雄性小鼠精子畸形率增加，并造成雄性小鼠精细胞微核率上升，有一定的致突变性。杜启艳(2008)以柠檬黄作为诱变剂，研究柠檬黄对泥鳅红细胞细胞核的毒性。柠檬黄达到一定的浓度(0.37g/L)和染毒时间之后对泥鳅具有一定的遗传毒性。偶氮化合物在体内可分解成两种芳香胺化合物，芳香胺在体内经过代谢后与靶细胞作用可能引起癌肿(李家玉等，2009)。

2007 年 9 月，英国南安普顿大学研究人员发现，偶氮类色素能够引发多种儿童多动症。同年，Stevenson 也通过研究证实，常用的 6 种偶氮类合成色素可加剧幼小儿童的多动症。目前，人们对食品合成色素的毒理学研究结果还存在一些争议，但随着人们健康意识的提高，小剂量长期食用对人类健康造成的影响更受关注。

无论合成色素还是天然色素，只要依法应用，对人体健康无害。使用食品添加剂应当符合两个标准：一是使用标准，即添加剂是否属于国家批准的食品添加剂；二是使用范围及添加量，超范围、超标准使用均属于违反食品安全法规。

柠檬黄是水溶性合成色素，具鲜艳的嫩黄色，可安全地用于一些食品着色。但《食品添加剂使用标准》(GB 2760—2011)所规定的使用范围中不包括米面制品，即米面制品不允许添加柠檬黄色素。

纠偏措施：

(1)政府完善立法

尽快形成法律、法规、规章和与标准相配套的食品安全法制体系，对于违反食品安全法律的单位或个人要予以严惩。而目前出现的问题多是由于法规不完善，监管不到位，法律文件有漏洞，违法成本不高等原因造成的。

(2)形成有效立法监管

食品安全问题历来“多龙治水”，结果反而权责不明、带来混乱。应建立健全食品市场认证体系，制定完善安全检测监督抽查以及市场准入制度，加强食品安全职能管理部门的建设。重点应建立预防手段为基础的食品安全体系，探索制定市场分级管理办法；建立健全食品安全社会信用体系，运用信息技术建立食品安全信用档案，对食品质量安全卫生情况进行跟踪监测，逐步形成优胜劣汰的机制，将缺少安全保证的企业清理出市场；建立食品安全信息公示制度，定期向社会发布，让消费者了解市场上销售的食品安全性。

加强基层监管部门人力、设备和经费保障力度，让罚款与部门利益脱钩，严禁罚款返还、变相“坐收坐支”。我国《食品安全法》明确规定，县级以上地方人民政府统一负责本行政区域的食品安全工作。绝大多数食品安全问题发生在基层，也解决在基层，建议将地方政府是否建立了工作责任制、经费保障落实情况作为检查和问责的重点。

思考题

1. 什么是食品色素？食品色素分为哪几类？
2. 简述食品天然色素和合成色素的优缺点。
3. 如何提高天然色素的稳定性？
4. 分别以肉制品、饮料、面制品为例，说明常用的食品色素及使用注意事项。
5. 论述超量、超范围使用食品色素对食品安全的影响。

参考文献

曹雁平，刘玉德．2003．食品调色技术[M]．北京：化学工业出版社．

丁成翔，代汉慧，陈冬东．2009．六种着色剂毒性研究进展[J]．检验检疫学刊，19(2)：75－78.

董桂彬．2008．食用合成色素将越来越安全[J]．食品安全导刊(5)：65.
杜启艳，常重杰，南平，等．2008．柠檬黄对泥鳅的急性毒性及遗传毒性实验[J]．安徽农业科学，36(15)：6321－6323.
符光篆，吴妙媚．1994．仙桃红的化学特性和稳定性强化[J]．食品科学，12(2)：18－21.
高彦祥．2011．食品添加剂[M]．北京：中国轻工业出版社．
胡宪，张莉华，许新德，等．2009．叶黄素的毒理学安全性评价[J]．食品工业科技，30(5)：296－298.
黄文，蒋予箭，汪志君，等．2006．食品添加剂[M]．北京：中国计量出版社．
蒋利刚，程东，韩晓英，等．2011．柠檬黄对雄性小鼠生殖细胞的影响[J]．生物医学工程研究，30(3)：174－176.
黎彧．2003．利用天然资源开发食品色素[J]．资源开发与市场(4)：51－53.
李家玉，王海斌，林志华，等．2009．合成色素的危害及其分析方法[J]．中国园艺文摘(10)：165－169.
林春棉，徐明仙，陶雪文．2004．食品添加剂[M]．北京：化学工业出版社．
刘沐霖，惠伯棣，庞善春．2007．番茄红素人工合成品与天然产物的鉴定[J]．食品科学，28(9)：462－466.
刘巍，丁子庆．1991．几种常见金属离子以及温度对姜黄色素稳定性的影响[J]．食品与发酵工业(2)：64－67.
刘云海，曹小红，刘瑛．2004．天然色素花青素的微胶囊化研究[J]．食品科技(11)：18－20.
刘云海，刘瑛，曹小红，等．2004．天然食用色素花青素的微胶囊化[J]．食品工业科技，25(12)：109－110.
刘志皋，高彦祥．1994．食品添加剂基础[M]．北京：中国轻工业出版社．
卢玉振，袁丁，熊朝晞，等．1994．天然苋菜红色素的稳定化[J]．食品科学(4)：16－20.
徐玉娟，肖更生，刘学铭，等．2002．桑椹红色素稳定性的研究[J]．蚕业科学，28(3)：265－269.
张国文．2004．食用色素的研究现状与前景[J]．粮油食品科技，12(6)：17－19.
BAKOWSKA A, KUCHARSKA A Z, OSZMIASHI J. 2003. The effects of heating, UV irradiation, and storage on stability of the anthocyanin－polyphenol copigment complex [J]. Food Chemistry, 81(3): 349－355.
BAUBLIS A, SPOMER A, BERBER－JIMENEZ M D. 1994. Anthocyanin pigments: comparision of extract stability [J]. Journal of Food Science, 59(6): 1219－1221, 1233.
BROUILLARD R. 1982. Chemical structure of anthocyanins. In: Anthocyanins as food colors [M]. New York: Academic Press.
DANGLES O, SAITO N, BROUILLARD R. 1993. Anthocyanin intramolecular copigment effect [J]. Phytochemistry, 34(1): 119－124.
ERSUS S, YURDAGEL U. 2007. Microencapsulation of anthocyanin pigments of black carrot (Daucuscarota L.) by spay drier [J]. Journal of Food Engineering, 80(3): 805－812.
FOSSEN T, CABRITA L, ANDERSEN O M. 1998. Colour and stability of pure anthocyanins influenced by pH including the alkaline region [J]. Food Chemistry, 63(4): 435－440.
GONZALEZ－MANZANO S, DE MATEUS V, FREITAS N, et al. 2008. Influence of the degree of polymerization in the ability of catechins to act as anthocyanin copigments [J]. European Food Research Technology, 227(1): 83－92.
HENRIETTE M C A, ANDRE N S, ARTHUR C R S. 2007. Betacyanin stability during processing and storage of a microencapsulated red beetroot extract [J]. American Journal of Food Technology, 2(4): 307－312.
JUNG H G, KIM C Y, KIM K, et al. 2003. Color characteristics on monascus pigments derived by fermentation with various amino acids [J]. Journal of Agricultural and Food Chemistry, 51(5): 1302－1306.
LARRY B A, MICHAEL D P, SALMINENS, et al. 2002. Food Additives [M]. 2nd ed. New York: Mercel Dekker, INC.

NAYAK, C A, RASTOGI N K. 2010. Effect of selected additives on microencapsulation of anthocyanin by spray drying [J]. Drying Technology, 28(12): 1396 - 1404.

SADILOVA E, STINTZING F C, CARLE R. 2006. Thermal degradation of acylated and nonacylated anthocyanins [J]. Journal of Food Science, 71(8): 504 - 512.

VASIL S, KAMMER D R, KIRIL M, et al. 2008. Heat stability of strawberry anthocyanins in model solutions containing natural copigments extracted from rose (rosa damascene mill.) petals [J]. Journal of Agricultural and Food Chemistry, 56(18): 8521 - 8526.

XIONG S Y, MELTON L D, EASTEAL A J, et al. 2006. Stability and antioxidant activity of black currant anthocyanins in solution and encapsulated in glucan gel [J]. Journal of Agricultural and Food Chemistry, 54(17): 6201 - 6208.

第7章

食品护色剂

学习目标

了解护色剂的定义、种类、功能和作用机理；掌握常用护色剂的特性、使用方法和使用标准；了解护色剂的现状及其发展趋势。

7.1 食品护色剂概述

7.1.1 食品护色剂定义

护色剂也称发色剂，能和肉及肉制品中呈色物质作用，使之在食品加工、保藏等过程中不致分解、破坏，呈现良好色泽的物质。护色剂本身没有颜色，它与食品中呈色物质发生反应形成一种新物质，从而使食品的色泽得到改善。这种新物质可加强色素的稳定性，从而达到护色的目的。

7.1.2 护色机理

原料肉的红色是肌红蛋白(Mb)和血红蛋白(Hb)呈现的一种感官特性，一般Mb占70%~90%，是肉类呈色的主要成分。鲜肉中的肌红蛋白为还原型，呈暗紫红色，不稳定，未经亚硝酸盐腌制的肉，在加热过程中，肌红蛋白中的珠蛋白部分发生变性，失去了防止血红素氧化的作用，因此，还原性的氧合肌红蛋白很快被氧化成灰褐色的高铁肌红蛋白。氧合肌红蛋白中的氧可被一氧化氮代替，其性质非常稳定，即使加热也不易分解，从而使肉制品经过热加工仍然保持鲜艳的红色，提高消费者的购买欲望。

还原型肌红蛋白分子中 Fe^{2+} 上的结合水被分子状态的氧置换，形成氧合肌红蛋白(MbO_2)，色泽鲜艳。当 Fe^{2+} 在氧或氧化剂存在下进一步氧化成 Fe^{3+} 时，则形成褐色的高铁肌红蛋白。

为了使肉制品呈现鲜艳的红色，在加工过程中常添加硝酸盐与亚硝酸盐，它们是肉类腌制时混合盐的成分。硝酸盐在亚硝酸菌作用下还原成亚硝酸盐，亚硝酸盐在酸性条件下可生成亚硝酸(Cammack，1999)。一般宰后成熟肉因含乳酸，pH 值为5.6～5.8，故不需加酸即可生成亚硝酸，如反应式(7-1)。

$$NaNO_2 + CH_3CHOHCOOH \rightarrow HNO_2 + CH_3CHOHCOONa \quad (7\text{-}1)$$

亚硝酸很不稳定，即使常温下也可分解为亚硝基(—NO)，亚硝基很快与肌红蛋白反应生成鲜艳的、亮红色的亚硝基肌红蛋白($MbNO_2$)，如反应式(7-2)和(7-3)。亚硝基肌红蛋白遇热后释放—SH，生成较稳定的具有鲜红色的亚硝基血色原。

$$3HNO_2 \rightarrow H^+ + NO_3^- + 2NO + H_2O \quad (7\text{-}2)$$

$$Mb + NO = MbNO \quad (7\text{-}3)$$

亚硝酸分解生成NO时，生成少量硝酸，而NO在空气中还可被氧化成NO_2，进而与水反应生成硝酸，如反应式(7-4)和(7-5)。不仅亚硝基被氧化，而且还抑制了亚硝基肌红蛋白的生成。硝酸有很强的氧化作用，即使肉中含有很强的还原性物质，也不能防止肌红蛋白部分氧化成高铁肌红蛋白。

$$NO + O_2 \rightarrow NO_2 \quad (7\text{-}4)$$

$$2NO_2 + H_2O \rightarrow HNO_2 + HNO_3 \quad (7\text{-}5)$$

因此，在使用硝酸盐与亚硝酸盐时，常用L－抗坏血酸及其钠盐等还原性物质防止肌红蛋白氧化，且可把氧化型的高铁肌红蛋白还原为红色的还原型肌红蛋白，以助发色。此外，烟酰胺可与肌红蛋白结合生成稳定的烟酰胺肌红蛋白，难以被氧化，故在肉类制品的腌制过程中添加烟酰胺，可防止肌红蛋白在从亚硝酸到生成亚硝基过程中氧化变色。

在肉类腌制过程中，同时使用L－抗坏血酸或异抗坏血酸及其钠盐与烟酰胺，则发色效果更好，并能保持长时间不褪色。这些本身无发色功能，但与发色剂配合使用可以明显提高发色效果，并可降低发色剂用量而提高其安全性的物质，称为发色助剂。

7.2 食品护色剂各论

硝酸盐最初是从未精制的食盐中发现的，在腌肉中使用硝酸盐已有几千年的历史。亚硝酸钠是由硝酸钠生成，也用于腌肉生产。腌肉中使用亚硝酸盐主要有以下作用：①抑制肉毒梭状芽孢杆菌、金黄色葡萄球菌、蜡状芽孢杆菌和产气荚膜杆菌等致病菌的生长繁殖；②具有良好的呈色作用；③亚硝酸盐具有还原性，能够发挥抗氧化剂的作用，可延缓腌肉的酸败；④可产生独特的风味(Honikel，2008)。在肉制品生产过程中，亚硝酸盐诸多作用决定了其重要性，目前尚未发现其完全替代品。我国允许使用的护色剂有硝酸钠(钾)、亚硝酸钠(钾)和葡萄糖酸亚铁。

(1)硝酸钠(Sodium nitrate，CNS 号：09.001，INS 号：251)和硝酸钾(Potassium nitrate，CNS 号：09.003，INS 号：252)

硝酸钠和硝酸钾是我国批准使用的两种硝酸盐护色剂，两者无论从物化性质、使用方法和使用注意事项上均较为相似，目前硝酸钠是人们研究和使用最多的。

硝酸钠为无色、无臭柱状结晶或白色细小结晶粉末，味咸并稍带苦味，有吸湿性，易溶于水及甘油，微溶于乙醇。10%水溶液呈中性。硝酸钠在细菌作用下可还原成亚硝酸钠，并在酸性条件下与肉制品中的肌红蛋白生成鲜红色的亚硝基肌红蛋白。同时对肉品中的厌氧性芽孢有抑制作用。硝酸钠为强氧化剂，可因加热或摩擦着火。

硝酸钠在高温时分解成亚硝酸钠，硝酸盐的毒性作用主要是因为它在食物、水或胃肠道中，尤其是婴幼儿的胃肠道中，易被还原为亚硝酸盐所致。

硝酸钠 LD_{50} 为3 236mg/kg BW（大鼠，经口）、2 680mg/kg BW（兔，经口）；其ADI值为0～3.7mg/kg BW（以硝酸根计，FAO/WHO，1995），但不适用于小于3个月的婴儿。

对小鼠（老龄和幼龄两组）进行长期毒理学试验，每天对两组小鼠分别饲喂370mg/kg BW和1 820mg/kg BW剂量的硝酸盐（以硝酸根计），未发现任何不良影响；对猪的短期毒理学试验，结果表明当每天饲喂3%硝酸钾（相当于730mg/kg BW）时，对甲状腺功能有一定的抑制作用（FAO/WHO，1995）。

实际应用时，可将硝酸钠与食盐、砂糖、亚硝酸钠按一定比例组成混合盐用于肉类腌制。硝酸钠需转变成亚硝酸钠后起作用，为降低亚硝酸盐在食品中的残留量，肉类制品也应尽量降低其用量。

硝酸钠、硝酸钾的使用范围和使用量见《食品添加剂使用标准》（GB 2760—2011）及增补公告。

（2）亚硝酸钠（Sodium nitrite，CNS号：09.002，INS号：250）和亚硝酸钾（Potassium nitrite，CNS号：09.004，INS号：249）

亚硝酸钠和亚硝酸钾是我国批准使用的两种亚硝酸盐护色剂，两者无论从物化性质、使用方法和使用注意事项上均较为相似，目前亚硝酸钠是人们研究和使用最多的。

亚硝酸钠为白色或微黄色结晶或颗粒状粉末，无臭，味微咸，易吸潮，易溶于水，微溶于乙醇。在空气中可吸收氧逐渐变为硝酸钠。

亚硝酸钠 LD_{50} 为220mg/kg BW（小鼠，经口）、85mg/kg BW（雄性大鼠，经口）、175mg/kg BW（雌性大鼠，经口）；短期毒理学试验中，在90d内，当每天饲喂小鼠的亚硝酸盐剂量增加至5.4mg/kg BW（NOEL）时，发现小鼠出现肾小球肥大症状；在长期毒理学试验中，两年内，当饲喂小鼠亚硝酸盐剂量至6.7mg/kg BW（NOEL）时，发现小鼠的心脏和肺部出现病变。以此为基础（安全因子为100），亚硝酸盐的ADI值为0～0.06mg/kg BW（以亚硝酸根计），但此ADI值不适合小于3个月的婴儿（FAO/WHO，1995）。

亚硝酸盐与肉制品中肌红蛋白、血红蛋白作用生成鲜艳、亮红色的亚硝基肌红蛋白或亚硝基血红蛋白时，尚可产生腌肉的特殊风味。此外，本品对多种厌氧性梭状芽孢菌如肉毒梭菌以及绿色乳杆菌等有抑菌和抑制其产生毒素作用。亚硝酸钠为食品添加剂中急性毒性较强的物质之一。大量亚硝酸盐进入血液后，可使正常血红蛋白（Fe^{2+}）变成高铁血红蛋白（Fe^{3+}），失去携氧能力，导致组织缺氧。潜伏期仅为0.5～1h，症状为头晕、恶心、呕吐、全身无力、心悸、全身皮肤发紫，严重者会因呼吸衰竭而死。

亚硝酸钠、亚硝酸钾的使用范围和使用量见《食品添加剂使用标准》（GB 2760—2011）及增补公告。

（3）葡萄糖酸亚铁（Ferrous gluconate，CNS号：09.005，INS号：579）

葡萄糖酸亚铁为灰绿色或微黄色粉末或颗粒，有焦糖香，味涩，溶于水，不溶于乙醇，需密闭避光保存。

葡萄糖酸亚铁 LD_{50} 为4 600mg/kg BW（大鼠，经口）、3 500mg/kg BW（兔，经口）；其暂

定每日最大容许摄入量(PMTDI)为0.8mg/kg BW(以铁计，FAO/WHO，1987)。

葡萄糖酸亚铁作为护色剂，仅能用于橄榄菜的护色。橄榄菜是我国潮汕地区生产的传统食品，以橄榄果和芥菜为主要原料精心加工而成，在国内外拥有一定的市场。橄榄中含有丰富的单宁物质，在糖酸等作用下能产生清凉感，在橄榄菜的加工过程中适量的铁盐能与橄榄中的单宁物质作用，产生特有的绿黑色，使橄榄菜拥有特殊的色香味(沈泽洞，2004)。

葡萄糖酸亚铁的使用范围和使用量见《食品添加剂使用标准》(GB 2760—2011)及增补公告。

7.3 食品护色剂合理使用

早在1951年，Steink 和 Foster 就提出亚硝酸盐是一种有效的肉毒杆菌抑菌剂，随后，Eklund 等将肉制品切片进行真空包装，并接种肉毒杆菌的孢子证实：在特定温度下，亚硝酸盐的浓度与毒素产生、食品腐败延迟有直接关系。Silliker 等研究罐制咸肉发现：在含盐量一定的情况下，保证产品各种感官特性及食用品质的，关键在于添加一定量的亚硝酸盐，而硝酸盐则不能发挥相似的有益作用(Stringer，1967)。但亚硝酸盐有一定毒性，可与多种氨基化合物反应产生致癌的N-亚硝基化合物，因此，在没有理想的替代品之前，应把用量限制在最低水平。

(1)严格控制用量

为了保证良好的呈色性，同时确保食品安全，我国《食品添加剂使用标准》(GB 2760—2011)规定：亚硝酸钠在肉制品中的最低使用量为0.05g/kg，最高使用量为0.15g/kg。用量不足时，颜色淡而不均；用量过大时，过量的亚硝酸根使血红素物质生成绿色的衍生物，更重要的是对健康造成危害。

(2)严格控制原料肉的pH值

原料肉的pH值对亚硝酸盐的发色作用产生影响，一般将原料肉的pH值控制在5.6~6.0。亚硝酸钠只有在酸性环境下才能还原成一氧化氮，进而发挥呈色作用，所以，pH值接近7.0时肉色就会变淡；特别是为了提高肉制品的持水性，常加入碱性磷酸盐，结果造成pH值向中性偏移，呈色效果变差，所以必须注意碱性磷酸盐的用量。但是在低pH值体系，会造成亚硝酸盐的消耗量增大，而且在酸性的腌肉制品中，亚硝酸盐使用过量，容易引起肉制品绿变。

(3)及时进行热处理

原料肉呈色过程较慢，加热可使反应速度加快。如果配料后不及时处理，原料肉就会褪色，特别是灌肠机中的回料，由于氧化，回料出来时已褪色，此时就需要及时加热。

(4)添加护色助剂

目前使用的护色助剂有抗坏血酸及其钠盐、异抗坏血酸及其钠盐、烟酸和烟酰胺，它们在腌制过程中起护色助剂的作用，在贮藏时起护色作用；由于蔗糖和葡萄糖的还原性，可影响色泽的强度和稳定性，加入烟酸、烟酰胺也可形成比较稳定的红色。但上述物质并没有防腐作用，尚不能代替亚硝酸钠。另一方面，一些香辛料如丁香对亚硝酸盐还有清除作用(贾长虹等，2011)。

(5)微生物和光线等对腌肉色泽的影响

正常腌制的肉切开置于空气中，其切面褪色变黄，这是因为亚硝基肌红蛋白在微生物的作用下引起卟啉环的变化。亚硝基肌红蛋白不仅受微生物影响，其对可见光也不稳定，在可见光的作用下，亚硝基肌红蛋白氧化成高铁肌红蛋白，高铁肌红蛋白在微生物等的作用下，血红素中的卟啉环发生变化，生成绿色、黄色、无色的衍生物。这种褪变色现象在脂肪酸败、过氧化物存在时可加速发生。有时肉制品在避光条件下贮藏也会褪色，这是由于亚硝基肌红蛋白单纯氧化造成的。如灌肠制品由于灌得不紧，空气混入馅中，气孔周围的颜色因单纯氧化而变为暗褐色。肉制品的褪色与温度也有关，在2～8℃条件下的褪色比在15℃以上时慢得多。

综上所述，为使肉制品获得鲜艳的颜色，除了要求原料新鲜外，必须根据腌制时间长短选择合适的发色剂，掌握适当的用量，在适宜的pH值条件下严格操作才能获得良好的色泽。同时应注意低温、避光，并通过采用添加抗氧化剂、真空或充氮包装避免氧化作用的影响。

7.4 食品护色剂发展趋势

护色剂的应用，延长了食品的保质期，利于食品保藏和运输；增加了食品的花色品种，满足了不同人群的需要。亚硝酸盐在肉制品生产中发挥着重要的作用，同时对人体的健康有一定危害，目前尚未找到一种理想的、能够完全替代亚硝酸盐的物质。有鉴于此，世界各国都在致力于减少肉制品中亚硝酸盐残留量的研究，力求降低亚硝胺生成。

7.4.1 亚硝酸盐替代品研究进展

亚硝酸盐替代品有两类：一类是部分或完全替代亚硝酸盐的添加剂，这种物质由发色剂、抗氧化剂、螯合剂和抑菌剂混合组成；另一类是在常规亚硝酸盐浓度下能够阻断亚硝胺形成的添加剂。

(1)用血液人工合成的亚硝基血红蛋白腌制剂

通常认为，使腌肉发色的物质是在加热时形成的亚硝基亚铁血色原，它不但能由肌红蛋白转变而成，也可由血红蛋白制备。研究人员发现，由动物血液中的血红素制得的腌肉色素是一种良好的、安全的着色剂。并且，这种腌肉色素可以提高食品的色泽、营养和口感。

Shahidi等(1991)对动物血液制取亚硝基血色原的方法及其化学结构、抗氧化能力等方面进行了研究，取得了较好的效果，他们用从牛血中提取的血红素与一氧化氮气体进行反应，成功地制得肉制品护色剂。杨锡洪(2005)利用猪血制备糖基化亚硝基蛋白，将其与抗氧化剂和防腐剂组成多元腌制剂应用于灌肠中，新型色素赋予肉制品理想的色泽，且色泽的光照稳定性优于亚硝酸盐腌制的产品。另外，产品中亚硝酸钠的残留量为2.89mg/kg，远低于亚硝酸钠腌制产品中的残留量。

(2)红曲色素腌制剂

更加直接的方法是添加红曲色素等赋予肉制品红色，以替代亚硝酸盐的发色作用。红曲色素是红曲霉的次级代谢产物，与其他天然色素相比具有对pH值稳定、耐热、耐光、不易被氧化还原、对蛋白质染着性好、安全性高等优点(颜延宁，2007)。利用天然红曲色素增色，不仅可以减少亚硝酸盐的用量，还能赋予肉制品产品独特的风味。郑立红等(2006)利用红曲红、辣椒红、高粱红3种天然色素对腊肉着色，经感官评价，经红曲红着色的腊肉色泽最佳，稳定性显著高于高粱红和辣椒红着色的腊肉；低硝腊肉中红曲红色素的添加量为0.14g/kg(亚硝酸钠使用量为0.04g/kg)时即可满足消费者感官要求。

(3)麦芽酚、有机铁盐腌制剂

有研究表明，在肉制品加工中，利用麦芽酚和铁盐可部分代替亚硝酸盐起护色作用(刘玮炜，1998)。铁盐可以是葡萄糖酸铁、柠檬酸铁等有机铁盐，既可达到发色的目的，又能增加肉制品中铁的含量。朱秋劲等(2003)以牛肉为材料，采用乙基麦芽酚、EDTA、柠檬酸铁、红曲色素等添加剂进行无硝、低硝腌制剂的研究，结果表明，与使用亚硝酸钠的样品比较，无硝、低硝腌制剂所得产品的色度、新鲜度均较好，且亚硝酸盐残留量明显降低。

(4)抗坏血酸和葡萄糖腌制剂

抗坏血酸及其衍生物抗坏血酸钠是一种水溶性维生素，它在腌肉中能发挥以下作用：①能促使亚硝酸盐还原成NO，并创造厌氧条件，加速MbNO和HbNO的形成，促进肉制品发色；②能阻碍亚硝基与仲胺的结合，防止亚硝胺的产生，故有一定的解毒作用；③能防止NO再被氧化成NO_2，故有一定的抗氧化作用。薛丽等(2006)研究发现，在亚硝酸钠添加量相同的条件下，添加0.05%抗坏血酸可以明显降低香肠中亚硝酸钠残留量，成品中亚硝酸钠残留量可以降低86.78%。烟酰胺和抗坏血酸配合使用可使肉制品发色并防止褪色，用量一般为0.03%~0.05%。在肉制品腌制时加入葡萄糖，在微生物的作用下产生乳酸，从而起抑菌的作用。

7.4.2 具有护色效果天然产物研究进展

(1)苹果多酚类

苹果中所含多元酚类物质，主要包括原花青素、绿原酸、儿茶素、表儿茶素、根皮苷等。研究发现，苹果多酚具有多种生理活性，同时具有很强的抗氧化和抑菌能力，是一种优良的天然食品抗氧化剂与防腐剂。由于肉的色泽变化不仅与肌红蛋白的化学状态有关，肉中脂肪的氧化也与肉的颜色密切相关。孙承锋等(2005)研究了苹果多酚对透氧保鲜膜包装的鲜猪肉的色泽稳定性及脂肪氧化的影响。结果表明，苹果多酚能明显抑制肉中脂肪的氧化，并能提高鲜肉红色的稳定性，单独使用0.05%的苹果多酚，有较好的护色效果。苹果多酚与抗坏血酸或烟酰胺配合使用，抗氧化与护色效果明显增强。0.05%苹果多酚与0.05%烟酰胺配合使用可以使鲜肉在(5±1)℃条件下贮藏7d后，仍保持稳定的鲜红色，同时，脂肪氧化程度(TBA)值为0.3mg/kg，挥发性盐基氮(TVB-N)值为14.7mg/100g，由此可见，苹果多酚可用于鲜肉护色。

(2)组氨酸

组氨酸是一种蛋白质中广泛存在的氨基酸，有研究报道利用组氨酸替代亚硝酸钠的配体制备无硝色素。据血红蛋白的一种新检测方法发现，咪唑基可以作为显色剂和血红蛋白结合生成一种稳定的配位化合物，因此利用组氨酸分子结构中含有咪唑基这一特点，研究人员进行了大量相关试验。杨锡洪等(2005)采用组氨酸与血红蛋白形成配位复合物，替代亚硝酸钠的发色作用。由提取的血红蛋白与组氨酸粗提液制备的红色素再通过与多糖反应，生成糖基化血红蛋白－组氨酸色素，提高了产品的光照、热稳定性。喷雾干燥后，得到产品组成为铁质量分数为0.236%、糖类质量分数为15%、蛋白质质量分数为81.5%的新型色素。灌肠试验表明，制备的无硝色素可以赋予肉制品理想的红色，且色泽稳定，再与防腐剂、抗氧化剂等组成混合盐，完全可以替代亚硝酸盐在肉制品加工中的多功能性，实现无硝化生产。

(3)耐盐性乳酸菌

乳酸菌在腌渍类食品中的作用巨大，添加耐盐性乳酸菌的肉类经腌制后，不仅可以提高发色性和贮藏性能，还可以改变腌制肉制品的风味。发色的方法是将耐盐性乳酸菌和pH值调节剂混合添加，耐盐乳酸菌的浓度通常以0.2%～1%最佳，pH值调节剂添加0.3%以上就可以使pH值稳定，然后将肉制品在耐盐性乳酸菌和pH值调节剂的溶液进行浸渍处理，此方法对于即食烹调肉、香肠和其他袋装肉制品都有很好的发色效果。

案例分析

亚硝酸盐超范围超量使用问题

背景：

2012年，广东省工商部门检出源于马来西亚的"血燕"产品含有大量亚硝酸盐，媒体曝光了一些不法商贩在加工作坊里对白燕窝进行熏制染色、伪造"血燕"的行为。据介绍，查获的染色燕窝大部分是用白燕窝染色而成，而且为了追逐高额利润，不良商家所用的白燕窝都是质量差、外观差的低价白燕窝，亚硝酸盐含量高，有的甚至高达每千克几千毫克，部分血燕硝酸盐超标350倍，对人体危害很大。这场"血燕"风波影响了中国和马来西亚的燕窝贸易，也暴露出燕窝中亚硝酸盐含量安全标准的缺失。

我国《食品添加剂使用标准》(GB 2760—2011)规定：亚硝酸盐仅允许用于肉制品，具体残留量除西式火腿70mg/kg、肉罐头类50mg/kg外，其他均为30mg/kg。对非有意添加、自然生成的亚硝酸盐，《食品中污染物限量》(GB 2762—2005)规定限量一般为3～5mg/kg，酱腌菜的限量仅为20mg/kg。

我国是国际燕窝最大消费国，由于没有对血燕中亚硝酸盐制定标准，导致"血燕"造假一事发生。目前，卫生部规定食用燕窝亚硝酸盐的限量值为30mg/kg。

分析：

燕窝是一种食品，按颜色分为血燕、黄燕和白燕，血燕以颜色鲜红、营养丰富、产量稀少被追捧为燕窝中的珍品。目前关于血燕颜色的形成，认为是含有矿物质的燕窝受到闷热空气的氧化而转变成黄色或者橙红的颜色，与市场上鲜艳亮红色的血燕有很大区别。真血燕的形成需要各方面条件的契合，存在极大的偶然性。燕窝中并没有发现特别的营养物质，所含的蛋白质、微量元素等均存在于一般食物中，而且其蛋白质品质尚没有鸡蛋、牛奶等更符合人体的需要，它的珍贵之处在于攀岩采燕窝极为艰苦，而且危险，商家所宣传的燕窝神奇之处多半是利用人们追求健康的心理牟取暴利。

此外，燕窝并不属于国家药典的药品目录，同时也不在卫生部公布的既是食品又是药品的物品名单中，它仅是一种食品。而我国目前尚没有单独针对燕窝产品的质量规定，监管部门对燕窝经销商的抽检也只停留在是否缺斤少两等计量项目。由于相关评价方法、评判标准和检测手段的缺失，导致市面上的燕窝产品良莠不齐，给不法分子可乘之机。

“毒血燕事件”中最引人关注的是亚硝酸盐的超标问题，很多人把亚硝酸盐当成毒药，认为它对人体健康有极大的危害，其实，亚硝酸盐是食品添加剂的一种，有护色和防腐的作用，我们看到腊肉所呈现的诱人粉红色，正是添加亚硝酸盐的作用结果。虽然肉制品含有亚硝酸盐，但只要按规定合法使用，并不会对人体产生危害。

纠偏措施：

此次“毒血燕”事件完全是不良商家利欲熏心，为追求暴利，超范围使用亚硝酸盐所致。另外，也暴露出相关部门的监管不力。传统燕窝产业链的问题不止是生产环节的造假，当燕窝进入流通环节便已无法追踪溯源。食品工业是道德工业，企业必须在法律规定的框架内生产食品，不应将经济利益凌驾于消费者身体健康之上。同时，政府相关部门应尽快出台燕窝产品的质量标准，并将其列入国家标准之中，使之有据可查，有法可依；监管部门应加大对燕窝的抽检，提高监管力度。

随着人们生活水平的提高和保健意识的增强，今后滋补保健品将不断走进人们的生活。因此，政府应加强对公众的科普保健知识的宣传，培养公众正确的消费观念，使消费者走出盲目滋补的误区；进一步规范养生保健品市场，并建立健全产品质量标准体系，强化日常市场监管，确保滋补类产品的质量安全，防止类似“毒血燕”事件的发生。

思考题

1. 什么是食品护色剂？
2. 简述护色剂的护色机理及其在肉制品中的主要功能。
3. 维生素 C 在肉类腌制加工中发挥什么作用？
4. 简述护色剂的使用注意事项。
5. 如何合理使用护色剂？
6. 简述护色剂的发展趋势。

参考文献

白小军. 2008. 护色剂在食品加工中的应用[J]. 宁夏农林科技(5)：60－61.

曹雁平，刘玉德. 2003. 食品调色技术[M]. 北京：化学工业出版社.

叶青，涂宗财，刘四平，等. 2001. 羊肉烤制品软罐头的研制[J]. 食品与机械(5)：24－25.

黄文，蒋予箭，汪志君，等. 2006. 食品添加剂[M]. 北京：中国计量出版社.

贾长虹，唐红梅，常丽新，等. 2011. 丁香叶、月季叶和玫瑰叶黄酮对自由基和亚硝酸盐的清除作用比较研究[J]. 食品科技(2)：218－221.

金文刚，师文添，张海峰. 2007. 新型肉制品发色剂的研究进展[J]. 肉类工业(12)：41－43.

李盛华，刘福强. 2008. 低温肉制品复合护色剂的研制[J]. 中国食品添加剂(12)：130－135.

林春棉，徐明仙，陶雪文. 2004. 食品添加剂[M]. 北京：化学工业出版社.

刘玮炜. 1998. 麦芽酚的性质及其在肉类加工中的应用[J]. 食品科技，1：29－30.

刘志皋，高彦祥. 1994. 食品添加剂基础[M]. 北京：中国轻工业出版社.

沈泽洞，黄儒强. 2004. 铁盐对橄榄菜质量的影响初探[J]. 广州食品工业科技，20(2)：65－67.

孙承锋，杨建荣，贺红军. 2005. 苹果多酚对鲜肉色泽稳定性及脂肪氧化的影响[J]. 食品科学，26(9)：

153－156.

王柏琴，杨洁彬，刘克．1995．红曲色素在发酵香肠中代替亚硝酸盐发色的应用[J]．食品与发酵工业(3)：60－61.

薛丽，蓝红英．2006．Vc对降低香肠亚硝酸钠残留量的研究[J]．食品科技(6)：65－67.

颜延宁．2007．红曲色素的研究进展[J]．广西轻工业，2：17－18.

杨锡洪，夏文水．2005．亚硝酸盐替代物——组氨酸发色作用的研究[J]．食品与生物技术学报，24(5)：102－106.

杨锡洪，夏文水．2005．糖基化亚硝基血红蛋白色素在灌肠中的应用[J]．食品研究与开发，26(4)：100－104.

曾友明，丁泉水．2003．低温肉制品护色研究[J]．食品工业科技，24(5)：25－26.

郑立红，任发政，刘绍军，等．2006．低硝腊肉天然着色剂的筛选[J]．农业工程学报，22(8)：270－272.

钟耀广，南庆贤．2001．发色剂在肉品加工中的应用[J]．肉类加工(11)：17－18.

朱秋劲，罗爱平，张倩，等．2003．无硝配方及受热差异对牛肉粒作用效果的研究[J]．食品科学，24(9)：54－59.

CAMMACK R, JOANNOU C L, CUI X Y, et al. 1999. Nitrite and nitrosyl compounds in food preservation [J]. Biochimica at Biophysica Acta Bioenergetics, 1411(2－3): 475－488.

HONIKEL K O. 2008. The use and control of nitrate and nitrite for the processing of meat products [J]. Meat Science, 78(1－2): 68－76.

LARRY B A, MICHAEL D P, SALMINEN S, et al. 2002. Food Additives [M]. 2nd ed. New York: Mercel Dekker, INC.

SHAHIDI F, PEGG R B. 1991. Novel synthesis of cooked cured－meat pigment [J]. Journal of Food Science, 56(3): 1205－1212.

STRINGER S C, WEBB M D, GEORGE S M, et al. 1967. Outgrowth and toxin production of nonproteolytic type B *Clostridium botulinum* at 3.3 to 5.6℃ [J]. Journal of Bacteriology, 93 (4): 1461－1462.

第8章

食品漂白剂

学习目标

了解漂白剂的定义、种类和作用，掌握亚硫酸盐类漂白剂的特性、使用方法和使用标准；了解漂白剂的现状及发展趋势。

8.1 食品漂白剂概述

食品在加工过程中产生令人厌恶的呈色物质，导致食品色泽不均匀，从而影响产品感官品质，使消费者产生不洁或不愉悦的感觉。

8.1.1 食品漂白剂定义

漂白剂(bleaching agents)是破坏、抑制食品发色基团，使其褪色或使食品免于褐变的物质。按作用机理不同，漂白剂可分为氧化型和还原型两类。

8.1.2 食品漂白剂作用机理

大多数有机物的颜色是由其分子中所含有的发色基团产生的，还原型漂白剂具有一定的还原能力，能将发色基团中的不饱和键还原成单键，从而使有机物失去颜色。还原型漂白剂主要是二氧化硫及其系列衍生物。

亚硫酸盐对氧化酶的活性有较强的抑制作用，在果干、果脯加工中使用这类漂白剂可以防止酶促褐变。此外，亚硫酸与葡萄糖和果糖中的醛基和酮基等进行加成反应，从而可以阻止其与氨基酸类物质之间的美拉德反应产生的非酶褐变。

氧化型漂白剂的作用机理将在“面粉处理剂”一节详细介绍。

8.2 食品漂白剂各论

我国《食品添加剂使用标准》(GB 2760—2011)规定允许使用的漂白剂主要包括硫磺、二氧化硫、亚硫酸氢钠、亚硫酸钠、偏重亚硫酸盐（焦亚硫酸盐）、低亚硫酸盐（连二亚硫酸钠、次硫酸钠、保险粉）。

亚硫酸盐类的急性毒性试验发现：单次口服剂量超过4g亚硫酸钠使85.7%的人群产生中毒，5.8g亚硫酸盐能使肠胃受到严重刺激。

短期毒理学试验中，对兔子连续饲喂46～171d，当饲喂剂量为1.8g/d时，其体重减轻，有胃出血现象；20d内，对狗饲喂1.08～2.51g/d的亚硫酸氢钠时，其心脏、肺、肝脏、肠和肾均未出现任何异常现象；而饲喂6～16g/d剂量的亚硫酸盐时，发现其体重平均增加了34kg；对维生素B_1缺乏的小鼠饲喂亚硫酸盐含量为0.5mL/150g BW的水果糖浆时（含350mg/kg SO_2），在连续饲喂的8周内，未发现其对小鼠的生长有任何影响（FAO/WHO，1962）。

长期毒理学试验中，对小鼠饲喂0.012 5%～2.0%剂量的亚硫酸氢钠，连续饲喂2年，饲喂0.05%剂量（以SO_2计，307mg/kg）的小鼠未出现异常症状，而当剂量大于0.1%（以SO_2计，615mg/kg）时，小鼠的生长出现抑制，这可能由于亚硫酸盐对食物中维生素B_1的破坏所致（FAO/WHO，1962）。

通过系列评估（包括亚硫酸盐代谢缺乏模型动物试验），亚硫酸盐类的NOEL为每天70mg/kg BW（以SO_2计），ADI值为0～0.7mg/kg BW（以SO_2计，FAO/WHO，2000）。

（1）二氧化硫（Sulfur Dioxide，CNS号：05.001，INS号：220）

二氧化硫为亚硫酐，为无色有刺激臭味的气体，无自燃和助燃性。在101.3kPa和0℃时，其蒸气密度为空气的2.26倍，常温下加压至392.2kPa即可液化成无色液体，－10℃时冷凝成无色液体，相对密度为1.436（0℃/4℃），熔点－75.5℃，沸点－10℃。易溶于水而成为亚硫酸，其溶解度约为10%（20℃），可溶于乙醇和乙醚，并可氧化为三氧化硫。

二氧化硫气体对眼和呼吸道黏膜有强烈刺激作用，若1L空气中含数毫克二氧化硫即可因声门痉挛窒息而死。我国规定二氧化硫在车间空气中的最高容许浓度为15mg/m^3。

二氧化硫溶于水形成亚硫酸，有抑制微生物生长的作用，可达到食品防腐的目的，但亚硫酸不稳定，即使常温下，若不密闭也易分解。加热则迅速分解为二氧化硫。

二氧化硫有还原作用，可消耗果蔬组织中的氧，破坏其氧化酶系统，故尚有抗氧化作用。

经二氧化硫漂白的物质可因其消失而复色，所以通常应在食品中残留一定量的二氧化硫。但残留量过高使制品带有二氧化硫气味，对所添加的香料、色素等均有不良影响，并且对人体不利，故使用时必须严格控制其残留量。

二氧化硫的使用范围和使用量见《食品添加剂使用标准》（GB 2760—2011）及增补公告。

（2）焦亚硫酸钾（Potassium metabisulfite，CNS号：05.002，INS号：224）

焦亚硫酸钾又称偏亚硫酸钾，为白色单斜晶系结晶或白色晶体粉末，有二氧化硫气味。易溶于水，难溶于乙醇，1%水溶液的pH值为3.5～4.5。在干燥空气中缓慢氧化而形成硫酸钾，在潮湿空气中易释放出二氧化硫。

焦亚硫酸钾是通过其分解反应产生的二氧化硫起漂白作用，除具有漂白作用外，还有防腐、抗氧化、稳定等作用。

焦亚硫酸钾的使用范围和使用量见《食品添加剂使用标准》（GB 2760—2011）及增补

公告。

(3)焦亚硫酸钠(Sodium pyrosulfite，CNS号：05.003，INS号：223)

焦亚硫酸钠又称偏亚硫酸钠，为白色或微黄色结晶粉末或小结晶，带有强烈的二氧化硫气味，在空气中能分解释放二氧化硫。易溶于水，微溶于乙醇且在水中的溶解度随温度升高而增大。焦亚硫酸钠溶于水后，生成亚硫酸氢钠溶液，两者在溶液中处于平衡状态，所以通常市售品是两者混合物，以焦亚硫酸钠为主，含量在93%以上。

焦亚硫酸钠的使用范围和使用量见《食品添加剂使用标准》(GB 2760—2011)及增补公告。

(4)亚硫酸钠(Sodium sulfite，CNS号：05.004，INS号：221)

亚硫酸钠有无水物和七水合物两种，无水亚硫酸钠为无色至白色结晶或晶体粉末，无臭，易溶于水，溶于甘油，微溶于乙醇。其水溶液呈碱性，1%水溶液的pH值为8.4~9.4，有强还原性，在空气中缓慢氧化成硫酸钠，与酸反应产生二氧化硫。七水合亚硫酸钠为无色结晶，无臭，易溶于水，加热至150℃时失去7分子结晶水成为无水亚硫酸钠。

亚硫酸钠为强还原剂，能产生还原性的亚硫酸。亚硫酸与呈色物质作用，将其还原，显示强烈的漂白作用。亚硫酸钠对氧化酶的活性有很强的抑制、破坏作用，所以对防止植物性食品的褐变(如制造果脯、果干时用于防止酶促褐变)有良好的效果。此外，亚硫酸能与葡萄糖发生加成反应，阻止了其余氨基酸的美拉德反应以及由此而产生的褐变。

亚硫酸钠溶液易于分解失效，最好现用现配。食品中若有金属离子，可将残留的亚硫酸钠氧化失效。生产时应注意避免金属离子混入，或同时使用金属离子螯合剂。

亚硫酸钠的使用范围和使用量见《食品添加剂使用标准》(GB 2760—2011)及增补公告。

(5)亚硫酸氢钠(Sodium bisulfite，CNS号：05.006，INS号：222)

亚硫酸氢钠为白色或黄白色结晶或粉末，有强烈的二氧化硫气味。在空气中不稳定，缓慢地氧化成硫酸钠并释放出二氧化硫。易溶于水，难溶于乙醇。水溶液呈酸性，1%水溶液的pH值为4.0~5.5。亚硫酸氢钠具有强还原性，对维生素B_1有破坏作用，故不能用于谷物、肉类和乳制品中。

亚硫酸氢钠的使用范围和使用量见《食品添加剂使用标准》(GB 2760—2011)及增补公告。

(6)低亚硫酸钠(Sodium hyposulfite，CNS号：05.005)

低亚硫酸钠又称连二亚硫酸钠、次硫酸钠，也叫保险粉，易溶于水，不溶于乙醇。低亚硫酸钠为白色晶体粉末，有时微带黄色或灰色，有二氧化硫的臭味。有很强的还原性，极不稳定，易氧化分解而析出硫，为亚硫酸盐类漂白剂中还原漂白能力最强者。长时间放置在空中会失去漂白能力，并可能燃烧。

低亚硫酸钠的使用范围和使用量见《食品添加剂使用标准》(GB 2760—2011)及增补公告。

(7)硫磺(Sulphur，CNS号：05.007)

硫磺为黄色脆性结晶，易燃烧，不溶于水，微溶于乙醇、乙醚，易溶于二硫化碳、四氯化碳。其漂白性能与亚硫酸钠相同。

硫磺不可直接加入食品，仅用于熏蒸。熏蒸时的用量及时间依不同需求而定。熏硫处理必须注意安全，熏房应严密，硫磺易燃注意防火，保证通风良好。

硫磺的使用范围和使用量见《食品添加剂使用标准》(GB 2760—2011)及增补公告。

8.3 漂白剂在食品工业中应用

目前，在果脯加工过程中，使用较多的是含二氧化硫的添加剂，通过其所具有的还原能力抑制、破坏果脯中的变色基团，使果脯褪色或免于发生褐变。使用二氧化硫作为添加剂主要有两个用途：①用于果干、果脯等漂白，令其外观色泽均匀；②二氧化硫还具有防腐、抗氧化等功效，能使食品延长保质期。二氧化硫可与呈色物质作用而进行漂白，同时还具有还原作用可以抑制氧化酶的活性，从而抑制酶促褐变。由于亚硫酸可与葡萄糖作用而阻断由于羰氨反应所造成的非酶褐变。一般在果脯加工过程中要求漂白剂除了对果脯色泽有一定作用外，对果脯品质、营养价值及保存期应有良好的作用。

制作桃脯时，先将预清理好的桃切半、去核后，浸于4% ~6%煮沸的氢氧化钠溶液中10s，捞出用清水漂洗干净，再进行熏硫处理30 ~ 60min，硫磺用量相当于原料质量的0.2% ~0.3%，也可用0.5% ~0.6%亚硫酸氢钠溶液浸泡，再经糖煮、晾(烘)干即可。

一般熏硫时硫磺用量为原料的0.3%左右，或者用0.5%左右的亚硫酸氢钠溶液进行浸泡即可达到果脯生产需求。

8.4 食品漂白剂发展趋势

我国允许使用的漂白剂均为亚硫酸盐类，包括二氧化硫、硫磺、亚硫酸盐、亚硫酸氢盐、焦亚硫酸盐、低亚硫酸盐等，其有效成分为二氧化硫，残留量通常是以二氧化硫计，这类物质在食品中的安全性取决于二氧化硫的残留量。因此，食品中二氧化硫的残留控制就显得特别重要。二氧化硫在果蔬加工中具有抑制氧化酶、美拉德反应、漂白、抗氧化等功能，可保持果蔬加工制品良好的色泽和感官品质。但是人体长期摄入二氧化硫及亚硫酸盐等会破坏维生素 B_1，影响生长发育，易患多发性神经炎，出现骨髓萎缩等症状，也会造成肠道功能紊乱，从而引发剧烈腹泻、头痛、损害肝脏，影响人体营养吸收，严重危害人体的消化系统健康。在当今国家越来越关注食品安全的大环境下，除了探索新的二氧化硫脱除方法外，寻找优于亚硫酸盐的替代品亦是刻不容缓的任务。

8.4.1 食品漂白剂新产品研发

食品漂白剂新产品的主要诉求均是无硫漂白剂，包括复配添加剂、二氧化氯等。龚平(2009)研究了竹笋在干燥预处理中添加无硫护色剂以达到无硫的加工。竹笋的无硫护色技术研究表明，0.1%柠檬酸、0.1%抗坏血酸、0.2%半胱氨酸、0.3% EDTA -2Na护色效果较好，其中0.3% EDTA -2Na护色效果最佳。

市售无硫漂白剂中有用二氧化氯(含量20%)作为主要成分，二氧化氯为红色至黄色气体，具有刺激性气味，分子式为 ClO_2，相对分子质量为67.5，熔点 -59℃，沸点11℃，0℃时的相对密度为1.6，20℃在水中的溶解度为8g/L。二氧化氯的 LD_{50} 为94mg/kg BW；NOA-

EL 为 2. 8mg/m^3(WHO，2002)。目前，稳定态二氧化氯在我国作为防腐剂管理。国内外已经将 ClO_2广泛应用于食品保鲜领域，其中在大久保桃(龚宇同等，2004)、葡萄(傅茂润等，2005)、冬枣(张顺和等，2006)、菠菜(潘燕，2006)、哈密瓜(胡双启等，2007)、杏(李成等，2007)等果蔬的保鲜中已经得到了很好的应用。钟梅等(2009)以草莓为材料，研究二氧化氯对其营养成分及果实品质的影响，结果表明二氧化氯对 pH 值、总糖度和可滴定酸的影响较小，并且在不同程度上抑制了霉菌的生长，有效地延长了果实货架期，保证草莓的品质。牛瑞雪等(2009)以"秦美"猕猴桃为试验材料，研究 ClO_2对其保鲜及贮藏品质的影响，结果表明，80mg/L ClO_2处理 10min 可以延缓猕猴桃果硬度的下降，有效抑制乙烯的释放速率，并能保持可溶性糖、维生素 C 和可滴定酸等物质的含量，同时对猕猴桃贮藏后期的腐烂也有明显抑制作用。袁道强等(2001)将 ClO_2应用板栗的保鲜试验中，在 23℃条件下可保鲜 56d，保鲜率能达到 95%，且保鲜前后板栗营养成分的含量和口味无明显变化。二氧化氯的漂白更多地用于造纸工艺的纸浆漂白，而在食品中的漂白应用报道并不多见，刘吟(2010)以双孢蘑菇为材料，研究双孢蘑菇采后褐变的相关生理生化变化及其保鲜技术研究，结果显示，用浓度为 150mg/L 的 ClO_2溶液处理双孢蘑菇 10min 能够有效保持双孢蘑菇的白度，降低褐变程度，延缓萎蔫情况，并且能够降低贮藏期间双孢蘑菇子实体可溶性蛋白含量的损失，抑制蛋白质降解。郑守晶(2011)对银耳采用 ClO_2浸泡和熏蒸工艺进行漂白研究，发现漂白后的银耳白度比初始银耳白度提高约 30%。且 ClO_2残留量低于《食品添加剂使用标准》(GB 2760—2011)规定的 ClO_2最大添加量(0. 01g/kg)。

8. 4. 2 食品漂白剂新技术开发

(1)二氧化硫残留控制

食品中二氧化硫的残留控制主要包括两方面内容，一方面是规范食品中二氧化硫及其盐类的使用；另一方面是对食品加工中产生的二氧化硫进行脱除。二氧化硫脱除一般有 3 种方法：离子交换法、化学氧化法和酶法，但是 3 种方法各有不足。探索新的二氧化硫脱除方法是近年来科研工作者研究的重点，但是到目前为止，还没有一种完善的方法能够彻底解决这一难题(陈玉梅，2010)。

(2)臭氧漂白技术处理

臭氧是一种强氧化剂，具有消毒、杀菌、脱色等功能。最重要的是臭氧在马铃薯淀粉中无任何化学残留。杜秀芳(2010)在实验室的条件下，确定了臭氧对马铃薯淀粉漂白的最佳漂白工艺条件为：薯水比为 1∶3，臭氧停留时间为 25min，柠檬酸的添加量 0. 15%，反应温度为 20℃，洗涤次数为 5 次。经臭氧作用后的淀粉白度可提高约 2. 9%，且仍然保持着天然的颗粒，无异味与任何化学残留，安全性较好。臭氧对马铃薯淀粉具有显著的杀菌作用，浓度在 50μL/L 以内对马铃薯淀粉表面只产生极微弱的氧化作用，不足以影响淀粉内在物质变化。菌落总数比对照组减少 60% 以上，有效地遏制微生物超标问题。臭氧是解决马铃薯淀粉微生物超标问题较理想的杀菌剂。但是经臭氧作用后淀粉的峰值黏度下降 6% 左右，对其他品质指标几乎没有影响。

案例分析

食品漂白剂超范围超量使用问题

背景：

2010年5月20～26日，北京市工商局抽取食品样本625个，发现不合格样本6个，并令其停售。停售原因主要是二氧化硫、甜蜜素超标。不合格样品包括野山椒、食用菌等，主要是瓶装或袋装的“小菜”。

序号	样品名称	规格型号	生产批次	不合格项目
1	野山椒	300克/瓶	2009.07.15	二氧化硫
2	盐渍食用菌(滑子菇)	2 000克/桶	2010.02.01	二氧化硫
3	腌制食用菌(草菇)	3 200克/桶	2010.02.04	二氧化硫、苯甲酸
4	清水马蹄	360克/瓶	2009.12.26	二氧化硫
5	金针菇	400克/袋	2010.01.27	二氧化硫

此外，食品漂白剂除二氧化硫残留超标外，还存在超范围使用的问题，迄今为止，被曝光的超范围使用食品漂白剂的食品有：病死母猪肉做肉松，为改变肉制品的色泽，加入大量双氧水使死猪肉变色；企业制造椰果时，加入大量双氧水，使椰果晶莹透亮；用氧化漂白剂掩盖肉类、海产的腐败变质外观；将含甲醛成分的致癌工业用品“吊白块”添加到米粉、腐竹等食品中。

分析：

有些食品原料因为品种、运输、贮存的方法不同或者采摘期的成熟度不同，颜色存在差异，这样可能因颜色不一致而影响食品的感官品质。因此，为了除去食品原料中不良颜色或者使制品有均一的色泽，在食品加工过程中需要适量使用漂白剂亚硫酸盐。

亚硫酸盐加入食品后，在加热、搅拌等过程中，大部分变为二氧化硫挥发散失，少量残留随食品进入人体后，将被氧化成为硫酸盐，通过正常解毒后，排出体外，对人体可以认为安全无害。用亚硫酸盐漂白的食品，由于二氧化硫的消失易变色，所以通常在食品中残留过量的二氧化硫，因此，为避免食品中漂白剂用量超标而引起不良反应，生产企业应严格依据我国《食品添加剂使用标准》(GB 2760—2011)中规定，控制漂白剂的使用范围、用量及残留量。

纠偏措施：

针对抽查中反映出的主要质量问题，国家质检总局已责成各地质量技术监督部门严格按照产品质量法等有关法律、法规的规定，对抽查中产品质量不合格的企业依法进行处理，并限期整改。同时，公布抽查中质量较好的产品及其生产企业名单，引导消费者选购。要切实解决“违法添加非食用物质和滥用食品添加剂”问题，首先要从源头加大监控的力度，加强对可能进入食品加工环节的非食用物质的生产、运输，尤其是最终流向的监管。防止非食用物质进入食品生产领域。此外，尽快制定可能在食品加工过程当中食品的非食用物质的检测方法，加大检测力度，防止添加了非食用物质的食品流向市场。

在食品中超范围、超量使用食品漂白剂是一种严重违法犯罪行为，政府部门应严厉追究不按照规定使用食品漂白剂的相关企业和个人的刑事责任。食品生产加工企业应进一步强化食品安全意识和法律、法规、标准意识，严格执行《食品安全法》和《食品添加剂使用标准》的规定，建立食品安全控制关键岗位责任制，在限定的范围和使用量内规范使用食品漂白剂。

思考题

1. 简述漂白剂的分类、特点及使用范围。
2. 简述漂白剂的使用注意事项。
3. 举例说明食品漂白剂抑制食品褐变机制。
4. 以粉丝、粉条产品为例，设计其漂白工艺方案。

参考文献

白小军. 2008. 护色剂在食品加工中的应用[J]. 宁夏农林科技(5)：60 – 61.
曹雁平，刘玉德. 2003. 食品调色技术[M]. 北京：化学工业出版社.
陈玉梅. 2010. 亚硫酸盐类在食品中的应用及残留控制[J]. 检验检疫学刊，20(3)：22 – 24.
杜秀芳. 2010. 臭氧处理对马铃薯淀粉白度及储藏品质影响的研究[D]. 呼和浩特：内蒙古农业大学.
傅茂润，杜金华，谭伟，等. 2005. 二氧化氯(ClO_2)对葡萄贮藏品质的影响[J]. 食品与发酵工业，31(4)：154 – 157.
龚平. 2009. 高复水性无硫竹笋干生产技术研究[D]. 西南大学硕士学位论文.
龚宇同，宗文. 2004. 复合型二氧化氯保鲜剂对大久保桃采后生理的影响[J]. 食品工业科技，9：126 – 128.
郝玲玲，涂宗财. 1998. 羊肉烤制品软罐头的研制[J]. 食品工业科技(3)：58 – 59.
胡双启，晋日亚. 2007. 气体二氧化氯对水果的杀菌作用及其应用前景展望[J]. 中国安全科学学报，17(3)：153 – 155.
黄文，蒋予箭，汪志君，等. 2006. 食品添加剂[M]. 北京：中国计量出版社.
金文刚，师文添，张海峰. 2007. 新型肉制品发色剂的研究进展[J]. 肉类工业(12)：41 – 43.
李成，章文霞. 2007. 稳定性二氧化氯处理对杏保鲜的影响研究[J]. 太原科技(7)：82 – 83.
李盛华，刘福强. 2008. 低温肉制品复合护色剂的研制[J]. 中国食品添加剂(12)：130 – 135.
林春棉，徐明仙，陶雪文. 2004. 食品添加剂[M]. 北京：化学工业出版社.
刘吟. 2010. 双孢蘑菇采后褐变的相关生理生化变化及其保鲜技术研究[D]. 武汉：华中农业大学.
刘志皋，高彦祥. 1994. 食品添加剂基础[M]. 北京：中国轻工业出版社.
牛瑞雪，惠伟和，李彩香，等. 2009. 二氧化氯对“秦美”猕猴桃保鲜及贮藏品质的影响[J]. 食品工业科技，1(30)：289 – 292.
潘燕. 2006. ClO_2在菠菜贮藏保鲜安全质量控制中的应用[D]. 泰安：山东农业大学.
孙承锋，杨建荣，贺红军. 2005. 苹果多酚对鲜肉色泽稳定性及脂肪氧化的影响[J]. 食品科学，26(9)：153 – 156.
王柏琴，杨洁彬，刘克. 1995. 红曲色素在发酵香肠中代替亚硝酸盐发色的应用[J]. 食品与发酵工业(3)：60 – 61.
杨锡洪，夏文水. 2005. 亚硝酸盐替代物 – 组氨酸发色作用的研究[J]. 食品与生物技术学报，24(5)：102 – 106.
袁道强，舒有琴，赵立魁. 2001. 二氧化氯板栗保鲜剂的应用研究[J]. 山西果树，3：4 – 5.
曾友明，丁泉水. 2003. 低温肉制品护色研究[J]. 食品工业科技，24(5)：25 – 26.

张顺和，张超. 2006. ClO_2对冬枣贮藏品质的影响[J]. 现代食品科技(3)：84－86.
郑守晶. 2011. 银耳二氧化氯漂白工艺及其动力学研究[D]. 福州：福建农林大学.
钟梅，吴斌，武建明，等. 2009. 二氧化氯对草莓营养成分及果实品质的影响[J]. 食品科技，5(34)：46－49.
钟耀广，南庆贤. 2001. 发色剂在肉品加工中的应用[J]. 肉类加工(11)：17－18.
LARRY B A, MICHAEL D P, SALMINEN S, et al. 2002. Food Additives[M]. 2nd ed. Mercel Dekker, INC.

第4篇

调味增香类食品添加剂

第9章
食品调味剂

学习目标

熟悉食品调味剂(酸度调节剂、甜味剂、增味剂)的定义和分类，掌握常用调味剂的功能特性和使用方法，了解调味剂在食品加工中的应用和发展趋势。

9.1 食品酸度调节剂

9.1.1 酸度调节剂定义与分类

酸度调节剂(acidity regulators)又称酸味剂、酸化剂、pH值调节剂，是用以维持或改变食品酸碱度的食品添加剂。酸味剂不仅能赋予食品酸味，并能给味觉以爽快的刺激，改善食品风味，促进食欲和帮助消化；酸味剂有助于溶解纤维素及钙、磷等物质，增强营养吸收，与金属离子络合，具有阻止氧化或抑制褐变、稳定色泽、降低浊度、增强胶凝特性等作用，还具有一定的防腐功效。

我国《食品添加剂使用标准》(GB 2760—2011)已批准许可使用的酸度调节剂有：柠檬酸、乳酸、酒石酸、苹果酸、偏酒石酸、磷酸、乙酸(包括低压羰基化法冰乙酸)、已二酸、盐酸、富马酸、碳酸钾、碳酸钠、柠檬酸钠、柠檬酸钾、碳酸氢三钠、柠檬酸一钠、碳酸氢钾、磷酸三钾、磷酸钙、氢氧化钙、氢氧化钾、L-(+)-酒石酸、乳酸钙、富马酸一钠、DL-苹果酸钠、葡萄糖酸钠共26种。按化学性质可分成：①无机酸：磷酸、盐酸；②无机碱：氢氧化钾、氢氧化钙；③有机酸：柠檬酸、苹果酸、乳酸、酒石酸、偏酒石酸、富马酸、乙酸、已二酸等；④无机盐：碳酸钾、碳酸钠、磷酸钙、磷酸三钾、碳酸氢钾、碳酸氢三钠等；⑤有机盐：柠檬酸钠、柠檬酸钾、柠檬酸一钠、富马酸一钠、葡萄糖酸钠等。按滋味(愉快感)的不同可分成：①愉快酸味：柠檬酸、L-苹果酸；②伴有苦味：DL-苹果酸；③伴有涩感：磷酸、乳酸、酒石酸、偏酒石酸、富马酸；④其他：乙酸(刺激性气味)。

9.1.2 酸味与酸味特征

酸味是由舌黏膜受氢离子刺激而引起，故凡在溶液中能离解氢离子的化合物都具有酸味。大多数食品的 pH 值为 5.0～6.5，呈弱酸性，但无酸味感，若食品 pH≤3.0，则酸味感强，但酸味强弱不能只用 pH 值衡量，还与可滴定酸度、缓冲效应、酸的阴离子对味蕾的刺激作用等有关。在同一 pH 值下，常见酸味剂的酸味强弱顺序依次为乙酸＞甲酸＞乳酸＞草酸＞盐酸。通常以柠檬酸的酸度为标准，将其酸度定为 100，则酒石酸的比较酸度为 120～130，磷酸为 200～230，富马酸为 263，L－抗坏血酸为 50。

各种酸的性质不同，其呈味特征也有区别（图 9-1）。磷酸有涩感，可凸显可乐型饮料的香型；柠檬酸的酸味缓和爽口，使用最多；苹果酸酸味保留时间长，可改善甜味剂及药物的余味；酒石酸具有独特的香味。只使用柠檬酸（除柠檬汁外），产品口感显得比较单薄，因为柠檬酸的刺激性较强，呈酸味快，酸味消失也快，回味性差。而苹果酸则呈酸味慢，酸味消失也慢，回味长，所以柠檬酸常与其他酸味剂如苹果酸、酒石酸合用，使产品酸味浑厚丰满。据统计，美国使用量最多的是柠檬酸（占 73%），其次是磷酸（占 15%）、顺丁烯二酸（占 4%），而后是乙酸、富马酸、酒石酸（各占 1%）；我国使用量最多的也是柠檬酸，其次是乙酸和乳酸。

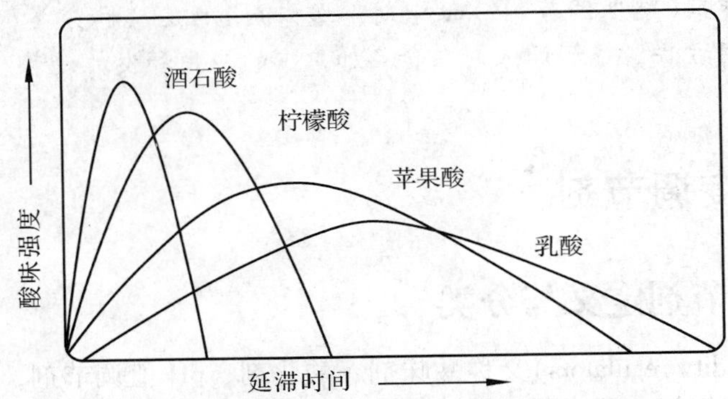

图 9-1　不同酸度调节剂的时间－强度曲线（示意图）

酸味剂与其他调味剂存在相互作用，酸味剂与甜味剂之间有消杀现象，两者易互相抵消，酸味与苦味、咸味一般无消杀现象，酸味与涩味物质混合，使酸味增强。

9.1.3　常用有机酸度调节剂

（1）柠檬酸（Citric acid，CNS 号：01.101，INS 号：330）

柠檬酸又名枸橼酸，3－羟基－3－羧基戊二酸，溶于水、乙醇、丙酮，不溶于乙醚、苯，微溶于氯仿。在室温下，柠檬酸以无水合物或者一水合物的形式存在，为无色半透明晶体或白色颗粒（粉末），无臭、味极酸，在潮湿的空气中有微弱潮解性。柠檬酸从热水中结晶时，生成无水合物；在冷水中结晶则生成一水合物。加热到 78℃时一水合物会分解得到无水合物。在 15℃时，柠檬酸也可在无水乙醇中溶解。其钙盐在冷水中比在热水中易溶解，此性质常用来鉴定和分离柠檬酸。

柠檬酸的 LD_{50} 为 6 730mg/kg BW（大鼠，经口）；ADI 值不需要规定（FAO/WHO，1967）。但在婴幼儿配方食品及辅助食品中特别指出要按生产需要适量使用。在人体中，柠檬酸为三羧酸循环的重要中间体，无蓄积作用，但多次内服大量高浓度柠檬酸的饮料，可腐蚀牙齿珐琅质。

柠檬酸的酸味纯正、温和、芳香可口，其味觉阈值在0.02%~0.08%，易与多种香料配合而产生清爽的酸味，适用于各类食品的酸度调节。

柠檬酸在食品工业中的应用具体包括：

①酸度调节剂　柠檬酸广泛用于各种饮料、果汁、罐头、糖果、果酱、果冻的生产，使产品的酸味清爽可口，并能增强果味的香甜。在糖水罐头中添加，除改进风味外，可抑制微生物生长，防止褐变，还可以降低杀菌条件。在果酱中添加柠檬酸可促进蔗糖转化，防止蔗糖晶体析出而引起返砂。在肉制品中，作为发色剂的增效剂使用，收到良好的效果。

②抗氧化剂增效剂　柠檬酸可作为抗氧化剂增效剂添加到食品中，将金属离子螯合，使之钝化；也有观点认为柠檬酸作为增效剂可与抗氧化剂反应的产物基团(A·)提供氢，而使抗氧化剂获得再生。

③与脂肪酸单双甘油酯合用作为乳化剂　在人造奶油、冰淇淋生产中添加柠檬酸有利于脂肪的破乳、凝结，从而提高产品质量，使产品口感细腻。

④护色剂　柠檬酸在虾、贝、蟹、牡蛎等水产品以及水果、蔬菜的加工中均能抑制酶促褐变，解决变色、变味问题，发挥很好的护色作用。例如，海产品加工前用0.25%~1%的柠檬酸和0.01%~0.03%异抗坏血酸钠溶液浸泡，可抑制褐变。柠檬酸与异抗坏血酸混合溶液还能延缓香蕉、梨、甜菜片和土豆片的变色。

⑤香料及除味剂　柠檬酸也是我国《食品添加剂使用标准》(GB 2760—2011)允许使用的食品用香料之一(编号为S0317)。柠檬酸还可以作为香料稳定剂添加到许多食品包装材料中，发挥保鲜除异味作用。

⑥其他应用　柠檬酸作为漂白剂的增效剂用于处理薯类淀粉，用量0.025g/kg。柠檬酸作为化学膨松剂，用于焙烤食品使产品膨松、酥脆。

柠檬酸的使用范围和使用量见《食品添加剂使用标准》(GB 2760—2011)及增补公告。

(2)乳酸(Lactic acid，CNS号：01.102，INS号：270)

乳酸又名2-羟基丙酸，为无色或微黄色的黏稠状液体，是乳酸和乳酸酐的混合物。一般乳酸的浓度为85%~92%，几乎无臭，味微酸，有吸湿性，水溶液呈酸性。可与水、乙醇、丙酮任意混合，不溶于氯仿。乳酸存在于发酵食品、腌渍食品、果酒、清酒、酱油及乳品中，具有较强的杀菌作用，可防止杂菌生长，抑制异常发酵。但因具有特异收敛性酸味，故使用范围不如柠檬酸广泛。

乳酸的LD_{50}为3 730mg/kg BW(大鼠，经口)；ADI值不需要规定(FAO/WHO，1973)。乳酸异构体有DL-型、D-型和L-型3种。由于人体和动物体内只含有L-乳酸脱氢酶，只能利用自身产生或摄入的L-乳酸。因此，过量食用D-乳酸和DL-乳酸，会导致血液中富含D-乳酸，尿液出现高酸现象，引起代谢紊乱。成年人每日吸收的D-乳酸必须限制在100mg/kg BW之下(FAO/WHO，1994)。由于婴儿缺乏代谢D-乳酸的酶，因此D-乳酸、DL-乳酸不得用于3个月以下的婴儿食品中。

乳酸及其衍生物在食品工业中有广泛的应用，可在糖果、饮料、果汁、葡萄酒和乳制品中作为增香剂、酸味剂或者防腐剂，在啤酒生产过程中作为酸味剂代替磷酸；用于果酱、果冻时，其添加量以保持产品的pH 2.8~3.5为宜；用于乳酸饮料和果味饮料时，一般多与柠檬酸并用；还用于配制酒、果酒、白酒的调酸、调香。乳酸的使用范围和使用量见《食品添加剂使用标准》(GB 2760—2011)及增补公告。

(3)苹果酸(Malic acid，CNS号：01.104，INS号：296)

苹果酸又名羟基琥珀酸，2－羟基丁二酸，以3种形式存在，即D－苹果酸、L－苹果酸及其混合物DL－苹果酸。苹果酸为白色结晶体或结晶状粉末，有较强的吸湿性，易溶于水、乙醇，有特殊愉快的酸味。酸味较柠檬酸强约20%，呈味缓慢，且保留时间长、爽口，但微有苦涩味。

苹果酸的LD_{50}为1.6～3.2g/kg BW(1%水溶液，大鼠，经口)；ADI值不需要规定(FAO/WHO，1999)。

苹果酸在水果加工中使用有很好的抗褐变作用。苹果酸一般多与柠檬酸并用，如苹果酸60%加柠檬酸40%更接近天然苹果酸味；用于果汁、清凉饮料、果酱、果冻以保持pH 2.8～3.5为宜，还可适量用于罐头、糖果、焙烤食品等，以及作为护色剂添加于烫漂和冷却水中，用于速冻花椰菜等。苹果酸的使用范围和使用量见《食品添加剂使用标准》(GB 2760—2011)及增补公告。

(4)酒石酸(Tartaric acid，CNS号：01.103，INS号：334)

酒石酸又名二羟基琥珀酸，2,3－二羟基丁二酸，有D－酒石酸、L－酒石酸和DL－酒石酸，白色结晶性粉末、无臭，易溶于水，稍有吸湿性，存在于多种植物中(如葡萄和罗望子)，以酒石酸氢钾的形式存在，也是葡萄酒中主要的有机酸之一。

酒石酸的LD_{50}为4 360mg/kg BW(小鼠，经口)；L－酒石酸的ADI值为0～30mg/kg BW(L－酒石酸与其钾盐、钠盐及钾钠盐的类别ADI，FAO/WHO，1994)，DL－酒石酸的ADI值不需要规定(FAO/WHO，1994)。

酒石酸添加到食品中，可以使食品具有酸味，口感稍涩。酒石酸主要用在饮料产品中，一般很少单独使用，多与柠檬酸、苹果酸等并用，特别适合添加到葡萄汁及其制品中，也可作为速效合成膨松剂的酸味剂使用。酒石酸、L(＋)－酒石酸和偏酒石酸的使用范围和使用量见《食品添加剂使用标准》(GB 2760—2011)及增补公告。

9.1.4 常用无机酸度调节剂

(1)磷酸(Phosphoric acid，CNS号：01.106，INS号：338)

磷酸为无色透明糖浆状液体，无臭。含量为85%的磷酸，相对密度为1.59，极易溶于水和乙醇。若加热到150℃时则为无水物，200℃时缓慢变成焦磷酸，300℃以上变成偏磷酸。磷酸酸味强度为柠檬酸的2.0～2.3倍，有强烈的收敛感和涩感。

用含0.4%、0.75%磷酸的饲料饲喂大鼠，经90周3代试验，发现磷酸对生长和生殖无不良影响，在血液及病理学上也未见异常。磷酸的LD_{50}为1 530mg/kg BW(大鼠，经口)。由于磷是人体需要的一种营养素，也是食品的组成成分，不可能制订确切的日容许摄入量，因此，JECFA决定用最大可容许日摄入量(maximum tolerable daily intake，MTDI)表示其安全性。磷酸的MTDI为70mg/kg BW(以磷计，FAO/WHO，1982)，适用于食品中所有天然存在的磷酸盐或聚磷酸盐，也包括磷酸、磷酸氢二铵、磷酸钙、磷酸镁、磷酸钠盐(一钠、二钠、三钠)、三聚磷酸钠、六偏磷酸钠、焦磷酸钠等。

磷酸可用作螯合剂、抗氧化剂和pH值调节剂及增香剂。在果酱中使用少量磷酸，以调节果酱能形成最大胶凝的 pH 值；在饮料、糖果和焙烤食品中用作增香剂；生产汽水和酸梅汁用磷酸代替柠檬酸作酸味剂，是构成可乐风味不可缺少的酸度调节剂；啤酒糖化时用磷酸代替乳酸调节 pH 值；磷酸作为酵母营养剂，可提高其发酵能力，酿酒时可作为酵母的磷源，能促进细胞核生长，还能防止杂菌生长。

磷酸的使用范围和使用量见《食品添加剂使用标准》(GB 2760—2011)及增补公告。

(2)盐酸(Hydrochloric acid，CNS 号：01.108，INS 号：507)

盐酸为无色或浅黄色透明液体，是氯化氢的水溶液，一元酸。能与水和乙醇任意混溶，溶于苯，呈强酸性。能与许多金属和金属的氧化物起作用，能与碱中和，与磷、硫等非金属均无作用。

盐酸在食品加工中，有诸多用途，如配制标准溶液滴定碱性物质、调节溶液的酸碱度、水解淀粉和蛋白质等。

盐酸是胃液的一种成分(浓度约为 0.5%)，对消化功能有重要作用，它能使胃液保持激活胃蛋白酶所需要的最适 pH 值，还能使食物中的蛋白质变性而易于水解，以及杀死随食物进入胃里的细菌。此外，盐酸进入小肠后，可促进胰液、肠液的分泌以及胆汁的分泌和排放，它所造成的酸性环境还有助于小肠内铁和钙的吸收。其 ADI 值无特殊规定(FAO/WHO，1967)。

盐酸的使用范围和使用量见《食品添加剂使用标准》(GB 2760—2011)及增补公告。

9.2 食品甜味剂

9.2.1 食品甜味剂定义与分类

甜味剂(sweeteners)是赋予食品以甜味的食品添加剂。目前世界上使用的甜味剂品种较多，有几种不同的分类方法：按其来源分为天然甜味剂和合成甜味剂；按其营养价值分为营养性甜味剂和非营养性甜味剂；按其化学结构和性质分为糖类和非糖类甜味剂。甜味剂的分类情况见图 9-2。

- 甜味剂
  - 天然甜味剂
    - 糖质型
      - 糖类：低聚麦芽糖、大豆低聚糖等
      - 糖醇：木糖醇、山梨糖醇、麦芽糖醇、赤藓糖醇等
    - 非糖质型
      - 配糖体：甘草素、甜菊糖苷、罗汉果甜苷等
      - 蛋白质：索马甜、植物甜蛋白等
  - 合成甜味剂：糖精、甜蜜素、阿斯巴甜、三氯蔗糖等

图 9-2 甜味剂分类

甜味剂具有改善口感，调节和增强风味，掩盖不良风味的作用。在饮料中，“糖酸比”是饮料的重要感官品质指标，酸味、甜味相互作用，使产品的风味更加适口。

一种理想的甜味剂应具备安全，口感清爽纯正，味道似蔗糖，低热量，高甜度，化学和生物稳定性高，不会引起龋齿，价格合理的特性。甜味剂以既能满足人们对甜度的偏爱，又不会引起副作用，并对肥胖症、糖尿病具有一定辅助治疗作用为佳。

9.2.2 甜味与甜味特征

甜味是甜味剂或甜味物质分子刺激味蕾产生的一种复杂的物理、化学和生理过程，是易被人们接受且最感兴趣的一种基本味。甜味的高低称为甜度，是甜味剂的重要指标。甜度不能绝对地用物理和化学方法测定，只能凭借人的味觉进行判断，所以没有表示甜度绝对值的标准。为了比较甜味剂的甜度，一般选择蔗糖作为标准，其他甜味剂的甜度与它比较而得出相对甜度。

甜味剂的甜度受溶液浓度、温度等因素影响，一般而言，随着甜味剂浓度的上升，甜味剂溶液的甜度增加，如葡萄糖溶液在质量分数8%时的甜度为0.53，在35%时的甜度为0.88，当葡萄糖质量分数高于40%时，甜度与相同浓度蔗糖溶液的甜度无显著差异。不同温度条件下，糖溶液中糖分子不同构型的平衡也显著影响糖溶液的甜度，如0℃时果糖比蔗糖甜1.4倍，在60℃时果糖仅为蔗糖溶液甜度的0.80。

部分甜味剂共用时还存在协同作用，甜味协同作用是指两种甜味剂混合后带来的甜度比其中任何一种甜味剂单独使用时更强，最显著的甜味协同作用发生在阿斯巴甜与安赛蜜之间。表9-1(Schiffman等，2000)所列的甜味剂组合所表现的甜味协同效应可能来源于添加剂复配的“消杀”效应。以阿斯巴甜为例，阿斯巴甜的甜味能有效消杀糖精或安赛蜜等甜味剂的后苦味，阿斯巴甜通过简单的抑制糖精或安赛蜜的后苦味，从而使糖精或安赛蜜被其后苦味所掩蔽的甜味得以释放并被感知，从而产生比单一甜味剂更甜的感知。尽管有关复配甜味剂对甜味影响的报道尚不多见，但复配甜味剂中，甜味剂的种类越多，获得的甜感越接近蔗糖。

表9-1 甜味剂之间协同效应

协同作用的甜味剂组合	协同作用强弱
甘露糖醇—纽甜—糖精钠	+ +
甘露糖醇—纽甜—甜菊糖苷	+ +
甘露糖醇—糖精钠—甜菊糖苷	+ +
甜蜜素—山梨糖醇—甜菊糖苷	+ + +
甜蜜素—糖精钠—甜菊糖苷	+
甜蜜素—糖精钠—山梨糖醇	+ + +
甜蜜素—莱鲍迪苷—糖精钠	+
甜蜜素—纽甜—甜菊糖苷	+ +
甜蜜素—纽甜—糖精钠	+
甜蜜素—纽甜—莱鲍迪苷	+ + +
阿斯巴甜—山梨糖醇—甜菊糖苷	+ + +
阿斯巴甜—糖精钠—甜菊糖苷	+
阿斯巴甜—安赛蜜—甜菊糖苷	+
阿斯巴甜—甜蜜素—纽甜	+ + +
安赛蜜—阿斯巴甜—山梨糖醇	+

（续）

协同作用的甜味剂组合	协同作用强弱
安赛蜜—甘露糖醇—纽甜	+ + +
安赛蜜—纽甜—山梨糖醇	+ +
阿力甜—纽甜—甜菊糖苷	+
纽甜—莱鲍迪苷—糖精钠	+
纽甜—糖精钠—甜菊糖苷	+
纽甜—山梨糖醇—甜菊糖苷	+ +
纽甜—甜菊糖苷—索马甜	+

9.2.3 甜味剂特点

食品甜味剂具有如下特点：①安全性高；②味觉良好；③稳定性高；④水溶性好。蔗糖作为天然甜味物质的代表，不仅能够给食品提供甜味，而且具有组织赋形、提供热量、促进凝胶、降低冰点、产生焦糖化等作用。甜味剂以蔗糖作为参照，在实际应用过程中，除了单一的甜味特性外，还考虑与食品基质中的其他成分共同作用，引起不同的甜味感受。不同甜味剂所呈现的甜味感觉不同，有的甜味剂不仅带有酸味、苦味、金属味，而且从入口到感觉到甜味的时间上存在明显差异，甜味的保留时间也不一致，几种甜味剂的时间 – 甜度曲线见图 9-3。糖醇类甜味剂的甜味强度与蔗糖接近或略低，部分甜味剂（如木糖醇）由于溶解吸热而呈现突出的清凉感。将高倍甜味剂与糖醇类甜味剂合并使用，可使产品的功能性和口感更接近蔗糖。

甜味剂产生的综合甜味感受不仅与温度、食品种类有关，还与评价人员的年龄、性别、

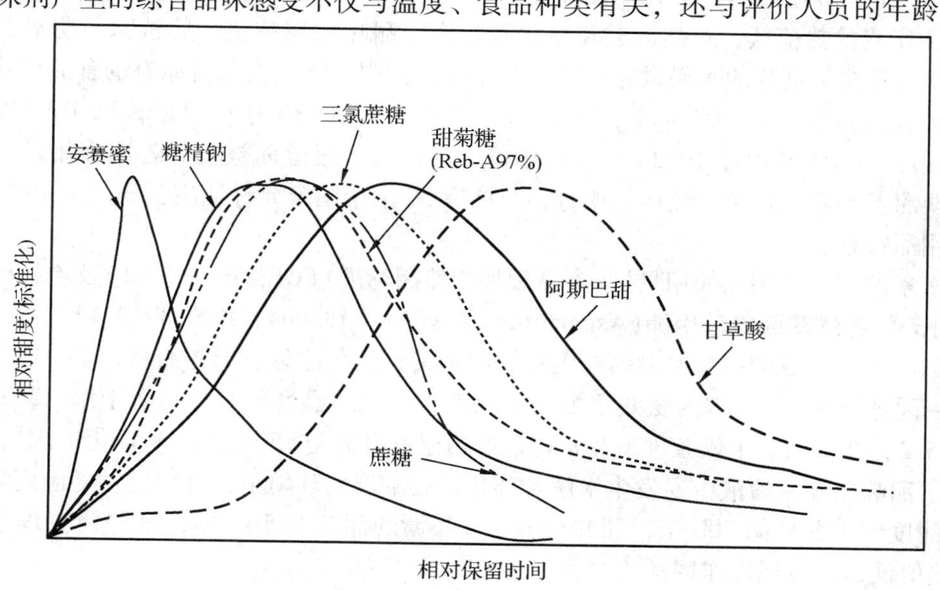

图 9-3 不同甜味剂时间 – 甜度曲线（示意图）

饥饿状态、睡眠状态等相关，在选用甜味剂时，需要综合考虑甜味剂的特点、食品加工工艺等因素。

9.2.4 合成甜味剂

(1)糖精钠(Sodium saccharin，CNS号：19.001，INS号：954)

糖精(Saccharin)的化学名称为邻苯甲酰磺酰亚胺，又称不溶性糖精或糖精酸。为无色单斜晶体，微溶于水(25℃，1g/290mL；沸水，1g/25mL)，溶于乙醇、丙酮，微溶于氯仿和乙醚。糖精钠是糖精的钠盐，又称可溶性糖精或水溶性糖精，商品名糖精，为无色或白色的结晶或结晶性粉末，无臭，微有芳香气，味极甜并微带苦，甜度是蔗糖的200~700倍。

糖精是最早人工合成的非营养型甜味剂，1879年由德国人G. Fahlarg、Remen发明，1910年美国开始工业化生产。糖精性能较稳定，生产成本低，用途十分广泛。糖精的缺点是高浓度时(>0.03%)有苦味，酸性条件下加热甜味消失并转变为有苦味的邻氨基磺酰苯甲酸。目前，对其安全性存在争议，长期使用糖精对消化器官和肾脏有害，甚至可引发膀胱癌。

糖精的LD_{50}为17 500mg/kg BW(小鼠，腹腔注射)；MNL为500mg/kg BW(大鼠，经口)；ADI值为0~5mg/kg BW(FAO/WHO，1993)。糖精钠与其他甜味剂以适当比列复配，可调出接近蔗糖的甜味。由于其不参与体内代谢，不产生热量，适合用作糖尿病、心脏病、肥胖病人等的甜味剂，及用于低热量食品生产。

糖精的使用范围和使用量见《食品添加剂使用标准》(GB 2760—2011)及增补公告。

(2)环己基氨基磺酸钠(Sodium cyclamate，CNS号：19.002，INS号：952)

环己基氨基磺酸钠又名甜蜜素，于1937年发现，1950年开始生产应用，是仅次于糖精的人工合成非营养型甜味剂。在高甜度的甜味剂中，甜蜜素的甜度最低，仅为蔗糖的30~80倍。甜蜜素的热值低，对酸、碱和热比较稳定；甜味比较纯正，后苦味不明显，具有近似于蔗糖的甜味和良好的水果风味；可与蔗糖复配使用，能高度保持原有的食品风味。

甜蜜素的LD_{50}为18 000mg/kg BW(小鼠，经口)；ADI值为1~11mg/kg BW(以环己基氨基磺酸计，FAO/WHO，1982)。1969年曾因其致瞎的报道而被世界各国禁用，后来大量试验表明甜蜜素并无致畸、致癌作用等，目前有50多个国家允许使用，我国于1987年开始批准使用甜蜜素。

甜蜜素的使用范围和使用量见《食品添加剂使用标准》(GB 2760—2011)及增补公告。

(3)天门冬酰苯丙氨酸甲酯(Aspartame，CNS号：19.004，INS号：951)

天门冬酰苯丙氨酸甲酯又名阿斯巴甜、甜味素、天冬甜母、天冬甜精、蛋白糖，化学名称为L-天冬氨酰-L-苯丙氨酸甲酯；常温下为白色结晶性粉末；易溶于水，25℃时的等电点为5.2；在室温、干燥条件下非常稳定。当温度升高至150℃左右易环化形成二酮哌嗪，从而失去甜味；在水溶液中易发生水解和环化；在潮湿的环境下，其稳定性随湿度增高而降低。其甜度约为蔗糖的200倍，甜味纯正(与蔗糖的甜味几乎一样，是蔗糖较理想的代用品)，热值低，无致龋齿作用。

阿斯巴甜的LD_{50}为10 000mg/kg BW(小鼠，经口)；ADI值为0~40mg/kg BW(FAO/WHO，1981)。

阿斯巴甜的使用范围和使用量见《食品添加剂使用标准》(GB 2760—2011)及增补公告。

(4)三氯蔗糖(Sucralose，CNS 号：19.016，INS 号：955)

三氯蔗糖别名三氯半乳糖(trichloro galacto sucrose，简称 TGS)，为白色至近白色结晶粉末，几乎无臭，无吸湿性，极易溶于水、乙醇和甲醇，是唯一以蔗糖为原料的功能性甜味剂，甜度可达蔗糖的600倍。其突出的特点是：①热稳定性好，温度对其几乎无影响，在焙烤加工中比阿力甜更稳定，适用于食品加工中的高温灭菌、喷雾干燥、焙烤、挤压等工艺；②pH 值适应性广，适用于酸性至中性食品，对涩、苦等不愉快味道有掩盖效果；③易溶于水，溶解时不容易产生起泡现象，适用于碳酸饮料的高速灌装生产；④甜味纯正，呈味快，最大甜味的感受强度、甜味持续时间等均接近蔗糖，是一种非常理想的甜味剂。同时，它无致龋齿性，不能被口腔微生物所代谢。

三氯蔗糖的 LD_{50} >10.0g/kg BW(大鼠，经口)、>16.0g/kg BW(小鼠，经口)；ADI 值为0~15mg/kg BW(FAO/WHO，1990)。

三氯蔗糖的使用范围和使用量见《食品添加剂使用标准》(GB 2760—2011)及增补公告。

(5)乙酰磺胺酸钾(Acesulfame potassium，CNS 号：19.011，INS 号：950)

乙酰磺胺酸钾又名安赛蜜，简称 AK 糖，为白色结晶状粉末，易溶于水，难溶于乙醇等有机溶剂，在空气中不吸湿，对热、酸稳定，是目前世界上稳定性最高的甜味剂之一。甜度约为蔗糖的200倍，比甜蜜素甜4~5倍。安赛蜜呈味快，没有任何不愉快的后味，高浓度时有时会感到略带苦味。可与其他甜味剂混合使用，适用于焙烤食品、酸性饮料及供糖尿病人的食品和低热量食品中。安赛蜜与甜蜜素(质量比1:5)混合使用时，有明显的协同增效作用；安赛蜜与糖醇或糖共用时甜感较好，特别是与山梨糖醇混合时其甜味特性甚佳，适合应用在低热量糖果和有填充剂的食品中。

安赛蜜的 LD_{50} 为2.2g/kg BW(小鼠，经口)；ADI 值为0~15mg/kg BW(FAO/WHO，1990)。

安赛蜜的使用范围和使用量见《食品添加剂使用标准》(GB 2760—2011)及增补公告。

(6)N-[N-3,3-二甲基丁基]-L-α-天门冬氨酰-L-苯丙氨酸1-甲酯(纽甜，Neotame，CNS 号：19.019)

N-[N-3,3-二甲基丁基]-L-α-天门冬氨酰-L-苯丙氨酸1-甲酯简称双丁基天门冬氨酰苯丙氨酸甲酯，也称纽甜、乐甜，为无嗅、白色结晶性粉末，200℃以下不分解，在水中的溶解度与阿斯巴甜相似，25℃为12.6g/L。纽甜为两性化合物，p*K*a 分别为3.03和8.08，等电点为5.5。纽甜既可形成酸性盐，也可形成碱性盐，并可与金属形成复合物，从而改善其稳定性。纽甜分子中的天门冬氨酸和苯基丙氨酸都为L型时，甜味很强；若为其他构型(如L、D-，D、D-，D、L-型)时，甜度较低。此外，纽甜以盐的形式(如磷酸盐)和以结合态(与环状糊精结合)的形式存在时，其溶解度明显增加。纽甜甜度为蔗糖的7 000~13 000倍，是目前最甜的甜味剂，甜味纯正，十分接近阿斯巴甜，没有其他甜味剂的苦味和金属味，与阿斯巴甜相比，其最初甜味的形成略有滞后，而甜味持续时间略长。

纽甜在干燥环境中非常稳定，其热稳定性较阿斯巴甜明显高。含水条件下，纽甜的稳定性与 pH 值、湿度、温度有关，在 pH 3~5.5 范围内较稳定，添加二价或三价阳离子可增加其稳定性。纽甜在 D-异抗坏血酸钠及抗坏血酸存在时(0.3mg/mL)较稳定，30d 的保留率大于85%，在过氧化氢溶液(30%)中的30d的保留率为70%；但是在偏碱性条件(pH≥7.5)下非常不稳定，保留率低于10%，而在121℃高温处理1h的保留率为91.22%(杜淑霞等，2012)。纽甜适用于包括蛋糕、曲奇等焙烤食品在内的许多食品，同时还具有风味增强效果。

JECFA在第61届年会上认为目前的研究已足以证明纽甜不具有致癌性、致突变性、致畸性及生殖毒性，其ADI值为0~2mg/kg BW(FAO/WHO，2003)。纽甜摄入人体后不会分解为氨基酸，适用于苯丙酮尿症患者，是一种安全性高、稳定性好，具有广阔应用前景的二肽甜味剂。

纽甜的使用范围和使用量见《食品添加剂使用标准》(GB 2760—2011)及增补公告。

9.2.5 天然甜味剂

9.2.5.1 糖醇类甜味剂

(1)木糖醇(Xylitol，CNS号：19.007，INS号：967)

木糖醇是一种五碳糖醇，原产于芬兰，在自然界广泛存在于果品、蔬菜、谷类、蘑菇之类食物和木材、稻草、玉米芯等植物中，是从白桦树、橡树、玉米芯、甘蔗渣等植物中提取出的一种天然植物甜味剂。

木糖醇是木糖代谢的正常中间产物，纯木糖醇为白色晶体或白色粉末状晶体。甜度约为蔗糖的1.2倍，木糖醇入口后往往伴有轻微的清凉感，这主要是因为木糖醇易溶于水，溶解时吸收热量所致。木糖醇可用作甜味剂、营养物质和药剂在化工、食品、医药等工业中广泛应用。

木糖醇的LD_{50}为22g/kg BW(小鼠，经口)；ADI值不作特殊规定(FAO/WHO，1983)。

木糖醇的使用范围和使用量见《食品添加剂使用标准》(GB 2760—2011)及增补公告。

(2)山梨糖醇[Sorbitol，CNS号：19.006，INS号：420(i)]

山梨糖醇，又名山梨醇，是山梨糖和己醛糖的还原产物，广泛存在于藻类和高等植物中。山梨糖醇为白色吸湿性粉末或晶状粉末、片状或颗粒，无臭；易溶于水(1g溶于约0.45mL水中)，微溶于乙醇和乙酸。山梨糖醇有清凉的甜味，但甜度仅为蔗糖的1/2，热值与蔗糖相近。

山梨糖醇的LD_{50}为23.2~25.7g/kg BW(小鼠，经口)；ADI值不作特殊规定(FAO/WHO，1982)，内服过量引起腹泻和消化紊乱。

山梨糖醇具有良好的吸湿、保湿性，可防止食品的干裂、老化，保持新鲜柔软及色香味，延长食品货架期，如冰淇淋、水产品、沙拉、调味品、面包、蛋糕等；山梨糖醇甜度低于蔗糖，是生产低甜度糖果与无糖糖果的最佳原料，可作为糖尿病、肝病、胆囊炎、肥胖症患者食品的甜味剂，在人体的代谢过程中不刺激胰岛素的分泌；也可加工各种防龋齿的食品及口香糖；在烘焙食品中(蛋糕、饼干、面包、点心)不能被酵母发酵利用，也不会因高温而分解；在糕点、鱼糜、饮料中作甜味剂、保湿剂；在浓缩牛乳、奶油(酪)、鱼肉酱、酱果、蜜饯中加入山梨糖醇可延长保存期；山梨糖醇能螯合金属离子，应用于饮料和葡萄酒中可防止因金属离子引起的浑浊，能有效防止糖、盐等结晶析出，可维持酸、甜、苦味平衡，保持食品香气；山梨糖醇逐渐应用于肉制品中，能在肉制品中起到改善口感，增强风味，增加产品持水性，提高肉制品出品率，降低生产成本。

山梨糖醇的使用范围和使用量见《食品添加剂使用标准》(GB 2760—2011)及增补公告。

(3)赤藓糖醇(Erythritol，CNS 号：19.018，INS 号：968)

赤藓糖醇为白色结晶粉末，是一种四碳多元醇，化学名称为1,2,3,4－丁四醇，溶于水成为无色溶液，25℃溶解度为36%；化学性质类似于其他多元醇，不含还原性端基，对酸稳定(适用 pH 2～12)；耐热性很强，即使在高温160℃条件下也不会分解或加热变色。赤藓糖醇是一种极难吸湿的糖醇，在20℃、相对湿度达90%仍不吸湿。热量为蔗糖的1/20，木糖醇的1/15。甜味接近蔗糖，相对甜度是蔗糖的70%～80%，甜味纯正，无不良后苦味。溶解时吸热(－97.4J/g)，食用时有一种凉爽的口感。赤藓糖醇与糖精、阿斯巴甜、安赛蜜复配，可掩盖甜味剂通常带有的不良味感，如赤藓糖醇与甜菊糖苷以1 000：(1～7)复配，可掩盖甜菊糖苷的后苦味。

赤藓糖醇是小分子物质，通过被动扩散很容易被小肠吸收，大部分都能进入血液循环，少量直接进入大肠作为碳源被微生物发酵，进入血液的赤藓糖醇不能被机体利用，只能透过肾从血液中滤掉，经尿排出。进入机体内的赤藓糖醇有80%通过尿排出。赤藓糖醇的人体最大无作用量为山梨糖醇的2.7～4.4倍、木糖醇的2.2～2.7倍。JECFA 在第53届年会审定赤藓糖醇不具有致癌性、致突变性、致畸性和生殖毒性，其 ADI 值不作特殊规定(FAO/WHO，1999)。

赤藓糖醇作为低热量甜味剂可广泛应用于食品中，不仅较好地保持了食品的色香味，而且还能有效地防止食品变质。由于赤藓糖醇熔点低、吸湿性低，可利用这一特点进行食品涂抹保藏，从而延长食品的货架期。例如，煎饼在125℃的赤藓糖醇溶液中浸渍1～2s，室温下冷却，在相对湿度80%，温度30℃下放置5d后，涂抹的煎饼吸水率仅为0.5%，未涂抹的为18%。可利用赤藓糖醇溶解时吸热多的特点制成清凉性固体饮料。试验表明，10g赤藓糖醇溶解于90g水中，温度下降约4.8℃。在100mL，22℃的自来水中溶解17g赤藓糖醇时，约有6℃的降温效果。利用赤藓糖醇的低渗透压性能，还可以生产低酸性发酵乳制品。

赤藓糖醇的使用范围和使用量见《食品添加剂使用标准》(GB 2760—2011)及增补公告。

9.2.5.2 配糖体与蛋白质类甜味剂

(1)甜菊糖苷(Steviosides，CNS 号：19.008，INS 号：960)

甜菊糖苷又称甜菊糖、甜叶菊苷烯萜类配糖体，为白色或微黄色粉末，有清凉甜味，易溶于水，在空气中易吸湿。其甜度为蔗糖的200倍，具有高甜度低热值，是天然甜味剂中最接近蔗糖甜味的一种。由于其无致癌性，食用安全，经常食用可预防高血压、糖尿病、肥胖症、心脏病、龋齿等病症，并且甜味纯正，有轻快凉爽感，对其他甜味剂有改善和增强作用，是一种可替代蔗糖的理想甜味剂。甜菊糖苷的 LD_{50} 为34.77g/kg BW(小鼠，经口)，中国、日本对甜菊糖的毒性试验结果表明其无致畸、致突变及致癌性。

常用甜菊糖苷作为甘草或蔗糖的增甜剂，与柠檬酸并用可以改进甜味，与阿斯巴甜、安赛蜜混合有协同增效作用。主要用于饮料及腌渍食品等，一般用量为0.002%～0.5%。甜菊糖苷的使用范围和使用量见《食品添加剂使用标准》(GB 2760—2011)及增补公告。

(2)甘草素(Glycyrrhizin，CNS 号：19.009，INS 号：958)

甘草素又称甘草甜素，是从甘草中提取的甜味剂，由甘草酸和两分子的葡萄糖醛酸组成的苷。为白色结晶性粉末，味甜，甜度约为蔗糖的200倍，其甜味入口后略过片刻才有甜味感，但留存时间长。长期使用未发现对人体有危害，正常使用量是安全的。

甘草素适用于罐头、调味料、糖果、饼干、蜜饯，可按正常生产需要添加。甘草素本身无香气，但有增香作用。甘草素不能被微生物利用，故不引起发酵，所以在腌制食品中以甘草素代替蔗糖，可避免加糖出现的发酵、变色、硬化现象。甘草素与糖精复配，加适量蔗糖，用作酱油、豆酱、腌制食品等的甜味剂，不但甜味协同效果好，而且还有很强的增香效果；作为香味增强剂可用于乳制品、可可制品、蛋制品和羊肉除膻等；作为香料可用于饮料、糖果、焙烤食品和胶基糖果。

甘草素的使用范围和使用量见《食品添加剂使用标准》(GB 2760—2011)及增补公告。

(3)罗汉果甜苷(Lo - Han - Kuo extract，CNS 号：19.015)

罗汉果是我国广西特产果实，属于葫芦科草本蔓藤植物。罗汉果甜苷属天然三萜类糖苷甜味剂，目前鉴定的共有 11 种，分别是：罗汉果皂苷Ⅳ、罗汉果皂苷Ⅴ、罗汉果皂苷Ⅲ、罗汉果皂苷ⅡE、罗汉果皂苷ⅢE、罗汉果皂苷Ⅵ、罗汉果皂苷 A、罗汉果新苷(Neomogroside)、赛门苷Ⅰ(Siamenside Ⅰ)、11 - O - 罗汉果皂苷Ⅴ和罗汉果二醇苯甲酸酯，其最主要的甜味成分为罗汉果苷Ⅴ，呈白色结晶状粉末，甜味绵延，带有类似甜菊糖的后苦味。用水或50%乙醇从干罗汉果中提取，再经浓缩、干燥、重结晶而成，市售商品有黑色膏状物，甜度为蔗糖的 15 ~ 20 倍。

初步毒理学试验和长期的食用历史可以证明罗汉果所含的罗汉果甜苷食用安全。我国卫生部于 1997 年批准罗汉果甜苷可用作甜味剂，罗汉果甜苷的使用范围和使用量见《食品添加剂使用标准》(GB 2760—2011)及增补公告。

(4)索马甜(Thaumatin，中华人民共和国卫生部 2012 年第 6 号公告增补)

索马甜是一种大分子蛋白质类甜味剂，来源于生长在非洲西部的多年生植物——非洲竹芋(*Thaumatococcus danielli*)果实。索马甜主要由索马甜蛋白Ⅰ(T_{I})和索马甜蛋白Ⅱ(T_{II})两种蛋白质组成，均由除组氨酸以外的其他常见氨基酸(计 207 个)以直链形式构成，两者仅在 5 个氨基酸序列上存在差异，其中以 T_{I} 为主，其次是 T_{II}($<45\%$)。索马甜商品还包含少量植物胶等非蛋白质类的物质。

索马甜的相对分子质量约为 22 000，分子中大量交错的二硫键使得分子具有热稳定性和抗变性的能力，其多肽链空间环绕的三级结构赋予了索马甜的呈甜特性，其二硫键的断裂将造成甜味损失。索马甜属于碱性蛋白质，等电点为 11.5 ~ 12.5，极易溶于水，溶于 60% 乙醇水溶液，不溶于丙酮；在冻干的条件下稳定存在，在酸性条件下不易发生分解，其蛋白质结构在焙烤温度条件下不稳定。索马甜的甜味持续时间长，甜度为蔗糖的2 000 ~ 3 000 倍。索马甜的甜味感觉在 pH 2 ~ 10、100℃以下加热(或 100℃以上超高温瞬时杀菌)性能稳定，对酸也较稳定。

索马甜先在体内分解代谢为氨基酸后才被吸收，无论是短期试验还是人类临床实验研究，甚至一些索马甜大用量水平的试验，均未发现任何副作用。虽没有进行长期的研究试验，但在非洲西部，竹芋作为甜味剂具有悠久的历史，并且在日本也使用多年，没有报道有任何副作用。索马甜的ADI值不作特殊规定(FAO/WHO，1985)。

索马甜常用于牛乳、巧克力、薄荷、橙汁、柠檬、香草和牛肉制品中作为风味增强剂。它与糖精、乙酰磺胺酸钾和甜菊糖苷具有协同增甜的作用，其复配后主要用于各种典型的软饮料、口香糖、菜肴加味香料、乳制品、动物饲料和宠物食品中。我国卫生部2012年第6号食品添加剂增补公告规定：索马甜可用于冷冻饮品、加工坚果与籽类、焙烤食品、餐桌甜味料和饮料类(包装饮用水类除外)，最大使用量为0.025g/kg。

9.3　食品增味剂

9.3.1　增味剂定义

增味剂也称为鲜味剂、呈味剂、风味增强剂(flavor enhancers)，是补充或增强食品原有风味的物质。在氨基酸类鲜味剂中，我国仅许可使用谷氨酸钠一种，国外尚许可使用L－谷氨酸、L－谷氨酸铵、L－谷氨酸钙、L－谷氨酸钾以及L－天门冬氨酸钠等。但是，使用最广、用量最多的还是L－谷氨酸钠。5′－核苷酸的鲜味比谷氨酸钠更强，尤其是5′－肌苷酸、5′－鸟苷酸与谷氨酸钠并用，有显著的协同作用，可明显提高谷氨酸钠的鲜味强度(一般增加10倍之多)，目前市场上销售的多种强力味精和新型味精其主要成分是5′－肌苷酸、5′－鸟苷酸与谷氨酸钠。在核苷酸中，5′－黄苷酸和5′－腺苷酸也有一定的鲜味，其呈味强度仅分别为5′－肌苷酸钠的61%和18%，故未作为鲜味剂使用。此外，近年来人们对许多天然鲜味抽提物很感兴趣，并开发了许多如肉类抽提物、酵母抽提物、水解动物蛋白和水解植物蛋白等，将其与谷氨酸钠、5′－肌苷酸钠和5′－鸟苷酸钠等进行不同的组合与配比，制成适合不同食品使用的复合鲜味料。我国《食品添加剂使用标准》(GB 2760—2011)规定：可使用的增味剂有谷氨酸钠、5′－鸟苷酸二钠、5′－肌苷酸二钠、5′－呈味核苷酸二钠、琥珀酸二钠、L－丙氨酸、氨基乙酸共7种。

9.3.2　鲜味与鲜味特征

鲜味(umami)与酸、甜、苦、咸4种基本味中的任何一种均不同，但也是一种基本味。鲜味受体不同于酸、甜、苦、咸4种基本味的受体，味感也与上述4种基本味不同。鲜味不影响任何其他味觉刺激，而只增强其各自的风味特征，如持续性、适口性、影响力、温和性等，从而改善食品的适口性，使食品变得更美味。它不能由酸、甜、苦、咸4种基本呈味成分混合所产生。

Tilak根据鲜味物质在受体上的特点，提出了酸甜苦咸4种基本味的感受位置在一四面体的边缘、表面、内部或邻近四面体处，而鲜味独立于四面体外部的鲜味受体模式(图9-4)。并通过谷氨酸钠对食盐、盐酸、蔗糖、奎宁4种基本味代表物质对老鼠鼓索神经的刺激试验发现，谷氨酸钠没有改变4种基本味代表物对神经的响应效应；另外发现，老鼠舌和咽的神经纤维对谷氨酸钠特别敏感，但对蔗糖和食盐没有刺激反应，从而认为鲜味是独立的基本味。

鲜味剂按其化学性质的不同主要有两类：氨基酸类与核苷酸类。前者主要是L－谷氨酸

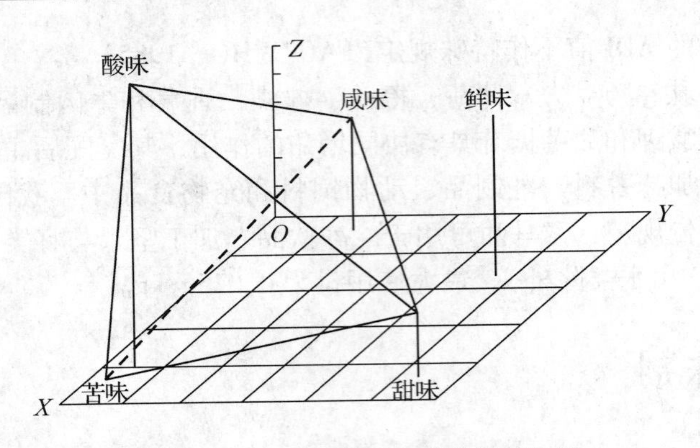

图 9-4 鲜味与 4 种基本味的相对位置

及其一钠盐，后者主要是 5′－肌苷酸二钠。此外，还有一种有机酸（琥珀酸及其钠盐）也具有鲜味。典型的鲜味剂有 L－谷氨酸一钠，5′－肌苷酸（5′－IMP）、5′－鸟苷酸（5′－GMP）、琥珀酸一钠，它们的阈值浓度分别为 140mg/kg、120mg/kg、35mg/kg 和 150mg/kg，分别代表着肉类、鱼类、香菇类和贝类的鲜味。

9.3.3 鲜味剂各论

9.3.3.1 谷氨酸钠（Monosodium L－glutamate，CNS 号：12.001，INS 号：621）

L－谷氨酸钠（MSG）俗称味精，为无色至白色的结晶或结晶性粉末，无臭，易溶于水，微溶于乙醇，不溶于乙醚；无吸湿性，对光稳定。它是人们最常用的鲜味剂，主要成分是谷氨酸一钠，因此进入人体可直接被吸收利用。味精具有很强的肉类鲜味，用水稀释3 000倍仍能感到其鲜味。

谷氨酸钠进入胃后，受胃酸作用生成谷氨酸。实际上谷氨酸是氨基酸的一种，是人体的营养物质，虽非人体必需氨基酸，但在体内代谢，与酮酸发生氨基转移后，能合成其他氨基酸，食用后有 96% 可被体内吸收。谷氨酸一般用量不存在毒性问题，除非空腹大量食用后会有头晕现象发生，这是由于体内氨基酸暂时失去平衡，为暂时现象，若与蛋白质或其他氨基酸一起摄入则无此现象。

谷氨酸钠的 LD_{50} 为 17g/kg BW（大鼠，经口）；ADI 值不作特殊规定（FAO/WHO，1987）。

味精作为调味料的一种，广泛应用于家庭、餐饮业及食品加工业。在食品加工时，由于食品的种类不同，其用量也不相同，一般用量为 0.02% ~0.15%，一般罐头、汤类 0.1% ~0.3%，浓缩汤料、速食粉 3% ~10%，水产品、肉类 0.5% ~1.5%，酱油、酱菜、腌渍食品 0.1% ~0.5%，面包、饼干等 0.015% ~0.06%，竹笋、蘑菇罐头 0.05% ~0.2%。味精不仅具有鲜味，还有增香作用，在豆制品中加 0.15% ~0.4%，在曲香酒中加 0.005 4%，可使产品呈现较好的风味。在竹笋、蘑菇罐头中添加可以防止混浊、保形和改善色、香、味等作用。味精与其他调味料混合使用时，可使鲜味增强。味精还有缓和苦味的作用，如糖精之苦味，加入味精之后可缓和其不良苦味。味精对热稳定，但在酸性食品中应用时，最好加热后期或食用前添加。在酱油、食醋及腌渍等酸性食品中应用时可增加20%用量。因味精的鲜味与pH值有关，当pH值在3.2以下时呈味最弱，pH 6~7时，谷氨酸钠全部解离，呈味最强。

谷氨酸钠的使用范围和使用量见《食品添加剂使用标准》(GB 2760—2011)及增补公告。

9.3.3.2 核苷酸类增味剂

(1)5′-肌苷酸二钠(Disodium 5′-inosinate，CNS号：12.003，INS号：631)

5′-肌苷酸二钠(IMP)又称5′-肌苷酸钠、肌酸磷酸二钠、肌苷5′-磷酸二钠、次黄嘌呤核苷5′-磷酸钠，为无色结晶或白色粉末，无臭，有特异鲜鱼味；易溶于水，微溶于乙醇，不溶于乙醚；稍有吸湿性；对酸、碱、盐和热均稳定，可被动植物组织中的磷酸酯酶分解而失去鲜味。IMP是核苷酸类型的鲜味剂，可增强食品的鲜味，与谷氨酸钠有协同作用。

IMP的LD_{50}为12g/kg BW(小鼠，经口)，15.9g/kg BW(大鼠，经口)；ADI值不作特殊规定(FAO/WHO，1993)。肌苷酸与鸟苷酸是构成核酸的成分，是组成核蛋白的生命和遗传现象的物质基础，故是安全的。IMP广泛存在于自然界的各类新鲜肉类和海鲜中，呈味作用稳定持久。它与谷氨酸钠(味精)混合使用，其呈味作用比单独使用味精高数倍，有“强力味精”之称；与5′-鸟苷酸二钠(GMP)等比例混合则成为呈味核苷酸二钠(I+G)，增鲜效果更加显著；另外，5′-肌苷酸二钠对白细胞和血小板减少症以及各种急慢性肝脏疾病有一定的辅助治疗作用。

IMP的使用范围和使用量见《食品添加剂使用标准》(GB 2760—2011)及增补公告。

(2)5′-鸟苷酸二钠(Disodium 5′-guanylate，CNS号：12.002，INS号：627)

5′-鸟苷酸二钠(GMP)又称5′-鸟苷酸钠、鸟苷5′-磷酸钠、鸟苷酸二钠，为无色至白色结晶，或白色结晶性粉末，含约7分子结晶水；不吸湿，溶于水，水溶液稳定，稍溶于乙醇，几乎不溶于乙醚；在酸性溶液中，高温时易分解，味似香菇鲜味，鲜味强度为肌苷酸钠的3倍以上。

GMP的LD_{50}为10g/kg BW(大鼠，经口)；ADI值不作特殊规定(FAO/WHO，1993)。GMP可被磷酸酯酶分解失去鲜味，故不宜用于生鲜食品中。这可通过将食品加热到85℃左右钝化酶后使用。

GMP单独应用较少，多与MSG及IMP等配合使用，与谷氨酸钠并用有很强的协同作用。当GMP与MSG混合使用时，其用量为MSG总量的1%~5%，酱油、食醋、肉、鱼制品、速溶汤粉、速煮面条及罐头食品等均可添加，其用量为0.001%~0.01%。也可与赖氨酸盐等混合后，添加于蒸煮米饭、速煮面条、快餐中，用量约0.05%。GMP与IMP以1:1配合，广泛应用于各类食品。

GMP的使用范围和使用量见《食品添加剂使用标准》(GB 2760—2011)及增补公告。

9.3.3.3 复合增味剂

(1)酵母抽提物(Yeast extract，YE)

酵母抽提物又称酵母味素、酵母精，是以蛋白质含量丰富、核酸含量高的食用酵母(一般是啤酒酵母和面包酵母)为原料，采用生物技术，将酵母细胞内的蛋白质、核酸等进行降解后精制而成的粉状、膏状或液体状的产品。酵母抽提物含有18种以上氨基酸(其中富含谷物中含量不足的赖氨酸)、功能性多肽谷胱甘肽、葡聚糖和甘露糖，还含有人体不可缺少的核酸(RNA)，富含B族维生素及钙、磷、镁、锰、锌、硒等多种微量元素。酵母抽提物是一种营养丰富且能使食品滋味更鲜美、味道更浓郁的天然调味料，也是理想的微生物培养基原料和发酵工业中的主要原料，可以明显提高菌种的生产速率。

酵母抽提物的生产方法很多，常用的方法有自溶法、酶解法及酸解法3种：

①自溶法　是通过利用酵母细胞本身的酶系，然后添加一定的自溶促进剂，控制一定的条件(温度、pH值)，从而降解细胞内的蛋白质和核酸，得到酵母抽提物的营养和风味物质。

②酶解法　是以烘干酵母为原料，使酵母菌体内的酶失去活性，借助于蛋白酶，分解酵母菌体成分，而制得酵母抽提物，除了氨基酸外，肽的含量高，而且能充分发挥遮蔽功能及赋予调味时的醇厚味等。

③酸解法　与酶解法基本相同。酸解法亦采用干酵母为原料，再用盐酸分解，相当于植物蛋白水解物、动物蛋白水解物的类似工艺。酸解法分解率及氨基酸含量虽高，但酸解法酵母提取物的呈味性差。

酵母抽提物可广泛用作液体调料、鲜味酱油、肉类加工、粉末调料、罐头、饮食业等食品的鲜味增强剂，发挥改善产品风味、提高产品品质及营养价值、增进食欲等作用。例如，在酱油、蚝油、鸡精、各种酱料、腐乳、食醋中加入1% ~5%酵母抽提物，使其风味更加美味可口；在榨菜、咸菜和梅干菜中添加0.8% ~1.5%酵母抽提物，可以起到降低咸味的效果，并可掩盖异味，使酸味更加柔和，风味更加香浓持久。

(2)动物蛋白水解物(Hydrolyzed animal protein，HAP)

动物蛋白水解物是指在酸或酶的作用下，水解含蛋白质的动物组织而得到的产物。主要蛋白质原料有畜、禽和鱼肉及骨。水解产物中大部分是氨基酸和寡肽类混合物，因此称为“氨基酸调味剂”，产品有浓缩汁、粉末状或微胶囊等形式。HAP的重要功能特性有两个：一是在酸性条件下有较高的溶解度，在热处理过程中(如巴氏杀菌)，仍保留其溶解状态；二是HAP在高浓度范围内仍是低黏度的溶液。HAP的这两种性质，使其具有很好的应用前景。除此之外，HAP还具有很多其他特性：①HAP的氨基酸模式更接近人体需要，系完全蛋白质或称之为优质蛋白质，并有动物蛋白风味；②HAP还保留了原料的营养成分，含有人体需要的氨基酸，营养价值高，且由于蛋白质被水解为易溶于水、利于人体消化吸收的肽及游离的L-氨基酸，使其原有风味更为突出；③HAP还有促进胃肠道对钙的吸收及防止腹泻的功能。由于具有这些功能，HAP广泛地应用于食品工业生产中。

动物水解物制品一般以明胶、干酪素、鱼粉及血等为原料。HAP的性状为淡黄色，液体到固体均有，富含氨基酸，具有鲜味和香味，一般总氮量为8% ~9%，脂肪<1%，水分为28% ~32%，食盐为14% ~16%；包括醛类、酮类、醇类、呋喃类、含氮/硫类物质等，并用作食品风味添加剂。用HAP制作的海鲜调味料不仅提供良好的风味，而且具有抗氧化、抗诱变、消除自由基和活性氧以及对多酚氧化酶的抑制性能。海鲜调味料已经是方便面汤料、肉制品加工等领域的重要配料。

HAP作为新型食品添加剂应用于生产高级调味品和营养强化食品，日本等发达国家很重视新型高级调味品的开发与利用。他们用生物工程方法生产出核苷酸增鲜剂、HAP 等复合天然调味料。据有关专家估计，这些复合调味料将取代味精，成为调味品行业的主要支柱产品。由于现今生活节奏的加快和现代化工作的需要，人们对方便食品的需求量日益增大。近年来，日本和中国台湾人均食用方便面数量逐渐增加，体现自然风味和高品质的方便食品受到人们普遍欢迎，提高方便食品品质的一个重要方面就是使用天然风味调味品，它能更好地体现食品的自然风味。

(3)植物蛋白水解物(Hydrolyzed vegetable protein，HVP)

植物蛋白水解物是指在酸、碱或酶的作用下，水解含蛋白质的植物组织而得到的产物。HVP 为淡黄至褐色液体、膏状体、粉末或颗粒。制品的鲜味程度和风味特征，因原料和加工工艺不同而各异。最常见的蛋白质来源有大豆蛋白、玉米蛋白、小麦蛋白、菜籽蛋白、花生蛋白等，不同的原料水解后将产生不同的增进风味的物质。

HVP 的制备可以通过酸法、碱法和酶法水解将蛋白质分解成氨基酸和相对分子质量较小的寡肽。传统上 HVP 的生产主要以酸法为主，但由于酸法水解温度较高(一般在 100℃以上)，原料中的碳水化合物易脱水成糠醛类物质及乙酰丙酸等羰基化合物，含硫氨基酸(胱氨酸、半胱氨酸、蛋氨酸等)则会分解产生二甲基硫醚、甲硫醇、硫化氢等含硫化合物，使产品具有一股臭味(俗称分解臭)，而且水解程度难控制，活性肽含量低，水解产物中盐分含量较高，且用该工艺制成的 HVP 含有微量氯丙醇(一氯丙醇、二氯丙醇和三氯丙醇)，如在利用浓盐酸水解植物蛋白(如豆粕)生产氨基酸时，盐酸和植物蛋白中的残留脂肪作用后生成氯丙醇，一旦食品工业中利用这种富含氨基酸的酸水解植物蛋白液作为一种增鲜剂添加到酱油、蚝油等调味品中，增加其鲜度的同时也会给其产品造成一定程度的污染。而碱水解会引起精氨酸、胱氨酸及部分赖氨酸分解。酶法水解与酸法和碱法相比，具有条件温和，副反应少，不破坏氨基酸，容易控制水解程度，营养成分保留高等优点。其水解液中游离氨基酸量可达 20% ~50%，色泽浅，无苦味，无有害物质生成，并有香味，产物不仅可以用作功能配料，还可以用作食品调味料和风味增强剂。

目前，研究发现大豆、玉米、米糠、菜籽等植物组织通过不同的水解工艺，可以产生不同的对人体有益的活性肽，如抗氧化活性肽、降血压活性肽、降血脂活性肽和免疫调节肽等。

水解植物蛋白作为一种调味品，它集色、香、味及营养成分于一体，由于其氨基酸含量较高，逐渐成为取代味精的新一代调味品。

9.4 食品调味剂合理使用

9.4.1 调味剂使用目的

虽然各种食物都有其特殊的味道，但个人偏爱和口味有所不同，因此，调味剂的使用目的主要包括以下几点。

(1)调味

调味主要是根据食品原料的特性对酸碱度(pH 值)、甜度、稳定性或者整体风味的提升而进行，适当给食品提供酸味、甜味和鲜味，改善食品的口感，促进食欲。例如，调制柑橘、苹果等水果味为主的果汁乳饮料，可以将甜味剂的用量稍微增加，使得甜味爽口，同时酸味剂也多采用柠檬酸、苹果酸等，令此种饮料的果味更加突出；在调制果汁乳酸菌饮料时，为了突出发酵乳的特色，需要少用或者不用甜味剂，采用白砂糖令饮料的甜味饱满丰厚，酸度调节剂除采用柠檬酸、苹果酸外，还需添加乳酸，其独特柔和的酸味对发酵乳饮料的风味发挥重要作用。

(2) 调节食品特性

酸度调节剂可以作为缓冲剂的主要成分，保证食品成品 pH 值的稳定；甜味剂还可以为食品提供一定的体积和黏度，平衡渗透压，限制结晶过程，降低水溶液的冰点；甜味剂和酸味剂的使用还可以有效抑制食品加工过程中焦糖化褐变反应的发生，保持食品的原始色泽。

(3) 提高食品反腐效果

酸度调节剂可以通过降低食品的 pH 值，降低食品的杀菌条件，提高食品质量；另外，低 pH 值的实现，可以有效提高苯甲酸和山梨酸的非解离程度，从而提高防腐效果。食品甜味剂在发酵食品中为酵母提供营养，并在高浓度的前提下起防腐作用。

(4) 其他

常用有机酸度调节剂可以作为金属离子螯合剂，发挥护色助剂、抗氧化助剂的作用。

9.4.2 调味剂使用原则

调味剂的使用在遵循普通食品添加剂使用原则的基础上，一般还应遵循以下原则：

①质量提升　在不掩盖食品本身质量缺陷及加工工艺缺陷的前提下，以提高食品质量为原则。

②口感接受度　在调味剂稳定性良好的基础上，以消费者对调味剂应用产品的高接受度为前提。

③工艺可行性　结合目标产品的加工工艺，确定调味剂应用的可行性，或者在工艺调整上最大限度地保证调味剂的作用效果。

④货架期稳定性　结合食品货架期的要求，评估调味剂与食品成分在产品中的表现，确保产品在货架期内稳定，如使用甜味剂的碳酸饮料中二氧化碳气容量在货架期的稳定性。

⑤少用　在满足食品质量的前提下，尽可能少用食品调味剂。

9.4.3 调味剂使用注意事项

调味剂使用的注意事项是调味剂应用时需要考虑的影响因素。

(1) 调味剂在应用前的稳定性及影响因素

不同温度、pH 值对调味剂的稳定性（化学结构、呈味感觉）影响不同，如谷氨酸钠具有较高的热稳定性，10% 谷氨酸钠溶液在 pH 6.9、100℃加热 3h，仅有 0.6% 的谷氨酸钠损失，但是在 pH 8.5 的强碱体系，谷氨酸钠在受热条件下将很快失去鲜味（宋刚，2003）。而核苷酸类增味剂的热稳定性较氨基酸类高（张开诚，2001；杨荣华，2003）。此外，温度对甜味剂的甜感存在影响，如 5℃时，假设 5% 蔗糖溶液的甜度为 1.00，5% 果糖溶液的甜度为 1.47；18℃时，果糖溶液的甜度降至 1.29，40℃时降至 1.00，60℃时仅有 0.69。这主要是缘于在较高温度时，果糖溶液中的光学异构体之间的平衡发生变化(侯振建，2004)。

(2)调味剂之间的相互作用

酸味与甜味相抵、酸味与咸味相乘；鲜味与咸味互补，且在一定的食盐浓度(0.8% ~ 2.0%)范围内，随着食盐用量的递增而呈现鲜味递减趋势；鲜味可以缓和酸味，但过酸的体系不利于鲜味的感知。

(3)调味剂应用对消费者接受度的总体影响

酸度调节剂具有一定的刺激性，能增强唾液分泌，促进肠胃蠕动和消化吸收，但过久的刺激会引起消化系统疾病(周立国，2007)。酸度调节剂的离子形式影响食品的风味，如磷酸具有苦涩味，有机酸常具有爽快的酸味。此外，调味剂在产品货架期内的稳定性影响消费者对产品的接受度，如阿斯巴甜和纽甜在高酸性饮料中随着货架期的延长发生降解反应，从而影响接近货架期产品(也称为临期产品)的整体接受度。

9.4.4　调味剂在食品工业中应用

调味剂的种类繁多，每种调味剂都有其不同的性质，应用范围及用量也不同，现将几种常见调味剂在食品工业中的应用作简要介绍。

9.4.4.1　酸度调节剂在食品工业中的应用

(1)在饮料中的应用

柠檬酸在饮料中提供特定的酸味，并改善饮料的风味，特别适用于柑橘类饮料，其他饮料中也可单独或合并使用。柠檬酸在各种饮料中的用量可按原料含酸量、浓缩倍数、成品酸度指标等因素来控制，一般用量为1.2 ~ 1.5g/kg。L－苹果酸是一种低热量的理想酸味剂，具有酸感柔和、风味独特的优点，特别适用于果冻及以水果为基础的食品。L－苹果酸广泛应用于食品饮料中，并有逐渐替代柠檬酸的趋势。为增强碳酸饮料和冰淇淋的水果风味，特别是草莓风味，可使用L－苹果酸与阿斯巴甜、糖精等甜味剂复合，其效果比柠檬酸好，还可节约白糖10% ~12%。

(2)在水果制品中的应用

水果罐头糖液中添加适量的柠檬酸，可保持或改进罐藏水果的风味，降低某些酸度较低水果罐藏时的pH值，降低微生物的耐热性并抑制其生长，防止水果罐头发生细菌性胀罐和败坏。一般用量为：桃2 ~3g/kg，橘片1 ~3g/kg，梨1g/kg，荔枝1.5g/kg。在蔬菜罐头加工的时候，一些蔬菜呈碱性状态，用柠檬酸作pH值调节剂，不但可以调味，还可以提升品质，如鲜蘑菇等罐头，在预煮液中添加柠檬酸0.7 ~1g/kg，在鲜蘑菇、清水笋等罐头的装罐汤汁中添加柠檬酸0.5 ~0.7g/kg。

柠檬酸可有效降低果胶负电荷，从而使果胶分子借氢键结合而胶凝。此外，柠檬酸还有抑菌、护色、改善风味、促进蔗糖转化作用，有利于防止贮藏中发生蔗糖晶析而引起的发砂现象。柠檬酸应先用水溶解，在果酱浓度接近终点时加入，搅匀后到达终点即可出料装罐，其用量以保持制品的pH值为2.8 ~3.5较合适。

(3)在糖果中的应用

在糖果中加入柠檬酸可使果味协调。柠檬酸多用于硬糖，能缓解其甜度，同时有提高水果香气的效果，适宜的糖酸比例能产生良好的味感。一般硬糖内柠檬酸的添加量约10g/kg，淀粉软糖中添加量为4～10g/kg。在凝胶糖果中，添加柠檬酸可以调整pH值，使软糖韧度提高。

(4)在其他食品中的应用

柠檬酸具有螯合作用，具有清除金属离子的性能。它与抗氧化剂混合使用，能对金属离子进行钝化，起到增效、协同的作用。柠檬酸所具有的螯合作用和调节pH值的特性，在速冻食品的加工中能增加抗氧化剂的性能及抑制酶活性，可以延缓蟹肉、虾、龙虾、蚝等水产品罐头在灌装及速冻过程中的褪色和变味，使食品保存期延长。柠檬酸也能制止速冻水果变色变味，防止酶促和金属催化引起的食品的氧化作用。L－苹果酸可用作除臭剂，去除室内鱼腥、体臭，并用于食品贮藏；在牛奶中加入L－苹果酸，可改善质量(汪多仁，2008)。

乳酸水溶液可以延长禽肉和鱼肉的货架期，可代替磷酸用于调节啤酒的pH值(王永芹，2008)。在腌渍蔬菜中，利用乳酸菌产生乳酸，提高其贮存期和改善口味；经盐腌鱼中乳酸含量达1.0%～1.2%时，可以长期保存；乳酸钠在肉制品中有保鲜作用，而且可延长商品的保质期，并有代替亚硝酸钠的作用。乳酸钠对高蛋白质含量食品，特别是对肉制品、水产品的协同性很好，而且咸味只有食盐的1/4(吕绍杰，2001)。

9.4.4.2 甜味剂在食品工业中的应用

(1)在饮料中的应用

传统蔗糖产业随着饮料行业的发展而凸显产量不足，低能量饮食的流行也进一步加大了饮料行业对甜味剂产业的需求。高倍甜味剂中的阿斯巴甜、安赛蜜、三氯蔗糖等在无糖碳酸饮料中得到了广泛应用，除了碳酸饮料外，果蔬汁、茶饮料、果汁、含乳饮料等对阿斯巴甜的需求量、使用量逐渐增大。另外，阿斯巴甜对天然风味有较明显的协同增效作用，可加强果汁饮料的风味，在饮料行业的应用范围越来越广(吴璞强等，2010)。三氯蔗糖具有良好的稳定性，不易与其他物质发生反应，不会对饮料的香味、色泽、黏度等稳定性指标产生任何影响；三氯蔗糖在高温下具有良好的稳定性，适用于采用加热杀菌的饮料，避免这类饮料在高温时出现的甜度降低现象；在营养饮料、功能性饮料的生产中，三氯蔗糖可以掩蔽维生素和各种功能性物质产生的苦味、涩味等不良味道；在发酵乳和乳酸菌饮料的生产中，三氯蔗糖不仅不会被乳酸菌和酵母菌分解，也不会抑制发酵过程，非常适用于发酵乳类、乳酸菌类饮料的生产。纽甜以其独特的清凉口味以及甜味协同作用，用于碳酸饮料或非碳酸饮料中，且性质很稳定，与市场上销售的低能量饮料的保质期相同，如柠檬汽水、柠檬茶、酸奶等。糖醇类甜味剂对饮料主要感官的影响体现在提高甜度、稠厚感和滑爽感，降低苦涩感，掩盖异味，改善饮料的整体风味。赤藓糖醇可明显减少茶饮料的后苦味，生产清凉固体饮料；生产的低热量的果汁饮料，热量可降低75%～80%(魏志勇等，2008)。低温条件下，木糖醇和麦芽糖醇以1:1的比例复配使用能够使无糖饮料口感柔和醇厚，产品口感清爽宜人，除了和其他糖醇、果糖复配外，木糖醇也可以单独使用于无糖茶饮料、果汁饮料和保健饮料中。此外，木糖醇还可以控制热值，稳定和保护营养成分不受破坏，提高饮料产品质量。

(2)在糖果中的应用

甜味剂不但热量低，而且有预防龋齿的作用，在糖果、巧克力等产品中被广泛地应用。

纽甜适于制造无糖和低热量的糖果、巧克力、胶基糖果，满足了日益注重健康的消费需求。纽甜具有令人满意的类似蔗糖的甜味，无热量，并能够强化、延长风味，适合于生产无糖胶基糖果。使用糖醇类（如木糖醇、赤藓糖醇等）作为填充型甜味剂代替蔗糖制成的糖果，甜味纯正，清爽冰凉，无不良后味，比其他“非蔗糖”糖果的口感好。由于木糖醇不会发生美拉德反应，代替蔗糖生产的糖果，色泽稳定，能够经受高温环境，不易发生分解。应用糖醇生产的糖果还具有良好的贮存性能，即使暴露在空气中也不会吸潮，延长了产品货架期。赤藓糖醇在糖果中用以替代蔗糖，可使热量降低约85%，用于巧克力中，可降低热量约30%；与阿斯巴甜、安赛蜜等甜味剂混合使用，可以赋予糖果类似蔗糖的风味；其高溶解热可赋予糖果清凉感；赤藓糖醇可解决巧克力因甜味剂的高吸湿性所造成的起霜现象；赤藓糖醇和其他甜味剂复配制成的巧克力在口感、风味等方面优于蔗糖制品，利用其对热稳定性的特点，在80℃以上的环境中制造巧克力，能明显缩短加工时间，改善巧克力产品风味。

（3）在焙烤食品中的应用

焙烤食品特有组织结构、口感和风味形成过程中，蔗糖、油脂发挥相当重要的作用，但高糖、高脂食品不符合现代健康理念，利用甜味剂低能值及甜味剂间的协调作用替代蔗糖，不仅有利健康，而且焙烤产品具有更好的结构紧密性和柔软性，所以甜味剂广泛应用于焙烤食品。纽甜在经受瞬时高温的情况下，只有很少一部分（约15%）损失，这一损失并不会对产品的风味及品质构成影响，可用于焙烤食品中。纽甜替代10%～20%的蔗糖时，生产的饼干产品口味更易被接受（林楠等，2011）。由于木糖醇具有很好的热稳定性，不会发生美拉德反应，以其为原料制成的奶油类焙烤制品色泽更加洁白，而对于深色焙烤食品的加工，木糖醇与果糖的配合使用则可以很好地解决色泽问题。赤藓糖醇熔点低、吸湿性低，应用于焙烤类食品中，可防潮并延长食品的货架期。试验表明，煎饼在125℃的赤藓糖醇溶液中浸渍1～2s，室温下冷却，在相对湿度80%、温度30℃的条件下放置5d后，吸水率仅为0.5%，未经赤藓糖醇处理的吸水率达18%。

（4）在乳制品中的应用

纽甜耐酸、耐碱，在潮湿的环境中也相对稳定，可用于乳制品的生产。在“全脂奶粉12%，白砂糖10%，水78%，菌种YF－L811 0.1U，发酵3～4h”配方的基础上，用纽甜替代10%～15%蔗糖，可生产出醇厚丰满、甜酸和谐、口感细腻、余味绵长、更容易被消费者所接受和喜爱的凝固型酸奶，且酸奶的制作、发酵过程及货架期（15d）内几乎无纽甜降解及损失（杜淑霞等，2011）。用木糖醇制成的无糖酸奶，可促进双歧杆菌增殖和营养物质的消化吸收，提高人体免疫力。赤藓糖醇渗透压降低，抑制了乳酸发酵，控制酸味上升，可以延长产品的货架期。在发酵乳中，添加10%赤藓糖醇，可达到酸味上升少，乳酸菌数下降也少的效果，而用蔗糖取得同样效果需添加20%以上。

（5）在冷冻饮品中的应用

冰淇淋属于高糖、高油产品，热值高，随着低脂消费观念的普及，通过使用阿斯巴甜及其他填充料，开发出无糖低热量冰淇淋等产品，可以解决此类问题。纽甜可提供甜味，并能促进冷冻、溶解等过程，制得的冰淇淋和冰冻甜点心具有很好的溶解特性和结构，其甜味纯正，没有后味。

（6）在其他食品中的应用

糖醇类甜味剂具有不易被酶降解，不参与糖代谢，不导致血糖变化等特点，适合应用于糖尿病患者的保健食品中；糖醇代替蔗糖制成低能量的保健食品，适合肥胖人群、高血压及心血管病人食用；食用后在肠道中的代谢特点，适合肠胃功能不调人群食用（肖素荣，2008）。

糖醇类甜味剂还可用于改善酒类的品质，日本研究认为，加入0.13%～3%的木糖醇能够改善酒的色香味。例如，清酒中加入0.13%的木糖醇代替葡萄糖，可使清酒香味芳醇，甜味柔和，并有减轻微生物腐败的特性；威士忌酒中加入0.15%～2%的木糖醇，也取得了类似效果；在白酒中加入1.15%的木糖醇，可使白酒口味滑爽、醇厚（吕白凤，2010）。

餐馆或者家庭做饭、烧菜、凉拌菜以及喝茶等常用到蔗糖，因此需要开发一些低能量的甜味剂，纽甜、赤藓糖醇等甜味剂的吸湿性低、能值低，十分适合作为餐桌甜味剂。

9.4.4.3 增味剂在食品工业中的应用

(1)在调味品中的应用

呈味核苷酸在酱油、食醋工业中应用广泛，日本生产厂商广泛采用了呈味核苷酸作为增鲜剂来提高酱油、食醋的滋味，效果非常显著。近年来，我国也开始以呈味核苷酸作为增鲜剂应用于酱油生产，产品颇受消费者欢迎。

核苷酸类增味剂性质稳定，在常规贮存和食品焙烤、烹调加工中不易被破坏，但是应当注意，在动植物组织中存在的某些酶能将核苷酸分解而失去鲜味，所以不能将核苷酸直接加入生鲜的动植物原料中。由于这些酶类对热不稳定，一般在80℃就被破坏，所以使用核苷酸时应该将生鲜食品原料、酱油等发酵产品预热至85℃灭酶后再加入。

(2)在其他食品中的应用

除了酱油、食醋外，呈味核苷酸在国外还广泛应用于罐头食品类、汤类、油浸熟鱼类、香肠肉类加工、番茄酱、蛋黄酱、各种沙司、点心类、干酪条、花生、饼干等，成为食品工业中最佳的调味品。在食品中添加呈味核苷酸还能消除或抑制异味。应用某些风味食品中，如牛肉干、肉松、鱼干片，能减少苦涩味；应用于肉类罐头，能抑制淀粉味和铁锈味。

核苷酸类鲜味剂在烹调食品中并不单独使用，添加的种类和数量不同，能产生不同的效果。添加5′-肌苷酸二钠(IMP)可使食品具有肉类的鲜味，添加5′-鸟苷酸二钠(GMP)可使食品产生蔬菜、香菇的鲜味，添加IMP+GMP可使食品融荤素鲜味于一体。新味精或强力味精即是以谷氨酸钠和5′-核苷酸钠配制的复配调味品，如92%谷氨酸钠与8% 5′-核苷酸钠复配。

9.5 食品调味剂发展趋势

进入21世纪以来，随着生活品质的提升和生活节奏的加快，人们对食品的健康、营养、美味、方便等特性的要求也进一步提高。例如，人们更喜欢食用以传统酿造酱油、醋为基础开发的营养酱油、保健醋及果醋等；快节奏的现代生活也使人们更愿意选择经济实惠、使用方便的复合调料、专用配料、汤料等产品，因此，有必要开发更多功能、风味各异的食品调味剂以满足人们的不同需求。

9.5.1 调味剂新产品研发

越来越多的新型食品添加剂应用到调味品生产中，自大豆水解蛋白作为新型食品原料应用于调味品生产后，更多新原料用于食品调味剂的生产，如畜禽、水产、蔬菜、水果、酵母的天然提取物。由于上述原料的味道鲜美自然，易被人体吸收，被应用于开发各种肉类香精及调味料(如大蒜精、姜精油、醋精、花椒精油等)。这类新型调味剂顺应了食品发展的潮流，并以健康、味美、鲜香、天然的特点被大众所接受。新型调味剂产品主要分以下几类。

(1)营养型和功能型调味剂的开发

对所有消费者而言，单独食用一种食品很难满足机体营养的需要，其结果可能导致某种或某些营养素缺乏，通过开发营养型和功能型调味剂可满足各类人群对口味嗜好和营养的不同需求。例如，应用甜味剂开发满足人体健康需要的功能食品将成为世界食品的发展方向。高倍甜味剂属于无热量或低热量产品，蔗糖可能导致发胖、高血糖和龋齿等疾病，而高倍甜味剂甜度高，用量少，可用于开发"低糖"或"无糖"食品。此外，营养性增味剂的开发较快，如天然营养性增味剂——酵母抽提物、蛋白水解浓缩物等。

(2)健康、安全、无公害的天然食品调味剂开发

食品添加剂的安全性一直备受人们关注。在倡导食用绿色、健康、无公害食品的趋势下，调味剂应在确保安全性的前提下保证其品质。与此同时，天然食品调味剂成为了一种发展趋势，如索马甜、水解植物蛋白、水解动物蛋白等调味剂的开发与应用。

(3)单一调味品转向复合调味品的开发

调味剂的单一口味可分为咸味、甜味、苦味、鲜味、酸味，随着调味品的日益丰富，对外交流的加深，各种风味的美食使人们不再满足于单一口味，消费者对风味的追求需要将单一调味品转向复合调味品的开发。复合调味剂一般是天然原料经过深加工后制作而成。复合调味剂不仅给人以独特的口感和风味，还可以使食品的制作变得方便、快捷。

9.5.2 调味新技术开发

为了满足消费者，市场上需要口味新颖、价格低廉、安全无毒的新型食品调味剂，研制新品调味剂的过程中采用的新技术主要有以下几种。

(1)先进的提取技术

利用传统水提取、有机溶剂提取、微波提取、超声波提取、亚临界水提取等方法，从我国丰富的动植物资源或生产的副产品中提取天然呈味物质，然后浓缩、喷粉制成复合调味剂。

(2)复配技术

利用调味剂之间的协同作用，将不同的调味剂按一定的比例进行复配，获得口味好、性质佳的复配型调味剂。

(3)生物技术

利用微生物发酵法生产调味剂是人们获得天然调味产品的有效途径。例如，用发酵法制成核苷酸，然后用合成的方法引入其他基团，使鲜味更强。如5′-肌苷酸分子中引入甲硫基，可使鲜度增加8倍。利用特定的酶作为调味剂生产中的生物催化剂，可增强食品风味或将风味前体物质转变为风味物质。

在实际研究与生产过程中，需要结合不同的技术，最终达到开发出新型调味品的目的（周爱梅，2009）。

案例分析

合成甜味剂超范围超量使用问题

背景：

2012 年 1～4 月，北京市工商行政管理局公布了流通领域和生产企业被抽检食品质量监测情况，涉及甜味剂不合格的产品信息如下：

序号	样品名称	规格型号	生产批次	不合格项目（最大使用量/实测添加量）	公布日期
1	烧烤酱	350 克/袋	2011.8.2	环己基氨基磺酸钠（甜蜜素）g/kg（不得检出/0.12）	2012.4.25
2	醪糟	500 克/袋	2011.9.20	甜蜜素 g/kg（不得检出/0.2）	2012.4.4
3	情侣话梅	散装称重	2011.9.18	甜蜜素 g/kg（≤8.0/12）	2012.3.21
4	洋槐蜂蜜膏	100 克/瓶	2011.5.6	甜蜜素 g/kg（不得检出/0.46）；糖精钠 g/kg（不得检出/0.05）	2012.3.14
5	糖水栗子	380 克 ±10%/瓶	2011.7.22	乙酰磺胺酸钾 g/kg（不得检出/0.183）	2012.3.7
6	调味面制食品（肯德鸡）	38 克/袋	2011.12.2	甜蜜素 g/kg（≤0.65/6.0）	2012.3.7
7	蜂蜜西梅	168 克/袋	2011.8.2	甜蜜素 g/kg（≤1.0/7.0）；糖精钠 g/kg（≤1.0/1.2）	2012.2.29
8	小博士面包	80 克/袋	2011.11.3	甜蜜素 g/kg（≤0.65/1.7）	2012.1.10
9	酸牛奶	125 克/杯	2011.11.1	甜蜜素 g/kg（不得检出/0.29）	2012.1.10

在本书第 1 篇案例分析中，已经论及了 2007 年某品牌白酒含糖精钠事件，上述食品安全事件中，均因为糖精钠、甜蜜素、安赛蜜等甜味剂超范围或超量使用而遭到曝光。此外，2009 年委内瑞拉禁售无糖可乐型碳酸饮料事件的报道也引起社会的广泛关注。在 2008 年 3 月，深圳市工商行政管理局公布了 2008 年第一季度该市流通领域葡萄酒质量的监测结果，共抽检葡萄酒 79 批次，合格产品 68 批次，合格率为 86.07%，主要不合格项目为超范围添加甜蜜素、安赛蜜、糖精钠等合成甜味剂。

分析：

上述因甜味剂应用引起的食品安全事件均是由于非营养性合成甜味剂导致的。厂家添加这些甜味剂的目的有：①增加产品的甜度；②降低成本；③假冒伪劣；④降低产品的热量。凡事都有两面性，在增加产品甜度的基本功能下，能够降低产品的成本，但是使用需要符合法律、法规，在符合《食品添加剂使用标准》（GB 2760—2011）最大使用量规定的前提下，才能确保消费者的安全。因为每一种甜味剂在不同食品中的最大使用量都是根据此种食品对人群的膳食暴露量进行统计并结合其 ADI 值计算确定的，消费者长期食用甜味剂含量超过最大使用量的食品将给健康带来隐患。

糖精钠除了在味觉上引起甜的感觉外，对人体无任何营养价值。相反，当食用较多糖精时，会影响肠胃消化酶的正常分泌，降低小肠的吸收能力，使食欲减退。据国外资料记载，1997年加拿大进行的一项多代大鼠喂养实验发现，摄入大量的糖精钠可以导致雄性大鼠膀胱癌。因此，美国等发达国家的法律规定，在食物中使用糖精时，必须在标签上注明“使用本产品可能对健康有害，本产品含有可以导致实验动物癌症的糖精”或类似警示。由于食用糖精对人体健康有害无益，所以西方一些发达国家都对糖精严格控制使用，其控制标准一般为不超过消费食糖总量的5%，且主要用于牙膏等工业用途。短时间内食用大量糖精，会引起血小板减少而造成急性大出血、多脏器损害等而引发恶性中毒事件。

过量食用安赛蜜，也会对人体的肝肾功能造成一定的影响，还会导致糖尿病人血压上升。如果短时间内大量食用安赛蜜，会造成血液系统改变，如血小板减少，甚至造成消化道大出血。

葡萄酒、蜂蜜、蜂王浆等食品不允许添加甜蜜素。食用过量甜蜜素，会对人体的肝脏和神经系统造成危害，特别是对代谢排毒能力较弱的老人、孕妇、儿童危害更为明显。

在我国食品安全事件频发的今天，从中央到地方、从国家工商行政总局到基层工商所都在严厉打击非法添加和滥用食品添加剂专项工作，各地查处了一批非法添加和滥用食品添加剂的案件，上述企业行为违反食品安全法毋庸置疑，但在行政处罚的法律适用上，存在着不同意见，参照的法律是《产品质量法》《流通环节食品安全监督管理办法》，还是《食品安全法》？在基层工商行政单位（如浙江省衢州市工商行政管理局）甚至进行了专项案例适用法律、法规的讨论。

其实食品安全事件分为两种情形：一种是生产、销售不符合食品安全标准的食品；一种是在生产、销售的食品中掺入有毒、有害的非食品原料，或者销售明知掺有有毒、有害的非食品原料的食品。根据《食品安全法》第二十八条第（一）项“用非食品原料生产的食品或者添加食品添加剂以外的化学物质的食品，或者用回收食品作为原料生产的食品”，该项规定是从食品生产加工的“原始材料上”对食品的生产经营所作的具体规定。《食品安全法》第四十六条“食品生产者应当依照食品安全标准关于食品添加剂的品种、使用范围、用量的规定使用食品添加剂；不得在食品生产中使用食品添加剂以外的化学物质和其他可能危害人体健康的物质。”该条前一句是对有关食品添加剂使用的规定，后一句是对前一句的延伸，是对食品添加剂之外具有食品添加剂特性的物质（如超品种、超范围）使用或者其他可能危害人体健康物质使用的禁止性规定，也是对第二十八条第（一）项的进一步深化。第二十八条第（一）项还包括了用非食品原料生产的食品（如用工业酒精生产白酒）、用回收食品作为原料生产的食品等；上述案例中超范围使用甜蜜素的烧烤酱、醪糟、洋槐蜂蜜膏、酸牛奶和超范围使用安赛蜜的糖水栗子，甜蜜素和安赛蜜都属于这几种食品中“不得检出”的食品添加剂，该行为应依照《食品安全法》第二十八条第（一）项“添加食品添加剂以外的化学物质的食品”进行定性，值得注意的是超范围使用的食品添加剂，从字面上理解该物质本身是食品添加剂的一个品种，用“食品添加剂以外的化学物质”表述似有不当，但是，在这种食品中，国家标准规定该食品“不得检出”的食品添加剂，那对这种食品而言，该“食品添加剂”就是食品添加剂以外的化学物质；此外，“超品种、超范围”使用的“食品添加剂”，是作为一种物质添加到生产加工的食品中，属于“添加食品添加剂以外的化学物质”这种情况。所以应以《食品安全法》第八十五条第(一)项对该违法行为进行行政处罚。

《食品安全法》第二十八条第(二)项规定“致病性微生物、农药残留、兽药残留、重金属、污染物质以及其他危害人体健康的物质含量超过食品安全标准限量的食品”，该项内容主要是从危害人体健康的物质超过食品安全标准限量方面进行的规定，包括致病性微生物、污染物及其他危害人体健康的物质超过食品安全标准限量的，上述食品安全案件中情侣话梅、调味面制食品(肯德鸡)、蜂蜜西梅、小博士面包等食品超标准使用甜蜜素，既然超过了国家规定的食品标准，就可以认定为对人体健康有危害，所以这种情形应以该项“其他危害人体健康的物质含量超过食品安全标准限量的食品”进行定性，并根据《食品安全法》第八十五条第(二)项进行处罚。

纠偏措施：

2011年4月20日，为了严厉打击食品非法添加行为，进一步加强食品添加剂监管，国务院办公厅印发了《国务院办公厅关于严厉打击食品非法添加行为切实加强食品添加剂监管的通知》(国办发[2011]20号)(以下简称《通知》)。《通知》在严厉打击食品非法添加行为、规范食品添加剂生产使用、机制建设、责任追究等4个方面进行了工作部署，国家质检总局在随后召开电视电话会议，本着“看重、抓实、严管、狠打”的总要求和检验标准，要求全国质检系统开展专项工作，通过制定并下发《国家质检总局〈国务院办公厅关于严厉打击食品非法添加行为切实加强食品添加剂监管的通知〉的指导意见》，制订工作进度和工作方案。在政府宣导方面要求将国务院食品安全委员会办公室印发的《关于严厉打击食品非法添加行为严格规范食品添加剂生产经营使用的公告》印制、张贴到所有食品生产企业、相关的化工厂、小作坊。同时，结合工作实际，专门制作有针对性的宣传材料，发送到监管的每一个食品生产经营单位和相关的化工厂及从业个人，做到家喻户晓、应知尽知，加强从业主体诚信、道德教育，强化守法经营、依法生产的意识。通过全方位的监督，确保有关法令、标准得到严格遵守。

生产企业在严格执行法律、法规的基础上，与当地质监部门签订承诺书，对于存在自制火锅底料、自制饮料、调味料、糕点等餐饮企业要求主动备案所用食品添加剂名称，并在店堂醒目位置或菜单上予以公示。

尽管普通消费者不具有明辨食品真假、伪劣的专业知识，但是摆脱“添加剂”的恐慌心理和心理阴霾，除了依赖商家恪守商业伦理，国务院食品安全委员会督促各级政府机关落实食品安全监管责任外，尽量选择高美誉度企业的食品产品，以减少摄入不合格、假冒、伪劣食品的几率。

思考题

1. 酸度调节剂在食品中的作用有哪些?
2. 举例说明食品加工中常用酸度调节剂的应用特性。
3. 甜味剂应具备哪些特性？简述甜味剂使用注意事项。
4. 合成甜味剂主要有哪几种？各自的优缺点是什么？
5. 简要介绍糖醇类甜味剂的功能及其安全性。
6. 简述增味剂的类别及其特性。

7. 简述食品调味剂的发展趋势。

参考文献

白卫东，蔡鹏昌，钱敏．2009. 酵母抽提物的生产及应用[J]．中国调味品，10（34）：62－66.

邓开野．2011. 新型甜味剂三氯蔗糖[J]．中国调味品，36(2)：1－3.

杜淑霞，贝惠玲，徐丽，等．2011. 新型甜味剂纽甜在凝固型酸奶中的应用[J]．食品科技，36(6)：277－280.

杜淑霞，林楠．2012. 纽甜的稳定性[J]．中国调味品，37(2)：14－16.

杜支红．2009. 全球酵母抽提物(YE)发展态势[J]．肉类工业(10)：2－4.

洪镭，汪晓伟，陈颖秋，等．2009. 酵母抽提物鲜味剂的综述[J]．广西轻工业，6：17－18.

江新业．2009. 天然复合调味料的发展[J]．中国食品添加剂，z1：37－40.

林楠，晏日安，孔令会．2011. 纽甜在饼干中应用的研究[J]．食品工业科技，32(10)：400－401.

吕白凤．2010. 木糖醇在各类食品中的应用[J]．农村新技术，16：27－28.

吕绍杰．2011. 发酵乳酸的开发前景[J]．适用技术市场，1：15－16.

宋刚．2003. 调味品生产与应用[M]．北京：中国轻工业出版社．

孙平，张津凤．2006. 食品添加剂应用手册[M]．北京：化学工业出版社．

汪多仁．2009. L－苹果酸的开发与应用进展[J]．发酵科技通讯，37(3)：27－30.

王永芹．2009. 基于对L－乳酸生产工艺的技术研究[J]．黑龙江科技信息，31：26.

王宗玉，冯源，任端平，等．2009. 国内外食品安全事件汇编及分析[M]．北京：中国计量出版社．

魏志勇，刘颖秋，佘志刚．2008. 纽甜的应用及研究进展[J]．食品工业科技，29(12)：252－255.

吴璞强，赵桂霞，张亚楠，等．2010. 阿斯巴甜的合成和应用研究进展[J]．中国调味品，35(1)：30－32，37.

肖素荣，李京东．2008. 赤藓糖醇的特性及应用[J]．中国食物与营养，5：26－28.

许建军，周凤娟．2006. 我国调味品安全标准存在的主要问题分析[J]．中国调味品，11：4－8.

杨荣华．2003. 食品的滋味研究(下)[J]．中国调味品，7：34－36.

张开诚．2001. 鲜味剂的结构特征与呈味机理的探讨[J]．中国调味品，6：28－32.

周爱梅．2009. 增味剂的应用及发展[J]．农产品加工，8：10－11.

周立国，段洪东，刘伟．2007. 精细化学品化学[M]．北京：化学工业出版社．

SCHIFFMAN S S, SATTELY－MILLER E A, GRAHAM B G, et al. 2000. Synergism among ternary mixtures of fourteen sweeteners [J]. Chemical Senses, 25(1)：131－140.

第10章

食品用香料与香精

学习目标

了解食品用香料与香精的定义、分类、特点及其作用，掌握常用香料的特性、使用方法，了解香精的组成、使用注意事项，了解食品用香料、香精的安全性及其在食品工业中的应用。

10.1 食品用香料

在食品色、香、味、形诸要素中，“香”和“味”的地位尤为突出。食品用香料、香精是形成食品香味的主要来源之一，它们的应用使现代加工食品的香味能够跟传统手工制作食品相媲美。食品用香料、香精已经广泛应用到食品生产的各个领域，改善了食品质量，显著提高了消费者的生活质量和品味，同时促进了食品工业的快速发展。

我国是最早使用天然香料的国家之一，早在黄帝时代就开始使用椒、桂等芳香植物调味，到商代已总结五味调和的一些规律。几千年来，花椒、八角、桂皮、大葱、生姜等是中华民族最熟悉的烹饪用香辛料。除了烹饪，香料在酒、茶、香烟等产品中的应用也非常广泛。

10.1.1 食品用香料定义

食品用香料是能够用于调配食品香精，并使食品增香的物质，可以是单一有机化合物，也可以是混合物。其中，单一有机化合物一般称为单体香料，如肉桂醛、麦芽酚、2-甲基-3-呋喃硫醇等；混合物主要有精油(如肉桂油、玫瑰油等)、油树脂和酊剂等。食品用香料之所以发香，是因为具有呈味物质的分子内含有1个或数个发香团，这些发香团在分子内以不同的方式结合，使食品用香料具有不同类型的香气和香味。

香料给人的直接感觉不一定是“香”的。相当多的香料纯品具有令人厌恶的气味，当稀释到一定浓度时才呈现出令人喜爱的香味，如吲哚，高浓度时具有强烈的粪便臭味，浓度低于1g/kg时呈现出愉快的茉莉花香；又如2-甲基-3-呋喃基二硫醚，纯品具有不愉快的硫化物气味，浓度低于1ng/kg时才表现肉香香味。

10.1.2 食品用香料分类

过去，根据来源和化学结构，我国将食品用香料分成天然(natural)香料、天然等同(natural-identical)香料和人造香料(artificial)三类。

(1)天然香料

天然香料系指完全用物理方法从动植物原料(不论这类原料处于天然状态还是经过了供人类食用的加工过程处理)中获得的具有香气和/或风味的化合物。目前，人们使用生物工艺手段(如发酵)从天然原料(如粮食)制得的香料以及由天然原料(如糖类和氨基酸类等)经过供人类食用的加工过程(如烹调)所得反应产物也列入天然香料范畴。

(2)天然等同香料

天然等同香料系指从芳香原料中用化学方法离析的或用化学合成法制备的香味物质，它们的化学结构与天然香料产品中存在的物质结构相同。

(3)人造香料

人造香料系指那些尚未从供人类食用的天然产物中发现的香味物质(即其化学结构为人工构造)。

天然等同香料只是化学结构与天然物相同，其来源仍属于化学合成品，在GB 2760—2011中，食品用香料分为天然香料和合成香料(包括天然等同香料和人造香料)两类。

根据香料的分子结构和官能团，允许在食品香精中使用的香料分类见表10-1。

表10-1 允许在食品香精中使用的合成香料

芳香族		脂肪族	
苯环类	杂环类	脂环族类	脂肪族类
酚类	噻唑类	内酯类	烃类
醚类	呋喃类		醇类
乙缩醛类	吡喃类		醛酮类
羰基类	噻吩类		羧酸类
羧酸类	吡嗪类		酯类
酯类	咪唑类		萜烯类
内酯类	吡啶类		含硫化合物
含硫化合物	吡咯类		含氮化合物
	恶唑类		

10.1.3 食品用香料作用

食品用香料是食品添加剂中品种最多的一类，具有产品品种多、产量小、专用性强、用量少、作用大等特点。食品用香料一般配制成香精后用于食品加香，部分也可直接用于食品加香。食品用香料、香精在各类食品中按生产需要适量使用，但《食品添加剂使用标准》(GB 2760—2011)表B.1所列食品类别除外。

食品用香料的主要作用包括以下两项。

(1)配制食品香精

除了个别食品用香料可以直接添加至食品中，绝大多数食品用香料均需配制成食品香精再进行应用。食品香精的主要作用是赋香、矫味、掩盖异味等，食品香精对消费者的生理和心理还产生影响，如认知、食欲等，具体见表10-2。

表10-2 食品香精作用

产品作用	生理作用	心理作用
模仿	代谢反应	怀旧
拓展	消化道吸收	感觉
赋香	口味和消费	信仰、认知
矫味		流行趋势
补充		强化
延长货架期		

(2)发挥生理功能

①天然香辛料及其精油具有抗菌消炎、抗癌、增强人体免疫、抑制肥胖、抗氧化、镇静安神、防高血压等生理功能(表10-3)。

表10-3 天然香料(精油)的主要生理功能

天然香料(精油)	主要成分	生理功能	天然香料(精油)	主要成分	生理功能
当归油	水芹烯、蒎烯、倍半萜、环十五内酯	活血、补血、润肠通便	苦杏仁油	苯甲醛	止咳平喘、润肠通便
薄荷油	L－薄荷醇、乙酸薄荷酯	祛风止痛	肉桂油	肉桂醛等	祛风健胃
丁香油	丁香酚等	温中降逆、补肾助阳	八角茴香油	茴香醛等	温阳散寒、理气止痛
生姜油	姜酮、姜醇	解表散寒、温中止呕、化痰止咳	肉豆蔻油	蒎烯、芳樟醇、肉豆蔻醚	温中行气、涩肠止泻

②单体香料根据分子结构的特性具有不同的生理功能(表10-4)。

表10-4 单体香料的主要生理功能

香料	生理功能	
	体外测试	体内测试
二烯丙基二硫醚	抗癌、抗血小板凝固	抗癌、降血糖
乙烯基二噻嗪	抗血小板凝固	—
大蒜烯	抗血小板凝固、抗霉菌	抗血小板凝固
烷基噻吩、烷基噻唑、烷基恶唑	抗氧化	抗氧化

（续）

香　料	生理功能	
	体外测试	体内测试
硫醇类化合物	抗氧化	抗氧化
萜烯类化合物	改善自动调节神经系统	改善自动调节神经系统
苯丙类化合物	改善自动调节神经系统、抗微生物活性	改善自动调节神经系统、抗微生物活性

③反应型香料（如山楂核烟熏香味料、硬木烟熏香味料）具有促进肠胃蠕动、抗氧化、抗突变、抑制亚硝胺生成等生理功能。

10.1.4　天然食品用香料

天然香料是从香料动物或香料植物（体内含有香味成分的动物或植物）的某些生理器官（如香囊、香腺、花、叶、枝、干、根、皮、果、籽等）以及分泌物经加工提取的含有香味成分的物质。天然香料又分为动物性天然香料和植物性天然香料两类。动物性天然香料的主要品种有麝香、灵猫香、海狸香、龙涎香和麝鼠香 5 种。动物香料在食品添加剂中应用较少，多用于化妆品等产品的调香。植物性天然香料的种类很多，主要以植物的花、枝、叶、草、根、皮、茎、籽或果实等为原料，采用水蒸气蒸馏、浸提、压榨、吸附、超临界萃取等方法，生产精油、浸膏、酊剂、油树脂、净油等类型香料产品。

10.1.4.1　精油

精油是一种从芳香植物中提取的挥发性油状液体，是植物性天然香料的主要品种。精油的制法主要有两种：一种是以植物的花、叶、枝、皮、根、茎、草、果、籽、树脂等为原料，经水蒸气蒸馏制取，如玫瑰花油、茉莉油、薄荷油等的生产；另一种是将柑橘类的全果或果皮，经压榨法制取，如甜橙油、柠檬油等的生产。

（1）甜橙油（Orange oil，CNS 号：N131，FEMA 号：2821）

甜橙油有冷磨油、冷榨油和蒸馏油 3 种，主要生产国是巴西和美国，其他产地还有以色列、意大利、澳大利亚、阿根廷、摩洛哥、西班牙和我国的华南、华东地区。其主要成分是苧烯、癸醛、辛醇、芳樟醇、十一醛、甜橙醛等。大多数甜橙精油均是全果冷榨或冷磨制得，还有一种精油是在橙汁的浓缩过程中生产的。用冷磨新鲜整果（得油率为 0.35% ~ 0.37%）或冷榨新鲜果皮（得油率为 0.3% ~0.5%），可得冷榨甜橙油。冷磨油和冷榨油为深橘黄色或棕红色液体，相对密度 0.844 ~0.849，折射率 1.472 ~1.474，比旋光度 +95°66′ ~ +98°13′，酸价 0.35 ~0.91，香气接近天然果香。蒸馏油为淡黄色液体，相对密度 0.840 ~ 0.846，折射率 1.471 ~1.473，比旋光度 +95°12′ ~ +96°56′，香气较差。甜橙油是多种食品香精的主要成分，可直接用于食品，赋予其天然橙香气，主要用于调配甜橙、可乐、柠檬、混合水果等食品香精。

（2）白柠檬油（Lime oil，CNS 号：N034，FEMA 号：2631）

白柠檬油主产于墨西哥、巴西、美国、秘鲁、海地和我国南方地区。可采用冷榨果皮和蒸馏果皮制得白柠檬油。冷榨法得油率为0.1%~0.35%，为黄色至黄绿色液体，相对密度0.874~0.882，折光率1.482~1.486。蒸馏法得油率为0.3%~0.4%，为无色至浅黄色液体，具有特征香气，相对密度0.856~0.865，折光率1.474~1.478。冷榨油具有新鲜和甜的果皮样香气，蒸馏油具有类似柑橘香气。白柠檬油的主要成分为柠檬烯、柠檬醛、乙酸芳樟酯、芳樟醇、松油醇、香叶醇、龙脑、辛醛、癸醛、松油烯等，主要用于调配柠檬、柑橘等果香型饮料用香精。

(3)山苍籽油(*Litsea cubeba* berry oil，CNS号：N013，FEMA号：3846)

山苍籽主产地为我国华南、华西地区，印度、缅甸、越南也有少量分布。用水蒸气蒸馏鲜果，得山苍籽油，得油率3.0%~4.0%。山苍籽油为浅黄色液体，相对密度0.880~0.892，折光率1.480~1.487；主要成分有柠檬醛、香茅醛、芳樟醇、松油醇、香叶醇、月桂烯、柠檬烯、莰烯等；具有清新、甜的果香，类似柠檬油的香气；主要用于单离柠檬醛，并广泛地用于柠檬风味，也可直接用于果香型香精中，用作修饰剂。

(4)中国肉桂油(Cassia oil，CNS号：N039，FEMA号：2258)

肉桂主产于我国的广东、广西、云南、江西、福建、浙江、四川、贵州和越南、印度、印度尼西亚等地。水蒸气蒸馏树皮可得肉桂皮油，得油率为1%~2.5%。肉桂皮油主要成分为肉桂醛、乙酸肉桂醇酯、丁香酚、石竹烯、芳樟醇、香豆素、1，8-桉树脑、4-萜烯醇等。水蒸气蒸馏枝、叶得肉桂叶油，得油率为0.3%~0.4%。肉桂叶油主要成分为丁香酚、石竹烯、肉桂醛、异丁香酚、芳樟醇、乙酸肉桂醇酯等。

肉桂粗制油是深棕色液体，肉桂精制油为黄色或浅棕色液体，具有强烈的辛香、辣香而微带木香和膏香，主要用于调配樱桃、可乐、姜汁、肉桂等食品香精。

(5)丁香(Cloves，CNS号：N386，FEMA号：2327)

丁香主产于马达加斯加、印度尼西亚、坦桑尼亚、斯里兰卡、印度、越南及我国的海南、云南。可利用的部分为干花蕾、茎、叶。用水蒸气蒸馏法蒸馏花蕾，可得丁香花蕾油(Clove bud oil，CNS号：N003，FEMA号：2323)，得油率为15%~18%。丁香花蕾油为黄色至澄清的棕色流动性液体，有时稍带黏滞性，具有药香、木香、辛香和丁香酚特征性香气，相对密度1.044~1.057，折光率1.528~1.538。

用水蒸气蒸馏法蒸馏丁香茎，可得丁香茎油(Clove stem oil，CNS号：N228，FEMA号：2328)，得油率为4%~6%。丁香茎油为黄色至浅棕色液体，接触铁离子后变暗紫棕色，具有辛香和丁香酚特征性香气。但不及花蕾油，相对密度1.041~1.059，折光率1.531~1.536。

用水蒸气蒸馏法蒸馏丁香叶片，可得丁香叶油(Clove leaf oil，CNS号：N001，FEMA号：2325)，得油率为2%左右。丁香叶油为黄色至浅棕色液体，接触铁后变暗，具有辛香和丁香酚特征性香气，相对密度1.039~1.051，折光率1.531~1.535。丁香叶油主要成分为丁香酚、石竹烯、乙酸丁香酚酯、甲基戊基酮等，可用于调配日用、食品用、酒用、烟用香精，也可用于单离丁香酚，合成其他香料。

10.1.4.2 浸膏和油树脂

浸膏和油树脂是含有精油及植物蜡等呈膏状的香料制品，是植物性天然香料的主要品种之一。芳香植物的花、叶、枝、茎、皮、草、果、籽或树脂等，用挥发性有机溶剂浸提（萃取）、蒸馏回收溶剂后的残余物即为浸膏，以香辛料为原料萃取得到的浸膏习惯上称为油树脂。在浸膏中，除含有香味成分精油外，尚含有相当数量的植物蜡、色素等，所以在室温下呈深色蜡状。

（1）玫瑰浸膏（Rose concrete，CNS号：N056）

以玫瑰鲜花为原料，用两倍的石油醚冷法浸提，经过滤后，油水混合物先经常压浓缩，再用13.3～16kPa真空浓缩，温度不得超过50℃，浓缩后即得，得率为0.2%～0.3%。玫瑰浸膏为黄色、橙黄色或褐色膏状或蜡状物，溶于乙醇和大多数油脂，微溶于水，熔点41～46℃。

玫瑰浸膏主要成分是高分子烃类、醇类、脂肪酸、萜烯醇、脂肪酸酯、香茅醇、香叶醇、芳樟醇、苯乙醇、金合欢醇、丁香酚、丁香酚甲醚、玫瑰醚、橙花醚等。具有玫瑰花香气，可用于调配花香型食品香精。

（2）桂花浸膏（Osmanthus fragrans flower concrete，CNS号：N120）

将桂花的鲜花经食盐水盐渍后用石油醚浸提得到浸膏，是我国独特天然香料，为深黄色或棕色蜡状半固体，具有桂花的清甜香气，兼有蜡样和桃果香气息。

桂花浸膏主要成分是α-紫罗兰酮、β-紫罗兰酮、二氢-β-紫罗兰酮、反式-芳樟醇氧化物、顺式-芳樟醇氧化物、芳樟醇、香叶醇、间乙基苯酚、棕榈酸乙酯、壬醛、乙酸香芹酯、顺式-2,4,6-三甲基-2-乙烯基-5-羟基四氢呋喃、橙花醇等；具有桂花香气，可直接用于桂花香型食品；除用于桂花香精外，还可用于蜜饯香精、茶叶香精及酒用香精。

（3）白兰浸膏（Michelia alba flower concrete，CNS号：N032，FEMA号：3950）

白兰主产于我国长江以南地区，在广东、海南、广西、福建、浙江、江苏均有栽培。以白兰鲜花为原料，鲜花用石油醚浸提，然后去除溶剂而得，得膏率为2.2%～2.5%，为棕红色至深棕色膏状物，具有白兰鲜花香气。

白兰浸膏主要成分有芳樟醇、邻氨基苯甲酸甲酯、松油醇、橙花叔醇、丁香酚甲醚、月桂烯、柠檬烯、石竹烯等；具有白兰花香气，用于调配花香型食品香精，也可用于调配高档化妆品用香精。

（4）生姜油树脂（Ginger oleoresin，CNS号：N036，FEMA号：2523）

生姜油树脂又称生姜浸膏，用丙酮萃取干姜，蒸出萃取液中的丙酮，制得生姜油树脂。生姜油树脂为暗棕色黏稠液体，含有精油30%～40%，含姜酚、姜脑、姜酮等辣味物质，还含有龙脑、柠檬醛、樟烯酚等多种成分；具有木香、辛香、药草、姜、柑橘、柠檬香气，用于调配焙烤食品、可乐、调味品香精。

（5）辣椒油树脂（Paprika oleoresin，CNS号：N143，FEMA号：2834）

辣椒油树脂含有色素和辣味两类物质，色素中包括辣椒红素、辣椒玉红素、辣椒黄素、玉米黄质、辣椒红素酯类；辣味物质包括辣椒素、辣椒醇、二氢辣椒素、降二氢辣椒素、高二氢辣椒素、高辣椒素等。此外，还含有酒石酸、苹果酸等有机酸。

辣椒油树脂为橙红色液体，略黏，有强烈辛辣味，并有炙热感，可覆盖整个口腔乃至咽喉；可溶于乙醇，溶于大多数非挥发性油。辣椒油树脂可用作调味剂、着色剂、增香剂等。

10.1.4.3 净油

从广义上说，凡是用乙醇萃取的浸膏或香脂及用水蒸气蒸馏法制取的精油(含蒸馏水)，经过冷冻处理，滤去不溶于乙醇中的全部物质(多数是蜡质、脂肪和萜烯类化合物)，然后在减压低温下蒸去乙醇，所得产物统称为净油。在绝大多数情况下，净油是液态，应全部溶于乙醇中。

(1)小花茉莉净油(Jasminum sambac absolute，CNS号：N070)

小花茉莉净油主产于我国的中南、华南地区，用石油醚浸提鲜花制得浸膏，得膏率为0.25%~0.35%；用乙醇萃取浸膏制得净油，得油率为50%~60%。

小花茉莉净油主要成分有乙酸苄酯、苯甲酸苄酯、苯甲酸叶醇酯、茉莉内酯、茉莉酮酸甲酯、亚麻酸甲酯、茉莉酮、金合欢醇、橙花叔醇、苄醇、叶醇、丁香酚等；具有茉莉鲜花香气；可用于调配杏、覆盆子、桃、浆果、热带水果等食品香精，还可用于调配茶叶香精。

(2)接骨木花净油(Elder flower absolute，CNS号：N210)

接骨木花净油为忍冬科植物接骨木的花经乙醇提取后，冷却除蜡后浓缩所得，为淡黄色液体，具有甜香、蜜香、药草香、茴香和花香香气，主要成分为异丙基十四酸，可用于配制葡萄等食品香精。

(3)墨红花净油(Rose crimson glory absolute，CNS号：N146)

墨红花净油为热乙醇溶液浸提墨红花浸膏后，冷却除蜡并浓缩所得，为橙红色液体，呈墨红鲜花香气，主要成为含芳樟醇、香叶醇、香茅醇和橙花醇，常用于配制杏、桃、苹果、桑葚、草莓等食品香精。

10.1.4.4 酊剂

以乙醇为溶剂，在加热或回流的条件下，浸提芳香植物、植物的渗出物以及动物的分泌物，乙醇浸出液经冷却、澄清、过滤后所得的制品，称为酊剂。

(1)枣子酊(Chinese date tincture，CNS号：N053)

枣主产于河北、河南、山东、山西、浙江、安徽等，用乙醇浸提干枣制取酊剂，浓枣酊含固形物50%左右，为暗红色至橙色液体。枣子酊主要成分为糖类、维生素C、维生素A、维生素B、蛋白质、脂肪、铁、磷、钙等；具有枣的芳香及温和的甜香；用于调配食品用、烟用、酒用香精；对增强烟香浓度、改善烟气苦辣气味有很大作用。

(2)甘草酊(Licorice tincture，CNS号：N026，FEMA号：2628)

甘草酊主要含有甘草素、甘草次酸、甘草苷、异甘草苷、新甘草苷等，为黄色至橙黄色液体，有微香，味微甜。甘草酊具有增香、解毒等功效。

(3)香荚兰豆酊(Vanilla bean tincture，CNS号：N104，FEMA号：3105)

香荚兰豆酊为香荚兰豆的乙醇提取液，为浅棕色液体，有清甜的豆香和膏香味，主要成分有香兰素、大茴香酸、大茴香醛、洋茉莉醛和羟基苯甲醛等。

10.1.5 合成食品用香料

合成香料的品种很多，其分类方法主要有两种：一种是按官能团分类，如酮类香料、醇类香料、酯(内酯)类香料、醛类香料、烃类香料、醚类香料以及其他香料；另一种是按碳原子骨架分类，如萜烯类、芳香类、脂肪族类、含氮、含硫、杂环类等。

合成香料一般不直接用于食品加香，多用于配制食品香精。食品中直接添加的合成香料只有香兰素、乙基香兰素、苯甲醛、麦芽酚和乙基麦芽酚等几种。现将食品加香常用的几种合成香料介绍如下。

10.1.5.1 醛类

(1)香兰素(Vanillin，CNS号：S0172，FEMA号：3107)

香兰素又名香草酚，学名为4-羟基-3-甲氧基苯甲醛，为白色或微黄色针状结晶物质；微甜，有芳香气味，具有类似香荚兰豆特有的香气；易溶于乙醇、乙醚、氯仿、冰醋酸和热挥发性油；溶于水、甘油；对光不稳定，在空气中逐渐氧化。

香兰素的ADI值为0~10mg/kg BW(FAO/WHO，2001)。

香兰素是使用最多的食品用香料之一，它可用于配制多种食品香精，是配制香草型香精的主要原料。在香草型香精中，香兰素的用量约5%，也可多达25%~30%。香兰素还可以单独用于饼干、糕点、冷饮、糖果等食品的增香，尤其适用于以乳制品为主要原料的食品。

使用香兰素应注意：①在生产糕点、饼干的和面过程中加入，通常用温水溶解后添加，以防止赋香不均或结块而影响风味。②香兰素遇碱或碱性物质发生变色现象，使用时应控制食品的pH值。③香兰素易受光的影响，在空气中逐渐氧化，贮存时应注意密封防潮。

(2)乙基香兰素(Ethyl vanillin，CNS号：S1171，FEMA号：2464)

乙基香兰素的系统命名为4-羟基-3-乙氧基苯甲醛，为白色至微黄色结晶或结晶性粉末，香型与香兰素相同，纯品的香气较香兰素强3~4倍。

乙基香兰素的ADI值为0~3mg/kg BW(FAO/WHO，2001)。

乙基香兰素既可单独使用，也可与香兰素、甘油等混合使用，特别适用于乳制品赋香。

(3)柠檬醛(Citral，CNS号：S0174，FEMA号：2303)

柠檬醛又称3,7-二甲基-2,6-辛二烯-1-醛，存在顺反异构体，顺式称为橙花醛，反式称为香叶醛，二者统称为柠檬醛，纯品为无色或淡黄色液体，有强烈的柠檬香气，不溶于水，溶于乙醇，与大多数天然和合成香料互溶。

柠檬醛的ADI值为0~0.5mg/kg BW(FAO/WHO，2003)。

柠檬醛作为单离香料用于配制柠檬、白柠檬、橘子等各种果香型香精，广泛用于饮料、糖果、冰淇淋、焙烤食品的赋香。

10.1.5.2 酚类

(1)麦芽酚(Maltol，CNS号：S0098，FEMA号：2656)

麦芽酚又称甲基麦芽酚，是白色或微黄色针状结晶或结晶粉末，微溶于水、丙二醇、甘油，溶于乙醇，具有甜的、焦糖、棉花糖香气、果酱味道。

麦芽酚的ADI值为0~1mg/kg BW(FAO/WHO，2005)。

麦芽酚可作为香味改良剂和定香剂使用，可用于各种食品，如巧克力、糖果、果酒、果汁、冰淇淋、糕点、饼干、面包、罐头、咖啡、汽水等，一般用量为0.05~0.3g/kg。对改善和增强食品的香味有明显效果，对甜味食品还能起增甜作用，可相应减少糖的用量。

(2) 乙基麦芽酚(Ethyl maltol，CNS 号：S1162，FEMA 号：3487)

乙基麦芽酚为白色晶体，微溶于水，溶于乙醇等，具有甜的、焦糖、棉花糖香气、果酱味道。其香气比麦芽酚强 4 ~6 倍。

乙基麦芽酚的 ADI 值为 0 ~2mg/kg BW(FAO/WHO，2005)。

乙基麦芽酚主要用于草莓、焦糖、果酱、棉花糖、菠萝蜜等食品香精和烟酒香精中，起香味增效剂和甜味剂作用，在最终加香食品中的建议用量为 12.4 ~152mg/kg。

10.1.5.3　酯类

(1) 乙酸乙酯(Ethyl acetate，CNS 号：S0364，FEMA 号：2414)

乙酸乙酯为无色液体，天然存在于黄酒、白酒、白兰地酒、朗姆酒、威士忌、苹果酒、红葡萄酒、啤酒、醋、西红柿、菠萝中，具有酯香、甜的如菠萝的果香及葡萄、樱桃香韵，同时还有酒样味道。

乙酸乙酯的 ADI 值为 0 ~25mg/kg BW(FAO/WHO，1996)。

乙酸乙酯是白酒的基础香味成分之一，与乳酸乙酯一起构成清香型白酒的典型香气；常用于调配白酒、白兰地、威士忌、朗姆酒、黄酒等酒用香精和樱桃、杏、桃、香蕉、草莓、葡萄、柠檬、甜瓜、梨等食品香精；在最终加香食品中的建议用量为 50 ~200mg/kg。

(2) 丁酸乙酯(Ethyl butyrate，CNS 号：S0414，FEMA 号：2427)

丁酸乙酯为无色液体，微溶于水，可溶于乙醇等有机溶剂中，具有强烈的菠萝、香蕉、苹果等水果香，并有淡淡的玫瑰香气。

丁酸乙酯用于调配菠萝、香蕉、苹果、樱桃、桃、葡萄、朗姆酒、奶油、乳酪、焦糖、胡桃、胶基糖果等食品香精以及酒用香精，也用于调配果香型和花香型日用香精以及烟用香精。在最终加香食品中的建议用量为 10 ~100mg/kg，胶基糖果中可达到 1 400mg/kg。

丁酸乙酯的 ADI 值为 0 ~15mg/kg BW(FAO/WHO，1996)。

(3) 丁酸异戊酯(Isoamyl butyrate，CNS 号：S0426，FEMA 号：2060)

丁酸异戊酯为无色液体，溶于乙醇等有机溶剂中，具有果香、甜香、酯香、清香，并有梨、香蕉、苹果、菠萝、甜瓜香气。

丁酸异戊酯的 ADI 值为 0 ~3mg/kg BW(FAO/WHO，1996)

丁酸异戊酯用于调配香蕉、桃、樱桃、苹果、柑橘、菠萝、杏仁、草莓、奶油、葡萄、梨等食品香精，也用于烟用和酒用香精中。在最终加香食品中的建议用量为 10 ~80mg/kg。

(4) 己酸乙酯(Ethyl hexanoate，CNS 号：S0459，FEMA 号：2439)

己酸乙酯为无色至浅黄色液体，天然存在于白酒、白兰地、朗姆酒、洋李、菠萝、茶、羊肉、乳酪、草莓、可可、猕猴桃、黑加仑中；具有甜的、果香、菠萝、香蕉香气和酒香。

己酸乙酯的 ADI 值为可接受(FAO/WHO，1996)。

己酸乙酯是浓香型白酒香精的主香剂，常用来调配白酒、白兰地、苹果、香蕉、菠萝等食品香精。在最终加香食品中的建议用量为 1 ~40mg/kg。

10.1.5.4 杂环类

(1)2－乙酰基呋喃(2－Acetylfuran，CNS号：S0245，FEMA号：3163)

2－乙酰基呋喃为浅黄色液体或晶体，存在于烤土豆、番茄、啤酒、咖啡、绿茶、香油中；具有糠醛、谷类、焦糖、坚果、烤香、牛奶香气和面包、坚果、烤香、焦糖味道，可用于调配杏仁、面包、猪肉、火腿、糖蜜、烘烤食品、坚果等食品香精。

(2)2－乙酰基噻唑(2－Acetylthiazole，CNS号：S0731，FEMA号：3328)

2－乙酰基噻唑为油状液体，天然存在于牛肉汁、马铃薯、猪肝、白面包中；具有爆玉米、炒板栗、烤麦片、烤肉、坚果和面包香气。

2－乙酰基噻唑的ADI值为可接受(FAO/WHO，2002)。

2－乙酰基噻唑可用于配制麦片、爆玉米花、面包、坚果、肉味等食品香精。

(3)2－乙酰基吡啶(2－Acetylpyridine，CNS号：S0778，FEMA号：3251)

2－乙酰基吡啶为无色液体，具有烤香、坚果香和爆玉米花香味。

2－乙酰基吡啶的ADI值为可接受(FAO/WHO，2004)。

2－乙酰基吡啶可用于调配烤香、奶味、肉味等食品香精。

10.1.5.5 硫醇类

(1)2－甲基－3－巯基呋喃(2－Methyl－3－furanthiol，CNS号：S0471，FEMA号：3188)

2－甲基－3－巯基呋喃为浅黄色透明液体，天然存在于金枪鱼、牛肉、猪肉、鸡肉中；具有肉香、烤肉香、烤鸡肉香、鱼香、大马哈鱼和金枪鱼样香气。

2－甲基－3－巯基呋喃的ADI值为可接受(FAO/WHO，2002)。

2－甲基－3－巯基呋喃可用于配制牛肉、猪肉、鸡肉、火腿、鱼、金枪鱼、大马哈鱼等食品香精，是最重要的肉味香料之一。

(2)2,3－二巯基丁烷(2,3－Dimercaptobutane，CNS号：S1240，FEMA号：3477)

2,3－二巯基丁烷为淡黄色液体，具有肉香、烤牛肉、猪肉、脂肪、鸡蛋香，可用于配制烤牛肉、煮牛肉、猪肉、鸡蛋、咖啡等食品香精。在最终加香食品中的建议用量为0.2mg/kg。

10.2 食品香精

食品中含有天然存在的香味物质和在加工过程中形成的香味物质，是人类所摄入香味物质的主体，它们已难以满足人类对食品香味多种多样的需求，食品香精成为食品工业必不可少食品的添加剂。

10.2.1 食品香精定义

食品香精是具有香味作用的浓缩制品(只产生咸味、甜味或酸味的制品除外)，通常不直接用于消费。根据国际食品香料工业组织(International Organization of the Flavor Industry,

IOFI）的定义，食品香精中除了含有对食品香味有贡献的物质外，还允许含有对食品香味没有贡献的辅料，如溶剂、抗氧化剂、防腐剂、载体等。

10.2.2 食品香精分类

香精又称调和香料，由人工调配而成的各种香料混合体。每种香精具一种香型，如玫瑰香精、茉莉香精等。

10.2.2.1 按香味物质来源分类

食品香精根据香味物质的来源分为调和型香精、反应型香精、发酵型香精、酶解型香精、脂肪氧化型香精。

10.2.2.2 按剂型分类

食品香精根据产品的剂型分为液体香精、膏状香精和粉末香精。液体香精又分为水溶性香精、油溶性香精和乳化香精。

（1）水溶性香精

水溶性香精（water-soluble flavoring），也称水质香精，由香料、乙醇、水三部分组成。将各种天然香料、合成香料调配而成的香基溶解于40%～60%乙醇中，必要时再加入酊剂、萃取物或果汁等制成，是食品中使用最广泛的香精之一。

水溶性香精一般为透明液体，其指标包括色泽、香气和澄清度等。在水中溶解或均匀分散，具有轻快的头香，耐热性较差，易挥发。水溶性香精不适用于高温加工的食品。

食品水溶性香精主要用于碳酸饮料、果汁饮料、冷冻饮品、酒、酱菜和调味品等，用量为0.07%～0.15%；用于软糖，糕饼夹馅等，用量为0.35%～0.75%。

（2）油溶性香精

油溶性香精（oil-soluble flavoring），也称油质香精，通常是用植物油脂等油溶性溶剂将香料稀释而成。油溶性食品香精为透明的油状液体，色泽、香气、香味和澄清度符合该产品的质量指标，不发生分层或浑浊现象。以精炼植物油做稀释剂的油溶性食品香精，在低温时发生冻凝现象；香味的浓度高，在水中难以分散，耐热性好，留香性能较好，适用于高温加工的食品。其溶剂多为丙二醇、色拉油，这些物质沸点高，常温下不易挥发，所以耐高温，同时也是由于这些性质使得这类香精的香气随着其溶剂慢慢散发，故其体香比水溶性香精浓郁、持久。

油溶性食品香精主要用于焙烤食品、糖果等赋香，用量为饼干、糕点0.05%～0.15%，面包0.04%～0.1%，果糖0.05%～0.1%。

（3）乳化香精

乳化香精（emulsion flavoring）由食品用香料、食用油、密度调节剂、抗氧化剂等组成的油相和由乳化剂、防腐剂、酸味剂、着色剂、水等组成的水相，经高压均质乳化制成的乳状液。乳化香精多是水包油型（O/W）香精，水相油相因密度差很难达到稳定，使用密度调节剂可以使油相密度与水相接近，然后均质制成相对稳定的乳状液。乳化香精为乳浊状液体，粒径≤2 μm，有黏稠性，加入水中迅速分散，对要求透明的产品不适用。乳化香精保存时，注意保存温度，避免发生破乳现象。

乳化香精适用于饮料、冷冻饮品的赋香，用量约0.1%，也可用于固体饮料，用量0.2%～1.0%。

自然界中植物的花、果实、叶、茎、根等所具有香味物质有的以微细油囊存在于植物组织中，有的以葡萄糖苷形式存在，因此，植物源香味的释放缓慢而柔和。乳化香精的香味物质以被乳化剂包裹的微细油囊形式存在于水相中，油囊直径0.05～2 μm，乳化香精与自然界植物源香味物质的存在形式接近，从而乳化香精比水质香精柔和、自然。乳化香精与水质香精合用时，先加水质香精，然后再加乳化香精，可避免破乳现象发生。

(4)食品粉末香精(powder flavoring)

常用的粉末香精有4种类型：

① 拌和型粉末香精(blending powder flavoring)　将香料与乳糖等载体进行简单机械混合，使香料附着在载体上，即得该种香精。该类香精主要用于糖果、冰淇淋、饼干等。

② 喷雾干燥制成的粉末香精(spray-drying powder flavoring)　将香料预先与乳化剂、赋形剂一起分散于水中，形成胶体分散液，然后进行喷雾干燥，成为粉末香精，该法制得的香精，其香料为赋形剂所包覆，可防止受空气氧化和挥发而损失，香精的稳定性和分散性较好。

③ 薄膜真空干燥法制成的粉末香精(vacuum-drying powder flavoring)　将香料分散于糊精、天然树胶或糖类的溶液中，然后在减压下用薄膜干燥机干燥成粉末。这种方法去除水分需要较长的时间，在此期间香料易挥发损失。

④ 微胶囊型粉末香精(encapsulated powder flavoring)　微胶囊香精是指香料包裹在微胶囊内而形成的粉末香精，能使香精原有的香味保持较长的时间，同时具有较好的保存性能，防止因氧化等因素造成的香精变质。因此，微胶囊粉末香精在食品工业应用有着特殊的意义和广泛的应用。这种香精的特点是：香料包裹于胶囊内，与空气、水分隔离，香料成分能稳定保存，不会发生变质和大量挥发等现象，具有使用方便、释放香气缓慢而持久的特点。

10.2.2.3　按香型分类

食品香精按香型可分为很多类型，概括起来主要有以下几类：水果香型香精、坚果香型香精、乳香型香精、肉香型香精、辛香型香精、蔬菜型香精、酒香型香精、花香型香精等。每一类又可细分为很多具体香型，如花香型香精可分为玫瑰、茉莉、晚香玉、铃兰、玉兰、丁香、水仙、葵花、橙、栀子、风信子、金合欢、薰衣草、刺槐花、香石竹、桂花、紫罗兰、菊花等香型。

10.2.2.4　按用途分类

食品香精按用途可具体分为焙烤香精、肉制品香精、乳制品香精、糖果香精、饮料香精和休闲食品香精等，其中每一类还可以细分，如肉制品香精还可分为牛肉香精、猪肉香精、鸡肉香精、羊肉香精等。

食品香精的品种不断增加，传统食品工业化生产后就会出现相应的食品香精，如榨菜香精、泡菜香精、粽子香精等都是近几年才问世的品种。随着食品工业和香料行业的发展，食品香精的品种会越来越多。

10.2.3 食品香精作用

民以食为天，食以味为先，香和味是食品的灵魂，只有美味可口的食品才能得到消费者的青睐。食品中香味的来源主要有3个方面：① 食品基料(如鱼、肉、水果、蔬菜等)中已存在的，这些原料构成了人类饮食的主体，是人体必需营养成分的主要来源。② 食品基料中的香味前体物质在食品加工过程(如加热、发酵等)中发生一系列化学变化产生的。③ 在食品加工过程中有意加入的，如食品用香料、食品香精、调味品、香辛料等。尽管食品中的香味物质在食品组成中含量很低，但其作用却举足轻重。

通常所说的香味是一种非常复杂的感觉，涉及嗅感和味感两方面，是由许多香味化合物分子作用于人的嗅觉和味觉器官上产生的。通常认为8种香味分子就能激发一个感觉神经元，40种分子就可以提供一种可辨知的感觉。人类鼻子对气味感觉的理论极限约为 10^{-19} mol/L。

食品香精的功能主要体现在两个方面：

①为食品提供香味　一些食品基料本身没有香味或香味很小，加入食品香精后具有宜人的香味，如饮料、冰淇淋、果冻、糖果等。

②补充和改善食品的香味　一些加工食品由于加工工艺、加工时间等的限制，香味往往不足、或香味不正、或香味特征性不强，加入食品香精后能够使其香味得到补充和改善，如罐头、香肠、面包等。

10.2.4 食品香精的组成

天然香料和合成香料的香气比较单调，在食品加工中除了少数(如橙油、柠檬油、香兰素、乙基麦芽酚等)直接使用外，多数调配成食品香精后再进行应用。

10.2.4.1 食品香精的原料

食品的香味是由食品中所含有的微量成分产生的，这些微量香味成分均是有机化合物，涉及烃类、酚类、酸类、醇类、内酯类、呋喃类、吡咯类、喹啉类、吡啶类、含硫化合物、含氮化合物等类型。已经鉴定的食品香味成分有6 000多种，如从肉制品中鉴定的香味成分有100多种。从茶叶中鉴定的香味成分有500多种，从咖啡中鉴定的香味成分有900多种，从米饭中鉴定的香味成分有近500种。

食品香精生产的目的就是通过人工的方法，制造具有特定香味的、用于食品加香的食品香精产品，这些食品香精中含有的香味成分从几种到上千种。食品科学和香料化学的发展促进了传统食品香精生产技术的发展和变革，现代食品香精的生产已经超出了传统的纯粹“复配”的方式，生物工程、发酵工程、食品工程、烹饪技术等已经越来越多地应用于食品香精生产过程，调香师在食品香精研究开发过程中必须学会充分应用这些技术。一般说来，通过调配方法制备的食品香精，其配方中天然香料和合成香料品种一般从几种到几十种。通过发酵、酶解、热反应等方法制备的食品香精，其呈香、呈味成分有数百种至上千种，但是采用这些方法制备的食品香精其香味一般不够浓郁，需要添加其他香料予以强化。

通过发酵、酶解、热反应等方法制备的食品香精，其配料、工艺、设备和反应温度、压力、pH 值等随香精的品种变化较大，生产技术的发展导致食品香精原料也突破了传统香料的界限，一些食品原料也应用到了食品香精的生产过程中。食品香精生产中可用的原料包括以下几种：① 植物性原料，如食用香草、香辛料、香荚兰、水果、蔬菜等；② 动物性原料，如肉、奶、脂肪等；③ 植物性原料制品，如精油、浸膏、油树脂、酊剂、果汁等；④ 从天然产物制备的单离香料，如从丁香油中获得的丁香酚，从薄荷油中获得的薄荷脑等；⑤ 由单一香料或其他天然产品用化学方法制成的合成香料，如从木质素制得的香兰素等；⑥ 与天然食物香成分结构相同的合成香料亦称为天然等同香料，如苯甲醛、糠基硫醇、2-甲基-3-巯基呋喃、丁二酮等；⑦ 尚未在天然产物中检出的合成香料，如乙基香兰素、乙基麦芽酚等；⑧ 增味剂，如味精、核苷酸等；⑨ 风味改良剂，如盐、甜味剂、苦味物质、酸度调节剂等。

尽管香料在香精中占有核心地位，调香在香精配方研究开发过程中的地位不容置疑。通过发酵、热反应等方法制备的香精一般也要加入一些香料（大多数情况下是加入香基）以提高其香味强度。因此，通过调香开发香精（香基）配方是香精生产必不可少的关键环节，也是调香师的基本工作。

10.2.4.2　食品香精组成

（1）食品香精按配料在香精中的不同作用划分

按作用不同，食品香料可分为主香剂、辅助剂、协调剂、变调剂、定香剂和稀释剂。

①主香剂　即起主要香味作用的香料，为特征性香料，使人很自然地联想到目标香精的香味，它们构成香精的主体香味，决定着香精的香型。主香剂可以是精油、浸膏、合成香料或它们的混合物。

调配香精配方时首先根据其香型确定与其香型一致的特征性香料。特征性香料的确定非常重要也比较困难，需要不断地积累并及时吸收新的研究成果。需要说明的是：香精中可能是一种香料做主香剂，也可能是多种香料做主香剂。一种香料可能是多种香精的特征性香料，如印蒿油是覆盆子香精和草莓香精的特征性香料；γ-十二内酯是桃、杏香精的特征性香料。虽然主香剂决定着香型，但在香精中所占的比例不一定最高，有时甚至极少，但确实缺之不可。例如，橙香精仅用橙油做主香剂；而香蕉香精的主香剂则由 10 种香料组成：乙酸乙酯 5%、乙酸异戊酯 50%、芳樟醇 5%、丁香酚 3%、丁酸乙酯 5%、丁酸戊酯 12%、香兰素 3%、乙醛 10%、戊酸戊酯 6.5% 和洋茉莉醛 0.5%；在菠萝香精中，菠萝主香剂仅占 7%；在苹果香精中，苹果主香剂占 10%。

② 辅助剂　在食品香精中，如果只使用主香剂，香味往往过于单调，需要添加一些辅助剂来配合衬托。辅助剂的作用较大，在整个香精中发挥协调作用或变调作用。辅助剂的选择没有固定的限制范围，主要依靠经验进行选择。辅助剂有两种，一种为合香剂，另一种为修饰剂。合香剂的作用是调和各种成分的香气，使主香剂的香气明显突出，修饰剂则使香精具有特定风韵。

③协调剂　又称协调香料，其香型与特征性香料属于同一类型，它们并不一定使人联想到目标香精的香味。当用于香精配方时，它们的协调作用使香精的香味更加协调一致。协调

香料可以是精油、浸膏、合成香料或它们的混合物。在调配橙香精时常用乙醛做协调香料，用来增加天然感、果香和果汁味；在调配草莓、葡萄香精时常用丁酸乙酯做协调香料，以增加天然感；在调配苹果香精时用3-苯基缩水甘油酸乙酯做协调香料增加果香。

④变调剂　又称变调香料，其香型与特征性香料属于不同类型，它们的使用可以使香精具有不同的风格。变调香料可以是精油、浸膏、合成香料或它们的混合物。薄荷香精中常用香兰素做变调香料，香草香精常用已酸烯丙酯做变调香料，草莓香精常用茉莉净油做变调香料，菠萝香精常用香兰素做变调香料。

⑤定香剂　又称定香香料，可使食品香精中各种香原料挥发程度趋于均匀，以保持食品香精的香味稳定和协调。定香剂可分为两类：一类是特征定香香料，另一类是物理定香香料。

特征定香香料的沸点较高，不易挥发，与香料组分特别是易挥发组分有较大的亲和力，在香精中的浓度大，远高于它们的阈值，当香精稀释后它们还能保持其特征香味。这类定香香料为香兰素、乙基香兰素、麦芽酚、乙基麦芽酚、丁香油、橘叶油、洋茉莉醛等。物理定香香料是一类沸点较高的物质，它们不一定有香味，在香精配方中的作用是降低蒸气压，提高沸点，从而增加香精的热稳定性。当香精用于超过100℃的热加工食品时，一般添加物理定香香料。物理定香香料一般是高沸点的溶剂，如植物油、硬脂酸丁酯等。

⑥ 稀释剂　香精，尤其采用合成香料配制的香精，经稀释的香气较未稀释前更为幽雅。通常用的稀释剂为乙醇，也有采用乙醇和异丙醇并用的，稀释剂品质的优劣对香精品质影响很大。

同一种香料在同一种香精中可能有几种作用，如油酸乙酯在奶油香精中是协调香料和溶剂，苯甲醇在坚果香精中是协调香料和溶剂。同一种香料在不同的香精中可能有不同的作用，如庚酸乙酯在葡萄酒香精中是特征性香料，在葡萄香精、朗姆酒香精、白兰地酒香精中是协调香料，在椰子香精中是变调香料；香兰素在香草香精中是特征性香料，在葡萄香精中是变调香料；γ-己内酯在椰子香精中是特征性香料，在薄荷、桃香精中是协调香料。

食品香精配方不胜枚举，但每一种成功的香精配方中都含有特征性香料、协调香料、变调香料、定香香料这4类香料。调香师设计香精配方时在遵循这一原则的前提下通过充分发挥自己的创造性和想象力，开发出品质优良的食品香精。

(2)食品香精的各种呈香、呈味成分按它们在香精中挥发性的不同划分

按挥发性不同，食品香料分为三类，即头香香料、体香香料和底香香料。

①头香香料　头香是对香精嗅辨或品尝时的第一印象，主要由香精中挥发性较强的香料产生，这部分香料称为头香香料。例如，在调配水果香精时常用正戊醇、正己醇、叶醇、正庚醇、紫罗兰醇、乙醛、丙醛、正戊醛、乙缩醛、甲酸、甲酸乙酯、甲酸芳樟酯、甲酸玫瑰酯、甲酸松油酯、乙酸异丁酯、乙酸苄酯、丙酸乙酯、丙酸肉桂酯、丁酸甲酯、丁酸苄酯、异戊酸龙脑酯等作为头香香料。

②体香香料　体香是香精的主体香味，是在头香之后立即被感觉到的香味特征。体香主要是由香精中挥发性的香料产生，这部分香料称为体香香料。例如，在调配奶油香精时常用丁二酮、丁酸、正戊酸丁酯、苯乙酸丁酯、苯乙酸苄酯、γ-十二内酯、δ-十二内酯等作为体香香料。

③底香香料　底香是继头香和体香之后留下的香味。底香主要是由香精中挥发性差的香料和某些定香剂产生的。例如，在调配水果香精时常用二苯甲酮、乙酸肉桂酯、水杨酸苄酯等作为底香香料。

头香香料、体香香料和底香香料的分类方法对于食品香精调香非常重要。在调配食品香精配方时，应充分考虑到头香、体香和底香香料的平衡，使香精保持协调一致的呈香效果。

10.2.4.3　食品香精的其他组成

食品用香料是食品香精的有效成分，各种公开的香精配方中大多只列出了所用食品香料的名称和用量，但食品香精中除了香料以外的其他添加剂在绝大多数情况下均不可缺少，这些添加物包括溶剂、载体、抗氧化剂、稳定剂、防腐剂、乳化剂、密度调节剂、抗结剂、酸度调节剂等。

①溶剂　食品香精常用的溶剂有水、乙醇、异丙醇、丙二醇、乙酸、苯甲醇、食用油脂、甘油、三乙酸甘油酯等。

②载体　食品香精常用的载体有乳糖、蔗糖、木糖醇、淀粉、糊精、β－环糊精、麦芽糊精、明胶、阿拉伯胶、果胶、羧甲基纤维素钠、甲基纤维素、卵磷脂、食盐等。

③抗氧化剂　食品香精常用的抗氧化剂有生育酚、抗坏血酸、异抗坏血酸、抗坏血酸钠、抗坏血酸钙、没食子酸丙酯、茶多酚、植酸等。

④防腐剂　食品香精常用的防腐剂有苯甲酸、苯甲酸钠、对羟基苯甲酸乙酯、山梨酸、山梨酸钾等。

⑤乳化剂　食品香精常用的乳化剂有乙酰化单甘油脂肪酸酯、硬脂酰乳酸钙、双乙酰酒石酸单双甘油酯、松香甘油酯、氢化松香甘油酯、单硬脂酸甘油酯、改性大豆磷脂、聚甘油脂肪酸酯、聚氧乙烯山梨醇酐单油酸酯等。

⑥稳定剂　食品香精中常用的稳定剂有柠檬酸、乙二胺四乙酸二钠、六偏磷酸钠、酒石酸等。

⑦密度调节剂　食品香精常用的密度调节剂有乙酸异丁酸蔗糖酯、氢化松香甘油酯、松香甘油酯等。

⑧抗结剂　食品香精常用的抗结剂有碳酸钙、碳酸镁、磷酸三钙、二氧化硅等。

10.2.5　食品香精调配技术

人类在烹调菜肴的长期实践中，很早掌握了在炖肉、炖鱼或炒菜过程中使用天然香辛料使菜肴更加美味，若同时使用几种香辛料，效果更佳。在科学技术还很落后的时期，这种搭配使用香辛料就是早期出现的调香技术。

科学技术的进步提高了从植物中提取天然香料的技术。例如，用水蒸气蒸馏芳香植物可得到芳香油，把芳香油加到皮革制品上或肥皂里就能遮盖其不良的气味。有机化学的发展，许多有机化合物被成功合成，其中有些带有不同的香味，有花香的、水果香的，如乙酸异戊酯有类似香蕉香味，丁酸乙酯有类似菠萝香味等。若干种物质适当的搭配能使食品香味增加或改善，如糖果主要以砂糖加工而成，如果不加入食品用香料或食品香精，即使形状和色泽不同还都是相同口味。当加入不同的香料后就有了橘子糖、香蕉糖、菠萝糖和草莓糖等多种不同风味，促进了产品的销售。在香料行业中，把加入香料、香精的产品，如各种日用品和食品统称为加香产品。

近年来，由于测试手段的完善，精密仪器的利用，给香料行业带来了生机，分析出的许多香味成分多数被合成，供给调香使用。现在调香的技术已很成熟，适应各类产品的香精品种齐全。

(1)调香步骤

① 确定开发方向，找出主体香料特征及目标香味成分；②筛选原料；③调配小样；④应用试验；⑤试生产。

(2)香精配方确定

在掌握了香料的性能、香气特征、香韵、香料应用范围、各香料间的香气异同和代用等“辨香”基本功后，才能进行香精的调配工作。目前，我国调香工作者一般采用“三步法”，或称“三要点”方法进行香精的调配。所谓“三步法”即“明体例，定品质，拟配方”。

①明体例　运用论香和辨香的知识与能力，明确所要设计的香精应该使用一种或几种香味物质构成目标香型。例如，仿制某种天然香料(精油、净油等)，首先需辨析其香味类别，然后查阅有关其成分分析的资料，再用嗅辨的方法或用嗅辨与仪器分析相结合的方法，确定其主要香味成分及一般香味成分。

②定品质　在明确了香精香型与香韵的情况下，按照香精的应用要求，确定香精中所需要的香料品种及其质量等级。

③拟配方　通过配方试验确定香精中应采用的香料品种及其配比，有时还要确定香精的调配工艺与使用条件等。

拟配方主要分两个阶段：

第一个阶段，主要用嗅辨方法进行小样试配，使香精香型、香味，头香、体香、底香间的协调性，持久性与稳定性达到预定要求。

第二个阶段，将小样进行应用试验，最后确定香精的配方，同时还要确定其调配方法、用量和加香条件等。

(3)小样配制

配制小样一般有两种方法。第一种方法是先通过初配取得香精的“体香”的配方，再以“体香”小样为基础加入底香或头香香料，经过试配，最后取得香精的初步配方。在获得“体香”配方后，在试加入底香和头香香料过程中，有可能对已初步确定的配比进行微调，使试样香味达到要求。需要说明的是，在试配“体香”部分时，如是仿天然香料或加香产品香气或香精时，可先从少数几种体香“核心”香料品种开始初配，找出它们最佳的配比，然后再逐步加入其他部分的体香香料，取得“体香”部分的配方。该种方法比较适合初学者，通过如此分步评估试配的方法可以帮助初学者逐步掌握不同香料间香气协同、修饰与定香效果以及香料之间相互拮抗的作用等，也可逐渐积累对香料特性的认识，减少初学者盲目去“碰”的侥幸心理，扎实而深刻地摸索各种调香的技术。

第二种方法是直接进行香精的初步整体配方的设计和小样试做。即经仔细考虑后，在配方单上，一次设计所用的香料品种及其用量(一般先设计头香，然后体香，最后底香部分，也包括协同、修饰、定香等作用的香料或辅料)，然后经小样试做，评估，修改再试做，再评估，直到小样整体香味达到要求，即可确定配方为香精的初步配方。

该种方法适合于有一定香精开发经验的调香工作者，对调香工作人员要求比较高。

在试配小样中，应注意以下各点：

①应有一定试样的配方表，并应注明下述内容

• 香精名称或代号。
• 委托试配的单位及其提出的要求(香型、用途、色泽、价格等)。
• 配方、试配日期及试配次数的编号。
• 所用香料(或辅料)品名、规格、来源、用量、价格等。
• 配方开发者与小样配制者签名。
• 对每次试配小样的评估意见。

②先用适当溶剂将香料稀释至5%～10%，甚至更低浓度。

③表示配方中各种原料(包括辅料)配比时，一般用质量百分数。

④试配小样时，为便于计算及节约用料，样品制备量5g或10g为宜。

⑤对固体原料(如粉末状或微细结晶状)可直接称量，并可搅拌使其溶解。对室温下呈极黏稠不易直接倾倒的香料，可用温水溶化后称量，切不可直接加热(以减少香气损失等)。

⑥称样用的容器、工具均应洁净、干燥、无任何气味残留。

⑦初学者在配小样时，最好在每加入一种香料前与配方表注明的逐一核对、嗅辨，以防出差错，并在每种香料加入混匀后，再嗅辨香气情况。

⑧每次试配完小样，均应有备注(对香气评估情况)。

⑨对小样配方，粗算原料成本，以便控制成本。

(4)香精调配实例

调配香精前，应先评价各种香料的香气品质，进而确定其用量，再通过反复调配试验，经评定确定最佳配方，这个过程叫作调香。调香是一项专业性极强的工作，是把天然香料和单体香料作为原料，调配成预定香型的创造过程。现以巧克力香精和红枣香精为例介绍调配方法。

①巧克力香精

• 明体例：巧克力香精能增加各种食品的巧克力口味，增加巧克力特有的自然香气，广泛应用于乳品、饮料、糖果等行业。乳香与可可香并重，香甜浓郁，自然醇厚，香气和谐，给人细腻芬芳的黑巧克力香。

• 定品质：在明确了巧克力香精是可可味和乳味的完美结合、浓郁醇正、芳香醇厚的基础上，根据不同巧克力香精的品质、应用要求，可以确定香原料品种，再通过试配确定香料品种的比例。对于巧克力香精常用的香料，按其在香精组分中的作用排列如下：

头香原料：2－甲基－3,5(6)二甲基吡嗪、2,3,5－三甲基吡嗪、异戊醛、异丁醛、二甲基硫醚、4－甲基－5－乙烯基噻唑。

体香原料：辛酸、己酸、癸酸、丁酸、苯甲醇、苯乙酸、可可酊、异戊醇、肉桂酸乙酯、丁二酮、乙酸苯乙酯、苯乙醇、桂醛、糠醛、肉桂酸甲酯、5－甲基－2－苯基－2－己烯醛(可卡醛)、2,4,5－三甲基噻唑。

底香原料：甲基环戊烯醇酮、香兰素、乙基香兰素、麦芽酚、乙基麦芽酚、4－苯基－

3－丁烯－2－酮。

• 配方：巧克力香精参考配方见表10-5（刘华等，2007）。

表10-5 巧克力香精参考配方

序号	香料品种	质量分数/%	序号	香料品种	质量分数/%
1	乙酸苯乙酯	0.003	18	乙酸异戊酯	0.007
2	2－甲基－3,5(6)二甲基吡嗪	0.01	19	癸酸	0.01
3	丁二酮	0.03	20	苯乙醇	0.002
4	甲基环戊烯醇酮	0.005	21	肉桂酸甲酯	0.003
5	2,3,5－三甲基吡嗪	1.2	22	糠醛	0.001
6	二甲基硫醚	0.003	23	异戊醛	0.11
7	桂醛	0.03	24	苯乙酸	0.036
8	麦芽酚	0.3	25	异戊醇	0.015
9	乙基麦芽酚	0.6	26	异丁醛	0.06
10	香兰素	1.0	27	肉桂酸乙酯	0.002
11	乙基香兰素	1.0	28	丁酸	0.01
12	5－甲基－2－苯基－2－己烯醛	0.02	29	苯甲醇	0.02
13	4－甲基－5－乙烯基噻唑	0.0015	30	4－苯基－3－丁烯－2－酮	0.1
14	2,4,5－三甲基噻唑	0.001	31	γ－戊内酯	0.01
15	奶香基	0.2	32	可可酊.	32.0
16	辛酸	0.004	33	丙二醇	63.2015
17	己酸	0.005			

②红枣香精

• 明体例：红枣香精能提高或改善食品中红枣香气，广泛应用于果冻、布丁、冰淇淋等食品中，香气饱满浓郁，自然醇厚，给人逼真的红枣香气。

• 定品质：在明确红枣香精略带酸香、果清香，随后是浓郁的焦甜香，最后是厚实的枣肉感和带点米样香气的基础上，参考一些红枣香味成分的分析数据，选择调配红枣香精所用的原料。

头香所用原料：乙酸、3－羟基－2－丁酮、异戊醇、己醛。

体香所用原料：5－甲基糠醛、5－羟乙基－4－甲基噻唑、β－突厥酮、肉桂酸甲酯、十四酸乙酯、糠醇、乙酰乙酸乙酯、顺式－3－己烯－1－醇乙酸酯（乙酸叶醇酯）、愈创木酚、癸酸乙酯、4,5－二甲基－3－羟基－2,5－二氢呋喃－2－酮、2－乙基－3－甲基－4－羟基－2,5－二氢呋喃－5－酮、2,6－二甲基－5－庚烯醛、4－甲基－5－（2－乙酰氧乙基）－噻唑、3－甲硫代丙醛、十二酸乙酯、十二酸。

底香所用原料：2－乙酰基吡嗪、甲基环戊烯醇酮、乙基麦芽酚、香兰素、4－羟基－2,5－二甲基－3(2H)－呋喃酮、麦芽酚、2－乙酰基噻唑。

• 配方：红枣香精参考配方见表10-6（郑小芳，2008）。

表10-6　红枣香精示范性配方

序号	香料品种	质量分数/%	序号	香料品种	质量分数/%
1	乙酸	0.05	16	糠醇	0.2
2	3-羟基-2-丁酮	0.01	17	4,5-二甲基-3-羟基-2,5-二氢呋喃-2-酮	0.25
3	5-甲基糠醛	0.6	18	2-乙基-3-甲基-4-羟基-2,5-二氢呋喃-5-酮	2.8
4	2-乙酰基吡嗪	0.06	19	己醛	0.000 5
5	甲基环戊烯醇酮	0.2	20	乙酰乙酸乙酯	0.001
6	乙基麦芽酚	1	21	麦芽酚	0.2
7	5-羟乙基-4-甲基噻唑	0.3	22	顺式-3-己烯-1-醇乙酸酯(乙酸叶醇酯)	0.008
8	香兰素	0.4	23	2,6-二甲基-5-庚烯醛	0.000 4
9	β-突厥酮	0.09	24	2-乙酰基噻唑	0.000 2
10	肉桂酸甲酯	1.1	25	4-甲基-5-(2-乙酰氧乙基)-噻唑	0.000 2
11	十二酸乙酯	0.04	26	3-甲硫代丙醛	0.000 9
12	十四酸乙酯	0.01	27	异戊醇	0.008
13	愈创木酚	0.003	28	十二酸	0.005
14	癸酸乙酯	0.003	29	丙二醇	89.159 8
15	4-羟基-2,5-二甲基-3(2H)-呋喃酮	3.5			

10.3　食品用香料香精合理使用

10.3.1　食品用香料、香精的使用原则

①在食品中使用食品用香料、香精的目的是使食品产生、改变或提高食品的风味。食品用香料一般配制成食品香精后用于食品加香，部分也可直接用于食品加香。食品用香料、香精不包括只产生甜味、酸味或咸味的物质，也不包括增味剂。

②食品用香料、香精在各类食品中按生产需要适量使用，《食品添加剂使用标准》(GB 2760—2011)附表B.1中所列食品没有加香的必要，不得添加食品用香料、香精，法律、法规或国家食品安全标准另有明确规定者除外。除附表B.1所列食品外，其他食品是否可以加香应按相关食品产品标准规定执行。

③用于配制食品香精的食品用香料品种应符合《食品添加剂使用标准》(GB 2760—2011)及卫生部增补公告的规定。用物理方法、酶法或微生物法(所用酶制剂应符合GB 2760—2011及卫生部增补公告的规定)从食品(可以是未加工过的，也可以是经过了适合人类消费

的传统的食品制备工艺的加工过程）制得的具有香味特性的物质或天然香味复合物可用于配制食品香精。（注：天然香味复合物是一类含有食品用香味物质的制剂）

④具有其他食品添加剂功能的食品用香料，在食品中发挥其他食品添加剂功能时，应符合 GB 2760—2011 的规定。例如，苯甲酸、肉桂醛、瓜拉纳提取物、二乙酸钠、琥珀酸二钠、磷酸三钙、氨基酸等。

⑤食用香精可以含有对其生产、贮存和应用等所必需的食品香精辅料（包括食品添加剂和食品）。且食品香精辅料应符合：食品香精中允许使用的辅料应符合《食用香精》（QB/T 1505—2007）标准的规定。在达到预期目的前提下尽可能减少使用品种；作为辅料添加到食品香精中的食品添加剂不应在最终食品中发挥功能作用，在达到预期目的前提下尽可能降低在食品中的使用量。

⑥食品香精的标签应符合《食用香精标签通用要求》（QB/T 4003—2010）标准的规定。

⑦凡添加了食品用香料、香精的食品应按照国家相关标准进行标示。

10.3.2 食品用香料、香精使用注意事项

食品中加入香料后，食品中的主要成分糖类、脂类、蛋白质等均可能与香料发生吸附、包结等作用，一些加工工艺有时加速这类反应，从而影响香料的作用效果，即加入香精、香料后，产品的香味改善效果不明显，有时甚至出现非香精、香料本身的香气。只有设法避免食品香精、香料与食品成分之间的反应发生，才能达到预期的赋香目的。

食品用香料、香精在使用过程中应注意以下几点：

①香精、香料仅限于食品加香　禁止将香精、香料用于其他目的，如不得把香料、香精用作防腐剂，不得用于掩盖腐烂、变质的食品等。

②选择品质合格的香精、香料　腐烂变质的天然香料不能用于食品赋香。

③选择合适的添加时机　香料、香精都有一定的挥发性，对必须加热的食品应尽可能在加热后冷却时，或在加工处理的后期添加，以减少挥发损失。

有些食品在加工过程中，其香味的损失在开放系统中比在封闭系统中大，所以应尽量减少食品暴露在外的机会，或避开开放系统再添加香料、香精。无论是加压还是减压，均会改变香料、香精的浓度，使香味变化。如真空罐装的食品就会使较多的挥发性香味物质损失，需要考虑香料、香精用量的增加。有的食品要经过真空脱臭处理，香料、香精应在脱臭后添加。

香精中含有的香料和稀释剂，除了容易挥发外，有些香料遇空气时易氧化变质，与产品的充气有很大关系，如冰淇淋，在加工过程中需要高速搅拌，除了挥发性物质损失外，更重要的是产品中混入大量空气使某些香料氧化，这就需要考虑防止香料损失的各种方法，如添加抗氧化剂或使用微胶囊香精可以避免香料氧化。

④掌握正确的添加顺序　一般的香料、香精在碱性食品中不稳定，一些使用碱性膨松剂的焙烤食品使用香料、香精时应分别添加。防止碱性物质与香料、香精发生反应。否则，将会影响食品的色、香、味，如香兰素与碳酸氢钠接触后失去香味，变成红棕色。多种香料、香精混合使用时，应先加香味较淡的，然后再加香味较浓的。

⑤掌握合适的添加量　食品生产中，香料、香精的用量应适当，添加量过少，固然影响

加香效果，添加量过多，也会带来不良影响。液体香精用质量法计量比用体积法（量杯、量筒）计量准确，使用时应尽可能使香精在食品中均匀分布。

10.3.3 香精香料在食品工业中应用

市场统计数据表明，食品香精、香料在食品工业中应用主要集中在饮料、糖果、乳制品、油脂和咸味食品行业。

10.3.3.1 饮料

饮料产品分为碳酸饮料（包括透明型和浑浊型）、非碳酸饮料（包括直接饮用型和浓缩液）和固体饮料 3 类。对于液体饮料而言，食品香精需根据目标饮料产品的性质考虑香精的溶解性和稳定性。食品香精在固体饮料中的应用相对简单，但为了获得较长的货架期，建议使用微胶囊化香精。

碳酸饮料生产时需注意水质、酸度调节剂、甜味剂和乳化剂等几个方面。饮料工业用水如果含有过多的金属离子将在产品中产生沉淀，甜味剂在碳酸饮料 pH 值范围内稳定性是影响碳酸饮料风味的因素之一。建议选择酸性条件下稳定的安赛蜜、三氯蔗糖等甜味剂。食品香精的溶解与分散性是碳酸饮料开发时主要考虑的因素。

10.3.3.2 糖果

除巧克力和胶基糖果外，糖果的主要成分是蔗糖，并通过添加不同配料区分糖果产品，上述配料包括食用胶、淀粉、坚果、可可粉、油脂等。蔗糖及其他配料在糖果生产过程中发生的热降解将产生一定量的风味物质，为了掩盖原料加工过程产生的不良风味及降低香料在高温时的挥发损失，糖果产品中香精的用量相对其他食品较高。

(1)硬糖

硬糖中应用香精最主要的问题是香味损失，硬糖的加工温度通常在 110℃以上，为了减少香味的损失，必须选择合适的添加时机，同时还需避免使用乙醇等高挥发性溶剂的香精，丙二醇是硬糖香精原料理想的溶剂。

(2)太妃糖果

太妃糖果中应用香精最主要的问题是香味成分分散的均匀性，此外太妃糖果所含的油脂在货架期的氧化易影响产品的风味。太妃糖果主要由蔗糖、果葡糖浆、乳清蛋白和油脂等组成，120～132℃的工艺条件将使原料发生美拉德反应而形成一定的风味。香精最好在糖果冷却至 60～65℃时添加。

(3)胶基糖果

胶基糖果中应用香精的关键是保证香精的长时间释放及使香味物质容易从胶基中释放。此外，在胶基糖果相对较长的货架期中，一些香料（如醛）与甜味剂（如阿斯巴甜）反应。当胶基糖果选用了以醛类香料为主要成分的香精时，应避免选用阿斯巴甜作为甜味剂。

10.3.3.3 乳制品

调味乳饮料、以乳为主要原料的即食风味甜点等乳制品市场发展很快，乳原料自身的弱风味特性给香精行业提供了很大的市场空间。

(1)调味乳饮料

调味乳饮料主要指低脂肪、即饮、长货架期的乳制品，通常添加蔗糖、增稠剂和维生素等，增稠剂能够提高黏稠度和稳定性，还可与香精发生反应，维生素的降解也影响调味乳饮料的风味。所以，在调味乳饮料开发时选用耐高温香精，且不与产品中的维生素和增稠剂发生反应。

(2)冰淇淋

冰淇淋中所应用的香精需要经受巴氏杀菌、均质和冷冻工序，其他需要注意的是：①冰淇淋含有增稠剂，且低温食用，香精用量比其他常温产品高；②香精的使用量与产品的脂肪含量成正比；③香精在货架期的变化。

10.3.3.4 咸味食品

咸味食品包括所有的汤料、调味汁以及休闲食品，所用的香精、香料通常称为调味料。大多数调味料产品是香辛料及其制品的混合物，此外，还包含谷氨酸钠、核苷酸、反应香料、水解植物蛋白、酵母抽提物等原料。由于肉制品所用的香精、香料与上述调味料类似，其香精应用在此一并叙述。

(1)休闲食品

休闲食品包括挤压膨化食品、薯片(条)、饼干、坚果等产品，应用香精的关键问题包括香精与食品基料(配料)的反应及加工过程(挤压、焙烤或者煎炸)的损失。休闲食品所用的调味料达到产品质量的6%~12%。

休闲食品的调味包括外部调味和内部调味两种方法：外部调味所用的香精、香料可以是液体调味品或者固体调味品，以咸味饼干为例，调味品可以直接喷洒在刚出炉的热饼干半成品上，经冷却后成为成品。液体调味料外部调味的缺点是在货架期中，缺少保护措施阻止液体香精香料挥发、氧化降解及光反应。固体调味料外部调味的缺点是：①采用大量的抗结剂；②均一性差；③仅表面着味；④用量大。内部调味对休闲食品调味的均一性较好，但内部调味存在很大的挑战，主要是食品的加工过程使调味品很容易挥发或降解。例如，在挤压加工过程中，易挥发香精、香料的损失超过98%，热稳定香料(烟熏料、反应香料、香辛料)是休闲食品调味的理想选择。

(2)肉制品

肉制品主要指加工后新鲜的、干或半干的、发酵的、冷冻的或者罐藏肉类制品，可以直接食用或简单加工后消费。肉制品的调味主要是为了在不掩盖肉特征风味的前提下赋予产品更多的风味特征，传统采用的香辛料一般都是粉末(40~60目)。随着加工技术的进步，采用香辛料提取物及其制品进行肉制品调味，保证肉制品风味的均匀性及标准化。

10.4 食品用香料、香精安全性

10.4.1 食品用香料、香精的安全问题

食品香精多种多样，但都是由食品香料和许可使用的稀释剂等所组成，故只需对食品香

料进行安全性评价。食品香精在食品中的用量通常很小，而每种香料在香精中所占的比例更小，故每个品种的香料用量极小(可低至0.000 1%)。量大反而使人不能接受，因此，食品用香料本身属于“自我限量”的食品添加剂。

食品用香料、香精的安全性主要存在以下4个问题(程雷等，2010)。

(1)原材料的安全性

食品香精、香料的原材料是影响其安全性的最主要因素之一。时至今日，仍有一些食品用香料、香精生产企业，漠视我国法律、法规，私自生产、经销和使用未经我国批准的香料。采用伪劣原料或工业级原料进行生产引起的食品用香料、香精安全问题成为制约食品香精、香料发展和推广的又一主要问题。

(2)加工工艺的安全性

加工工艺是影响食品香精、香料安全性的又一因素。自从2002年瑞典国家食品管理局和斯德哥尔摩大学的科学家报道油炸马铃薯和焙烤食品中含有丙烯酰胺以及丙烯酰胺的潜在危害，热反应体系产生丙烯酰胺引起安全关注。丙烯酰胺对人体具有神经毒性、生殖毒性以及潜在的致癌性，对大脑以及中枢神经造成损害，并被国际癌症研究机构(IARC)列为“可能对人体致癌物质”。目前，由精氨酸和还原糖在高温加热条件下通过美拉德反应生成丙烯酰胺这一反应机理已经得到确认。

对于一些以肉类为原料制备得到热反应肉类香料而言，其可能产生的毒害物质不仅包括丙烯酰胺，还有杂环胺类。杂环胺可导致多种器官肿瘤的生成。通过改进加工工艺避免或者降低丙烯酰胺和杂环胺类在热反应肉类香料中的含量是香精、香料生产面临的安全性问题之一。

(3)贮藏过程中的安全性

食品在贮藏过程中面临不同的安全问题，如受微生物污染而引起的变质等，食品用香料、香精同样面临着相同的安全隐患。食品用香料、香精贮藏时发生微生物污染主要与环境、包装以及形态等因素相关。不同食品用香料、香精形态在贮藏过程中受微生物污染程度差别很大，在相同条件下粉末状香精的大肠菌群生成量要低于浸膏，这主要是因为液态及膏状香精的含水量明显高于粉末状香精，其中的水分活度更高，适于微生物的生长。因此，在香精、香料的贮藏过程中应最大限度地减少微生物污染，防止食品安全事件发生。

(4)使用过程中的安全性

虽然食品香精、香料被认为是“自我限量”的食品添加剂，但随着食品工业的日益发展，香精、香料使用的逐渐普及，消费者的味蕾对于香味的识别阈值也在逐渐提高，为了达到理想的风味强度，可能造成食品香精、香料在使用过程中逐渐增量，长期食用过量食品香料的产品存在健康风险。部分香料(如苯甲酸、柠檬酸等)不仅可作为食品用香料，还可以用作其他用途的食品添加剂(如防腐剂、酸度调节剂等)，在应用时需注意使用量及适用范围，避免带入作用导致添加剂过量。

10.4.2 食品用香料、香精的管理法规

食品香味或风味对于食品的接受和消费起重要作用，从而影响生活质量。为了人身安全，国际组织和一些国家均制定了相应的法规。

10.4.2.1 国外食品香料立法简介

关于世界食品香料立法情况这里只简单地介绍与我国食品香料立法密切相关的工业发达国家或国际组织的法规。

在工业发达国家的食品用香料法规中值得重视的是美国及欧盟。美国的食品香料立法的基础工作由食品香料与萃取物制造者协会(FEMA)担任，其结果得到美国FDA认可，对经过适当安全评价的食品用香料以肯定列表的形式发表，并冠以公认安全(GRAS)的FEMA号码。对于列入GRAS目录的食品用香料在美国可以GMP(良好生产规范)形式安全使用。对于GRAS目录中的食品香料并不是一成不变，随着科技进步，毒理学资料的积累，每隔若干年再重新评价一次，重新确定是否属于GRAS物质。

欧盟的食品香料法规类同于IOFI(国际香料工业组织)，它们采用“混合体系”为食品香料立法。即对于已知毒性的天然香料规定它所在食品香精或最终食品中的最高限量；对于食品用合成香料以肯定列表形式加以管理，即规定合成食品用香料可以安全食用名单；对于天然等同食品香料不必列出。

10.4.2.2 我国食品香料法规及申报程序

(1)我国食品用香料法规

我国食品用香料的立法工作自1980年开展以来已有30多年的历史。我国食品用香料纳入食品添加剂范畴进行管理，实施允许使用名单制，即肯定列表形式；与一般食品添加剂不同的是，食品用香料一般不规定使用范围和最大使用量。根据《食品安全法》和《食品安全法实施条例》的有关规定，我国制定了《食品添加剂新品种管理办法》。生产食品添加剂新品种的，应当依照《食品安全法》第四十四条的规定进行安全性评估，并符合《食品添加剂新品种管理办法》的规定。拟生产尚未被食品添加剂国家标准覆盖的食品添加剂产品的，生产企业可依据卫生部(现为卫生和计划生育委员会)等九部门《关于加强食品添加剂监督管理工作的通知》(卫监督发[2009]89号)的规定，提出参照国际组织和相关国家标准指定产品标准(含质量要求、检验方法)的建议，并提供建议制定标准的文本和国内外相关标准资料。

生产使用食品香精应当按照《食用香精》(QB/T 1505—2007)、《咸味食品香精》(QB/T 2640—2004)和《乳化香精》(GB 10355—2006)标准执行。

(2)新食品用香料申报程序

新食品用香料的申报及材料准备按照《食品添加剂新品种管理办法》执行。

10.4.2.3 食品用香料的安全性评价

根据我国卫生部公布的《食品安全性毒理学评价程序》(GB 15193.1—2003)及欧盟香精香料专家委员会编写的《热反应香精安全评价系统指南》及相关文献的介绍，食品用香料、香精的安全性评价可包括：①化学结构与毒性关系的确定；②特殊组分(如砷、铅、镉等重金属元素和丙烯酰胺以及杂环胺类等有毒特殊成分)的测定；③必要的毒理学试验，包括急性毒性试验、基因突变试验、染色体畸变试验和90d啮齿动物喂养试验等，必要时还应包括慢性毒性试验；④根据现有的测定数据和毒理学数据对该香料进行安全评价。

JECFA 开发了一种“调查所得每日最大摄入量”(the maximized survey - derived daily intake, MSDI)的香料安全性评价方法，MSDI 法以香精香料工业的生产量为基础，计算公式为：

$$\mathrm{MSDI}(\mu g/d)=\frac{\text{年产量}(kg)\times 10^{9}(\mu g/kg)}{\text{消费者数量}\times\text{调查率}\times 365(d)}$$

该方法较其他方法更为保守与实用。

食品的安全性评价是一个动态的过程，食品用香料也不例外，需要根据科学技术的发展及食品用香料行业的变化进行调整，采用简便迅速的评估方法进行适时的重新评价。

10.5 食品用香料、香精发展趋势

香气是食品的重要特征之一，决定产品在市场上能否立于不败之地，色、香、味、形的完美结合才能使食品给人以美的享受。食品香精、香料作为提高或改善食品香味的食品添加剂，在食品生产中发挥着重要作用。由于世界经济的快速发展，产品生命周期的普遍缩短，使得预测产品的未来趋势变得愈发困难，但人们对健康的强烈追求使功能食品对食品生产影响不断扩大，不论人们采用何种饮食计划，食品的香气是食品怡人可口的关键。

(1)允许使用的香料品种逐年增多

食品用香料品种繁多并且每年均在增加，目前世界各国允许使用的食品用香料有4 000多种，其中美国 FEMA 公布的公认安全的物质(GRAS)到 2011 年已有 2 700 余种。到 2012 年 6 月 30 日，我国共批准食品用香料 1 868 种。我国近几年批准的食品用香料呈现明显上升的趋势。

(2)食品香精、香料的使用范围逐渐扩大

人们生活水平的提高和生活节奏的加快，亲自下厨烹饪的意愿逐渐降低，但吃饱、吃好、口味猎奇的意愿在很大程度上促进了食品香精在加工食品和食品原料中的应用范围，人们对饮料、冷冻饮品、糖果、薯片、香肠等食品以及鸡精、鸡粉、肉酱等调味料的加香已经司空见惯，但对面包、煎饼、粽子的加香可能并不了解。随着食品工业的发展和食品香料、香精应用的研究，食品用香料、香精的使用范围将进一步扩大。

(3)含硫食品用香料品种发展迅速

现代分析仪器的发展，促进了香味成分的分析，越来越多的化合物从天然产物的香味成分中鉴定出来，其中含硫化合物引起了人们的关注。含硫香料化合物阈值低，香气浓郁，能显著增加香精的逼真度，如2 - 甲基 - 3 - 巯基呋喃具有明显的肉香，是调配肉味香精必不可少的香料；糠基硫醇(俗称咖啡醛)具有咖啡香味，是调配咖啡、可可等食品香精的重要原料；烯丙基硫醚、二硫醚具有葱、蒜香味，是调配大蒜、洋葱、韭菜等食品香精的重要原料。鉴于含硫食品用香料的重要性，关于它的合成和应用引起人们的重视，相关部门也加快了对其安全性的评价。美国 FEMA 公布的 GRAS 含硫香料共 237 种。到 2011 年，我国食品添加剂使用标准中规定的允许使用的含硫香料仅为 126 种。

(4)高新技术应用于食品用香料、香精生产

高新技术开发给食品用香料、香精带来了新的活力，一些高新技术不断应用于生产中，

提高了食品用香料、香精的质量。例如，随着超临界二氧化碳萃取技术的日趋完善，已经应用于天然香料的生产中，它与传统的水蒸气蒸馏法和有机溶剂萃取法相比，减少了产品头香的损失，能有效防止天然香料中热敏性或化学不稳定性物质的破坏，使得产品的香气更接近于天然原料，目前国内已经应用于姜、花椒、丁香、肉桂、茴香、孜然等油树脂的生产；固相微萃取作为一种样品分析前处理技术，它具有敏感、简单、快速、成本低等优点，已经与质谱联用，用于鲜花、水果、蔬菜等天然产物香味成分的分析，为调配出逼真度更高的食品香精提供了理论基础。

生物技术在食品用香料、香精生产中得到广泛应用，国内已有多家香料厂以玉米为原料，采用微生物技术生产了食品用香料3－羟基－2－丁酮，3－羟基－2－丁酮进一步氧化制得了乳香型食品用香料丁二酮，两种香料均用于调配乳香型食品香精。在香精方面，以水解动植物蛋白、多糖、氨基酸等为原料，通过美拉德反应可实现天然咸味香精的工业化。

现在人们“回归大自然”“返璞归真”的呼声越来越高，天然香料又一次引起人们的关注，但由于天然资源有限，再生又有时间限制，国内外已开始采用细胞与组织培养技术、DNA重组技术、微生物突变等技术，对食品用香料植物的快速繁殖、品种改良、新品种培育等方面进行了大量研究。这些新技术的产业化，必将给我国食品用香料、香精行业带来更大的变化。

(5)相关法规逐步完善，管理得到加强

食品用香料、香精作为食品添加剂，其生产和使用直接关系到消费者的健康和安全，因此其管理显得更加重要。根据《食品安全法》和《食品安全法实施条例》有关规定，2010年3月卫生部制定了《食品添加剂新品种管理办法》，加强食品添加剂新品种管理，香料、香精也属于上述管理办法管理范畴。

案例分析

食品用香料、香精的安全性分析

背景：

在本书第1篇案例分析中，论及食品用香料、香精引起食品安全事件的仅有2011年的“万能牛肉膏”事件，引起广泛关注的还有“一滴香”事件，另外一件与食品用香料、香精安全性相关的就是震惊全球的“塑化剂”风波，原因是市场上销售流通的“起云剂”执行的是“乳化香精”标准。上述食品安全事件中，除了“塑化剂”风波是在起云剂产品中非法应用工业塑化剂替代棕榈油，属于使用非食用物质非法添加外，“牛肉膏”“一滴香”事件正是食品用香料、香精的安全使用问题。“牛肉膏”和“一滴香”事件主要集中在餐饮业，均是熟食店和面馆为牟利，利用牛肉膏将猪肉“变”牛肉或者将清水“变”鸡汤或高汤的现象。

分析：

众所周知，食品用香料、香精是赋予食品香味或补充和改善食品的香味。上述两起食品用香料、香精引发的食品安全事件最初的添加目的是：①降低成本；②假冒伪劣。“牛肉膏”“一滴香”以及“肉宝王”等食品香精的不规范使用，达到了以假乱真，让普通消费者产生越吃越想吃的效果。

该类事件经媒体曝光后，在社会上引起消费者的恐慌。其实市面上所出现的熟食店、面馆用牛肉膏将猪肉“变”牛肉、清水“变”鸡汤的现象，是食品用香料、香精使用过程中的安全问题，完全是商家为了牟取暴利，是一种商业违法欺诈行为，违反了食品添加剂使用的基本原则——“不应掩盖食品本身或加工过程中的质量缺陷或以掺杂、掺假、伪造为目的而使用食品添加剂”。

纠偏措施：

广州市工商局在例行的新闻发布会上称，“牛肉膏”类食品添加剂属于调味品性质，只要生产和使用证照齐全，符合国家相关规定，消费者可以放心使用。卫生部也在“一滴香”事件发生后回应称“一滴香”“火锅飘香剂”等产品属于咸味食品香精，如按照标准使用对人体无害。广州市工商局和卫生部为上述食品添加剂的正名都充分说明，食品添加剂本身并没有问题，主要的问题是使用单位(如熟食店、面馆)的违规使用，罪在商业欺骗。

对于企业而言，逐利是企业天性使然，但若利欲熏心，就会造成危害社会秩序、民众生命之后果。尽管食品工业是道德工业，但是如果没有合理的监督体系，个人的道德操守无法彻底抵挡利益的诱惑，特别是在这种商业欺诈对消费者不产生人体伤害或者对人体伤害程度不能及时发现，会让一时的侥幸成为压垮个人道德操守的底线。所以，对于政府而言，监管体系的建设和法律保障是解决食品用香料、香精使用过程中安全问题的有效措施，在强化监管的同时做到法律、法规的保障是杜绝这类商业欺诈再次发生的根本保证。

思考题

1. 简述食品用香料、香精的作用。
2. 简述食品用香料、香精的分类依据，并举例说明。
3. 食品香精如何分类？各类香精有哪些特点？
4. 食品香精由哪些成分组成？每种成分具有何种作用？
5. 简述食品用香料、香精的发展趋势。

参考文献

曹雁平．2004．食品调味技术[M]．北京：化学工业出版社．

程雷，孙宝国，宋焕禄，等．2010．食品香精香料的安全性评价现状及发展趋势[J]．食品科学，31(21)：409－412．

郝利平．2002．食品添加剂[M]．北京：中国农业大学出版社．

林旭辉．2010．食品香精香料及加香技术[M]．北京：中国轻工业出版社．

林云翔，林君如．2000．香料香精实用价值的综合评价[J]．香料香精化妆品，4：21－26．

刘华，季大伟．2007．巧克力香精的调配[J]．香料香精化妆品，2：36－39．

印藤元一．1987．香料实用知识[M]．轻工业部香料工业科学研究所译．北京：中国轻工业出版社．

孙宝国．2003．食用调香术[M]．北京：化学工业出版社．

孙平．2004．食品添加剂使用手册[M]．北京：化学工业出版社．

汪秋安．2008．香料香精生产技术及其应用[M]．北京：中国纺织出版社．

郑小芳．2008．红枣香精的调配[G]//第七届中国香料香精学术研讨会论文集．

中国标准出版社第一编辑室．2010．食品香精香料标准汇编[G]．北京：中国标准出版社．

钟炼军，张文启．2003．浅谈食品香料的生理功能作用[J]．广州食品工业科技，19(1)：20－22，29．

第5篇

质构改良类食品添加剂

第11章

食品乳化剂

学习目标

了解食品乳化剂的定义和分类，掌握食品乳化剂的作用机理、HLB值定义、常用食品乳化剂的特性及其使用方法。

11.1 食品乳化剂概述

11.1.1 食品乳化剂定义

乳化剂是指能改善乳化体系中各种构成相之间的表面张力，形成均匀分散体或乳化体的物质。乳化剂在自然界中广泛存在，人类利用乳化剂生产各种食品已有近百年的历史。乳化剂不仅可用于各种液体食品(如人造奶油、蛋白饮料等)的生产，也是各种固体食品(如糖果、巧克力等)所必需的一类食品添加剂。

亲水亲油平衡指数(hydrophile-lipophile balance，HLB)表示乳化剂对油和水的相对亲和力，HLB值为1~20，无量纲单位，1表示亲油性最强，20表示亲水性最强，可根据乳化剂HLB值大小(表11-1)初步判断其应用领域(表11-2)。

表11-1 常用食品乳化剂HLB值

乳化剂名称	HLB值	乳化剂名称	HLB值
聚氧乙烯山梨醇酐单月桂酸酯(吐温20)	16.7	琥珀酰单硬脂酸酯	5.7
聚氧乙烯山梨醇酐单软脂酸酯(吐温40)	15.6	单油酸甘油酯	3.4
聚氧乙烯山梨醇酐单硬脂酸酯(吐温60)	15.0	单硬脂酸甘油酯	3.8
聚氧乙烯山梨醇酐单油酸酯(吐温80)	14.9	单月桂酸甘油酯	5.2
山梨醇酐单月桂酸酯(司盘20)	8.6	二乙酰化单硬脂酸甘油酯	3.8
山梨醇酐单软脂酸酯(司盘40)	6.7	双乙酰酒石酸单甘油酯	8.0
山梨醇酐单硬脂酸酯(司盘60)	4.7	蔗糖脂肪酸酯	3~16

（续）

乳化剂名称	HLB 值	乳化剂名称	HLB 值
山梨醇酐三硬脂酸酯（司盘 65）	2.1	聚甘油单硬脂酸酯	5 ~ 13
山梨醇酐单油酸酯（司盘 80）	4.3	脂肪酸（钾、钠、钙）盐	16 ~ 18
山梨醇酐三油酸酯（司盘 85）	1.8	磷脂	3 ~ 4

表 11-2　乳化剂 HLB 值与其功能关系

HLB 值范围	用　途	HLB 值范围	用　途
1.5 ~ 3	消泡剂	8 ~ 18	O/W 型乳化剂
3 ~ 6	W/O 型乳化剂	13 ~ 15	洗涤剂
7 ~ 9	湿润剂	15 ~ 18	增溶剂

11.1.2　食品乳化剂分类

乳化剂按来源可分为天然乳化剂和化学合成乳化剂两类。按其在两相中所形成乳状液性质又可分为水包油（O/W）型乳化剂和油包水（W/O）型乳化剂两类。乳化剂分子中常含有亲水基团和亲油基团，使乳化剂具有减弱油水两相间排斥力的作用。亲水基是溶于水或能被水湿润的基团，一般含有—OH、—ONa、—OSO_3Na、聚乙烯醇基、聚醇基、磷酸盐等；亲油基可与油脂互溶，一般含有长链烷基，RCOO—，RCONH—，RCO—，R—Ar—（R 为烷基，Ar 为—C_6H_4—）等。

乳化剂虽然不能从根本上改变食品乳状液不稳定的性质，但可以提高产品的稳定性从而获得理想的货架期。乳化剂性质的差异主要与亲水基团的不同有关，与疏水基团相比，亲水基团的变化对乳化剂性能具有更显著的影响。因此，乳化剂的分类，一般以其亲水基团的结构，即按离子的类型分类可分为阴离子乳化剂（anionic emulsifiers）、阳离子乳化剂（cationic emulsifiers）、两性乳化剂（amphoteric emulsifiers）和非离子型乳化剂（nonionic emulsifiers）。

11.1.3　食品乳化剂作用

在食品工业中，乳化剂的主要作用是乳化，但在改善食品感官性状、提高食品质量、延长食品贮藏期及开发新型食品方面也发挥重要作用。食品乳化剂的作用具体体现在以下几个方面：

①降低油水两相的界面张力，促进乳状液的形成，提高食品组分间的亲和能力，改善食品配料的加工性能。

②与淀粉形成络合物，使产品得到较好的网状结构。

③增大食品体积，防止老化，起到保鲜作用。

④用作油脂结晶调整剂，控制食品中油脂晶体结构，改善食品口感。

⑤与面粉中的蛋白质或油脂络合，增强面筋强度，改善气泡组织结构，稳定气泡；改善食品的质构，使食品更快地释放风味。

⑥提高食品持水性能，使产品更加柔软。

⑦提高某些营养成分的消化吸收率。

⑧有些乳化剂还有杀菌防腐作用，常以表面涂层的方法用于水果保鲜。

11.2　食品乳化剂各论

11.2.1　离子型乳化剂

(1)硬脂酰乳酸钙及硬脂酰乳酸钠(Calcium stearoyl lactylate，Sodium stearoyl lactylate，CNS号：10.009，10.011，INS号：482i，481i)

硬脂酰乳酸钙为白色粉末，硬脂酰乳酸钠为黄色粉末或片状固体，二者均具有焦糖气味，一般很难溶于水，但经搅拌后，则可完全分散于水中。加热时，这两种乳化剂可溶于植物油、猪油、起酥油，但冷却后容易析出。硬脂酰乳酸钙及硬脂酰乳酸钠是在碱性钙、钠化合物存在下，饱和脂肪酸与乳酸进行酯化反应生成的。通常由乳酸在减压加热(100～110℃)脱水后与硬脂酸、碳酸钙(钠)或氢氧化钙(钠)在190～200℃和惰性气体的保护下进行酯化反应，反应物经脱色得黄色黏稠液，经冷却、粉碎制成产品。

硬脂酰乳酸钙及硬脂酰乳酸钠的LD_{50}为27g/kg BW(大鼠，经口)；ADI值为0～20mg/kg BW(FAO/WHO，1973)。

溶出的直链淀粉经油炸、焙烤、冷却后易结晶，而淀粉结晶导致面包发硬。硬脂酰乳酸钙及硬脂酰乳酸钠主要作为乳化剂、稳定剂、品质改良剂用于面包及糕点中。其机理为：硬脂酰乳酸钙与面粉中淀粉、脂质形成网络结构，既阻止了直链淀粉的溶出，又强化了面筋的网络结构，形成多气泡骨架，使面包体积增大、膨松。同时，增加了面包的柔软性，延长了货架期。

硬脂酰乳酸钙(钠)的使用范围和使用量见《食品添加剂使用标准》(GB 2760—2011)及增补公告。

(2)酪蛋白酸钠(Sodium caseinate，CNS号10.002)

酪蛋白酸钠亦称酪朊酸钠或酪蛋白钠，是酪蛋白和钠的加成化合物。它是用碱性物(如氢氧化钠)处理酪蛋白凝乳，将水不溶性酪蛋白转变成可溶性形式所得的一种白色或淡黄色颗粒或粉末。既可以从脱脂乳开始，也可以用脱脂奶粉或干酪素为原料进行生产。

酪蛋白酸钠分子的乳化性能易受加工条件的影响，如pH值。酪蛋白酸钠在等电点时乳化活性最小，低于等电点时其乳化活性可增大，而在碱性条件下其乳化活性较大，且随着pH值增高而增大。酪蛋白酸钠耐热性较好，在特定pH值条件下对其进行热处理可提高其乳化力。酪蛋白酸钠和卡拉胶复配，除增加黏稠性外，可增加其乳化力。其他乳化剂与酪蛋白酸钠复配也可增强其乳化作用。酪蛋白酸钠与胶类(如羧甲基纤维素钠)的相互作用影响其对酸性乳体系的稳定性。应用酪蛋白酸钠制成的乳化剂，其乳化稳定性比乳清蛋白、大豆蛋白等效果好。

酪蛋白酸钠的LD_{50} >400～500 g/kg BW(大鼠，经口)；其ADI值无限制(FAO/WHO，1970)。

酪蛋白酸钠广泛应用于冰淇淋、奶酪、肉制品和水产品中。在乳化条件下生产灌装香肠，烟熏时往往会析出脂肪，导致色泽不均匀，出现难看的斑点，添加0.2%～0.5%酪蛋白酸钠可改良其乳化效果。利用酪蛋白酸钠在咖啡伴侣中可作为乳化稳定剂和优良的蛋白源，复配海藻酸钠与单甘酯，可使制品冲调后24h无油层析出。

酪蛋白酸钠的使用范围和使用量见《食品添加剂使用标准》(GB 2760—2011)及增补公告。

(3)硬脂酸钾(Potassium stearate，CNS号：10.028，INS号470)

硬脂酸钾为白色粉末，微具脂肪气味，易溶于热水、醇，缓溶于冷水，水溶液对石蕊和酚酞均呈强碱性，但醇溶液对酚酞仅呈弱碱性。一般商品中含有一定比例的棕榈酸盐。

硬脂酸钾ADI值不作特殊规定(FAO/WHO，1985)。硬脂酸钾的使用范围和使用量见《食品添加剂使用标准》(GB 2760—2011)及增补公告。

11.2.2 两性离子型乳化剂

改性大豆磷脂(Modified soybean phospholipids，CNS号：10.019)

大豆磷脂主要来自大豆，由大豆油生产过程中的副产品提取而得，主要是卵磷脂、脑磷脂、肌醇磷脂和少量的磷脂酸、磷酸丝氨酸酯等的混合物。经处理，可得到3种不同的商业大豆磷脂(浓缩大豆磷脂、粉末磷脂及分级磷脂)。

改性大豆磷脂是以天然大豆磷脂为原料，经过乙酰化和羟基化改性及脱脂后制成的黄色或黄棕色粉末状固体，极易吸潮，易溶于动植物油脂，能分散于水中，部分溶于乙醇。与天然大豆磷脂相比，改性大豆磷脂的乳化性、水分散性、溶解性均有提高。酶解大豆磷脂是另一种改性大豆磷脂，为白色至褐色粉状、粒状或块状固体，或淡黄色至暗褐色黏稠液体，有特殊气味。

改性大豆磷脂为天然成分，安全性高，磷脂的ADI值无限制(FAO/WHO，1973)，由于资料数据缺乏等原因，羟基化磷脂(hydroxylated lecithin)的ADI值未制定(FAO/WHO，1980)。

在食品工业中，改性大豆磷脂可用作乳化剂、抗氧化剂、抗结剂、润湿剂、软化剂以及分散剂等。改性大豆磷脂已广泛应用于糖果(添加量为0.2%～1%)、饼干、糕点(添加量为0.1%～0.2%)、冰淇淋和人造奶油(添加量为0.3%～0.5%)等食品中。在巧克力生产中，大豆磷脂可降低巧克力浆的稠度，便于注模；在饼干生产中，大豆磷脂能使脂肪与其他成分易于混合，并能防止粘辊，改善饼干质量，其用量一般为面粉的0.2%～0.5%，使用方法是按比例混合于原料液中，而后搅拌均匀。

改性大豆磷脂的使用范围和使用量见《食品添加剂使用标准》(GB 2760—2011)及增补公告。

11.2.3 非离子型乳化剂

(1)单硬脂酸甘油酯(Glyceryl monostearate，CNS号：10.006，INS号：471)

单硬脂酸甘油酯又称甘油单硬脂酸酯，简称单甘酯，为微黄色蜡状固体，不溶于水，与盐水经强烈振荡混合可乳化分散水中；HLB值为2～3，亲油性强，属于W/O型乳化剂。由于单甘酯亲水性较差，可与其他有机酸反应产生其衍生物，如双乙酰酒石酸单(双)甘油酯、聚甘油单油酸酯、聚甘油单硬脂酸酯，统称为甘油脂肪酸酯。

JECFA对单甘油酯和双甘油酯的评价发现在可试验的浓度范围内无急性毒性，另外，单甘油酯和双甘油酯由于是普通膳食的组成成分而每日消费，也可从富含油脂的食物中分解获得，最可能的不利影响是富含长链饱和脂肪酸的单/双甘油酯，如硬脂酸单甘油酯，在长期的动物饲喂试验中增加了动物的肝脏质量，但未引起显著的毒性影响，所以其ADI值无限制(FAO/WHO，1973)。

甘油脂肪酸酯是世界各国使用量最大的乳化剂，为乳化剂总量的30%～50%，可用于各类食品的加工，是我国乳化剂的主要品种，生产能力每年数百吨，现已生产分子蒸馏高纯度单甘酯。单甘酯用于糖果、巧克力，可防止奶糖、太妃糖出现油脂分离现象，防止巧克力砂糖结晶和油水分离，增加细腻感；用于冰淇淋，可使组织混合均匀，组织细腻、爽滑、膨化适度，提高保形性；用于人造奶油，可防止油水分离、分层等现象，提高制品的质量；用于饮料，加入含脂的蛋白饮料中，可提高稳定性，防止油脂上浮、蛋白质下沉；用于面包，能改善面团组织结构，防止面包老化，使面包松软，体积增大，富有弹性，延长保质期；用于糕点，与其他乳化剂复配，作为糕点的发泡剂，与蛋白质形成复合体，从而产生适度的气泡膜，所制点心体积增大；用于饼干，加入面团中能使油脂以乳化状态均匀分散，有效地防止油脂渗出，提高饼干的脆性。

单、双甘油脂肪酸酯(油酸、亚油酸、亚麻酸、棕榈酸、硬脂酸、月桂酸)的使用范围和使用量见《食品添加剂使用标准》(GB 2760—2011)及增补公告。

(2)蔗糖脂肪酸酯(Sucrose fatty acid ester，CNS号：10.001，INS号：473)

蔗糖脂肪酸酯又称蔗糖酯，是由蔗糖和脂肪酸酯化而成，主要产品为单酯、双酯、三酯及其混合物，结构式见图11-1。蔗糖脂肪酸酯中单酯的含量与HLB值的关系为：单酯含量越高，亲水性越强，HLB值越高；二、三酯含量越高，亲油性越强，HLB值越低。蔗糖酯是白色至黄褐色粉末或无色至微黄色黏稠液体，无气味或稍有特殊的气味，有旋光性，易溶于乙醇和丙酮。蔗糖酯分解温度为233～238℃，在120℃以下稳定，145℃开始分解。蔗糖酯耐高温性较差，在受热条件下酸值明显增加，蔗糖基可发生焦糖化作用，从而使颜色加深，酸、碱、酶均会导致蔗糖酯水解，但在20℃以下时水解作用很小，随温度提高而加强。

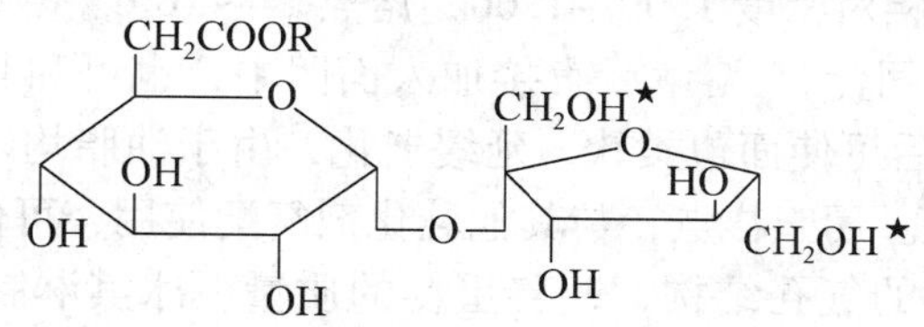

图11-1　蔗糖脂肪酸酯

(R是脂肪酸的烃基，★是能与脂肪酸结合成二酯或三酯的羟基位置)

美国FDA将蔗糖酯列为GRAS物质，其LD_{50}为39 g/kg BW(大鼠，经口)；ADI值为0～30 mg/kg BW(FAO/WHO，1997)。

蔗糖酯具有表面活性作用，能降低表面张力。它能与淀粉形成复合物或络合物，防止面粉中淀粉老化回生，使面制食品具有良好的组织状态。蔗糖酯还具有良好的乳化、分散、增溶、润滑、渗透、起泡、黏度调节和抗菌等性能，广泛应用于肉制品、冰淇淋、奶油、奶糖、乳化香精、乳化天然色素中。在色拉油、巧克力中作为结晶抑制剂和黏度控制剂；在糖果中用作润滑剂；在饼干、糕点、面制品中作为淀粉的络合剂，防止淀粉老化，提高面条的韧性；在水果及鸡蛋中可作为保鲜剂。在冷冻面团中，蔗糖酯能防止冷冻保存过程中面团的变质，改善解冻面团烘烤后的面包内部结构。在普通面类制品中，蔗糖酯可防止原料混合时黏附在机械上，以及面团相互间的黏附，提高机械效率。

蔗糖酯的使用范围和使用量见《食品添加剂使用标准》(GB 2760—2011)及增补公告。

(3)山梨醇酐脂肪酸酯(Sorbitan fatty acid esters)

山梨醇酐脂肪酸酯，又称司盘系列乳化剂，包括：山梨醇酐单月桂酸酯(司盘20)，山梨醇酐单棕榈酸酯(司盘40)，山梨醇酐单硬脂酸酯(司盘60)，山梨醇酐三硬脂酸酯(司盘65)，山梨醇酐单油酸酯(司盘80)。

山梨醇酐脂肪酸酯由山梨醇与不同脂肪酸在180～280℃下加热数小时酯化而得，其HLB值在1.8～8.6之间。此类化合物为白色或黄色液体、粉末、颗粒，性质因构成的脂肪酸而异，可形成W/O型乳状液，不同山梨醇酐脂肪酸酯的HLB值见表11-1。

美国FDA将山梨醇酐脂肪酸酯列为GRAS物质，其LD_{50}为10g/kg BW(大鼠，经口)；ADI值为0～25 mg/kg BW(类别ADI值，以月桂酸、油酸、棕榈酸、硬脂酸的山梨醇酐酯之和计，FAO/WHO，1982)。

司盘系列主要作为乳化剂添加到食品中，广泛用于面包、冰淇淋、饼干、饮料等。在面包制作过程中，加入司盘乳化剂，可使面包柔软，防止表面老化，增加面团韧性，提高发酵烘烤质量。在糕点制品中一般与其他乳化剂混合使用，以改善糕点生面团的气孔率，形成细密的气孔结构。用司盘作乳化剂可控制巧克力的“起霜”，增加巧克力颗粒间的摩擦力和流动性，降低黏度，增进脂肪分散，防止起霜。同时还能防止油脂酸败，改善光泽，增强风味、柔软性，节约可可脂用量。司盘由于可迅速降低表面张力，能较好稳定乳状液，其中司盘60应用最为广泛。

山梨醇酐单月桂酸酯(司盘20，Sorbitan monolaurate，CNS号：10.024，INS号：493)

山梨醇酐单月桂酸酯又称司盘20，琥珀色黏稠液体，浅黄色或棕黄色小珠状或片状蜡样固体，有特殊气味，味柔和；可溶于有机溶剂，不溶于冷水，可分散于热水中；是油包水型乳化剂，HLB值8.6，相对密度1.00～1.06，熔点14～16℃。

在面包制作过程中，司盘20溶解后直接加入面团中，也可和起酥油混合，用量为面粉的0.35%～0.5%，加入后可使面包柔软，延缓老化，由于油脂均匀分散，气泡均一化，明显地提高了焙烤制品质量。用于糕点，与其他乳化剂复配使用，可使糕点原料中的水分、奶油等分布均匀，形成细密的气孔结构，改善蛋糕的质量。冰淇淋制作中加入0.2%～0.3%的司盘20，可使冰淇淋制品坚硬，成形稳定，不出现“化汤”现象。巧克力中添加总物料的0.1%～0.3%的司盘20，可防止脂肪晶体浮于表面而形成“起霜”现象，致使表面失去光泽，同时还可防止油脂酸败，改善光泽，增强风味和柔软性。口香糖、糖果中加入总量为0.5%～1.0%的司盘20，可使物料均匀分散，防止黏牙。在人造奶油制作过程中，本品可作为晶体改良剂，减少人造奶油的“砂粒”，促使奶油成形，改善口感。

司盘20的使用范围和使用量见《食品添加剂使用标准》(GB 2760—2011)及增补公告。

山梨醇酐单棕榈酸酯(司盘40，Sorbitan monopalmitate，CNS号：10.008，INS号：495)

山梨醇酐单棕榈酸酯又称司盘40，浅奶油色至棕黄色珠状、片状或蜡状固体；有异臭味，味柔和；不溶于冷水，能分散于热水中，形成乳状液，能溶于热油类及多种有机溶剂中；凝固点 45 ~ 47℃，HLB 值 6.7。

司盘 40 的使用范围和使用量见《食品添加剂使用标准》(GB 2760—2011)及增补公告。

山梨醇酐单硬脂酸酯(司盘 60，Sorbitan monostearate，CNS 号：10.003，INS 号：491)

山梨醇酐单硬脂酸酯又称司盘 60，乳白色至棕黄色的硬质蜡状固体，呈片状或块状，无异味；溶于热的乙醇、乙醚、甲醇及四氯化碳，分散于温水及苯中，不溶于冷水和丙酮；凝固点 50 ~ 52℃，HLB 值 4.7。

司盘 60 的使用范围和使用量见《食品添加剂使用标准》(GB 2760—2011)及增补公告。

山梨醇酐三硬脂酸酯(司盘 65，Sorbitan tristearate，CNS 号：10.004)

山梨醇酐单硬脂酸酯又称司盘 65，奶油色至棕黄色片状或蜡状固体，微臭，味柔和；能分散于石油醚、矿物油、植物油、丙酮及二恶烷中，难溶于甲苯、乙醚、四氯化碳及乙酸乙酯，不溶于水、甲醇及乙醇；HLB 值约 2.1。

司盘 65 的使用范围和使用量见《食品添加剂使用标准》(GB 2760—2011)及增补公告。

山梨醇酐单油酸酯(司盘 80，Sorbitan monooleate，CNS 号：10.005)

山梨醇酐单油酸酯又称司盘 80，琥珀色黏稠液体或浅黄色至棕黄色小珠状或片状硬质蜡状固体，有特殊异味；可溶于热乙醇、甲苯、四氯化碳等有机溶剂，不溶于水，但在热水中分散即成乳状液；HLB 值 4.3。

司盘 80 的使用范围和使用量见《食品添加剂使用标准》(GB 2760—2011)及增补公告。

(4)聚氧乙烯山梨醇酐脂肪酸酯(Polyoxyethylene sorbitan fatty acid esters)

聚氧乙烯山梨醇酐脂肪酸酯，又称吐温系列乳化剂，由山梨醇和山梨醇酐与脂肪酸部分酯化而成的混合物，并按每摩尔山梨醇与 20 摩尔氧化乙烷进行缩合反应。不同吐温性质各异，其 HLB 值见表 11-1。

聚氧乙烯山梨醇酐脂肪酸酯包括：聚氧乙烯山梨醇酐单月桂酸酯(吐温 20)，聚氧乙烯山梨醇酐单棕榈酸酯(吐温 40)，聚氧乙烯山梨醇酐单硬脂酸酯(吐温 60)，聚氧乙烯山梨醇酐单油酸酯(吐温 80)。

吐温系列乳化剂的 LD_{50} 为 37g/kg BW(大鼠，经口)，其 ADI 值为 0 ~ 25mg/kg BW[类别 ADI 值，以聚氧乙烯(20)山梨醇酐脂肪酸酯之和计，FAO/WHO，1973]。

吐温系列乳化剂广泛用于食品、化妆品和其他行业，与司盘配合使用可以调配适合各种乳状液制备所需的 HLB 值。作为食品添加剂广泛用在蛋糕、面包和各类饮料中，具有乳化、稳定、起泡等功能，作为化妆品添加剂可以稳定乳化各种油脂，高 HLB 值吐温还用作香料增溶剂及洗涤剂，低 HLB 值吐温对矿物油有特殊乳化功能。此外，吐温还用作纺织助剂(油剂、柔软剂)和涂料助剂。

聚氧乙烯山梨醇酐单月桂酸酯[吐温 20，polyoxyethylene (20) sorbitan monolaurate，CNS 号：10.025，INS 号：432]

聚氧乙烯山梨醇酐单月桂酸酯又称吐温 20，柠檬色至琥珀色液体，略有特异臭及苦味；不溶于水、乙醇、乙酸乙酯、甲醇、二恶烷，不溶于矿物油及溶剂油；为 O/W 型乳化剂，HLB 值 16.9；相对密度 1.08 ~ 1.13，沸点 321℃。

吐温 20 的使用范围和使用量见《食品添加剂使用标准》(GB 2760—2011)及增补公告。

聚氧乙烯山梨醇酐单棕榈酸酯［吐温 40，polyoxyethylene（40）sorbitan monopalmitate，CNS 号：10.026，INS 号：434］

聚氧乙烯山梨醇酐单棕榈酸酯又称吐温 40，橘红色油状液体或半凝胶物质，略有异臭，微苦；溶于水、乙醇、甲醇、乙酸乙酯和丙酮，不溶于矿物油；相对密度 1.05～1.10，HLB 值 15.6。

吐温 40 的使用范围和使用量见《食品添加剂使用标准》(GB 2760—2011)及增补公告。

聚氧乙烯山梨醇酐单硬脂酸酯［吐温 60，polyoxyethylene（60）sorbitan monostearate，CNS 号：10.015，INS 号：435］

聚氧乙烯山梨醇酐单硬脂酸酯又称吐温 60，柠檬色至橙色液体，无特殊臭味，略有苦味；溶于水、苯胺、乙酸乙酯和甲苯，不溶于矿物油和植物油，HLB 值 14.9。

吐温 60 的使用范围和使用量见《食品添加剂使用标准》(GB 2760—2011)及增补公告。

聚氧乙烯山梨醇酐单油酸酯［吐温 80，polyoxyethylene（80）sorbitan monooleate，CNS 号：10.015，INS 号：433］

聚氧乙烯山梨醇酐单油酸酯又称吐温 80，柠檬色至琥珀色液体，略有特异臭及苦味；溶于水、乙醇、甲醇、乙酸乙酯、二恶烷，不溶于矿物油及溶剂油；易形成水包油体系，相对密度 1.08～1.13，沸点 321℃，HLB 值 16.9；在水中易分散，但与水杨酸、鞣酸、间苯二酚、百里酚等作用后会失去乳化性能。

吐温 80 的使用范围和使用量见《食品添加剂使用标准》(GB 2760—2011)及增补公告。

(5)丙二醇脂肪酸酯(Propylene glycol esters of fatty acids，CNS 号：10.020，INS 号：477)

丙二醇脂肪酸酯的性状随脂肪酸种类不同而变化，丙二醇的硬脂酸和软脂酸酯为白色固体。以油酸、亚油酸等不饱和酸制成的产品为淡黄色液体，此外，还有粉状、粒状和蜡状产品。丙二醇单硬脂酸酯的 HLB 值为 3.4，是亲油性乳化剂，不溶于水，在热水中搅拌可分散成乳状液，可溶于乙醇、乙酸乙酯、氯仿等。

丙二醇脂肪酸酯的 LD_{50} >10g/kg BW(大鼠，经口)；其 ADI 值为 0～25mg/kg BW(以丙二醇计，FAO/WHO，1973)。

丙二醇脂肪酸酯是典型的非离子型乳化剂，具有优良的乳化稳定性和热稳定、不易水解等特点，广泛用于食品工业。用于糕点、起酥油制品，能提高保湿性，增大比体积，具有保持质地柔软，改善口感等特性；用于人造奶油，可防止油水分离。丙二醇脂肪酸酯的乳化性能较其他乳化剂稍差，一般不单独使用，多与其他乳化剂合用，具有协同效应。

丙二醇脂肪酸酯的使用范围和使用量见《食品添加剂使用标准》(GB 2760—2011)及增补公告。

(6)松香甘油酯及氢化松香甘油酯(Glyceride of rosin；Glyceride of hydrogenated rosin，CNS 号：10.013)

松香甘油酯与氢化松香甘油酯，又称酯胶，分别由松香或氢化松香酯化制得，均为浅黄色透明、玻璃状固体，较脆，无臭、无味，不溶于水和乙醇，可溶于大多数低分子芳香族和脂肪族烃、萜烯、酯、酮以及精油等。松香甘油酯和氢化松香甘油酯的熔点非常接近，分别为 80～90℃和 78～88℃。它们可作为乳化剂或增重剂使用，相对密度为 1.08～1.09。松香甘油酯在空气中易被氧化，粉末易自燃，有自爆炸的危险。

松香甘油酯的 LD_{50} 为 >7.6g/kg BW（大鼠，经口）；其暂定 ADI 值为 0 ~ 12.5mg/kg BW（FAO/WHO，2011）。

松香甘油酯及氢化松香甘油酯的使用范围和使用量见《食品添加剂使用标准》（GB 2760—2011）及增补公告。

（7）聚甘油脂肪酸酯（Polyglycerol esters of fatty acids，CNS 号：10.022，INS 号：475）

聚甘油脂肪酸酯为浅黄色蜡状固体，耐酸性强，不溶于水，能分散于水中，溶于乙醇等有机溶剂和油脂，HLB 值为 8 ~ 14.5（n = 4 ~ 10，根据聚合度和脂肪酸种类而不同）。该乳化剂亲水性强，其性能与吐温 80 相似，在 120℃ 酸性条件下，具有独特的乳化稳定效果；在食品工业中可用作乳化剂、稳定剂、增稠剂和抗结剂。

聚甘油脂肪酸酯的 LD_{50} >29g/kg BW（大鼠，经口）；ADI 值为 0 ~ 25mg/kg BW（脂肪酸的平均碳链长度 >9，FAO/WHO，1989）。

林军（2006）通过单因子试验研究比较了分子蒸馏单甘酯、硬脂酸单甘酯、硬脂酸单油酸酯、三聚甘油单硬脂酸酯、三聚甘油单油酸酯、五聚甘油单硬脂酸酯、五聚甘油二异硬脂酸酯对冰淇淋膨胀率、融化率、保形时间的影响，发现了聚甘油酯的影响效果比单甘酯类更显著。其中，五聚甘油二异硬脂酸酯在低值区对冰淇淋膨胀的影响最明显：混合聚甘油酯保形时间最长；三聚甘油单硬脂酸酯在低值区即可显著延长保型时间；三聚甘油油酸酯能有效地降低冰淇淋的融化率。并对三聚甘油单硬脂酸酯、五聚甘油单硬脂酸酯、五聚甘油二异硬脂酸酯 3 种聚甘油酯与鸡蛋协同作用对蛋糕的比容、打擦度、体积的影响进行了研究，通过正交试验确定了最佳的配比：鸡蛋 75%、五聚甘油二异硬脂酸酯 1.0%、三聚甘油单硬脂酸酯 1.0%、五聚甘油单硬脂酸酯 1.0%。

聚甘油脂肪酸酯的使用范围和使用量见《食品添加剂使用标准》（GB 2760—2011）及增补公告。

聚甘油单硬脂酸酯（Polyglycerol monostearate）

聚甘油单硬脂酸酯为浅黄色蜡状固体，无臭，味微甜，耐酸性强，可溶于甘油、苯、丙二醇、热的乙醇和冷的乙酸乙酯，不溶于冷水，但在热水中可搅拌分散成乳浊液。其基本性质见表 11-3（姚黎成等，2011）。聚甘油单硬脂酸酯的亲水性能好，其性能与吐温 80 相似，在 120℃ 酸性条件下，具有独特的乳化稳定效果。具有优良的感官特性和良好的分散、乳化能力。在食品工业中可用作乳化剂和稳定剂。

表 11-3　聚甘油单硬脂酸酯的基本性能

聚甘油单硬脂酸酯	酸值/（mg/g）	皂值/（mg/g）	羟值/（mg/g）	表面张力/（mN/m）	HLB 值
甘油单硬脂酸酯	1.60	153.37	297.72	50.1	4.11
二聚甘油单硬脂酸酯	1.38	125.43	385.21	51.4	6.83
六聚甘油单硬脂酸酯	0.82	75.32	542.23	50.9	12.18
八聚甘油单硬脂酸酯	0.85	63.20	580.51	49.5	13.50

姚黎成等（2011）用聚甘油单硬脂酸酯复配乳化 1 Pa·s 的二甲基硅油，考察复配乳化剂的亲水亲油平衡值（HLB）对乳液体积平均粒径、乳液黏度、乳液离心稳定性的影响以及乳

液的耐高温稳定性。结果表明：复配乳化剂 HLB 值对乳液体积平均粒径、黏度、离心稳定性的影响显著，选择高聚合度的亲水型乳化剂和高聚合度的亲油型乳化剂进行复配乳化，有利于形成稳定的硅油乳液。最佳乳化条件为乳化剂(二聚甘油单硬脂酸酯和八聚甘油单硬脂酸酯，HLB = 10.5)、硅油和水的质量比为 7∶23∶70。在最佳乳化条件下制得的乳液体积平均粒径为 8.06μm，黏度为 387 mPa·s，固相质量分数差为 2.91%。乳液高温稳定性良好，在 110℃保持 5 h，乳液体积平均粒径增大至 11.63μm，固相质量分数差增大至 6.12%。

聚甘油单油酸酯(Polyglycerol monooleate，CNS 号：10.023)

聚甘油单油酸酯为浅黄色蜡状固体，耐酸性强，不溶于水，能分散于水中，溶于乙醇等有机溶剂和油脂，HLB 值为 8 ~ 14.5(四聚至十聚物，n = 4 ~ 10)，六聚甘油单油酸酯和八聚甘油单油酸酯的性质见表 11-4(林军，2006)。

表 11-4 聚甘油单油酸酯的基本性能

聚甘油单油酸酯	性状	碘值/(g/100g)	皂值/(mg/g)	HLB 值
六聚甘油单油酸酯	半固体	38	87	10.5
十聚甘油单油酸酯	半固体	32	73	14.5

11.3 食品乳化剂合理使用

11.3.1 食品乳化剂选择依据

选择乳化剂最常用的方法是亲水亲油平衡值法(HLB 法)和相转变温度法(PIT 法)。在选择乳化剂时，当配方中的乳化剂的 HLB 值与被乳化的油相所需要的 HLB 值相近时，将产生较好的乳化效果。

(1) HLB 法

设计乳状液配方的步骤如下：

①确定乳状液的类型。

②计算所需 HLB 值，查出油相所需的 HLB 值。

③根据油相所需的 HLB 值，首先选择熟悉的乳化剂组合。例如，制备 O/W 乳状液时，可选用 HLB > 6 的乳化剂为主，HLB < 6 的乳化剂为辅；在制备 W/O 乳状液时，可选用 HLB < 6 的乳化剂为主，HLB > 6 的乳化剂为辅。

④如果制备的乳状液不稳定，则更换乳化剂组合。在设计乳状液配方时，配方中油相不是单一成分，可利用 HLB 值的加和性计算混合组分所需的 HLB 值。

(2) PIT 法

对于某一特定的乳化剂 - 油 - 水体系，存在着一个较窄的温度范围。在该温度以上，乳化剂溶于油相，而在该温度以下，乳化剂溶于水相；随温度逐渐升高，体系由 O/W 型乳状液转变为 W/O 型乳状液，发生转相的温度称为相转变温度(PIT)。在特定体系中 PIT 是乳化剂的亲水、亲油性质在界面上达到平衡的温度。

温度影响乳化剂的亲水亲油性质。HLB 法未考虑温度对乳化剂亲水性的影响，而温度对非离子型乳化剂的影响显著。当温度提高时乳化剂亲水基的水化程度减小，低温时形成的O/W型乳状液，在高温时可能转变为W/O型乳状液，反之亦然。对于O/W型乳状液，一种合适的乳化剂其PIT值应比乳状液的贮藏温度高20～60℃；对于W/O型乳状液，其合适乳化剂的PIT值应比产品的贮藏温度低10～40℃。试验发现，在PIT值附近制备的乳状液颗粒小，但不稳定。为了制备稳定的O/W型乳状液，需采用低于PIT值2～4℃的温度实现，然后冷却至贮藏温度，乳状液的稳定性最高(McClements，2010；王伟兵，2010)。

11.3.2 食品乳化剂使用注意事项

食品乳化剂除必须严格按照GB 2760—2011使用规定之外，使用乳化剂时应注意：

①不同HLB值乳化剂可制备不同类型的乳状液，选择合适的乳化剂是取得最佳效果的基本保证。HLB值较小的乳化剂适用于制备W/O乳状液，HLB值较大的乳化剂适用于制备O/W乳化剂；

②由于乳化剂间具有协同效应，通常采用乳化剂复配，但在选择乳化剂复配时，应考虑其HLB值之差不大于5，否则不能获得最佳稳定效果。

③乳化剂加入食品体系之前，应在水和油中充分分散或溶解，制成浆状或乳状液，再添加到食品中。

11.3.3 乳化剂在食品工业中应用

乳化剂的复配使用是最为有效的使用方式，由于各种乳化剂具有不同的亲水亲油性，分子结构、各种化学基团和空间结构的不同，都会表现为性能的差异。实践表明，采用单一的乳化剂，很难形成稳定的乳化体系，不同性质的乳化剂合并使用，具有互补和相乘作用。因此，乳化剂的复配使用无疑是最为有效的应用方法。

11.3.3.1 食品乳化剂复配技术

乳化剂的常用复配方式有：①粉体搅拌复合，是一种最简单、技术含量最低的复合方式。②粉体溶解于溶剂进行复合和活化，是一种较简单，有一定技术含量的复合方式，重点在于配方的合理和各组分的兼容稳定性。例如，Prabhasankar等(2004)生产一种蛋糕复合乳化剂，将蒸馏单甘酯、聚甘油单酯、山梨醇单甘醋、司盘60，按一定的比例加水混合均匀，加热至60℃，然后加入硬脂酰乳酸钠，最后加乳酸调节pH值至中性，得到一种凝胶状的复合型乳化剂。③粉体先搅拌复合，然后经溶剂、加热、活化、压力等处理，再经过造粒、干燥制成产品，这是一种比较复杂，技术含量较高的复合方式。重点在于溶剂的优良性能和机械设备的先进性与控制技术的应用。例如，Fukuda等(1982)生产一种用于淀粉制品的粉末乳化剂，将蒸馏单甘醋和脂肪以一定的比例混合熔融经喷雾干燥得到粉末乳化剂，然后在大于45℃（低于粉末熔化温度)的温度下混合30 min得到最终产品。

乳化剂复配中最主要的技术是HLB值的设计，无论是亲水基团构象之间互补(如蔗糖酯和单甘酯)、分子结构相似搭配(如吐温和司盘)，其本质都是利用了各乳化剂的亲油亲水性质不同。乳化剂与其他食品添加剂的复配，是乳化剂复配最常用的方法，大多数的食用胶体既是增稠剂，又是离子型高分子乳化剂，因此，乳化剂与增稠剂的复配应用最广泛，如面包改良剂、冰淇淋乳化稳定剂等。但从食品安全性和生产成本考虑，在保证食品质量的前提下，应尽量降低食品乳化剂的用量。

我国乳化剂主要是依靠经验进行复配，带有一定的盲目性，缺乏必要的理论指导和先进测试仪器的检测评价，所得产品质量和性能有一定的缺陷，不利于推广和应用。因此，必须加强乳化剂复配技术的理论研究。同时，这些科研工作应与食品加工企业密切协作、同市场的实际需要相结合，才能使成果迅速转化为生产力、更快地拓展乳化剂的应用领域。

11.3.3.2 复配乳化剂在食品工业中应用

(1)巧克力与糖果类

在糖果生产中，乳化剂可以降低糖膏的黏度，增加流动性，使糖果生产在压片、切块、成型中不粘刀，并使糖果产品表面光滑、易分离，防止糖果融化、黏牙，改善口感。因此，乳化剂是高油脂糖果生产中常用的添加剂。此外，多聚甘油酯等乳化剂还可用于制造糖果食品的包衣。巧克力与糖果类产品中应用的乳化剂主要是磷脂与聚甘油聚蓖麻酸酯(PGPR)，通过添加乳化剂可改变产品的流变性和黏弹性，生产企业可有效控制可可油的添加。添加0.5%的磷脂与5%可可油对降低产品黏度产生相同的效果。

(2)焙烤食品类

①饼干和糕点　乳化剂可以提高糕点生面团的气孔率，形成更多、更细密的气孔，并使面团充气均匀，而且表面张力的降低使空气更容易被搅入面团中，使饼干、糕点体积明显增大，在烘烤温度较高的情况下更为明显。此外，在糕点的生产过程中，乳化剂的加入可使油脂分散得更均匀，从而改善糕点口感的柔软性和易碎性，而且质地软细的糕点保水性好，不易老化，食用时不发干、不发硬。在面制品加工的和面工序中，乳化剂亲水基与麦胶蛋白结合，亲油基与麦谷蛋白结合，形成络合物，改善面团内部结构，提高面团质量。

②面包类　乳化剂在面包等焙烤食品中的作用取决于乳化剂与面包各成分的相互作用，最重要的是与油脂、蛋白质和淀粉的相互作用。在面包制作过程中，乳化剂的主要作用有：改善面粉中不同成分间的兼容性；提高面团搅拌和机械加工的耐受力，提高面团韧性和强度；使更多的气体保存在面包中，同时减少酵母用量，缩短醒发时间，增大产品体积；提高面团吸水性；使颗粒更加均匀，增加面包弹性；增加面包的表面层厚度；减少起酥油用量；改善面包切片品质等。

在面包中常用面坯调整剂为聚氧乙烯山梨醇酐脂肪酸酯、硬脂酰乳酸钠、硬脂酰乳酸钙等。在焙烤食品中，面筋在和面及发酵时形成网络结构，稳定气体，增大面包体积及弹性，但面粉中面筋含量不足或和面不均匀或大批量机械化搅拌和面，减少或破坏了面筋网络结构，所得面包体积小而硬。面坯中加入乳化剂，能与面粉中固有的脂类及面筋中各种蛋白质形成氢键或络合物，硬化了面团的网络结构，结果使面团有更好的延伸性、保气性，因此焙烤出的面包具有均一的组织结构。

张中义等(2011)研究了乳化剂对无麸质面包(米粉、红薯淀粉)比容、硬度、色泽及感官品质的影响。结果表明，添加硬脂酰乳酸钠、蔗糖脂肪酸酯、大豆卵磷脂、分子蒸馏单甘酯可改善无麸质面包的品质，面包比容增大，结构松软，气孔均匀，硬度降低，色泽改善，感官品质提高。综合来看，添加分子蒸馏单甘酯无麸质面包品质改善最为明显，比容增加

16.9%，硬度降低 46.9%，面包色泽明显改善，感官品质最好。

(3) 面制品类

面条中常用的乳化剂有甘油单硬脂酸酯、蔗糖脂肪酸酯和大豆磷脂等。甘油单硬脂酸酯和蔗糖脂肪酸酯的主要功效是减少煮面糊汤，抑制淀粉的膨润、糊化和溶出。大豆磷脂可增强面条筋道感，防止产品在贮存过程中老化等。在面条中，乳化剂的添加量一般在 0.1% ~1%。

吕思伊等(2010)研究了蔗糖脂肪酸酯、硬脂酸乳酸钠、α－淀粉酶、木聚糖酶、黄原胶和海藻酸钠单体及其复配添加对米发糕品质的影响。结果表明：单一的乳化剂、酶制剂和亲水胶体对米发糕品质都有改善作用，而复配使用改善效果更为明显。何承云等(2010)对乳化剂抗馒头老化效果进行了研究，结果表明：硬脂酰乳酸钙、蔗糖酯、单甘酯三种乳化剂对馒头均有一定的抗老化效果，复配用量为硬脂酰乳酸钙 0.15%，单甘酯 0.1%，蔗糖酯 0.08%。

(4) 冰淇淋类

乳化剂在冰淇淋中能提高脂肪的分散性、促进脂肪－蛋白质的相互作用、抑制脂肪聚结、增加空气混合量、减小冰晶粒度、降低气泡体积、减少发泡时间、改善融化性能，进而提高产品各项感官品质。乳化剂也用在成型的特殊产品，如冰淇淋三明治、切片和机械灌装蛋卷冰淇淋当中。

用低 HLB 值的亲油性乳化剂分子蒸馏单甘酯与高 HLB 值的亲水性乳化剂蔗糖酯复配，复配后 HLB 值在 8 ~10 之间，其乳化能力提高 20% 以上，而且还能提高冰淇淋的抗融性，改善组织结构。将亲油性的司盘 60 与亲水性的聚甘油酯合理复配，可将其 HLB 值调到 8 ~10，可提高其分散和乳化能力，减少乳化剂用量 20% ~40%，还能改善其发泡和稳泡性能，提高搅打气泡率，改善冰淇淋组织结构，提高冰淇淋的膨胀率和抗融性。将分子蒸馏单甘酯、司盘 60、卵磷脂复配，能增强其分散能力，提高乳化效果，增加发泡和稳泡功能，改善冰淇淋的组织结构，提高乳化剂的性价比。

胡颖等(2011)发现适量的乙酸单甘酯和粉末吐温 80 复配对冰淇淋的品质起到明显改善的作用；曾凡逵等(2010)发现不饱和单甘酯能提高低脂冰淇淋的膨胀率，并且不饱和单甘酯冰淇淋比饱和单甘酯冰淇淋具有更好的抗融性；赵亚男等(2008)通过对几种乳化剂在软冰淇淋基料中应用的研究发现，添加乳化剂可以有效改善软冰淇淋基料的稳定性，延长其保质期。

(5) 饮料类

乳化剂主要通过乳化、润湿、起泡、增溶等作用，使饮料产品达到稳定、赋香、起浊、着色等效果。随着乳化剂制备技术的发展，乳化剂已经广泛应用于各种饮料体系中。

吕心泉等(2003)研究了调制乳复配乳化稳定剂及植物蛋白乳复配乳化稳定剂，调制乳复配乳化稳定剂配方及用量为：乳化剂以单甘酯：蔗糖酯 =2∶3 比例复配，增稠剂以黄原胶：槐豆胶：瓜尔胶 =2∶0.05∶9 比例复配，上述复合乳化剂和复合稳定剂以 0.5∶1 的比例、用量 0.15% ~0.2%（其中含柠檬酸钠、磷酸盐 0.03%）添加于调制乳中，乳化稳定效果较好。植物蛋白乳复配乳化稳定剂配方及用量为：乳化剂以蔗糖酯：司盘 60∶单甘酯 =1∶(1.75 ~2)∶(1.75 ~2)比例复配，增稠剂以黄原胶：魔芋胶：瓜尔胶 =3∶0.1∶8 比例复配，上述复合乳化剂和复合稳定剂以0.6∶1的比例配比添加于植物蛋白乳中，乳化稳定效果较好；主要运用HLB值高低搭配、离子型大分子（卡拉胶等增稠剂）与非离子型小分子（单甘酯等）复配技术。张洋等（2012）以榛子为基础研究对象，以植物蛋白饮料的稳定系数及上浮指数为指标，研究了单甘酯、乳酸脂肪酸甘油酯、聚甘油脂肪酸酯、硬脂酰乳酸钠等乳化剂对植物蛋白饮料的乳化效果，得到了较佳的复配乳化剂配方。研究结果表明，乳化剂复配后的效果明显优于单一乳化剂。唐民民等（2007）阐述了乳化剂在牛乳饮料中的作用机理及选用原则，通过测定样品吸光度，对不同乳化剂对牛乳饮料稳定性的影响进行研究，同时采用正交试验，确定单体乳化剂最佳的复配方案。

11.4　食品乳化剂发展趋势

11.4.1　食品乳化剂新产品研发

（1）功能性食品乳化剂的开发

研究发现，中碳链脂肪甘油酯具有治疗胃肠病的功能。一般情况下，常用油脂为长链（二十至二十二碳）的三酸甘油酯。进入胃肠，首先通过胰腺脂酶水解，转化成二酸甘油酯、一酸甘油酯、甘油和游离脂肪酸才能在肠内黏膜细胞表面被吸收。而中碳链（十二碳以下）的三酸甘油酯，无需经过脂酶水解及胆盐乳化，可直接被十二指肠肠道细胞分解成脂肪酸和甘油。由此可见，中链脂肪酸酯对于胰腺酶低下和胆汁酸低下者可迅速提供能量，缓解老年人脂肪消化不良。随着对乳化剂分子结构中亲油基团的深入研究，人们认识到它们的不同功效，因此，在乳化剂的生产中已有目的的选择不同的油脂原料，采用合理的工艺，使得乳化剂在人体中正常代谢后，能进一步起到保健的功能。如应用各种多不饱和脂肪酸（如亚油酸、α-亚麻酸、EPA、DHA）、中碳链脂肪酸（如辛癸酸、月桂酸）、奇数碳脂肪酸等具有独特的营养保健功能的脂肪酸，开发具有保健功能的乳化剂产品。

（2）生物乳化剂系列产品的开发

生物乳化剂是指利用酶或微生物等通过生物催化和生物合成等生物技术制备的集亲水和疏水性基团于一体的天然乳化剂，如糖脂、多糖脂或中性类脂衍生物等。生物乳化剂的种类很多，根据其亲水基的不同，可分为糖脂系、氨基酸类脂系、磷脂系、脂肪酸系和高分子聚合物乳化剂5类。

生物乳化剂具有化学合成品很难具备的特殊结构，具有一定的生理特性和营养价值，可以生物降解而且降解产物无害，具有既亲油又亲水两亲性分子结构，具有分散、增溶、润湿和渗透等性能，在食品工业中可以广泛应用。由于新的添加剂需经过毒理学评价后才能被使用，故食品工业中还没有大规模使用生物乳化剂。由发酵法生产的生物乳化剂，如糖脂可能较易被接受作为食品添加剂，这是因为其结构与化学合成的糖脂十分相似，而化学合成的糖脂已经广泛地用在食品中。目前，已将卵磷脂及其衍生物作为乳化剂用于食品工业而且还发现微生物乳化剂可防止嗜热链球菌在巴氏灭菌消毒器中热交换板上的生长。生物乳化剂可用作食品工业中的乳化剂、保湿剂、防腐剂、润湿剂、起泡剂、增稠剂、润滑剂等。

生物乳化剂不仅具有乳化性、抗菌性，而且符合功能性食品和绿色食品添加剂的要求。

但由于缺乏相关的安全性评价以及生产成本过高，使得生物乳化剂在食品工业中的应用受到很大的限制。因此，需要建立健全适合生物乳化剂安全评价的体系。如今，生物乳化剂还有很多品种处于试验研究阶段，只有少数产品走向了市场。此外，选育高产菌株，改进发酵工艺，降低生产成本是进一步研究开发生物乳化剂的主要方向。

总之，随着世界各国对可持续发展的重视，以及人们对环境保护的日益关注，新型绿色生产及制造技术必将受到欢迎。生物乳化剂虽然处于探索和开发阶段，但由于其具有无毒、生物降解性好等优点，属于天然食品添加剂，必将受到食品配料行业的瞩目。

11.4.2 食品乳化剂新技术开发

(1) 食品乳化剂新制备技术开发

在食品工业中，人们逐渐利用天然乳化剂来替代合成乳化剂。用作乳化剂的蛋白质来源于许多天然物质(其中包括大豆、乳清、奶酪、鱼、肉及植物蛋白)。蛋白质通过降低表面张力及包埋油滴形成稳定的 O/W 乳状液。常用的蛋白质主要有酪蛋白、乳清蛋白、乳铁蛋白等(Livney，2010)，在一定温度、湿度条件下，蛋白质的 ε－氨基与多糖的还原性末端经一定程度的美拉德反应所形成的共价复合物具有优良功能特性：改善蛋白质的溶解性及耐热性，提高蛋白质的乳化特性、抗菌性等，且蛋白质多糖共价复合物经动物试验证明无安全风险(Akhtar 等，2003；Dickinson，2008；Dickinson 等，1991)。因此，通过美拉德反应研制蛋白质多糖共价复合物作为一种优良的多功能食品添加剂具有一定的理论意义及广阔的应用前景。

形成蛋白质多糖共价复合物的具体方法是将溶解在水或缓冲溶液中的蛋白质与多糖溶液混合均匀后冷冻干燥，将冻干的粉末置于密闭容器内，在一定温度、湿度条件下反应一定时间形成共价复合物。蛋白质与多糖选择无水条件进行反应主要是：水溶液中的蛋白质分子由于各种分子内作用力以及分子间的疏水作用的影响易形成各种高级结构，一些参与反应的基团容易被包埋而不利于美拉德反应的进行；另外，多糖在水溶液中立体效应所致化学反应的强烈取向性也限制了美拉德反应的发生。将蛋白质、多糖溶液混合后进行冷冻干燥，既保证了反应底物混合的均匀性、又增大了接触面积；温和的反应条件能保证美拉德反应顺利进行到适宜程度，从而确保蛋白质多糖共价复合物具有优越的乳化及热稳定等功能特性。干热法反应条件容易实现，但反应时间相对较长。

国内外目前利用干热法、酶法或超高压法提高蛋白质多糖共价复合物的功能特性所采用的蛋白质和多糖分别为：大豆蛋白、乳清蛋白、酪蛋白、溶菌酶素、葡聚糖、半乳甘露聚糖、果胶、羧甲基纤维素、壳聚糖和海藻酸钠等，形成了具有良好乳化、稳定及抗氧化的乳化剂复合物(Aminlari，2005；Dickinson，1995；Dickinson，2003；Einhorn－Stoll，2005；Mendoza，2006)。

(2) 食品乳化剂新纯化技术开发

分子蒸馏技术作为一种高效、新型的绿色分离技术，具有脱酸、脱碱、脱色、脱臭、提纯或浓缩等多种功能，尤其适用于浓缩或纯化高相对分子质量、高沸点、高黏度的物质及热稳定性较差的有机化合物，在食品添加剂及天然物质萃取方面发挥了独特的优势，如应用于天然维生素、乳化剂，天然色素、芳香精油、功能性油脂及天然香料等分离萃取和纯化。

分子蒸馏技术在食品乳化剂生产中的应用，最早用于生产单甘酯。分子蒸馏单甘酯制备包括单甘酯合成、采用分子蒸馏技术分离纯化单甘酯及产品喷雾冷凝包装3个部分。而单甘酯的合成主要采用酯化和醇解两种工艺，但反应得到的产物中单甘酯的含量通常只有40%～50%。为了到90%以上的高纯度单甘酯，可采用分子蒸馏方法进行精制。采用0.1～1Pa的高真空和短程蒸馏的工艺降低单甘酯的沸点，从而将单甘酯从中间产品中蒸馏提纯，得到纯度为90%～96%的白色粉末状分子蒸馏单甘酯和残渣。分子蒸馏单甘酯经喷雾冷凝包装成分子蒸馏单甘酯产品，残渣返回到合成单甘酯工艺循环使用。在上述分子蒸馏单甘酯生产设备的基础上增加灌装和小包装设备还可以生产多种复配乳化产品。Fregolente等(2007)使用分子蒸馏实验设备纯化单甘酯，以期获得单甘酯纯化工艺参数，该试验首先确定蒸发器温度和进料速度对纯化结果有显著影响，进而优化条件，其结果使用分子蒸馏后，馏出物中单甘酯含量约为80%。

此外，在分离纯化乳化剂方面，分子蒸馏技术已经成功应用于分离混合油脂(如硬脂酸单甘酯、月桂酸单甘酯、丙二醇单甘酯等、萃取脂肪酸及其衍生物、生产二聚酸等)、从动植物中提取有效成分等(杨兴明等，1993；时宏等，2000；龚春晖，2000；张大金等，1992；乔国平等，2002；刘颖，2006；李红，2008)。Compton等(2008)研究了超临界二氧化碳萃取与分子蒸馏技术分离葵花籽油和大豆油中的甘油二酯，结果表明分子蒸馏法所得产品质量在一定程度上优于超临界二氧化碳萃取产品。

案例分析

非食用物质——塑化剂添加到食品中的危害分析

背景：

自2011年6月10日，针对台湾地区发现违法添加邻苯二甲酸酯类物质情况，我国相关部门和地区迅速采取措施，已经停止进口台湾公布的280家企业948种产品，加大对台湾销售到大陆食品的检验力度，凡检出问题的产品一律禁止进口。对于台湾方面通报的已经进口的产品，已采取召回和封存措施，并根据台湾公布的名单，组织对相关食品生产、流通、餐饮服务单位进行全面排查。与此同时，卫生部、工商总局、质检总局和食品药品监督管理局等有关部门组织在28个省(自治区、直辖市)的内地生产企业、批发市场、集贸市场、超市、餐饮单位等，对食品添加剂、饮料、调味料、果酱、果浆、糖浆、乳制品、糕点、饼干、方便面、糖果、冷冻饮品、蛋制品、食用植物油、胶囊粉状类食品15类产品、6 100个样品进行抽样检测，其中，在4家企业8个样品中检出邻苯二甲酸酯类物质，其余样品未检出。对发现的问题产品，工商、质检、食品药品监管等部门已采取下架控制措施，并依法对相关企业进行调查处理。

针对发现的广东省东莞市台商投资的昱延食品有限公司从台湾购进原料、非法制售含有邻苯二甲酸酯类物质的食品添加剂的犯罪行为，当地公安机关迅速立案侦查，对涉案的4名犯罪嫌疑人已采取刑事强制措施，销往广东、新疆、河南的14家企业的产品已被控制。地方公安机关按照公安部的统一部署，积极开展相关案件的查处工作。

分析：

目前，直接针对食品乳化剂安全性事件尚未见报道，这主要是因为大多数乳化剂是动植物产品深加工产物，产品具有无毒、无害的特点。一般情况下，食品乳化剂出现安全性问题主要表现在乳化剂的超范围及超量使用上。特别是一些人工合成乳化剂超量使用对人体产生一定危害，如吐温80过量可能会引起人体的过敏反应，包括休克、呼吸困难、低血压、血管性水肿，风疹等过敏样反应症状。因此，GB 2760—2011对此类乳化剂的使用制定了严格的限量标准。另外，一些工业用乳化剂超范围应用于食品工业也会造成重大食品安全事故，如席卷全球的"塑化剂"事件。塑化剂(DEHP)是工业上被广泛使用的高分子材料助剂，在塑料加工中添加这种物质，可以使其柔韧性增强，容易加工，可用于工业化产品中。然而，这种化工原料塑化剂却以乳化剂的名义用作"食品添加剂"。这种塑化剂用在食品产品常用的"起云剂"中。"起云剂"是一种食品添加剂，也被称作乳化香精。它一般用在橙汁饮料等产品中，作用是增加饮料浊度、稳定饮料体系。它的主要成分包括阿拉伯胶、乳化剂、葵花油、棕榈油等。对这些成分的使用范围和在食品中的含量限定，国家有明确的规定。"起云剂"和塑化剂是完全不同的两种物质，不良企业用DEHP生产"起云剂"的主要原因是与添加棕榈油等制备而成的"起云剂"相比，添加DEHP的"起云剂"具有更加稳定、美观、成本低等特点。从严格的意义上讲，把化工原料作为食品添加剂来使用，并不应该是食品安全讨论的范畴，因为这种做法实际上就是在食品中投毒，是一种违法犯罪行为。

研究证实，塑化剂对男性生殖系统有毒害作用。其中，儿童更容易受到DEHP的危害，主要来自于它的类雌激素作用，可能引起男性内分泌紊乱，导致精子数量减少、生殖能力下降等。特别是尚在母亲体内的男性婴儿通过孕妇血液摄入DEHP，产生的危害更大。孕妇血液中的DEHP浓度越高，生产的男婴有越高的风险发生，阴茎变细、肛门与生殖器距离变短、隐睾症等症状。有研究发现，与DEHP或类似物质接触较多的人群中(如从事PVC塑料生产行业的人)，肿瘤、呼吸道疾病的发病率相对较高，其中的女性易发生月经紊乱和自然流产，男性的精子活性也受到了影响。

更严重的问题在于，如果一旦类似于塑化剂这种化工原料被乔装打扮，以食品添加剂的名义通过食品添加剂生产和销售的渠道堂而皇之地进入食品加工的生产和销售，那么，几乎所有的加工食品均有被污染的可能性，人们要想绝对不吃到这种增塑剂几乎是不可能的。DEHP在塑料中并非采用牢固的共价结合，比较容易从塑料中脱离，进入环境或人体中。研究认为，普通大众接触DEHP的途径主要是饮食，食物和水可以通过与塑料包装接触而吸收DEHP。2007年6月，欧盟曾在中国出口的食品中检出DEHP，其来源是瓶盖中软质垫圈污染了食品。此外，儿童将含有DEHP的塑料玩具放入口中也是一种产生危害的途径。我国生产的某些塑料玩具曾经多次被欧盟或美国退回，主要因为其中DEHP超标，而这些玩具对于尚处在发育期且喜欢咬玩具的孩子来说是有潜在危害的。

纠偏措施：

在食品中使用非食用物质是一种严重违法犯罪行为，政府部门应严厉追究使用非食用物质的相关食品企业和个人的刑事责任。食品生产加工企业应进一步强化食品安全意识和法律、法规、标准意识，严格执行《食品安全法》和《食品添加剂使用卫生标准》的规定，建立食品安全控制关键岗位责任制，在限定的范围和使用量内规范使用食品添加剂。相关部门将进一步扩大产品的监测范围，开展风险评估，加强监督检查。对非法添加邻苯二甲酸酯等非食用物质的单位和个人，一律追究刑事责任，吊销证照，并予以高额的经济处罚。

思考题

1. 什么是乳化剂？其作用机理是什么？
2. 解释 HLB 值及其与食品乳化剂亲水亲油性的关系。
3. 什么是乳状液？举例说明乳状液分类。
4. 简述乳状液的制备方法及其稳定性评价方法。
5. 举例说明乳化剂在食品工业中的作用。

参考文献

龚春晖. 2000. 分子蒸馏技术及其在油脂工业工业中的应用[J]. 西部粮油科技，25(6)：23 – 26.

何承云，林向阳. 2010. 乳化剂抗馒头老化效果的效果[J]. 农产品加工，5：20 – 26.

胡颖，李俊超，楚军政，等. 2011. 乙酸单甘酯在冰淇淋中应用的研究[J]. 食品工业科技，11：368 – 370.

刘颖. 2006. 功能性油脂分子蒸馏分离及其化学成分分析研究[D]. 天津：天津大学.

吕思伊，周荧光，黄行健，等. 2010. 复合乳化剂、酶制剂和亲水胶体对米发糕品质的影响[J]. 中国粮油学报，25：81 – 83.

吕心泉，闵健慧，安辛欣. 2003. 复配乳化稳定剂的研制及其在饮料中的应用[J]. 中国食品添加剂，25：81 – 83.

时宏，郭洪. 2000. 面向 21 世纪的分子蒸馏单甘酯工业 [J]. 中国食品添加剂，4：54 – 59.

唐民民，姜中航. 2007. 不同乳化剂对牛乳饮料稳定性影响的研究[J]. 乳业科学与技术，1：23 – 25.

滕月斐，丛琛，杨磊，等. 2011. 乳化剂影响新鲜及冷冻面团面包品质的研究[J]. 食品科技，7：130 – 134.

王庆利，彭健. 2006. 吐温 80 的安全性研究进展[J]. 毒理学杂志，4：262 – 264.

王伟兵. 2010. 乳化剂的选择及其对乳液聚合的作用[J]. 科技传播，4：141 – 142.

杨兴明，郭允奎，陆韩涛. 1993. 用分子蒸馏技术精制二聚酸的研究[J]. 广东化工，1：22 – 24.

姚黎成，陈洪龄. 2011. 聚甘油单硬脂酸酯乳化二甲基硅油及乳液表征[J]. 南京工业大学学报，33(4)：78 – 82.

曾凡逵，覃小丽，邵佩霞，等. 2010. 不饱和单甘酯在低脂冰淇淋中的应用[J]. 中国食品添加剂，1：169 – 173.

张大金，李汉君. 1992. 分子蒸馏单硬脂酸丙二醇酯的研制[J]. 广东化工，3：21 – 23.

张亮，徐宝财. 2007. 食品乳化剂的安全性及 JECFA 评价结果[J]. 精细与专用化学品，13：5 – 8.

张洋，彭喜洋，阮美娟. 2012. 植物蛋白饮料用复合乳化剂的研究[J]. 食品研究与开发，1：237 – 240.

张中义，孟令艳，史嘉良. 2011. 乳化剂改善无麸质面包焙烤特性的研究[J]. 食品工业，8：36 – 38.

赵亚男，黄龙，邹春雷，等. 2008. 几种乳化剂对软冰淇淋基料乳状液稳定性的影响[J]. 中国乳品工业，12：34 – 37.

AKHTAR M, DICKINSON E. 2003. Emulsifying properties of whey protein – dextran conjugates at low pH and different salt concentrations [J]. Colloids and Surfaces B – Biointerfaces, 31(1 – 4): 125 – 132.

AMINLARI M, RAMEZANI R, JADIDI F. 2005. Effect of Maillard – based conjugation with dextran on the functional properties of lysozyme and casein [J]. Journal of the Science of Food and Agriculture, 85: 2617 – 2624.

COMPTON D L, LASZLO J A, ELLER F J, et al. 2008. Purification of 1, 2 – diacylglycerols from vegetable oils: Comparison of molecular distillation and liquid CO_2 extraction [J]. Industrial Crops and Products, 28 (2): 113 – 121.

DICKINSON E. 2003. Hydrocolloids at interfaces and the influence on the properties of dispersed systems [J]. Food

Hydrocolloids, 17(1): 25 - 39.

DICKINSON E. 2008. Interfacial structure and stability of food emulsions as affected by protein - polysaccharide interactions [J]. Soft Matter, 4(5): 932 - 942.

DICKINSON E, GALAZKA Y B. 1991. Emulsion stabilization by ionic and covalent complexes of beta - lactoglobulin with polysaccharides [J]. Food Hydrocolloids, 5(3): 281 - 296.

EINHORN - STOLL U. 2005. Formation of milk protein - pectin conjugates with improved emulsifying properties by controlled dry heating [J]. Food Hydrocolloids, 19(2): 329 - 340.

FREGOLENTE L V. 2007. Effect of operating conditions on the concentration of monoglycerides using molecular distillation [J]. Chemical Engineering Research and Design, 85: 1524 - 1528.

FUKUDA T, MATSUURA H, KOIZUMI Y, et al. 1982. Emulsifier composition and quality improvement method of starch containing foods. US Patent: 4483880.

LIVNEY Y D. 2010. Milk proteins as vehicles for bioactives [J]. Current Opinion in Colloid & Interface Science, 15(1 - 2): 73 - 83.

McCLEMENTS J, LI Y. 2010. Structured emulsion - based delivery systems: Controlling the digestion and release of lipophilic food components [J]. Advances in Colloid and Interface Science, 159: 213 - 228.

MENDOZA M R, VILLAMIEL M, MOLINA E. 2006. Effects of heat treatment and high pressure on the subsequent lactosylation of β - lactoglobulin [J]. Food Chemistry, 99(4): 651 - 655.

PRABHASANKAR P, RAJIV J, INDRANI D, et al. 2004. Emulsifier composition for cakes and a method of making improved quality cakes thereof. US Patent: 7172784.

第12章 食品增稠剂

学习目标

了解增稠剂的定义、分类、性质、影响因素及其在食品中的作用，掌握常用增稠剂的特性、使用方法和应用技术，了解增稠剂的现状与发展趋势。

12.1 食品增稠剂概述

12.1.1 食品增稠剂定义

食品增稠剂通常指可以提高食品的黏稠度或形成凝胶，从而改变食品的物理性状，赋予食品黏润、适宜的口感，并兼有乳化、稳定或使呈悬浮状态作用的物质，又称为食品胶。它在食品中添加量较低，却能有效改善食品的品质和性能，是食品工业中一类重要的食品添加剂。

12.1.2 食品增稠剂分类

目前我国《食品添加剂使用标准》(GB 2760—2011)允许使用的增稠剂共58种，按结构、来源、属性有如下分类。

12.1.2.1 按结构分类

根据化学结构不同，增稠剂可以分为多糖类和多肽类两大类物质。食品工业中使用最多的是以天然多糖和多糖衍生物为主要成分的胶类物质。另一类就是以氨基酸为结构单元的多肽类物质，如明胶、酪蛋白酸钠。

12.1.2.2 按来源分类

根据来源可将增稠剂分为两大类，即天然食品增稠剂和合成食品增稠剂。

(1) 天然食品增稠剂

①植物性增稠剂　该类增稠剂可分为两种：第一种，由植物表皮渗出液制得的，多是由葡萄糖和其他单糖缩合而成的多糖衍生物，如阿拉伯胶、黄蓍胶、印度树胶、刺梧桐胶、桃胶等。第二种，由植物及其种子制取的，它们的水溶性多糖类似于植物渗出液，如种子胶中的瓜尔胶、槐豆胶、罗望子多糖胶、亚麻籽胶、田箐胶、决明子胶等；植物提取胶中的果胶、魔芋胶、黄蜀葵胶、阿拉伯半乳聚糖等。

②动物性增稠剂　该类增稠剂主要是由含蛋白质的动物原料或甲壳动物外壳制备得到的，如明胶、酪蛋白酸钠、甲壳质、壳聚糖等。

③微生物增稠剂　许多微生物在生长代谢过程中，在不同的外部环境下能够产生一定量的多糖。这些多糖通常可以分为细胞壁多糖、细胞内多糖和细胞外多糖。细胞壁多糖和细胞内多糖由于提取难度大，提取成本高，所以开发的品种比较少。目前，大规模应用于工业化生产的微生物增稠剂多为细胞外多糖，如黄原胶、结冷胶、凝结多糖等(张伟，2010)。

④酶处理增稠剂　如 β－环糊精、葡萄糖胺等。

(2) 合成食品增稠剂

合成食品增稠剂是以纤维素、淀粉为原料，在酸、碱、盐、酶等作用下，经过水解、缩合、提纯等工艺制备而成，如羧甲基纤维素钠(CMC－Na)、变性淀粉等。

12.1.2.3　按物质属性分类

按物质属性可将增稠剂分为水溶性高分子增稠剂、无机类增稠剂、纤维素衍生物增稠剂。

(1) 水溶性高分子增稠剂

此类增稠剂主要为亲水性的动植物胶体物质，它们分子结构中含有大量的亲水性基团，具有使用方便、稳定性好、价格便宜等优点。

(2) 无机类增稠剂

无机类增稠剂主要指二氧化硅，有熏硅和沉淀硅两种。此类增稠剂具有非常小的分子粒径，因此可提供非常大的表面积，容易在溶液中形成网状结构，从而产生增稠作用。

(3) 纤维素胶及其衍生物增稠剂

此类增调剂如羧甲基纤维素钠、羟乙基纤维素、甲壳素与壳聚糖、微晶纤维素等。

12.1.3　食品增稠剂作用

食品增稠剂分子中含有大量—OH、—COOH、—NH_2等亲水性基团，水合物体系可以成为黏稠的液体或凝胶，并具有一定的弹性。增稠剂的特殊性质使其在食品中具有重要作用，如增稠、稳定、胶凝、澄清、保水以及成膜保鲜等。

(1) 增稠和稳定作用

食品增稠剂都是水溶性高分子，溶于水后使体系黏度增加，使体系具有稠厚感。体系黏度增加后，体系中的分散相不容易聚集和凝聚，因而可以使分散体系稳定。增稠剂大多具有表面活性，可以吸附于分散相的表面，使分散相具有一定的亲水性而易于在水体系中分散。此外，增稠剂溶液在搅拌时可包含大量气体，并因液泡表面黏性而保持稳定，这对蛋糕、面包、啤酒、冰淇淋等产品的生产具有重要作用。

(2) 胶凝作用

有些增稠剂，如明胶、琼脂，它们的水溶液在加热条件下为黏稠流体；当温度降低时，溶液分子连接成网状结构，溶剂和其他分散介质全部包含在网状结构之中，整个体系形成了没有流动性的半固体，即凝胶。增稠剂较高的相对分子质量、大分子链间的交联与螯合以及大分子链的强烈溶剂化均有利于三维网络结构的形成，这些特性在很多食品中得到了应用，如果冻、奶冻、凝胶糖果等。有些离子型的水溶性高分子，如海藻酸钠，在有高价离子存在下可以形成凝胶，而与温度没有关系，这对于很多特色食品的加工均有益处。

此外，增稠剂凝胶这种松弛三维网络结构的存在使其易发生触变现象，这种现象特别有利于食用涂抹酱。这是因为剪切力可以破坏松弛的三维网络结构，使酱类变稀，但只要外力停止，经过一段时间，已经变稀的凝胶又可以形成凝胶。

(3) 保水作用

增稠剂能吸收几十倍乃至上百倍于自身质量的水分，并依靠其在食品中形成的三维结构很好地防止水分流失，同时对于抑制淀粉的老化也有促进作用。例如，在肉肠等产品中，添加槐豆胶、卡拉胶等增稠剂，经斩拌、搅拌等处理后，产品的组织结构更稳定、均匀、润滑，并且持水能力增强。

(4) 成膜、保鲜作用

在食品中添加明胶、琼脂、海藻酸钠等增稠剂，能在食品表面形成一层光滑均匀的薄膜，从而有效防止冷冻食品、粉末食品表面吸湿而影响食品质量。部分增稠剂对水果、蔬菜等食品具有保鲜作用，并使水果、蔬菜表面的光泽度提高。

(5) 凝聚澄清作用

增稠剂是高分子物质，在一定条件下，可以同时吸附于多种分散介质上使其凝聚，从而达到净化的目的。例如，在果汁中加入少量的明胶，就可以得到澄清的果汁。

(6) 控制结晶

增稠剂可以赋予食品以较高的黏度，从而使体系不易结晶或使结晶细小。

增稠剂除具有上述功能外，还有许多其他功能特性，表 12-1 中列举了几种常用增稠剂在食品中的功能特性及用途。

表 12-1　常用增稠剂在食品中的功能特性及用途

功能特性	增稠剂	用　途
胶黏、包覆、成膜	琼脂、槐豆胶、果胶、CMC、海藻酸钠	糕点糖衣、香肠、粉末香料及调味料、糖衣
膨松、膨化	阿拉伯胶、瓜尔胶	功能食品、肉制品
结晶控制	CMC、海藻酸钠	冰制品、糖浆
澄清作用	琼脂、CMC、海藻酸钠、瓜尔胶	啤酒、果酒、果汁
乳化作用	海藻酸丙二醇酯	蛋白类饮料、调味料、香精
凝胶	琼脂、果胶、海藻酸钠	布丁、果冻、肉冻
脱膜、润滑	CMC、阿拉伯胶	橡皮糖、糖衣、软糖
稳定、悬浮	果胶、瓜尔胶	饮料、啤酒、汽酒、奶油蛋黄酱
防缩剂	瓜尔胶	奶酪、冷冻食品
发泡剂	CMC、果胶	糕点、甜食

12.1.4　食品增稠剂结构与流变性

增稠剂的结构和流变性的关系是食品增稠剂应用的主要理论依据，影响增稠剂应用效果的因素很多，除与其结构和流变学特性有密切关系外，还受浓度、剪切力、pH 值及温度等影响。

12.1.4.1　分子结构及相对分子质量对增稠剂流变性的影响

对于增稠剂，随着其相对分子质量增加，形成网状结构的几率增加，因此黏度增大；而不同增稠剂的分子因它们的结构不同，即使在其他理化参数相同的条件下，它们的黏度也会有较大差别。相对分子质量相同的增稠剂，直链分子比支链分子的黏度大，例如相同分子质量的线性直链分子果胶比带有支链分子的阿拉伯胶的水溶液黏度高。

12.1.4.2　增稠剂流变性的影响因素

(1) 浓度对黏度的影响

食品增稠剂的黏度和浓度是密不可分的。一般来说，随着增稠剂浓度的增加，胶体的黏度也随之增高，但两者之间并不呈线性相关。多数增稠剂在较低的浓度时符合牛顿流体的特征，而在较高浓度时则呈现假塑性流体的特征。最特殊的食品增稠剂是阿拉伯胶，将其配成高达 50% 浓度的溶液，但仍呈牛顿流体特性。

(2) 剪切力对黏度的影响

一定浓度增稠剂的黏度随着搅拌、泵送等加工、输送方式的不同而变化。大多数非牛顿流体都是假塑性流体，这种流体在一定温度和压力下，剪切力 T 与剪切速率 $D = \mathrm{d}u/\mathrm{d}y$ 不成正比，用 Ostward 模型对其描述为：

$$T = K\left[\frac{\mathrm{d}u}{\mathrm{d}y}\right]^n = k\mathrm{d}^n$$

式中，T 为剪切力；K 为稠度系数，其值越大说明流体越黏稠，流动越困难；n 为流动度指数，$n<1$，其值反映了流体黏稠度随剪切速率的变化情况，对假塑性流体来说，n 值越小，说明其黏稠度随剪切速率的增大而下降得越快。如果将剪切力 T 与剪切速率 D 的比值称为表观黏度 η，它随 D 值的增大而减小，具体表现为黏度随剪切速率的不断增加而降低，即具有剪切稀化现象(Resch，2004)。例如，海藻酸钠具有剪切稀化特性，当受到咀嚼的剪切作用时，其表观黏度降低，用其做饮料的增稠剂，在饮用时没有明显的黏稠感，因此不会出现糊口感觉。

(3) pH 值对黏度的影响

增稠剂的黏度和稳定性与 pH 值关系极为密切。增稠剂在一定 pH 值条件下可能会发生降解或沉淀，如海藻酸钠在 pH 5～10 时黏度稳定，但当 pH<4.5 时发生酸催化水解，使体系黏度迅速降低；又如，明胶在等电点时因蛋白质沉淀而黏度最小。因此，海藻酸钠宜在低酸的食品(如豆奶)中使用，而在酸奶等酸度较高食品中，则宜选用侧链大、位阻大、不易发生水解的海藻酸丙二醇酯和黄原胶。

(4) 温度对黏度的影响

一般来说，在温度上升过程中，增稠剂分子运动的速率逐渐加快，聚集体由大变小，同时，随着吸收热量的增加，其体系结构被拆散，黏度降低；如温度每升高5～6℃，海藻酸钠溶液的黏度下降12%。在温度下降过程中，分子之间的作用力逐渐克服了分子动能，增稠剂黏度逐渐增大。

此外，一般高分子物质在主碳链上连接着不同的基团，其结构也具有热不稳定性，因此，在一定温度下发生热降解。例如，黄原胶在149℃发生热降解，瓜尔胶在80℃以上使其主链上的糖苷键断裂。热降解后溶液就失去了热可逆性，温度降低后黏度恢复也很慢。因此，在实际生产过程中，应尽量避免胶体溶液长时间高温加热。

(5)电解质与黏度的关系

食品胶体分子所含有的电荷及离子基团易与电解质发生作用，使溶液黏度及凝胶强度发生变化。

大部分水溶性聚合物在少量电解质存在的情况下黏度均有明显下降，卡拉胶、黄原胶等阴离子型食品胶表现最为明显，但当电解质超过一定浓度时，黏度变化趋于稳定。这可能是分子中电解质与阴离子键合而形成弱酸盐水溶液，该水溶液具有缓冲作用。当电解质作用于食品胶体时使其分子电荷及水化作用减弱，释放自由水，溶液的黏度及凝胶强度均下降。电解质对高分子溶液黏度及凝胶强度的影响与食品胶体的离子强度关系密切。一般低价金属盐，如钾、钠离子的盐比高价钙、镁离子的盐对黏度的影响小。

对于非离子型食品胶体，由于其分子结构中并不存在离子基团，所以它们受电解质的影响小，如瓜尔胶和槐豆胶对盐的耐受性很强。

(6)压力与黏度的关系

研究表明，采用高压对卡拉胶、琼脂、高甲氧基果胶、海藻酸钠、瓜尔胶和黄原胶进行处理后，卡拉胶和琼脂溶液的黏度显著增大；高甲氧基果胶、海藻酸钠和瓜尔胶溶液的黏度变化较小，黄原胶的黏度下降。

对于卡拉胶和琼脂，它们的相对分子质量较大，具有螺旋结构，而且分子中有极性的侧链基团，其分子在水溶液中呈一定的折叠卷曲状态，分子外形光滑，极性基团未充分暴露。经高压处理后，分子内的极性基团更多地暴露出来，分子表面的电荷增加，分子与分子之间、分子与溶剂之间的静电作用增强，从而使溶液的流动阻力增大；同时，分子表面电荷的增加使分子的溶剂化层增厚，导致分子进一步舒展扩张，因此溶液的黏度增大。由于卷曲的分子较伸展的分子具有更好的弹性，高压使溶液中的这些食品胶体的弹性下降。

对于高甲氧基果胶、海藻酸钠和瓜尔胶，它们的相对分子质量较小，分子呈直线型，在水溶液中分子具有较为伸展的结构，因此高压处理对这些胶体分子的影响较小，流变特性变化不大。

黄原胶的相对分子质量很大，分子具有螺旋结构，且有较长的支链。常温下，黄原胶的水溶液主要以多分子(亚基)缔合状态存在，少数以单分子状态存在，两种状态之间存在着动态平衡。高压的作用使得上述平衡向解离成单分子的方向移动，缔合分子减少，溶液黏度下降(李汴生，1999)。

12.2　食品增稠剂各论

12.2.1　动物来源的增稠剂

从动物原料中提取的食品增稠剂种类较少，主要有明胶、酪蛋白、酪蛋白酸钠、乳清蛋白、甲壳素和壳聚糖等。尽管动物源增稠剂的数量和地位远不及植物源增稠剂，但其在食品工业中的应用相当广泛，随着食品工业的快速发展，动物源增稠剂在食品中的作用会越来越突出(凌静，2008)。

(1)明胶(Gelatin，CNS 号：20.002，INS 号：428)

明胶又称白明胶，是动物的皮、骨、韧带等含的胶原蛋白经不可逆加热水解后得到的高分子多肽。白色或淡黄色、半透明、微带光泽的薄片或细粒，有特殊臭味；可溶于热水、乙酸和甘油、丙二醇等多元醇的水溶液，不溶于冷水、乙醇和其他有机溶剂，受潮后易被细菌分解；可吸收 5 ~ 10 倍的水，缓慢膨胀而软化，冷却后即凝结成胶块。由于生产时的水解方式不同，商品明胶可分为 A 型明胶(酸法明胶)和 B 型明胶(碱法明胶)。

明胶本身无毒，其 ADI 值无限制(FAO/WHO，1970)。

明胶在食品工业有重要应用价值。明胶营养丰富，含有除色氨酸之外的其他全部必需氨基酸，是生产特殊营养食品的重要原料；在冷饮制品，尤其是冰淇淋的冻结过程中，明胶所形成凝胶可以阻止冰晶增大，进而保持冰淇淋柔软、疏松和细腻的质构；传统糖果工业多用琼脂作胶凝剂，而利用明胶制作的糖果更富有弹性，易于咀嚼、消化，同时表面光滑，成品率高；明胶可以乳化肉酱和奶油汤的脂肪，并保持其原有特色。

明胶的使用范围和使用量见《食品添加剂使用标准》(GB 2760—2011)及增补公告。

(2)甲壳素(Chitin，CNS 号：20.018)

甲壳素又称几丁质、甲壳质、壳多糖，是由虾、蟹壳提取的含有氨基的多糖类物质，为白色无定形半透明物质，无味、无臭，可溶于浓盐酸、硫酸、磷酸和冰乙酸，不溶于水、稀酸、碱、醇及其他有机溶剂。

甲壳素是自然界中唯一带正电荷的天然高分子聚合物，其构造类似于纤维素，由 1 000 ~ 3 000 个 2 - 乙酰胺 - 2 - 脱氧葡萄糖聚合而成，属于直链氨基多糖，相对分子质量从几十万到几百万不等，理论含氮量 6.9%。

甲壳素为天然品，无毒，其 LD_{50} > 2 000mg/kg BW(小鼠，腹腔注射)，> 8 000mg/kg BW(小鼠，经口)，> 2 250mg/kg BW(大鼠，经口)(吴晴斋等，1995)；无遗传毒性及亚急性毒性。

甲壳素广泛应用于食品、医药和饲料等工业，能够改善食品的风味和食品结构形状，控制黏度，增加纤维含量等，可用于蛋黄酱、花生酱、芝麻酱、奶油代用品以及酸性奶油制品的增稠剂和稳定剂。由于甲壳素能阻止消化系统吸收胆固醇和三酰甘油，促进这些物质由体内排出，还可以应用于减肥、降血脂等保健食品中(董静，2011)。甲壳素还可以用作防腐剂和果蔬成膜保鲜材料等，对果蔬具有良好的保鲜作用(覃采芹等，2002)。

甲壳素的使用范围和使用量见《食品添加剂使用标准》(GB 2760—2011)及增补公告。

(3)脱乙酰甲壳素(Deacetylated chitin, CNS号: 20.026)

脱乙酰甲壳素又称壳聚糖(chitosan),是指脱乙酰度为50%~100%的甲壳素,为白色至淡黄色,鳞片状或非结晶性粉末状,无味、无臭,不溶于水,可溶于甲酸、乙酸、乳酸、苹果酸,不溶于磷酸、硫酸、中性或碱性溶液。

壳聚糖具有很好的生物降解性,容易从尿中排除,不会在体内产生蓄积效应(Onishi等,1999)。石玲等(2000)通过对小鼠的最大耐受量测定及大鼠的长期毒性研究,评价了壳聚糖的口服安全性,结果表明:长期口服壳聚糖,无明显毒副作用,使用安全。吴晴斋等(1995)选用6~15d的妊娠小鼠,研究了甲壳素的致畸作用,日剂量为225mg/kg、900mg/kg、3 600mg/kg,连续给药10d,无明显胚胎毒性和致畸作用。脱乙酰甲壳素为无毒物质,其 LD_{50} >10g/kg BW(小鼠,经口),无遗传毒性作用及亚急性毒性作用(程东等,2006)。

壳聚糖在实际应用过程中需注意黏度的变化,与许多因素均有关系:①壳聚糖的溶解过程是一种成盐过程。在溶液中,由壳聚糖生成的盐在接近中性时有最大黏度。当氢离子浓度增加,黏度随之降低,但降幅很小。②壳聚糖的水溶液与乙醇混合,少量的乙醇会使黏度降低。乙醇浓度增加到60%以上,有凝胶生成;当乙醇浓度超过80%,生成不易破坏的大块凝胶。③壳聚糖的水溶液当加入氯化钠时,黏度有不同程度的下降。壳聚糖溶液中加入1%氯化钠,可使黏度下降1/2。此外,当壳聚糖溶于酸溶液,用碱中和后,将从溶液中析出。为加速溶解,不形成凝块,应在高速搅拌下将壳聚糖缓缓加入水中。

脱乙酰甲壳素的使用范围和使用量见《食品添加剂使用标准》(GB 2760—2011)及增补公告。

12.2.2 植物与海藻来源的增稠剂

植物与海藻来源的增稠剂是由甘露糖、葡萄糖、半乳糖、阿拉伯糖、木糖等单糖及其相应的糖醛酸按一定比例组成的天然高分子,具有较好的黏性,能与水结合形成胶体溶液,相对分子质量介于5万~50万之间。该类增稠剂的共同特点是在低浓度下形成高黏度的水溶液,溶液呈假塑性流体特性。胶体溶液加热时可逆地稀化,达到一定温度后随时间不可逆地降解,溶液的表观黏度将随剪切力的增加而下降,然后趋于稳定并接近最低极限值。此外,作为天然多糖,它们还具有降血糖、降血脂、抗辐射、润肠减肥等特性。植物与海藻来源增稠剂的性能和应用与多种因素有关,如糖单元的组成、糖苷键的类型、主链的构型、支链、空间构型、取代基的种类及数量、相对分子质量、黏度等(蒋建新,2009)。

(1)阿拉伯胶(Arabic gum, CNS号: 20.008, INS号: 414)

阿拉伯胶是应用最为广泛的树胶,来源于豆科金合欢树属的树干渗出物,因此又名金合欢胶,为非洲特产。阿拉伯胶是由L-阿拉伯糖、L-鼠李糖、D-半乳糖和D-葡萄糖醛酸组成的多支链多糖,主链为短螺旋形状;为黄色至浅黄色半透明块状物,或白色至淡黄色粉末,无臭、无味,可溶于水,不溶于油和多数有机溶剂;可溶于乙醇水溶液,其中乙醇的浓度可达60%左右。阿拉伯胶溶液的最大黏度在pH 5.0~5.5,但pH 4.0~8.0对阿拉伯胶的性质影响不明显。此外,溶液中存在电解质时可降低其黏度,但柠檬酸钠能增加其黏度。阿拉伯胶溶液的黏度随时间的延长而降低,加入防腐剂可延缓黏度降低。阿拉伯胶是带负电荷的多糖，由于其支链多，同样的相对分子质量在空间所占据的水化体积较少，决定了阿拉伯胶的黏度比相同相对分子质量的其他线性大分子低。阿拉伯胶具有较高的溶解性及较低的溶液黏度，极易溶于冷热水中，50% 的水溶液仍具有流动性。

阿拉伯胶的安全性高，其 LD_{50} 为 16g/kg BW；其 ADI 值不作特殊规定（FAO/WHO，1972）。

阿拉伯胶分子结构上含有 2% 的蛋白质，这使得阿拉伯胶有非常良好的亲水亲油性，是一种优质的水包油型天然乳化稳定剂，具有良好的成膜特性，在食品工业中广泛用作增稠剂和乳化剂，可延长风味品质并防止氧化（Desplanques，2012）。阿拉伯胶能与大多数天然胶、蛋白质、糖和淀粉复配使用。

阿拉伯胶的使用范围和使用量见《食品添加剂使用标准》（GB 2760—2011）及增补公告。

（2）果胶（Pectins，CNS 号：20.006，INS 号：440）

果胶为非淀粉多糖，淡黄褐色至白色粉末，无臭，味微甜且略带酸味，在 20 倍水中溶解成黏稠液体，不溶于乙醇及其他有机溶剂，在食品工业中主要用作酸性条件下的胶凝剂和稳定剂。

天然果胶类物质一般分为 3 类：即原果胶、果胶和果胶酸。

①原果胶（propectin） 是与纤维素等细胞壁成分结合在一起的多聚半乳糖醛酸，相对分子质量比果胶酸和果胶高，甲酯化程度介于二者之间，不溶于水，在稀酸和原果胶酶的作用下转变为可溶性果胶。

②果胶（pectin） 存在细胞汁液中，是半乳糖醛酸酯及少量半乳糖醛酸通过 α-1,4-糖苷键连接而成的长链高分子化合物，分子量在 25 000~50 000 之间，可溶于水。

③果胶酸（pectic acid） 存在于细胞壁与细胞液中，是由约 100 个半乳糖醛酸通过 α-1,4-糖苷键连接而成的直链结构。果胶酸是水溶性的，易与钙作用生成果胶酸钙。

果胶根据酯化度的不同可分为高甲氧基果胶（HM）和低甲氧基果胶（LM）。果胶的性质及用途见表 12-2。

表 12-2 高甲氧基果胶和低甲氧基果胶的性质和用途

分类	类型	酯化度/%	凝胶化温度/℃	主要用途
高甲氧基果胶	速凝	72~80	80~95	果酱、果冻（充填时间短或凝胶温度高）、番茄酱、乳制品、果汁饮料等的稳定剂
	中凝	65~72	70~80	果酱、果冻（凝胶时间中，适于连续加工）、果汁乳饮料或果汁饮料等的稳定剂
	慢凝	54~56	60~65	果酱、果冻（填充时间长或凝胶化温度低）、蛋糕乳脂、蛋白乳液等的稳定剂
低甲氧基果胶	酸脱酯型	20~40	热可逆性	低糖果酱、含乳果冻、番茄酱、布丁、蛋糕、乳制品、甜点酱、冰果等的稳定剂
	碱脱酯型	20~40	热可逆性	低糖果酱、热可逆性面包果酱、各种果冻、巧克力浆等的稳定剂

果胶在食品中应用广泛，在酸性食品中比在碱性食品中稳定。高甲氧基果胶主要用于带酸味的果酱、果冻、果胶软糖、糖果心以及乳酸菌饮料的增稠剂。在含乳饮料中添加高甲氧基果胶，能有效地稳定制品并改善产品风味，对酸乳效果尤为明显。低甲氧基果胶主要用于一般的或低酸味的果酱、果冻、凝胶软糖以及用于冷冻甜食、色拉调味酱、冰淇淋、酸奶等的增稠剂。

果胶天然无毒，其 ADI 值无限制(FAO/WHO，1973)，美国 FDA 将其列为 GRAS 物质。

果胶的使用范围和使用量见《食品添加剂使用标准》(GB 2760—2011)及增补公告。

(3)亚麻籽胶(Linseed gum，CNS 号：20.020)

亚麻籽胶又称富兰克胶，来源于亚麻籽胚芽，黄色颗粒或米黄色至白色粉末，稍有甜香味，具有较好的溶解性，缓慢吸水后形成一种具有较低黏度的分散体系，当浓度低于 0.1% 时，能够完全溶解，溶解度高于槐豆胶，但低于阿拉伯胶。亚麻籽胶由酸性多糖和中性多糖组成，其中，鼠李糖是酸性多糖的主要成分，葡萄糖是中性多糖的主要成分，此外还有木糖、半乳糖、阿拉伯糖和岩藻糖等。

亚麻籽胶具有较高黏度、较强的水合能力，并具有形成热可逆冷凝胶的特性，因此其在食品工业中可替代大多数的非胶凝性亲水胶体，与其他亲水胶体相比价格低廉。亚麻籽胶胶凝点低于其凝胶的熔化点，且胶凝点及凝胶的熔化点均随冷却起始温度的上升而提高。亚麻籽胶浓度、溶解温度、pH 值、氧化钠、氯化钙及复合磷酸盐等均能影响亚麻籽胶的凝胶强度，凝胶强度随着浓度的增加及溶解温度的升高而增强；在 pH 6.0 ~ 9.0 的范围内，凝胶强度最大，氯化钠和复合磷酸盐可以降低亚麻籽胶的凝胶强度，低浓度($<0.3\%$)的氯化钙可以增强亚麻籽胶的凝胶强度，而高浓度($>0.3\%$)的氯化钙降低亚麻籽胶的凝胶强度(陈海华等，2006)。

亚麻籽胶的 $LD_{50}>15g/kg$ BW(大鼠，经口)。

亚麻籽胶添加到肉制品中，能减少蒸煮过程中脂肪和肉类风味的损失，孙晓东等(2003)研究发现：在肉制品加工后期加入亚麻籽胶，能够增强肉制品弹性，提高复水性，增加咀嚼感。亚麻籽胶具有良好的保湿作用和持水性，能够较好地改善冰淇淋浆料的黏度，而且由于它具有良好的乳化性，能够使冰淇淋口感细腻。胡国华等(2003)研究发现：当亚麻籽胶的添加量为 0.1% 以上时，冰淇淋的口感最好，而且加入亚麻籽胶还能避免粗大冰晶的生成。此外，由于亚麻籽胶和其他食用胶具有良好的相容性，因此，可广泛应用于各类食品加工，如亚麻籽胶与其他水溶性胶以一定比例复配应用于果冻制作，使果冻的凝胶强度、弹性、持水性得到明显的改善，解决了单一使用琼脂、明胶、果胶等制作果冻时容易出现的凝胶强而脆、弹性差、脱水严重等问题(刘丽娜，2005)。

亚麻籽胶的使用范围和使用量见《食品添加剂使用标准》(GB 2760—2011)及增补公告。

(4)槐豆胶(Carob bean gum，CNS 号：20.023，INS 号：410)

槐豆胶又名刺槐豆胶，是刺槐种子的胚乳经焙烤、热水提取、浓缩、干燥、粉碎制成。槐豆胶的主链由甘露糖构成，支链是半乳糖，甘露糖与半乳糖的比例为 4∶1，能分散在热水或冷水中形成溶胶。

槐豆胶可与单宁酸、乙酸铝、季铵盐和其他多价电解质生成溶解度很小的沉淀物，或者形成不稳定的凝胶；与黄原胶、琼脂、κ-卡拉胶、瓜尔胶等相互作用，可提高其黏度或凝胶强度，但在形成凝胶之前，两种胶均应先溶解，然后加温至85℃，调节各种胶的相互配比，便可制成不同强度的凝胶；与λ－卡拉胶和ι－卡拉胶无协同作用。

槐豆胶 $LD_{50}>13g/kg$ BW（大鼠，经口）；其ADI值不作特殊规定（FAO/WHO，1981）。

在食品工业中，槐豆胶常与其他食用胶复配用作增稠剂、水分保持剂、黏合剂及胶凝剂等。槐豆胶的使用范围和使用量见《食品添加剂使用标准》（GB 2760—2011）及增补公告。

（5）罗望子多糖胶（Tamarind polysaccharide gum，CNS号：20.011）

罗望子多糖胶又称罗望子多糖（tamarind seed polysaccharide，简称TSP）或罗望子胶（tamarind gum），是由罗望子属植物的种子胚乳部分经干燥、粉碎后，用热水提取，过滤除去半纤维素、果胶等非结晶成分后，精制、减压浓缩、干燥、粉碎而成。罗望子多糖无臭、无味，为乳白色或淡米黄色粉末，随着胶纯度降低，制品的颜色逐渐加深；易结块，不溶于冷水，但能在冷水中分散；溶于热水，不溶于大多数有机溶剂和硫酸铵、硫酸钠等盐溶液；本身不带电荷，属于中性植物性增稠剂；主要由D－半乳糖、D－木糖、D－葡萄糖按1∶3∶4的比例组成，同时含有少量游离的L－阿拉伯糖。

罗望子多糖胶溶液浓度小于2%时，黏度几乎不随剪切速率的变化而改变，表现出牛顿流体特性，是多糖类增稠剂中为数较少的具有牛顿流体性质的胶体；浓度大于2%时，其黏度随剪切速率的增加略有下降，表现为非牛顿流体的性质，即具有剪切变稀的触变性和假塑性。

罗望子多糖胶溶液的黏度在pH 2～11范围内能保持稳定，特别是在pH 2～8；且不受钠盐、钙盐或铁盐的影响；但随着糖含量的增加，其黏度有明显上升趋势。蔗糖对凝胶强度有影响，当糖浓度增加至40%，胶体出现凝胶现象；当蔗糖浓度达到50%～55%时，形成的凝胶强度最高，超出这一范围，凝胶强度明显下降。罗望子多糖胶具有良好的冻融稳定性，经－22℃冷冻，即使是冷冻时间长达6d，解冻后其黏度与冻结前无变化。

罗望子多糖胶的 LD_{50} 为9.26g/kg BW（大鼠，经口）。

罗望子多糖胶与其他胶体无协同和拮抗效应，即与其他胶体合用时只能体现各自胶体的特性，具有良好的相容性。因此，使用罗望子多糖胶时，不需考虑对其他胶体的影响。

罗望子多糖胶在食品工业中可用作增稠剂、凝胶剂、品质改良剂等，罗望子多糖胶的使用范围和使用量见《食品添加剂使用标准》（GB 2760—2011）及增补公告。

（6）刺云实胶（tara gum，CNS号：20.041，INS号：417）

刺云实胶也称刺云豆胶（peru-viancarob），来源于秘鲁的灌木，由豆科的刺云实（caesalpinia spinosa）种子的胚乳经研磨加工而成，加工方式与其他豆胶相似。刺云实胶为黄白色至白色粉末，无臭，溶于水，不溶于乙醇；含有80%～84%的多糖，3%～4%的蛋白质，1%的灰分及部分粗纤维、脂肪和水，在pH＞4.5时，刺云实胶的性质非常稳定。刺云实胶主要是由直链（1→4）－β－D－吡喃型甘露糖单元与α－D－吡喃型半乳糖单元以（1→6）糖苷键构成，甘露糖与半乳糖的比值为3∶1，这种结构决定了其在低浓度时表现相当高的黏度。刺云实胶在冷水中具有良好的溶解性，在25℃时具有良好的黏度，45℃时能够完全溶于水，形成半透明溶液。

刺云实胶ADI值不作特殊规定（FAO/WHO，1986），美国FDA将刺云实胶列为GRAS物质。

刺云实胶分子结构中半乳糖甘露糖链上没有支链的区域(半乳糖单元)能与双螺旋结构(如卡拉胶、黄原胶等)的亲水胶体以氢键形式稳定共价结构，所形成空间网络结构对冷饮产品的稳定起重要作用。但是刺云实胶－卡拉胶或刺云实胶－黄原胶形成的结构较软、奶油感更强些、更富弹性，槐豆胶－卡拉胶或槐豆胶－黄原胶形成的结构较硬。

刺云实胶的使用范围和使用量见《食品添加剂使用标准》(GB 2760—2011)及增补公告。

(7)琼脂(Agar，CNS号：20.001，INS号：406)

琼脂又名琼胶、冻粉、洋菜，是从石花菜、江蓠、紫菜等红藻中提取的多糖类胶质，是目前世界上用途最广泛的海藻胶之一；主要由聚半乳糖苷组成，不溶于冷水，但能缓慢吸水、膨胀软化，可吸收自身质量20多倍的水；依制法不同，可有条状、片状、粒状和粉状等产品。

琼脂凝胶是热可逆性凝胶，凝胶加热时融化，冷置后凝固。琼脂溶液的凝固点一般在32～43℃，融点在75～90℃。这种融点远高于凝固点的特性为琼脂特有，称为"滞后现象"，琼脂的许多应用特性就体现在它的这种滞后性上。琼脂浓度在1%以下不能形成凝胶，在1%～2%范围内变化将直接影响凝胶的强度，1.5%的琼脂溶胶在32～39℃可以形成坚实而有弹性的凝胶，在85℃时也不融化。琼脂的低浓度凝胶和低胶凝温度特性使其在食品工业中具有独特的作用。

琼脂的LD_{50}为16g/kg BW(小鼠，经口)。

琼脂可使饮料中颗粒悬浮均匀，悬浮时间及保质期长，其他增稠剂无法替代；在凝胶糖果中，琼脂与葡萄糖、白砂糖等制得的软糖具有良好的透明度及口感；在肉类罐头、肉制品中，琼脂所形成的凝胶可有效黏合碎肉，增加汁液黏度，延缓晶体析出；在八宝粥、银耳燕窝、羹类食品中常用琼脂作为增稠剂、稳定剂；在冻胶布丁中用琼脂和精制的半乳甘露聚糖，可制得透明的强弹性凝胶；用于冷冻食品能改善冰淇淋的组织状态，并提高凝结能力。

琼脂的使用范围和使用量见《食品添加剂使用标准》(GB 2760—2011)及增补公告。

(8)卡拉胶(Carrageenan，CNS号：20.007，INS号：407)

卡拉胶又名鹿角藻胶、角叉胶，是世界三大海藻胶工业产品(琼脂、卡拉胶、海藻酸钠)之一，由红海藻提取制得，其化学结构是由D－半乳糖和3,6－脱水－D－半乳糖所组成的线性多糖。食品级卡拉胶呈淡黄褐色至白色、表面皱缩、微有光泽、半透明片状或粉末状，无臭或有微臭味，口感黏滑，在冷水中膨胀，可溶于60℃以上的热水而形成透明或轻微乳白色的黏性溶液，不溶于有机溶剂。卡拉胶又分κ－卡拉胶、ι－卡拉胶和λ－卡拉胶等7种异构体，κ－卡拉胶、ι－卡拉胶易溶于热水，λ－卡拉胶可溶于冷水，成半透明胶体溶液，但它们均不溶于有机溶剂。

卡拉胶的凝固点、熔点、亲水性高低与海藻的种类、制造方法和测定时的条件有关，λ－卡拉胶大部分能溶解于冷牛奶中，并增加其黏度，但κ－卡拉胶和ι－卡拉胶在冷牛奶中难溶解或不溶。粉状卡拉胶在中性和碱性溶液中很稳定，但在酸性溶液中，尤其是在$pH < 4$时较易水解，造成凝胶强度和黏度下降；只有κ－卡拉胶、ι－卡拉胶水溶液能形成凝胶，凝固性随钾、钙、铵浓度提高而增强。

卡拉胶的LD_{50}为5.1～6.2g/kg BW(大鼠，经口)；其ADI值不作特殊规定(FAO/WHO，2001)，美国FDA将其列为GRAS物质。

卡拉胶可与多种胶复配，复配对卡拉胶的凝固性有影响，黄原胶可使之更柔软、更黏稠、更有弹性。κ－卡拉胶与魔芋胶相互作用形成一种具有弹性的热可逆凝胶，加入槐豆胶可显著提高黏度和弹性；玉米和小麦淀粉可提高其凝胶强度，马铃薯淀粉与木薯淀粉对它的凝胶强度无显著影响，羧甲基淀粉可降低其凝胶强度。

卡拉胶能够提高肉制品的持水性，从而改善制品的质构、切割性、冷冻融化及稳定性。例如，卡拉胶用于火腿及火腿肠，能起到凝胶、乳化、保水、增强弹性的作用，并且由于其能够与蛋白质络合，因此可提供相当好的组织结构，使产品具有细腻、切片良好、弹性好、嫩滑爽口等性能，从而提高了产品质量，降低了成本，是制作优质火腿理想的增稠剂（王敏，2004）。

啤酒工业利用卡拉胶（κ－卡拉胶:ι－卡拉胶 ＝ 9:1）与蛋白质反应的特性沉淀大麦蛋白质，提高啤酒澄清度；用于乳制品，防止牛奶凝沉；用于冷冻发泡食品，有稳定泡沫、防止产生脂肪分离的作用；用于婴儿配方植物蛋白食品，可防止脂肪和乳浆分离；在番茄调味剂中作赋型剂，使产品具有光泽；在罐装风味小食品中，起凝胶和稳定脂肪作用。

卡拉胶的使用范围和使用量见《食品添加剂使用标准》（GB 2760—2011）及增补公告。

（9）海藻酸钠（Sodium alginate，CNS 号：20.004，INS 号：401）

海藻酸钠又名藻酸钠、藻朊酸钠、海带胶、褐藻胶，从海藻中提取所得，浅黄色至白色纤维状或颗粒状粉末，无臭、无味，溶于水成黏稠状胶体溶液，不溶于乙醚、乙醇及氯仿。

海藻酸易与金属离子结合，在海藻酸的金属盐中，除了 Na^+、K^+、Mg^{2+}、NH_4^+ 盐能溶于水外，其他金属盐均不溶于水。利用此性质，将海藻酸钠的胶体溶液与钙离子反应时，可形成海藻酸钙凝胶，所以，在使用海藻酸钠时，应注意所用水和工具不能含有钙离子，否则使海藻酸钠凝胶化。海藻酸钠一般不宜在酸性较大的果汁或食品中应用。

海藻酸钠的 LD_{50} 为 0.1g/kg BW（大鼠静脉注射）；其 ADI 值不作特殊规定（以海藻酸计，FAO/WHO，1992）。

海藻酸钠在食品中应用广泛，可用作果酱的赋形剂；在饮料及肉汁中使用可起到良好的增稠作用；在冰淇淋中添加可有助于冰淇淋保持气泡，防止冰晶生长，使品质柔软细腻，并具有抗融化特性；制造馅类可赋予黏结性，使吸附于稳定剂的水分难以形成冰晶。此外，海藻酸钠还可防止淀粉老化。

海藻酸钠的使用范围和使用量见《食品添加剂使用标准》（GB 2760—2011）及增补公告。

12.2.3　微生物来源的增稠剂

微生物来源的增稠剂也称作微生物代谢胶，可以分为三大类：细胞壁多糖、细胞内多糖和细胞外多糖。细胞壁多糖和细胞内多糖由于提取难度大、成本高，开发的品种比较少，大规模应用于工业化生产的微生物代谢胶是细胞外多糖。

（1）黄原胶（Xanthan gum，CNS 号：20.009，INS 号：415）

黄原胶又称汉生胶、黄杆菌胶、黄丹胞多糖等，淡黄色或白色粉末，可溶于水，不溶于大多数有机溶剂，相对分子质量 5×10^6 ~ 50×10^6，通过微生物发酵（黄单胞菌培养）提取纯化制成，常温下易溶于水形成半透明的黏稠液。黄原胶是一种阴离子杂多糖，其分子骨架为β－1,4 葡萄糖连接而成的直链纤维素分子，并且每隔一个葡萄糖单元都在 C_3 上连接一个二糖侧链，侧链主要由葡萄糖醛酸、甘露糖、鼠李糖等组成。主链和侧链间通过氢键形成双螺旋和多重螺旋结构。黄原胶的侧链基团对黄原胶的性能有很大的影响，在水溶液中可以形成类似棒状或双螺旋缔合体，在高温、离子强度很低时或高剪切速率下，分子结构由棒状变成无规则线团状，这种不同构象的变化是可逆的(Camesano，2001)。

黄原胶具有许多优良特性：

①良好的亲水性　能够在各种极性介质(冷水、热水、多种酸性溶液、碱性溶液和盐溶液)中快速溶解，无需搅拌。

②良好的增稠性　在相同浓度、温度条件下，黄原胶水溶液的黏度是瓜尔胶的1.7倍，海藻酸钠的3~5倍。

③属假塑性流体　黄原胶溶液是一种典型的假塑性流体，其黏度随剪切速率的增加而迅速下降，当剪切速率减弱时，黏度又迅速上升。黄原胶在低剪切下高黏度特性使其呈现良好的悬浮、黏附和稳定的功能，在中高剪切力下黏度迅速降低，使其具有良好的喷涂性能(Lijima，2007)。

④良好的热稳定性　在0~100℃的范围内，其溶胶黏度基本不变。1%的黄原胶溶液加热到120℃，黏度仅下降3%，在180℃处理4min，黏度仍能保持其原始黏度的80%。所以，黄原胶在饮料加工过程中，采用121℃的高温杀菌基本不会影响其黏度。

⑤对酸、碱稳定性良好　黄原胶溶液黏度在pH 5~10基本保持不变。在pH <4.0或pH >11的条件下，黏度略微下降。

⑥对无机盐具有良好的稳定性　在15% KCl、15% NaCl、10% $CaCl_2$、5% Na_2SO_4等盐溶液中长期存放黄原胶溶液，其黏度基本不变，一定量的铝盐还可以显著提高其黏度(邵金良等，2005)。

黄原胶借助于水相的稠化作用，提高油相和水相的相溶性，使油脂乳化，因此可在许多食品、饮料中用作稳定剂。在植物蛋白饮料，如花生蛋白饮料的加工中，选用适量的黄原胶与其他增稠剂协同作用，可减少乳化剂的用量，产品更加稳定(邵金良等，2005)。赵正涛等(2009)通过电镜观察，认为黄原胶对酸乳作用的机理是通过其大分子的空间位垒效应干扰酪蛋白发生凝集的方式，导致酪蛋白胶束结构散乱，从而降低乳凝胶的表观黏度和剪切应力。黄原胶可作为保水剂用于各种肉制品加工，能显著增强肉制品的持水性，延长货架期，抑制淀粉回生，提高嫩度、色泽和风味，从而提高出品率(方红美，2008)。李龙伟等(2009)将黄原胶与卡拉胶1∶10复配用于果冻加工，产品色泽均匀、半透明、组织状态良好、口感细腻、酸甜适宜。

黄原胶的ADI值不作特殊规定(FAO/WHO，1986)。

黄原胶的使用范围和使用量见《食品添加剂使用标准》(GB 2760—2011)及增补公告。

(2)结冷胶(Gellan gum，CNS号：20.027，INS号：418)

结冷胶干粉呈米黄色，无特殊气味，不溶于非极性有机溶剂，溶于热水，水溶液呈中性。结冷胶耐热、耐酸性能良好，对酶的稳定性高。

结冷胶有天然高乙酰结冷胶和低乙酰结冷胶两种形式，它们的基本结构均为一条主链，由重复的四糖单元构成，参与形成主链的单糖有D－葡萄糖、D－葡萄糖醛酸、D－葡萄糖及L－鼠李糖。天然结冷胶在第一个葡萄糖基的C_3位置有一个甘油酯基，C_6位置有一个乙酰基。酰基易在高温条件下被碱脱除，从而得到低酰基型的结冷胶。天然高酰基结冷胶所形成的凝胶柔软、富有弹性，不具有脆性，与黄原胶和槐豆胶的性能相似；而低酰基结冷胶凝胶能力强，具有强度高，易脆裂的特点，与卡拉胶和琼脂的特性相似（胡桂萍，2011）。目前，低乙酰基结冷胶在食品工业中的应用更为广泛，所以在一般情况下，结冷胶即指低酰基产品（许怀远，2009）。

结冷胶的主要特性体现在以下几个方面：

①胶凝浓度低、凝胶强度高和融点、凝固点的可控性　结冷胶在极低的浓度下，不需加热或稍微加热即可形成凝胶。若有金属离子存在，则二价阳离子的加入形成凝胶所需结冷胶的量较之一价阳离子更少，凝胶强度更高（Matsukawa，1999）。

②良好的稳定性和耐酸、碱、酶性　结冷胶在pH 2～10范围稳定，凝胶强度在pH 4～7时较强，与天然食物的pH范围一致（Ashtaputre，1995），Kang等（1981）在结冷胶溶液中加入了几种不同来源和不同作用的酶，如纤维素酶、果胶酶、脂肪酶、木瓜蛋白酶等对结冷胶的稳定性进行研究，结果表明：这些酶均未对结冷胶溶液黏度及凝胶强度产生影响。结冷胶的热稳定性高，在压力为0.11MPa条件下，以15min为一个周期对结冷凝胶进行热处理，凝胶即使处理6个周期，其强度仍保持在50%左右。

③使用简便，溶液透明　结冷胶不溶于冷水，但可分散在水溶液中，在加热条件下即可溶解形成均一透明的溶液，冷却后可形成坚实的凝胶，即使在糖浓度达15%时，溶液依然高度透明。

④温度滞后性　结冷胶具有显著的温度滞后性，胶凝温度明显低于凝胶的融化温度。戴琳等（2009）通过荧光光谱跟踪研究结冷胶水溶液凝胶转变，结果表明：结冷胶水溶液小于30℃时表现为黏弹性流体，大于30℃时才逐渐呈现出黏弹性固体的特征。结冷胶的温度滞后性在实际应用中具有重要意义。例如，有些制品要求在加工过程中凝胶后再融化，而其他制品要求在热处理过程中凝胶结构保持稳定。

⑤流变性和假塑性　结冷胶溶液是一种典型的假塑性流体，其水溶液的黏度随剪切速率的增加而明显降低，随剪切速率的减弱而恢复（成坚，2006；Tako，2009）。

在食品工业中，结冷胶可作为优良的凝胶剂，赋予食品令人愉悦质地和口感。苏德福等（2010）采用谷氨酰胺转氨酶（TG酶）和结冷胶替代磷酸盐用于提高鱼丸的凝胶强度，结果表明：谷氨酰胺转氨酶添加量为0.4%，结冷胶添加量为0.5%，产品的凝胶强度为使用磷酸盐的1.9倍。用于中华面、燕麦面和切面等面制品时，具有增强面条硬度、弹性、黏度，改善口感，抑制热水溶胀，减少断条和减轻汤汁浑浊等作用（Harris，1985）。胡国华等（2001）比较研究了琼脂、低酯果胶、卡拉胶、结冷胶、海藻酸钠、黄原胶、魔芋粉和明胶等增稠剂分别应用于悬浮饮料中效果，结果表明：饮料悬浮性、透明度和流动性均以结冷胶作为悬浮剂最好。Lin等（2003）在脱脂法兰克福香肠中加入一定量的魔芋胶和结冷胶的复合物，利用此复合物代替被脱去的脂肪，发现香肠的质构、风味和货架期都明显改善，品质与未脱脂的香肠接近。

结冷胶的LD_{50} >5g/kg BW（大鼠，经口）；其ADI值不作特殊规定（FAO/WHO，1990）。结冷胶的使用范围和使用量见《食品添加剂使用标准》（GB 2760—2011）及增补公告。

（3）β－环状糊精（β－Cyclodextrin，CNS号：20.024，INS号：459）

β－环糊精是由浸麻类芽孢杆菌（*Paenibacillus macerance*）所产生的环状糊精糖苷转移酶

与淀粉作用生成的，由 7 个葡萄糖残基、以 β－1,4 糖苷键结合构成的环状结构的低聚糖（由 6 个和 8 个葡萄糖残基构成环状者，分别称为 α－环糊精和γ－环糊精）；白色结晶性粉末，无臭、微甜。β－环糊精的熔点 300～305℃，内径 0.7～0.8nm，在水中的溶解度随温度的上升而增加，但溶解性能较之另外两种环糊精差，不溶于甲醇，在碱性溶液中稳定，遇酸缓慢水解，遇碘呈黄色反应。

β－环糊精的 LD_{50} >5g/kg BW（大鼠，经口）；其 ADI 值为 0～5mg/kg BW（FAO/WHO，1995）。

β－环糊精为环状结构，内部呈疏水性，外部呈亲水性，这种结构特征使其具有嵌入各种有机物，形成稳定络合物的独特功能，在食品工业中能与许多活性成分形成包合物，以达到稳定活性成分、减少氧化、钝化光敏性及热敏性和降低挥发性等目的。孙新虎等（2002）将 β－环糊精加入 50℃水中制成饱和溶液后对番茄红素进行包埋，包埋后番茄红素的水溶性和稳定性显著提高，其对光、热、氧的稳定性明显改善。葛艳蕊等（2004）以 β－环糊精为壁材制备玫瑰香精微胶囊，研究表明：当 β－环糊精与玫瑰香精质量比为 10∶3，包埋温度为 50℃时，β－环糊精的质量分数为 15%，体系 pH 值为 7 时，经沉淀、分离、干燥后得固体微胶囊香精，减少了香精与外界环境的接触，使其具有缓释效果，提高了稳定性，延长了保质期。朱卫红等（2006）将薄荷油利用 β－环糊精微胶囊化后加入曲奇饼干，其薄荷风味明显高于直接添加薄荷油的饼干。

热加工制得的脱水蔬菜通常色泽较差、复原率低，用 β－环糊精预处理蔬菜能显著提高其复原率。藕片经 β－环糊精、白糖、食盐的混合液浸泡后，干制藕片的褐变被抑制，感官品质提高，随 β－环糊精浓度的增加，藕片变形、皱缩程度减弱，透明感增强。β－环糊精浓度小于 10% 时，对复水性影响不大，大于 10% 时，干制藕片的复水率则有明显提高（李洁等，2007）。

β－环糊精的使用范围和使用量见《食品添加剂使用标准》（GB 2760—2011）及增补公告。

（4）普鲁兰多糖（Pullulan，CNS 号：14.011，INS 号：1204）

普鲁兰多糖，又名短梗霉多糖，是由出芽短梗霉（*Aureobasidium pullulans*）合成的一种大分子中性多糖，白色非结晶性粉末，无臭，易溶于水和二甲基甲酰胺，水溶液呈中性（Catley，1986）；化学结构是以 α－1,6－糖苷键连接的聚麦芽三糖，即葡萄糖按 α－1,4－糖苷键结合成麦芽三糖，两端再以 α－1,6－糖苷键与另外两个麦芽三糖结合，如此反复连接而形成的，而且 α－1,4－糖苷键同 α－1,6－糖苷键的比例为 2∶1（Leathers，2003）。

普鲁兰多糖具有许多优良特性：

①较强的稳定性　普鲁兰多糖作为中性多糖，其黏度在常温下受 pH 值影响小，只有在 pH 3 以下或 pH 11 以上才会慢慢水解。粉末状的普鲁兰多糖热稳定性与淀粉相同，加热不熔化，250℃以上迅速分解炭化，但与其他高分子材料不同，其并不产生有毒气体。

②黏度低，黏结能力强　普鲁兰多糖分子为线性多糖，其水溶液黏度远低于其他多糖，如 1.5% 的黄原胶和海藻酸钠水溶液的黏度是普鲁兰多糖溶液的 1 000 倍以上，溶液黏度随平均相对分子质量和浓度的增加而增加。虽然其水溶液黏度较低，但黏结能力强。

③好的成膜性　5%～10% 的普鲁兰多糖溶液可以制成厚度仅 10μm 的薄膜，无色透明、无臭、无毒，具有良好的韧性和抗油性，与其他高分子薄膜相比透气性能低，氧、氮、二氧

化碳等气体几乎不能通过，广泛应用于农产品如水果、蔬菜、鸡蛋等的保鲜(付湘晋，2005)。

急性、亚慢性和慢性试验表明，普鲁兰多糖不引起任何生物学毒性和异常状态，用于食品和医药工业安全可靠(Kimoto，1997)。通过小鼠骨髓细胞染色体畸变试验、小鼠骨髓细胞微核试验、小鼠精子畸形试验，普鲁兰多糖未显示致突变性(王京滨，2006)。普鲁兰多糖的 $LD_{50} > 14g/kg$ BW(大鼠，经口)；其 ADI 值不作特殊规定(FAO/WHO，2005)。

周文化等(2005)对芒果进行涂膜，在 28℃，相对湿度 85% ~90% 的条件下进行贮藏，观察芒果的外部感官品质的变化，测定芒果果实贮藏期间的硬度、酸度、叶绿素含量、可溶性固形物的含量、相对电导率等生理生化指标以及涂膜前后质构的变化，结果表明：经 3% 普鲁兰多糖溶液涂膜的芒果在贮藏 18d 后，果实感官品质和生理指标均好于未处理组。Diab 等(2001)使用普鲁兰多糖、山梨醇和蔗糖脂肪酸酯混合液对草莓和猕猴桃进行涂膜保鲜试验，结果发现：涂膜前后水果品质差异较大，经涂膜后的水果不仅能够保持新鲜水果的颜色，减少质量损失，而且能够抑制微生物的污染，延长果实货架期。刘谋泉等(2009)以普鲁兰多糖和果胶复配凝胶成型制作维生素 C 营养软糖，与未添加复配胶的软糖相比，糖体饱满，韧性良好，质感润滑，香气浓郁，同时能够减少维生素 C 的损失。

低相对分子质量的普鲁兰多糖虽然不能直接影响血糖的浓度，但可以降低胰岛素浓度，并使之保持在稳定状态，进而影响血糖的浓度(Spears，2005)。此外，普鲁兰多糖还能够能促进肠道内双歧杆菌的生长，维持肠道微生物菌群的平衡(Stewart，2010)。

普鲁兰多糖的使用范围和使用量见《食品添加剂使用标准》(GB 2760—2011)及增补公告。

12.2.4 合成增稠剂

12.2.4.1 纤维素类

(1)羧甲基纤维素钠(Sodium carboxymethyl cellulose，CNS 号：20.003，INS 号：466)

羧甲基纤维素钠简称 CMC - Na，微黄色或白色粉末，无臭、无味。CMC - Na 易分散在水中形成透明的胶体溶液，溶液的黏度随温度的升高而降低，温度高于 45℃时黏度完全消失。固体 CMC - Na 对光较稳定，在干燥的环境中，可以长期保存。

商品用的 CMC - Na 有食品级及工业级之分，后者带有较多的反应副产物；食品级 CMC - Na 商品有 FVH、FH、FM 和 FL 等类型。衡量 CMC - Na 质量主要指标是取代度(degree of substitution，DS)和聚合度。CMC - Na 的实际取代度一般在 0.4 ~1.5 之间，食品用 CMC 的取代度一般为 0.6 ~0.95。一般来说，取代度不同，CMC - Na 性质也有差异，DS 越大，溶液透明度和稳定性越好。

CMC - Na 的 LD_{50}为 15 ~27g/kg BW；ADI 值为不作特殊规定(FAO/WHO，1989)。

CMC - Na 可以代替明胶、琼脂、海藻酸钠等食品胶用于食品工业中，起增稠、稳定、持水、乳化、改善口感、增强韧性等作用。此外，用于减肥食品时，可促进胃肠蠕动，对肠道清洁有益处，适合为高血压、动脉硬化、冠心病患者制作低热食品。在实际使用过程中，如遇到偏酸高盐溶液时，可选择耐酸抗盐型羧甲基纤维素钠，与黄原胶复配，效果更佳。

CMC－Na的使用范围和使用量见《食品添加剂使用标准》(GB 2760—2011)及增补公告。

(2)羟丙基甲基纤维素(Hydroxypropyl methyl cellulose，HPMC，CNS号：20.028，INS号：464)

羟丙基甲基纤维素是一种甲基纤维素的丙二醇醚，其中的羟丙基和甲氧基都由醚键与纤维素的无水葡萄糖环相结合；为白色至灰白色纤维状粉末或颗粒，可溶于水和某些有机溶剂，不溶于乙醇。

羟丙基甲基纤维素的 LD_{50} >1g/kg BW(雌性大鼠，经口)，5g/kg BW(大鼠，腹腔注射)；其ADI值不作特殊规定(FAO/WHO，1989)。

羟丙基甲基纤维素可用于焙烤食品、糊状食品、营养食品、牛乳饮料、馅饼、色拉装饰品和快餐等，利用其热凝胶性能制造油炸食品，不但可大量节约油榨用油，其制品具有外酥内软的独特口感。利用其对酸、碱稳定，抗酶，不参与代谢，增强肠胃蠕动的特点，还可用于制造各种保健食品。

羟丙基甲基纤维素的使用范围和使用量见《食品添加剂使用标准》(GB 2760—2011)及增补公告。

12.2.4.2 变性淀粉类

(1)酸处理淀粉(Acid treated starch，CNS号：20.032，INS号：1401)

酸处理淀粉是指淀粉乳用盐酸(≤7.0%)或正磷酸(≤7.0%)或硫酸(≤2.0%)在低于糊化温度的条件下反应后再中和、洗涤、干燥而成的白色粉末。酸处理淀粉的水溶解性较高，凝沉性较强，可形成高强度凝胶。

酸处理淀粉的ADI值不作特殊规定(FAO/WHO，1982)。

酸处理淀粉的使用范围和使用量见《食品添加剂使用标准》(GB 2760—2011)及增补公告。

(2)氧化淀粉(Oxidized starch，CNS号：20.030，INS号：1404)

氧化淀粉系指45%左右的淀粉乳经氢氧化钠调节pH值至8～10后，在40～50℃添加一定量的次氯酸钠反应后调节pH 6～6.5，用还原剂脱氧，然后洗涤、脱水、干燥得白色粉末状成品。氧化淀粉的特点是糊化温度低，糊液的透明度和稳定性好，不易凝沉。

氧化淀粉的ADI值不作特殊规定(FAO/WHO，1982)。

氧化淀粉的使用范围和使用量见《食品添加剂使用标准》(GB 2760—2011)及增补公告。

(3)羧甲基淀粉钠(Sodium carboxy methyl starch，CNS号：20.012)

羧甲基淀粉钠简称羧甲基淀粉或CMS－Na，由淀粉改性制成，为微黄色或白色粉末，无臭，可溶于冷水形成无色透明的黏稠溶液，不溶于甲醇和乙醇等有机溶剂；吸水性强，可膨胀200～300倍；有增稠性，其黏度与产品的相对分子质量及淀粉分子中的羧甲基钠基团的数目有关，性质与羧甲基纤维素钠相近，但易受α－淀粉酶的作用。

羧甲基淀粉钠的 LD_{50} 为9.26g/kg BW(大鼠，经口)；其ADI不作特殊规定(以羧甲基淀粉计，FAO/WHO，1982)。

羧甲基淀粉钠的使用范围和使用量见《食品添加剂使用标准》(GB 2760—2011)及增补公告。

（4）氧化羟丙基淀粉（Oxidized hydroxypropyl starch，CNS 号：20.033）

氧化羟丙基淀粉是羟丙基淀粉再经过氧化处理后得到的复合型变性淀粉，产品具有糊化温度低，糊液透明度高，黏度低，凝沉性弱，稳定性好的特点。

氧化羟丙基淀粉的 ADI 值不作特殊规定（FAO/WHO，2001）。

氧化羟丙基淀粉的使用范围和使用量见《食品添加剂使用标准》（GB 2760—2011）及增补公告。

12.2.4.3　其他

（1）聚葡萄糖（Polydextrose，CNS 号：20.022，INS 号：1200）

聚葡萄糖又名聚糊精，为淡棕黄色粉末，有酸味，中和后的精制品为白色流动性粉末，无臭，有吸湿性，易溶于水。

聚葡萄糖是制造健康食品（低热量、低脂肪、低胆固醇、低钠食品）的重要原料，可使食品具有必要的体积、良好的质地和口感，可提高食品新鲜度和柔软性，降低食品中糖、脂肪及淀粉用量；因其具有热量低（4.18kJ/g）的特点，用于低热量食品中，适合糖尿病人食用，并可作为可溶性膳食纤维用于功能饮料。

聚葡萄糖的 LD_{50} >30g/kg BW（小鼠，经口）（聚葡萄糖 A，50%溶液），>47.3g/kg BW（聚葡萄糖 N，70%溶液）；其 ADI 不作特殊规定（FAO/WHO，1987）。

聚葡萄糖的使用范围和使用量见《食品添加剂使用标准》（GB 2760—2011）及增补公告。

（2）聚丙烯酸钠（Sodium polyacrylate，CNS 号：20.036）

聚丙烯酸钠是具有亲水和疏水基团的高分子化合物，为白色粉末，无臭无味，吸湿性极强，缓慢溶于水可形成黏稠的透明液体，不溶于乙醇、丙酮等有机溶剂。聚丙烯酸钠对热、有机酸有很好的稳定性，加热至300℃不分解，碱性时黏性增大，久存黏度变化极小，且不易变质。

聚丙烯酸钠具有增稠、乳化、赋形、膨化、稳定等多种功能，可代替 CMC、明胶、琼脂、海藻酸钠的作用，从而降低生产成本。

聚丙烯酸钠的 LD_{50} >10g/kg BW（小鼠，经口）。

聚丙烯酸钠的使用范围和使用量见《食品添加剂使用标准》（GB 2760—2011）及增补公告。

12.3　食品增稠剂合理使用

增稠剂在食品、制药及化妆品等领域主要用作稳定剂、乳化剂、被膜剂、水分保持剂、填充剂、上光剂等，大部分均是亲水性胶体，能溶于水或在水中溶胀，并形成一定溶液黏度的大分子物质。尽管增稠剂广泛存在于自然界，但由于其特性、资源、商业价值及生产成本等原因，目前仅有一小部分亲水性胶体已商品化生产及工业化大规模应用。

12.3.1　食品增稠剂使用原则

食品增稠剂主要作用是改善或赋予食品质构特性，在选择增稠剂时，一般应考虑 5 个基本因素，即产品形态(胶凝性、流动性、硬度、透明度和浑浊度)，产品体系(悬浮颗粒能力、黏稠度、风味、原料类型、包装方式)，产品加工工艺(烘焙、油炸、微波处理、冷冻、冷藏、解冻、UHT 灭菌、杀菌釜杀菌、搅拌剪切、调酸方式)，产品贮存(环境因素、保质期、风味稳定性、水分和油分的迁移、沉淀量)和经济性。在综合考虑上述因素的同时，食品增稠剂的使用原则主要有以下 3 点。

(1)根据增稠剂特性进行归类选择

部分增稠剂的特性归类见表 12-1，实际应用时，根据产品目标特性选择增稠剂：

①耐酸性　海藻酸丙二醇酯、耐酸 CMC、果胶、黄原胶、阿拉伯胶、结冷胶、槐豆胶、海藻酸盐、卡拉胶、琼脂、变性淀粉。

②增稠性　瓜尔胶、黄原胶、槐豆胶、魔芋胶、果胶、海藻酸盐、卡拉胶、CMC、琼脂、明胶、阿拉伯胶。

③稳定性(用于乳制品中)　卡拉胶、黄原胶、槐豆胶、阿拉伯胶、CMC、海藻酸盐、果胶、结冷胶、琼脂、变性淀粉、酪蛋白酸钠、罗望子多糖胶、纤维素衍生物系列。

(2)发挥增稠剂的协同效应

利用各种食品增稠剂的特性，使之产生互补、协同的效果。在利用增稠剂之间的协同效应时，必须了解各种单体原料的特性，确定以某种或某几种原料为主体，使主要功能更加突出，然后辅以其他配料，使综合使用效果最佳。各种增稠剂间具有较好协同作用的组合有：CMC 与明胶，槐豆胶与黄原胶，卡拉胶与 CMC 等。其中，槐豆胶和黄原胶有较好的协同增稠性，其复配胶的黏度随着浓度的增加而升高，为非牛顿流体，但碱性条件黏度下降幅度较大，冻融变化又使黏度有较大幅度的增加。

(3)确保使用的方便性和产品货架期内的稳定性

各种增稠剂混合后不易溶解，此时可将增稠剂与水高速剪切并混合，或通过将乳化剂、增稠剂、盐类混合后造粒，使其形成多孔状结构，增强速溶性。确保增稠剂应用的方便性及与生产工艺的适应性。

在使用增稠剂时，不仅需要根据产品特性(pH 值、原料组成)选择增稠剂，还需要确证应用增稠剂产品的质构性状，考察 pH 值、加工工艺导致增稠剂水解、持水力下降给产品造成的析水、沉淀等不稳定结果。

12.3.2　食品增稠剂使用注意事项

增稠剂在使用过程中应该注意以下几个方面。

(1)增稠剂使用前需经充分溶胀

增稠剂大多数为高分子物质，在使用前需要进行充分溶胀。首先，水分子渗入到增稠剂分子间的空隙中，与增稠剂中的亲水基团发生水合作用而使其体积膨胀，这一过程称为有限溶胀。由于增稠剂空隙间存在水分子，降低了增稠剂分子间的作用力(范德华力)，溶胀过程继续进行，最后增稠剂完全分散在水中形成高分子溶液，这一过程称为无限溶胀。无限溶胀的过程就是增稠剂逐渐溶解的过程，无限溶胀常需要搅拌或加热才能完成。如制备明胶、琼脂溶液时，先将明胶或琼脂制成小块或粉末，加水放置使其充分吸水膨胀，然后加足量的水并加热使其溶解。淀粉遇水立即膨胀，但无限溶胀过程必须加热至 60～70℃才能完成。

(2)温度对增稠剂黏度的影响

温度对增稠剂的黏度影响很大，一般情况下，温度增加到一定程度使溶液的黏度不可逆的降低。例如，瓜尔胶在 25℃时，120min 后可以完全溶于水中得到最大黏度，然而温度超过 80℃，有热降解现象，无法得到最大黏度。热加工处理引起槐豆胶解聚而使黏度下降，在中性条件下 120℃加热 10min，由于热降解作用，黏度损失约 10%。在制作阿拉伯胶糖果时先将 50%阿拉伯胶溶解于 65℃水中，温度太高引起溶液浑浊。

(3)pH 值对增稠剂的稳定性和黏度的影响

增稠剂的黏度通常随 pH 值的变化而改变。例如，琼脂不适合用于制作 pH 值较低的高酸性软糖，否则产品易因琼脂水解而变黏。槐豆胶在 pH 值低于 4.5 条件下，由于酸水解作用，黏度损失可达 90%以上。

(4)盐离子种类对增稠剂凝胶作用的影响

在食品中，海藻酸钠最重要的特性是通过控制钙离子浓度生产具有吸引力和可食性的胶体或果冻，对钙反应速度的控制极为重要，太快形成颗粒状不连续胶体，太慢则不便于加工，所形成的胶体黏弹性强度较弱。因此，选择合适的钙离子浓度就显得相当重要，通常磷酸盐、柠檬酸盐、碳酸盐、硫酸盐或酒石酸盐均可使用。

不同盐离子对果胶黏度的影响：钙离子或其他多价阳离子均可增加果胶溶液的黏度，一价阳离子却有降低黏度的作用，但对果胶酸盐或低甲氧基果胶而言，钾离子却能提高溶液黏度甚至形成凝胶。又如，一价阳离子(除银外)对 CMC 溶液的黏度几乎无影响，三价阳离子(铝、铵、铬、铁)可使溶液形成凝胶或生成沉淀，而二价阳离子(钙、镁)则介于两者之间，个别二价阳离子在特定浓度下使 CMC 溶液产生浑浊。

(5)单糖、双糖、淀粉糖浆对增稠剂黏度的影响

一些增稠剂与食品体系中的单糖、双糖或淀粉糖浆产生协同作用，例如，罗望子多糖胶与蔗糖、葡萄糖、淀粉糖浆共同使用时黏度有所提高，当蔗糖浓度超过 30%时，协同作用增强，黏度急剧上升。

12.3.3 增稠剂在食品工业中应用

食品增稠剂在性能上既有共性又有各自的特性，目前对单一增稠剂已有广泛的研究，有关各自的化学组成、分子结构、理化性质及实际应用等方面已有大量详细的报道，但在增稠剂复配方面的研究还比较少。增稠剂混合使用时，将产生黏度或凝胶强度协同效应，如鹿角藻胶和槐豆胶及 CMC 和明胶等，混合溶液经一定时间后，体系的黏度大于各组分黏度之和，或者形成更高强度的凝胶。然而，有些增稠剂混合使用时，将产生黏度或凝胶强度拮抗效应，如 80%的黄原胶和 20%的阿拉伯胶混合时，混合液的黏度比任一组分的黏度低均。此外，某些增稠剂由于产地及环境的影响，产量低，来源不稳定，价格偏高，限制了实际的生产应用。因此，增稠剂复配已经成为增稠剂研究的重点内容之一。近年来，食品增稠剂复配技术的研究与应用主要集中在肉制品和酸乳饮料的加工中。

(1)在肉制品加工中的应用

食品质构是食品中除色、香、味之外另一个重要性质，是食品加工中较难控制的因素，但却是决定食品品质的最重要的指标之一，特别是肉制品中的火腿类产品，对质构的要求越

来越高。影响火腿类产品质构的因素有很多，其中亲水性胶体对其质构的影响是最关键的因素之一。

在肉制品中主要使用的增稠剂有淀粉及变性淀粉、大豆蛋白、明胶、卡拉胶、黄原胶等(Sawyer，2008)。汪学荣等(2005)将几种不同亲水胶体复配后应用于低脂肉糜中，通过对肉糜凝胶强度和持水性的测定，筛选出一种复配型亲水胶体作为脂肪替代品。结果表明：复合亲水胶体的最佳配方为大豆分离蛋白2.5%，魔芋精粉1.0%，黄原胶0.2%，卡拉胶0.5%。按此最佳配方添加于肉糜中，加水量55%，在100℃加热1.5 h，肉糜综合品质较佳。扶庆权等(2008)发现当卡拉胶和阿拉伯胶以3∶2混合，0.5%的用量加入火腿类产品中，明显改善产品质构。

张国丛等(2009)选用了肉食行业中常用的7种复配胶体，对它们在肉糜制品中的应用效果进行了对比研究，结果表明：与对照组相比，各种复配胶体按其合适的保水量添加时，均可以提高蒸煮肉糜制品的品质。但各种复配胶体对改善产品品质的重点及改善效果等方面存在差异，有的复配胶体只能改善产品的色泽或组织结构，有的复配胶体则在产品的色泽和组织结构方面均有改善效果，而有的复配胶体反而会降低产品某一方面的品质。添加复配胶体的低脂肉制品中，由于多糖－蛋白质大分子在每个脂肪球表面紧紧缠绕，形成一层致密的网，将脂肪球束缚在基质的网状结构中，由于围绕在脂肪球外面的黏弹性网状结构具有较强的机械强度，因此，当肉糜乳状液受热时，该网状结构既可以防止因脂肪球撞击而产生凝结，同时又对脂肪球产生恒定的引力，将其牢固地束缚在基质的网状结构中(许时婴等，1996)。因此，应根据其产品特点选用合适的复配胶体。

牛血清球蛋白与阴离子型多糖之间的相互作用力随反应体系pH值和离子强度的改变而变化，且相互作用力的大小随蛋白质所带正电荷数的增加而升高。当对蛋白质多糖体系进行加热处理时，蛋白质与多糖之间的相互作用增强，形成了稳定的高分子复合物(Imeson，1978)。

(2)在酸乳饮料中的应用

酸乳的生产过程中常需要添加一定量的增稠剂来改善质构、延长货架期，但添加单一的增稠剂一般很难达到预期的效果，并且容易造成因某种增稠剂添加量过大而影响产品的风味及口感。在酸乳的生产中加入多种增稠剂，在充分利用增稠剂之间的协同作用降低增稠剂用量的同时，通过增加酸乳的黏度以及改变酸乳的凝胶结构而改善与提高酸乳感官品质。

罗玲泉等(2008)研究了增稠剂对搅拌型酸乳感官品质的影响，果胶、变性淀粉、明胶提高搅拌型酸乳感官品质的单因素试验结果表明：单独添加果胶、变性淀粉、明胶提高搅拌型酸乳感官品质的最佳添加量分别为0.5%、0.4%、0.2%。采用三元二次正交旋转组合设计对果胶、变性淀粉、明胶进行复配试验，通过对回归方程的岭脊分析，最终确定复配配方中果胶、变性淀粉、明胶最佳添加量分别为0.1%、0.12%、0.05%，此时总的添加量为0.27%。果胶、变性淀粉、明胶3种增稠剂的复配不仅可以得到较高的酸乳感官品质，而且较明显地降低单一增稠剂的添加量，避免由于单一增稠剂的添加量过大造成的酸乳品质下降现象。潘晓亚等(2006)以凝固型酸奶作为目标产品，从琼脂、明胶、变性淀粉、PGA等单体增稠剂中筛选出最佳的3种，然后将这3种单体增稠剂以不同的比例两两复配，在复配增稠剂添加量、培养时间和培养条件相同的情况下，根据黏度和感官指标筛选最佳复配比例。

结果表明，在保证产品质量不变的情况下，复配增稠剂能代替市售增稠剂应用于酸奶生产，能为企业节省大量的生产成本。赵新淮等(2010)利用质构仪和扫描电子显微镜，研究了卡拉胶与槐豆胶、果胶与海藻酸钠、明胶与果胶3种复配组合对凝固型原味酸奶质构及微观结构的影响。结果表明，卡拉胶与槐豆胶按4∶6复配组合呈现最好的协同增效作用，能够改善酸奶的质构和微观结构，酸奶具有连续、均一、致密的空间网状结构。果胶与海藻酸钠按5∶5复配组合对酸奶的质构也具有改善作用；配比为2∶8的明胶与果胶组合效果较差，尤其会导致酸奶的持水性下降。

12.4　食品增稠剂发展趋势

近年来，为满足市场对低脂、无脂及低热量食品的需求，几乎所有生产厂商都极力推出能替代脂肪的产品，为增稠剂新产品的开发、研究及应用等提供了千载难逢的机遇，利用高新技术开发安全、健康、价廉、质优的新型食品增稠剂将具有广阔的市场前景。

12.4.1　食品增稠剂新产品研发

(1)研发微生物来源的增稠剂

在生物多糖领域中，微生物多糖是近30年来被发现的一类较新的多糖，因它们独特的生理活性和广阔的应用前景而备受人们的关注。与其他胶体，如树胶、海藻胶、种子胶相比，微生物代谢胶具有许多优点：①不受气候、病虫害影响，不受季节、地域限制；②生产周期短；③安全无毒；④属可再生资源，既有生物相容性，又可被生物降解；⑤微生物种类繁多，而且变异性极强，新型的代谢多糖层出不穷。目前，已经进行商业开发应用的主要有黄原胶(由黄单胞菌产生)、结冷胶(由伊乐藻假单胞菌产生)、普鲁兰多糖(由出芽短梗霉产生)和可得然胶(由粪产碱菌黏亚种10C3的细菌产生)等。实践证明，这些已开发应用的微生物代谢胶已经给人类带来巨大的经济和社会效益。

未来微生物多糖产品的开发、市场拓展以及应用领域的扩大，有赖于微生物多糖产生菌菌种选育、对多糖结构性能和多糖代谢途径的认识以及发酵工艺的优化。尽管一些微生物多糖如黄原胶已工业生产并获得了广泛的应用，但继续拓展工业应用范围，优化黄原胶产生菌的代谢性能，通过基因工程手段提高其产率与质量，仍然是目前的研究热点。通过遗传学的手段提高微生物多糖产量，促进其产业化，需要从以下几方面入手：一是继续从自然界中筛选更好的、适合发酵的原始菌株，或者通过诱变育种获得优良的发酵菌种；二是加强对多糖生物合成过程的关键酶的研究，强化表达关键酶的基因，或者改变代谢流，从而对现有产生菌进行遗传改造；三是进一步优化菌种发酵工艺，提高多糖的产量和质量。随着研究的不断深入，微生物多糖的应用领域将不断被扩大。

(2)开发蛋白质、多糖改性衍生物

现代食品工业对胶体的物化性质及功能特性要求越来越高，天然蛋白质、多糖由于其理化特性、功能特性不能完全满足食品产品开发的需要，对其改性就成为扩大使用范围的重要手段。目前，对蛋白质、多糖改性的方法主要是物理方法和化学方法，其中物理方法主要是超高压技术、物理辐射场(超声波、微波、紫外线)处理、热处理等，化学方法主要是硫酸化、磷酸化、乙酰化、烷基化、磺酰化和羧甲基化等。

涂宗财等(2006)研究了动态超高压微射流均质对大豆分离蛋白起泡性、凝胶性的影响，结果表明：随着动态超高压微射流处理压力的增加，大豆分离蛋白的溶解性、起泡性、凝胶性都得到了提高。经动态超高压微射流处理后，大豆分离蛋白溶解度可达46.33g/L；100mL的6%大豆分离蛋白经高速分散搅打后，泡沫高度可以达到180mL；16%的大豆分离蛋白凝胶强度可以达到83.55g。经过动态超高压微射流处理后形成的凝胶，细腻、致密而均匀，凝胶强度随着微射流均质的压力增加而增大，这可能是由于均质时高压使水分子发生聚合，水分子之间的距离减小，自由水在蛋白质氨基酸侧链周围变成结合水，使蛋白质水溶液体积减小，导致离子键作用被破坏，从而使蛋白质分子内及分子间生成更多的氢键，有利于提高大豆分离蛋白凝胶强度、透明性以及形成更加致密、精细的凝胶网络。均质过程中的高压处理使大豆球蛋白分子展开，导致了大豆分离蛋白三级结构和四级结构的变化，而分子构象的变化，有利于凝胶结构的形成。陆海霞等(2010)研究了超高压对秘鲁鱿鱼肌原纤维蛋白凝胶特性的影响，结果表明：超高压具有促进凝胶形成和改善凝胶特性尤其是凝胶弹性的作用，可以代替热处理，成为一种秘鲁鱿鱼鱼糜制品生产的新技术。

纤维素是自然界资源最丰富的天然聚合物，但不溶于水，在食品中只能作为不溶性膳食纤维使用。为了拓展其使用范围，人们通过化学方法，利用其他基团取代葡萄糖残基C_2、C_3及C_6上的羟基，形成具有多种功能的纤维素胶，目前，商品化的纤维素胶主要有羧甲基纤维素钠(CMC-Na)，甲基纤维素(MC)，乙基纤维素(EC)，甲乙基纤维素(MSC)、羟乙基纤维素(HEC)、羟乙基甲基纤维素(HEMC)、羟乙基乙基纤维素(HEEC)、羟丙基甲基纤维素(HEMC)、羧甲基羟乙基纤维素(CMHEC)以及微晶纤维素(MCC)等，每一种又因取代度及黏度的不同而满足各种食品体系的需要。例如，CMC-Na具有优良的流变特性及凝胶稳定性，能够防止制品脱水收缩，提高冰淇淋等制品的膨胀率。能够改善食品口感，其良好的悬浮稳定性可使制品保持风味、口感的均一性，广泛应用于粒粒橙、椰汁和山楂果肉饮料中；作为纤维素，对肠道起清洁作用，可用于制作低热量食品；改善淀粉类食品的性能，防止淀粉老化、脱水，广泛应用于面条、面包等面制品中(黄来发，2009)。又如，微晶纤维素是天然纤维素经水解至极限聚合度得到的白色粉末状物质，自1875年Girard首次将纤维素稀酸水解固体产物命名为“水解纤维素”以来，在相当长的一段时间里，被视为无法利用的产品。随着科技的进步，该产品因独特的物化性质日益受到国内外学者的关注，在食品工业中主要作为乳化剂、泡沫稳定剂、高温稳定剂、非营养性充填剂、增稠剂、悬浮剂、保形剂和控制冰晶形成剂等(陆红佳，2011)。

(3)研究增稠剂的生理功效，开发增稠剂新产品

食品增稠剂的功能不仅局限于增加食品的黏稠度或形成凝胶，它们在人体内还有许多生理功能。

海藻类胶体对预防结肠癌、心血管病、肥胖病以及铅、镉等在体内的积累。在医学研究中已观察到海藻酸钾散剂的降压效果，一般的大分子海藻酸钾虽然具有一定降压效果，但由于相对分子质量大、胃肠道反应较明显，严重影响临床应用。冀为等(2009)从褐藻中提取并经处理后的低分子海藻酸钾(平均相对分子质量为1 800)对自发性高血压大鼠(SHRs)有显著而持续的降压作用。

果胶可用于功能性食品如减肥产品的开发，果胶经口摄取可以降低血液中胆固醇与肝脏中脂肪的含量(Vergara-Jimenez，1999)。果胶也可刺激人体或动物肉芽组织的形成而促进伤口愈合(Sande，2005)。

大豆膳食纤维具有显著降低血液中的胆固醇含量，防治动脉粥样硬化以及冠心病等功能；能够调节肠内双歧杆菌等有益菌的活力；预防便秘和结肠癌，促进肠道的正常蠕动；促进血糖和胰岛素相互保持平衡，有效防止糖尿病；清除超氧阴离子自由基以及羟基自由基的能力(Takahashi，1999；Zunft，2003)。

κ-卡拉胶结构单元中有羟基和硫酸基，具有潜在的自由基清除活性(Stortz，2002)。

阿拉伯半乳聚糖能增加食品体积，改善食品的柔软度、弹性和口感。摄入阿拉伯半乳聚糖，可增多肠道内有益菌群数量，特别是乳酸菌和双歧杆菌。Robinson 等(2001)对 20 名(11 名男性，9 名女性)受试者进行了临床实验，受试者每天摄入 15g 或 30g 阿拉伯半乳聚糖，肠道内厌氧菌的总数，特别是乳酸菌的数量大量增加，胆固醇水平明显降低。阿拉伯半乳聚糖具有靶向输送功能，阿拉伯半乳聚糖能与肝细胞脱唾液酸糖蛋白的糖蛋白载体相连，形成药物传递系统(Tanaka 等，2004)。阿拉伯半乳聚糖具有保护心脏健康的功能，是一种控制体重、血糖、胰岛素水平的功能性食品胶体(Marett，2004)。

此外，可用于保健食品的车前子种皮外表细胞壁所含的车前子多糖具有增稠作用，可形成弱凝胶，同时具有润肠通便、降血糖、降血脂、调节免疫活性的作用，并能促进人体上皮细胞增殖(张金强，2005；谢小梅，2006；Baljit Singh，2007；袁从英，2009；刘秀娟，2009)。

莼菜多糖作为莼菜的主要营养成分，除具有较高的增稠性和持水性外，同时也有抗肿瘤、降血糖、降血脂等多种生理功效。王淑如等(1987)研究表明：莼菜多糖能增加小鼠免疫器官(脾脏)的质量，增加腹腔巨噬细胞的吞噬功能，还有促进溶血素生成与促进氚标记的胸腺嘧啶核苷(^{3}H-TdR)和氚标记的尿嘧啶核苷(^{3}H-UR)渗入淋巴细胞核酸作用，能较好地增加体液免疫和细胞免疫功能。以莼菜提取物添加其他辅料制成的糖果、口香糖对口腔咽部具有抗菌消炎作用(王琪，1992)。刘翠俐等(2004)研究了莼菜多糖对糖尿病患者的降血糖作用，结果表明：莼菜多糖与降糖药物同时服用对降血糖具有协同作用，单独服用莼菜多糖亦具有明显的降糖效果。周毅峰等(2008)采用水提和碱提两种方法充分提取出莼菜嫩叶胞内多糖，两种莼菜嫩叶胞内多糖均具有抗氧化能力，水溶性多糖较碱溶性多糖抗氧化能力强，具有良好的开发前景。

12.4.2 食品增稠剂新技术开发

(1)植物多糖胶提取技术研究进展

从种子中分离提取植物多糖胶大致可分为水浸浓缩法、有机溶剂沉淀法和机械分离法 3 种。水浸浓缩法是首先将种子破碎，加水浸提、过滤、真空浓缩，最后喷雾烘干，该法易造成局部过热，使产品理化性质改变，成品水合性能差，黏度下降。有机溶剂沉淀法是向水浸浓缩法得到的胶液加入有机溶剂，使聚糖沉降，再将沉降聚糖脱水烘干、磨粉制得成品植物多糖胶，该法得到的产品纯度较高，但用水量大，有废水排放，离心分离渣质困难，有机溶剂回收成本较高。机械分离法是根据种子种皮、胚乳和胚芽 3 部分的物理性能差异，即胚乳主要是由半乳甘露聚糖构成的，其性质坚硬并有一定的韧性，呈半透明状；种皮和胚芽主要由纤维素和蛋白质等组成，其性质与胚乳之间的差异较大，在机械撞击处理后，通过筛选可将粒径差异较大的种皮、胚芽与胚乳分离，得到较纯净的胚乳片。种子胚乳中聚糖质量分数超过60%，总糖质量分数大于80%，因此分离出较纯净的胚乳，也就等于得到了一定纯度的中间体。胚乳经水合、制粉、提纯、灭菌等处理后即可制成成品多糖胶。

蒋建新等(2002；2003；2005；2009)开发了用半湿法从葫芦巴种子中分离胚乳片和用烘炒法从皂荚、野皂荚种子中分离胚乳片的分离方法，并进行了多糖胶胚乳细胞的破壁增黏释放研究。葫芦巴胚乳片的最优分离工艺条件为：浸泡温度80℃，浸泡时间50s，去湿温度140℃，去湿时间10s，胚乳片收率达到27.6%；半湿法种子多糖胶制备工艺有一定的通用性，适用于籽粒小、种皮薄类型种子多糖胶的分离制备。烘炒法多糖胶制备工艺适用于籽粒大、种皮厚而硬类型种子多糖胶的分离制备，其中烘炒温度对种子多糖胶抽提率和黏度指标影响最大。对半乳甘露聚糖种子胚乳细胞的超微结构的研究表明，半乳甘露聚糖胶是胚乳细胞的胞内胶，多糖胶胚乳细胞破壁增黏释放技术可使产品黏度提高50%以上。

Vendruscolo 等(2009)研究了真空电炉(GVO)和喷雾干燥(GSD)两种不同干燥方法对源自阿根廷的 *Mimosa scabrella* Bentham 半乳甘露聚糖胶品质的影响。使用 GLC 测定甘露糖与半乳糖的比例，试验结果显示 GVO 和 GSD 所得胶粉甘露糖和半乳糖之比值分别为 1.3 和 1.2。

(2)植物多糖胶的改性技术

①化学改性　半乳甘露聚糖胶中每个糖单体平均有3个活性羟基，化学改性是指在一定的条件下通过羟基官能团进行的醚化、酯化或氧化反应。化学改性使半乳甘露聚糖分子中引入亲水基团，提高了亲水性和溶胀速度；减少了氢键，增加了溶解度；同时降低了水不溶物含量，提高了胶液的清澈度；并且可提高电解质的兼容性。化学改性可使多糖胶具备更优良的性能，应用更加广泛。孙达峰等(2003a；2003b)以皂荚和野皂荚多糖胶为原料，分别进行季铵型阳离子化和羟乙基化改性，采用阳离子试剂3－氯－2－羟丙基三甲基氯化铵制备季铵型阳离子皂荚多糖胶，通过正交试验确定了一定取代度皂荚多糖胶的最佳反应工艺：反应温度65℃，反应时间6h，氢氧化钠－阳离子试剂0.8，乙醇体积分数90%。季铵型阳离子皂荚多糖胶在化妆品和造纸等行业有很好的应用前景。在80%乙醇溶液中，野皂荚多糖胶与环氧乙烷进行醚化反应制备得到取代度为0.4的改性胶，并分析了产品黏度随反应时间的变化规律。

Kautharapua 等(2009)将1－乙烯－2－吡咯烷酮接枝到瓜尔胶上，衍生化后的瓜尔胶与葡聚糖形成双水相系统，用于蛋白质的分离。与天然瓜尔胶相比，经1－乙烯－2－吡咯烷酮衍生化后的瓜尔胶溶解度和黏度下降。扫描电子显微镜(SEM)试验结果表明，衍生化瓜尔胶的胶体表面变得柔软而光滑。Thakur 等(2009)合成了丙烯酰瓜尔胶(AGG)，它的水凝胶可用作3,4－二羟基苯丙氨酸和L－酪氨酸的载体和缓释材料。Atila 等(2009)研究发现直肠投送酶控部分水解的瓜尔胶能减轻模型大鼠结肠袋炎的严重程度。部分水解的瓜尔胶可能成为结肠袋炎治疗的一种辅助药物。Barbucci 等(2008)将瓜尔胶在碱性溶液中与聚乙二醇缩水甘油醚(PEGDGE)进行交联形成一种新型的水凝胶，分别使用傅立叶近红外(FT－IR)技术、原子力显微镜(AFM)、SEM 对水凝胶的性质进行了研究。流变性研究显示瓜尔胶水凝胶具有假塑性和触变性。经切变应力处理过的样品的 AFM 分析结果表明该水凝胶中存在纳米微粒。将样品放置一段时间后，凝胶表面可恢复原来的同质形态。由于瓜尔胶的触变性和可注射性，因此可被应用于生物医学领域。

Singh 等(2008)利用四乙氧基硅烷与皂化瓜尔胶 - 接枝 - 聚氰乙烯缩聚合成新型纳米吸附材料。D′melo 等(2008)研究发现，在不饱和聚酯复合材料中加入丙烯酸盐瓜尔胶可提高它的机械性能以及抗甲苯和水的性能。与矿物填料复合材料相比，以多糖或者改性多糖为填料的复合材料不污染环境，因而可能会有更广阔的应用前景。

②生物酶法改性　半乳甘露聚糖的酶法改性主要包括脱去支链和切断主链两种方式。相对于化学改性来说，酶法改性具有易控制、反应条件温和等很多优点，因而成为改变半乳甘露聚糖分子结构以获得所需特性的最具潜力的改性方法。α - 半乳糖苷酶和 β - 甘露聚糖酶是半乳甘露聚糖改性和水解中最常用的酶。

α - 半乳糖苷酶或蜜二糖酶(α - galactosidase，α - D - galactoside galactohydrolase，EC 3. 2. 1. 22)是一种外切型糖苷酶，它能从各种半乳糖苷上将非还原性末端的 α - (1,6)键连接的半乳糖基催化水解下来。无论是从动植物提取还是微生物培养产生的 α - 半乳糖苷酶，普遍存在酶活力不高，热稳定性不好，提取工艺复杂等缺陷，使其在工农业的应用中受到极大的限制。随着生物工程技术的发展，这些局限得到了根本性的改变。植物或动物体内编译 α - 半乳糖苷酶的基因，可以在微生物体内得到表达，很多产 α - 半乳糖苷酶的新型菌株被发掘出来。Anisha 等(2009)利用 *Streptomyces griseoloalbus* MTCC 7447 在固体发酵条件下，生产出的 α - 半乳糖苷酶共有 3 种类型分别为 α - Gal Ⅰ、α - Gal Ⅱ 和 α - Gal Ⅲ。它们的最适 pH 值分别为 5. 0、6. 5 和 5. 5，最适温度分别为 65、50 和 55℃。将 0. 1g/mL 的槐豆胶分别在这 3 种酶各自最适 pH 值和温度下培养 2 h。薄层色谱结果显示只有 α - Gal Ⅰ 对半乳甘露聚糖有活性，因而 α - Gal Ⅰ 属于 GH - 27 族，而 α - Gal Ⅱ 和 α - Gal Ⅲ 则属于 GH - 36 族。此外，α - Gal Ⅰ 表现出非同寻常的高浓度耐受半乳糖(100mmol/L)的能力。Da Silva - fialho 等(2008)从植物 *Tachigali multijuga* Benth 萌发的种子中提纯出酸性的 α - 半乳糖苷酶属于 GH - 27 族。该酶在 pH 5. 0 ~ 5. 5 和 50℃ 条件下表现出最高活性，在 35 ~ 40℃ 下稳定，但在 50℃ 下 30min 即损失 79% 的活性。将瓜尔胶和槐豆胶与该酶在 40℃ 下反应，24h 后酶水解的程度为 61% ±0. 2%。蒋建新等(2007)使用 α - 半乳糖苷酶修饰皂荚糖胶得到与槐豆胶相似结构的半乳甘露聚糖，20. 2% 半乳糖含量的酶法改性皂荚多糖胶与黄原胶共混后的凝胶强度为 199g/cm^2，大于刺槐豆胶与黄原胶的共混凝胶强度(193g/cm^2)。随着刺槐豆资源日趋减小，槐豆胶价格的不断上涨，用 α - 半乳糖苷酶改性其他半乳甘露聚糖胶，生产槐豆胶的替代产品是提高半乳甘露聚糖胶利用价值的重要途径之一。

β - 1,4 - D - 甘露聚糖酶(β - 1,4 - D - mannan mannanohydrolase，EC 3. 2. 1. 78)，简称 β - 甘露聚糖酶(β - mannanase)，是一类能够水解含 β - 1,4 - D - 甘露糖苷键的内切水解酶，属于半纤维素酶类(齐军茹等，2002)。β - 甘露聚糖酶存在于各种生物体，包括植物、细菌、真菌和软体动物中。Chen 等(2007)将硫色曲霉(*Aspergillus sulphureus*)中编译 β - 甘露聚糖酶的 cDNA 片断在酵母 *Pichia pastoris* 中进行成功表达。该酶对槐豆胶表现出较高的特异性，并且具有非常宽的 pH 值区间(2. 2 ~ 8. 0)。在 pH 2. 4 和 50℃ 条件下，重组 β - 甘露聚糖酶表现出最高活性，并在 40℃ 以下稳定。在 50℃ 和 pH 2. 4 条件下，槐豆胶的酶促反应的

K_m 和 V_{max} 分别为 0.93g/L 和 344.83U/mg。Puchart 等（2004）使用烟曲霉 *A. fumigates* IMI385708（之前的 *Thermomyces lanugi-nosus* IMI158749）在槐豆胶培养液中，经电泳同质纯化出两种胞外分泌的内切型 β－1,4－甘露聚糖酶，分别 Man Ⅰ（主要形式）和 Man Ⅱ（次要形式）。这两种酶均属于 GH－5 族，对于低黏度槐豆胶表现出极高的活性，但对于半乳糖基含量高的瓜尔胶，只表现出 1/2 的活性。盛金萍等（2007）以黑曲霉（*A. niger*）LW－1 为原始出发菌株，获得了一株高产、稳产 β－甘露聚糖酶的突变株 WS－2007。在 pH 4.8 和 50℃条件下，以角豆胶为底物测得该突变株产的 β－甘露聚糖酶活性达到 3 261U/mL，为原始菌株 LW－1 的 3 118 倍。经甘露聚糖酶水解半乳甘露聚糖胶产生的低聚糖为功能性糖类，可被用作非营养型食品添加剂。其在胃肠中不能被消化，但可以被人体和动物体肠道中的有益菌群（双歧杆菌和乳酸菌）吸收，促进其增殖，而抑制有害菌生长，由此改善肠道内菌群组成，增进消化系统功能，维护机体健康（徐红蕊，2008）。

案例分析

工业明胶能在药品和食品中使用吗？

背景：

2012 年 4 月 15 日，央视《每周质量报告》曝光河北省部分企业使用生石灰处理皮革废料熬制工业明胶，卖给空心胶囊生产企业，最终流向药企，样品被检出铬含量严重超标，最高含量超标 90 余倍，涉及 13 种铬超标产品。同日，国家食品药品监督管理局发出紧急通知，要求对央视报道的 13 种铬超标产品暂停销售和使用。

事件中，原料企业涉及河北某明胶蛋白厂，该厂被指使用生石灰处理皮革废料进行脱色漂白和清洗，随后熬制成工业明胶（俗称“蓝皮胶”），卖给药用胶囊生产企业。而在当地警方进厂查处前，该厂莫名失火。

4 月 16 日至 19 日，浙江、河北、北京、上海、湖南等多省市紧急部署调查“问题胶囊”并公布胶囊原料及半成品、药品成品的检验结果，部分药企宣布召回“问题胶囊”。其中，某一知名药企新检出 2 种产品共 3 个批次铬含量超标，另一知名药企新检出 1 种产品铬含量超标。根据通报，超标最多的某药业股份有限公司生产的“炎立消胶囊”，抽检批次胶囊铬含量为 149mg/kg，超出标准（2.0mg/kg）70 倍以上。国家食品药品监督管理局认定，上述企业未按药品生产质量管理规范组织生产，使用了不符合国家药典标准的胶囊，产品质量不合格。

分析：

食用明胶应用于食品主要有 3 个方面的功效：第一，它是一种营养物质，可提供人体所需的蛋白质；第二，明胶具有凝胶和溶胶的可逆性，如用于酸乳中，在运输和贮藏的过程中，酸乳不会出现分层；第三，明胶具有一定的增稠性，用于酸乳等食品，可以改善口感。因此，它在食品工业中具有重要的应用价值，广泛用于果冻、食品色素、高级软糖、冰淇淋、干酪、酸乳等食品的生产。

此外，除食用明胶外，依据生产原料、生产方式和产品质量、产品用途不同还分为药用明胶、工业明胶和照相明胶等。在国家标准中对各种明胶的分类和原料规格进行了详细规定。

(1)药用明胶和食用明胶

由中华人民共和国国家发展和改革委员会于2005年7月26日发布、2006年1月1日正式实施的轻工行业标准《药用明胶》(QB 2354—2005)中规定：药用明胶分为A型和B型(A型为酸法明胶，B型为碱法明胶)以及骨类和皮类，再将每一类按照凝冻强度分为200和100两个类型。同时，《药用明胶》中要求："药用明胶的原料应来自于非疫区；应来自于经有关部门检疫为健康的动物；不应来自于经有害物处理过的加工厂；不应使用苯等有机溶剂进行脱脂。"

由国家技术监督局1994年12月30日批准、1995年10月1日实施的国家标准《食品添加剂 明胶》(GB 6783—1994)中规定：食用明胶分为A型和B型(A型为酸法明胶，B型为碱法明胶)以及骨类和皮类，再将每一类明胶都分为A、B、C三级，A级为国际先进水平，B级为国际一般水平，C级为合格产品。由中华人民共和国工业和信息化部于2010年11月22日发布、2011年3月1日实施的轻工行业标准《食用明胶》(QB/T 4087—2010)中要求：食用明胶的原料应为动物的骨和皮等，严禁使用制革厂鞣制后的任何废料。

由此可知，食用明胶是极其重要的食品添加剂并且是实施生产许可证管理的产品。国家对食用和药用明胶的生产、制造、运输、贮藏等都有着严格的规定。其原料必须用新鲜的、经过严格检疫的、没有经过任何化学处理的动物骨骼或原皮加工，而且必须用全封闭的流水线进行烘干和粉碎。食用明胶包装袋内应有产品质量合格证和标准编号等。产品包装应分内外两层，内层为食品用塑料薄膜袋，必须严密封口，包层可用麻袋、化纤袋、纸箱或木桶。每件净重不超过50kg，包装材料都应是清洁、干燥、防潮和牢固的。在运输时，必须用清洁、通气并有篷盖的运输工具，防止受潮和受热，不可与有毒物品混装。平时，必须贮存在清洁、干燥、通气的仓库中，不得露天堆放，应防止受潮、受热和曝晒。凡不符合此项标准的，均应视为非食用明胶。

(2)工业明胶

对于工业明胶，中华人民共和国国家发展与改革委员会于2005年7月26日发布、2006年1月1日正式实施的轻工行业标准《工业明胶》(QB/T 1995—2005)中规定，工业明胶原料要求为"各类工业明胶中不应加入可提高黏度的化学品"。工业明胶的主要原料是破旧皮衣、皮箱、皮鞋等边角料，经过化学技术处理，水解出皮革中的蛋白形成。工业明胶主要用于胶带、印染、纺织、造纸、建材、涂料等行业。同时，工业明胶中含有重铬酸钾和重铬酸钠等有毒化学物质，严禁用于药品和食品加工。

食用、药用明胶和工业明胶从感官角度并无明显区别，一般消费者无法鉴别，食用、药用明胶和工业明胶的区别在于原材料的选择和工艺流程。

工业明胶与食用明胶在来源、执行标准、生产规范和卫生规范等方面具有不同规定，目前食用明胶原材料大多为健康动物的皮或骨骼，而工业明胶的来源特别复杂，破皮鞋只是其中的一部分，有的生产者用皮革厂制作服装、皮鞋后的下脚料生产。现在工业明胶的普遍做法是收集皮革边角料，通过一系列工序，从皮革中将水解蛋白脱除，制成明胶，这样可以有效利用废弃皮革，降低成本。水解蛋白本身对人体无害，但皮革厂在化学加工过程中产生有毒化合物，而去除这些化合物的成本非常高，一旦有重金属等对人体有害的物质残留，最终转移到水解蛋白中，被人体吸收后就会危害健康。而且工业明胶熬制过程比食用、药用明胶简单，在皮革处理过程中，存在重金属铬、砷等残留，菌落总数超标等诸多问题。因此，工业明胶只能够用于工业用途，绝不允许应用于食品甚至药品加工。

值得注意的是，在此次明胶事件中，胶囊中的重金属，尤其是铬含量超标问题受到了广泛的关注。因为铬是一种毒性很大的重金属，容易进入人体细胞，对肝、肾等器官和DNA造成损伤，在人体内蓄积具有致癌性并可能诱发基因突变。

不同种类的明胶其重金属残留的指标不同，根据《食品添加剂 明胶》(GB 6783—1994)，食用明胶(皮制)中对于铬的限量标准为A级1mg/kg，B级、C级均为2mg/kg；对于药用明胶(皮制)，《药用明胶》(QB 2354—2005)中对重金属铬的限量要求为2mg/kg；对于工业明胶，《工业明胶》(QB/T 1995—2005)中对重金属的限量以铅计，要求重金属铅的限量为50mg/kg，并未对重金属铬进行单独限定。《中华人民共和国药典(2010年版)》明胶空心胶囊标准中显示，重金属铬的限量值为2mg/kg。

药用明胶、食用明胶和工业明胶因用途的不同，其原料价格有很大区别，如工业明胶价格约在10 000元/吨，食用明胶约为30 000元/吨，药用明胶约50 000元/吨。因此，某些企业违规操作，将工业明胶用于代替食用明胶，或者把工业明胶掺进食用明胶降低成本，谋取暴利。目前国内尚无标准方法检测确认工业明胶，在卫生部发布的《食品中可能违法添加的非食用物质和易滥用的食品添加剂名单》上，工业明胶的检测方法一栏显示“无”。

按照《食用明胶》行业标准，食用明胶应当使用动物的皮、骨等作为原料，严禁使用制革厂鞣制后的任何工业废料。但2011年数据显示，食用明胶的总需求量为5万吨，而市场上还缺口1万吨。正规食用明胶的原材料价格高达2 000～3 000元/吨，而一般的皮革下脚料，仅需要100～200元/吨，便宜15～30倍。但是，进入市场后，1吨食用明胶的收购价在3万元左右，远高于工业明胶的收购价格。更重要的是，工业明胶和食用明胶的差别从感官角度难以辨认。由于明胶是水溶性蛋白质的混合物，目前国内尚无检测工业明胶的标准。检测方法的缺失，导致工业明胶非法使用成为可能，就如同此前三聚氰胺被漏检一样，“产品检测合格，但不安全”。

纠偏措施：

“问题胶囊”事件曝光后，河北省阜城县公安机关已抓获涉嫌生产销售假冒伪劣产品的学洋明胶蛋白厂犯罪嫌疑人8名(刑事拘留7名)。浙江新昌县已对23名犯罪嫌疑人采取刑事强制措施。媒体披露的吉林省6家生产企业的8个批次的产品及原料目前已全部封存，企业已全部下发召回通知。

大多数非法企业均打着生产工业明胶的幌子躲避监管，在明目张胆地生产之后，通过非法销售渠道进入食品及药品领域，使得非法企业迅速成长壮大，挤压正规厂家。借此次“毒胶囊”事件，国家必须清查明胶产业链，整顿违法、违规企业，建立食用、药用明胶生产登记制度，完善明胶生产许可制度和奖惩机制，提高食品药品生产准入门槛，建立食品药品质量追溯机制。

我国食品安全事件经常是“亡羊补牢”，虽有一定的效果，但也造成了巨大损失。目前，我国已经向一些需要重点监管的特殊药品生产企业派驻监督员，从生产源头加强对特殊药品的监管。这样的措施可以扩大到食品生产企业。如果食品企业，尤其是大型的、知名的企业均派驻监督员，监督员对原料、添加剂来源进行核查，就不会过分依赖于事后的检测技术。

思考题

1. 什么是食品增稠剂？其作用机理是什么？
2. 食品增稠剂具有哪些特性？如何分类？
3. 简述增稠剂作用效果的影响因素。
4. 简述增稠剂在食品加工中的作用。
5. 乳制品中常使用哪些增稠剂？发挥哪些作用？
6. 举例说明食品增稠剂之间的协同作用。

参考文献

陈海华，许时婴，王璋．2006．亚麻籽胶的胶凝性质[J]．食品与生物技术学报(5)：14－20.

成坚，刘晓燕．2006．结冷胶 LT100 流变学特性的研究[J]．食品科技(9)：164－167.

程东，韩晓英，冯宁，等．2006．壳聚糖的毒性研究[J]．现代预防医学，33(2)：162－164.

戴琳，刘新星，王学群，等．2010．荧光光谱跟踪结冷胶水溶液的溶液凝胶转变[J]．高分子学报(1)：102－106.

董静，刘群．2011．甲壳素/壳聚糖及其衍生物的最新研究进展[J]．医学综述，17(6)：921－922.

方红美，王武，陈从贵．2008．黄黄原胶对牛肉品质影响的研究[J]．食品科学(10)：106－109.

扶庆权，颜琴，张晓敏．2008．卡拉胶和阿拉伯胶的复配及其在低温火腿中的应用研究[J]．肉类工业，7：19－20.

付湘晋，童群义．2005．短梗霉多糖的研究[J]．食品研究与开发，26(2)：16－21.

高彦祥，许洪高．2011．食品添加剂[M]．北京：中国轻工业出版社．

葛艳蕊，王奎涛，冯薇．2004．β－环糊精玫瑰香精微胶囊化的制备[J]．河北科技大学学报，25(2)：14－17.

胡桂萍，刘波．2011．微生物食用胶——结冷胶的研究新进展[J]．福建农业学报，26(6)：1123－1128.

胡国华，陈雷，黄邵华．2001．明列子饮料悬浮剂的研究和应用[J]．中国食品添加剂(5)：54－57.

黄来发．2009．食品增稠剂[M]．2 版．北京：中国轻工业出版社．

冀为，陈欲云，杜俊蓉，等．2009．低分子海藻酸钾降压作用及药动学的实验研究[J]．四川大学学报(医学版)，40(4)：694－696.

蒋建新，菅红磊，张卫明，等．2009．野皂荚胚乳细胞多糖胶破壁释放过程研究[J]．北京林业大学学报，31(增刊)：71－76.

蒋建新，张卫明，朱莉伟，等．2003．烘炒法分离提取半乳甘露聚糖型种子胶[J]．中国野生植物资源，22(5)：34－36.

蒋建新，朱莉伟，王磊，等．2007．皂荚多糖胶 α－半乳糖苷酶修饰及产物性能研究[J]．林产化学与工业，27(5)：44－48.

蒋建新，朱莉伟，张卫明，等．2002．半湿法分离提取半乳甘露聚糖型植物胶[J]．中国野生植物资源，21(4)：10－11.

蒋建新，菅红磊，朱莉伟，等．2009．植物多糖胶研究应用新进展[J]．林产化学与工业，29(4)：121－126.

李汴生，刘通讯，杨珏辉．1999．高压处理黄原胶溶液流变学特性的变化[G]．// 流变学进展——第六届全国流变学学术会议论文集．武汉：华中理工大学出版社．

李洁，胡燕，于雄兵，等．2007．干制条件与 β－环糊精处理对藕片干制及复水性的影响[J]．食品工业科技，28(5)：81－83.

李龙伟，闫锁．2009．黄原胶与卡拉胶复配在果冻中的应用研究[J]．现代农业科技(17)：342－343.

凌静．2008．食品增稠剂在肉制品加工中的应用[J]．肉类研究(6)：28－31.

刘翠俐，于秋英. 2004. 莼菜多糖粘胶降血糖作用的研究[J]. 职业与健康，20(6)：142－143.
刘丽娜，贺稚非，穆莎茉莉. 2005. 亚麻籽胶的特性及其在食品工业中的应用[J]. 四川食品与发酵(4)：38－40.
刘秀娟，欧芹，朱贵明，等. 2009. 车前子多糖对衰老模型大鼠脑氧化－非酶糖基化影响的实验研究[J]. 中国老年学杂志，29(4)：424－426.
刘志皋，高彦祥. 1994. 食品添加剂基础[M]. 北京：中国轻工业出版社.
刘钟栋. 2005. 食品添加剂原理及应用技术[M]. 2版. 北京：中国轻工业出版社.
陆海霞，张蕾，李学鹏，等. 2010. 超高压对秘鲁鱿鱼肌原纤维蛋白凝胶特性的影响[J]. 中国水产科学，17(5)：1107－1113.
陆红佳，郑龙辉，刘雄. 2011. 微晶纤维素在食品工业中的应用研究进展[J]. 食品与发酵工业，37(3)：141－145.
罗玲泉. 2008. 增稠剂的复配对搅拌型酸乳感官品质的影响[J]. 食品研究与开发，29(10)：181－184.
潘晓亚，王立晖，马力. 2006. 复配增稠剂对酸奶质地的影响及工艺研究[J]. 食品研究与开发，27(2)：67－71.
齐军茹，廖劲松，彭志英. 2002. β－甘露聚糖酶的制备及其应用研究进展[J]. 中国食品添加剂(6)：12－16.
邵金良，袁唯. 2005. 黄原胶的特性及其在饮料工业中的应用研究[J]. 中国食品添加剂(1)：80－82.
盛金萍，邬敏辰，张树飞，等. 2007. β－甘露聚糖酶高产菌株的双重诱变育种[J]. 食品工业科技，28(12)：118－123.
石玲，胡利平，浦锦宝，等. 2000. 壳聚糖的安全性研究[J]. 中国海洋药物(1)：28－32.
苏德福，林向阳，吴求林，等. 2010. 利用谷胺酰转氨酶和结冷胶提高鱼丸凝胶强度的研究[J]. 农产品加工(1)：37－39.
孙达峰，蒋建新，史劲松，等. 2005. 葫芦巴胶水合压片增黏工艺研究及产品性能评价[J]. 中国野生植物资源，24(3)：34－37.
孙达峰，蒋建新，杨晓琴，等. 2003. 季铵型阳离子皂荚胶的合成[J]. 中国野生植物资源，22(6)：48－49.
孙达峰，蒋建新，朱莉伟，等. 2003. 羟乙基改性野皂荚胶的合成研究[J]. 中国野生植物资源，22(5)：27－28.
孙新虎，李伟，丁霄霖. 2002. 番茄红素 β－环糊精包合物的制备[J]. 中国食品添加剂，22(5)：8－10.
覃采芹，杜予民. 2002. 壳聚糖的降解及其结构特征[J]. 孝感学院学报，22(6)：5.
涂宗财，汪菁琴，阮榕生，等. 2006. 动态超高压微射流均质对大豆分离蛋白起泡性、凝胶性的影响[J]. 食品科学，27(10)：168－170.
汪学荣，龚韵，郭晓光. 2005. 亲水胶体对肉糜凝胶强度和持水性能的影响[J]. 肉类研究(8)：37－39.
王京滨，谭剑斌，李欣，等. 2006. 普鲁兰多糖对小鼠的致突变性实验研究[J]. 中国热带医学，6(5)：882－883.
王敏. 2004. 肉制品如何使用卡拉胶[J]. 肉品卫生(3)：25－27.
王琪. 1992. 含有莼菜具有抗菌消炎作用的糖果[J]. 国外医药：植物药分册，7(4)：191.
王淑如，夏尔宁，周岚. 1987. 莼菜多糖的提取分离及某些生物活性的研究[J]. 中国药科大学学报，18(3)：187.
吴晴斋，邵茹辛，徐学银，等. 1995. 甲壳素的毒理学研究 I. 急性毒性研究[J]. 中国生化药物杂志，16(3)：118－119.
吴晴斋，邵茹辛，徐学银，等. 1995. 甲壳素的毒理学研究 II. 对大鼠口服的长期毒性观察[J]. 中国生化药物杂志，16(3)：119－122.
吴晴斋，邵茹辛，徐学银，等. 1995. 甲壳素的毒理学研究 III. 对沙门氏菌的诱变作用观察[J]. 中国生化药物杂志，16(3)：122－123.

吴晴斋，邵茹辛，徐学银，等．1995．甲壳素的毒理学研究 IV．对 CHL 细胞染色体畸变作用观察[J]．中国生化药物杂志，16(3)：124－126.

吴晴斋，邵茹辛，徐学银，等．1995．甲壳素的毒理学研究 V．对小鼠致畸胎作用研究[J]．中国生化药物杂志，16(3)：126－128.

吴晴斋，邵茹辛，徐学银，等．1995．甲壳素的毒理学研究 VI．对小鼠骨髓细胞微核率的影响[J]．中国生化药物杂志，16(3)：128－129.

谢小梅，付占红，谢明勇，等．2006．精制车前子多糖对小鼠免疫功能的影响[G]．// 第三届全国中医药免疫学术研讨会论文汇编．长沙：中国免疫学会．

徐红蕊．2008．β－甘露聚糖酶之国内外最新研究概况[J]．湖南饲料(2)：30－32.

许怀远，任向妍．2009．结冷胶凝胶特性及在食品工业中的应用[J]．中国食品添加剂(4)：54－61.

许时婴，李博，王璋．1996．复配胶在低脂肉糜制品中的作用机理[J]．无锡轻工大学学报，15(2)：102－108.

袁从英，熊晨，郭会彩，等．2009．车前子多糖抗脂质过氧化作用的研究[J]．中国老年学杂志，29(10)：1202－1203.

张国丛，张俊学，刘彦军，等．2009．复配胶在蒸煮肉糜制品中的应用[J]．食品研究与开发，30(8)：178－182.

张金强．2005．车前子多糖微丸缓泻制剂的研究[D]．沈阳：辽宁中医学院．

张伟，沈年汉，陈秀芳．2010．几种微生物多糖的特性及在食品工业中的应用[J]．食品工业科技(6)：358－360.

赵新淮，王微．2010．复合增稠剂对凝固型原味酸奶质地及微观结构的影响[J]．东北农业大学学报，41(1)：107－111.

赵正涛，李全阳，卫晓英，等．2009．黄原胶对酸乳凝胶特性的影响及其作用机理探讨[J]．食品工业科技(4)：154－157.

朱卫红，许时婴，江波．2006．微胶囊化薄荷油的制备及其热稳定性研究[J]．食品与机械，22(5)：32－39.

ANISHA G S, JOHN R P, PREMA P. 2009. Biochemical and hydrolytic properties of multiple thermostable α－galactosidases from *Streptomyces griseoloalbus*: Obvious existence of a novel galactose－tolerant enzyme [J]. Process Biochemistry, 44: 327－333.

ASHTAPUTRE A, SHA A. 1995. Characteristics of gellan gum [J]. Applied and Environmental Microbiology, 61 (3): 159－162.

ATILA K, TERZI C, CANDA A E, et al. 2009. Partially hydrolyzed guar gum attenuates the severity of pouch it is in a rat model of ileal J Pouch－anal anastomosis [J]. Digest Disease and Science, 54: 522－529.

BALJIT S. 2007. Psyllimn as therapeutic and drug defivery agent [J]. International Journal of Pharmaceuties, 334 (1－2): 1－14.

BARBUCCI R, PASQU I D, FAVALORO R, et al. 2008. A thixotropic hydrogel from chemically crosslinked guar gum: Synthesis, characterization and rheological behavior [J]. Carbohydrate Research, 343: 3058－3065.

CAMESANO T A, WILKINSON K J. 2001. Single molecule study of Xanthan conformation using atomic force microscopy [J]. Biomacromolecules, 2(4): 1184－1191.

CATLEY B J, RAMSAY A, SERVIS C. 1986. Observations on the structure of the fungal extracellular olysaccharide, pullulan [J]. Carbohydrate Research, 153 (1): 79－86.

CHEN XL, CAO YH, DING YH, et al. 2007. Cloning, functional expression and characterization of *Aspergillus sulphureus* β-mannanase in *Pichia pastoris*[J]. Journal of Biotechnology, 128: 452－461.

D'MELO D J, SHENOY M A. 2008. Evaluation of mechanical properties of acrylated guar gum—Unsaturated polyester composites [J]. Polymer Bulletin, 61: 235－246.

DA SILVA－FIALHO L, GUIMARASE V M, Callegaric M, et al. 2008. Characterization and biotechnological application of an acid α-galactosidase from *Tachigalimultijuga* Benth seeds [J]. Phytochemistry, 69: 2579 – 2585.

DESPLANQUES S, RENOU F, GRISEL M, MALHIAC C. 2012. Impact of chemical composition of xanthan and acacia gums on the emulsification and stability of oil – in – water emulsions [J]. Food Hydrocolloids, 27 (2): 401 – 410.

DIAB T, BILIADERIS C G, GERASOPOULOS D, et al. 2001. Physicochemical properties and application of pullulan edible films and coatings in fruit preservation [J]. Journal of the Science of Food and Agriculture, 81(10): 988 – 1000.

HARRIS J E. 1985. GELRITE as an agar substitute for the cultivation of mesophilic Methanobacterium and Methanobrevibacter species[J]. Applied and Environmental Microbiology, 50(4): 1107 – 1109.

IMESON A P, WATSON P R, MITCHELL J R, et al. 1978. Protein recovery from blood plasma by precipitation with polyronates [J]. International Journal of Food Science & Technology(13): 329 – 338.

KANG K S, VEEDER G T, MIRRASOUL P J, et al. 1982. Agar – Like Polysaccharide Produced by a Pseudomonas Species : Production and Basic Properties[J]. Applied and Environmental Microbiology, 43(5): 1086 – 1091.

KAUTHARAPUA K, PUJARIA N S, GOLEGAONKAR S B, et al. 2009. Vinyl – 2 – pyrrolidone derivatized guar gum based aqueous two – phase system [J]. Separation and Purification Technology, 65: 9 – 13.

KIMOTO T, SHIBUYA T, SHIOBARA S. 1997. Safety studies of a novel starch, pullulan: Chronic toxicity in rats and bacterial mutagenicity [J]. Food and Chemical Toxicology, 35(3 – 4): 323 – 329.

LEATHERS T D. 2003. Biotechnological production and applications of pullulan [J]. Applied Microbiology and Biotechnology, 62 (5 – 6): 468 – 473.

LIJIMA M, SHINOZAKI M, HATAKEYAMA T, et a1. 2007. AFM studies on gelation mechanism of xanthan gum hydrogels [J]. Carbohydrate Polymers, 68(4): 701 – 707.

LIN K W, HUANG H Y. 2003. Konjac/gellan gum mixed gels improve the quality of reduced – fat frankfurters [J]. Meat Science, 65(2): 749 – 755.

MARETT R, SLAVIN J L. 2004. No long – term benefits of supplementation with arabinogalactan on serum lipids and glucose [J]. Journal of the American Dietetic Association, 104(4): 636 – 639.

MATSUKAWA S, TANG Z, WATANABE T. 1999. Hydrogen – bonding behavior of gellan in solution during structural change observed by ^{1}H NMR and circular dichroism methods [J]. Progress in Colloid and Polymer Science, 114: 15 – 24.

ONISHI H, MACHIDA Y. 1999. Biodegradation and distribution of water – soluble chitosan in mice [J]. Biomaterials, 20 (2): 175 – 182.

PUCHART V, VRSANSKA M, SVOBODA P, et al. 2004. Purification and characterization of two forms of endo – β – 1, 4 – mannanase from a thermotolerant fungus, *Aspergillus fumigates* IMI385708 (formerly *Thermomyces lanuginosus* MI158749) [J]. Biochimica et Biophysica Acta, 1674: 239 – 250.

RESCH J J, DAUBERT C R, ALLEN F E. 2004. A comparison of drying operations on the rheological properties of whey protein thickening ingredients [J]. International Journal of Food Science and Technology, 39(10): 1023 – 1031.

ROBINSON R R, FEIRTAG J, SLAVIN J L. 2001. Effects of dietary arabinogalactan on gastrointestinal and blood parameters in healthy human subjects [J]. Journal of the American College of Nutrition, 20(4): 279 – 285.

SAKURAI M H, MATSUMOTO T, KIYOHARA H, et a1. 1999. B – cell proliferation activity of pectic polysaccharide from a medicinal herb, the roots of Bupleurum falcatum L. and its structural requirement[J]. Immunology, 97(3): 540 – 547.

SANDE S A. 2005. Pectin – based oral drug delivery to the colon [J]. Expert Opinion on Drug Delivery, 2(3): 441 – 450.

SAWYER J T, APPLE J K, JOHNSON Z B. 2008. The impact of lactic acid concentration and sodium chloride on pH, water – holding capacity, and cooked color of injection – enhanced dark – cutting beef[J]. Meat Science, 79 (2): 317 – 325.

SINGH V, PANDEY S, SINGH S K, et al. 2008. Sol gel polycondensation of tetraethoxysilane in ethanol in presence of vinyl modified guar gum: synthesis of novel nanocompositional adsorbent materials [J]. Journal of Sol Gel Science and Technology, 47: 58 – 67.

SPEARS J K, KARR – LILIENTHAL L K, GRIESHOP C M, et al. 2005. Glycemic, insulinemic, and breath hydrogen responses to pullulan in healthy humans [J]. Nutrition Research, 25(12): 1029 – 1041.

STEWART M L, NIKHANJ S D, TIMM D A, et al. 2010. Evaluation of the effect of four fibers on laxation, gastrointestinal tolerance and serum markers in healthy humans [J]. Annals of Nutrition and Metabolism, 56(2): 91 – 98.

STORTZ C A. 2002. Potential energy surfaces of carrageenan models: Carrabiose, β – (1→4) – linked D – galactobiose, and their sulfated derivatives [J]. Carbohydrate Research, 337(21 – 23): 2311 – 2323.

TAKAHASHI T, MAEDA H, AOYAMA T, et al. 1999. Physiological effects of water – soluble soybean fiber in rats. Bioscience [J]. Biotechnology and Biochemistry, 63(8): 1340 – 1345.

TANAKA T, FUJISHIMA Y, HAMANO S, et al. 2004. Cellular disposition of arabinogalactan in primary cultured rat hepatocytes [J]. European Journal of Pharmaceutical Sciences, 22(5): 435 – 444.

THAKUR S, CHAUHAN G S, AHN J H. 2009. Synthesis of acryloyl guar gum and its hydrogelmaterials foruse in the slow release of *L* – DOPA and *L* – tyrosine [J]. Carbohydrate Polymers, 76(4): 513 – 520.

VENDRUSCOLO C W, Ferrero C, Pineda E A G, et al. 2009. Physicochemical and mechanical characterization of galactomannan from *Mimosa scabrella*: Effect of drying method [J]. Carbohydrate Polymers, 76: 86 – 93.

VERGARA – JIMENEZ M, FURR H, FERNANDEZ M L. 1999. Pectin and psyllium decrease the susceptibility of LDL to oxidation in guinea pigs [J]. Journal of Nutritional Biochemistry, 10(2): 118 – 124.

ZUNFT H J F, LüDER W, HARDE A, et a1. 2003. Carob pulp preparation rich in insoluble fibre lowers total and LDL cholesterol in hypercholesterolemic patients[J]. European Journal of Nutrition, 42(5): 235 – 242.

第 13 章 其他质构改良添加剂

学习目标

了解膨松剂、稳定剂和凝固剂、抗结剂、水分保持剂的定义、功能与特点；掌握常用膨松剂、稳定剂和凝固剂、抗结剂、水分保持剂的特性、使用方法和应用技术；了解膨松剂、稳定剂和凝固剂、抗结剂和水分保持剂的安全性与发展趋势。

13.1 膨松剂

13.1.1 膨松剂概述

13.1.1.1 膨松剂定义

膨松剂(bulking agent)又称膨胀剂、疏松剂或发粉，指在食品加工过程中加入的，能使产品发起形成致密多孔组织，从而使制品具有膨松、柔软或酥脆的物质。膨松剂主要用于焙烤食品，不仅提高食品的感官品质，而且有利于食品的消化吸收。

13.1.1.2 膨松剂分类

食品膨松剂一般分为生物膨松剂和化学膨松剂两种类型。

(1)生物膨松剂(酵母)

酵母是面制品中一种十分重要的膨松剂，它不仅能使制品体积膨大，组织呈海绵状，而且能提高面制品的营养价值和风味。过去在食品中使用的是压榨酵母(鲜酵母)，但由于其不易保存，制作时间长，现在逐步使用由压榨酵母经低温干燥而成的活性干酵母。它不受时间的限制，使用方便。活性干酵母使用时应先用30℃左右温水溶解并放置10min左右，使酵母活化后，即可使用。

(2)化学膨松剂

化学膨松剂分为碱性膨松剂和复配膨松剂两类：

①碱性膨松剂 碱性膨松剂主要是碳酸氢钠和碳酸氢铵等，作用单一(产气)，且可产生一定的碱性物质。例如，碳酸氢钠在产生二氧化碳时还可产生一定的碳酸钠，影响食品质量，而碳酸氢铵在应用时所产生的氨气，残留在食品中带有特殊臭味等。

②复配膨松剂 复配膨松剂一般由碳酸盐、酸性盐或有机酸、助剂 3 部分组成。其中，碳酸盐的作用是产生气体，用量 20% ~40%；酸性盐或有机酸的作用是与碳酸盐反应，控制产气速度，调整食品酸碱度，用量 35% ~50%；助剂的作用是改善膨松剂保存性，防止吸潮、失效，调节气体产生速度或使气泡均匀产生，用量一般为 10% ~40%，主要由淀粉、脂肪酸等组成。复配膨松剂通常按所含酸性物质的不同可有产气快慢的区别。例如，膨松剂中使用有机酸、磷酸氢钙等，产气反应较快，而使用硫酸铝钾，硫酸铝铵等则反应速度较慢，通常需要在高温时产生作用。

13.1.2 膨松剂功能和特点

(1)膨松剂的功能

①增加食品体积 以面包为例，其组织特性是具有海绵状多孔结构，需要在加工过程要求面团产生大量气体，除油脂和面团中水分蒸发产生一部分气体之外，绝大部分气体由膨松剂产生，使面包体积比面团增大 2 ~3 倍。

②产生多孔结构 无多孔组织食品的味觉反应较慢，味道平淡。膨松剂使食品具有松软酥脆的质构，使消费者感到可口、易嚼。食品入口后唾液可很快渗入食品组织中，带出食品中的可溶性物质，很快尝到食品的风味。

③容易消化 膨松食品进入胃中，就像海绵吸水一样，使各种消化液快速、畅通地进入食品组织，消化容易，吸收率高，避免营养素的损失(杜克生，2009)。

(2)膨松剂的特点

一般而言，单一的化学膨松剂具有价格低、保存性好、使用方便等优点，在生产中广泛使用，但也有以下缺点：反应速度较快，制品体积大，但组织结构疏松，口感差。不能控制产气速度，有时无法适应食品工艺要求；生成物不是中性的，如碳酸钠为碱性物质，它可能与食品中的油脂发生皂化反应，产生不良味道，破坏食品中的营养素。

生物膨松剂即酵母发酵时间长，有时制成的产品海绵状结构过于细密、体积不够大。酵母和化学膨松剂单独使用时，各有不足，二者复配可扬长避短，生产理想产品。

13.1.3 膨松剂作用机理

(1)膨松剂在使用中分解产生 CO_2

膨松剂遇水即发生反应，一般是温度越高反应越快，如碳酸氢钠，遇水即分解。

$$2NaHCO_3 \longleftrightarrow Na_2CO_3 + CO_2 + H_2O$$

$$NH_4HCO_3 \longleftrightarrow NH_3 + H_2O + CO_2$$

(2)膨松剂在使用中发酵产生 CO_2

酵母发酵产气的机理主要是利用面团中的单糖作为营养物质，先后进行有氧呼吸与无氧呼吸，产生 CO_2、醇、醛和一些有机酸。

$$C_6H_{12}O_6 + 6O_2 \longrightarrow 6CO_2 + 6H_2O\text{(有氧呼吸)}$$

$$C_6H_{12}O_6 \longrightarrow 2C_2H_5OH + CO_2$$（无氧呼吸）

发酵产生的CO_2被面团中面筋包覆，加热时使制品体积膨大并形成海绵状网络组织。而发酵形成的酒精、有机酸、酯类、羰基化合物则使食品风味独特、营养丰富（史宁，2002）。

（3）复配膨松剂的作用机理

复配膨松剂在使用中发生中和或复分解反应，产生CO_2。如碳酸氢钠和酸性盐组成的复配膨松剂：

$$NaHCO_3 + \text{酸性盐} \longrightarrow CO_2 + \text{中性盐} + H_2O$$

（4）膨松剂的"二次膨发"作用

二次膨发是指面团在调制时一定程度的一次膨发，醒发阶段膨发暂停或缓发，到焙烤、蒸、炸阶段再次开始膨发而完成全部膨发过程的现象。焙烤食品生产过程：生面团⟶调制⟶醒发⟶焙烤。

在调制阶段必须先有少量的气体，在面团中形成一些发泡点，这些点的数目和位置决定了成品中气孔的数目和位置。调制时发气，产生发泡点非常关键，因为以后的工艺过程中一般不再形成这样的位点，所以要求膨松剂在这一阶段发生一定程度的反应产生所需的发泡点。在醒发阶段，面团很软，没有足够强度包含气体，也没有足够强度使结构稳固，加之面团醒发的时间不同，所以在醒发阶段膨松剂不能发生剧烈的反应。在焙烤阶段，生面团经过烘烤、油炸成为产品，在此过程中膨松剂必须再次膨发，以增加产品体积。如果膨松剂反应太快，在面团的气孔还没有足够强度定型时，产生的气体就会逸出。如果反应太慢，面团被烘烤固定后才产生大量气体，则产品出现裂痕。膨松剂的产气速度与面团的物理变化相适应才能使发气点扩大为气泡，产生海绵状蜂窝组织，使产品质构蓬松（彭珊珊等，2009）。

13.1.4 膨松剂各论

（1）碳酸氢钠（Sodium bicarbonate，CNS 号：06.001，INS 号：500ii）

碳酸氢钠又称小苏打，为白色晶体粉末，无臭，味咸，易溶于水，水溶液呈碱性，不溶于乙醇。碳酸氢钠在干燥空气中稳定，加热时，自 50℃开始释放CO_2，至 270℃失去全部CO_2。碳酸氢钠遇酸即强烈分解而产生CO_2，分解后产生的碳酸钠，使食品的碱性增加，不但影响口味，还会破坏某些维生素，或与食品中的油脂发生皂化反应，导致食品发黄或夹杂有黄斑，使食品质量降低。食品级碳酸氢钠可认为无毒，但过量摄取时有碱中毒及损害肝脏的危险，一次大量口服，可因产生大量CO_2而引起胃破裂。碳酸氢钠的 ADI 值无限制（FAO/WHO，1965）。

碳酸氢钠的使用范围和使用量见《食品添加剂使用标准》（GB 2760—2011）及增补公告。

（2）碳酸氢铵（Ammonium bicarbonate，CNS 号 06.002，INS 号：503ii）

碳酸氢铵俗称臭粉，为白色粉状结晶，有氨臭味，在空气中易风化，有吸湿性，潮解后分解加快。碳酸氢铵易溶于水，其水溶液呈弱碱性，不溶于乙醇，对热不稳定，固体在 58℃，水溶液在 70℃则分解。碳酸氢铵在食品加工过程中生成CO_2和氨，两者均可挥发，用于食品中使食品产生海绵状疏松结构。氨气若溶于食品的水中则生成氢氧化铵，使食品的碱性增加，影响食品的风味，即有氨臭味。此外，由于碳酸氢铵产生的气体量较大，容易造成制品过松，使制品内部出现较大的空洞。CO_2和氨均为人体正常代谢产物，少量摄入，对健康无害。碳酸氢铵的ADI值不作特殊规定(FAO/WHO，1982)。

碳酸氢铵的使用范围和使用量见《食品添加剂使用标准》(GB 2760—2011)及增补公告。

以上两种膨松剂均各有优缺点，在实际应用中常将两者混合使用，这样可以减小各自的缺点，获得满意的使用效果。

(3)硫酸铝钾(Aluminium potassium sulfate，CNS号：06.004，INS号：522)

硫酸铝钾别名钾明矾、铝钾矾、明矾或钾矾，为无色透明坚硬的大块结晶、结晶性碎块或结晶性粉末，无臭，略有甜味和酸涩味，可溶于水，在水中分解为氢氧化铝胶状沉淀，受热时失去结晶水而成为白色粉末状的烧明矾，60～65℃时失去9分子水，在200℃时12个结晶水完全失去，更高温度分解产生二氧化硫。

硫酸铝钾的ADI值未颁布(FAO/WHO，1978)，但是铝的暂定每周可耐受摄入量(provisional tolerable weekly intake，PTWI值)为7mg/kg BW(以铝计，铝及所有铝盐的类别PTWI值；FAO/WHO，1988)。

硫酸铝钾为酸性盐，主要用于中和碱性膨松剂，产生CO_2和中性盐，可避免食品产生不良气味，又可避免因碱性增大而导致食品品质下降，还能控制膨松剂产气的速度。硫酸铝钾广泛应用于焙烤、膨化、油炸等食品，常用在油条加工过程中，明矾与小苏打混合反应产生CO_2，使得油条膨大，变得酥脆，尤其是油条表层部分，加了明矾的油条较不易变软，出锅后外观较美观。

硫酸铝钾有收敛作用，能和蛋白质结合导致蛋白质形成凝胶而凝固，使食品组织致密化；有防腐作用；还可作为腌渍品的护色剂，用于海蜇、银鱼等海产品的腌渍脱水加工中。

硫酸铝钾的使用范围和使用量见《食品添加剂使用标准》(GB 2760—2011)及增补公告。

(4)硫酸铝铵(Aluminium ammonium sulfate，CNS号：06.005；INS号：523)

硫酸铝铵别名铵明矾、铵矾，为无色透明状结晶或结晶性粉末，无臭，略有甜味和强收敛涩味，熔点94.5℃，加热到250℃成无水物，即烧铵矾。280℃以上则分解，并释放出氨。易溶于水，水溶液呈酸性，可缓慢溶于甘油，不溶于乙醇。硫酸铝铵可以单独使用，一般多与碳酸氢钠合用，与酸性物质等复配生产复配膨松剂。

硫酸铝铵的PTWI值为7mg/kg BW(以铝计，铝及所有铝盐的类别PTWI值；FAO/WHO，1988)。

硫酸铝铵的使用范围和使用量见《食品添加剂使用标准》(GB 2760—2011)及增补公告。

13.1.5 膨松剂的安全使用

研究结果表明，铝对人类健康有着重要的影响，因蓄积引起神经、肝肾、骨骼、生殖、免疫和其他系统的毒性，WHO/FAO在1989年正式将铝定为食品污染物，我国卫生部于2007年对其进行食品污染物监测。

我国《食品添加剂使用标准》(GB 2760—2011)规定使用明矾做膨松剂时，食品中铝残留量应≤100mg/kg。按照食品安全国家标准的规定，若食品中明矾超标，食品产生微涩的口感，消费者容易进行排查。

一些不法商贩在制作淀粉类食品(如粉条、粉丝、粉皮、凉粉、凉皮)时违规加入明矾，主要作用是絮凝淀粉浆，使成品在烹煮时有韧性，不易煮烂，也就是常说的“筋道”，口感好。因明矾违规使用或使用过量所造成的食品安全事件多见于油条、粉丝、膨化食品中。

油炸面制品中铝含量超标是我国食品安全监管工作必须解决的问题，2008 年 5 ~10 月北京市朝阳区疾病预防控制中心对 101 种市售油炸面制品中铝含量进行了检测，结果发现这些油炸面制品中的平均铝含量为 382.73mg/kg，合格率仅为 36.63%，其中小吃摊点的合格率尤其低，超过国家标准的 64 种产品中有 8 种铝含量大于 1 000mg/kg，超过国家标准最高限量的 10 倍。2005 年暴出某品牌薯片铝超标事件，根据国家食品质量监督检验中心受个人委托进行的检测结果，该薯片铝含量为 193mg/kg。

鉴于使用明矾导致的各种食品安全问题，替代明矾的高效无铝膨松剂的研究开发成为热点，也取得了一些成果。

各种研究中用来代替明矾的油条膨松剂主要有两种类型：一是用其他不含铝的酸性盐代替部分明矾；二是用柠檬酸代替明矾。两种方法中以第一种方法生产的油条色、香、味、形、质感较好，但这种方法只是减少了明矾的用量，没有从根本上解决铝残留问题；第二种方法生产出的油条成品色、香、味、形、质感次于传统方法。目前，在蛋糕生产中所采用的膨松剂多为食用碱、明矾、淀粉及食盐等配制而成的含铝复配膨松剂。李凤林等(2008)研究了蛋糕专用无铝复配膨松剂配方，其组成为碳酸氢钠 29.5%，柠檬酸 8.5%，酒石酸氢钾 11.4%，磷酸二氢钙 4.2%，葡萄糖酸 - δ - 内酯 14.8%，食盐 15%，其余为蔗糖脂肪酸酯。感官评价结果证明：使用该无铝复配膨松剂与使用市售含铝复配膨松剂相比，蛋糕感官性状无显著差异。按 GB 2760—2011 的规定，冷冻米面制品不能使用含有明矾、磷酸二氢钙、焦磷酸二氢二钠、酒石酸氢钾、硫酸钙等成分的膨松剂。广州市食品工业研究所有限公司(2010)研发的新型膨松剂的基本成分为：以碳酸氢钠、碳酸钙为碳酸盐类；以柠檬酸、酒石酸、葡萄糖酸 - δ - 内酯为酸性物质；用单甘酯、大豆磷脂作为乳化剂；以 L - 抗坏血酸棕榈酸酯为抗氧化剂；选用淀粉为助剂。该膨松剂除适用于冷冻米面制品外，还可用于其他多种食品，且加工性能好、口感佳，具有膨化、抗氧化、抗老化、强化营养等多种功能。李小婷等(2011)以 90% 甘薯淀粉和 10% 木薯淀粉为原料，以羟丙基二淀粉磷酸酯和沙蒿胶为明矾替代物，研究了该复配添加剂对甘薯粉丝品质的影响。结果显示，原料中添加质量分数 5.0% 羟丙基二淀粉磷酸酯和 0.5% 沙蒿胶可明显提高甘薯粉丝的品质，显著改善其断条及糊汤状况。杨书珍等(2009)研究了磷酸盐和黄原胶复配使用对甘薯粉丝质量的影响。结果表明，添加淀粉质量的 0.5% 磷酸盐和 0.3% 黄原胶能显著改善甘薯粉丝的品质，其品质接近于添加 0.3% 明矾的粉丝。葡萄糖酸 - δ - 内酯也可用于新型无铝膨松剂，其最佳配方为(以成分占小麦粉的百分数计)：碳酸氢钠 3.2%，葡萄糖酸 - δ - 内酯 3.2%，酒石酸氢钾 0.4%，磷酸二氢钙 0.8%。该膨松剂不仅避免了铝对人体的危害，而且有效补充了人体所需的钙、磷等营养素。

13.2 稳定剂和凝固剂

13.2.1 稳定剂和凝固剂定义

稳定剂和凝固剂(stabilizer and firming agents)是使食品结构稳定或使食品组织结构不变、

增强黏性固形物的物质。常用的有各种钙盐，如氯化钙、乳酸钙、柠檬酸钙等，它们能使可溶性果胶成为凝胶状不溶性果胶酸钙，以保持果蔬加工制品的脆度和硬度。在豆腐生产中，则用盐卤、硫酸钙、葡萄糖酸－δ－内酯等蛋白质凝固剂以达到固化的目的。此外，金属离子螯合剂能与金属离子在其分子内形成内环，使金属离子成为此环的一部分，从而形成稳定而能溶解的复合物，消除了金属离子的有害作用，从而提高食品的质量和稳定性，最典型的螯合剂即为乙二胺四乙酸二钠。

13.2.2 凝固剂分类与特点

（1）盐类凝固剂

传统豆腐生产过程中，主要采用石膏和盐卤作单一凝固剂，用盐卤制作的豆腐具有极佳的口感，但是豆腐持水性差，而且产品放置时间不宜过长；用石膏制成的豆腐保水性好，组织光滑细腻，出品率高，但制品有一定的石膏残渣且带有苦涩味，缺乏大豆香味。

（2）酸类凝固剂

采用葡萄糖酸－δ－内酯凝固剂制成的豆腐品质较好，质地滑润爽口，弹性大，持水性好，但口味平淡，偏软，不适合煎炒，且略带酸味。使用1.0%～3.0%的新鲜果汁（包括柠檬汁、橙汁、柚子汁）可以有效地凝固豆乳，形成具有良好物理性质的豆腐，而且果汁的使用使豆腐呈现彩色。但是有机酸凝固剂由于作用时间比较短，因此制得的豆腐组织比较粗糙，缺少内酯豆腐的细腻滑润。

（3）酶凝固剂

酶凝固剂有转谷氨酰胺酶、木瓜蛋白酶、菠萝蛋白酶、碱性蛋白酶和中性蛋白酶等。其中，微生物来源的碱性和中性蛋白酶具有较高的凝固活性（王荣荣等，2006）。

13.2.3 稳定剂和凝固剂作用机理

13.2.3.1 稳定剂

稳定剂在食品中的主要作用是组织果胶流失、保持体系的稳定性，主要包括一些钙盐、螯合剂等。

（1）果蔬硬化剂

果蔬硬化剂包括氯化钙等钙盐类物质，主要作用是使果蔬中可溶性的果胶酸与钙离子反应生成凝胶状不溶性果胶酸钙，加强果胶分子的交联，从而保持果蔬加工制品的脆度和硬度（阮春梅，2002）。

（2）螯合剂

螯合剂能与多价金属离子结合形成可溶性络合物，可在食品中消除易引起氧化作用的金属离子，提高食品的质量和稳定性。EDTA 和葡萄糖酸－δ－内酯均可用作螯合剂。任何有一未共享电子对的分子或离子均可与金属离子配价生成络合物。EDTA 络合物的空间构型使其余两个羧基、阴离子型氧原子的自由电子对能与金属发生额外的配位作用，由于全部6个供电子基团都能得到利用，形成的络合物极其稳定（王璋等，2008）。

13.2.3.2 凝固剂

凝固剂的主要作用是使豆浆凝固为不溶性凝胶状豆腐。凝固剂主要包括盐类凝固剂和葡萄糖酸-δ-内酯凝固剂。

(1)盐类凝固剂

盐类凝固剂的凝固机理主要有3种:

①离子桥学说　豆腐凝固时，盐类凝固剂的二价阳离子(Ca^{2+}、Mg^{2+})与蛋白质分子结合，充当“桥”的作用。

②盐析理论　盐中的阳离子与热变性蛋白质表面所带负电荷的氨基酸残基结合，形成胶状物。

③pH值理论　豆浆中加入中性盐，豆浆pH值下降，在pH值为6时，豆浆中蛋白质变性凝固成豆腐。

(2)酸类凝固剂

葡萄糖酸-δ-内酯在低温时稳定，在高温和碱性条件下可分解为葡萄糖酸，使豆浆pH值下降，并在豆浆中释放质子，使变性蛋白质表面所带负电荷的基团减少，蛋白质分子之间的静电斥力减弱，分子相互靠近，有利于蛋白质分子凝固(孟旭等，1992)。

13.2.4 稳定剂和凝固剂各论

(1)氯化钙(Calcium chloride，CNS号：18.002，INS号：509)

氯化钙为白色坚硬的碎块状结晶，或片状、粒状、粉末状，无臭，微苦，相对密度1.835，易溶于水，水溶液呈中性或微碱性；可溶于乙醇(10%)；吸湿性强，干燥氯化钙置于空气中很快吸收空气中的水分，成为潮解性的$CaCl_2 \cdot 6H_2O$。

氯化钙为人体内正常成分，参与人体代谢，其LD_{50}为1 000mg/kg BW(大鼠，经口)；ADI值无限制(FAO/WHO，1973)。

氯化钙最重要的一个用途是果蔬硬化剂，在制造冷冻或罐藏果蔬制品时，用氯化钙可使果蔬中的果胶形成果胶酸钙凝胶，而保持坚硬性。蜜饯糖渍前可将蜜饯原料浸泡于氯化钙稀溶液中，使钙离子与原料中的果胶物质生成不溶性盐类，从而提高硬度和耐煮性。用0.1%氯化钙与0.2%~0.3%亚硫酸氢钠混合液浸泡果蔬30~60min，发挥护色兼硬化的双重作用。硬化剂处理后的原料，在糖渍前应充分漂洗，以免残留的硬化剂影响产品质量。硬化剂的选用、用量及处理时间必须适当，过量会生成过多钙盐或导致部分纤维素钙化，使产品质地粗糙，品质劣化。

实际制作豆腐时，1L豆乳加入20~35g的4%~6%氯化钙水溶液即可；为强化剂及加工的需要，除特殊营养品外，氯化钙的一般用量为1%以下；制作乳酪的用量为0.02%；用0.05%~0.6%的氯化钙水溶液可防止花椰菜、酸黄瓜、马铃薯片的褐变；冬瓜硬化处理时，可将去皮冬瓜泡在0.1%氯化钙溶液中，抽真空，使氯化钙渗入组织内部，渗入稳定时间为20~25min。

氯化钙的使用范围和使用量见《食品添加剂使用标准》(GB 2760—2011)及增补公告。

(2)硫酸钙(Calcium sulfate，CNS号：18.001，INS号：516)

硫酸钙别名石膏、生石膏，为白色结晶性粉末，无臭，有涩味，微溶于甘油，难溶于水

(0.26g/100mL，18℃)，不溶于乙醇，可溶于盐酸。

钙与硫酸根都是人体内正常成分，而且硫酸钙在水中溶解度低，在消化道内难以吸收，所以硫酸钙可认为对人体无害。硫酸钙的ADI值无限制(FAO/WHO，1973)。

硫酸钙对蛋白质凝固性缓和，所生产的豆腐质地细腻、持水性好、有弹性。但因其难溶于水，易残留涩味和杂质。硫酸钙在啤酒酿造过程中主要用于调节酿造用水的硬度和钙离子浓度，使糊化、糖化醪液及麦汁的pH值得到合理控制，有利于糊化和糖化过程中各种酶系的充分作用，可改善麦汁组成。

硫酸钙的使用范围和使用量见《食品添加剂使用标准》(GB 2760—2011)及增补公告。

(3)氯化镁(Magnesium chloride，CNS号：18.003，INS号：511)

氯化镁别名盐卤、卤片，为无色至白色结晶或粉末，无臭，味苦；极易溶于水和乙醇，水溶液呈中性，相对密度1.56。氯化镁常温下为六水物，也可有二水物，极易吸潮，含水量可随温度而变化。

氯化镁的LD_{50}为800mg/kg BW(大鼠，经口)；ADI值无限制(FAO/WHO，1979)。

食用氯化镁作为凝固剂在豆制品生产中的应用尤为广泛，用其制成的豆腐，保留了中国传统豆腐富有弹性、味道鲜美等特点，而且外表白嫩、口感细腻。由于氯化镁在水中溶解速度快，生产豆制品时，豆浆凝固快，但豆制品持水性差，易破碎，苦味较重。氯化镁还可作为鱼糜制品的组织改良剂，增强鱼糜制品的弹性；可作为助滤剂用于清酒生产。

氯化镁的使用范围和使用量见《食品添加剂使用标准》(GB 2760—2011)及增补公告。

(4)葡萄糖酸-δ-内酯(Glucono delta-lactone，CNS号：18.007，INS号：575)

葡萄糖酸-δ-内酯为白色结晶或结晶性粉末，无臭，口感先甜后酸，易溶于水，微溶于乙醇，在约135℃时分解。水溶液缓慢水解成葡萄糖酸以及其α-和γ-内酯的平衡混合物。其水解速度可因温度或溶液的pH值而有所不同，温度越高、pH值越高，水解速度越快，通常1%水溶液pH值为3.5左右，故本品亦可作为酸味剂使用。

美国FDA将葡萄糖酸-δ-内酯列为GRAS物质，其LD_{50}为7.63g/kg BW(兔静脉注射)。在人体试验发现，服用剂量为167mg/kg BW，7h后由尿排出7.7%~15%，未发现尿有异常。葡萄糖酸-δ-内酯的ADI值不作特殊规定(指葡萄酸-δ-内酯、葡萄糖酸钙、葡萄糖酸镁、葡萄糖酸钾、葡萄糖酸钠等的类别ADI值，FAO/WHO，1998)。

葡萄糖酸-δ-内酯用作凝固剂，有许多特性。它在水中发生解离生成葡萄糖酸，能使蛋白质溶胶凝结而形成蛋白质凝胶，其效果优于硫酸钙、氯化钙、盐卤。用葡萄糖酸-δ-内酯作为凝固剂生产豆腐，制成的产品具有质地细腻，滑嫩可口，保水性好，以及防腐性好，保存期长，一般在夏季放置2~3d不变质。

制作豆腐脑时，每1kg大豆可得到豆浆15~16kg，每1kg豆浆中加葡萄糖酸-δ-内酯1.2g，点浆后15min即成豆腐脑。实际用于制作豆腐时，葡萄糖酸-δ-内酯的用量为2.5~2.6g/kg豆浆。将葡萄糖酸-δ-内酯溶于少量水中，溶解后加于豆浆中，及时搅拌；或将加好葡萄糖酸-δ-内酯的豆浆装罐，密封后加热至80℃左右，保持15min，即凝固成豆腐。葡萄糖酸-δ-内酯与碳酸氢钠按2∶1混合成发酵粉，其用量可占酸味剂的50%~70%。可用于饼干、炸面卷及面包等，尤其适用于蛋糕，用量约为小麦粉的0.13%。午餐肉、香肠、红肠等加入0.3%葡萄糖酸-δ-内酯，可使制品色泽鲜艳，持水性好，富有弹性，且具有防腐作用，还能降低制品中亚硝胺的生成。作为螯合剂，可用于葡萄汁或其他浆果酒，能防止生成酒石。用于乳制品，可防止乳石生成。葡萄糖酸 - δ - 内酯还可用于果汁饮料及果冻等作为酸味剂，也可与碳酸氢钠配制成高级饮料，不仅产气强，而且能缓慢地水解出葡萄糖酸，具有清凉可口和对胃无刺激的特点。多聚磷酸钠与葡萄糖酸 - δ - 内酯以 1∶2 的比例混合后浸泡大米，能显著提高大米常温下的吸水率；以葡萄糖酸 - δ - 内酯、多聚磷酸钠、乳化剂、β - 环状糊精和蛋白酶等为主要添加剂，可以改进大米在不同环境中的吸水性和米饭食用品质。葡萄糖酸 - δ - 内酯还用于午餐肉和碎猪肉罐头，有助于发色，最大使用量为0.3%。用于糕点防腐，一般用量为0.5% ~2%。

葡萄糖酸 - δ - 内酯的使用范围和使用量见《食品添加剂使用标准》(GB 2760—2011)及增补公告。

13.2.5 稳定剂和凝固剂研究进展

近年来，一些学者系统研究了氯化钙对牛羊肉的嫩化机理及效果。氯化钙的作用机理是 Ca^{2+} 增加钙激活蛋白酶的活性，并使肌纤维蛋白变得不稳定，游离氨基酸增多，嫩度得到明显改善。吴强等(2010)研究表明，超声波结合氯化钙处理牛肉能明显改善牛肉品质。注射10%氯化钙结合超声波处理12min 对牛肉的色泽、持水力、蒸煮损失改善效果最好，注射5%氯化钙结合超声波处理6min 对改善嫩度效果最显著。近年来，为克服单一凝固剂使用过程中的缺陷，许多学者进行了复配凝固剂的研究。石彦国等(2007)将硫酸钙与卤水按 4∶6 复配应用时，豆腐的质量、口感较好。张恒(2002)研究表明，当葡萄糖酸内酯和石膏比例为 2∶1 时制作的豆腐在出品率、含水率、蛋白质含量、豆腐外观、内部结构及风味等方面均好于单一凝固剂豆腐。郑立红(2000)以内酯为主的复合凝固剂最佳配方为内酯 0.3%、石膏 0.069%、磷酸氢二钠 0.047%、单甘酯 0.019%(以豆浆计)，制成的豆腐既保持了内酯豆腐的细腻爽滑，又增强了豆腐的硬度，使豆腐弹性更佳，提高了豆腐的质量和产量。葡萄糖酸 - δ - 内酯、乙酸钙、氯化镁以 2∶1∶1 的比例制成的复配凝固剂所制得的产品凝胶强度好，组织细腻均匀，口味鲜美，弹性、黏结性等方面均优于单一凝固剂(王荣荣等，2006)。选择合适的凝固剂种类及配比是使用复配凝固剂的关键。

随着人们对蛋白质胶凝的认识不断深入，采用酶处理也可诱导蛋白质形成凝胶，酶凝固剂中研究最多而且已经进入使用阶段的是转谷氨酰胺酶(transglutaminase)。郑恒光等(2007)研究表明，大豆蛋白(7S 和 11S 球蛋白)是转谷氨酰胺酶的良好底物，经过酶处理过的球蛋白稳定性得到明显提高。采用转谷氨酰胺酶作为凝固剂生产豆腐，所得絮凝过程温和、可控，而且产品色泽、口感、风味与豆浆保持一致，且解决了目前豆腐存在的酸、涩问题。钟芳等(2002)用动黏弹性评价了木瓜蛋白酶、碱性蛋白酶(alcalase)和菠萝蛋白酶(bromelain)等 6 种蛋白酶对凝固大豆蛋白弹性模量(G′)的影响，并依此认为碱性蛋白酶和木瓜蛋白酶凝固的大豆蛋白质凝胶强度比其他几种酶高；对木瓜蛋白酶凝固大豆蛋白、11S 和 7S 球蛋白过程中的动黏弹性变化研究认为：木瓜蛋白酶在低浓度下，起凝固作用的主要是 11S 球蛋白，在高浓度情况下起凝固作用的主要是 7S 球蛋白；对大豆蛋白质凝固过程中分子间作用力的研究表明，木瓜蛋白酶凝固大豆蛋白质形成凝胶的分子间作用力包括疏水作用、氢键、离子键、二硫键和共价键，其中疏水作用和氢键起主要作用。栾广忠等(2006)研究了 Alcalase 凝固大豆蛋白质过程中蛋白质分子结构的变化，发现碱性蛋白酶凝固过程中大豆蛋白质的二级结构变化显示 α－螺旋的含量减少，无规则卷曲的含量增加，有利于分子间氢键的形成和氨基酸疏水残基暴露，疏水作用和氢键作用下形成了由蛋白质组成的网络结构。总体来说，对酶凝固剂凝固豆浆机理的研究还非常有限，不能够全面合理的解释蛋白酶凝固豆浆的本质，再加上酶凝固剂所存在的一些问题，很大程度上影响了酶凝固剂的应用发展。

13.3　抗结剂

13.3.1　抗结剂定义

抗结剂（anticaking agents）又称抗结块剂，是用于防止颗粒或粉状食品聚集结块，保持其松散或自由流动的物质。抗结剂颗粒细微、松散多孔、吸附力强，可以吸附物料表面的水分和油脂，保持其表面干爽、无油腻，由此达到防止物料结块的目的。

我国《食品添加剂使用标准》（GB 2760—2011）中许可使用的抗结剂有 5 种：亚铁氰化钾、硅铝酸钠、磷酸三钙、二氧化硅和微晶纤维素。

抗结剂的品种繁多，除了我国许可使用的 5 种以外，国外许可使用的还有硅酸铝、硅铝酸钙、硅酸钙、硬脂酸钙、碳酸镁、氧化镁、硬脂酸镁、磷酸镁、硅酸镁、高岭土、滑石粉和亚铁氰化钠等。它们除有抗结块作用外，有的还具有其他作用，如硅酸钙及高岭土还有助滤作用，硬脂酸钙和硬脂酸镁有乳化作用等。

13.3.2　抗结剂特点

抗结剂颗粒小（2～9μm）、表面积大（310～675m^2/g）、松软多孔，吸附力强，易吸附导致形成结块的水分、油脂等，使食品保持粉末或颗粒状态（曹竑，2004）。

抗结剂能有效防止食品结块，改善食品主体基料流动性，保持食品疏松、均匀，具有缓冲、调节酸度等功能。

13.3.3　抗结剂作用机理

抗结剂微粒黏附在食品颗粒表面，从而影响食品颗粒的物性。这种黏附作用的程度可以是覆盖颗粒的全部表面，或覆盖颗粒的部分表面。抗结剂颗粒和食品颗粒之间存在的亲和力使抗结剂和食品形成一种有序的混合物。一旦抗结剂颗粒与食品颗粒黏附，就会通过以下途径达到改善粉状食品流动性和提高抗结性的目的。

（1）提供物理阻隔作用

当食品颗粒表面被抗结剂颗粒完全覆盖后，由于抗结剂之间的作用力较小，形成的抗结剂薄层成为阻隔食品颗粒相互作用的物理屏障。这种物理屏障将导致两种结果，一是抗结剂阻隔了食品表面的亲水性物质，因吸湿形成颗粒间液桥；二是抗结剂吸附在食品表面后，使其更为光滑，从而降低了颗粒间的摩擦力，增加了颗粒的流动性，这一作用常被称作润滑作用。由于各种抗结剂自身性质不同，所以它们提供的润滑作用也有区别。

(2)通过与食品颗粒竞争吸湿，抑制食品颗粒的吸湿结块

通常抗结剂自身具有很大的吸湿能力，从而与食品颗粒在吸湿的情况下发生竞争，减少食品颗粒因吸湿而导致的结块倾向。

(3)通过消除食品表面的静电荷和分子作用力提高其流动性

微胶囊化粉末颗粒带有的电荷一般相同，因此它们之间相互排斥，防止结块。但是这些产品上的静电荷常会与生产装置或包装材料的摩擦静电相互作用而带来许多麻烦。当添加抗结剂后，抗结剂中和食品颗粒表面的电荷，从而改善食品粉末的流动性。这种作用常用来解释当抗结剂与食品颗粒间的亲和力不是很大，抗结剂只是局部分散在食品颗粒的表面时却能很好地改善其流动性的原因。

(4)通过改变食品颗粒结晶体的晶格，形成一种易碎的晶体结构

当食品中能结晶的物质水溶液中或已结晶的颗粒的表面上存在抗结剂时，它不仅能抑制晶体的生长，还能改变晶体结构，从而产生一种在外力作用下十分易碎的晶体，使原本易形成坚硬块状的食品结团现象减少，改善其流动性(黄英雄等，2002)。

13.3.4 抗结剂各论

(1)亚铁氰化钾(Potassium ferrocyanide，CNS 号：02.001，INS 号：536)

亚铁氰化钾别名黄血盐、黄血盐钾，为浅黄色单斜晶颗粒或结晶性粉末，无臭，味咸，在空气中稳定，加热70℃时失去结晶水变成白色，100℃时生成白色粉状无水物，强烈灼烧时分解，放出氮并生成氰化钾和碳酸铁；遇酸生成氢氰酸，遇碱生成氰化钠；可溶于水，水溶液遇光则分解为氢氧化铁，不溶于乙醚、乙醇。

亚铁氰化钾 LD_{50}为1.6～3.2g/kg BW(大鼠，经口)；其 ADI 值0～0.025mg/kg BW(以亚铁氰化钠计，FAO/WHO，1974)。

亚铁氰化钾的使用范围和使用量见《食品添加剂使用标准》(GB 2760—2011)及增补公告。

(2)二氧化硅(Silicon dioxide，CNS 号：02.004，INS 号：551)

二氧化硅别名硅胶、无定型二氧化硅、合成无定性硅，食品用的二氧化硅是无定型物质，依制法不同分胶体硅和湿法硅两种。胶体硅为白色微孔珠或颗粒。从空气中吸收水分，无臭，无味。不溶于水和有机溶剂，溶于氢氟酸和热的浓碱液。

二氧化硅的 LD_{50} >5g/kg BW(大鼠，经口)；微核试验未见有致突变性；ADI 值不作特殊规定(二氧化硅及硅酸铝、硅酸钙、硅铝酸钠的类别 ADI 值，FAO/WHO，1985)。

二氧化硅的使用范围和使用量见《食品添加剂使用标准》(GB 2760—2011)及增补公告。

(3)硅铝酸钠(Sodium aluminosilicate，CNS 号：02.002，INS 号：554)

硅铝酸钠别名铝硅酸钠，为含水硅铝酸钠，其近似摩尔组成比为 $Na_2O : Al_2O_3 : SiO_2$ = 1∶1∶13.2，白色无定形细粉或粉末。无臭、无味，不溶于水、乙醇或其他有机溶剂。在80～100℃时部分溶于强酸或强碱溶液。用无二氧化碳水制成浆液(20g/100mL)的 pH 值为6.5～10.5。

美国 FDA 将硅铝酸钠列为 GRAS 物质，其 ADI 值不作特殊规定(SiO_2及铝、钠的硅酸盐及硅铝酸钠的类别 ADI 值，FAO/WHO，1985)。

硅铝酸钠的使用范围和使用量见《食品添加剂使用标准》(GB 2760—2011)及增补公告。

(4)微晶纤维素(Microcrystallin cellulose, CNS号: 02.005, INS号: 460i)

微晶纤维素主要是以β-1,4-葡萄糖苷键结合的直链多糖，聚合度为3 000~10 000个葡萄糖分子。在一般植物纤维中，微晶纤维素约占70%，另30%为无定形纤维素。微晶纤维素为白色细小结晶粉末，无臭、无味，由可自由流动的非纤维颗粒组成，并可由自身黏合作用而压缩成可在水中迅速分散的片剂。微晶纤维素不溶于水、稀酸、稀碱溶液和大多数有机溶剂。

微晶纤维素的LD_{50}为21.5g/kg BW(大鼠，经口)；其ADI值不作特殊规定(FAO/WHO, 1997)。

微晶纤维素的使用范围和使用量见《食品添加剂使用标准》(GB 2760—2011)及增补公告。

13.3.5 抗结剂合理使用

13.3.5.1 抗结剂使用注意事项

(1)抗结剂添加量

抗结剂添加量不是越多越好，每种抗结剂均有其最佳用量，当用量大于此值时，可能会适得其反。另外，葡萄糖酸锌与亚铁氰化钾有部分包裹作用，可削弱其抗结能力，所以，葡萄糖酸锌所强化食盐的抗结剂添加量应适度增加(丁兆美，2011)。

(2)加入方式

根据各种抗结剂的特性，有些抗结剂(如二氧化硅、硅酸盐)可以与食品颗粒干法混合，直到混匀即可；而有些抗结剂(如磷酸盐)，必须加入到食品的水溶液中，经乳化、干燥脱水后发挥抗结作用。

13.3.5.2 抗结剂在食品中应用

抗结剂在一定程度上可以改善粉状和颗粒状食品的流动性，提高其抗结能力，但并非一种产品添加任何一种抗结剂后均能得到预期效果。各类抗结剂具有各自不同的物性，选用的抗结剂种类只有与食品颗粒物性相适应才能收到良好的使用效果。通常抗结剂颗粒和食品颗粒之间必须存在亲和力，抗结剂颗粒必须能黏附到食品颗粒的表面，形成一种有序的混合物，才能达到改善食品颗粒流动性和实现抗结的目的。

(1)在复配调味料中的应用

复配调味料长时间贮存时受潮产生结块现象，抗结剂(二氧化硅、磷酸三钙)的使用可以延缓此现象发生，明显地提高调味料产品的品质。莫树平等(2009)考察了干燥温度、产品粒度、抗结剂添加量及蔗糖粉末添加量对鸡粉调味料抗结块性能的影响。随着二氧化硅添加量的增加，所测得的样品静止角度越来越小，当添加量达到0.50%时，样品的流动性达到最佳。添加量继续增加，静止角度继续变小，但改变不大。

(2)在微胶囊化油脂制品中的应用

微胶囊化的各种粉末油脂制品在货架期内均有不同程度地出现结块和流动性变差等现

象，尤其是高脂微胶囊制品。由于微胶囊化粉末油脂制品表面结构的特殊性，采用单一化合物不能有效改善其流动性，采用二氧化硅、硅酸盐、磷酸盐的混合物作为拮抗剂应用在微胶囊化油脂制品中是一种有效的方法。复配抗结剂已广泛应用于粉末油脂制品（如干酪粉、咖啡伴侣、粉末起酥油）中。

（3）在蔬菜水果提取物中的应用

利用超微粉碎技术对果蔬进行深加工，可以很好的保留原料的营养成分，但是容易出现堆积结块现象，严重影响产品品质。

薛雪萍等（2007）发现在微晶纤维素、硬脂酸钙、二氧化硅等几种拮抗剂中，微晶纤维素的抗结块性能最好，可以有效减少葡萄籽超微粉的结块，以30～35g/kg微晶纤维素对结块抑制作用最为显著。王泽南等（2006）在喷雾干燥后的草莓粉中加入1%硬脂酸镁、0.5%微晶纤维素及0.5%硅胶，对产品的结块性具有良好的抑制作用。Jaya等（2004）在芒果粉中添加不同量的磷酸三钙（1%～2%），芒果粉流动性良好，1.5%用量时抗结块效果达到最佳。范毅强等（2009）在制备超微葡萄皮粉碎时添加不同剂量的微晶纤维素，以流动性、溶解性、分散性及多酚溶出率为评价指标。结果表明，在30～50g/kg用量内，微晶纤维素能完全阻止葡萄皮超微粉结片，能够改善葡萄皮超微粉的流动性。

13.4 水分保持剂

13.4.1 水分保持剂定义

水分保持剂（humectants）是指有助于保持食品中水分而加入的物质。在食品加工过程中，水分保持剂具有提高产品稳定性和持水性，改善食品形态、风味、色泽等作用，多指用于肉类和水产品加工中使用的磷酸盐类。我国《食品添加剂使用标准》（GB 2760—2011）中许可使用的磷酸盐包括磷酸三钠、六偏磷酸钠、三聚磷酸钠、焦磷酸钠、磷酸二氢钠、磷酸氢二钠、磷酸二氢钙、焦磷酸二氢二钠、磷酸氢二钾、磷酸二氢钾共10种。

除肉制品及水产品外，水分保持剂还广泛应用于各种蛋、乳制品、谷物制品、饮料、果蔬、油脂及变性淀粉等。

13.4.2 水分保持剂功能和特点

①在肉类制品中可提高肉的持水性，增强结着力，保持肉的营养成分及柔嫩性（李凤林等，2008）。

②具有防止啤酒、饮料浑浊的作用。因为在饮料中加入磷酸盐可与铜、铁等金属离子形成稳定的水溶性络合物，增强其抗氧化性，防止发生浑浊。同时，还有助于延长果汁酸味的持续时间，改善果汁口感，协同护色的作用（马利华，2005）。

③在面制品中起到膨松和面团改良作用；可增强面粉的吸水性，使面团的持水性增强。它具有提高方便面的复水性，增强面包、糕点保水、吸湿、黏结等作用，避免产品表面干燥，松散掉屑（郝利平，2004）。

④增强乳制品的脂肪乳化稳定作用，保持制品质地均匀，口感细腻。

⑤对果酱有增稠作用，增强流动性能，改善口感(梁琪，2005)。

⑥在漂烫果蔬时，用以稳定果蔬中的天然色素。

13.4.3 水分保持剂作用机理

(1)水分保持剂在肉制品中的作用机理

磷酸盐作为一种离子强度较高的盐类，添加肉制品中可以提高肉品的 pH 值和离子强度，使其高于蛋白质的等电点，有利于肌原纤维蛋白(主要有肌球蛋白和肌动蛋白等)，特别是肌球蛋白的溶出，从而使肉的持水性提高；磷酸盐能螯合二价钙离子，使肉中肌纤维结构趋于松散，可吸附更多的水分，减少加工时的原汁流失，增加持水性。此外，磷酸盐还可使蛋白质聚合体解聚而分布更加均匀，络合肉中的铁离子继而抑制氧化作用而使肉的异味减少，肉的品质风味得到改善。

(2)水分保持剂在乳制品中的作用机理

作为一种离子强度较高的弱酸盐类，添加到乳制品中可以起到缓冲和 pH 值稳定作用及提高离子强度。pH 值的提高，使溶液的 pH 值偏离蛋白质的等电点，一方面增加了蛋白质与水分子的相互作用；另一方面使蛋白质链之间相互排斥，使更多的水分子聚集在蛋白质分子周围，增加持水性和乳化性。离子强度的适当增加，可发生盐溶作用，从而增加蛋白质的溶解性；其阴离子效应能使蛋白质在脂肪球上形成一种膜，从而使脂肪更有效地分散在水中，有效防止酪蛋白与脂肪和水分的分离，稳定了乳化体系，增强酪蛋白结合水能力。

(3)水分保持剂在面制品中的作用机理

面包、馒头等面制品在冷却和贮藏过程中，有一部分水从食品中被排挤出来，出现老化离水现象，有时也称为脱水收缩现象，致使馒头等面制品出现变硬等老化现象，口感很快劣化。因此，添加水分保持剂提高面制品的持水性，其机理可能是作为高离子强度的弱酸盐即磷酸盐作用于面筋蛋白，增加了蛋白质的水合作用；非磷酸盐类的水分保持剂填充到膨胀的淀粉颗粒中，增大了其与水结合的能力。

13.4.4 水分保持剂各论

(1)磷酸三钠(Trisodium phosphate，CNS 号：15.001，INS 号：339iii)

磷酸三钠别名磷酸钠、正磷酸钠，为无色针状结晶；易溶于水(溶解度为 8.8g/100mL)，不溶于有机溶剂，在干燥空气中风化，100℃时即失去 12 个结晶水而成无水物(Na_3PO_4)。

磷酸三钠的使用范围和使用量见《食品添加剂使用标准》(GB 2760—2011)及增补公告。

(2)六偏磷酸钠(Sodium hexametaphoshate，CNS 号：15.002，INS 号：452i)

六偏磷酸钠别名偏磷酸钠玻璃体、四聚磷酸钠、格兰汉姆盐，为无色透明玻璃片状或白色粒状结晶；易溶于水，不溶于有机溶剂；吸湿性很强，暴露于空气中能逐渐吸收水分而呈黏胶状物；与钙、镁等金属离子能生成可溶性络合物。

六偏磷酸钠的使用范围和使用量见《食品添加剂使用标准》(GB 2760—2011)及增补公告。

(3)三聚磷酸钠(Sodium tripolyphosphate，CNS 号：15.003，INS 号：451i)

三聚磷酸钠别名三磷酸五钠、三磷酸钠，为白色玻璃状结晶体块、片或粉末、有潮解性；为无水物或六水合物；易溶于水（25℃为13%），1%水溶液pH值约为9.5；能与金属离子结合，无水盐熔点622℃。

三聚磷酸钠实际应用：①用于火腿罐头，在适当条件下有利于产品质量的提高，如成品形态完整，色泽好，肉质柔嫩，容易切片，切面有光泽等。三聚磷酸钠用于火腿原料肉的腌制，每100kg肉加入混合盐（精盐91.65%、砂糖8%、亚硝酸钠0.35%）2.2kg，三聚磷酸钠85g，充分搅拌均匀，在0～4℃冷库中腌制48～72h，效果良好。②用于蚕豆罐头生产，可使豆皮软化。许多果蔬有坚韧的外皮，在果蔬加工烫漂或浸泡用水中，加入聚磷酸盐，可络合钙，从而降低外皮的坚韧度。如在蚕豆预煮时，按150kg水加三聚磷酸钠50g、六偏磷酸钠150g（或只加三聚磷酸钠100g），煮沸10～20min，使豆皮软化。

三聚磷酸钠的使用范围和使用量见《食品添加剂使用标准》（GB 2760—2011）及增补公告。

（4）焦磷酸钠（Tetrasodium pyrophosphate，CNS号：15.004，INS号：450iii）

焦磷酸钠别名二磷酸四钠，有无水物和六水合物之分，六水合物为无色或白色结晶性粉末，无水物为白色颗粒或粉末；易溶于水，20℃时100g水中的溶解度为6.23g，0.1mol/L焦磷酸钠水溶液的pH值约10.5；不溶于醇；水溶液在70℃以下尚稳定，煮沸则水解成磷酸氢二钠；在干燥空气中风化，在100℃失去结晶水；与碱土金属离子能生成络合物；与Ag^{+}相遇时生成白色的焦磷酸银。焦磷酸钠掩蔽Cu^{2+}、Fe^{3+}等金属离子的能力强，可防止食品中维生素C氧化。

焦磷酸钠实际应用：①午餐肉、香肠等肉类罐头加入焦磷酸钠，可提高肉制品的持水性，减少营养成分的损失，提高肉的柔韧性。②鸭四宝、香菇鸭翅及香菇炖鸭等禽类罐头，因其在加热过程中易释放出硫化氢，硫化氢与罐内铁离子反应生成黑色的硫化铁，影响成品质量。添加复合磷酸盐具有很好的螯合金属离子作用，可改善成品质量。用于香菇鸭翅罐头，在预煮时预煮液的配方为：10%复合磷酸盐溶液（三聚磷酸钠85g、六偏磷酸钠12g、焦磷酸钠9g、水900g配成约1 000g溶液）1.02kg、乙二胺四乙酸二钠（EDTA－2Na）0.042kg，加入水至总量为100kg，待溶化过滤后备用。用于鸭四宝罐头，在每100kg装罐鸭汤中，含复合磷酸盐0.1%，香菇炖鸭罐头，每100kg装罐汤中，含复合磷酸盐0.05%。③猪肉香肠罐头，在斩拌肉时，每千克肉添加复合磷酸盐2g，复合磷酸盐用焦磷酸钠60%，三聚磷酸钠40%，混匀备用。④用于鱼糜制品。通常与三聚磷酸盐混合使用，所用三聚磷酸盐与焦磷酸盐的比例，以4∶6效果最佳。⑤用于干酪，可使干酪中的酪蛋白因添加焦磷酸钠释放出钙，使酪蛋白的黏度增大，可得到柔软的富于伸展性的制品。一般是焦磷酸钠、正磷酸盐以及偏磷酸盐等混合使用。用量随干酪的pH值而异。⑥豆酱使用0.005%～0.3%的焦磷酸钠，可防止豆酱褐变，改善色泽。⑦果汁、果味饮料、冷冻饮品中添加0.05%～0.5%焦磷酸盐可防止氧化和在保存中产生沉淀。⑧咖啡、甘草浸出物的提取，使用焦磷酸盐及三聚磷酸盐1%，则着色成分增加30%以上，浸出物增加10%以上。

焦磷酸钠的使用范围和使用量见《食品添加剂使用标准》（GB 2760—2011）及增补公告。

（5）焦磷酸二氢二钠（Disodium dihydrogen pyrophosphate，CNS号15.008，INS号：450i）

焦磷酸二氢二钠别名焦磷酸二钠、酸性焦磷酸钠，为白色结晶粉末，易溶于水，水溶液呈酸性，1% 水溶液 pH 值为 4.0～4.5；可与 Mg^{2+}、Fe^{2+} 形成螯合物，水溶液与稀无机酸加热可水解成磷酸；加热到 220℃以上分解成偏磷酸钠。

焦磷酸二氢二钠为酸式盐，一般不单独使用。而焦磷酸钠是碱性盐，与肉中蛋白质有特殊作用，可显著增加持水性，故常与焦磷酸二氢二钠或其他 pH 值低的磷酸盐混合使用。

焦磷酸二氢二钠的使用范围和使用量见《食品添加剂使用标准》(GB 2760—2011)及增补公告。

13.4.5　水分保持剂合理使用

(1) 水分保持剂使用注意事项

使用水分保持剂值得注意的是使用量，过量使用磷酸盐对食品产生许多不利的影响。磷酸盐在高浓度时产生令人不愉快的金属涩味，导致产品风味劣变，组织结构粗糙。焦磷酸盐添加量过高，产品将产生不愉快的后味。碱性磷酸盐在调节 pH 值时，使肉的颜色变浅，出现呈色不良现象。如果肉制品的 pH 值太高，造成脂肪分解，缩短货架期。磷酸盐和食盐与肌腱等胶原蛋白较多的肉结合时，其乳化性比单独使用食盐差。此外，磷酸盐在肉制品中产生沉淀。在肉制品的贮藏期间，在其表面或切面处，出现透明或半透明的晶体。在肉类产品中，三聚磷酸盐水解可以转化为正磷酸盐，导致肉制品表面出现“雪花”和“晶化”现象。同时，过量的磷酸盐对人体健康造成一定的危害。短时间内大量摄入可能导致腹痛与腹泻，长期影响在于导致机体的钙、磷比失常，发生代谢性骨病。

(2) 水分保持剂在食品中应用

水分保持剂可以通过保水、保湿、黏结、填充、增塑、稠化、增溶、改善流变性和螯合金属离子等改善食品品质。例如，肉类制品通过保水、吸湿等作用可以提高其弹性和嫩度；面包糕点等经保水、吸湿可以避免表层干燥，经黏结作用可以避免破碎成屑；果酱类和涂抹食品通过增稠和改变流变性可以改善口感等。

王修俊等(2008)将复合磷酸盐应用于鲜切青苹果保脆，利用复合磷酸盐中各组分的相互协同作用，既能有效防止酶促褐变，又能解决叶绿素脱镁问题。结果表明：复合磷酸盐中磷酸盐:维生素 C:柠檬酸的最佳配比为 0.4%:0.04%:0.8%，最佳使用量(复合磷酸盐水溶液:鲜切青苹果)为 100mL:100g，且温度为 15℃保鲜效果最佳。张永明(2009)通过复合添加剂提高鸡肉保水性，改善油炸鸡胸肉的品质。试验得到最佳复合添加剂及添加量，即复合磷酸盐 0.3%、氯化钙 0.4%、卡拉胶 0.9%、山梨糖醇 0.52%。李苗云(2008)的研究结果表明：不同磷酸盐对肉品质保水性的不同指标影响各异，其中焦磷酸盐对肉的保水性较好。李苗云(2009)对肉制品保水性进行研究，蒸煮损失最小时，复合磷酸盐六偏磷酸钠:多聚磷酸钠:焦磷酸钠的最佳配比为 20:28:13；灌肠成品率最高但不考虑其感官指标时三者比例为 10:30:19；灌肠成品率最高且其感官品质最好时三者比例为 10:30:11；蒸煮损失最小，灌肠成品率最高且其感官品质最好时三者比例为 10:30:17。近年来，无磷保水剂成为研究的重点，同时各种复合保水剂的研制也受到了人们关注，以天然产物开发保水功能同时具有多种功效的食品添加剂成为研究的热点。

(3) 新型水分保持剂及其应用

食品添加剂的开发越来越注重其天然、健康的品质，传统水分保持剂磷酸盐用量过大导致产品风味劣变，长期食用钙磷比例不合理的食品对人体产生不良影响。因此，无磷保水剂的开发具有重要的现实意义。国内外研究者已使用淀粉、变性淀粉、大豆蛋白及大豆分离蛋白、酪蛋白、酪蛋白酸钠、脱脂乳粉和亲水胶体等提高食品的持水力、黏结力和乳化性。Ahmad 等(2008)采用不同浓度的麦芽糊精对印度的一种传统乳制品进行试验研究发现：随着麦芽糊精浓度的增加，乳制品的水分含量增加，麦芽糊精是一种有开发潜力的水分保持剂。柳艳霞等(2009)研究了大豆分离蛋白和变性淀粉对猪里脊和猪后腿肉糜保水性的影响。结果发现，随着大豆分离蛋白和变性淀粉添加浓度的增加，解冻损失、蒸煮损失、离心损失明显降低，添加6%大豆分离蛋白或添加1%变性淀粉猪肉糜的各项损失率最低，保水性最好。方红美等(2008)研究发现随着大豆分离蛋白浓度的增加，鸡肉凝胶的持水性增强。卡拉胶是肉制品中重要的保水成分，且多为κ－卡拉胶。一般而言，大豆分离蛋白的吸水能力为1∶4，而卡拉胶的吸水比例为1∶40～1∶50(程春梅，2009)。在肉制品中添加卡拉胶，禽类制品蒸煮损失减少2%～4%，腌肉损失减少3%～6%，肠类制品损失减少8%～10%，火腿制品损失减少9.6%(孙书静，2003)。郭志刚等(2005)考察了亚麻籽胶对西式火腿肠的保水、保油等的影响，结果得出采用亚麻籽胶生产高温斩拌型火腿肠可增强产品的保水保油性。韩建春等(2007)研究表明亚麻籽胶可以明显改善鱼丸品质，亚麻籽胶加入量较低时(1.14%～1.17%)，产品弹性一般，并且结构疏松，有油脂渗出，含量过高(1.60%～1.64%)时产品富有弹性，但切面粗糙，成本较高。γ－聚谷氨酸可以防止淀粉类食品的老化，增强质地、维持外形，γ－聚谷氨酸还用作冰淇淋的稳定剂、果汁的增稠剂、各种食品的苦味去除剂、或作为食品添加剂改善口感(陆树云，2006)。张丽(2010)研究表明，黏度为55mPa·s的褐藻胶低聚糖对我国对虾有较好的保水效果，且冻藏20d品质较好，可以作为复合磷酸盐的替代品。

案例分析

磷酸盐在食品中超量使用及其安全性问题

背景：

深圳市市场监管局于2011年5月17日公布2011年一季度该市食品生产单位使用的食品、食品添加剂和生产的食品相关产品的抽样检验结果，在不合格食品及企业的名单中，深圳市某公司于2011年2月10日生产的超精猪肉丸(1kg/包)使用的食品添加剂中复合磷酸盐超量。

2005年12月19日，南方日报报道国家质检总局发布的监督抽查结果显示，火腿肠产品质量不容乐观。该次共抽查了河南、山东、江苏、四川、辽宁、吉林6省13家企业生产的16种产品，合格12种，产品抽样合格率为75%。抽查中反映出的主要质量问题是产品复合磷酸盐、水分超标。

2011年，内蒙古包头市疾病预防控制中心在94份酱肉类制品中，检出复合磷酸盐超标64份，超标率68.1%；在124份灌肠类制品中，检出复合磷酸盐超标62份，超标率50.0%；总共218种熟肉制品中，检出复合磷酸盐126种超标，超标率为57.8%。

从2007年3月5日欧盟发布2007年第9周食品和饲料快速预警通报(RASFF)中获悉，我国出口到西班牙的冻生虾尾被检出六偏磷酸盐超标。自2006年以来，欧盟已先后10次通报从我国出口欧盟的水产品中检出磷酸盐超标问题，范围涉及鳕鱼、鲽鱼、石斑鱼、虾仁等多种品种。

分析：

磷酸盐在食品加工中主要是作水分保持剂、品质改良剂、乳化分散剂、缓冲剂、螯合剂、营养增补剂、pH值调节剂、发酵膨松剂等，不同磷酸盐在各自产品中表现的功能各异，因此，生产企业常根据需要和标准的要求进行添加。水分保持剂使用必须在符合《食品添加剂使用标准》(GB 2760—2011)规定的最大使用量的前提下，才能确保消费者的安全。标准中规定磷酸盐在肉制品中最大使用量为5g/kg。

多磷酸盐作为食品添加剂使用，其安全性一直是消费者关注的问题。国外进行了大量关于磷酸盐毒理学评价之后，认为食用适量的磷酸盐不会对人体造成严重的危害。加入到食品中的大多数多聚磷酸盐在进入胃肠时已经分解成单磷酸盐，因此对健康几乎没有影响。JECFA发现北美人每日摄入的磷酸盐(以磷计)为800～1 700mg(男性)、700～1 200mg(女性)，且钙磷比达到1∶1.6，显著区别于基于动物试验获得的推荐值(1∶0.5～1∶1)，目前尚无钙磷比的最佳推荐值，但高剂量磷酸盐的摄入将导致肾结石症(nephrocalcinosis)，且人每天只要摄入7 000mg以上的磷酸盐(以磷计)将患有肾结石症。由于磷是一种必须营养元素而且是食品不可避免的组成成分，所以不合适也不可能给出一个从零到最大值的ADI值，JECFA决定以日容许最大耐受量(MTDI)来表述磷酸盐的安全性，在安全系数100的前提下，确定了磷酸盐的MTDI为70mg/kg BW(FAO/WHO，1982)，如果摄入钙的水平过高，需要相应提高磷的摄入量，反之亦然。

国际上很多国家对多聚磷酸盐的限量也作了规定，如欧盟对一般冷冻水产品多聚磷酸盐的允许使用量为5g/kg。食品法典委员会(CAC)对冻鱼片多聚磷酸盐的使用限量为10g/kg，对冷冻挂浆水产品裹粉/挂浆中的限量为1 000mg/kg。通过使用多聚磷酸盐从而增加水产品的质量，以此达到更多的经济利益，似乎成为过量使用多聚磷酸盐的最大驱动力。因此，水产品中多聚磷酸盐的使用更偏重于品质或是商业欺诈。最近一段时间，欧盟频频对我国水产品多聚磷酸盐的过量添加进行预警，严重影响了我国出口企业的经济利益。因此，加强对相关法律法规的学习，研究多聚磷酸盐的使用规定，以及加强各方信息的沟通就显得尤为重要。

目前，在水产品加工行业中，多聚磷酸盐最重要也是最广泛的功能是其持水性。由于磷酸盐的亲水性，可以使大量的水分保持在鱼体本身，从而达到使鱼体增重的效果，最终的目的是增加经济效益。

纠偏措施：

加强和完善我国食品添加剂生产和使用的管理，强化标准对生产的指导性作用，催进食品工业健康发展。

在加强添加剂安全使用管理的同时，应该加大食品中磷酸盐安全使用的宣传力度。应组织相关食品企业人员，进行磷酸盐管理、使用等食品生产加工卫生知识的培训。

尽快改进一些检测技术和检测设备，提高食品添加剂检测能力，让企业更好地合理使用添加剂，实现自我规范，同时使食品安全执法机关更便利更可靠的依法办事，严格执法，更好地维护食品添加剂等市场秩序，确保消费者生健康。

思考题

1. 膨松剂包括哪几类？其特性是什么？
2. 简述食品凝固剂分类、作用机理及使用范围。
3. 简述食品抗结剂的作用机理及其使用范围。
4. 举例说明水分保持剂的功能、特点及其在食品中的应用。
5. 以磷酸盐为例，简述水分保持的作用机理。

参考文献

曹竑. 2004. 食品添加剂[M]. 兰州：甘肃民族出版社.

程春梅. 2009. 淀粉、大豆蛋白和食用胶在肉品加工中的应用[J]. 农村新技术(12)：24－25.

丁兆美. 2011. 锌强化营养盐结块因素分析及防范措施[J]. 中国井矿盐(1)：7－8.

杜克生. 2009. 食品生物化学[M]. 北京：中国轻工业出版社.

范毅强，王华，徐春雅，等. 2008. 葡萄皮超微粉碎工艺的研究[J]. 食品工业科技，29(6)：223－227.

方红美，陈从贵，马力量，等. 2008. 大豆分离蛋白及超高压对鸡肉凝胶色泽、保水和质构的影响[J]. 食品科学，29(10)：129－132.

郭志刚，赵百忠，陈涛. 2005. 亚麻籽胶在盐水火腿中的应用研究[J]. 肉类研究(9)：40－43.

韩建春，闫莉丽，陈成. 2007. 亚麻籽胶对鱼丸品质的影响[J]. 肉类工业(11)：30－32.

郝利平. 2004. 食品添加剂[M]. 北京：中国农业出版社.

黄英雄，华聘聘. 2002. 抗结剂在粉末油脂制品中的应用[J]. 中国油脂(27)：63－67.

李凤林，黄聪亮，余蕾. 2008. 食品添加剂[M]. 北京：化学工业出版社.

李凤林，余蕾. 2008. 蛋糕用无铝复合膨松剂配方的优化及实际应用[J]. 四川食品与发酵，44(4)：46－50.

李苗云，张秋会. 2008. 不同磷酸盐对肉品保水性的影响[J]. 河南农业大学学报，42(4)：439－442.

李苗云，赵改名，张秋会，等. 2009. 复合磷酸盐对肉制品加工中的保水性优化研究[J]. 食品科学，30(8)：64－69.

李小婷，闫淑琴，刘碧婷，等. 2011. 无矾红薯粉丝品质改进[J]. 食品科技(4)：122－126，130.

梁琪. 2005. 绿色食品用添加剂与禁用添加剂[M]. 北京：化学工业出版社.

刘学军，张凤清. 2004. 食品添加剂[M]. 吉林：吉林科学技术出版社.

刘钟栋. 2000. 食品添加剂原理及应用技术［M］. 2版. 北京：中国轻工业出版社.

柳艳霞，赵改名，高晓平，等. 2009. 大豆分离蛋白和变性淀粉对猪肉糜保水性的影响[J]. 西北农业学报(4)：54－57.

栾广忠，程永强，李里特，等. 2006. 碱性蛋白酶Alcalase凝固豆乳过程的流变学特性变化[J]. 中国粮油学报(4)：90－95.

孟旭，吴立业. 1992. 豆腐凝固过程的研究进展[J]. 中国调味品(7)：2－5.

莫树平，张菊梅，柏建玲，等. 2009. 鸡粉调味料工业化生产抗结块试验研究[J]. 食品与机械(5)：163－165，190.

彭珊珊，钟瑞敏，李琳. 2009. 食品添加剂[M]. 北京：中国轻工业出版社.

彭增起. 2007. 肉制品配方原理与技术[M]. 北京：化学工业出版社.

阮春梅. 2008. 食品添加剂应用技术[M]. 北京：中国农业出版社.

石彦国，刘海波. 2007. 豆腐用复合凝固剂的研究[J]. 食品工业科技，28(6)：171－173.

史宁. 2002. 食品加工中膨松剂的应用[J]. 食品与健康(2)：47－50.

孙书静. 2003. 卡拉胶在肉制品中的应用[J]. 肉类工业(12): 24-25.
王荣荣, 王家东, 周丽萍, 等. 2005. 豆腐凝固剂的研究进展[J]. 畜牧兽医科技信息, 26(1): 78-79.
王泽南, 范方宇, 王莹, 等. 2006. 草莓粉非酶褐变的抑制及抗结块性研究[J]. 食品研究与开发, 127(7): 118-120.
王璋, 许时婴, 汤坚. 2008. 食品化学[M]. 北京: 中国轻工业出版社.
吴强, 戴四发. 2010. 超声波结合氯化钙处理对牛肉品质的影响[J]. 食品科学, 31(19): 148-152.
薛雪萍, 李华, 袁春龙. 2007. 葡萄籽超微粉的结块性研究[J]. 西北农林科技大学学报(自然科学版), 35(6): 104-107.
杨书珍, 于康宁, 黄启星, 等. 2009. 明矾替代物对甘薯粉丝品质的影响[J]. 中国粮油学报(10): 54-57.
闫鹏飞, 郝文辉, 高婷. 2004. 精细化学品化学[M]. 北京: 化学工业出版社.
张丽, 王丽, 李学鹏, 等. 2010. 褐藻提取物与复合磷酸盐对中国对虾保水效果的比较[J]. 水产学报(10): 145-151.
张永明, 薛剑锋. 2009. 复合食品添加剂对鸡胸肉保水性的影响[J]. 肉类工业(2): 37-39.
郑恒光, 杨晓泉, 唐传核. 2007. 醇法大豆浓缩蛋白加工工艺及实践[J]. 中国油脂, 32(4): 26-28.
郑立红. 2000. 新型豆腐复合凝固剂的研究[J]. 中国食品添加剂(4): 45-48.
钟芳, 王璋, 许时婴. 2002. 大豆蛋白质的酶促速凝[J]. 无锡轻工业大学学报(6): 559-563.
王荣荣, 王家东, 刘恩岐. 2006. 豆腐复合凝固剂的研究[J]. 中国调味品(6): 25-27.
陆树云. 2006. γ-聚谷氨酸的生物合成及提取工艺研究[D]. 南京: 南京工业大学.
AHMAD N, SINGH R R B, SINGH A K, et al. 2008. Effect of maltodextrin addition on moisture sorption properties of khoa [J]. International Journal of Dairy Technology, 61(4): 403-410.
JAYA S, DAS H. 2004. Effect of maltodextrin, glycerol monostearate and tricalcium phosphate on vacuum dried mango power properties[J]. Journal of Food Engineering. 63: 125-134.

第6篇

其他食品添加剂

第14章

营养强化剂

学习目标

了解营养强化剂的强化原则和强化方案，掌握常用营养强化剂理化性质、作用、使用范围及使用方法。

长期以来，传统食品的营养价值主要由大自然赋予，各种食品中所含营养素不同，且分布不均匀；任何种类的食品或多或少缺乏一些人体生理所必需的营养素，如果长期单独食用某种食品将导致相应的营养缺乏症。例如，玉米中缺乏赖氨酸，以玉米为主食的人群易得癞皮病。同时，食品中的营养素在加工、贮藏等处理后将会减少甚至完全丧失，如果蔬类食品经过加工导致维生素C的大量损失。为了避免某种营养素缺乏症的发生及全面提高社会公民的身体素质，有必要对大众食品进行营养强化。

14.1　营养强化剂概述

历史上最早进行营养强化的例子可以追溯到1883年，法国化学家Boussingault发现在食盐中添加碘可以防治甲状腺肿大。1924年，首次在美国密歇根州进行食盐碘强化，经试验发现该方法能有效预防甲状腺肿大(当时一种很普遍的碘缺乏症)。其他较早的营养强化例子有人造奶油、牛乳及乳制品中强化维生素D，稻米等谷物产品中强化维生素B等。维生素、矿物质、氨基酸和脂肪酸等在食品中的应用与这些营养素的发现、分离、纯化及化学结构鉴定与合成紧密相关。

14.1.1　营养强化剂定义

14.1.1.1　定义

营养强化剂是指为增强营养成分而加入食品中的天然的或者人工合成的属于天然营养素范畴的物质。营养强化剂不仅具有营养强化的功能，有些还具有其他作用，如β-胡萝卜素可用作色素，维生素E可作为抗氧化剂。市场上流通的营养强化剂有多种产品形态，如乳状液、粉末、微胶囊等。

14.1.1.2　食品营养强化意义

(1)弥补天然食物的缺陷，使其营养趋于均衡

几乎没有一种天然食物可以满足人体的全部营养需要，此外，饮食习惯、食物品种、生活水平等差异，很难保证日常膳食能提供所有营养素，有时会出现某些营养素失衡与缺乏。根据营养调查，食用精白米、精白面的地区缺少维生素 B_1，果蔬供给不足的地区常出现维生素 C 缺乏，而内陆地区容易缺碘。在基础膳食中通过营养强化解决营养素缺乏问题，可增强人体体质，防止和减少疾病的发生。

(2)弥补营养素损失，维持食品的天然营养特性

食品在加工、贮藏和运输中损失某些营养素，如精白面中的维生素 B_1 较小麦中的已损失相当大的比例。同一种原料，因加工方法不同，其营养素的损失也不同。在实际生产中，应该尽量减少食品加工过程中营养素的损失。

(3)简化膳食处理，提供方便性

由于天然的单一食物仅能供给人体所需的某些营养素，人们为了获得全面的营养均衡，应该同时食用多种食物，食谱比较广泛，膳食处理也就相对复杂。采用食品强化就可以简化这些复杂的膳食处理。

(4)满足特殊职业人群的需要

工矿及某些易引起职业病的工作，由于环境特殊，需要高能量、高营养的食品，且对某些营养素有特殊需要。因此，适应特殊职业需要的强化食品极为重要。

(5)其他

某些强化剂可提高食品的感官质量及改善食品的贮藏性能，如维生素 E、维生素 C、β-胡萝卜素、叶黄素，既是食品中主要的营养强化剂，又是良好的抗氧化剂和着色剂。

14.1.2　营养强化剂使用原则

食品的营养强化具有简化膳食处理、方便摄食和营养保健的作用。但并非每种产品均需要强化，强化剂的使用应有针对性，在下列情况可以使用营养强化剂：

①用于弥补食品在加工、贮存时造成的营养素损失。

②在一定的地域范围内，相当规模人群出现某种营养素缺乏，且通过强化营养素改善上述营养素摄入水平低或缺乏导致的健康状况。

③某些人群由于饮食习惯和(或)其他原因可能出现某些营养素摄入水平低或缺乏，通过强化营养素可以改善上述营养素摄入水平低或缺乏导致的健康状况。

④补充和调整特殊膳食用食品中营养素和(或)其他营养成分的含量。

各种营养素为生命所必需，但不可滥用，必须按我国《食品营养强化剂使用标准》(GB 14880—2012)及《食品营养强化剂卫生管理办法》执行。

14.1.3　食品营养强化依据

为了使消费者能安全地摄入各种营养素，从20世纪40年代以来，许多国家根据各国的具体情况制定了各自的推荐营养素供给量(RDAs)。食品营养强化剂的添加应以 RDAs 为依据。我国自 1955 年开始采用“每日膳食中营养素供给量(RDAs)”评价和建议营养素的摄入水平，作为膳食标准。20 世纪 90 年代初，美国和加拿大的营养学家进一步发展了 RDAs 的范围，增加了可耐受摄入量(ULs)，形成了比较系统的新概念——膳食营养素参考摄入量(DRIs)。我国营养学会也相继制定了“中国居民膳食营养素参考摄入量(DRIs)”。DRIs 包括平均需要量(EAR)、推荐摄入量(RNI)、适宜摄入量(AI)和可耐受最高摄入量(UL)4 个方面内容，这 4 个方面也是制定营养强化方案的重要依据。

①平均需要量(estimated average requirement，EAR)　根据个体需求量研究制订，是根据某些指标判断可以满足某一特定性别、年龄和生理状况群体中 50% 个体需要量的摄入水平。

②推荐摄入量(recommended nutrient intake，RNI)　可以满足某一特定性别、年龄及生理状况群体中绝大多数(97% ~98%)个体需要量的摄入水平。

③适宜摄入量(idequate intake，AI)　通过观察或者试验获得的健康人群某种营养素的摄入量。

④可耐受最高摄入量(tolerable upper intake level，UL)　平均每日可以摄入某种营养素的最高值。

营养强化的理论基础是营养素平衡，为保证强化食品的营养素水平，避免强化不当所引起的不良影响，使用强化剂时必须先确定营养素的合理使用量。

14.1.4　营养强化方案

(1)营养强化载体选择原则

①应选择目标人群普遍消费且容易获得的食品进行强化。

②强化食品消费量应相对稳定，有利于准确地计算营养强化剂的添加量，同时能避免由于食品的大量摄入而引发人体营养素及其他营养物质的过量。

③已经是某种营养素良好来源的天然食物，不宜作为该营养素的强化载体。

(2)营养强化方案

食品营养素特别是微量营养素摄入量的控制至关重要。如图 14-1 所示，摄入不足易引起营养缺乏风险，而摄入量过高易带来毒性风险。此外，不同年龄、不同性别、不同生理阶段对营养素的需求存在明显差异，不同饮食习惯也增加了人群营养需求的多样性。根据营养素的危害性及膳食暴露量等因素综合考虑制定营养素的安全摄入上限(又称可耐受最高摄入量，UL)。

营养强化方案的确定，需要针对目标消费群体的营养素需求进行调查，在调查分析的基础上，进行针对性强化。目前，在婴幼儿食品，特别是针对不同年龄段的婴幼儿食品比较普遍，此外，对运动营养食品强化的也比较多。而针对普通人群的营养强化食品目前除了食盐、食用油、面粉、酱油外，尚不多见。营养强化方案的制定一般分为如下几个阶段：

第一阶段，首先对目标人群进行生理、生化指标的监控，如运动员可能需要监控的生理生化指标包括：心率、血红蛋白、血球压积容量(HCT)、肌酸激酶、血尿素、尿蛋白等。

第二阶段，对目标人群从营养学角度进行营养素缺乏的原因分析，并制定营养解决方案，如运动员贫血可能需要补充铁元素及提高蛋白质摄入量。

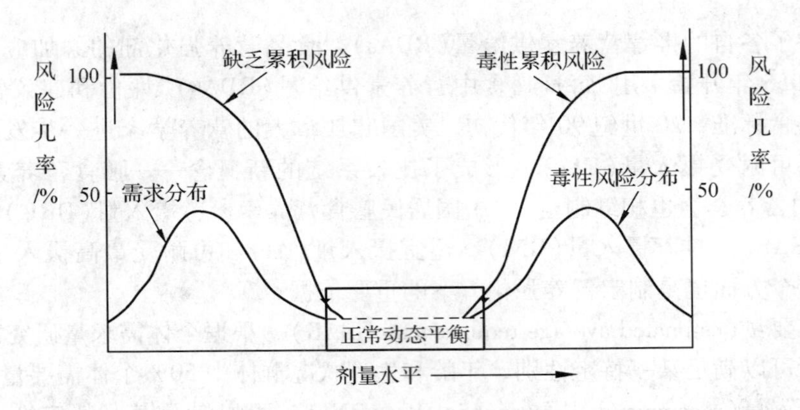

图 14-1 营养素摄入量－毒性风险曲线

第三阶段，对制定的营养强化方案进行验证及推广。

14.1.5 营养强化方法

①在原料或者食物中添加营养强化剂，如面粉、谷物、米、饮用水、食盐等。

②在食品加工过程中添加营养强化剂，如各类糖果、糕点、焙烤制品、婴儿食品、饮料、罐头等，都可采用这种方法，注意加工过程中强化剂的稳定性。

③在成品中加入营养强化剂，这样能更进一步减少原料加工前处理和加工过程中的损失，如乳粉类、压缩食品类以及一些军用食品都可采用此种方法。

④生物学添加方法，先使强化剂被生物吸收利用，使其成为生物有机体，然后再将这类含有强化剂的有机体加工成产品或者直接食用。例如，在饲料中添加碘，以该饲料喂养鸡，产下富含碘的鸡蛋。另一种生物添加方法，可用发酵的方法获取，如富含锌、铁酵母。

⑤物理化学添加方法，如紫外线照射使牛乳中的麦角甾醇变成维生素 D_3。

14.2 营养强化剂各论

14.2.1 维生素类营养强化剂

维生素存在于各种食品中，人体通过食物摄取一定量的维生素，但是由于某些人群膳食单调，以及在加工过程中的损失，致使人体维生素的摄取不足。当膳食中长期缺乏某种维生素时，就会引起人体出现各种疾病。

维生素是食品中应用最早，也是目前国际上应用最广、最多的一类营养强化剂，现就维生素类强化剂分别进行介绍。

14.2.1.1 脂溶性维生素

(1)维生素 A(Vitamin A)

维生素 A 是一类具有与全反式视黄醇结构相似物质的总称，包括视黄醇、视黄醛、视黄酸及其酯。几乎无臭或微有鱼腥味，极易溶于三氯甲烷，溶于无水乙醇和植物油，不溶于甘油和水。视黄醇为淡黄色片状结晶，熔点 62～64℃，沸点 120～125℃(0.667Pa)。维生素 A 在碱性条件下较稳定，酸性条件下不稳定，与维生素 C 共存时受到保护，受空气、氧、光和热的影响而逐渐降解，水分活度升高加速其降解，通过降低湿度、隔绝氧气、添加抗氧化剂以及低温保存等措施可显著减缓维生素 A 的降解过程。

维生素 A 的 UL 是 3mg(美国国家医学院/IOM，2001；欧盟食品科学委员会/SCF，2002)，但婴儿的 UL 为 0.6mg(IOM，2001)。维生素 A 的常用单位是国际单位(IU)，一个国际单位维生素 A 相当于 0.33μg 视黄醇或视黄醇当量(RE)。胡萝卜素强化可折算成维生素 A 表示，1μg β－胡萝卜素等于 0.167μg 视黄醇。

维生素 A 的 LD_{50} 为 10.75g/kg BW(大鼠，经口)。美国 FDA 将维生素 A 列为 GRAS 物质。维生素 A 摄入过量有一定的危害性，机体缺乏维生素 A 将降低抵抗疾病和感染的能力、骨骼及牙齿发育不良、夜盲症等。

我国维生素 A 强化一般用于乳制品、婴幼儿食品和食用油等，在非洲国家强化维生素 A 的食品有食用植物油和糖果等(Fiedler，2010)。

我国允许作为维生素 A 来源的营养强化剂包括：乙酸视黄酯(乙酸维生素 A)、棕榈酸视黄酯(棕榈酸维生素 A)、全反式视黄醇及 β－胡萝卜素，具体使用范围和使用量见《食品营养强化剂使用标准》(GB 14880—2012)及增补公告。

(2)维生素 D(Vitamin D)

维生素 D 能够通过紫外线照射形成一种类固醇类化合物，维生素 D_2 和维生素 D_3 是维生素 D 的两种主要存在形式。维生素 D_2 又称麦角钙化醇，白色柱状结晶或者结晶状粉末，无臭无味，极易溶于氯仿，易溶于乙醇、乙醚、环己烷和丙酮，微溶于植物油，不溶于水。维生素 D_3 又称胆钙化醇，白色柱状结晶或者结晶状粉末，无臭无味。维生素 D 对光、热、空气敏感，一般添加抗氧化剂或采取避光、隔绝氧气等手段保存。

维生素 D_3 的 LD_{50} 为 42mg/kg BW(大鼠，经口)；美国 FDA 将维生素 D_3 列为 GRAS 物质。维生素 D 的活性以维生素 D_3 为参考标准，1μg 胆钙化醇等于 40IU 维生素 D。

维生素 D 能有效防治佝偻病，促进人体对钙、磷的吸收，但其摄入过多会导致一些软体组织如心脏、肺、肾的局部钙化损伤，在某些情况下危及生命。我国维生素 D 的每日膳食量供给标准不论成人还是儿童均为 10μg，其 UL 为 0.05mg(成人，IOM，1997；SCF，2002)，0.025mg(0～24 月婴幼儿，SCF，2002)。

我国允许作为维生素 D 来源的营养强化剂包括麦角钙化醇(维生素 D_2)和胆钙化醇(维生素 D_3)，具体使用范围和使用量见《食品营养强化剂使用标准》(GB 14880—2012)及增补公告。

(3)维生素 K(Vitamin K)

维生素 K 包括维生素 K_1、维生素 K_2 和维生素 K_3。维生素 K_1 来源于植物，黄色至橙色黏稠液体，无臭，易溶于氯仿、乙醚，微溶于乙醇和水。维生素 K_2 是具有叶绿醌生物活性的萘醌基团的衍生物，来源于微生物，由肠道菌合成。但自然界发现的维生素 K_2 化合物主要是甲基萘醌类，在侧链上含有 6 个异戊二烯，易溶于乙醇、甲醇、异丙醇，对光敏感，其固态见光分解较慢，但其溶液遇光迅速分解。维生素 K_3 为白色或类白色结晶粉末，吸湿后结块；易溶于水和热乙醇，难溶于冰乙醇，不溶于苯和乙醚，水溶液 pH 4.7～7.0；常温下稳定，遇光易分解；高温分解为甲萘醌后对皮肤有强刺激，对酸性物质敏感，易吸湿。

维生素K是一组止血化合物，缺少维生素K，血液流出处伤口不能完好凝结。由于日常食物中有充足的维生素K并且能通过人体内代谢合成，所以维生素K缺乏症很罕见。

维生素K的无可见有害作用水平(NOAEL)为10mg，目前没有每日推荐量，主要是迄今尚未发现维生素K缺乏症，且维生素K可以由肠内微生物合成。但婴儿因肠胃处的微生物生长能力弱，可能会导致缺乏症。

我国允许作为维生素K来源的营养强化剂为植物甲萘醌(维生素K_1)，具体使用范围及使用量为《食品营养强化剂使用标准》(GB 14880—2012)及增补公告。

14.2.1.2 水溶性维生素

(1)维生素B_1(Vitamin B_1)

维生素B_1又名硫胺素，含有一个嘧啶和噻唑环，嘧啶和噻唑之间以一个亚甲基相连，化学名称为3-(4′氨基-2′甲基-5′-嘧啶基甲基)-5-(2-羟乙基)-4-甲基噻唑基氯化物。硫胺素具有酵母香气，白色针状结晶或结晶性粉末，味咸且苦；极易溶于水，微溶于乙醇，不溶于乙醚和苯。维生素B_1在酸性条件下即使加热也极其稳定，但是在中性及碱性条件下不稳定，遇热更不稳定。亚硫酸盐会使硫胺素失去生理活性，尤其在酸性条件下。

维生素B_1缺乏症包括体重降低、厌食、心脏扩大和精神状况消沉、注意力不集中和记忆力减退等，而脚气病是维生素B_1的主要缺乏症。但维生素B_1缺乏症并不普遍，至少在发达地区不常见，以精米面为主食的地方例外。缺乏症可能是由于饮酒造成，不仅因为食物摄取减少也由于吸收率的降低而导致缺乏。由于鱼肉中硫胺酶的存在，食用过多的生鱼也会导致维生素B_1缺乏。

维生素B_1的NOAEL为100mg。我国11岁以上人群维生素B_1的每日推荐量为1.2～1.5mg，乳母维生素B_1的每日推荐量为1.8mg。强化食品中含有高浓度的硫胺素不会产生毒性作用，高于每日推荐用量几百倍的维生素B_1不会产生副作用，但有时口服高剂量维生素B_1导致胃部功能紊乱。

我国允许作为维生素B_1来源的营养强化剂有盐酸硫胺素和硝酸硫胺素，具体使用范围和使用量见《食品营养强化剂使用标准》(GB 14880—2012)及增补公告。

(2)维生素B_2(Vitamin B_2)

维生素B_2即核黄素，又称维生素G，黄色至橙黄色晶体状粉末，微有臭味，苦味，约280℃熔化并分解。核黄素易溶于碱性溶液和氯化钠溶液，微溶于水，饱和水溶液呈现黄绿色，有荧光，几乎不溶于乙醇，不溶于乙醚和氯仿；在酸性条件下对热相对稳定，但对光敏感。

维生素B_2对神经细胞、视网膜代谢、脑垂体促肾上腺皮质激素的释放和胎儿的生长发育亦有影响；碳水化合物、脂肪和蛋白质的代谢与核黄素密切相关。若缺乏时，出现恐光、流泪、眼唇舌发烧、眼部疲劳和视力降低、舌炎、口角炎、脂溢性皮炎和阴囊炎、眼结膜炎等。维生素B_2是黄素酶类的辅酶组成部分，在生物氧化的呼吸链中起传递氢作用。维生素B_2也能在日常饮食中充足供给，因此，在大多数地区很少发现维生素B_2缺乏症。

维生素B_2的NOAEL为400mg，LD_{50}为560mg/kg BW(大鼠，腹腔注射)，5 000mg/kg

BW(大鼠，皮下注射)；ADI 值为 0 ~ 0.5mg/kg BW(核黄素和核黄素 - 5′ - 磷酸钠的类别 ADI 值，FAO/WHO，1981)；美国 FDA 将其列为 GRAS 物质。

我国允许作为维生素 B_2来源的营养强化剂有核黄素和核黄素 - 5′ - 磷酸钠，具体使用范围和使用量见《食品营养强化剂使用标准》(GB 14880—2012)及增补公告。

(3)维生素 B_6(Vitamin B_6)

维生素 B_6又称吡哆素，是一种含吡哆醇或吡哆醛或吡哆胺的 B 族维生素，3 种物质在吡啶环的取代基不同，均有生物活性。我国允许作为维生素 B_6用于食品强化的为盐酸吡哆醇和 5 - 磷酸吡哆醇。盐酸吡哆醇为白色至淡黄色结晶或者结晶粉末，无臭，味微苦，熔点 206℃(分解)；易溶于水和丙二醇，溶于乙醇，不溶于乙醚、氯仿。

维生素 B_6是机体不可缺少的一种辅酶，可参与氨基酸、碳水化合物及脂肪的正常代谢。此外，维生素 B_6和色氨酸还参与将烟酸转化为 5 - 羟色胺的反应，并可刺激白细胞的生长，是形成血红蛋白所需要的物质。成年人缺乏维生素 B_6的症状是体重减轻、食欲减退、口腔炎、舌炎、鳞状皮炎等。

维生素 B_6的 UL 为 25mg(SCF，2000)，LD_{50}为 4 000mg/kg BW(大鼠，经口)；美国 FDA 将其列为 GRAS 物质。

维生素 B_6的具体使用范围和使用量见《食品营养强化剂使用标准》(GB 14880—2012)及增补公告。

(4)维生素 C(Vitamin C，INS 302)

维生素 C 又称抗坏血酸或 L - 抗坏血酸，常用作抗氧化剂。抗坏血酸棕榈酸酯是一种良好的脂溶性维生素 C 衍生物，便于添加到高油脂食品中。添加到食品中的抗坏血酸棕榈酸酯虽经高温加工，热稳定性高，在食品中强化该类维生素 C 衍生物优于维生素 C。

L - 抗坏血酸棕榈酸酯安全性高，LD_{50} 为 10g/kg BW(小鼠，经口)；ADI 值为 0 ~ 1.25mg/kg BW(FAO/WHO，1994)。美国 FDA 将其列为 GRAS 物质。

长期服用过量维生素 C 补充品，可能导致草酸及尿酸结石；短期内服用维生素 C 补充品过量，产生多尿、下痢、皮肤发疹等副作用。小儿生长时期过量服用，容易产生骨骼疾病。一次性摄入维生素 C 2 500 ~ 5 000mg 以上时，可能会导致红细胞大量破裂，出现溶血等现象。FAO/WHO 建议每日摄入量：12 岁以下婴幼儿 20mg，13 岁以上 30mg，孕妇(第 2 ~ 3 个月)50mg，哺乳期妇女 50mg。

我国允许用作维生素 C 来源的营养强化剂包括：L - 抗坏血酸、L - 抗坏血酸钙、L - 抗坏血酸钠、维生素 C 磷酸酯镁、L - 抗坏血酸钾、L - 抗坏血酸 - 6 - 棕榈酸盐(抗坏血酸棕榈酸酯)，具体使用范围和使用量见《食品营养强化剂使用标准》(GB 14880—2012)及增补公告。

(5)烟酸或烟酰胺(Nictinic acid and nicotinamide)

烟酸(尼克酸或尼克酰胺)或维生素 B_3，早期也称维生素 PP、抗糙皮病维生素，烟酸的化学名为吡啶 - 3 - 羧基酸，白色结晶或结晶性粉末，无臭或稍有臭气，味微酸。易溶于热水、热乙醇、碱水、丙二醇，不溶于乙醚和酯类溶剂。烟酰胺为吡啶 - 3 - 羧基胺，白色结晶或结晶性粉末，无臭或有微臭，味微酸，水溶液呈酸性，在沸水或热乙醇中溶解，在乙醚中几乎不溶，在碳酸钠试液或氢氧化钠溶液中易溶，酸性条件下，烟酰胺易水解为烟酸。

烟酸在人体内经代谢后随尿液排出体外，相对无毒。烟酸和烟酰胺的 UL 分别为 10mg 和 900mg。

烟酸 LD_{50} 为 7 000mg/kg BW(大鼠，经口)。

我国允许作为烟酸来源的营养强化剂有烟酸、烟酰胺，具体使用范围和使用量见《食品营养强化剂使用标准》(GB 14880—2012)及增补公告。

(6)叶酸(Folic acid)

叶酸的化学名为 2 - 氨基 - 4 - 羟基 - 6 - (对氨基苯甲酰 L - 谷氨酸胺基) - 甲基蝶啶，是蝶啶环通过亚甲基与对氨基苯甲酰谷氨酸胺苯环 6 位上的氨基相连。叶酸呈黄色至橙色结晶或结晶性粉末，无臭，无明确熔点，约于 250℃ 发生碳化，易溶于碱性溶液、碳酸盐溶液、盐酸、硫酸、冰乙酸、苯酚和吡啶；微溶于水，不溶于丙酮、乙醇、乙醚和氯仿。叶酸常以 7, 8 - 二羟基 - 或 5, 6, 7, 8 - 四氢叶酸还原态存在。叶酸对光和氧敏感，5 - 甲酰四氢叶酸的热稳定性较好。

按每天的食物供应量，叶酸添加量的上限对婴儿是 0.1mg，4 岁以下儿童是 0.3mg，孕妇和哺乳期的女性最多不超过 0.8mg。叶酸对人体毒性很小，一般超出成人最低需要量 20 倍也不会引起中毒。成人连续 5 个月每日摄入 400mg 叶酸或连续 5 年每日摄入 10mg，未见副作用。叶酸的 UL 为 1mg(IOM，1998；SCF，2000)。在血清与组织中，与多肽结合以外的叶酸均从尿中排出。但服用大剂量叶酸可能产生毒性作用，如口服叶酸 350mg 可能影响锌的吸收，而导致锌缺乏，使胎儿发育迟缓，低出生体重儿增加，其叶酸中毒表现可以掩盖维生素 B_{12} 缺乏的早期表现，而导致神经系统受损害。

我国允许作为叶酸来源的营养强化剂有叶酸(蝶酰谷氨酸)，具体使用范围和使用量见《食品营养强化剂使用标准》(GB 14880—2012)及增补公告。

(7)L - 肉碱(Carnitine)

L - 肉碱为白色晶状体或白色透明细粉，略有特殊腥味；易溶于水、乙醇和碱，几乎不溶于丙酮和乙酸盐，易吸潮。L - 肉碱类似于胆碱，对人体和动物的作用很大，是生物体必需的生命活性物质，但又不是氨基酸，是一种既类似氨基酸也类似维生素的特殊结构的物质。它能够促进脂肪酸的氧化和运输，提高人体耐受力。大量的人体和动物试验证明，L - 肉碱具有抗心肌缺血、抗心律失调和降血脂的作用，甚至对预防老年性痴呆有显著效果。

L - 肉碱的 LD_{50} 为 10g/kg BW(大、小鼠，经口)；ADI 值为 20mg/kg BW。

我国允许作为 L - 肉碱来源的营养强化剂包括 L - 肉碱、L - 肉碱酒石酸盐，具体使用范围和使用量见《食品营养强化剂使用标准》(GB 14880—2012)及增补公告。

14.2.2 氨基酸和蛋白质类营养强化剂

许多食品所含有的氨基酸品种并不齐全，且各种氨基酸比例不合理。例如，谷物食品缺乏赖氨酸，玉米缺乏色氨酸，豆类缺少蛋氨酸。因此，有必要对氨基酸进行强化，现就氨基酸类强化剂分别进行介绍。

(1)L - 赖氨酸(L - Lysine)

L - 赖氨酸又称左旋 - 2, 6 - 二氨基己酸，白色或近白色晶体粉末，几乎无臭，易溶于水和甲酸，难溶于乙醇和乙醚。其在空气中吸水性很强。

赖氨酸是人体8种必需氨基酸之一，在生物机体的代谢中起重要作用，赖氨酸缺乏将引起生长障碍。因植物蛋白质中普遍缺乏赖氨酸，故营养学家将其称为“第一必需氨基酸”。

成人每日最小需要量(以L－赖氨酸计)：男性约0.8g，女性约0.4g，青年12～32mg/kg，幼儿180mg/kg。

L－盐酸赖氨酸的LD_{50}为10.75g/kg BW(大鼠，经口)，美国FDA将L－赖氨酸列为GRAS物质。

我国允许作为L－赖氨酸来源的营养强化剂有L－盐酸赖氨酸和L－赖氨酸天门冬氨酸盐，具体使用范围和使用量见《食品营养强化剂使用标准》(GB 14880—2012)及增补公告。

(2) L－蛋氨酸(L－Methionine)

蛋氨酸又称甲硫氨酸，无色或白色有光泽片状结晶或白色结晶性粉末，稍带特殊气味，味微苦，熔点280～281℃(分解)，溶于水(5.6g/100mL，30℃)、温热的稀乙醇、碱性溶液和稀无机酸，难溶于乙醇，几乎不溶于乙醚，对强酸不稳定，可导致脱甲基，对热及空气稳定。

蛋氨酸是人体所必需的一种氨基酸，能促进生长发育。1994年，FDA规定其可安全用于食品，但限量为食品中总蛋白质质量的3.1%。

蛋氨酸的LD_{50}为36g/kg BW(大鼠，经口)，美国FDA将其列为GRAS物质。

我国允许作为L－蛋氨酸来源的营养强化剂仅限非动物源性L－蛋氨酸，具体使用范围和使用量见《食品营养强化剂使用标准》(GB 14880—2012)及增补公告。

(3) 牛磺酸(Taurine)

牛磺酸又称为2－氨基乙基磺酸，为无色或白色斜状晶体，无臭，味微酸；不溶于乙醇、乙醚、丙酮，易溶于水。牛磺酸是一种含硫的非蛋白质氨基酸，对热稳定，熔点大于300℃(分解)；在体内以游离状态存在，不参与体内蛋白质的生物合成。牛磺酸虽然不参与蛋白质合成，但它却与胱氨酸、半胱氨酸的代谢密切相关。人体合成牛磺酸的半胱氨酸亚硫酸羧酶(CSAD)活性较低，主要依靠摄取食物中的牛磺酸满足机体需要。

牛磺酸的LD_{50} >10g/kg BW(小鼠，经口)；Ames试验无致突变作用。作为一种天然成分，未发现牛磺酸有任何毒性作用。

牛磺酸的具体使用范围和使用量见《食品营养强化剂使用标准》(GB 14880—2012)及增补公告。

(4) 酪蛋白钙肽(Casein calcium peptide，CCP)、酪蛋白磷酸肽(Casein phosphopeptides，CPP)

酪蛋白钙肽为白色至淡黄色粉末，有特殊滋味，是一种含钙多肽，其中富含磷酸丝氨酸和磷酸多肽等，来自牛乳酪蛋白的含有磷酸丝氨酸残基的生物活性多肽，其中酪蛋白磷酸钙约占12.5%，平均相对分子质量约3 000。在小肠内可防止钙、铁等矿物元素沉淀，促进小肠对钙、铁等吸收。

酪蛋白磷酸肽由20～30多个氨基酸残基组成，其中包括4～7个成簇存在的磷酸丝氨酰基。CPP在很宽pH值范围内具有完全溶解的特性，在pH 2.0～10.0内，其溶解度除在pH 4.0时约为90%外，其他均高于90%，且溶解度随pH值增高而增大。CPP产品较酪蛋白具有更好的起泡性和泡沫稳定性，乳化力较好，但与酪蛋白相比下降了约20%。CPP产品具有较好的热稳定性，作为钙、铁吸收促进剂，能提高钙、铁等矿物质吸收利用，促进牙齿、骨骼中钙的沉积和钙化(蔡太生，2011)。

酪蛋白钙肽、酪蛋白磷酸肽的具体使用范围和使用量见《食品营养强化剂使用标准》(GB 14880—2012)及增补公告。

(5)乳铁蛋白(Lactotransferrin，LTF)

乳铁蛋白是一种多功能糖蛋白，相对分子质量80 000，广泛存在于各种体内分泌液中，如牛乳、唾液、眼泪和鼻涕。乳铁蛋白也存在于中期的嗜中性粒细胞中，并由一些腺泡细胞分泌。乳铁蛋白是人体免疫系统的组分之一，具有抗菌活性，保护婴儿使其免受细菌等病原侵害。

乳铁蛋白的具体使用范围和使用量见《食品营养强化剂使用标准》(GB 14880—2012)及增补公告。

14.2.3 矿物质类营养强化剂

在食品中添加的矿物质类强化剂主要包括：铁、钙、锌、硒、镁、铜、锰、钾、磷等物质，此外，钼、铬等元素仅允许在特殊膳食用食品中强化。选择强化剂时需考虑生物利用率、溶解度对最终产品品质的影响。

(1)铁(Iron)

铁是人体的必要组分，主要存在于红细胞的血红蛋白、肌红蛋白和一些酶中，其主要功能是运输氧气，缺乏时会导致机体贫血。

铁中毒是在服用大剂量铁剂以后发生的明显短暂现象，按体重计算，铁的致死剂量为每日200～250mg/kg，一般治疗剂量为每日2～5mg/kg。铁摄入过多主要是口服铁剂，长期反复输血也会导致铁摄入过多，每日摄入铁25～75mg对正常人健康无损害，铁的无毒副反应水平为65mg/d(刘志皋，2003)。铁的暂定每日最高可耐受摄入量为0～0.8mg/kg BW(FAO/WHO，1983)，铁的UL为45mg(＞14月)和40mg(0～14月)(IOM，2001)。

铁营养强化剂经历了从无机铁到有机铁，再到络合铁的发展历程，硫酸亚铁、焦磷酸铁和正磷酸铁等无机铁盐均进行过铁营养强化的尝试，水溶性硫酸亚铁生物利用率可达100%，难溶性的焦磷酸铁和正磷酸铁的生物利用率分别为21%～74%、25%～32%。

我国允许作为铁来源的营养强化剂有：硫酸亚铁、葡萄糖酸亚铁、柠檬酸铁铵、富马酸亚铁、柠檬酸铁、乳酸亚铁、氯化高铁血红素、焦磷酸铁、铁卟啉、甘氨酸亚铁、还原铁、乙二胺四乙酸铁钠、羰基铁粉、碳酸亚铁、柠檬酸亚铁、延胡索酸亚铁、琥珀酸亚铁、血红素铁、电解铁，具体使用范围和使用量见《食品营养强化剂使用标准》(GB 14880—2012)及增补公告。

(2)钙(Calcium)

钙为骨骼正常生长和发育所必需，人体内99.7%的钙以钙盐的形式存在于骨骼和牙齿中。从化学组成上将钙分为无机钙和有机钙。食品中所用的强化剂种类很多，使用最多的是碳酸钙，其次是磷酸氢钙、乳酸钙、葡萄糖酸钙等，也有将动物骨骼脱脂干燥所制得的骨粉作为钙强化剂使用。

钙的UL为2 500mg(SCF，2003；IOM，1997)。

乙酸钙：LD_{50}为 52mg/kg BW(大鼠，静脉注射)；ADI 值无限制(FAO/WHO，1973)；FDA 将其列为 GRAS 物质。

葡萄糖酸钙：LD_{50}为 950mg/kg BW(小鼠，静脉注射)，2 200mg/kg BW(小鼠，腹腔注射)；ADI 值不作特殊规定(FAO/WHO，1998)；FDA 将其列为 GRAS 物质。

乳酸钙的 ADI 值无限制(FAO/WHO，1974)，FDA 将其列为 GRAS 物质。

甘氨酸钙：LD_{50}为 12.6g/kg BW(雌性小鼠，口服)，7.94g/kg BW(雄性小鼠，口服)；致突变试验、Ames 试验、小鼠生殖细胞染色体畸变分析、微核试验，均未见致突变性。

我国允许作为钙强化剂的来源有：碳酸钙、葡萄糖酸钙、柠檬酸钙、乳酸钙、磷酸氢钙、L－苏糖酸钙、甘氨酸钙、天门冬氨酸钙、柠檬酸苹果酸钙、醋酸钙(乙酸钙)、氯化钙、磷酸三钙(磷酸钙)、维生素 E 琥珀酸钙、甘油磷酸钙、氧化钙、硫酸钙、骨粉(超细鲜骨粉)，具体使用范围和使用量见《食品营养强化剂使用标准》(GB 14880—2012)及增补公告。

(3)锌(Zinc)

锌在食物中普遍存在，对人类、动物和植物均是必需的，动物食品中的锌比植物中的锌更易吸收。人体缺乏锌将导致生长缓慢、食欲不振、皮肤病(湿疹、溃疡等)和免疫力下降，孕妇缺乏锌将导致婴儿先天性疾病。

锌中毒可能发生于过量服用锌剂，中毒症状为恶心、呕吐、急性腹痛、腹泻和发热。供实验动物大剂量的锌，可产生贫血、生长停滞和突然死亡。

硫酸锌的 LD_{50}为 1 180mg/kg BW(以锌计，小鼠，经口)，2 949mg/kg BW(以锌计，大鼠，经口)，葡萄糖酸锌的 LD_{50}为 3.06g/kg BW(以锌计，小鼠、经口)，美国 FDA 将硫酸锌和葡萄糖酸锌列为 GRAS 物质。

锌强化剂发展经历了几个阶段：①最早使用的锌强化剂为无机锌，如硫酸锌、氯化锌、氧化锌等，这类锌剂对肠胃有刺激性，生物利用率在 6%～7%，因此，其使用逐步减少。②有机锌，如葡萄糖酸锌、醋酸锌、乳酸锌、柠檬酸锌(枸橼酸锌)在口感和利用率等方面有较大的改善，生物利用率 16% 左右，而被广泛应用。③氨基酸锌螯合物，如甘氨酸锌具有生物活性、络合结构，适合人体细胞膜的选择性，以分子状态直接进入细胞内，有抵抗干扰，易被人体吸收的特点，生物利用率达到 36% 左右，但甘氨酸锌等强化剂价格较高，食品强化成本较高。④生物活性锌，如蛋白锌、富锌酵母等，利用生物技术开发的锌强化剂，吸收率高，生物利用率达 68%，副作用小，已引起人们关注，这类锌强化剂多处于研制开发阶段(李天真，2004)。

我国允许作为锌来源的营养强化剂有：硫酸锌、葡萄糖酸锌、甘氨酸锌、氧化锌、乳酸锌、柠檬酸锌、氯化锌、乙酸锌、碳酸锌，具体使用范围和使用量见《食品营养强化剂使用标准》(GB 14880—2012)及增补公告。

(4)硒(Selenium)

硒在人体中构成含硒蛋白与含硒酶，具有抗氧化、维持正常免疫功能、维持正常生育能力等诸多作用。现已证实硒缺乏是引起克山病的一个重要因素。

过量的硒摄入可导致中毒，出现脱发、脱指甲等。我国大多数地区膳食中硒的含量是足够而安全的。临床所见的硒过量导致的中毒分为急性、亚急性及慢性。最主要的中毒原因就是机体直接或间接地摄入、接触大量的硒，包括职业性、地域性原因，饮食习惯及滥用药物等。所以，补硒应严格控制摄入量。

我国允许作为硒源的营养强化剂包括：亚硒酸钠、硒酸钠、硒蛋白、富硒食用菌粉、L-硒-甲基硒代半胱氨酸、硒化卡拉胶和富硒酵母，具体使用范围和使用量见《食品营养强化剂使用标准》(GB 14880—2012)及增补公告。

14.2.4 脂肪酸类营养强化剂

必需脂肪酸(EFAs)为人体健康和生命所必需，机体本身不能合成，必须依赖食物供给，它们均为不饱和脂肪酸，属于ω-3族和ω-6族多不饱和脂肪酸。用于脂肪酸营养强化的有花生四烯酸(AA)、二十二碳六烯酸(DHA)、γ-亚麻酸和1,3-二油酸-2-棕榈酸甘油三酯。脂肪酸类强化剂另一个功能就是用于调整ω-6与ω-3比值。2000年，中国营养学会提出了推荐比例，它们是：①饱和脂肪酸(SFA)：单不饱和脂肪酸(MUFA)：多不饱和脂肪酸(PUFA)的比值是1:1:1；②多不饱和脂肪酸中ω-6与ω-3的比值是4:1~6:1。

(1)花生四烯酸(Arachidonic acid，AA，ARA)

花生四烯酸又称花生油烯酸、全顺式-5,8,11,14-二十碳四烯酸，室温下为液体，沸点245℃，熔点-49.5℃，溶于醇和醚，碘值为333.50g。花生四烯酸属于ω-6多不饱和脂肪酸。

高纯度的花生四烯酸是合成前列腺素(prostaglandins)、血栓烷素(thromboxanes)和白细胞三烯(leukotrienes)等二十碳衍生物的前体，这些生物活性物质对人体心血管系统及免疫系统具有十分重要的作用。花生四烯酸是人体大脑和视神经发育的重要物质，对提高智力和增强视敏感度具有重要作用。此外，花生四烯酸具有酯化胆固醇、增加血管弹性、降低血液黏度、调节血细胞功能等一系列生理功能。

动物的急性、亚急性和慢性毒性试验表明，花生四烯酸属实际无毒，FAO/WHO建议花生四烯酸的每日摄入量为婴幼儿60mg/kg BW。

我国允许作为花生四烯酸的营养强化剂仅限于来源于高山被孢霉(*Mortierella alpina*)的花生四烯酸油脂，具体使用范围和使用量见《食品营养强化剂使用标准》(GB 14880—2012)及增补公告。

(2)二十二碳六烯酸(Docosahexaenoic Acid，DHA)

二十二碳六烯酸属ω-3系列多不饱和脂肪酸，熔点-44℃，沸点447℃，无色无味，常温下呈液态，易溶于有机溶剂，不溶于水，低温下仍能保持较高的流动性。

英国脑营养研究所克罗夫特教授最早揭示了DHA的奥秘，其研究结果表明DHA是人大脑发育、成长的重要物质之一。它是大脑细胞膜的重要构成成分，参与脑细胞的形成和发育，对神经细胞轴突的延伸和新突起的形成有重要作用，可维持神经细胞的正常生理活动，参与大脑思维和记忆形成过程。

DHA产品的安全性问题主要是有害物质污染，DHA主要通过两种途径生产，从深海鱼油和海藻中提取。海洋鱼类和藻类都会受到海洋重金属等污染的影响，鱼油产品中的重金属残留特别是汞残留问题一直受到广泛关注(郝颖，2006)。

我国允许作为二十二碳六烯酸的营养强化剂限于来源于裂壶藻(*Schizochytrium* sp.)、吾肯氏壶藻（*Ulkenia amoeboida*）、寇氏隐甲藻（*Crypthecodinium cohnii*）和金枪鱼油（Tuna oil），具体使用范围和使用量见《食品营养强化剂使用标准》（GB 14880—2012）及增补公告。

（3）γ－亚麻酸（γ-Linolenic acid，GLA）

γ－亚麻酸又称γ－亚麻油酸、全顺式6,9,12－十八碳三烯酸，熔点－10℃，沸点230～232℃。常温下呈无色或淡黄色油状液，不溶于水而易溶于乙醚、正己烷、石油醚等非极性溶剂。在空气中不稳定，尤其在高温下易发生氧化反应，在碱性条件下易发生双键位置及构型异构化反应，形成共轭多烯酸。

γ－亚麻酸是人体必需的一种高级不饱和脂肪酸，在人体内由亚油酸转化而来。γ－亚麻酸是体内前列腺素等的前体物质，也是细胞生物膜的构建成分之一。此外，它还有抗脂质过氧化、减肥、抑制溃疡、增强胰岛素、抗血栓等功能。

γ－亚麻酸最小致死量2g/kg BW（大鼠，经口14日）；亚急性试验：500mg/kg；染色体异常试验（13周）、变异试验（13周），均呈阴性；LD_{50} >12g/kg BW。

γ－亚麻酸的具体使用范围和使用量见《食品营养强化剂使用标准》（GB 14880—2012）及增补公告。

14.2.5　其他营养强化剂

14.2.5.1　低聚糖类营养强化剂

功能性低聚糖是指对人具有特殊生理作用，单糖数在2～10之间的一类寡糖，其相对分子质量为300～2 000，包括水苏糖、棉籽糖、低聚果糖、大豆低聚糖、低聚木糖、低聚半乳糖、低聚乳果糖等。因人体肠道内不具备分解消化低聚糖的酶，所以不能被吸收，而是直接进入肠道内为有益菌——双歧杆菌所利用。功能性低聚糖因其独特的生理功能而成为一类重要的营养强化剂。我国《食品营养强化剂使用标准》（GB 14880—2012）批准作为益生元类物质使用的营养强化剂有：低聚半乳糖、低聚果糖、多聚果糖、棉子糖，均主要应用于特殊膳食用食品。

（1）低聚半乳糖（Galactooligosaccharides，GOS）

低聚半乳糖是一种具有天然属性的功能性低聚糖，其分子结构一般是在半乳糖或葡萄糖分子上连接1～7个半乳糖。完全溶于水，甜度为蔗糖的20%～40%，有较强的保湿性，口感清爽，甜味纯正，热值较低，在pH值为中性及酸性条件下具有较高的热稳定性，100℃加热1h及120℃加热30min，均保持较好的稳定性。GOS的着色性强于蔗糖，随pH值的升高而变大，水分保持能力较强，水分活度与蔗糖相近。不被人体消化酶所消化，具有很好的双歧杆菌增殖活性。在自然界中，动物的乳汁中存在微量的GOS，而人乳中含量较多，婴儿配方食品中添加GOS有利于体内双歧杆菌菌群的构建。GOS可以广泛地应用于各种食品中，也可以添加到加工温度较高的产品和酸性食品中；可用于焙烤食品，增强食品风味，不被面包酵母分解，可用于面包中；应用于乳制品和饮料中，促进体内有益菌的生长，解决便秘等症状；用于饮料中，甜味适中，不会产生腻味（董翠霞，2009）。

中华人民共和国卫生部2008年第20号公告批准低聚半乳糖为新资源食品。

（2）低聚果糖（Fructooligsacchride，FOS）

低聚果糖又名蔗果低聚糖、寡果糖，分子式为G－F－Fn（*n*＝1，2，3，G为葡萄糖，F

为果糖)，它是由蔗糖和1~3个果糖基通过β-1,2糖苷键与蔗糖中的果糖基结合而成的蔗果三糖(GF_2)、蔗果四糖(GF_4)和蔗果五糖(GF_4)等一类碳水化合物的总称。FOS易溶于水，甜度一般为蔗糖的30%~60%。FOS在中性或接近中性环境中具有相当高的热稳定性。在pH值大于5的环境中，加热到120℃很稳定。但在pH值小于4的环境中，加热到90℃分解。因此，在生产酸性食品时，如在酸奶中添加FOS时，应在高温处理后添加，并在添加后只能巴氏杀菌。FOS可应用于糖果生产中，或作为普通糖果的抗返砂剂(牟云青，2008)。

FOS是人体不消化的碳水化合物，可促进肠道双歧杆菌、乳酸菌等益生菌的增殖，刺激和增强免疫功能，促进钙、镁、铁、锌等矿物元素吸收，预防便秘和腹泻。

FOS的食用安全性在许多国家已得到政府的确认，日本批准FOS作为特定保健品，美国FDA将FOS列为GRAS物质，作为一种天然营养补充剂在市场上销售；在欧洲，FOS作为控制胆固醇水平的功能性甜味剂而广泛应用于食品产品中(胡学智，2007)。FOS在我国作为食品配料，于2003年1月1日批准并实施《低聚果糖》(QB 2581—2003)行业标准。因此，FOS不按照食品添加剂和保健食品的法规监管，而作为普通食品配料使用与管理。

14.2.5.2 核苷酸类营养强化剂

核苷酸及其衍生物对人体具有多种特定的生理功能，它们都以游离状态存在于细胞和组织中，直接参与机体的物质代谢、能量代谢、生理活性物质的合成。一些特殊人群(如婴幼儿、老年人、病人)需要加快新陈代谢和细胞的更新，对核苷酸需求量增加，而自身合成的核苷酸能力不能满足需要，从而需要补充外源核苷酸以满足正常新陈代谢的需要。

我国批准使用的核苷酸类营养强化剂有：5′-单磷酸胞苷(5′-CMP)、5′-单磷酸尿苷(5′-UMP)、5′-单磷酸腺苷(5′-AMP)、5′-肌苷酸二钠、5′-鸟苷酸二钠、5′-尿苷酸二钠、5′-胞苷酸二钠等，核苷酸主要作为益生元类物质应用于婴幼儿配方食品，使用量为0.12~0.58g/kg(以核苷酸总量计)。核苷酸能满足婴儿早期快速生长的需要，自1965年以来被一些国家陆续允许添加到婴幼儿乳粉中。乳品中核苷酸的营养作用主要集中在改善肠道菌群，促进生长发育，提高免疫功能，改善脂质代谢等。

14.3 食品营养强化剂合理使用

14.3.1 营养强化剂的使用问题

(1)营养强化剂损失

我国食品营养强化剂主要有氨基酸及含氮化合物、脂肪酸、维生素类和矿物质类，这些物质的稳定性受温度、酸、碱或压力等加工条件的影响。我国目前多数食品添加剂和营养强化剂仅规定了使用量，而食品营养强化剂经过食品从原料到成品复杂的加工过程后，存在不同程度的损失，导致食品营养强化剂的添加量和成品中的实际含量存在差异，加上食品营养强化剂检测技术的滞后，营养强化过程中的控制营养素损失成为难题。此外，另一个问题是营养物质分散不均匀。在婴幼儿食品营养强化过程中，营养强化剂必不可少，但其使用量却相对很少，很容易导致强化剂分散不均匀，尤其是粉状的婴幼儿食品，如果混合加工技术不合理或生产设备落后，将带来婴幼儿食品中营养素分布不均匀，从而构成婴幼儿食品的安全隐患。

(2)营养强化剂协同与拮抗作用

营养平衡是健康的保证。不能片面强调某种营养素的作用，而忽略营养素间的平衡和相互协同或拮抗作用，如镁与钙有协同作用，镁可促进钙的吸收，比较理想的钙镁比例为2∶1。如果机体内缺镁，则不论钙摄取多少，都只能形成硬度极低的牙釉质，且这种牙组织很容易受到酸的腐蚀。维生素 D 与钙、维生素 E 与硒、维生素 C 与铁、铜等存在协同关系。铁与钙磷、锌与钙、锌与铜等之间都存在拮抗作用，使用时必须注意。

(3)营养强化剂导致食品变色与品质劣变

食品的特性，如 pH 值、水分活度、油或水的含量均会影响营养素的稳定性和添加要求。此外，蛋白质、纤维素及还原糖之类的配料也可能影响营养素的稳定性及生物可利用率。提高强化食品中营养素的生物可利用率有助于达到强化目标，但这样的配方结果往往更容易发生组分间相互反应，引起稳定性和感官问题。

强化可使食品特性发生变化，如铁、铜等矿物质导致食品的色泽和风味发生不良改变。很多维生素影响食品的色泽和风味，抗坏血酸降低体系的 pH 值而产生酸味，这可以通过添加抗坏血酸的钠盐来调控，同时可以起到酸碱缓冲的效果。在某些条件下，时间过长，维生素 C 产生褐变作用，其他维生素如 β－胡萝卜素和核黄素使食品颜色发生变化，核黄素添加时混合不均匀使食品出现难看的色斑。

食品的变色或者品质劣变，主要是复合营养强化剂的各成分之间的反应，或者和强化载体之间的反应。例如，婴幼儿配方乳粉生产时碘的含量易超标，食盐中碘－铁同时进行强化时碘的含量易降低、颜色容易发生改变等问题。当用矿物质强化食品时，通常是先把它们溶于水中或均匀的混合于原料中，一般的食品加工条件对它们的影响不大，损失率仅为 3% ~ 5%，但在色泽、风味、外观、成本控制等方面产生一系列问题。一些可溶性矿物质盐类能促使液体食品或原料凝块，而不溶性盐类在加工和贮存时可能产生沉淀，有的使食品的 pH 值、黏度等改变而产生不良后果。例如，将消毒过的豆乳用硫酸亚铁或乳酸亚铁强化时，呈现黑色，若用磷酸铁盐强化时，就不存在这个问题了。事实上，所有食品在添加任何形态的铁时都会发生颜色改变，这种情况在选用复合微量元素强化剂时更易发生。例如，高钙高铁乳粉生产时，加入硫酸亚铁或乳酸亚铁及碳酸钙强化时，使乳粉的颜色变暗等。有时可以在不同的加工阶段添加矿物质，以消除产生的色泽变化。例如，将铁质与粉剂制品进行干混合，其色泽保持比在液态工序添加时好，干法混合可以避免同其他原料组分发生化学作用。营养强化剂的含水量、粒度、密度、表面张力、pH 值、微生物等指标必须严格控制，有时应进行烘干、粉碎预处理，以保证矿物质营养强化剂的含水量不超过 10%。此外，应注意原料的添加次序、原料的溶解和混合搅拌时间，一般应现用现配。在加工过程中，矿物质加入得太快或太浓，都会使局部蛋白质产生沉淀，使制品产生颗粒或沉淀。这些情况在实验室可能不会发生，但在大量生产时就可能发生(高兴娟，2008)。

(4)氧化导致的食品品质劣变

食品中的营养强化剂在光和氧气的作用下，发生氧化反应，不但造成色泽、风味的变化，甚至产生有害物质，带来一定的安全隐患。β－胡萝卜素的氧化降解对食品存在负面影响，主要是当光和氧同时存在时，极易引发光氧化反应，形成反式构型的氢过氧化物，过氧化物进一步分解成一些有害成分，从而影响食品品质。而且营养素降解使其在食品中含量减少，从而影响食品品质及其营养价值。此外，不同营养素之间也能发生氧化反应，如 Fe^{2+} 与维生素 C 之间。

脂肪酸类营养强化剂的高度不饱和性使其在加工过程中非常容易氧化，且氧化产物在感官上无法接受。例如，鱼油富含不饱和脂肪酸，很快发生氧化形成难以接受的腥味，因此，在食品中强化多不饱和脂肪酸时，需要对加工技术进行一定的改进减轻或消除氧化脂肪酸对感官的影响。将不饱和脂肪酸微胶囊化，使外面具有一层抗氧化的壁材，防止不饱和脂肪酸氧化降解。但微胶囊化油只能在一部分食品中得到应用，在色拉油、调味品和人造黄油中直接应用十分必要。

(5)混合不均匀

矿物质营养强化剂的应用方法主要有湿法加入和干法混合两种，为了减少营养素的损失，一般在最后工序加入。湿法加入一般是将矿物质营养强化剂先用水或与糖、乳化剂等原料一起溶解，搅拌均匀后，制成溶液、乳状液或悬浮液等，进入下一步工序。有时矿物质营养强化剂需要干法混合加入，如营养强化面粉、食盐等。应用矿物质营养强化剂时，微量元素、矿物质和维生素生物效价降低，保质期缩短。尤其是 Fe^{2+} 对维生素 C、维生素 E、维生素 A 的氧化破坏作用最为明显。如干混乳粉生产时为了防止脂肪短期内氧化，微量元素应该在制备基粉时湿法加入，然后再将维生素、乳清粉等原料干法混合。营养强化剂在食品中比例很小，如果搅拌不均匀，必然造成一部分不足，一部分过量，不但起不到好的作用，反而还会造成过量中毒，生产中一定要引起重视。一般可采用逐级梯度稀释预混法进行，保证混合均匀。

14.3.2 营养强化剂的安全问题

在发达国家，不管是预防新生儿畸形，还是改善营养缺乏症，现在均是通过强化食品来改善。在我国，随着社会的进步和生活水平的提高，食品营养强化剂在提高人们营养水平上发挥着越来越重要的作用。在食品安全备受关注的今天，应该进一步规范食品营养强化剂的使用。食品营养强化在安全方面存在以下几个问题。

(1)营养强化剂使用易进入误区

《食品安全法》为食品添加剂的使用设置了两个前提条件：一是技术上确有必要；二是安全可靠。食品营养强化剂是作为增强营养成分而添加到食品中的，因而有些人认为添加得越多越好，易出现超范围、超量使用的情况。其实，食品营养强化剂的使用范围和使用量均应符合《食品添加剂使用标准》(GB 2760—2011)和《食品营养强化剂使用标准》(GB 14880—2012)的要求，生产或使用未列入标准的食品营养强化剂品种或需要扩大使用范围和增加使用量，需经卫生部批准，生产复合食品营养强化剂时也需申报。如果将没有经过评估审批的营养强化剂添加到食品中就是一种违法行为。

食品营养强化的理论基础是营养素平衡，滥用食品营养强化剂不仅达不到增加营养的目的，反而会造成营养失调而危害到消费者的健康。为保证强化食品的营养水平，避免强化不当而引起的不良影响，使用强化剂时首先应合理确定各种营养素的使用量。强化食品虽然能防治营养素缺乏病，但也不能滥用。在食用强化食品时，消费者应有针对选择需要补充的营养素。因为营养素之间存在平衡关系，各种营养素的补充比例必须合理，不能偏补或过补（王云，2005）。

（2）标准存在的问题

我国现有的许多标准存在使用周期长、更新速度慢的问题。最新版《食品营养强化剂使用标准》（GB 14880—2012）于 2013 年 1 月 1 日正式实施，但是该标准对 L－酪氨酸、L－色氨酸在特殊膳食用食品的强化用量未作规定。2000 年制定的《食用盐》（GB 5461—2000），将食盐中碘含量调整为 20～50mg/kg，《食品营养强化剂使用卫生标准》（GB 14880—1994）中有关食盐碘强化量为 20～60mg/kg。而《食用盐卫生标准》（GB 2721—2003）规定食盐碘含量按 1994 年的标准执行，即 20～60mg/kg，因此造成了标准冲突的问题。这不仅让众多食品生产企业无所适从，也使得有关监管部门在执法时会陷入困境。中国营养学会的一份报告显示：中国城市居民日均盐摄入量为 11g，农村居民达到 17g。这意味着，根据目前市面上多数碘盐中每克盐含碘 20～50 μg 计算，中国人每天摄碘量达到了惊人的 220～850 μg，远超过了 WHO 规定的 200 μg /d 的安全线。尽管《食品安全国家标准 食用盐碘含量》（GB 2878—2011）已经颁布实施，但不可否认的是，已有的标准陈旧不全已成为我国食品安全体系的软肋，制约了产品的技术进步及进出口贸易的发展。因此，标准的及时整合与完善是食品企业科学管理、生产组织、质量检验和控制的基础，也是有关部门对食品生产经营过程实现管理和监督的重要依据之一。

（3）营养强化剂的营养标识模糊

在标识中应特别注意营养强化剂的适用范围和使用量的规定。许多食品的营养标识不准确，意识模糊。有的甚至标注具有预防、治疗疾病作用的内容，但是国家规定，非保健食品不得明示或暗示具有保健作用。

（4）食品各成分和营养素之间发生的不良反应

食品中各种成分和营养素之间发生的某些不期望的反应增加了食品品质劣变的风险。另外，相互作用可以影响感官质量，如色泽的变化、脂肪的氧化。这些变化既增加了风味恶化的几率，也降低了货架期。

14.3.3　食品复合营养强化剂预混料

（1）复合营养强化剂预混料的作用

营养强化是解决人体微量营养素缺乏症，提高国民整体健康水平的有效途径。由于营养素强化追求全面、均衡，一般需要针对某一特定产品强化多种营养素（如乳粉），同时为了简化强化工艺、减少浪费和增强感官质量，国内外营养强化剂制造商已经趋向于提供复合营养强化剂预混料，即将矿物盐、维生素等多种食品营养强化剂按一定配比进行混合后，提供给食品生产企业添加到某一类食品产品中。针对不同的人群设计不同的复合营养强化剂是市场发展趋势。目前，此类产品多用于婴幼儿配方食品、乳与乳制品、营养性固体饮料、谷物制品等的强化，也可作为营养素补充剂类保健食品的原料。

（2）复合营养强化剂预混料的分类

营养强化剂按原料种类可分为：①同类强化剂组成的复合强化剂，如复合维生素、复合微量元素、复合氨基酸、复合核苷酸等。例如添加复合氨基酸的咖啡，将复合氨基酸粉和咖啡粉按一定比例混合，制成固体饮料，既保持了咖啡的风味，又具有复合氨基酸的营养。②不同类强化剂组成的复合强化剂，如维生素、微量元素、氨基酸和不饱和脂肪酸等组成的复合营养强化剂，将不同功能的营养强化剂复合，可以发挥多功能的作用。复合强化剂在液态乳中得到推广应用，如添加浓缩乳清蛋白粉、α－乳白蛋白粉、低聚糖、核桃油、酪蛋白磷酸肽、二十二碳六烯酸、花生四烯酸、核苷酸、叶黄素、肌醇、肉碱等，此配方可强化婴幼所需的维生素和矿物质等营养素，并实现了脂肪、蛋白质、碳水化合物人乳化。

复配时应该注意各成分的稳定性，在复配过程中不应发生化学反应；注意各成分的协同，功能互补，并且注意营养平衡。

在生产中遵守国家规定，各个成分均符合国家卫生标准。每一种成分均是允许添加的营养强化剂，符合《食品营养强化剂使用标准》(GB 14880—2012)。复配过程中应遵守《食品安全国家标准　复配食品添加剂通则》(GB 26887—2011)。

生产应用复合营养强化剂预混料是一项技术性很强的工作，简单地将各种营养强化剂与载体或稀释剂混合在一起是极不负责任的行为，也是非常危险的。营养强化剂在食品中严格的使用量规定要求复合产品中营养素的含量必须准确，且部分营养素对热不稳定无法进行灭菌处理. 这都对食品营养强化剂预混料及其生产过程的安全与卫生提出了较高的要求。

复合营养强化剂多在牛乳中进行强化。如专利“一种复合多功能食品营养强化剂”，其公布了配方和制备方法。配方为：特定的乳化剂(亲水性单甘酯、蔗糖酯的至少一种或几种)，亲水性胶体(微晶纤维素、羧甲基纤维素钠、κ－卡拉胶的至少一种或几种)，分散剂(焦磷酸钠、多聚磷酸钠、柠檬酸钠的至少一种或几种)，钙源为碳酸钙、磷酸三钙、柠檬酸苹果酸钙、乳钙素的至少一种或几种，铁源为焦磷酸铁、正磷酸铁、EDTA 铁钠的的至少一种或几种，锌源为葡萄糖酸锌、乳酸锌、柠檬酸锌的至少一种或几种，加工工艺为直接干式混合，高速搅拌均质(2 000r/min，10min)使分散均匀，加入到 50 ~ 60℃的牛奶中，在 30 ~ 40MPa 压力下均质，灌装后 121℃、15min 灭菌，冷却。上述方法制的牛乳光滑细腻，放置 30d 后未发现有沉淀或油脂上浮，水析出等现象，产品品质稳定(北京天维新探生物科技有限公司，2009)。

14.3.4　营养强化剂在食品工业中应用

目前，食品中添加的强化剂种类已达多种，使用最多的是复合维生素。为一般人群设计的维生素和矿物质复合强化剂，主要是作为日常膳食的营养素补充，有效利用所摄入食品中的营养物质和能量，强化食品中经常添加的有维生素 A、维生素 D、维生素 C、维生素 B_1、维生素 B_2、维生素 B_6、维生素 B_{12}和烟酸、泛酸等。

(1)大米营养强化

大米是我国、日本、泰国等一些亚洲国家消费的主食，是较为重要的营养强化载体。大米中营养素分布不平衡，并且稻谷经过清理、脱壳到糙米，糙米再碾去皮层(即米糠)，除去 8% ~ 10% 营养素，主要是维生素、无机盐和含酪氨酸较高的蛋白质。大米碾磨程度(即精度)越高，营养素损失越大。营养素的损失不仅发生在加工过程中，在烹调过程中也有营养损失。

营养强化米是指通过安全的方式、合理的加工工艺，在普通大米中添加其缺少的营养素或特需的其他营养素而制成的成品米。通过营养强化，不仅可以弥补大米加工中营养素的损失，使之恢复到原有的水平，而且还可以充分利用大米载体，强化其他人体所需营养素，增加必需营养素的摄入，合理搭配、完善膳食营养。

大米可强化的营养素包括水溶性维生素（维生素 B_1、维生素 B_2、维生素 B_6、维生素 C 和泛酸），脂溶性维生素（维生素 A、维生素 D、维生素 E），氨基酸（赖氨酸）和矿物质（Ca、Fe、Zn）等。

（2）面粉营养强化

面粉含有人体所需的多种营养成分，但由于含量不足及加工过程存在一定损失，为了满足人体所需营养素的多样性，在面粉中添加其含量不足或缺乏的营养成分，提高面粉的营养价值，这个过程称为面粉营养强化。经过添加营养成分的面粉称为营养强化面粉。通常面粉中部分矿物质、维生素的含量偏低，蛋白质含量约为10%，各种氨基酸特别是必需氨基酸的比例与人体的吸收平衡比例相差较大，严重影响了面粉制品的营养价值。面粉营养强化一般包括3个方面：添加氨基酸（赖氨酸、L－赖氨酸盐、苏氨酸）、矿物质（葡萄糖酸铁、碳酸钙、磷酸钙、乳酸钙或葡萄糖酸钙）和维生素（维生素 A、维生素 D、维生素 C、维生素 B_1、维生素 B_2、维生素 B_6、维生素 B_{12}、尼克酸、泛酸和叶酸）。

“7＋1”营养强化面粉是我国目前“国家公众营养改善项目”的一部分，指添加铁、钙、锌、维生素 B_1、维生素 B_2、叶酸、尼克酸和维生素 A 的面粉。7 种微量营养素在每千克面粉中的添加量为：硫胺素 3.5mg，核黄素 3.5mg，尼克酸 35mg，叶酸 2.0mg，铁 20mg/kg（EDTA 钠铁）或 40mg/kg（硫酸亚铁），锌 25mg，钙 1 000mg。“1”则是建议添加的维生素 A，添加量可达到 500μg RE/kg。

国际上对面粉进行营养强化已有六七十年的历史，表14-1 为美国面粉强化标准。

表14-1 美国面粉强化标准（100g 面粉）

mg

强化成分	强化面粉和强化自发面粉	强化粗粒粉
维生素 B_1	0.64	0.40～0.60
维生素 B_2	0.64	0.26～0.33
维生素 B_3（烟酸）	0.64	3.50～4.64
铁	4.40	2.90
钙	211	110

（3）其他谷物及谷物制品的营养强化技术

①玉米粉营养强化　玉米是富含维生素 B_1、维生素 B_6 和磷，维生素 B_2、烟酸、叶酸、生物素、铁、钙、锌含量也较丰富。但各种营养素在玉米制粉过程中损失严重。此外，维生素 A、维生素 E 和钙等矿物元素明显不足。所有上述营养素均可在研磨过程中添加。

②面制品的营养强化　目前，对于面制品进行强化的载体是面包、饼干、面条等。

面包的营养强化的标准各国有所不同，在面包中除进行一般维生素、矿物质添加外，还可以根据产品消费的对象，添加更多营养成分。目前，市场上主要的强化面包有麦麸面包、纤维面包、防蛀牙面包、绿色面包、富钙面包、酵母强化面包等。

(4) 食用油脂营养强化

食用油脂的营养强化的对象主要是脂溶性维生素，食用油是强化维生素 A、维生素 D、维生素 E 的最佳载体。但人造奶油是通过氢化作用将液态的植物油变成固态脂肪，其中几乎不含有维生素 A、维生素 D，仅提供能量，但通过强化却可以使之成为这些营养素的一个重要来源。若食品中富含多不饱和脂肪酸，则有必要强化维生素 E。

此外，工艺技术的发展使人造奶油中能够添加包括维生素 B、维生素 C、铁、钙等在内的水溶性微量营养素。

(5) 乳与乳制品营养强化

①液态乳的营养强化　有些国家法律强制性规定向液态乳中强化维生素 A 和维生素 D，在美国一些牛乳还强化维生素 C、维生素 E 和钙。我国开发同时强化铁、锌、钙的产品，其中关键是要选择合适的微胶囊化矿物质强化剂，并采用超微粉碎工艺技术。

②乳粉的强化　乳粉和调制乳粉最常用的强化营养素是维生素 A、维生素 D、钙和铁。婴儿配方乳粉和乳基断乳食品除强化各种维生素和矿物质外，还强化多不饱和脂肪酸、牛磺酸等其他营养素。

(6) 饮料营养强化

在电解质饮料中加入了各种无机盐(电解质)和维生素，饮料渗透压与人体的渗透压接近，故能迅速补充运动后肌体损失的体液，可防止肌肉疲劳、脉动过速、低血压等状态，维持血液细胞活力，对神经刺激感受性、肌肉收缩和血液凝固等功能有调节作用。

(7) 调味料营养强化

①食盐的营养强化　常见的强化食盐为：碘强化食盐、铁强化食盐、低钠盐、核黄素营养盐等。

②酱油的营养强化　常见的强化酱油为：铁强化酱油、锌强化酱油、钙强化酱油等。

③醋营养强化　常见的营养强化醋有：钙铁锌复合强化醋，维生素复合强化醋等。

14.4 营养强化剂发展趋势

14.4.1 营养强化剂新产品研发

(1) 营养强化剂新剂型产品开发

选择合适的剂型对应用显得至关重要，通过开发液体、粉状等不同剂型的营养强化剂可满足不同产品的需求。

叶黄素油悬浮液是将叶黄素晶体通过超微粉碎技术粉碎至微米大小，加入食用植物油，并加入适量的维生素 E 等抗氧化剂，经适当搅拌即制成产品。叶黄素油悬浮液是油溶性产品，可用于油基食品，包括奶油、人造奶油、食用油等，也可用于蛋糕、夹心饼干、沙拉酱等，还可以用于制备叶黄素软胶囊(张莉华，2009)。

叶黄素水分散性粉末是将叶黄素均匀分散于乳化剂、淀粉、胶体等组成的基质中，并添加维生素 E 和维生素 C 作为抗氧化剂，经均质乳化、干燥形成微胶囊产品。使叶黄素隔绝了空气、光等，提高了产品的稳定性。由于可在水中均匀分散，因此可用于液体食品，也可用于糖果、乳制品、布丁、果酱、饼干、冰淇淋、方便面等的着色剂和营养强化。在液体食品中应用，一般先将叶黄素水分散性粉末加入水中，适当搅拌，制成储备液再使用。

采用微乳、微胶囊技术可生产多不饱和脂肪酸、β-胡萝卜素、叶黄素、铁、钙、维生素A、维生素E等营养强化剂。

(2)营养强化剂富集产品开发

通过水、肥料或饲料成分控制，在一定限度内改良植物性或动物性食物中的部分营养素和其他功能性组分的含量。例如，采用ω-3多不饱和脂肪酸强化饲料喂养蛋鸡，可生产富含ω-3多不饱和脂肪酸的营养保健蛋，这将成为人类快速有效补充ω-3多不饱和脂肪酸的重要途径。

14.4.2 营养强化剂新技术开发

14.4.2.1 营养强化剂提取、分离纯化新技术开发

植物提取物是多种物质和多种相态的混合物，而且含量相对较低。植物提取物应尽可能纯化，提高营养强化剂纯度。因此，必须解决富集、浓缩、分离和精制问题，同时由于营养强化剂通常对氧和热敏感，因此其浓缩，分离，精制较多地使用膜分离、超临界二氧化碳萃取、分子蒸馏、真空冷冻浓缩和冷冻干燥等技术。

14.4.2.2 营养强化剂稳态化技术

为提高营养强化剂的生物利用率，需要提高其溶解度，增强吸收能力和稳定性以及缓释能力。因此，微乳化技术和微胶囊技术将成为营养强化剂应用技术开发的新趋势。

(1)微乳化技术

微乳状液是由两种互不相溶的液体(指乳化剂、助乳化剂、水和/或油、添加物)形成的热力学稳定，各向同性、外观透明或半透明的分散体系。微乳状液可以自发形成，其在微观上由表面活性剂界面膜所稳定的一种或两种液体的液滴所构成，由于液滴的直径非常小，所以稳定，可长期放置且离心后不易分层。

生产ω-3多不饱和脂肪酸强化食品的一种方法就是制备ω-3多不饱和脂肪酸的微乳状液，然后再将其添加至食品中。Park等(2004)通过乳清分离蛋白(WPI)乳化多不饱和脂肪酸，并添加生育酚、抗坏血酸棕榈酸酯和迷迭香提取物形成微乳状液，将其与鱼肉半成品混合后得到鱼肉酱产品。

(2)微胶囊技术

营养强化剂经微胶囊包埋后，可以改变物质的色泽、性状、体积、溶解性、反应性、耐热性和贮藏性等，并且在一定程度上能够起到控制芯材释放的速度。

微胶囊包埋的油脂主要是由经过改性淀粉或胶体/蛋白质稳定处理的乳状液组成，然后通过喷雾或冷冻干燥生产粉末。多糖和水解淀粉等水溶性材料可用作填充物。Hogan等(2003)分别考察了在鲱鱼鱼油微胶囊中生育酚的抗氧化效果，研究中使用了酪蛋白酸钠和麦芽糊精进行稳态化处理。试验发现，4℃条件下，经14d贮藏后，生育酚能减缓鱼油氧化。

美拉德反应广泛存在于食品热加工和贮藏过程中，其反应产物具有一定的抗氧化性，故

选择美拉德反应产物作为壁材，包埋具有多不饱和脂肪酸的鱼油制成微胶囊。通过试验发现，酪蛋白、大豆分离蛋白分别同还原糖反应的美拉德产物具有良好的乳化活性和乳化稳定性，适合稳定鱼油乳状液和作为包埋鱼油的微胶囊壁材。添加0.12%的果胶提高了壁材的致密度，制备得到的鱼油产品POV值变化缓慢，提高了产品的贮藏稳定性(项惠丹，2008)。

14.4.2.3 缓释技术

为避免某些营养强化剂在胃肠道内被破坏，使其能够到达特定的靶器官，可采用缓释技术控制功能性成分的释放时间。

14.4.2.4 生物转化技术

利用生物具有转化的能力，可将无机营养素转化为有机营养素，既可提高生理活性与吸收率，又可降低其毒性，有利于机体吸收。

(1)生物工程技术

采用生物工程技术提高食品原料中营养素的含量，如采用遗传工程改良一些植物性食品原料的特性，提高其特定营养素含量和生物利用率或通过降低其中矿物质吸收干扰因子的含量，间接提高原料中特定矿物质元素的生物利用率。目前，β-胡萝卜素、维生素C、低聚糖和EPA等已能通过生物工程技术大规模生产。

(2)微生物转化法

微生物转化法是将营养强化剂添加至微生物(酵母、食用菌)培养基中，进行培养，生产富含营养强化剂的一种新技术。

富硒酵母是将酵母菌放入无机硒(亚硒酸钠)的培养基中培养制得，无毒、食用安全、生物利用率高，可作为一种硒营养强化剂，用于开发生产富硒保健食品。富硒酵母在保健食品生产方面有很高的应用价值，而且它具有比亚硒酸钠更高的生物活性和食用安全性。例如中国科学院高能物理研究所研制的含量在1 000μg/g以上的硒酵母，有机硒含量在80%以上，蛋白质含量55.77%。

(3)植物转化法

植物转化法主要使用特定肥料的方法使粮食作物、茶叶和蔬菜等增加营养素含量。张进(2007)研究叶面施用铁肥对水稻籽粒铁强化效应，表明水稻叶面喷施铁肥，能使精米中铁含量显著提高15%左右，且精米中其他微量元素含量如钙、镁、锌等均有不同程度的增加。

(4)动物转化法

用含营养素较高的饲料饲喂动物，可生产富含该营养素的肉、蛋、乳、禽产品，如富硒蛋、富硒蜂蜜、富硒肉制品。

案例分析

预包装食品营养标签存在问题分析

背景：

王胜锋(2009)对杭州市超市内5 390种国产预包装食品营养标签的现状进行了调查。调查结果显示：其中具备营养成分表、营养声称和营养成分功能声称的产品分别为1 407种

(26%)，653 种(12%)，94 种(1.7%)。营养成分表中能量、蛋白质、脂肪、碳水化合物和钠全部标示的有 605 种(43%)，标有营养成分参考值百分比的有 557 种(39%)，7 种预包装食品的营养成分存在明示或暗示治疗疾病的问题。

香港文汇报报道，香港食物安全中心抽查市面的 16 000 种预包装食品，调查发现：不符合营养标示规范的 111 种食品，主要是标签声称与实际不符，其中 47 种食品缺少营养标示，12 种食品营养声称不合理，33 种食品营养素标示值与实际测量值不符。具体见下表：

产品名称	规格型号	不合格项目	出现问题
全新香滑配方高钙低脂奶	236mL/盒	营养标示(低脂)	每 100g 含脂肪 2.2g，超标 47%
黑加仑低糖饮料	350mL/盒	营养标示(低糖)	每 100g 含糖 9.3g，超出低糖定义的 86%
低糖朱古力夹心曲奇	150g/包	营养标示(低糖)	每 100g 含糖 31.4g，超出低糖定义的 5.28 倍
活性乳酸菌饮料	100mL/瓶	营养标示(低糖)	每 100mL 含糖 16g，超出低糖定义的 2.2 倍

分析：

为指导和规范食品营养标签的标示，引导消费者合理选择食品，促进膳食营养平衡，保护消费者知情权和身体健康，卫生部组织制定了《食品营养标签管理规范》，于 2008 年 5 月 1 日起实施。

《食品营养标签管理规范》所称的营养标签是指向消费者提供食品营养成分信息和特性的说明，包括营养成分表、营养声称和营养成分功能声称。营养成分表是标有食品营养成分名称和含量的表格，表格中标示的营养成分包括能量、营养素、水分和膳食纤维等。除上述成分外，食品营养标签上还可以标示饱和脂肪(酸)、胆固醇、糖、膳食纤维、维生素和矿物质。营养标签中营养成分标示应当以每 100g(mL)和/或每份食品中的营养成分含量数值标示，并同时标示所含营养成分占营养素参考值(NRV)的百分比。营养声称是指对食物营养特性的描述和说明，包括：含量声称和比较声称。含量声称是指描述食物中能量或营养成分含量水平的声称。比较声称是能量或者某营养素与基准食物或者参考数值相比“减少”或“增多”的声称。

国家《预包装食品营养标签通则》(GB 28050—2011)将于 2013 年 1 月 1 日执行。此标准附有营养声称和/或营养成分功能声称的书写格式。营养声称、营养成分功能声称可以在标签的任意位置。例如：

营养成分表

项　　目	每 100 克(g)或 100 毫升(mL)或每份	营养素参考值
能量	千焦(kJ)	%
蛋白质	克(g)	%
脂肪	克(g)	%
碳水化合物	克(g)	%
钠	毫克(mg)	%

营养声称如：低脂肪 XX。

营养成分功能声称如：每日膳食中脂肪提供的能量比例不宜超过总能量的 30%。

能量和营养成分含量声称的要求和条件需要符合《预包装食品营养标签通则》(GB 28050—2011)附表C.1所示要求，反观香港文汇报对食品营养标签不合格案件的披露报道，真是食品的真实营养成分含量不符合香港当地的法规要求而随意标示所致。

《预包装特殊膳食用食品标签通则》(GB 13432—2004)规定了允许标示的内容，预包装特殊膳食用食品可以声称能量、营养素含量的水平，如“低能量”“低脂肪”“低胆固醇”“无糖”“低钠”，并且此标准明确给予了定义。标准明确规定了不得声称或暗示有治愈、治疗或防止疾病的作用，也不得声称所示产品本身具有某种营养素的功能。

纠偏措施：

目前，我国卫生部已出台《食品营养标签管理规范》《预包装食品营养标签标准》《预包装特殊膳食用食品标签通则》，企业必须强制执行。同时，应加大营养宣教力度，以提高消费者对营养信息的总体认知和理解。

思考题

1. 什么是营养强化剂？简述营养强化剂的分类并举例说明。
2. 简述营养强化的主要目的。
3. 简述营养强化载体选择原则及营养强化剂使用要求。
4. 简述食品强化的依据和强化方法。
5. 食品营养强化剂稳态化有哪些方法？
6. 试论述食品营养强化存在的安全问题。
7. 以食用油和酱油为例，简述营养强化剂的选择原则和强化意义。
8. 为什么在食品中需要强化多不饱和脂肪酸？

参考文献

北京天维新探生物科技有限公司. 2009. 复合型多功能食品营养强化剂：中国，101455401 A[P].
蔡太生. 2011. 酪蛋白磷酸肽的生理机能及应用[J]. 农业机械(1)：127－130.
曹劲松，王晓琴. 2002. 食品营养强化剂[M]. 北京：中国轻工业出版社.
高兴娟，李卫平. 2008. 矿物质营养强化剂应用技术问题的探讨[J]. 食品工业科技(8)：264－267.
郝颖，汪之和. 2006. EPA、DHA的营养功能及其产品安全性分析[J]. 现代食品科技(3)：180－185.
胡学智，伍剑锋. 2007. 低聚果糖的生理功能及生产、应用[J]. 中国食品添加剂(6)：148－152.
谢岩黎. 2007. 维生素A面粉营养强化剂的制备及性能研究[D]. 无锡：江南大学.
江南大学. 2006. 一种VA微胶囊面粉强化剂的制备：中国，1965657 A[P].
李天真. 2004. 食品微量元素锌强化剂的研究[J]. 粮食与食品工业(1)：18－22.
刘志皋. 2003. 铁的食品营养强化[J]. 中国食品添加剂，2：12－15.
牟云青. 2008. 高纯度低聚果糖及其在第三代保健食品中的应用[J]. 中国食品添加剂，2：399－402.
任国谱，黄兴旺，岳红. 2011. 婴幼儿配方奶粉中二十二碳六烯酸(DHA)的氧化稳定性研究[J]. 中国乳品工业，1：3－7.
陕西老牛面粉有限公司. 2008. 一种含有机硒缓释胶囊的硒营养强化小麦粉生产方法[P]. 中国：ZL200810048706.
邵伟，熊丹. 2005. 铁锌复合强化酱油的研制[J]. 中国酿造(3)：88－92.
沈阳药科大学. 2010. 叶黄素水溶性粉末及其制备工艺：中国，102038644 A[P].

王丽霞，刘安军．2006．多肽－Fe 抗贫血保健功能的研究[J]．食品研究与开发(7)：195－199.
王明星．2011．含 DHA 的谷物调和油的制备方法：中国，102204594 A[P].
王胜锋，陈勇，刘庆敏．2009．杭州市超市内国产预包装食品营养标示现状调查[J]．中国食品卫生杂志(21)：541－544.
文震，余德顺，吕晴．2001．超临界 CO_2 萃取精馏 EPA 与 DHA 的实验研究[J]．食品科技(3)：4－7.
项惠丹．2008．抗氧化剂微胶囊壁材的制备及其在微胶囊化鱼油中的应用[D]．无锡：江南大学.
徐晨，陈历俊，石维忱，等．2011．低聚半乳糖的研究进展及应用[J]．中国食品添加剂(1)：205－208.
许德建．2010．一种婴幼儿矿物质配方奶粉：中国，102038041 A[P].
杨佳，毛立科，高彦祥．2008．不同乳化剂制备 β－胡萝卜素纳米乳液研究[J]．食品工业科技(4)：145－150.
姚昕，秦文．2004．花生四烯酸的生理活性及其应用[J]．粮油加工与食品机械(5)：57－59.
袁成凌，姚建铭，王文生，等．2000．花生四烯酸的研究概况及应用前景[J]．中国生物制品学杂志(1)：63－64.
张进．2007．叶面喷施高效铁肥及田间养分综合管理对水稻籽粒铁富集的调控研究[D]．杭州：浙江大学.
张磊．2003．食品营养强化剂预混料生产 HACCP 体系的应用研究[J]．上海预防医学(6)：270－274
张莉华，许新德，胡源媛，等．2009．叶黄素的主要剂型及应用[J]．中国食品添加剂(1)：121－125.
张敏洁，幸庆武，姜广军．2010．规范食品营养强化剂的使用[J]．中国检验检疫(2)：18－19.
中国营养学会．2000．中国居民膳食营养素参考摄入量[M]．北京：中国轻工业出版社.
中国营养学会．2008．中国居民膳食指南(2007)[M]．拉萨：西藏人民出版社.
周迪，邵斌，许新德．2012．纳米分散高含量叶黄素微囊化的研究[J]．中国食品添加剂(1)：61－65.
DZIEZAK J K. 1988. Microencapsulation and encapsulated ingredients [J]. Food Technology (4): 136－151.
FIEDLER J L, AFIDRAR. 2010. Vitamin A fortification in Uganda: Comparing the feasibility, coverage, costs, and cost－effectiveness of fortifying vegetable oil and sugar [J]. Food and Nutrition Bulletin, 31(2): 193－205.
GEORGE H C, MARY A C. 2003. Amino acid chelate for the effective supplementation of calcium, magnesium and potassium in the human diet: US, 09/660, 048[P].
HOGAN S A, RIORDAN E D. 2003. Microencapsulation and oxidative stability of spray－dried fish emulsions [J]. Journal Microencapsulation(20): 678－688.
RUTKOWSKI K, DIOSADY L L. 2007. Vitamin A stability in triple fortified salt [J]. Food Research International (40): 147－152.
SCHIMMENTI L A, CROMBEZ E A, SCHWAHN B. 2007. Expanded newborn screening identifies matermal primary carnitine deficiency [J]. Molecular Genetics and Metabolism (2): 441－445.
PARK Y, KELLEHER S D, McCLEMENTS J D. 2004. Incorporation and stabilization of omega－3 fatty acids in surimi made from cod, Gudus morhua [J]. Journal of Agricultural and Food Chemistry (52): 597－601.

第15章

食品用酶制剂

学习目标

掌握常用食品用酶制剂的品种、性质及使用规定；了解酶制剂在食品加工中的应用；了解酶制剂的安全管理发展趋势。

15.1 食品用酶制剂概述

15.1.1 酶制剂定义

酶是一类由细胞所产生、受多种因素调节、具有底物专一性和立体异构专一性、以蛋白质为主要成分的生物催化剂。食品酶制剂是指由动物或植物的可食或非可食部分直接提取，或由传统或通过基因修饰的微生物(包括但不限于细菌、放线菌、真菌菌种)发酵、提取制得，用于食品加工，具有特殊催化功能的生物制品。

目前，商业化的酶制剂包括淀粉酶、脂肪酶、纤维素酶、葡萄糖异构酶、凝乳酶、乳糖酶、普鲁兰酶、木聚糖酶、蛋白酶等产品，在食品、日化、饲料、工程技术、医药、微生物、生物燃料等领域发挥着巨大的作用。为使酶制剂有更高的商业价值，在使用时应该考虑以下因素：①产品比传统工艺质量更好；②更加经济；③原料消耗低。因此使用酶可以生产至少3种不同类型的产品：①模仿传统产品；②模仿传统产品并且对成本和产品特性有所改进；③开发新产品。

15.1.2 酶制剂分类

(1)按来源分类

酶作为一种生物体普遍存在的物质，可以从植物、动物和微生物中分离提取。因此，按来源不同可分为植物源酶、动物源酶和微生物源酶。

来源于植物的最常见酶是木瓜蛋白酶，它是从番木瓜乳胶中得到的一种蛋白酶。酶的其他植物来源还有产菠萝蛋白酶的菠萝和产无花果蛋白酶的无花果。酶的动物来源主要是从牛或猪脏器内提取的蛋白酶以及从小山羊和羔羊中获得的前胃酯酶和脂酶。酶的第三种生物来源是用于食品工业的微生物，包括细菌、酵母菌、霉菌、放线菌和原生动物。这些微生物可分为3类：①用于传统食品发酵的；②对食品无污染的；③除前两种的其他微生物。微生物来源酶比动植物来源酶普遍，因为它易生产，种类多，稳定性好。目前，生物技术可以在酶的种类和产量上有所突破，而且还能从传统来源中便利地获得更多更新的酶制剂。

(2)按反应类型分类

酶的催化反应可以是多种类型的化学反应，如水解、氧化、还原、异构、合成等，因此，酶也可按照反应类型分为：

①水解酶　催化水解反应的酶，主要包括淀粉酶、蛋白酶、脂肪酶、纤维素酶、果胶酶等。

②氧化还原酶　催化氧化还原反应的酶，多数是参与有机物质氧化还原反应，主要有脱氢酶、细胞色素氧化酶等，存在于生物体体液和组织液中，在食品添加剂中应用较少。

③转移酶　催化除氢外的化学官能团从一个分子转移至另一个分子的酶，如环糊精葡萄糖苷转移酶。

④裂合酶　催化从底物分子双键上加基团或脱基团反应，即促进一种化合物分裂为两种化合物，或由两种化合物合成一种化合物，这类酶包括醛缩酶、水化酶、脱氨酶、碳酸酐酶、丙酮酸脱羧酶等。

⑤异构酶　促进同分异构体互相转化，即催化底物分子内部的重排反应，如葡糖异构酶。

⑥合成酶　促进两分子化合物化学合成，即催化分子间缔合反应，如海藻糖合成酶。

(3)按作用底物分类

酶催化反应的底物千差万别，按作用底物的不同可分为碳水化合物类、蛋白质类、脂肪类等其他类。

(4)按反应条件分类

酶从化学本质上讲是一种蛋白质，为两性物质，介质的pH值和温度均会影响其结构、功能和活性。因此，酶按催化反应的最适条件可分为：

①酸性酶　最适催化反应酸碱度为pH≤5。

②中性酶　最适催化反应酸碱度为pH 6.0~8.0。

③碱性酶　最适催化反应酸碱度为pH≥9.0。

④低温酶　最适催化反应温度≤30℃。

⑤常温酶　最适催化反应温度30~50℃。

⑥中温酶　最适催化反应温度51~90℃。

⑦高温酶　最适催化反应温度≥91℃。

(5)按剂型分类

按剂型可分为：

①单一酶　具有单一系统名称且具有转移催化作用的酶制剂，如淀粉酶、脂肪酶、蛋白酶等。

②复合酶　两种或以上酶制剂混合而成，或者由一种或几种微生物发酵获得。

我国《食品添加剂使用标准》(GB 2760—2011)规定可用于食品的酶制剂有52种，广泛应用于食品工业化生产的酶制剂20多种，其中80%以上为水解酶，且淀粉加工用酶所占比例最大，为15%，其次为乳制品工业，约14%。

15.2 食品用酶制剂各论

本节将对食品工业中最常用的酶制剂按照其作用底物不同进行分类介绍，包括以碳水化合物为底物的酶类、蛋白酶类、脂肪酶类与其他酶类。

15.2.1 碳水化合物为底物的酶制剂

以碳水化合物为底物的酶制剂主要包括淀粉酶、果胶酶、纤维素酶、糖苷酶等，广泛地应用于淀粉糖等食品配料、食品添加剂的生产以及果蔬汁加工。

15.2.1.1 淀粉酶

(1)α-淀粉酶(α-Amylase，CNS号：11.003，INS号：1100，EC 3.2.1.1)

α-淀粉酶又称液化淀粉酶、糊精化淀粉酶、细菌α-淀粉酶、高温淀粉酶等。α-淀粉酶相对分子质量在5×10^4左右，每个分子中含有一个钙离子。α-淀粉酶一般为液态或浅黄固体色粉末，最适pH值为6.0~6.4，最适温度为85~94℃。高浓度的淀粉和适量钙离子存在的条件下可提高α-淀粉酶的热稳定性，在pH 5.3~7.0范围内，温度提高至93~95℃时，α-淀粉酶仍可以保持较高的活性。当Ca^{2+}存在时，α-淀粉酶可以抵抗高温、极端pH值、尿素和蛋白水解酶对酶活力的不利影响。

α-淀粉酶可将直链淀粉水解为葡萄糖、麦芽糖和糊精，将支链淀粉水解为葡萄糖、麦芽糖和异麦芽糖。α-淀粉酶还可用于面包的生产，以改良面团，如降低面团黏度、加速发酵过程，增加含糖量和减缓面包老化。近年来，α-淀粉酶在我国也用于啤酒、酱油、味精的生产，此外还可用于酒精和果蔬汁加工等。

我国《食品添加剂使用标准》(GB 2760—2011)规定，食品用α-淀粉酶来源有地衣芽孢杆菌(*Bacillus licheniformis*)、黑曲霉(*Aspergillus niger*)、解淀粉芽孢杆菌(*B. amyloliquefaciens*)、枯草芽孢杆菌(*B. subtilis*)、米根霉(*Rhizopus oryzae*)、米曲霉(*A. oryzae*)、嗜热脂肪芽孢杆菌(*B. stearothermophilus*)、猪或牛的胰腺。其ADI值不作特殊规定(FAO/WHO，2003)。来源于枯草芽孢杆菌、枯草芽孢杆菌(含嗜热脂肪芽孢杆菌α-淀粉酶基因供体)、嗜热脂肪芽孢杆菌的α-淀粉酶ADI值不作特殊规定(FAO/WHO，1990)，来源于地衣芽孢杆菌的α-淀粉酶ADI值不作特殊规定(FAO/WHO，1985)，来源于地衣芽孢杆菌(含地衣芽孢杆菌α-淀粉酶基因供体)的α-淀粉酶ADI值不作特殊规定(FAO/WHO，2003)。来源于米曲霉的α-淀粉酶ADI值在GMP条件下可接受(FAO/WHO，1988)。

(2)β-淀粉酶(β-Amylase，CNS号：11.003，INS号：1100)

β-淀粉酶主要来源于高等植物及枯草芽孢杆菌。β-淀粉酶相对分子质量及热稳定性与具体的酶源有关。其相对分子质量较α-淀粉酶大，为淀粉外切酶，水解α-1,4糖苷键，作用于直链淀粉、支链淀粉和糖原的非还原性末端，生成麦芽糖，但不能绕过支链淀粉中的

α-1,6 糖苷键继续作用，因此，当作用于支链淀粉时，一般只有 50%～60% 的淀粉可以转化成 β-麦芽糖，而其余的则是 β-极限糊精。β-淀粉酶多为棕黄色粉末或液体，植物来源 β-淀粉酶的最适 pH 值为 5～6，微生物来源为 6～7，最适催化反应温度为 45～60℃。钙离子对 β-淀粉酶有降低稳定性的作用，且 β-淀粉酶蛋白分子中多含有巯基(—SH)，巯基易受封锁剂作用而失活。

β-淀粉酶多用于麦芽糖和啤酒的生产。

我国《食品添加剂使用标准》(GB 2760—2011)规定，可用于食品的 β-淀粉酶的来源有大麦、山芋、大豆、小麦和麦芽及枯草芽孢杆菌。其 ADI 值不作特殊规定。

(3)葡萄糖淀粉酶(Glucoamylase，CNS 号：11.004，E.C. 3.2.1.3)

葡萄糖淀粉酶又称为淀粉葡萄糖苷酶、糖化淀粉酶、糖化酶和糖化型淀粉酶。葡萄糖淀粉酶是一种外切酶，它从直链淀粉、支链淀粉和糖原的还原性末端水解 α-1,4 糖苷键，产生葡萄糖残基。支链淀粉中的 α-1,6 糖苷键和较小的低聚麦芽糖也可以被水解，只是比 α-1,4糖苷键的水解慢，而且必须与 α-淀粉酶共同作用才能把支链淀粉彻底水解。糖化酶多为液体，来源于根酶的糖化酶需冷藏、粉末在室温下可存放一年；来源于黑曲霉的液体制品呈黑褐色，含有若干蛋白酶、淀粉酶和纤维素酶。溶于水，不溶于乙醇、氯仿和乙醚。最适 pH 4～5，最适反应温度为 45～75℃。

葡萄糖淀粉酶制剂可用于淀粉、酒精、酿造和果汁等行业，最重要的商业应用是生产葡萄糖含量高达 96% 的糖浆，这种糖浆可以生产葡萄糖晶体。

用于食品工业的葡萄糖淀粉酶以微生物来源为主，我国《食品添加剂使用标准》(GB 2760—2011)规定，食品用葡萄糖淀粉酶的来源有戴尔根霉(*R. oryzae*)、黑曲霉(*A. niger*)、米根霉(*R. oryae*)、米曲霉(*A. oryae*)和雪白根霉(*R. niveus*)。葡萄糖淀粉酶在体内无明显蓄积作用，无致突变作用，来源于黑曲霉的葡萄糖淀粉酶 ADI 值不作特殊规定(FAO/WHO, 1989)。

(4)环糊精葡萄糖苷转移酶(Cyclodextrin glucanotransferase，CGTase)

环糊精葡萄糖苷转移酶是催化淀粉、糖原、麦芽寡聚糖等葡萄糖聚合物合成环糊精的酶，可从数十种微生物中分离获得。大多数细菌所产 CGTase 的性质见表 15-1。我国《食品添加剂使用标准》(GB 2760—2011)规定，来源于地衣芽孢杆菌(*Bacillus licheniformis*)的环糊精葡萄糖苷转移酶可用于食品。

表 15-1　不同来源环糊精葡萄糖苷转移酶的性质

来　源	最适 pH 值	最适温度 /℃	pH 值稳定范围	主要产物
浸麻芽孢杆菌 ATCC 8514(*Bacillus macerans* ATCC 8514)	6.1～6.2	60	—	—
浸麻芽孢杆菌(*Bacillus macerans* IFO 3490)	5.0～5.7	55	8.0～10.0	α-CD
浸麻芽孢杆菌(IAM 1243)	6.0	60	6.0～9.5	α-CD
巨大芽孢杆菌 No.5(*Bacillus magaterrium* No.5)	5.0～5.7	55	7.0～10.0	β-CD
蜡状芽孢杆菌 NCIMB 13123(*Bacillus cereus* NCIMB 13123)	5.0	40	—	α-CD

（续）

来　源	最适pH值	最适温度/℃	pH值稳定范围	主要产物
软化芽孢杆菌 sp. nov. C－1400（*Bacillus ohbensis* sp. nov. C－1400）	5.0	55	—	β－CD
地衣芽孢杆菌（*Bacillus licheniformis* CLS 403）	6.0	55	6.0～7.5	α－CD
肺炎杆菌 AS－22（*Klebsiella pneumoniae* AS－22）	5.5～9.0	35～50	6.0～9.0	α－CD
嗜热脂肪芽孢杆菌 SE－4（*B. stearothermophilus* SE－4）	6.0	75	5.5～9.5	α－CD
热产硫磺热厌氧杆菌 EM1（*Thermoanaerobacterium thermosulfurigenes* EM1）	4.5～7.0	80～85	—	α－CD
嗜碱芽孢杆菌 AL－6［*Bacillus* sp. AL－6（alkalophilic strain）］	7.0～10.0	60	5.0～8.0	γ－CD
嗜碱芽孢杆菌 INMIA－A/7［*Bacillus* sp. INMIA－A/7（alkalophilic strain）］	6.0	50	5.5～10.0	β－CD
*Bacillus cirulans*var. *alkalo－philus* ATCC 21783	4.5～4.7	45	—	β－CD
*Alkalophilic Bacillus*sp. 7－12	5.0	60	6.0～10.0	—
嗜盐芽孢杆菌 INMIA 3849（*Bacillus halophilus* INMIA 3849）	7.0	60～62	5.0～9.5	β－CD

环糊精葡萄糖基转移酶是一种多功能酶，能够酶解淀粉或淀粉类基质产生由D－吡喃型葡萄糖单元通过β－1,4糖苷键连接而形成一类环状低聚化合物，即环糊精（陈坚，2011）。常见的环糊精有3种：α－环糊精（α－CD）、β－环糊精（β－CD）和γ－环糊精（γ－CD），它们分别是由6、7、8个葡萄糖单体在C_1和C_4上连接而成的环状低聚糖。环糊精及其衍生物作为高附加值产品有着广泛应用。利用环糊精的疏水空腔生成包埋物的能力，可使食品工业上许多活性成分与环糊精生成复合物，达到稳定被包埋物物化性质，减少氧化、钝化光敏性及热敏性，降低挥发性的目的，因此，环糊精可以用来保护芳香物质和天然色素。环糊精还可以脱除异味、去除有害成分，如去除蛋黄、稀奶油等食品中的大部分胆固醇；它可以提高食品品质，如在茶叶饮料的加工中，使用β－环糊精转溶法既能有效抑制茶汤低温浑浊物的形成，又不会破坏茶多酚、氨基酸等物质，对茶汤的色泽、滋味影响最小。

（5）转葡萄糖苷酶（Transglucosidase）

转葡萄糖糖苷酶为淡黄至深褐色粉末或液体，溶于水。转葡萄糖苷酶的作用是水解α－1,4葡萄糖苷键，并产生异麦芽糖、异麦芽三糖、三糖等带分支的寡糖。它主要用于生产低聚异麦芽糖、酒精、啤酒、威士忌、酵母等产品，也可以用作面粉改良剂。

我国《食品添加剂使用标准》（GB 2760—2011）中规定，可以用于食品的转葡萄糖苷酶来源于仅限于黑曲霉（*A. niger*）。来源于黑曲霉的转葡萄糖苷酶ADI值不作特殊规定（FAO/WHO，1989）。

（6）普鲁兰酶（Pullulanase）

普鲁兰酶是一类支链淀粉酶，因其能专一水解普鲁兰糖（pullulan，麦芽三糖以α－1,6糖苷键链接起来的聚合物）而得名，为棕黄色粉末或液体，溶于水，几乎不溶于乙醇、氯仿和乙醚。

普鲁兰酶主要用于糖、蜂蜜、谷物、淀粉和饮料加工中的除杂。

普鲁兰酶主要来源于杆菌属，我国《食品添加剂使用标准》(GB 2760—2011)中规定，可以用于食品的普鲁兰酶的来源有：产气克雷伯菌(*Klebsiella aerogenes*)、枯草芽孢杆菌(*Bacillus subtilis*)、嗜酸普鲁兰芽孢杆菌(*B. acidopullulyticus*)、地衣芽孢杆菌(*B. licheniformis*)。

15.2.1.2 果胶酶

(1)果胶酶(Pectinase，CNS号：11.005，EC：3.1.1.11；4.2.2.10；3.2.1.15)

果胶酶是分解果胶的一类酶的总称，包括果胶酯酶、果胶裂解酶及多聚半乳糖醛酸酶3种酶复合物。精制果胶酶为白色至黑色粉末，溶于水，不溶于乙醇、氯仿和乙醚。果胶酶的最适pH值为3.0~3.5，最适反应温度为50℃。在低温干燥的条件下酶活力具有较高的稳定性。钙、钠、镁离子对其活力影响不明显，但铁、铜、锌等离子以及多酚类物质对其活力有明显的抑制作用。

果胶酶在食品工业中应用广泛，可用于提高果蔬原料榨汁出汁率、果蔬汁过滤速率、降低浊度和澄清处理。在葡萄酒酿造过程中可降低葡萄汁的浑浊度、促进葡萄酒的熟化。

我国《食品添加剂使用标准》(GB 2760—2011)规定，可以用于食品的果胶酶来源是黑曲霉(*Aspergillus niger*)和米根霉(*Rhizopus oryzae*)。

果胶酶的 LD_{50} ≥21.5k/kg BW(小鼠，经口)；来源于黑曲霉的果胶酶ADI值不作特殊规定(FAO/WHO，1989)。

(2)果胶裂解酶(Pectinlyases)

果胶裂解酶是一种内切酶，可切断高酯化果胶，快速降低果胶黏度。一般为棕色液体，最适pH值为4.5~5.0，最适反应温度为50℃。

果胶裂解酶广泛应用于果蔬汁加工，主要解决果蔬汁澄清问题。

我国《食品添加剂使用标准》(GB 2760—2011)规定，可以用于食品的果胶裂解酶来源是黑曲霉(*A. niger*)；来源于黑曲霉的果胶裂解酶ADI值不作特殊规定(FAO/WHO，1989)。

(3)果胶酯酶(果胶甲酯酶，Pectinesterase，EC：3.1.1.11)

果胶酯酶又称为果胶甲酯酶、果胶酶，可催化水解高酯化果胶分子的α-1,4-糖苷键生成果胶酸和甲醇。广泛分布于高等植物、霉菌和细菌中。果胶酯酶一般为棕色液体，最适pH值为3.5~4.0，最适反应温度为45~50℃。

食品工业中，果胶酯酶常用于制备低甲氧基果胶以及果蔬汁加工澄清工艺。利用果胶酯酶可提高果蔬汁榨汁出汁率、对于热破番茄酱具有明显增强黏度作用。另外，果胶酯酶在果品加工中的应用还有脱苦、去除异味。

我国《食品添加剂使用标准》(GB 2760—2011)规定，可以用于食品的果胶酯酶的来源是黑曲霉(*A. niger*)和米曲霉(*A. oryzae*)；来源于黑曲霉的果胶酯酶ADI值不作特殊规定(FAO/WHO，1989)。

15.2.1.3 纤维素酶

(1)纤维素酶(Cellulase，EC：3.2.1.4，3.2.1.91，3.2.1.21)

纤维素酶是能够降解纤维素β-1,4葡萄糖苷键，生成纤维二糖和葡萄糖的一组酶的总称，包括内切葡聚糖酶、外切葡聚糖酶和β－葡聚糖苷酶。纤维素酶为灰白色粉末或液体，溶于水，几乎不溶于乙醇、氯仿和乙醚。纤维素酶最适 pH 值为 4.5～5.5，最适反应温度为 50～60℃。纤维素酶对热稳定性较好，在高温下仍能保持较高活力，如 100℃下持续 10 min 后，仍具有 20% 的酶活力。

纤维素酶可用于淀粉、果汁及发酵工业。用于果蔬汁加工，有利于细胞内物质渗出，增加出汁率，并起到澄清作用；应用于蛋白质、淀粉、油脂等天然产物的提取，可以使原料组织中的构成细胞壁的纤维素、半纤维素和果胶发生降解，造成原料细胞组织的软化，发生膨胀或崩溃等不同程度的改变，从而增加细胞壁的通透性，提高提取率。

我国《食品添加剂使用标准》（GB 2760—2011）规定，可以用于食品的纤维素酶的来源是黑曲霉（*Aspergillus niger*）、李氏木霉（*Tichodema reesei*）和绿色木霉（*T. viride*）；来源于李氏木霉的纤维素酶的 LD_{50} 为 6g/kg BW（小鼠，经口）；其暂定 ADI 值为 0～0.3mg TOS/kg BW（FAO/WHO，1988）。

（2）半纤维素酶（Hemicellulase，EC：3.2.1.78；3.2.1.55；3.2.1.72）

半纤维素酶是对构成植物细胞膜的多糖类（纤维素和果胶物质除外）物质水解起催化作用的各种酶的总称。半纤维素酶一般为白色至浅灰色粉末或深棕色液体。其最适 pH 值及温度因酶源不同而各异。

半纤维素酶主要用于谷类及果蔬加工，常与果胶酶、纤维素酶等混合使用，以便发挥提高提取率及加快果蔬汁澄清速度等作用。

我国《食品添加剂使用标准》（GB 2760—2011）规定，可以用于食品的半纤维素酶的来源是黑曲霉（*A. niger*）；来源于黑曲霉的半纤维素酶的 ADI 值不作特殊规定（FAO/WHO，1989）。

15.2.1.4 糖苷酶

糖苷酶又称糖苷水解酶，是指作用于各种糖苷或寡糖，使糖苷键发生水解的一类酶的总称。按照作用底物不同主要包括半乳糖苷酶、葡萄糖苷酶等。

（1）α－半乳糖苷酶（α－Galactosidase，EC：3.2.1.22）

α－半乳糖苷酶又称为蜜二糖酶，多为白色粉末或悬浮液，最适 pH 值为 5.0，最适反应温度为 60℃。α－半乳糖苷酶属外切糖苷酶类，可特异性水解半乳糖类寡糖和多聚半乳（葡）甘露聚糖的非还原性末端 α－1，6 半乳糖苷键，因此它能水解蜜二糖、棉籽糖、水苏糖和毛蕊花糖等低聚糖。不同离子对 α－半乳糖苷酶活力影响不同，如 Cu^{2+}、K^{+}和 Na^{+}对酶活影响不大；Ca^{2+}、Mg^{2+}、Mn^{2+}和 Zn^{2+}对 α－半乳糖苷酶活性有激活作用，且激活作用随着离子浓度的增加而提升；Ag^{+}对该酶活力有强烈抑制的作用。

α－半乳糖苷酶可改造环糊精，改变胶囊、微胶囊包埋壁材的理化性质，增加包埋产物的稳定性，并延长芯材释放进程。另外，α－半乳糖苷酶可消除大豆低聚糖在肠道发酵所引起的嗝气、肠鸣、腹胀、腹痛等。

我国《食品添加剂使用标准》（GB 2760—2011）规定，可用于食品的 α－半乳糖苷酶的来源是黑曲霉（*A. niger*）。来源于黑曲霉的 α－半乳糖苷酶 ADI 值不作特殊规定（FAO/WHO，1989）。

(2)乳糖酶(β－半乳糖苷酶)(Lactase/β－galactosidase，EC：3.2.1.23)

乳糖酶一般为白色粉末，最适pH及最适反应温度因酶的来源不同而异。乳糖酶可用于牛乳制品，可使得低甜度和低溶解度的乳糖转化为葡萄糖和半乳糖，从而可以防止部分人群对含乳糖的乳制品食用后发生的乳糖不耐症。

我国《食品添加剂使用标准》(GB 2760—2011)规定，可用于食品的乳糖酶的来源有脆壁克鲁维酵母(*Kluyveromyces fragilis*)、黑曲霉(*A. niger*)、米曲霉(*A. oryzae*)和乳克鲁维酵母(*K. lactis*)。来源于黑曲霉的乳糖酶ADI值不作特殊规定(FAO/WHO，1989)。

15.2.1.5 其他碳水化合物酶

(1)β－葡聚糖酶(β－Glucanase，CNS号：11.006，EC：3.2.1.73)

β－葡聚糖酶是一类能降解谷物中β－葡聚糖的水解酶类的总称，包括内切和外切β－1,3－葡聚糖酶、内切和外切β－1,4－葡聚糖酶，能水解β－葡聚糖分子中的β－1,3和β－1,4糖苷键，生成小分子物质。β－葡聚糖酶一般为土黄色粉末或棕色液体，溶于水，不溶于乙醇、氯仿和乙醚。最适pH值为3.0～6.0，最适反应温度为40℃。

β－葡聚糖酶可用于啤酒及淀粉加工业。β－葡聚糖酶应用于啤酒生产，可降低麦汁黏度，改善麦汁澄清度，促进可发酵性产物的生成，提高啤酒的胶体稳定性；清除因β－葡聚糖引起的冷浑浊，提高滤酒效率等作用，可大幅提高膜的使用效率、延长膜的使用寿命。

我国《食品添加剂使用标准》(GB 2760—2011)规定，可用于食品的β－葡聚糖酶的来源有解淀粉芽孢杆菌(*B. amyloliquefaciens*)、*Disporotrichum dimorphosporum*、埃默森篮状菌(*Tichodema emersonii*)和绿色木霉(*T. viride*)。来源于哈次木霉的β－葡聚糖酶的LD_{50} >10g/kg BW(大鼠，经口)，>20g/kg BW(小鼠，经口)；其ADI值不作特殊规定(FAO/WHO，1993)。

(2)木聚糖酶(Xylanase，EC：3.2.1.8)

木聚糖酶是指专一降解半纤维素木聚糖的一种复合酶，主要由β－1,4－D－内切木聚糖酶和β－1,4－D－外切木糖苷酶组成，此外还有一些脱支链酶。一般为浅黄色或浅棕色粉末，其最适pH值为5.0，最适反应温度为55℃，木聚糖酶具有较好的耐热性。木聚糖酶以内切方式作用于木聚糖分子中的β－1,4－木糖苷键，水解产物主要是木二糖及二糖以上的低聚木糖，还有少量木糖和阿拉伯糖。

木聚糖酶可改善面粉制品的质量，如用于面包焙烤，木聚糖酶通过作用于面粉中的阿拉伯木聚糖，优化面筋网络组织，改善面团性能，使面包体积增大，赋予面包芯良好的质构，并可以延缓面包老化，延长其货架期(李里特等，2004)。

我国《食品添加剂使用标准》(GB 2760—2011)规定，可用于食品的木聚糖酶的来源有毕赤酵母(*Pichia paseoris*)、孤独腐质酶(*Humicola insolens*)、黑曲霉(*A. niger*)、李氏木霉(*T. reesei*)、绿色木霉(*T. viride*)、枯草芽孢杆菌(*B. subtilis*)、米曲霉(*A. oryzae*)和镰孢霉(*Fusarium venenatum*)。木聚糖酶的NOEL为1.1g TOS/(kg·d)；来源于镰孢霉(含棉状嗜热丝孢菌基因)的木聚糖酶ADI值不作特殊规定(FAO/WHO，2003)。

(3)葡糖氧化酶(Glucose oxidase，EC：1.1.3.4)

葡糖氧化酶又称为葡萄糖氧化酶、β－D－葡萄糖氧化还原酶，主要是使β－D－葡萄糖氧化为D－葡萄糖醛酸－δ－内酯，以形成葡萄糖酸、除去葡萄糖和氧。葡糖氧化酶一般为白色至浅棕黄色粉末，不溶于乙醇、氯仿和乙醚。其活力在pH 4.5～7.5范围内均较稳定，最适pH值为5.6，反应温度范围为30～60℃，在此范围内温度变化对酶活力影响不显著。

目前，葡萄糖氧化酶主要用于生产葡萄糖酸；用于啤酒、葡萄酒、果汁罐头食品加工，以实现脱氧，防止褐变、降低风味和金属溶出；用于除去蛋清中葡萄糖，以防止蛋白制品在贮藏期内变色、变质；用于食品软包装中驱氧剂；用于全脂奶粉、谷物、可乐、咖啡、虾类、肉等食品以防止褐变。

我国《食品添加剂使用标准》(GB 2760—2011)规定，可用于食品的葡糖氧化酶的来源是黑曲霉(*A. niger*)和米曲霉(*A. oryzae*)。来源于黑曲霉的葡糖氧化酶的暂定ADI值无限制(FAO/WHO，1971)。

15.2.2 蛋白质为底物的酶制剂

(1)蛋白酶(Protease，INS号：1101i，EC 3.4.21；EC 3.4.23.18，ASPERGILLOPEPSIN I；EC 3.4.23.19，ASPERGILLOPEPSIN II)

蛋白酶一般专指微生物源蛋白酶，一般为近乎白色至浅棕黄色粉末或液体，溶于水，几乎不溶于乙醇、氯仿和乙醚。

蛋白酶主要用于蛋白质精制、水解、加工，乳制品工业(如乳酪加工)，调味品和酿造行业等。

我国《食品添加剂使用标准》(GB 2760—2011)规定，可用于食品的蛋白酶的微生物来源有寄生内座壳(栗疫菌)(*Cryphonectria parasitica*，*Endothia parasitica*)、地衣芽孢杆菌(*Bacillus licheniformis*)、黑曲霉(*A. niger*)、解淀粉芽孢杆菌(*B. amyloliquefaciens*)、枯草芽孢杆菌(*B. subtilis*)、米黑根毛霉(*Rhizomucor miehei*)、米曲霉(*A. oryzae*)、乳克鲁维酵母(*K. lactis*)、微小毛霉(*Mucor pusillus*)和蜂蜜曲霉(*A. melleus*)。来源于米曲霉的蛋白酶ADI值可接受(FAO/WHO，1987)；

(2)胃蛋白酶(Pepsin，EC 3.4.23.1)

胃蛋白酶来源于动物或禽类的胃组织，为酸性蛋白酶，主要由胃蛋白酶A(主要成分，EC 3.4.23.1)、胃蛋白酶B(EC 3.4.23.2)和胃蛋白酶C(EC 3.4.23.3)组成，一般为白色至淡棕黄色粉末，或琥珀色液体。其最适pH值为1.8，最适温度为35～40℃。

胃蛋白酶主要作用是水解多肽，主要用于鱼粉制备、啤酒澄清及干酪制造中的凝乳剂。

我国《食品添加剂使用标准》(GB 2760—2011)规定，可用于食品的胃蛋白酶的来源有猪、小牛、小羊、禽类的胃组织。动物分泌的胃蛋白酶一开始是原酶(处于未激活状态)，需要去除其氨基酸末端大约40个氨基酸残基的一条肽链而获得活性。来源于猪胃的胃蛋白酶的ADI值无限制(FAO/WHO，1971)，来源于禽类胃组织的胃蛋白酶的ADI值不作特殊规定(FAO/WHO，1976)。

(3)胰蛋白酶(Trypsin，Parenzyme)

胰蛋白酶是一种蛋白水解酶，能选择地水解蛋白质中由赖氨酸或精氨酸的羧基所构成的肽链，是肽链内切酶。胰蛋白酶为白色或米黄色结晶性粉末，溶于水，不溶于乙醇、甘油、氯仿和乙醚。其最适pH值为7.8～8.5，最适反应温度为37℃，当pH＞9.0时发生不可逆失活。Ca^{2+}对酶活性有稳定作用；重金属离子、有机磷化合物、天然胰蛋白酶抑制剂对其活性有明显抑制作用。

胰蛋白酶可用于食品加工过程中嫩化肉类、水解乳蛋白(李培骏等，2005；张丽萍等，2008)等。

我国《食品添加剂使用标准》(GB 2760—2011)规定，可用于食品的胰蛋白酶的来源为猪或牛的胰腺。胰蛋白酶的ADI值无限制(FAO/WHO，1971)。

(4)胰凝乳蛋白酶(chymotrypsin)

胰凝乳蛋白酶是肽链内切酶，主要切断多肽链中的芳香族氨基酸残基的羧基一侧。胰凝乳蛋白酶为白色至浅黄色粉末，最适pH值为8.0，最适反应温度为37℃。

食品工业中，胰凝乳蛋白酶主要用于水解蛋白类物质，应用于乳制品及功能食品加工。

我国《食品添加剂使用标准》(GB 2760—2011)规定，可用于食品的胰凝乳蛋白酶的来源为猪或牛的胰腺。

(5)菠萝蛋白酶(Bromelain，INS号：1101(iii))

菠萝蛋白酶，简称菠萝酶，又称凤梨酶或凤梨酵素，主要从菠萝果茎、叶、皮提取，经精制、提纯、浓缩、酶固定化、冷冻干燥而得到的一种纯天然植物蛋白酶。菠萝蛋白酶一般为白色至浅棕黄色粉末，溶于水，不溶于乙醇、氯仿和乙醚。最适pH值为6.8，最适反应温度为55℃。

菠萝蛋白酶用于焙烤食品加工可使面筋降解，可提高饼干、面包的口感与品质；应用于肉制品，可将肉类蛋白质水解为易吸收的小分子氨基酸和寡肽；用于干酪素的凝结；也有使用菠萝蛋白酶增加豆饼和豆粉中蛋白质的可溶性，复配其他辅料生产含豆粉的早餐、谷物食品和饮料；另外，还有利用菠萝蛋白酶生产脱水豆类、人造黄油、澄清苹果汁、软糖等。

我国《食品添加剂使用标准》(GB 2760—2011)规定，可用于食品的菠萝蛋白酶的来源是菠萝。菠萝蛋白酶的ADI值无限制(FAO/WHO，1971)。

(6)木瓜蛋白酶(Papain，CNS号：11.001，INS号：1101)

木瓜蛋白酶又称木瓜酶，木瓜蛋白酶制剂一般为混合物，含有木瓜蛋白酶、木瓜凝乳蛋白酶和溶菌酶等。木瓜蛋白酶一般为灰色或淡黄色粉末、有木瓜特殊臭味，精制品无臭，易受潮，溶于水和甘油，不溶于乙醇、氯仿、乙醚等。最适pH值为5.0~8.0，木瓜蛋白酶耐热性好，最适反应温度为55~65℃。木瓜蛋白酶在室温条件下活力较低，一般在肉的蒸煮过程中使用，其活力随温度升高而增加。在温度超过50℃时，胶原蛋白会变得疏松，在60~65℃时，其溶解度最大。木瓜蛋白酶在90℃才会被完全灭活，氧化剂或空气接触会导致其活性丧失。

木瓜蛋白酶应用领域与菠萝蛋白酶相似，广泛用于肉类嫩化。木瓜蛋白酶也可作为啤酒的澄清剂。啤酒生产中，其含有的可溶性蛋白在低温下产生不透明产物，木瓜蛋白酶主要用于降解蛋白质为小分子肽，从而提高啤酒的澄清度。另外，在啤酒生产中木瓜蛋白酶还可以分解糖化及发酵过程中产生的游离蛋白质，显著提高麦汁中α-氨基氮的含量，使发酵水平稳定；还能防止蛋白质与啤酒中的糖类、胶体和酒花中的多酚结合产生沉淀，以及因温度变化导致冷热浑浊，从而提高啤酒的稳定性，用量一般为1~4mg/kg。木瓜蛋白酶还可用于饼干、糕点的生产，以改善其色泽、质地及口感，并可以减少油脂和糖的用量，用量一般为

1～4mg/kg。

我国《食品添加剂使用标准》(GB 2760—2011)规定，可用于食品的木瓜蛋白酶的来源是木瓜。木瓜蛋白酶是木瓜果实的组分，无毒，其ADI值无限制(FAO/WHO，1971)。

15.2.3 油脂为底物的酶制剂

脂肪酶类是以脂肪类物质为底物的酶的总称。

(1)脂肪酶(Lipase)

脂肪酶是一类具有多种催化功能的酶，可以催化三酰甘油酯等脂类水解、醇解、酯化、转酯化。另外，脂肪酶还具有磷脂酶、胆固醇酯酶、酰肽水解酶活性等。脂肪酶一般为白色或浅黄色粉末，最适pH值为7～8.5，最适反应温度为30～40℃。

脂肪酶应用广泛，可用于结构化甘油酯合成、乳制品风味改善等，也可用于防止巧克力及乳制品的油脂酸败。食品加工中，脂肪酶可用于增香，如脂肪酶酶作用后释放的短链脂肪酸可增加和改进食品的风味和香味；酶解增香的黄油可用于生产巧克力、奶糖、冰淇淋、糕点等；还可用于增加干酪风味，增加人造黄油奶香味，制造增香剂，改善酿酒风味等。

我国《食品添加剂使用标准》(GB 2760—2011)规定，可用用于食品的脂肪酶来源有工业用脂肪酶的来源为黑曲霉(*A. niger*)、米根霉(*R. oryzae*)、米黑根毛霉(*R. miehei*)、米曲霉(*A. oryzae*)、雪白根霉(*R. niveus*)、小牛或小羊的唾液腺或前胃组织。脂肪酶的LD_{50} > 5 000mg/kg BW(小鼠，经口)(吴松刚，2003)；来源于动物的脂肪酶ADI值无限制(FAO/WHO，1971)。

(2)酯酶(Esterase)

酯酶是一种水解酶，催化酯水解的酶总称。狭义的酯酶也有指水解低级脂肪酸酯的脂肪酶。一般为淡黄色粉末，最适pH值为8.0～9.0，最适反应温度为50～60℃。我国《食品添加剂使用标准》(GB 2760—2011)规定，可用于食品的酯酶的来源为黑曲霉(*A. niger*)、李氏木霉(*T. reesei*)、米黑根毛霉(*R. miehei*)。食品工业中，酯酶主要用于改善食品风味和生产食用香精。来源于黑曲霉的酯酶ADI值不作特殊规定(FAO/WHO，1989)。

15.2.4 其他底物酶制剂

(1)过氧化氢酶(Catalase)

过氧化氢酶属于氧化还原酶类，一般为白色至浅黄色粉末或液体，溶于水，几乎不溶于乙醇、氯仿、乙醚。最适pH值为7.0，最适反应温为度0～10℃。

过氧化氢酶主要用于干酪、牛奶和蛋制品的生产，以消除紫外线照射产生过氧化氢而形成的异臭味，也可作为面包膨松剂。

我国《食品添加剂使用标准》(GB 2760—2011)规定，可用于食品的过氧化氢酶的来源是黑曲霉(*A. niger*)、溶壁微球菌(*M. lysodeicticus*)和牛、猪或马的肝脏。来源于牛肝脏的过氧化氢酶的ADI值无限制(FAO/WHO，1971)。

(2)漆酶(Laccase)

漆酶为含铜的多酚氧化酶，能够催化酚类、芳胺类、羧酸类、甾体类激素、生物色素、金属有机化合物和非酚类物质生成醌类化合物、羰基化合物和水。漆酶一般为白色固体粉末或透明液体。最适 pH 值为 7.0，最适反应温度为 25℃。

漆酶主要用于饮料的澄清与色泽控制、食品分子交联、植物保鲜等（朱新晔等，2010）。

我国《食品添加剂使用标准》（GB 2760—2011）规定，可用于食品的漆酶的来源是米曲霉（*A. oryzae*）。来源于米曲霉（含嗜热毁丝霉基因）的漆酶 ADI 值不作特殊规定（FAO/WHO，2003）。

15.3 食品用酶制剂合理使用

历史上，酶在发现以前就已经用于食品生产中，用特定的叶子包裹肉使之保持鲜嫩就是一个例子。多种发酵食品畅销全世界，如酒精和发酵的饮料、奶酪、发酵蔬菜、发酵油籽产品和发酵谷物产品都是在食品发酵和制备中酶应用的例子。随着现代酶技术的进步，在许多合成、降解和分解反应中酶应用越来越普遍。

15.3.1 酶制剂使用原则

(1) 根据需要选用酶制剂

由于酶的专一性而各自具有不同的作用，使用酶制剂前明确用酶的目的，然后选择能够达到目的的酶制剂。一般来说，应结合原料、产品的特性、生产工艺的各种参数和生产成本等因素，选择适合生产工艺和产品目的的酶制剂，不恰当的使用酶制剂将对产品质量产生不良的影响。

(2) 选用高质量的酶制剂

酶制剂生产企业较多，由于酶的来源、生产技术和装备水平不同而导致产品之间的质量存在差异，其中主要是酶制剂的纯度和卫生指标。一般而言，酶的纯度越高越好，卫生指标应符合 FAO 和 WHO 对酶制剂所作的规定：细菌总数 $< 5 \times 10^4$ CFU/mL（g），霉菌数 < 100CFU/mL(g)。使用劣质酶制剂产品生成一些不需要的物质甚至造成污染。因此，在确定酶制剂供应商时，应对其生产技术水平进行深入了解和加强酶制剂的质量监控。

(3) 确定酶制剂最佳用量

酶制剂用量应根据生产实际在实验的基础上合理设定，酶制剂添加浓度与酶的活力有关。首先检测酶制剂产品的酶活力是否与产品说明书一致，然后根据生产商推荐的添加量，设计浓度梯度方案进行试验，在保证作用效果的前提下选择最低的添加量。使用过量将使酶与底物之间失去平衡，形成过度加工，导致在工艺控制和产品质量方面出现异常。

(4) 发挥酶制剂的最佳效果

酶制剂使用时应控制好生产过程中的底物浓度、pH 值、温度、激活剂和作用时间等因素，构建一个有利于酶制剂发挥最佳作用效果的外部条件，获得理想的产品质量。同时，复合酶使用时必须明确其主要作用和辅助作用，酶作用条件的选择应以主要酶的工艺条件为主，兼顾其他辅助酶。

(5) 避免酶制剂的残留

一些酶制剂具有较高的失活条件，如木瓜蛋白酶在啤酒经过 60℃ 杀菌后仍具有活性。若添加工艺不合理，酶制剂将会残留在成品中，带来产品风味的变化。例如，为提高发酵程度而在发酵过程使用液体糖化酶，由于巴氏杀菌过程无法使其失活（完全失活需100℃ 5min以上），啤酒在保质期内出现口味变甜的现象。

（6）合理贮存酶制剂

酶是一种具有生物活性的催化剂，外界环境条件对酶制剂的活性有显著影响，如较高的贮存温度将使酶很快失活变性。因此，为了保证酶制剂在保质期内的活性，应防止包装物破损，贮藏在低温、干燥和避光处（余有贵，2004）。

15.3.2 酶制剂在食品工业中应用

在食品工业中，酶制剂应用广泛，以下分别介绍一些典型应用领域。

15.3.2.1 在淀粉类食品中应用

（1）酶制剂在制糖过程中的应用

①葡萄糖生产　采用α-淀粉酶将淀粉液化成糊精，再利用糖化酶生成葡萄糖。国内普遍采用耐高温α-淀粉酶生产葡萄糖，此酶不仅可以用于淀粉糖的制造，还广泛用于啤酒、发酵等领域。

②果葡糖浆生产　利用葡萄糖异构酶催化葡萄糖异构化生成果糖，而得到含有葡萄糖和果糖的混合糖浆。若将异构化后的混合糖液中的果糖和葡萄糖分离，再将分离的葡萄糖进行异构化，如此反复进行，便可生产高果糖浆。

③甘蔗糖汁澄清　果胶酶对糖汁降低黏度、提高澄清度有较明显的作用。陈健旋（2005）以果胶酶对甘蔗汁进行澄清，果胶酶的添加量为200U/100mL甘蔗汁，甘蔗汁的透光率由5%提高到95%，黏度由3.9mPa·s下降到1.1mPa·s。杨涛（2009）发明了一种榨糖专用色值优化因子，配方如下：葡聚糖酶20%~35%，果胶酶12%~25%，漆酶10%~15%，木聚糖酶10%~15%，还原糖氧化酶2%~4%，抗氧化剂3%~6%，淀粉酶8%~20%。本发明榨糖专用色值优化因子可有效降解蔗汁中原料带来的果胶、花色素、蛋白质、淀粉、葡聚糖及半纤维素等大分子黏性物质及色素类，也有效控制在生产过程中新产生的焦糖色素、美拉德反应等产物；减少大分子物质将蔗糖成分带入废糖蜜中，提高产能。王顺发（2006）开发了一种耐高温蔗糖生物助剂TKSE，成分包括淀粉酶、果胶酶、葡聚糖酶、还原糖氧化酶、蛋白酶、纤维素及半纤维素酶等，反应温度90~105℃，pH 6.5~7.5，作用时间>5min，以每吨甘蔗加入8mL TKSE时，白砂糖色值可下降20%~30%，浊度下降10%~20%。

（2）酶制剂在焙烤食品中的应用

酶制剂在焙烤食品中的作用主要是提高面粉发酵速度，改善焙烤食品结构，增加焙烤食品体积，保持其在贮存中的新鲜度，延长货架期。

在焙烤食品中应用的酶制剂主要有淀粉酶、蛋白酶、葡萄糖氧化酶、脂肪氧化酶、植酸酶、半纤维素酶等。淀粉酶可以增大焙烤食品体积，改善表皮色泽，有利于面团冷却和冷冻，提高焙烤食品的柔软度，延长保质期；蛋白酶可以用来处理筋力过强的面粉，还可以使面团中多肽和氨基酸含量增加；葡萄糖氧化酶作为强筋剂用于面粉中，能氧化面筋蛋白质中的巯基形成二硫键，从而增强面团的网络结构，起到加强面粉筋力的作用；脂肪氧化酶对焙烤食品的结构和色泽有改善作用，而且能提高其发酵程度；在焙烤食品加工过程中控制植酸酶的含量能使成品中的矿物质具有较高的生物活性；含半纤维素酶的酶制剂能够解决面粉因添加膳食纤维而带来的问题，不可溶戊聚糖的存在和粗糙的麸皮颗粒影响面筋的网状结构，半纤维素酶能将非淀粉多糖部分分解，从而提高焙烤食品的品质。

漆酶用作面团改良剂，作用于面粉中的主要组分。当漆酶加入到面团中时，使面团成分发生氧化，提高它们之间的结合力。漆酶可增加面团体积，改善面团结构，提高柔软度，降低黏度，进而改善面团的加工性能。漆酶可加速面筋的形成，也能加速面筋蛋白质的降解，加入阿魏酸可提高面团的加工性能。此外，漆酶单独使用时可降低阿拉伯木聚糖的水溶性，与阿魏酸复合使用时可提高氧化巯基的能力（姜国龙等，2009）。

周素梅等（2002）研究了戊聚糖酶、葡萄糖氧化酶以及脂肪氧合酶对普通粉和专用粉面包品质的影响。葡萄糖氧化酶与戊聚糖酶对普通粉面包的改良效果最好；脂肪氧合酶与戊聚糖酶则对专用粉的改良效果最好。面包贮存试验显示，戊聚糖酶与葡萄糖氧化酶的协同作用对延缓面包老化的效果最好。

（3）在啤酒生产中应用

酶制剂在啤酒生产中的作用主要是提高啤酒质量，降低生产成本，提高生产效率。

在啤酒生产过程中应用的酶制剂包括蛋白酶、糖化酶、α－淀粉酶、β－葡聚糖酶、葡萄糖氧化复合酶等。蛋白酶主要用于啤酒澄清和水解蛋白，防止啤酒冷浑浊；糖化酶可提高麦汁的可发酵程度和改善麦汁糖化的组分，用于干爽型啤酒和低热能啤酒的酿造；α－淀粉酶主要用于大米等淀粉质辅料的液化；β－葡聚糖酶用于分解麦芽和大米中的葡聚糖、木聚糖等，降低由他们引起的麦汁黏度，加快过滤速度，同时提高麦汁的转化率，消除成品冷浑浊现象；葡萄糖氧化复合酶（葡萄糖氧化酶/过氧化氢酶/转化酶）通过催化啤酒中葡萄糖的氧化而消耗氧，除去啤酒中的溶解氧和顶隙的氧，使啤酒口味明显好转，老化味减轻，澄清度提高，延长保质期。

此外，酶制剂也广泛应用于果酒、白酒等的酿造，既可提高出酒率，又能消除浑浊。

15.3.2.2　在蛋白质食品生产中的应用

（1）酶制剂在肉制品中的应用

①肉类嫩化　通过添加蛋白酶，使肉类胶原蛋白中的肽键和交联发生断裂，破坏蛋白质的空间结构，可使肉嫩化。常用的酶主要包括：植物蛋白酶类（木瓜蛋白酶、菠萝蛋白酶、无花果蛋白酶）、微生物蛋白酶类（枯草杆菌蛋白酶、根霉蛋白酶、黑曲霉蛋白酶）、动物蛋白酶（胰酶、胶原酶）。

在畜禽屠宰前 20～30min，由颈静脉注入番木瓜酶，通过血液循环均匀分布到机体各部位，逐步破坏肌肉组织的胶原纤维，增加肉类鲜嫩度。用木瓜蛋白酶肌肉注射也可以达到同样的效果，屠宰分割后的畜禽肉在贮藏过程中，木瓜蛋白酶在肉中处于静止状态。在以后热加工时，温度达到酶促反应的适宜温度，酶活化，提高了肉的嫩度（周强等，2007）。用胰酶对肉品进行嫩化，促进肉品软化，使肉中的水溶性氨基酸和水溶性的钙、磷、锌、铁明显增多，显著改进肉制品的风味与营养（明建，2004）。

②对加工副产物的增值作用　在屠宰场和肉类加工厂，有效的利用含肉类物质的副产品

是一个较为复杂的问题。一般在骨头上平均残存5%的瘦肉，利用机械法从骨头上回收部分肉蛋白质，成本较高，利用人工方法回收，所需人工费用很高。中性蛋白酶的水解作用将骨头上的残肉水解并从骨头上分离下来，直接用在罐头生产中或馅料中，也可用于灌肠中。

肉类副产品的另一个应用是提取不同等级的血液血浆成分，血红素的存在影响了血液的应用，而利用蛋白酶处理红细胞，可得到脱色的、可溶性的血水解物，可用作代血浆或添加到食品中。

(2)酶制剂在乳制品中的应用

①乳糖的修饰降解，防止乳糖不耐受的发生　乳糖不耐受症指自身消化系统不能将牛乳中的乳糖降解成可以直接被机体血液吸收的葡萄糖和半乳糖，主要是由于机体肠黏膜细胞不能产生足够的乳糖酶将乳糖分解造成的，因此乳糖不耐受实际上是乳糖酶缺乏症。可以通过补充外源乳糖酶或将牛乳中的乳糖在体外经乳糖酶作用降解成单糖使患者不耐受现象得到好转。

乳糖酶在水解乳糖的同时，参与半乳糖苷转移反应，乳糖酶转糖苷作用生成低聚半乳糖，其对人体具有保健作用，几乎不被小肠消化。它作为肠道内双歧杆菌的增殖因子，只能为双歧杆菌而不能为肠道中的腐败细菌所利用，增殖的双歧杆菌竞争性地拮抗腐败菌(如产气荚膜梭菌)的生长，减少有害物质的产生，防止便秘和腹泻，有整肠效果。因此，乳糖酶在分解乳糖降低乳中乳糖含量的同时，生成了具有调节肠道菌群保健功能的成分。

②用于乳清糖浆和半乳糖葡萄糖浆的生产，提高乳清的综合利用率　乳清是干酪及干酪素加工的副产品，由乳糖和乳清蛋白两种成分组成，因乳糖含量高易形成结晶影响了乳清的加工性能，将其中的乳糖水解是提高乳清利用率的最佳途径，用乳糖酶将乳清中的乳糖水解成葡萄糖，可避免冷冻和浓缩乳清糖浆因乳糖结晶造成起砂现象，并且与乳清蛋白的共存使乳清糖浆在用于焙烤制品中能形成有效控制的美拉德反应。不仅改善了其加工性能，而且提高甜度，从而可降低在含乳饮料中蔗糖添加量的20%～40%，溶解度增加了3～4倍。

③水解乳蛋白质，防止牛奶过敏反应的发生　牛乳中含有β-乳球蛋白或酪蛋白，它是某些特殊人群的过敏原，用筛选的蛋白酶，经水解而获得的肽类不仅提高了其消化吸收性，而且把具有抗原决定部位的片断进行水解，则显著降低了其抗原性，从而可防止牛乳过敏。

乳蛋白质酶解产物与游离氨基酸混合物相比，具有风味好、吸收率高、渗透压低等优点，一般采用酶解处理与热处理或超滤处理协同作用的方法制备低过敏性酪蛋白和乳清蛋白水解产物。热处理对牛乳蛋白质的免疫原性(immunogenicity)有轻微的影响，但热处理可以影响乳蛋白质的构型，提高蛋白水解酶与底物的接触机会，得到低过敏性蛋白质水解产物。

④乳脂肪经脂肪酶修饰后用于食品加工　目前，随着低脂消费热潮的流行，低脂乳制品的消费也逐渐成为一种时尚。用脂肪酶对低脂乳制品生产过程中分离的乳脂肪进行催化修饰，扩大其应用范围的研究已引起重视，特别是脂肪酶在生产质构化脂肪和修饰脂肪以提高其物理特性和消化率、降低热值和提高风味，用于工业化生产方面的研究不断深入，并取得了一些成果。如用联合利华公司生产的脂肪酶 BETAPOL 将乳脂肪分解后用于婴儿乳粉的生产；用 Dairyland Food 公司生产的 CPF7505 和 CPF75205 分解乳脂肪生成具有 Mozzarelle 干酪风味的产物并用于快餐和饼干的生产等。脂肪酶在乳制品中的应用主要是用于干酪。研究表明，在契达干酪中添加脂肪酶可使挥发性脂肪酸含量提高，风味形成加快，但应控制添加

量，避免出现酸败风味。一般是用脂肪酶和蛋白酶复合物作为干酪熟化过程中首选的酶制剂，以促进干酪成熟，缩短半硬质和硬质干酪的生产周期，在合理控制使用量、作用时间的情况下，可以避免干酪出现酸败味和苦味，形成干酪特有的风味，缩短成熟时间，提高生产效率。

15.3.2.3 在果蔬类食品生产中应用

(1)果蔬汁生产

在苹果汁加工中使用果胶酶的作用是降解果胶物质，使混浊物颗粒失去胶体保护而相互絮凝，从而提高澄清效果，得到澄清的苹果汁。而在葡萄汁生产中使用果胶酶制剂则可降低葡萄汁的黏稠度，提高出汁率，获得澄清的葡萄汁。糖水橘子罐头加工中，在橘子去皮去络分瓣后，必须去除囊衣。可以利用果胶酶，控制pH值在1.5~2.0，温度30~40℃，将橘瓣浸入其中，瓤囊内外表皮之间的果胶物质在果胶酶作用下分解为可溶性果胶，使细胞黏着力减弱，外表皮软化，经冲洗后去除囊衣。利用黑曲霉生产的橙皮苷酶，可解决橘子罐头的白色混浊。

(2)增香除异味

叶顺君等(2007)采用β-糖苷酶酶解柠檬汁，具有明显增香效果，其最佳反应条件为酶解温度40℃，时间100min，加酶量为30U/L。而黑曲霉β-葡萄糖苷酶对果酒具有增香作用(赵丽莉等，2007)。张振华等(2002)采用Kramer感官评定法研究了葡萄汁酶解增香调控的最佳条件，酶解温度45℃，酶解时间1.5h，加酶量0.03mL，结果表明糖苷酶酶解葡萄汁具有明显的增香效果。苏二正等(2005)以海藻酸钠为载体，采用交联-包埋-交联的方法，固定化单宁酶和β-葡萄糖糖苷酶。将固定化酶应用于茶饮料的除混浊，结果表明，经固定化酶处理后，茶饮料澄清度提高，而未经处理的茶饮料在60d后沉淀生成。

(3)在葡萄酿酒中应用

葡萄酒所用的酶制剂主要有果胶酶和蛋白酶，果胶酶可澄清葡萄汁和葡萄酒、浸提葡萄中的多酚物质。在葡萄酒生产中已普遍使用果胶酶，不仅可以提高葡萄酒和葡萄汁的产率，有利于澄清和过滤，而且可提高葡萄酒的质量。对于红葡萄酒，可以提高色素的提取率，有利于酒的成熟和增香；对于白葡萄酒，使取汁更容易，降低单宁的提取率，使酒的风味更佳。通过风味酶的作用改善葡萄酒的风味是改善葡萄酒品质的一种较有效的方法(俞惠明等，2010)。

15.3.2.4 在功能食品中应用

(1)功能性低聚糖的制备

功能性低聚糖是一种益生元，是由2~10个单糖分子构成的糖聚合物，这种糖不被哺乳类消化道消化吸收，摄食后可直达大肠促进大肠中双歧杆菌等益生菌增殖，从而对宿主产生健康效应，如调整肠道微生物菌群平衡，改善肠道功能，抑制肠道腐败菌，降低血脂胆固醇，增强机体免疫功能等。

目前，通过酶法生产的功能性低聚糖有：异麦芽糖、海藻糖、帕拉金糖、低聚果糖、低聚木糖等。国内外生产低聚糖大多是利用微生物酶的特异作用。低聚果糖是第一个酶法合成的双歧因子，它是用蔗糖为原料，由黑曲霉等微生物果糖基转移酶或蔗糖酶的转移反应，使在蔗糖分子之果糖基上接上 1 ~3 个果糖所生成的蔗果低聚糖，或者由菊粉作为原料，由微生物菊粉酶的有限水解生成低聚果糖。

(2)功能性肽的生产

近年发现在蛋白酶水解蛋白质所生成的肽类中，有不少具有特殊生理功能，如降血压、降血脂、促进胰岛素分泌、活化巨噬细胞增强免疫力、抑制血小板凝集、调控食欲、醒酒和增强机体耐力、抗疲劳等。酪蛋白磷酸肽(CCP)是一种十肽，可促进 Ca^{2+}、Fe^{3+} 的吸收；由鱼蛋白、大豆蛋白、酪蛋白经酶水解生成的一种血管紧张素抑制剂(ACEI)，可同血管紧张素结合而影响其表达，从而阻止血压升高；由玉米蛋白酶解生成的一种玉米蛋白多肽富含亮氨酸、缬氨酸、丙氨酸等疏水性支链氨基酸和谷氨酸、脯氨酸等而少含赖氨酸等碱性氨基酸，可缓解因肝病所致芳香族氨基酸在肝脏中的同化受阻而引起体内氨基酸不平衡所引发的肝昏迷，此外玉米蛋白肽还有健脑、降血压、抗疲劳、增强机体耐力等功能，由于它通过提高血液中亮氨酸和丙氨酸的浓度而稳定 NAD(脱氢酶的辅酶，如乙醇脱氢酶)，故有促进乙醇代谢预防醉酒和减轻乙醇中毒的作用；由麸质蛋白水解得到的含谷酰胺的肽，与人类肠道免疫力密切有关，多食含这类肽的食品可活化巨噬细胞，提高机体免疫力。国外生产的肽制品有乳蛋白肽、大豆蛋白肽、明胶肽、鱼类蛋白肽、玉米蛋白肽和麸质肽。

(3)功能性活性成分的辅助提取

大多数植物的细胞壁由纤维素等构成，其活性成分包裹在细胞壁内，利用纤维素酶破坏细胞壁，可以增加有效物质的溶出。禹华娟等(2010)以植物莲的成熟花托(莲房)为原料，采用酶辅助提取的方法提取原花青素：利用纤维素酶和果胶酶对莲房组织进行酶解，获得了最佳工艺参数为纤维素酶添加量为 0.7%，果胶酶添加量为 0.1%，酶解温度 55℃，酶解时间 2.5h。后又结合微波和超声技术，发现与醇提法相比，优化后的提取工艺能将莲房原花青素的提取率提高约 48%。陆红佳等(2012)以甘薯渣为原料，采用超声波辅助酶结合碱法从甘薯渣中提取纤维素。通过单因素及正交试验，确定了在超声波功率为 105W 下，提取薯渣纤维素的最佳工艺条件为：α－淀粉酶用量 0.6%、酶解时间 45min、氢氧化钠浓度 7% 和碱解时间 90min，在此条件下产品纤维素含量为 80.09%，并测定其持水性和溶胀性分别为 5.34g/g 和 10.53mL/g，均优于酶结合碱法，是一种可行、高效的方法。

15.3.2.5 在食品贮藏保鲜中应用

在食品贮藏中，酶可以直接作为食品抗氧化剂和防腐剂使用，称为酶法保鲜。

(1)葡萄糖氧化酶

葡萄糖氧化酶在食品保鲜及包装中最大作用是除氧，可有效地防止氧化反应发生，对已经部分氧化变质的食品可阻止进一步的氧化。葡萄糖氧化酶可直接添加在果汁、啤酒、果酒、水果罐头及色拉调料中，不仅防止食品氧化变质还可以防止容器氧化腐蚀。其具体应用是把保鲜的食品置于密闭容器中，酶与葡萄糖(一般是做成吸氧保鲜袋)一起放入，密闭容器中的氧透过薄膜进入袋中，在葡萄糖氧化酶的作用下与葡萄糖反应，从而除去罐藏食品容器中的氧，达到保鲜目的。

(2)溶菌酶

溶菌酶能选择性使微生物细胞壁溶解，从而使其失去生物活性，达到延长食品保质期的目的，且对食品营养成分无破坏作用。溶菌酶对革兰阳性菌中的枯草杆菌、耐辐射球菌有较强分解作用，对大肠杆菌、普通变形菌和副溶血性弧菌也有一定程度的溶解作用。

例如在奶酪加工中，加入溶菌酶，不仅可以有效防止奶酪后期起泡，风味变差，还能起到抑菌作用，防止酪酸发酵(张泓泰，2007)。韩艳丽等(2008)以成熟的丰水梨果实为材料，研究了常温条件下不同浓度溶菌酶涂膜处理对丰水梨果实采后生理及保鲜效果的影响。结果表明，贮藏 20d 后，溶菌酶处理能显著降低果实的失重率、烂果率和呼吸强度；溶菌酶处理能有效维持丰水梨果实的内在品质，经溶菌酶处理的丰水梨果实硬度、抗坏血酸含量较高，可滴定酸度和还原糖含量比对照组高，溶菌酶处理在一定程度上抑制了果实膜透性和丙二醛(MDA)含量的增加，显著抑制了超氧化物歧化酶(SOD)和过氧化氢酶(CAT)活性的降低。李永富(2009)以冷却猪肉为试样，采用浸泡的方式，研究了冷藏条件下溶菌酶和溶菌酶复合保鲜剂的保鲜效果。结果表明：80 000U/mL 溶菌酶液能够较好抑制微生物的繁殖，猪肉色泽保持较好。80 000U/mL 酶液与 0.1% 异抗坏血酸钠和 5% 普鲁兰多糖复合保鲜剂保鲜效果最好，能够有效抑制微生物繁殖、抑制或延缓挥发性盐基氮浓度的上升和抑制感官品质下降。

15.3.2.6　在调味料中的应用

酶制剂应用于调味品生产，原料不经过制曲，不仅可以减少工序，而且可以节约粮食，增加产量，降低生产成本，防止因制曲带来的杂菌污染，减少制曲设备投资，便于提高机械化程度，优化环境卫生。

调味料生产一般选用蛋白质含量高的动物性原料及其副产品，其中应用较多的是以下几类：动物性原料(骨、畜禽下脚料、鱼虾蟹及下脚料)、植物性原料(脱脂大豆粕、啤酒酵母、油菜饼)。目前，研究一般采用木瓜蛋白酶、中性蛋白酶、胰蛋白酶、胃蛋白酶以及风味酶等水解蛋白质生产酱油及酱类；研究用 α－淀粉酶、蛋白酶、糖化酶和纤维素酶生产食醋。

张立彦等(2008)利用木瓜蛋白酶水解蟹腿肉，水解率达到 70% 以上，为生产调味料进行了尝试。邓尚贵等(2008)在双酶法的基础上利用碱性蛋白酶、中性蛋白酶以及风味酶对青鳞鱼下脚料进行水解，得到的鱼露营养丰富，味道鲜美。许学书等(2012)通过酶法水解将小梅鱼制成营养型高档调味品，结果表明温度、pH 值、酶的种类、酶的组合、酶添加的顺序对产物的组成有影响。

15.4　食品用酶制剂安全管理

15.4.1　食品用酶制剂应用的风险

食品用酶制剂作为食品添加剂进入食品的潜在危害。

酶制剂仅有少部分来源于动植物，大部分来源于微生物，酶与其他混入酶制剂的蛋白质，作为外源蛋白质在随同食品进入人体后，有可能引起过敏反应。目前，虽然还没有报道这样的案例，但在新酶制剂开发时必须予以考虑。酶制剂作为食品添加剂使用时应符合我国

《食品添加剂使用标准》(GB 2760—2011)的规定。迄今为止，还没有充分的证据表明，用于食品工业中的酶制剂有害于人体健康。

15.4.2 酶制剂的安全评价

酶制剂作为食品加工助剂广泛应用在食品加工过程中，随着生物技术，尤其是微生物发酵技术(包括菌种选育和发酵设备)的快速发展，酶制剂产品的生产成本迅速下降，使得越来越多的酶制剂应用于食品工业中。一些企业对酶制剂产品的作用宣传力度很大，过分强调酶制剂产品的有利方面，忽视了其安全性方面，给广大用户造成了认识上的误区。酶制剂本身虽是生物制品，但酶制剂并非纯品，常含有培养基残留物等。在生产过程中还可能受到沙门菌、金黄色葡萄球菌、大肠杆菌的污染，酶制剂可能含生物毒素，尤其是黄曲霉毒素。此外，培养基中使用无机盐，可能混入汞、铜、铅、砷等重金属。为保证产品绝对安全，对原料、菌种、后处理等每一道工序均需严格控制。

关于酶制剂产品的安全性要求，JECFA 在第 15、18、21、26、28、29、31、35、37、39、41、49、51、55、57、61、66、71 次等会议上分别给予讨论。

早在 1971 年，第 15 次会议上讨论了酶制剂的来源和分类，报告中指出，随着酶制剂广泛应用于食品工业中，酶制剂作为食品添加剂迫切需要进行毒理学评价。由于米曲霉已知的代谢产物——β－硝基丙酸存在潜在的致癌性，米曲霉问题引起了对微生物源酶制剂代谢产物安全性评价的广泛关注。

在 1978 年，第 21 次会议上提出了根据酶制剂来源进行安全性评价的标准：①来自动物、植物的食用部分及传统的食品微生物所得的酶，如符合适当的化学与微生物学要求，即可视为食品，而不必进行毒性试验。②从非致病微生物提取的酶，除制定化学、微生物规格外，还要进行短期毒性试验，确保无毒，并分别评价制定 ADI 值。③由非常见微生物所产生的酶要做充分的毒性试验，包括动物的长期喂养试验。

这一标准为各国酶制剂的生产提供了安全性评价的依据，即生产菌种必须是非致病性的，不产生毒素、抗生素和激素等生理活性物质，菌种需经各种安全性试验证明无害后可用于生产。对于毒素的测定，除化学分析外，还要做生物分析。

在 1986 年，第 29 次会议上讨论了酶固定化及固定化试剂的安全性问题。委员会将酶制剂应用及其评价标准分为以下 3 种：①酶制剂直接添加到食品中不去除，应建立 ADI 保证酶制剂在食品中的水平是安全的。②酶制剂添加到食品中，但是在终产品中去除；其 ADI 值“无限制”，条件是可能的残留和可接受摄入是非常安全的。③固定化酶制剂只在加工过程中与食品接触，不需要为酶残留建立 ADI 值。

在 1987 年，第 31 次会议上委员会重新定义了酶制剂评价原则。为了对酶制剂做出毒理学评价，专家委员会将此次会议中讨论的酶制剂分为以下级别：

3 级——米曲霉中分离得到的酶；

4 级——黑曲霉中分离得到的酶；

5 级——里氏木霉、哈茨木霉、绳状青霉以及 *alliaceous* 曲霉中分离得到的酶。

委员会认为 4 级和 5 级酶制剂可以直接添加到食品中，不需要后续去除，建立每日允许摄入量，确保食品中酶制剂量是安全的。为了评价毒理学研究中酶制剂的用量及其在食品应用中的添加水平，委员会采用酶总有机固体的概念(TOS)，定义如下：

$$TOS(\%) = 100 - (A + W + D)$$

式中，A 为灰分(%)；W 为水分(%)；D 为稀释液和载体(%)。

这一概念解决了毒理学研究中的酶制剂不同活性和形态的问题，同时也考虑到其中大部分有机固体并不是酶本身。

近年来，JECFA 对酶制剂进行了系统评价，截至 2009 年，JECFA 共对近 70 种不同来源(包括基因修饰微生物)的酶制剂进行了安全性评价。例如，2002 年第 57 次会议确定，来自酿酒酵母的转化酶，其 ADI 值不作特殊规定，按照 GMP 原则使用。2003 年第 61 次会议确定，来自特异腐质霉的混合木聚糖、β-葡聚糖酶制剂，其 ADI 不作特殊规定。2009 年第 71 次会议确定，来自枯草芽孢杆菌的葡萄糖转移酶，其 ADI 值不作特殊规定。JECFA 还规定了食品加工用酶的通用要求，其中对酶的分类和命名、酶制剂的活性成分、原料以及卫生指标等作了规定。此外，JECFA 还对酶制剂从来源、名称、催化反应、功能、物理性状以及相关检验方法等方面进行质量规格的制定，并要求食品用酶制剂的生产应遵循 GMP。

此外，世界各国也非常重视酶制剂安全性评价，英国对添加剂的安全性是由化学毒性委员会(COT)进行评估的，并向政府专家咨询委员会 FACE(食品添加剂和污染物委员会)提出建议。COT 建议微生物酶至少要做 90d 的大鼠喂养试验，并以高标准进行生物分析。COT 认为菌种改良是必要的，但每次改良后应做生物检测。美国对酶制剂的管理制度有两种：一是符合 GRAS 物质，被认为 GRAS 物质的酶，在生产时只要符合 GMP 即可；二是符合食品添加剂要求，作为食品添加剂的酶，在上市前须经批准，并在联邦管理法典(The Code of Federal Regulation，CFR)上登记。申请 GRAS 须通过两种评估，即技术安全性和产品安全性试验结果可接受性的评估。

15.5 食品用酶制剂发展趋势

15.5.1 食品用酶制剂新产品开发

酶制剂新产品研发正朝着高活力、高纯度及复合酶制剂方向发展，报道的新型酶制剂有以下几个。

(1) Spezyme CP

Spezyme CP 作为纤维素酶复合体，含有纤维素酶、半纤维素酶和 β-葡聚糖酶等多种酶。在小麦淀粉加工中，Spezyme CP 可用于促进面筋含量较低或中等的小麦中淀粉和面筋的分离，快速降低粉浆黏度并可以提高面筋蛋白质含量(许宏贤等，2012)。

(2) CakeZyme®

CakeZyme®是一种微生物磷脂酶，主要应用于焙烤行业，主要优点在于它能提升蛋糕的质量，使蛋糕更加柔软，更有奶油感，能够使蛋糕的产量增多，会延长蛋糕的保鲜期限；而且在加工工艺中很容易就可以添加进去，不会受到任何加工工艺和流程的限制；能使食品厂商在生产蛋糕等食品中节省高达 20% 的鸡蛋用量，更有成本效应。Cakezyme 推荐用量为鸡蛋用量的 0.02% ~0.2%(马哲，2011)。

(3) Rapidase® FP Super

Rapidase® FP Super 是一种高性能的酶制剂，能有效避免新鲜水果在经过机械或热处理加工后产生不良的副作用。在水果制品、果酱、沙司、果粒或果片中添加 Rapidase® FP Super 能显著提高水果硬度，改善质构和口感。

(4) β－甘露糖苷酶

β－甘露糖苷酶是外切酶，可从1,4－β－D－糖苷键连接的甘露寡聚糖的非还原端切下甘露糖，在食品、石油、制药等行业有广泛的应用。在制药业中，β－甘露糖苷酶因其转糖苷作用，已替代化学方法生产功能性甘露寡糖，甘露寡糖可以增强动物的免疫能力，降低胃肠道疾病的发生率和死亡率，还能提高动物的日增重和饲料转化率。此外，β－甘露糖苷酶的热稳定性是非常重要的因素，如在食品加工中，高温可以达到无菌的目标或满足处理黏性物质的需要，所以只有热稳定性好的酶才能在高温环境下水解底物。

张敏等(2007)为得到活力高、纯度高、耐高温的β－甘露糖苷酶，将海栖热袍菌基因(man2)进行克隆和表达。选取经酶切检测的阳性转化子，经诱导培养后，超声波破碎细胞，离心后取上清检测酶活为119.2 U/mL，相当于5.96 U/mL发酵液，其酶比活1.71 U/mg蛋白。与发表的β－甘露糖苷酶(粗酶)比较，如来源于火球菌(*Pyrococcus furiosus*)、新阿波罗栖热袍菌(*Neapolitana*)5068的β－甘露糖苷酶比活分别为0.044U/mg、0.2U/mg；杆菌(*Bacillus* sp.)、苔纷型杆菌(*B. licheniform*)的β－甘露糖苷酶酶活分别为0.3 U/mL、2.13 U/mL；在大肠杆菌中重组表达的 *Thermobifida fusca* TM51 的β－甘露糖苷酶的比活为0.015U/mg，重组表达的β－甘露糖苷酶的酶活和比活均比较高。耐高温试验结果表明，此β－甘露糖苷酶具有良好的耐热性；80℃处理后酶的比活最高，同时加热可除去部分杂蛋白，使β－甘露糖苷酶得到一定程度的纯化，从酶活测定结果看，其纯化倍数达11.19倍，为该酶的工业化应用提供了简便的纯化依据。

(5) β－D－葡萄糖醛酸苷酶

甘草酸(glycyrrhizin，GL)是甘草中的主要药效成分，具有抗炎症、抗病毒、抗肿瘤等多种药理作用。甘草酸还是重要的天然甜味剂之一，甜度为蔗糖的200倍。甘草酸经糖苷酶催化能生成一种甜度和生物利用度更高的物质——单葡萄糖醛酸甘草次酸(GAMG)。GAMG由于优点突出已被列为重要的精细化工产品，但其用化学法不易合成，且酸污染环境，其生物合成法主要是通过β－D－葡萄糖醛酸苷酶的催化作用。

宋占科等(2008)发现来源于产紫青霉(*Penicillium purpurogenum* Li－3)的β－D－葡萄糖醛酸苷酶具有较高的化学键选择性，几乎使甘草酸定向水解生成GAMG。由于野生菌在以甘草酸为唯一碳源的诱导培养基中生长比较慢，酶表达量较低，不适合生物转化甘草酸高效体系的构建。因此，有必要对该酶的基因进行克隆，并构建合适的外源基因表达系统，对该酶的基因进行了克隆，得到了大量β－D－葡萄糖醛酸苷酶。作者组利用保守氨基酸残基设计简并引物，结合生物信息学知识，首次克隆了 *P. purpurogenum* Li－3 β－葡萄糖醛酸苷酶的编码基因；利用pET表达系统大量表达了具有生物活性的重组β－葡萄糖醛酸苷酶(PGUS－E)，经过诱导条件优化表达后总酶活为 1.67×10^5 U/L发酵液。通过 Ni^2－NTA亲和层析纯化的β－葡萄糖醛酸苷酶，纯度达到95%以上，最终得率为25.6 mg/L，比酶活达到6 368 U/mg。

15.5.2　食品用酶制剂新技术开发

酶制剂主要指微生物酶而不是来源于动植物的酶，在酶制剂生产中，一般经过选种、培育、分离、纯化、应用研究等过程。这些过程的新技术介绍如下。

(1)选种过程 DNA 重组技术

来源于动植物的酶制剂一般都是从动植物加工中回收的副产品，而且从动植物中选育菌种是困难且耗时的长期过程，而微生物则不受这些限制，每代繁殖时间短，选育菌种迅速。

微生物经过 DNA 技术的重组，变成高效的特定酶制剂的生产菌，生产菌可以批量生产并冷藏，使用前，首先要经过实验室的扩大培养，然后接入发酵车间内的种子罐进行再次扩大培养，最后扩大培养后的生产菌进入发酵罐开始酶制剂的人工化生产。生产菌在大型的不锈钢发酵罐内得到充分的养分和空气，在最适合的环境中迅速成长，同时产出大量的生物酶。整个发酵过程都是由计算机自动控制完成的。现代 DNA 重组技术对酶工程的渗透，导致了酶工程质的飞跃，在一些实例中已经提供了获得增加酶产量的方法，已有多个国家实现了 α－淀粉酶的克隆化，日本则利用基因技术，使 α－淀粉酶发酵产率提高近 200 倍，而且有极强的热稳定性；经质粒重组的嗜热芽孢杆菌蛋白酶的活力为原菌活力的 18 倍；经 DNA 重组技术，使葡萄糖异构酶和木糖异构酶的活力提高 5 倍。目前，已经商品化的基因工程酶还有枯草杆菌蛋白酶、水解酶、脂酶、凝乳酶等(李志军，2002)。

(2)酶定向进化研究

酶定向进化技术是模拟自然进化过程(自然突变和自然选择)，在体外进行基因的人工随机突变，建立突变基因文库，在人工控制条件的特殊环境下，定向选择获得具有优良催化特性的酶突变体的技术过程。研究表明，通过酶的定向进化，可以显著提高酶活力、增加酶的稳定性、改变酶的底物特异性等。基因家族重排技术使大肠杆菌磷酸酶对有机磷酸酯的活力提高 40 倍，同时使该酶对有机磷酸酯的特异性提高 2 000 倍。

(3)膜技术在酶制剂分离纯化过程中的应用

在酶制剂生产中，应用较多的是微滤及超滤技术，尤其是超滤技术，近年来超滤技术与其他分离技术的联合使用已越来越广泛。

从微生物体内提取的酶溶液中含有许多无机盐、糖和氨基酸等小分子物质，它们对酶制剂的颜色、气味、吸湿性等都有很大的影响。通常所采用的减压浓缩、盐析及有机溶剂沉淀等方法，虽能将这些组分除掉，但其过程较复杂，制品纯度和回收率比较低。近年来，在液体酶制剂生产中，成功地采用了膜分离技术进行脱水浓缩，取得了良好的效果。应用膜分离技术对酶进行浓缩和精制，操作过程简单，减少了杂菌污染与酶失活的可能，提高了酶的回收率并改善了产品的质量。常用酶制剂的相对分子质量在 10 000～100 000，这个范围恰好在超滤技术应用的范围之内，采用超滤技术将粗酶液进行处理，小分子物质和盐类可以与水一起经膜孔除去，而酶被浓缩和精制(李香莉，2009)。王晓静等(1999)研究了将动态膜滤技术用于酶制剂生产的前处理过程，首次将核径迹微孔滤膜直接用于高浓度酶发酵液的菌－酶分离，通过旋叶式动态膜滤机装置，考察了不同孔径的微孔膜对酶发酵液菌－酶分离的效果。这为从根本上取代传统的絮凝加板框压滤开辟了一条酶制剂除菌(除渣)的新途径。

(4)其他新技术

①酶固定化技术　固定化酶(immobilized enzyme)是指借助物理和化学的方法把酶限制

或固定于特定空间位置并具有催化活性的酶。具体讲是指经物理或化学方法处理，使酶不易随水流失即运动受到限制，而又能发挥催化作用的酶，是现代酶工程技术的主要研究领域。广义的固定化酶包括固定化酶和固定化细胞两类。

酶的催化反应取决于它的高级结构及活性中心，因此，一个固定化酶的研制成功与否关键在于选择适当的固定方法和必要的载体及稳定性研究。目前，已经固定化的酶多达 100 种。已经归纳的制备类型有 3 类：吸附法、包埋法、交联法。

吴敏(2011)以吸附－絮凝耦合方法制备了微纳尺度的纳米 TiO_2－聚丙烯酰胺杂化凝胶固定化酶，结果表明，静电相互作用力对酶的负载和颗粒粒度分布影响较大，在 pH 7，TiO_2和木瓜蛋白酶质量比为 7.5∶1，固定化酶负载量达 121.84mg/g，负载率 91.38%，杂化凝胶固定化酶尺寸约为 0.444 μm，固定化酶在杂化凝胶载体上高度分散。该杂化凝胶絮凝酶经过 5 批次反应后相对酶活力能保持在 50% 以上。可见，由吸附－絮凝法制备微纳尺度的杂化凝胶固定化酶，分散性好，稳定性高，酶负载量高，这是一种利用纳米材料和微纳结构进行固定化酶的新途径。

朱浩(2011)借助溶热法制备了一种亲水及生物相容良好的 Fe_3O_4磁性纳米粒子，用 γ－氨丙基三乙氧基硅烷直接对所得磁性粒子表面改性，然后用戊二醛偶联法制得了固定化猪胰脂肪酶。表征研究显示，所得磁性粒子粒径约 200nm，具有良好的单分散性和磁响应性。所得固定化猪胰脂肪酶表现出良好的热稳定性和重复使用性，重复使用 10 次后酶促活力依然保持在 90% 以上。

②酶分子修饰技术　通过各种方法使酶分子的结构发生变化，从而改变酶的某些特性和功能的技术过程称为酶分子修饰。酶分子修饰是根据酶分子的结构特点和催化特性，通过合理设计对酶进行改造，获得具有新的催化特性的酶。研究结果表明，通过酶分子修饰，可以提高酶活力，增加酶的稳定性，改变酶的底物专一性，消除或降低酶的抗原性等。尤其是 20 世纪 80 年代中期发展起来的蛋白质工程，已把酶分子修饰与基因工程技术结合，通过基因定位突变技术，可以对组成酶分子的氨基酸或核苷酸进行置换修饰，并把酶分子修饰后的信息存于 DNA 之中，经过基因克隆和表达，就可以通过生物合成的方法不断获得具有新的特性和功能的酶，使酶工程展现出更广阔的前景。

舒薇(2006)采用活化的单甲氧基聚乙二醇(mPEG－5000)对木瓜凝乳蛋白酶(Cp)进行了共价修饰，修饰产物经毛细管电泳检测与分析表明：主产物为平均每分子 Cp 偶联 3～4 个 mPEG1 长链的低修饰度修饰酶。研究结果显示，Cp 经 mPEG1 修饰后，Kmapp(酪蛋白为底物)有所增加，但与 Cp 相比，mPEG1 修饰酶的 pH 值稳定性、热稳定性以及抗胰蛋白酶的水解能力等均有增强；药代动力学结果还显示，mPEG1-Cp 的体内活性半衰期延长，修饰酶体内半衰期是原酶的 1.6 倍。

③酶非水相催化研究　酶在非水介质中进行的催化作用称为酶的非水相催化，与水溶液中酶的催化相比，酶在非水介质中的催化具有提高非极性底物或产物的溶解度，进行在水溶液中无法进行的合成反应，减少产物对酶的反馈抑制作用，提高手性合物不对称反应的对映体选择性等显著特点，具有重要的理论意义和应用前景。

案例分析

牛乳蛋白质酶水解对婴幼儿过敏反应的影响

背景：

2010 年，山西消费者李女士向维权网编辑反映，称自己 10 个月大的婴儿在食用某品牌奶粉后身上出现许多红斑，到医院检查后医生称因食物过敏所致。李女士称，孩子刚刚 10 个月，还不会吃其他食物，平时只喂乳粉。因此，李女士认为孩子的红斑与食用乳粉有直接关系。另据消费者反映：某健儿成长配方乳粉存在质量问题，导致广东肇庆一婴儿身体出现严重过敏、全身红疹等现象。但联系厂家后，厂家坚持说是孩子的体质问题，并坚称乳粉无质量问题，在消费者强烈要求下才给消费者退货，消费者担心其他婴儿的安全，希望乳粉公司对其乳粉质量进行检测，却遭到了严词拒绝。

分析：

食物过敏也称食物变态反应、消化系统变态反应、过敏胃肠炎等，是由于某种食物或食品添加剂等引起的免疫球蛋白(IgE)介导和非 IgE 介导的免疫反应，在临床上表现为荨麻疹、哮喘、腹痛和腹泻等症状，严重的可导致休克。食物过敏原主要有乳及乳制品(包括乳糖)、蛋类及其制品、鱼类及其制品、甲壳纲类动物及其制品、坚果及其果仁类制品、含有麸质的谷物及其制品、花生及其制品、大豆及其制品八大类(郭玉华，2011)。

近年来，食品过敏已成为 WHO 和 FAO 关注的重大卫生学问题。据不完全统计，3 岁以下儿童中有 5% ~8% 对食物过敏(Gallo，2009)。婴幼儿阶段是人生中生长发育最重要的时期，母乳是婴幼儿最理想的天然食品。但由于职业、疾病等原因，全球有 1/3 的婴幼儿是由非母乳喂养长大的。我国每年约有 2 000 万以上的婴幼儿出生，母乳的喂养率约为 80%，其余 400 万的婴幼儿需要人工喂养，其营养结构与母乳相似，但又是较易引起过敏的食物之一(布冠好，2008)。

乳制品引起某些婴幼儿牛乳蛋白质过敏(cow milk protein allergy，CMPA)。流行病学研究发现，牛乳蛋白质过敏是新生儿和婴儿中普遍存在的症状。西方国家的发病率为 1.5% ~ 7%(Eggesbg，2001)。牛乳中含有的酪蛋白、α－乳白蛋白、β－乳球蛋白及牛血清白蛋白等蛋白质对婴儿是异种蛋白质，有可能成为过敏原，导致过敏反应(Linda，2006)。这种过敏反应可引起鼻炎、哮喘、湿疹、特异性皮炎、腹泻、喷嚏、皮疹、心悸、胃肠出血等疾病，还可导致儿童生长发育缓慢并影响消化吸收，甚至死亡(郭鸰等，2007)。目前，婴幼儿配方乳粉中添加了大量的乳清蛋白，使过敏问题更加突出。

为避免婴幼儿对乳制品过敏，可采用一些代乳品，如豆乳、氨基酸配方或酪蛋白水解物，但因营养成分不完全或成本较高，这类产品难以被市场接受；热处理可以减少牛乳蛋白质的过敏影响，但一些变性的蛋白质或蛋白质与糖类的美拉德反应产物，仍能引起过敏反应(Rytkönen，2002)，且高温仅使乳清蛋白失去抗原性，并不能破坏酪蛋白的致敏作用。牛乳过敏原含量高，一般加工手段(如加热、超高压、烘烤、干燥)对它们的理化性质影响有限，目前，利用酶解改性技术可以降低牛乳蛋白质过敏原性，其主要有以下优点：①在对各种食品脱除过敏原的研究中，通过对相应食品原料或过敏蛋白质提取物的酶解，其水解产物的致敏性都得到了一定程度的降低，甚至能够完全消除致敏性。②酶水解反应条件温和，不会造成加工食品中其他物质，尤其是营养素的损失，还有可能产生一些有助于调节免疫功能的生理活性肽。③酶解法具有高效性和可控性，适合工业化生产。蛋白酶催化水解牛乳蛋白质，将具有抗原活性的分子片段水解后，可显著降低其抗原性，并且能提高蛋白质的功能特性，如起泡性、溶解性、乳化性、口感等（毕井辉等，2011）。

深度酶解的婴幼儿配方乳粉能够显著降低其引起的过敏性，国内外许多学者对其进行了研究。Jametti 等（2002）运用胰蛋白酶或胰凝乳酶分别在55℃、60℃、65℃，中性pH值条件下对牛乳β－乳球蛋白进行水解，认为β－乳球蛋白水解物之所以具有低过敏性，是因为经酶水解后，大多数引起抗原性反应的因子消失，从而降低了其免疫反应性。唐宁等（2004）采用胃蛋白酶、胰蛋白酶和自制胰酶对婴儿乳粉进行酶解，通过动物主动、被动皮肤反应和口服致敏肠道通透性变化等试验，观察经不同酶水解后牛乳的过敏原性变化，结果发现：3种水解产物可以显著抑制由牛乳蛋白引起的小鼠速发型主动皮肤过敏，抑制率分别为51%、83%和86%。小鼠同种及异种被动皮肤过敏反应试验中，与未水解乳粉组比较，同种皮肤过敏反应，3种酶解产物炎性渗出降低率分别为29%、70%和82%，异种皮肤过敏反应的降低率分别为34%、70%和82%，表明酶水解后牛乳蛋白降解，过敏原性有不同程度的降低，尤以胰酶水解产物变化最为显著。Linda 等（2006）利用胰蛋白酶和胃蛋白酶共同水解β－乳球蛋白，发现水解后β－乳球蛋白的致敏性虽不会完全消除，但已显著降低。许多研究表明，酶解改性技术能够降低乳蛋白致敏性。因此，许多学者认为：具有牛乳过敏体质的婴幼儿对水解牛乳具有较好的耐受性，水解牛乳配方为牛乳过敏体质婴幼儿的首选营养替代食品（Terracciano，2002）。

鉴于牛乳过敏对婴幼儿健康的严重危害，加之目前食品工业无法提供丰富的无过敏或低过敏食品，美国和欧盟已颁布了新的食品标签法，要求食品标签必须将所含的八大类过敏食品进行标志（Taylor，2006）。我国2010年12月21日颁布了《食品安全国家标准　特殊医学用途婴儿配方食品通则》（GB 25596—2010）（以下简称《通则》），《通则》中将0～12个月龄的特殊婴儿配方食品纳入标准适用范围，对特殊婴儿配方食品的水、原材料、感官甚至标签等均加以明确规定，同时规范了针对适用于乳糖不耐受婴儿的“无乳配方或低乳配方”、适用于乳蛋白过敏高危婴儿的“乳蛋白部分水解配方”、适用于食物蛋白过敏婴儿的“乳蛋白深度水解配方或氨基酸配方”等目前市场较为常见的婴儿配方食品。

目前，市场上多家品牌争相出品婴儿特殊配方食品，尤以特殊配方乳粉最为常见，如《通则》中提到的无乳配方乳粉、部分或深度水解配方乳粉等，均是针对过敏、乳糖不耐受等婴儿的特殊用途乳粉。目前，我国1岁内婴儿的过敏率高达6.1%，特殊配方乳粉从营养干预入手降低过敏发生率，被国际婴儿专家所推崇。

纠偏措施：

我国是人口大国，每年有2 000万以上的婴幼儿出生，这不仅为婴幼儿食品提供了巨大的市场，同时也增加了婴幼儿食品安全的压力，尤其是乳制品，其既是婴幼儿重要的营养来源，同时也是最常见的过敏原。食物过敏至今尚无特效疗法，各种过敏原引发过敏反应的最低剂量也无定论，多数情况下，极微量的过敏原即可造成严重后果。目前，预防食物过敏的唯一途径是严防过敏体质者接触过敏原，因此，可以从以下几个方面预防婴幼儿食品过敏。

第一，必须加强相关立法，强制性要求在婴幼儿食品标签上注明蛋白质种类和来源，以有效避免过敏人群接触过敏原。在食品加工过程和成分日益复杂的今天，消费者越来越依靠正确的食品标签来选择安全的产品，而有效的立法是实施食品标签的保障。但到目前为止，尽管做出了很大的努力，我国仍未建立有效保护易过敏人群的法律体系，《预包装食品标签通则》(GB 7718—2011)中只是推荐性而非强制性地要求食品生产厂家对食品过敏原予以标注，这无疑会增加婴幼儿食用奶制品导致过敏的潜在风险。因此，尽快完善相关食品法规，规范食品标签制度，使消费者能够更方便地为婴幼儿选择安全可靠的乳制品。

第二，应加大食品过敏相关知识的宣传力度。我国对食品过敏原的研究和关注与发达国家相比有着较大的差距，不仅表现在国内关于这类的研究和报道较少，而且消费者对食品引发的过敏反应更是知之甚少，许多消费者在为婴幼儿选购乳制品时，并没有防范食物过敏的意识，有些只是简单的通过商家的夸大宣传而购买产品。因此，应积极引导婴幼儿乳制品的科学消费，通过相关媒体和网络，加强婴幼儿食品过敏原知识的宣传，特别是提高家长对食品过敏原安全问题的意识。

第三，企业应积极采用新技术，有效地消除或降低乳制品中的过敏原，加强低致敏性或无致敏性乳制品的开发。在婴幼儿配方奶粉的生产研究中，科学家最早引入了低致敏性的牛乳水解蛋白和大豆水解蛋白来改善或者降低牛乳潜在的过敏危害。近年来，针对儿童市场推出的各种儿童牛奶逐步被消费者所接受，这无疑会增加儿童食用牛奶而导致过敏的潜在风险。加强对牛奶过敏原的了解，熟悉牛奶加工过程中过敏性蛋白的变化以及进一步深入研究低致敏性乳制品的加工工艺是乳制品生产企业责无旁贷的任务和责任。

第四，应建立完善的产品追溯与回收系统、紧急事故处理体系。由于过敏反应有时导致的后果非常严重，政府管理部门应加强立法，尽快建立企业产品追溯和回收体系、健全食品安全应急处理系统，对由于过敏原造成的产品安全事件采取积极的处理方式，保障消费者权益。

第五，建立食品过敏原技术检测体系和标准。目前，我国质检系统还没有相应标准对进出口食品中的过敏原进行检测，这不仅在一定程度上制约着我国进出口贸易的发展，更是给消费者健康带来了隐患，因此质检系统非常迫切需要对进出口食品开展过敏原的检测研究工作。目前，欧美、日本等一些发达国家在食品过敏问题上已经建立了比较完整的标准法规和技术检测体系，而我国对常见的过敏原研究较少，对食品过敏原标签的相关法律、法规和食品过敏原的快速检测还是空白，因此，应进一步深入研究食品中的过敏原，建立高效、特异、快速检测食品过敏原的方法，加强食品过敏原相关标准法规的研究，建立预防食物过敏发生的安全保障体系及预警对策。

思考题

1. 什么是酶制剂？简述酶制剂在食品中的应用领域。
2. 酶制剂的使用原则是什么？
3. 各种淀粉酶在性能上有何区别？在食品加工中如何使用？
4. α－淀粉酶活性与面粉糊的黏度有何关系？
5. 简述凝乳酶的凝乳机理。

参考文献

保玉心．2007．单宁酶的性质与应用研究进展[J]．酿酒(34)：53－56.

毕井辉，汪何雅，钱和，等．2011．酶解法脱除食品过敏原[J]．食品工业科技(8)：426－430，433.

布冠好，郑枯，郑海，等．2008．牛乳过敏原β－乳球蛋白间接竞争 ELISA 检测方法的建立[J]．中国农业大学学报，13(6)：71－76.

陈坚．2011．新型食品酶制剂的发酵生产和应用研究[J]．中国食品添加剂(Z1)：36－38.

陈健旋，林洵．2005．应用果胶酶澄清甘蔗汁的研究[J]．亚热带植物科学(3)：39－41.

邓尚贵，彭志英．2008．多酶法在鱼露生产工艺中的应用[J]．食品与发酵工业(28)：32－36.

郭鸰，任大喜，张英华．2007．发酵生产低致敏乳源蛋白基料的研究[J]．食品与发酵工业(10)：81－84.

郭玉华．2011．食品过敏原与人类健康[J]．中国食品，15：76－77.

韩艳丽，张绍铃，吴俊，等．2008．溶菌酶对丰水梨果实贮藏保鲜效果的影响[J]．果树学报，25(4)：537－541.

姜国龙，赵红双，赵鑫．2009．酶在焙烤食品制作中的应用及研究进展[J]．内蒙古科技与经济(7)：176－179.

李香莉，吕莉萍．2009．膜分离技术在酶制剂工业中的应用[J]．食品研究与开发，30：150－153.

李永富，孙震，史锋，等．2009．溶菌酶对猪肉的保鲜作用[J]．上海农业学报，25(4)：61－63.

李志军，薛长湖，李八方，等．2002．基因工程技术在食品工业中的应用[J]．食品科技，6：1－2，7.

陆红佳，郑龙辉，刘雄．2012．超声波辅助酶结合碱法提取薯渣纤维素的工艺研究[J]．食品工业科技，1：234－237，240.

马哲．2011．帝斯曼：打造烘焙行业的“巨轮”[J]．食品安全导刊，5：61－64.

欧仕益，张玉萍，黄才欢，等．2006．几种添加剂对油炸薯片中丙烯酰胺产生的抑制作用[J]．食品科学，27(5)：137－139.

裴建军，薛业敏，邵蔚蓝．2003．阿拉伯糖苷酶的研究进展[J]．微生物学通报，4：91－94.

任永新．2004．α－乙酰乳酸脱羧酶应用的研究[J]．酿酒科技，2：69－72.

舒薇，贺丽萍，崔堂兵，等．2006．聚乙二醇修饰对木瓜凝乳蛋白酶酶学及药物生物学性质的影响[J]．华南农业大学学报，27(1)：65－68.

宋占科，王小艳，陈国强，等．2008．产紫青霉β－葡萄糖醛酸苷酶基因的克隆与原核表达[J]．化工学报(12)：3101－3106.

苏二正，夏涛，张正竹．2005．共固定化单宁酶和β－葡萄糖糖苷酶对茶饮料增香和除混效果的研究[J]．食品与发酵工业，31(5)：125－128.

唐宁，刘保林，汪福源，等．2004．牛奶大分子蛋白的水解及其抗原性变化[J]．中国临床药理学与治疗学，9(12)：1398－1402.

王顺发，唐明，周新平．2006．蔗糖工业用复合酶制剂研究及生产应用[J]．广西轻工业(5)：15－16.

王晓静，苏伟，尹欣．1999．旋叶动态膜滤技术在酶制剂生产中菌－酶分离过程的应用研究[J]．化工机械(3)：139－142.

吴敏，何琴．2011．微纳尺度无机－有机杂化凝胶固定化木瓜蛋白酶研究[J]．化学学报，69(12)：1475－1482.

吴松刚，施巧琴，郑毅，等．2003．碱性脂肪酶催化特性和安全性的研究[J]．化工科技市场(6)：28－31.

许宏贤，段钢．2012．小麦工业加工过程中新型酶制剂的应用[J]．生物工程 (19)：33－37.

许学书，王宏，黄慧，等．2000．干酪素水解产物的膜分离[J]．华南理工大学学报，26(4)：350－353.

杨涛．2009．一种榨糖专用色值优化因子的应用：中国，101401623 A[P].

叶顺君，蒲彪，李欣亮．2007．柠檬汁酶解增香工艺研究[J]．食品科技(6)：89－92.

余有贵，杨再云．2004. 酶制剂在啤酒酿造中的应用[J]. 酿酒(31)：46－49.
俞惠明，蔡建林，刘宗芳，等．2010. 果胶酶在葡萄酒酿造中的作用及其实践应用[J]. 酿造加工(7)：65－68.
禹华娟，孙智达，谢笔钧．2010. 酶辅助提取莲房原花青素工艺及其抗氧化活性研究[J]. 天然产物研究与开发(1)：154－158.
曾晓雄，罗泽民．1993. 酶在茶叶加工中的应用研究展望[J]. 食品工业科技(5)：24－27.
张春红．2008. 食品酶制剂及应用[M]. 北京：中国计量出版社．
张泓泰．2007. 生物酶技术在食品保鲜中应用[J]. 保鲜与加工(5)：12－15.
张立彦，曾庆孝，龙佳．2008. 酶法水解蟹腿肉的研究[J]. 食品发酵工业(28)：37－40.
张敏，关国华，江正强，等．2007. 海栖热袍菌耐高温β－甘露糖苷酶基因的克隆及表达[J]. 应用与环境生物学报，13(3)：365－368.
张振华，闫红，蔡同一．2002. 葡萄汁酶解增香调控的研究[J]. 食品科学(23)：63－66.
赵丽莉，田呈瑞，纪花，等．2007. 微生物果胶酶研究及其在果蔬加工中的应用进展[J]. 现代生物医学进展(7)：951－954.
周强，张福新，蔡利．2007. 肉类嫩化酶及其在畜产加工中的应用进展[J]. 保鲜与加工(3)：8－11.
周素梅，王璋．2002. 戊聚糖酶与氧化酶对面包品质影响的研究[J]. 食品工业科技(23)：34－37.
朱浩，侯晨，李彦峰．2011. 单分散磁性纳米粒子固定化猪胰脂肪酶的研究[J]. 高分子学报(8)：861－865.
EGGESBG M，BOTTEN G，HALVORSEN R. 2001. The prevalence of CMA/CMPI in young Children：the validity of parentally perceived reactions in a population－based study[J]. Allergy (5)：393－402.
MARIA G，RICHARD SAYRE. 2009. Removing allergens and reducing toxins from food crops[J]. Current Opinion in Biotechnology，20：191－196.
JACKSON L S，LEE K. 1998. Chemical forms of iron，calcium，magnesium and zinc in black，oolong，green and instant black tea[J]. Food Science，53(1)：156－159.
LAMETTI S，RASMUSSEN P，FRØKLÆR H，et al. 2002. Proteolysis of bovine β－lactoglobulin during thermal treatment in subdenaturing conditions highlights some structural features of the temperature－modified protein and yields fragments with low immunoreactivity [J]. European Journal of Biochemistry，269(5)：1362－1372.
MONACI L，TREGOAT V，VAN HENGEL A J，et al. 2006. Milk allergens，their characteristics and their detection in food：A review[J]. European Food Research Technology (223)：149－179.
RYTKÖNEN J，KARTTUNEN T J，KARTTUNEN R，et al. 2002. Effect of heat denaturation on beta－lactoglobulin－induced gastrointestinal sensitization in rats：Denatured β－LG induces a more intensive local immunologic response than native β－LG [J]. Pediatric Allergy and Immunology，13 (4)：269－277.
TAYLOR S L，HEFLE S L. 2006. Food allergen labeling in the USA and Europe [J]. Current Opinion in Allergy and Clinical Immunology，6 (3)：186－190.
TERRACCIANO L，ISOARDI P，ARRIGONI S，et al. 2002. A Use of hydrolysates in the treatment of cow's milk allergy [J]. Asthma and Immunology，89 (6)：86－90.

第16章

食品工业用加工助剂

学习目标

了解食品工业用加工助剂的分类及概念；掌握常用加工助剂的性质、安全性及使用规定。

16.1 食品工业用加工助剂概述

16.1.1 食品工业用加工助剂定义

食品工业用加工助剂是指保证食品加工能顺利进行的各种物质，与食品本身无关，如助滤、澄清、吸附、润滑、脱模、脱色、脱皮、提取溶剂、发酵用营养物质等。食品工业用加工助剂对最终加工产品没有任何作用和影响，故在成品制作之前应全部除去，如有残留应符合残留限量的要求，通常也无需列入产品成分表中；在选择加工助剂时，应符合我国《食品添加剂使用标准》(GB 2760—2011)中规定及相关加工助剂质量标准和规格要求。

16.1.2 食品工业用加工助剂分类

我国《食品添加剂使用标准》(GB 2760—2011)附录表 C.1 和 C.2 中列举了除食品酶制剂以外的107种食品工业用加工助剂，每种加工助剂所具有的功能各不相同，现将加工助剂按功能分类如下：

①助滤剂和吸附剂　食品加工中所使用的助滤剂和吸附剂有硅藻土、高岭土、膨润土、植物活性炭等。

②澄清剂和螯合剂　具有澄清功能的加工助剂包括固化单宁、明胶、硫酸铜等。螯合剂可以加速食品生产过程中的沉淀分离，常用的有乙二胺四乙酸二钠、硫酸锌等。

③消泡剂　在食品加工过程中，常会产生大量泡沫，消除泡沫的物质称为消泡剂，常用的有矿物油、乳化硅油等。

④润滑剂和脱模剂　常用的润滑剂和脱模剂有滑石粉、硅酸镁、矿物油、巴西棕榈蜡、

石蜡等。

⑤脱色剂　在制糖过程中常需要进行脱色处理，有使用物理吸附的，也有使用化学氧化还原反应进行脱色的。常用的脱色剂除了活性白土、活性炭外，还有离子交换树脂等。

⑥脱皮剂　在果蔬、坚果等加工处理过程中，常需要对果实的表皮进行脱除处理，常用的有氢氧化钾、氢氧化钠、月桂酸等。

⑦溶剂和助溶剂　溶剂又称溶媒，食品工业常用的溶剂有乙醇、1,2－丙二醇、丙三醇、丙烷、丁烷、正己烷、二氯乙烷、丙酮、乙醚、乙酸乙酯、石油醚、6号轻汽油等。

⑧发酵用营养物质　微生物在发酵过程中，需要从培养基质中汲取碳、氮及其他营养成分，多数金属元素都是通过盐的形式进行补充，如氯化铵，氯化镁，磷酸三钠等。

⑨包装用气　食品包装过程中，为了保持食品的外形及品质，常需要进行充气包装，常使用的气体有氮气、二氧化碳等。

⑩其他食品用加工助剂　其他不在上述范围之内的加工助剂，还包括制糖工艺常用的分散剂，如吐温20、吐温60、吐温80等；用于葡萄酒加工工艺的结晶剂，如酒石酸氢钾；用于饮料(水处理)的加工工艺的絮凝剂，如磷酸氢二钠；用于畜禽脱毛处理工艺的脱毛剂，如松香甘油酯等。

16.1.3　食品工业用加工助剂使用原则

根据我国《食品添加剂使用标准》(GB 2760—2011)，食品工业用加工助剂的使用原则如下：

①加工助剂应在食品生产加工过程中使用，使用时应具有工艺必要性，在达到预期目的前提下应尽可能降低使用量。

②加工助剂一般应在制成最终成品之前除去，无法完全除去的，应尽可能降低其残留量，其残留量不应对健康产生危害，不应在最终食品中发挥功能作用；

③加工助剂应该符合相应的质量规格要求。

16.2　食品工业用加工助剂各论

16.2.1　溶剂、酸和碱剂

16.2.1.1　溶剂

溶剂是能溶解其他物质的物质，主要用于各种非水溶性物质的提取，如油脂、香辛料；也常用作非水溶性物质的稀释，如油溶性色素、维生素等。

(1)乙醇(Ethanol)

乙醇为无色透明液体，具有淡的特征性气味和刺激味；易燃、易挥发、有吸收性；能与水、氯仿、乙醚、甲醇、丙酮和其他多数有机溶剂混溶，可溶解多种难溶于水的物质。

乙醇的 LD_{50} 为13.66g/kg BW(大鼠，经口)，9.488g/kg BW(小鼠，经口)；其ADI值以GMP为限(FAO/WHO，1970)。

我国《食品添加剂使用标准》(GB 2760—2011)中规定，乙醇可在各类食品加工过程中使用，其残留量不需限定。

(2)1,2－丙二醇(1，2－Propanediol，CNS号：22.001)

1,2－丙二醇为无色透明、无臭的稠状液体，有极微的辛辣味，并具有甜味，能与水、醇及多种有机溶剂混溶，有吸湿性，对光、热稳定，有可燃性。

1,2－丙二醇 LD_{50} 为 22g/kg BW(大鼠，经口)，24.9g/kg BW(小鼠，经口)；其 ADI 值为 0～25mg/kg BW(FAO/WHO，1973)。

我国《食品添加剂使用标准》(GB 2760—2011)中规定，1,2－丙二醇可用于啤酒加工工艺、提取工艺中的提取剂。

16.2.1.2 酸剂和碱剂

酸剂是指不作为调味剂使用的酸类物质；碱剂则是指在食品加工过程中所用的碱类物质，这类物质现在常与酸味剂和某些盐类统称为酸度调节剂。

我国允许使用的属于酸剂和碱剂的食品加工助剂有盐酸、氢氧化钠、碳酸钠等。

(1)盐酸(Hydrochloric acid，CNS号：01.108，INS号：507)

盐酸(HCl)又名氢氯酸，为无色或微黄色发烟的澄清透明液体(浓度19.6%以上的盐酸在潮湿空气中发烟，损失氯化氢)，有强烈的刺激臭和腐蚀性，易溶于水。

盐酸的 LD_{50} 为 900mg/kg BW(兔，灌胃)；ADI 值无限制(FAO/WHO，1965)。

盐酸可用于蛋黄酱、沙拉酱产品。在淀粉糖浆的加工使用时，必须在最终制品中除去。在生产橘子罐头时，可用盐酸脱除橘子囊衣和囊络等。

我国《食品添加剂使用标准》(GB 2760—2011)规定，盐酸可按正常生产需要添加。

(2)氢氧化钠(Sodium hydroxide，CNS号：01.201，INS号：524)

氢氧化钠(NaOH)又名苛性碱、烧碱，有无水和一水合结晶两种，前者熔点 318～320℃，后者熔点 60～65℃。纯品为白色有光泽的结晶，小片、片状粉末、棒状、熔块状或其他形状，也有液体制品。吸湿性强，易从空气中吸收二氧化碳变成碳酸钠，易潮解、易溶于水，呈强碱性，有强腐蚀性，易溶于乙醇。

氢氧化钠的 LD_{50} 为 500mg/kg BW(兔，经口)；ADI 值无限制(FAO/WHO，1965)。

氢氧化钠除可用作酸的中和外，还可用于水果的碱液去皮。

我国《食品添加剂使用标准》(GB 2760—2011)规定，氢氧化钠可按正常生产需要使用。

16.2.2 消泡剂

在食品加工过程中常会产生大量泡沫，是由液体薄膜或者固体薄膜隔离的气泡聚集体。啤酒、香槟、果汁所形成的泡沫称为液体泡沫，面包、蛋糕、饼干形成的泡沫称为固体泡沫。

对于需要泡沫的食品，起泡性和气泡稳定性是很重要的衡量指标。但是，除了一些特定的工艺需要利用泡沫外，多数情况下泡沫对生产造成影响，如在食品发酵工艺或者添加高分子化合物的乳化剂时常产生大量泡沫，生产过程不需要的泡沫就必须进行控制和消除。泡沫的控制可以通过改良工艺、添加消泡剂或机械消泡等手段解决。但从消泡效果和经济角度综合考虑，消泡剂是较好的选择。消泡剂(antifoaming agents)是指在食品加工过程中降低表面张力，消除泡沫的物质，通常使用挥发性小、扩散力强的油状物，或水溶性乳化剂。有效的消泡剂必须具备下列条件：①消泡力强，用量少；②具有比气泡液更低的表面张力；③扩散性、渗透性好；④在发泡体系中的溶解度小；⑤具有不活泼的化学性质，加入起泡液后不影响其基本性质；⑥无残留物或气体；⑦符合食品安全要求。

食品工业中使用最广泛的消泡剂是有机硅树脂，用于味精发酵、葡萄酒、酱油、糖、乳制品、果酱等制造，酶和淀粉的提取和加工。

我国《食品添加剂使用标准》(GB 2760—2011)许可使用的消泡剂有乳化硅油、高碳醇脂肪酸酯复合物、聚氧乙烯聚氧丙烯季戊四醇醚、聚氧乙烯聚氧丙烯胺醚、聚氧丙烯甘油醚、聚氧丙烯氧化乙烯甘油醚和聚二甲基硅氧烷(及其乳液)等 12 种。

(1)乳化硅油(Emulsifying silicone oil，CNS 号：03.001)

乳化硅油(即甲基聚硅氧烷)为乳白色黏稠液体，相对密度 0.98 ~1.02，无臭，不溶于水(可分散于水中)、乙醇、甲醇，溶于苯、甲苯、四氯化碳等；化学性质稳定，不挥发，不易燃烧。硅油是亲油性表面活性剂，表面张力小，消泡能力强，久置空气中不易胶化。

美国 FDA 将硅油列为 GRAS 物质，ADI 值尚未规定(FAO/WHO，1994)。

我国《食品添加剂使用标准》(GB 2760—2011)规定，乳化硅油可应用于豆制品、饮料和薯片加工工艺及发酵工艺。

(2)高碳醇脂肪酸酯复合物(Higher alcohol fatty acid easter complex，CNS 号：03.002)

高碳醇脂肪酸酯复合物其主要成分为十八碳硬脂酸酯、液体石蜡、硬脂酸三乙醇胺和硬脂酸铝组成的混合物。为白色至淡黄色黏稠液体，相对密度 0.78 ~0.88，性能稳定，不挥发，无腐蚀性，流动性差，在 -30 ~ -25℃时黏度进一步增大，消泡率可达 96% ~98%，属破泡型消泡剂。

高碳醇脂肪酸酯复合物的 LD_{50} >15g/kg BW(大鼠，经口)，5 ~9g/kg BW(大鼠，经口，三乙醇胺)。

我国《食品添加剂使用标准》(GB 2760—2011)规定，高碳醇脂肪酸酯复合物可用于发酵工艺、大豆蛋白加工工艺。

16.2.3 吸附剂、助滤剂和澄清剂

16.2.3.1 吸附剂

我国《食品添加剂使用标准》(GB 2760—2011)许可使用的吸附剂有活性炭、不溶性聚乙烯聚吡咯烷酮和离子交换树脂等。

(1)活性炭(Activated carbon，CNS 号：22.033)

活性炭是以竹、木、果壳等有机物为原料，经炭化、活化、精制等工序制成；为黑色细微的粉末，有多孔结构，对气体和蒸气有较强的吸附能力，每克的总表面积可达 500 ~1 000m^2，无臭、无味，不溶于水和任何有机溶剂。

活性炭一般用于蔗糖、葡萄糖、饴糖等的脱色，也可用于油脂和酒类的脱色、脱臭。

活性炭的 ADI 值无限制(FAO/WHO，1987)。

我国《食品添加剂使用标准》(GB 2760—2011)规定，活性炭可在各类食品加工过程中使用，残留量不需要限定。

(2)离子交换树脂(Ion exchange resins)

离子交换树脂为白色、浅棕色、褐色乃至黑色球状或粒状，几乎无臭；不溶于水和其他溶剂。通常通过苯乙烯或丙烯酸(酯)与二乙烯苯聚合反应生成具有长分子主链及交联横链的三维空间立体网络结构的骨架，再在骨架上导入不同类型的化学活性基团(通常为酸性或碱性基团)而制成。其中，苯乙烯系树脂主要吸附芳香族物质，而丙烯酸系树脂能吸附交换色素。树脂基体聚合时所用二乙烯苯的百分数称为树脂的交联度，对树脂的性质有很大的影响。通常交联度高的树脂聚合紧密，对离子的选择性较强，而交联度低的树脂空隙较大，反应速度较快。工业应用的离子树脂的交联度一般不低于4%，用于脱色的树脂交联度一般不高于8%，单纯用于吸附无机离子的树脂，其交联度较高。离子交换树脂除上述的苯乙烯系和丙烯酸系两大系列外，还可以由其他有机单体聚合制成，如酚醛系、环氧系、乙烯吡啶系、脲醛系等。

在食品工业，离子交换树脂主要用于水质软化和除铁，葡萄糖、蔗糖、饴糖脱色，甘油等的精制，牛奶脱盐(钠、钙离子)，葡萄酒的净化(用氢离子取代铁离子)以及氨基酸、蛋白质等提纯精制。离子交换树脂可以应用于啤酒、葡萄酒、果酒、配制酒、黄酒、罐头食品的加工工艺、水处理工艺、制糖工艺和发酵工艺。

16.2.3.2 助滤剂

在食品加工过程中，以辅助过滤为目的的物质称为助滤剂，助滤剂和澄清剂均具有吸附作用。我国《食品添加剂使用标准》(GB 2760—2011)许可使用的助滤剂主要有硅藻土和高岭土等。

(1)硅藻土(Diatomaceous earth，CNS号：22.027)

硅藻土是由硅藻的硅质细胞壁组成的沉积岩，其主要成分为二氧化硅的水合物；为黄色或浅灰色粉末，多孔，质轻，有强吸水性，能吸收自身质量1.5~4.0倍的水；不溶于水、酸类(氢氟酸除外)和稀碱，溶于强碱。

硅藻土常作为砂糖精制、葡萄酒、啤酒、果汁等加工的助滤剂；硅藻土ADI值延迟制定(FAO/WHO，1977)。

我国《食品添加剂使用标准》(GB 2760—2011)规定，硅藻土可在各类食品加工过程中使用，残留量不需要限定。

(2)高岭土(Kaolin)

高岭土又称为白陶土、瓷土，主要成分为含水硅酸铝。纯净的高岭土为白色粉末，一般含有杂质，呈灰色或淡黄色，质软，易分散于水或其他液体中，有滑腻感，并有土味。

高岭土ADI值尚未规定(FAO/WHO，2001)。

高岭土既有助虑、脱色作用，还可作为抗结剂、沉降剂等，如葡萄糖的澄清，其使用方法同硅藻土。

我国《食品添加剂使用标准》(GB 2760—2011)规定，高岭土可作为澄清剂、助滤剂用于葡萄酒、果酒、黄酒、配制酒的加工工艺和发酵工艺中。

16.2.3.3　澄清剂

我国《食品添加剂使用标准》(GB 2760—2011)许可使用的澄清剂有活性白土、固化单宁、卡拉胶、硅胶等12中，其中较常用的是固化单宁和活性白土。

(1)固化单宁(immobilized tannin，CNS号：00.006)

固化单宁的主要成分为水不溶性单宁，即采用固定化技术将天然单宁结合在水不溶性载体上所制成的高效蛋白吸附剂。固化单宁不溶于水、乙醇，对蛋白质、金属离子有极强的亲和力。

固化单宁ADI值尚未规定(FAO/WHO，1994)。

我国《食品添加剂使用标准》(GB 2760—2011)规定，固化单宁可用于配制酒的加工工艺和发酵工艺。

(2)活性白土(Activated clay)

活性白土以硫酸、水和膨润土为原料制得，呈白色、灰色或浅粉色粉末状固体，具有澄清、吸附、脱色作用。

我国《食品添加剂使用标准》(GB 2760—2011)规定，活性白土可用于配制酒的加工工艺和发酵工艺、油脂加工工艺、水处理工艺。

16.2.4　脱模剂与防粘剂

16.2.4.1　脱模剂

我国《食品添加剂使用标准》(GB 2760—2011)许可使用的脱模剂有石蜡、白油(液体石蜡)、巴西棕榈蜡、聚甘油聚亚油酸酯等7中，其中较常用的是石蜡、白油(液体石蜡)、巴西棕榈蜡。

(1)石蜡(Paraffin，INS号：905c)

石蜡又名矿蜡、固体石蜡等，平均相对分子质量500~700，主要成分为天然石油中固体饱和石蜡烃的混合物，溶于C_{30}~C_{60}的歧化碳氢醚、石油醚、苯、挥发性油和多种脂肪油，微溶于无水乙醇；化学性质稳定，不与强酸、强碱、氧化剂、还原剂反应；在人体内不消化、不吸收。

低熔点和中等熔点的石蜡因为在所有剂量水平均发现毒性而将原先的ADI值“不作特殊规定”撤销(FAO/WHO，1995)。

我国《食品添加剂使用标准》(GB 2760—2011)规定，石蜡可用于糖果、焙烤食品加工工艺。

(2)巴西棕榈蜡(Carnauba wax，CNS号：14.008，INS号：903)

巴西棕榈蜡是从巴西蜡棕的叶子中提取所得，为黄绿色至棕色固体，微有气味，质硬而脆，密度0.990~0.999，熔点50~91℃，主要是棕榈酸蜂酯和蜡酸，不溶于水，溶于热乙醇、热乙醚、热氯仿和四氯化碳。

饲料中含有10%的巴西棕榈蜡短期饲喂大鼠未发现显著的综合毒性，小猎犬(Beagle dogs)的饲料中分别含有0.1%、0.3%和1%的巴西棕榈蜡，在28周的饲喂试验中未发现毒性作用，大鼠毒性试验结合 28 周小猎犬饲喂试验表明，饲料中含 1% 巴西棕榈蜡(相当于每天 700mg/kg BW)未引起显著的毒性作用。巴西棕榈蜡的 ADI 值为 0 ~ 7mg/kg BW(FAO/WHO，1992)。

我国《食品添加剂使用标准》(GB 2760—2011)规定，巴西棕榈蜡可用于新鲜水果，最大使用量为 0.000 4g/kg(以残留量计)，也可用于可可制品、巧克力和巧克力制品(包括代可可脂巧克力及制品)以及糖果，最大使用量为 0.6 g/kg。作为脱模剂可用于焙烤食品加工工艺。

16.2.4.2 防粘剂

我国《食品添加剂使用标准》(GB 2760—2011)许可使用的防粘剂有 D-甘露糖醇、滑石粉、矿物油等。

滑石粉(Talc，CNS 号：02.007，INS 号：553iii)

滑石粉又名硅酸氢镁，含天然水硅酸镁及少量的硅酸铝，不得含有石棉；白色至灰白色细微结晶粉末，无臭、无味，细腻润滑；对酸、碱、热均十分稳定；不溶于水、氢氧化钠、乙醇，微溶于稀无机酸。

滑石粉的 LD_{50} 为 60g/kg BW(大鼠，经口)；ADI 值不作特殊规定(FAO/WHO，1986)。

我国《食品添加剂使用标准》(GB 2760—2011)规定，滑石粉可用于凉果类和话化类(甘草制品)中，最大使用量均为 20.0 g/kg。作为脱模剂和防粘剂可用于糖果的加工工艺、发酵提取工艺中。

案例分析

滑石粉超范围使用

背景：

2011 年 10 月，浙江省质监局召开了严厉打击违法添加非食用物质和滥用食品添加剂专项行动新闻发布会。会上，公布了浙江省十大违法添加非食用物质和滥用食品添加剂生产企业“黑名单”。此次黑名单中，涉及产品数量最大的是温州某豆制品加工厂生产的两万多公斤豆腐皮。质监人员在现场检查发现该批豆腐皮违法添加滑石粉等。

据山东广播电视台电视生活频道《生活帮》报道，年货中的松子问题引人关注，有的松子加工厂将纯碱和粒小发暗的劣等松子一起搅拌浸泡，1h 后捞出冲洗，经过纯碱浸泡的松子表面变得光滑，为了让松子开口，还会加入滑石粉。松子加滑石粉炒十多分钟后，口就会自动开裂。

记者从福建省质监局获悉，松溪县郑墩镇某茶厂在加工的茶叶中添加药用滑石粉，质监执法人员到该厂突击检查，现场发现滑石粉包装袋若干，该批次茶叶总灰分不合格。专家告诉记者，茶叶总灰分不合格即茶叶中混有杂质，可能是滑石粉。质监部门没收并销毁该厂生产的 3t 茶叶，并对该案立案调查。松溪茶叶加工中添加滑石粉由来已久，松溪工商局曾查获一批 20t 欲运往浙江余姚销售的“珠茶”，检测发现该批茶叶也含有滑石粉。

分析：

我国《食品添加剂使用标准》(GB 2760—2011)规定：滑石粉可用于凉果类和话化类(甘

草制品）中，最大使用量均为20.0 g/kg。作为脱模剂和防粘剂可用于糖果的加工工艺、发酵提取工艺中。根据《食品添加剂使用标准》（GB 2760—2011）的相关规定，新闻中报道的将滑石粉作为豆腐皮、松子和茶叶的添加剂，均属违法添加和滥用食品添加剂行为。

滑石粉广泛用于橡胶、塑料、油漆、陶瓷、造纸行业中，同时也可用于化妆品、医药、食品中。根据不同的用途，可将滑石粉分为不同的级别。工业用滑石粉与食品级滑石粉差别很大。首先，食品级滑石粉对重金属的要求非常严格。其次，食品级滑石粉对细菌数和霉菌要求非常高，食品级滑石粉在加工过程中多了杀菌工艺。还有，工业用滑石粉和食用滑石粉的杂质含量差别较大。食品级滑石粉的纯度较高。滑石粉作为中药有利尿通淋、清热解暑、祛湿敛疮的功效，用于治疗热淋、石淋、尿热涩痛、暑湿烦渴、湿热水泻；外治湿疹、湿疮、痱子。根据当前研究，滑石粉的毒性较小，毒性试验大鼠LD_{50}为60g/kg BW以上，小鼠60mg/（kg·d）连续口服2年无害。14名成人每天服450mg经1.5～2年未见毒性反应。小鼠最小致死量大于18g/（kg·d）（累计总量大于54g/kg），静脉注射600μg/kg对麻醉狗的呼吸、血压、心率略有波动，但很快恢复正常。家兔口服900mg/（kg·d）连续14d对心电图、肝、肾功能、血红蛋白、白细胞均无明显影响，各脏器组织未见异常，但是随着研究的进行，滑石粉是否存在潜在的危险还不能得出明确结论。现在，国内食品添加剂质量参差不齐，如果工业用滑石粉应用在食品加工中，其中的重金属、菌类和杂质将会给人体带来非常大的危害。所以，在食品工业中，超量超范围使用滑石粉存在安全隐患。

纠偏措施：

食品企业应严格按照《食品添加剂使用标准》（GB 2760—2011）的相关规定使用食品添加剂，在食品行业中，应严格按照相关标准使用食品级滑石粉；政府相关部门应加大对滑石粉的监管力度，有效控制滑石粉的违法添加。消费者在消费时应提高警惕，关注食品安全相关报道，提高食品安全意识。

思考题

1. 什么是食品工业用加工助剂？
2. 食品工业用加工助剂主要分为哪几类？
3. 什么是消泡剂？其主要用于哪些食品加工？
4. 简述食品加工过程中产生泡沫的原因，消除泡沫的机理。
5. 简述吸附剂和澄清剂在食品加工过程中的使用目的与意义。

参考文献

黄宪章，黄登宇．2003．有机硅消泡剂消泡机理、特性及用途研究［J］．科技情报开发与经济，13（1）：161－163.

孙平，张津凤．2011．食品添加剂应用手册［M］．北京：化学工业出版社．

王华丽，张俭波．2010．中国食品工业用加工助剂使用存在的问题及建议［J］．中国食品卫生杂志，22（3）：268－270.

张俭波，王竹天，刘秀梅．2009．国内外食品工业用加工助剂管理的比较研究［J］．中国食品卫生杂志，21（1）：8－13.

第 17 章
其他食品添加剂

学习目标

了解胶基糖果中基础剂物质、面粉处理剂、被膜剂的品种；掌握常用胶基糖果中基础剂物质、面粉处理剂、被膜剂的性质、安全性及使用规定；了解它们的发展趋势。

17.1 胶基糖果中基础剂物质

17.1.1 基础剂物质概述

胶基糖果中基础剂物质(chewing gum bases)是赋予胶基糖果起泡、增塑、耐咀嚼等作用的物质。

胶基糖果是一种耐咀嚼性的糖果，完全不同于其他糖果的加工工艺，它是由耐咀嚼不溶于水(唾液)的胶基(gum base)，经过精制后再与糖、香精香料以及必要的食品添加剂按一定比例制成。

胶基是口香糖和泡泡糖的主要成分，决定了胶基糖果咀嚼、吹泡的特征，只有良好的胶基，才可生产优质的胶基糖。胶基的成分很复杂，包括天然橡胶、合成橡胶，树脂、蜡类、乳化剂、软化剂、胶凝剂、抗氧化剂、防腐剂、填充剂等，可根据产品的需要制作相应的泡泡糖胶基、口香糖胶基(蒋文庆等，2009)。各种胶基很少单独使用，大多数情况下复合使用。胶基中树脂占 30% ~35%，主要起增加塑性、弹性和软化的作用；蜡类占 10% ~25%，主要作用是增加胶基的可塑性；油脂、卵磷脂、单甘酯等起到软化、乳化胶基的作用；海藻酸钠、明胶等可用作胶基的胶凝剂；甘油、丙二醇用作润湿剂，抗氧化剂和防腐剂占胶基的 0.1% ~0.2%；作为填充剂的碳酸钙可适当地抑制胶基糖果的弹性，同时也可防止胶基的黏着。胶基一般有块状、片状、颗粒、粉末等不同形态，以适应不同糖果生产工艺的需要。

胶基原料有天然和合成两大类，在产品生产初期大多采用天然树胶，随着科学发展和技术进步，目前的胶基几乎全部采用合成树脂，特别是泡泡糖胶基。当然，高品质的口香糖胶基仍需含有一定比例的天然橡胶。

我国《食品添加剂使用标准》(GB 2760—2011)附录 D 列出胶基糖果中胶基物质及其配料 69 种，其中天然橡胶 6 种、合成橡胶 5 种、树脂 12 种、蜡类 7 种、乳化剂 14 种、抗氧化剂 14 种、防腐剂 7 种、填充剂 4 种，除硬脂酸(十八烷酸)和紫胶(虫胶)最大使用量分别为 1.2g/kg 和 3.0g/kg，乳化剂、抗氧化剂、防腐剂等需根据具体规定执行，其余均按生产需要适量使用。

17.1.2　基础剂物质各论

17.1.2.1　天然橡胶

(1)糖胶树胶(Chicle gum)

糖胶树胶也称口香胶，取自红松科的树液，大部分产自墨西哥和洪都拉斯。糖胶树胶的主成分是杜仲胶(聚异戊二烯)和树脂(由三萜和甾醇构成的)。常温时为有弹性和可塑性的树胶状物质，软化点 32.3℃，加热后为糖浆状黏稠体，不溶于水，可溶于大部分有机溶剂。

饲喂大鼠含有 3% ~5% 糖胶树胶的饲料 8 周，未见异常；大鼠饲喂含糖胶树胶 0.1% ~6% 的饲料 6 个月与饲喂含糖胶树胶 0.4% ~1.4% 的饲料 2 年，无副作用；狗饲喂含糖胶树胶 0.4% ~1.4% 的饲料 2 年，未见异常；对大鼠进行三代繁殖试验，未见异常。

(2)节路顿胶(Jelutong gum)

节路顿胶为黑色块状树胶，主要成分为树脂和顺式橡胶，来源于夹竹桃科植物，加热至 37℃时质地较软。

大鼠饲喂含有 0.2% ~7% 节路顿胶的饲料 6 个月，及饲喂含有 0.03% ~2.7% 节路顿胶的饲料 2 年，均无副作用；狗饲喂含 0.03% ~2.7% 节路顿胶的饲料 2 年，未见异常；大鼠三代繁殖试验，饲喂含有 0.7% ~1.3% 节路顿胶的饲料，未见异常。

(3)天然橡胶(乳胶固形物)[Natural Rubber(Latex Sodids)]

天然橡胶以异戊二烯为主要成分的天然高分子化合物，异戊二烯的含量在 90% 左右，蛋白质含量 2% ~3%，丙酮可溶性树脂和脂肪酸约占 1%，以及少量的糖和无机盐。分为栽培橡胶和野生橡胶两大类，前者包括三叶胶、银菊胶等，后者包括杜仲橡胶、印度榕树橡胶、木薯橡胶等。

17.1.2.2　合成橡胶

(1)丁苯橡胶(Butadiene - styrene rubber)

丁苯橡胶别名丁二烯 - 苯乙烯共聚物，有液体状胶乳和固体状橡胶两种形态。按所含丁二烯和苯乙烯比例的不同，分为 50/50、75/25 两种，分别称作 BSR50/50、BSR75/25，BSR50/50 的 pH 值为 10.0 ~11.5，固形物含量为 41% ~63%。BSR70/25 的 pH 值为 9.5 ~11.0，固形物含量为 26% ~42%。丁苯橡胶不完全溶于汽油、苯、氯仿，极性低，黏附性差，耐磨性及耐老化性较好，耐酸碱，相对密度 0.9 ~0.95。

丁二烯、苯乙烯蒸气有刺激性，共聚体橡胶无刺激性。苯乙烯刺激阈值 TLV(threshold limit value，一般指在指定条件下不发生有害作用的容许值)为 100mg/kg，当浓度达到 375mg/kg 时，接触 1h，可出现轻度功能性损伤，没有苯样血液障碍；丁二烯刺激阈值 TLV

为1 000mg/kg，只有在高浓度时有麻醉作用，实际无害。美国FDA将丁苯橡胶列为GRAS物质。

(2)丁基橡胶(Butyl rubber)

丁基橡胶别名异丁基橡胶、异丁烯-异戊二烯共聚物，白色或浅灰色块状，无臭、无味。相对密度0.92。玻璃化温度-69～-67℃，不溶于乙醇和丙酮。

丁基橡胶LD_{50}为21.376g/kg BW(小鼠，经口)。

(3)聚丁烯(Polybutene)

聚丁烯为无色至微黄色黏稠液体，无味或稍有特异气味，溶于苯、石油醚、氯仿、正庚烷和正己烷，几乎不溶于水、丙酮和乙醇，相对密度0.8～0.9，软化点60℃，用作胶基糖果基础剂，因聚合度低，需与聚异丁烯混用。

聚丁烯LD_{50}为54g/kg BW(小鼠，经口)。慢性毒性试验：小鼠饲喂分别含聚丁烯0.07、0.1、0.2、0.5、1.0及2.0g/kg的饲料，大鼠饲喂分别含聚丁烯0.2、0.5、1.0及2.0g/kg的饲料，分别饲养6个月，均未发现异常。唾液溶出试验：以聚异丁烯及聚丁烯混合试样做唾液溶出试验，结果在唾液中均未检出。

17.1.3 基础剂物质发展趋势

采用天然树胶虽能制造柔软适口、香味持久、富有弹性的高品质胶基，但受胶源限制，生产成本高。目前，发达国家几乎都采用合成胶基，主要采用松香甘油酯(酯胶)，酯胶在咀嚼后略带苦味。因此，通过歧化、聚合等手段进行改性，再与甘油酯化而成氢化(或部分氢化)松香甘油酯、歧化松香甘油酯、聚合松香甘油酯，可使品质得到明显改善，尤以氢化松香甘油酯的质量最好。氢化松香甘油酯具有良好的口感和抗氧化性，用于胶基可延长成品保质期，并保持柔软、细腻的口感。

近年来，欧美开发了新一代胶基，完全不用含苯及苯乙烯原料，也不用化学增塑剂，而使用对人健康较为安全的丁基橡胶、聚异丁烯等橡胶材料加工，其特点是口感细腻滑爽，柔软适口，口味纯正，吹泡不粘，泡膜厚薄适中，体积感大，制品受低温影响小，保存期较长。粉末胶基(powdered gum base)是胶基新产品，采用新技术，使胶基成为粉末状，为胶基糖果应用和开发新产品提供了原料。此外，粉末胶基可做成芯料(酱心、粉心)，也可与硬质糖果结合成硬质夹心糖。将粉末胶基与功能因子食材(如木糖醇、溶菌酶等)结合，必能进一步开拓胶基糖果的保健和营养功能。

除了传统口香糖，世界上很多国家和地区都在生产无糖口香糖，受到消费者欢迎，特别是关心牙齿健康和不适宜吃糖的消费者。此外，许多特色胶基糖，如除口臭胶基糖、防蛀牙胶基糖、防瞌睡胶基糖、营养强化胶基糖等也得到了相应的发展。

17.2 面粉处理剂

17.2.1 面粉处理剂概述

面粉处理剂(flour treatment agents)又称面粉改良剂，是指促进面粉的熟化和提高制品质量的物质。面粉处理剂根据功能的不同可分为漂白剂、增筋剂、减筋剂、填充剂。

(1)漂白剂、增筋剂

漂白剂、增筋剂可使面粉的筋力、延伸性、稳定性等指标满足高筋面制品生产的需要，同时具有强氧化作用，加快面粉的后熟，使面粉在常温下需要半个月的后熟时间缩短为 3 ~ 5d，可以缓慢地氧化面粉中的叶黄素、胡萝卜素，使其由略带黄色变为白色，主要是偶氮甲酰胺。

(2)减筋剂

减筋剂可以降低面粉的面筋含量，使其可以用来生产饼干、桃酥等低筋力的食品，主要有 L－半胱氨酸盐酸盐。

(3)填充剂

填充剂可使面包的内部组织结构细腻，气泡均匀，从而加工外观良好的面包，主要有碳酸镁、碳酸钙等。

17.2.2　面粉处理剂各论

(1)偶氮甲酰胺(Azodicarbonamide，CNS 号：13.004，INS 号：927a)

偶氮甲酰胺(ADA)是黄色至橙红色结晶性粉末，无臭，几乎不溶于水和大多数有机物，微溶于二甲基亚砜；分解时放出大量氮气、少量一氧化碳及氨气，是一种广泛使用的面粉增筋剂。

偶氮甲酰胺的 LD_{50} >10g/kg BW(小鼠，经口)；骨髓微核试验：无致突作用；美国 FDA 将偶氮甲酰胺列为 GRAS 物质，其可接受的用量水平为 0 ~ 45mg/kg 面粉(FAO/WHO，1965)。

偶氮甲酰胺是一种速效氧化剂，在低用量下可对小麦粉氧化，作为氧化剂其活性能保持较长时间。偶氮甲酰胺本身与面粉不起作用，当它与面粉加水搅拌成面团时，很快释放出活性氧，将面筋蛋白质巯基氧化成二硫键，使蛋白质链相互连接而构成面团网状结构，从而有效地改善面团的弹性、韧性及均匀性。面粉的加工品质与烘焙质量取决于面筋蛋白质中所含的巯基与二硫键数量和相互转化程度。经偶氮甲酰胺氧化处理后，面团、面筋蛋白质中巯基经氧化转化为大分子间的二硫键越多，面团的筋力就越强。偶氮甲酰胺除了把面筋蛋白质的巯基氧化为二硫键，形成面筋网络结构外，还直接影响面团搅拌和发酵时的流变学特性，减少面团的延伸阻力，增强其持气能力，改善内部组织。

我国《食品添加剂使用标准》(GB 2760—2011)规定，偶氮甲酰胺仅可在小麦粉中使用，最大使用量为 0.045g/kg。

(2)L－半胱氨酸盐酸盐(L－Cysteine and its hydrochlorides sodium and potassium salts，CNS 号：13.003，INS 号：920)

L－半胱氨酸盐酸盐是无色至白色结晶性粉末，有轻微特殊气味酸味，易溶于水，水溶液呈酸性，1%溶液 pH 值约 1.7，0.1%溶液 pH 值约 2.4，亦可溶于醇、氨水和乙酸，不溶于乙醚、丙酮、苯等；具有还原性，有抗氧化和防止非酶褐变的作用，是一种面粉还原剂。

L－半胱氨酸盐酸盐的 LD_{50} 为 3 460mg/kg BW(小鼠，经口)，1 250mg/kg BW(小鼠，腹腔注射)；美国 FDA 将 L－半胱氨酸盐酸盐列为 GRAS 物质。

具有还原作用的L－半胱氨酸盐酸盐，除可促进面筋蛋白质网状结构的形成，防止老化提高制品质量外，尚可缩短发酵时间。L－半胱氨酸盐酸盐与面粉增筋剂配合使用时，只在面筋的网状结构形成后发挥作用，能够提高面团的持气性和延伸性，加速谷蛋白的形成，防止面团筋力过高引起老化，从而缩短面制品的发酵时间。

我国《食品添加剂使用标准》(GB 2760—2011)规定，L－半胱氨酸盐酸盐在发酵面制品中的最大使用量为0.06g/kg，在冷冻米面制品中的最大使用量为0.6g/kg(以L－半胱氨酸盐酸盐计)。

17.2.3 面粉处理剂发展趋势

面粉是食品的主要原料，随着食品工业的发展和人民生活水平的提高，对面粉及面粉制品的要求也越来越高。总的来看，我国小麦面筋含量多数属于中等水平，因此不少面粉加工企业，添加面粉处理剂改良面粉的品质，满足食品加工的需要。

面粉处理剂的应用，一方面是面粉处理剂的安全性问题，另一方面是单一面粉处理剂已不能满足面粉行业发展专用粉和提高面粉品质的需要。许多国家注重研究开发复配面粉食品添加剂。复配添加剂是利用几种单一性能不同的添加剂合理搭配，充分发挥其性能和协同增效作用，以达到最佳效果。例如，有一种浓缩面包粉改良剂，主要成分是木聚糖酶、谷氨酰胺转氨酶、脂肪酶及其他复合酶、抗坏血酸、淀粉等组成，面粉中使用量为50～60g/kg。还有一种饼干面粉改良剂，主要成分有精制木瓜蛋白酶、氨基酸、维生素C、稳定剂、葡萄糖，使用量为2.5～5.0g/100kg。蛋糕制品复配添加剂主要成分有乳化剂、蛋白酶、膨松剂和增稠剂。面条类复配添加剂主要成分有增稠剂、乳化剂、复合碱、面筋增筋剂及变性淀粉。速冻面团的复配添加剂主要成分有乳化剂、稳定剂、酶制剂、大豆蛋白粉和谷朊粉。

随着各种新技术应用于食品工业，对食品添加剂的安全性、专用性要求越来越高，预示高效、方便、安全的面粉处理剂及复配添加剂开发将受到特别关注。

17.3 被膜剂

17.3.1 被膜剂概述

采用不同的材料，配制成各种浓度的液体，采用涂覆方法(包括机器或手工进行喷淋、涂刷或浸渍等)在水果、鱼肉、农产品等表面涂以薄膜，其目的是为了抑制水分蒸发，调节呼吸作用，减少营养物质消耗，防止细菌侵袭，改善外观，从而保持食品的新鲜度，提高商品价值。这类涂抹于食品外表，发挥保质、保鲜、上光、防止水分蒸发等作用的物质，称为被膜剂。

被膜保鲜技术在果蔬保鲜方面应用较广，可以有效地延长果蔬等食品的保质期。由于被膜保鲜简便易行、成本低、保鲜效果显著，因此得到迅速发展，不少国家已投入商业化应用。

17.3.2 被膜剂各论

(1)吗啉脂肪酸盐果蜡(Morpholine fatty acid salt, CNS 号 14.004)

吗啉脂肪酸盐果蜡又称 CFW 型果蜡，淡黄色至黄褐色油状或蜡状物质，微有氨臭，混溶于丙酮、苯和乙醇，可溶于水，在水中溶解时多呈凝胶状。

CFW 型果蜡的 LD_{50}为 1 600mg/kg BW(大鼠，经口)。美国 FDA 将吗啉脂肪酸盐果蜡列为 GRAS 物质。

应用吗啉脂肪酸盐形成的半透气性膜可抑制果品呼吸，延缓衰老，防止蒸发，防止细菌入侵，减少腐烂和失重，并可改善外观，提高商品价值，延长货架期。

我国《食品添加剂使用标准》(GB 2760—2011)规定，吗啉脂肪酸盐果蜡在经表面处理的鲜水果中可按生产需要适量使用。吗啉脂肪酸盐仅供涂抹，不能直接食用，喷雾、涂刷、浸渍的常用量为 1g/kg。

(2)松香季戊四醇酯(Pentaerythritol ester of wood rosin, CNS 号：08.013)

松香季戊四醇酯为硬质浅琥珀色树脂，溶于丙酮、苯、不溶于水及乙醇。

大鼠摄入含有 1% 松香季戊四醇酯的饲料，经 90d 喂养未见毒性作用，美国 FDA 将松香季戊四醇酯列为 GRAS 物质。

我国《食品添加剂使用标准》(GB 2760—2011)规定，松香季戊四醇酯在经表面处理的鲜水果和新鲜蔬菜中的最大使用量为 0.09g/kg。

(3)硬脂酸(十八烷酸)(Stearic acid, CNS 号：14.009, INS 号：570)

硬脂酸为白色至淡黄色硬质固体，或为表面有光泽的块状结晶，或为白色至略带淡黄色的粉末；有微弱的特殊香气和牛脂似的滋味；不溶于水，可溶于乙醇、乙醚、氯仿。

硬脂酸的 LD_{50} >5g/kg BW(大鼠，经口)；其 ADI 值无限制(FAO/WHO，1974)。

我国《食品添加剂使用标准》(GB 2760—2011)规定，硬脂酸在可可制品、巧克力和巧克力制品(包括类巧克力和代巧克力)以及糖果中的最大使用量为 1.2g/kg。

(4)紫胶(虫胶)(Shellac, CNS 号：14.001, INS 号：904)

紫胶是一种天然的昆虫分泌物，该胶为淡黄色至褐色片状物，有光泽，脆而坚，无味，可溶于碱、乙醇，不溶于水、酸，有一定的防潮能力。其化学成分比较复杂，主要成分是树脂物质，平均相对分子质量为 1 000 左右。

在雌性大鼠饲料中掺入 1% 的紫胶(相当于每天 660mg/kg BW)，经过 90d 的喂养试验表明 F_0和 F_1代大鼠均未产生显著的毒性和病理影响，JECFA 认为目前将紫胶用作被膜剂、上光剂、表面抛光剂等不会引起毒性(FAO/WHO，1992)。

我国《食品添加剂使用标准》(GB 2760—2011)规定，紫胶在经表面处理的鲜水果(仅限苹果)中的最大使用量为 0.4g/kg，在经表面处理的鲜水果(仅限柑橘类)中的最大使用量为 0.5g/kg，在可可制品、巧克力和巧克力制品(包括代可可脂巧克力及制品)、威化饼干中的最大使用量为 0.2g/kg，在胶基糖果中的最大使用量为 3.0g/kg。

(5)蜂蜡(Bees wax, CNS 号：14.013, INS 号：901)

蜂蜡有黄色蜂蜡和白色蜂蜡两种产品，黄色蜂蜡是一种黄色的或浅褐色的固体，在低温状态具有一定的脆性，且有蜂蜜的特征风味，而白色蜂蜡是一种白色或黄白色固体(薄片透明)，蜂蜜的特征风味较弱。蜂蜡的主要成分包括：①游离脂肪酸(占12% ~14%)，且85%的游离脂肪酸为C_{24} ~ C_{32}；②C_{28} ~ C_{35}游离脂肪醇(占1%)；③线性的蜡质单酯和醇酯(占35% ~45%)，其碳链长度一般在C_{40} ~ C_{48}，一般由棕榈酸、15－羟基棕榈酸和油酸组成；④复合蜡酯(占15% ~27%)，15－羟基棕榈酸或者二醇与其他脂肪酸形成的酯；⑤奇数碳原子个数的长链烷烃(占12% ~16%)，碳链长度为C_{27} ~ C_{33}。蜂蜡的相对密度0.95，熔点62 ~65℃，不溶于水，微溶于乙醇，可完全溶于氯仿、乙醚、不挥发和可挥发的各种油中。

鉴于蜂蜡悠久的应用历史以及主要成分的低毒性，美国FDA将蜂蜡列为GRAS物质。

蜂蜡主要用于糖果上光、上釉；面包和砂糖制品的防粘；干酪被膜剂；柑橘类表皮涂膜剂；焙炒咖啡上光增色剂。我国《食品添加剂使用标准》(GB 2760—2011)规定，蜂蜡在糖果、糖果和巧克力制品包衣中可按生产需要适量使用。

17.3.3 被膜剂发展趋势

可食用膜一般是采用天然高分子材料，经过一定的处理后在果皮表面形成的一层透明光洁的膜，具有较好的选择透气性、阻水性，与蜡质被膜剂相比，又具有无色、无味、无毒的优点。研究者们在可食用膜的开发方面做了大量的工作，使其取材范围扩大，并改善了膜的性能(张晓彦等，2000)。

(1)甲壳素膜

甲壳素膜是利用壳聚糖的性能，由虾蟹壳为原料经过酸碱处理、氧化脱色、还原漂洗、脱乙酰基而制成。以壳聚糖为原料的甲壳素膜对氧气和二氧化碳具有渗透性，改性甲壳素膜具有良好的半透性，能够调节果蔬内部的气体和水分达到所希望的水平，同时还能够减少水分散失。它具有保鲜性能良好的优点，但它的附着性能有待改善。

姚晓敏等(2002)对猕猴桃进行甲壳素涂膜处理，也取得了满意的效果。此外，瞿青(2008)进行了壳聚糖涂膜杨桃保鲜研究，结果表明杨桃保鲜期由5 ~7d延长至24 ~27d，对杨桃保鲜效果最佳的壳聚糖浓度为1.5%，经此膜液处理后的杨桃各生理指标变化缓慢，到贮藏后期果实外表依然光亮饱满，颜色微黄诱人。

(2)纤维素膜

纤维素膜主要有羧甲基纤维素、乙基纤维素、羟乙(丙)基纤维素等改性纤维素，改性纤维素有良好的成膜性能，但对于气体的渗透阻隔性不佳。在国外的研究中，通常加入脂肪酸、甘油、蛋白质以改善其性能。目前，关于纤维素膜的研究已很多，但国内仅停留在纤维素膜的应用上，关于改进膜性能的研究较少。

(3)淀粉膜

淀粉可食性膜是可食性膜中研究开发最早的类型，具有拉伸性、透明性、耐折性、水不溶性良好和透气率低等特点。García等(1998)对淀粉膜的应用作了初步的探讨，用稀碱溶液对淀粉进行改性处理，并加入甘油作为增塑剂，用这种配制好的涂膜液处理新鲜草莓并在0℃、相对湿度84.8%的条件下贮存。结果表明，处理过的草莓在失重率、硬度和腐败率等指标上均优于对照组。近年来，在成膜材料与工艺和增塑剂研究应用方面取得了重要进展。

(4)海藻酸钠膜

海藻酸是糖醛酸的多聚物，具有良好的成膜性能。海藻酸钠涂膜可减少果实中活性氧的生成，降低膜脂过氧化程度，保持细胞膜的完整性，并使果实保持较低的酶活性。范腾等(2011)用海藻酸钠复合涂膜对胡萝卜进行保鲜研究。以鲜切胡萝卜为原料，以海藻酸钠、明胶、硬脂酸钠组成复合涂膜，考察海藻酸钠复合涂膜不同浓度组成对鲜切胡萝卜白变的影响。结果表明，抑制鲜切胡萝卜白变的适宜可食性膜组合为：海藻酸钠浓度 10.28g/L、明胶浓度 4.98g/L、硬脂酸钠浓度 2.55g/L，在此涂膜组合条件下，鲜切胡萝卜的白度值为 30.64，所建立的数学模型能较准确预测鲜切胡萝卜的白度值。

(5)蛋白质膜

蛋白质膜包括小麦蛋白质膜、玉米蛋白质膜、大豆蛋白质膜与一些动物蛋白质膜，如骨有机质、明胶、卵白蛋白和鱼肌原蛋白等。小麦蛋白质膜具有柔韧、牢固、阻氧性好的优点。以往的研究中，小麦蛋白质膜透光性差的缺点限制了它的应用。Rayas 等(1997)用 95% 乙醇和甘油处理麦筋蛋白质，得到了柔韧、强度高又透明的膜。

玉米蛋白膜作为保鲜膜，其研究和使用都比较少，且它具有令人不快的气味与昂贵的价格限制了商业应用。

大豆蛋白膜用弱碱处理后，团状卷曲的蛋白质四级结构就被溶解，解聚而成为长链状结构，这种结构有更多的机会发生交联，所形成的膜有更好的阻氧性和更高的强度。

据报道，一些动物蛋白质也被用来作为保鲜涂膜材料，如骨有机质、明胶、卵白蛋白和鱼肌原蛋白等。Bernard 等(1995)在 pH 3.0 条件下研制出的鱼肌原蛋白膜，其功能特性优于其他的蛋白质膜，尤其是拉伸强度，甚至能和低密度的聚乙烯薄膜相媲美。

(6)复合膜

复合膜是由不同配比的糖、脂肪、蛋白质 3 种物质经过一定的处理而形成的膜。多糖类物质提供了结构上的基本构造；蛋白质通过分子间的交联使结构致密；而脂类则是一个良好的阻水剂。由于三者性质不同和功能上的互补性，所形成的膜有更为理想的性能。复合可食用膜的研究和应用是当前的发展趋势。

国内有人利用这种复合膜对水蜜桃进行保鲜，效果较好。日本人用淀粉、蛋白质等高分子溶液，加上植物油制成混合涂料，喷在柑橘、苹果上，干燥后在产品表面形成厚度为 0.001 mm 的膜，抑制呼吸作用，使贮藏时间延长 3 ~ 5 倍。OED 是日本用于蔬菜保鲜的涂料，配方为蜂蜡: 酪蛋白酸钠: 蔗糖酯为 10 : 2 : 1，充分混匀后使其成为乳状液，刷在番茄或茄子的果柄部，干燥后可以延缓成熟，减少质量损失。

17.4 其他食品添加剂

(1)高锰酸钾(Potassium permanganate，CNS 号：00.001)

高锰酸钾为紫色粒状或针状结晶，有金属光泽，溶于水成深紫红色溶液，微溶于甲醇、丙酮和硫酸，遇乙醇、过氧化氢则分解，加热至 240℃ 以上放出氧气。高锰酸钾是强氧化剂，在酸性介质中还原成 Mn^{2+}，碱性或中性介质中还原为二氧化锰，与有机物接触、摩擦、碰撞，因受热放出氧会引起燃烧。

我国《食品添加剂使用标准》(GB 2760—2011)规定，高锰酸钾在食用淀粉和酒类中用作漂白剂、氧化剂、消毒剂、除臭剂，最大使用量为 0.5g/kg，酒中残留量(以锰计)≤

2mg/kg。

(2)异构化乳糖液(Lactulose liquid，CNS号00.003)

异构化乳糖液的主要成分为乳酮糖，还有乳糖、半乳糖、果糖等；淡黄色透明液体，有甜味，甜度为蔗糖的60%～70%，黏度在25℃时大于0.3 Pa·s，与麦芽糖70%溶液相似；贮存或加热后色泽变深。

异构化乳糖液能促进人体，特别是婴儿肠内对机体有益双歧乳酸杆菌群的生长。据报道，异构化乳糖液可以在体内增殖双歧杆菌27倍，在体外增殖103.6倍。

我国《食品添加剂使用标准》(GB 2760—2011)规定，异构化乳糖液在乳粉和奶油粉及其调制产品、婴幼儿配方食品、饮料类(包装饮用水类除外)、饼干中的最大使用量分别为1.5、15.0、1.5、2.0g/kg。

(3)咖啡因(Caffeine，CNS号：00.007)

咖啡因别名茶碱，白色粉末或无色至白色针状结晶，无臭、味苦，有无水物和一水合物之分，一水合物易风化，80℃失去结晶水；易溶于水、乙醇、丙酮，溶于吡咯、乙酸乙酯，微溶于石油醚；有提神、醒脑等刺激中枢神经系统作用，易上瘾。

1987年，FDA通过对大量人群调查，认为找不到可说明在饮料中所含咖啡因对人体有害的证据，并规定可乐中的咖啡因加入量不大于200mg/L。美国FDA将咖啡因列为GRAS物质。

我国《食品添加剂使用标准》(GB 2760—2011)规定，咖啡因仅限用于可乐型饮料，最大使用量为0.15g/kg。

案例分析

面粉处理剂使用中存在的安全问题

背景：

2009年9月4日，广州日报记者从广州市质监局获悉，近期对广州的面包厂家和部分面包改良剂(复合添加剂)厂家的检查发现，有的面包改良剂违禁添加了我国2005年已禁用的溴酸钾。

2011年7月18日央视《第一时间》报道，在河南省郑州市、新乡市，十多家萨其马加工厂生产的萨其玛外表鲜亮，价格相当便宜，其中一家7.4元/kg。多家厂商承认，在萨其玛的生产过程中添加了硼砂。经检测，这些萨其玛中均含有硼砂，最多的竟达到4.62g/kg，而在正常情况下，成人一次摄入1～3g硼砂即可中毒。

2001年9月25日据新华社报道，国家质检总局公布了违禁使用“吊白块”的七大案例。这七大案例是：江西省查获多起非法使用“吊白块”加工米粉案件；重庆市查获的加入“吊白块”的成品冰糖案件；河南查获的3个非法使用“吊白块”加工米粉窝点案件；浙江省查获在食糖中掺入“吊白块”案件；山东省查获掺入“吊白块”的腐竹案件；海南省查获掺入“吊白块”的河粉、面条案件；广东省查获非法使用“吊白块”的米面制品案件。

分析：

面粉生产过程中存在着超量添加增白剂或添加有毒、有害物质的问题。一些非食用物质也可以起到很好的漂白面粉作用，如吊白块、荧光增白剂等一类常见的非食用物质，但这些物质大都毒性很高，食用后对人体危害严重，严禁在食品中使用。

溴酸钾的化学分子式为 $KBrO_3$，在370℃时分解，是一种慢性氧化剂。在面团调制阶段不起作用，随着面团温度升高，在醒发后入炉烘烤约5min内开始氧化面粉中—SH基，形成—S—S—键，从而使面筋生成率提高，面团筋力增强。溴酸钾另一功能是使谷胱甘肽、半胱氨酸等分子中的—SH氧化，使它们丧失对蛋白酶的激活特性，因而不会因蛋白酶的激活而分解面筋蛋白，使面筋生成率和面筋强度不会降低。

多年来，人们一直将溴酸钾作为安全、有效的面粉增筋剂使用。人们对它的认识是，只要添加条件和烘培条件正确，溴酸钾将转化成惰性、无害的溴化物。通过长期毒性致癌性研究表明，溴酸钾会导致大鼠肾细胞癌、腹膜间皮瘤，以及甲状腺小囊泡细胞癌并且使雌鼠肾细胞瘤发病率轻微上升。已有试验证实，当溴酸钾在被允许的用量用于面粉的处理时，面包中仍然存在着溴酸盐(陈井旺等，2009)。

英国、日本和新西兰等国家均已禁止使用溴酸钾。我国卫生部也决定于2005年7月1日起，禁止溴酸钾作为面粉处理剂在小麦粉中使用。国家质检总局，国家标准化委员会2005年6月21日联合发出通知，自2005年7月1日起，在《食品添加剂使用标准》(GB 2760—2011)中取消溴酸钾作为面粉处理剂。

硼砂化学名为四硼酸钠，用途很广，可做洗衣粉和肥皂的填料，也是制造光学玻璃、瓷釉的原料；常温下为白色或无色结晶体或粉末；加热至400~500℃可脱水成无水四硼酸钠，在878℃时熔化为玻璃状物。

在面制食品中添加硼砂主要目的是增加面制食品的筋力、韧性、脆度、保水性及保存期，起到防腐和改良面粉品质的作用。另外，还可以使湿面条等产品色泽亮丽，韧度高，久煮不糊，还能延长面条保存期。

但是人食用含有硼砂的食品后会与胃酸作用生成硼酸，轻者会食欲减退、消化不良，严重者会造成呕吐、腹泻、红斑、循环系统障碍、休克及昏迷等硼砂中毒症状。硼砂在人体内有蓄积性，会对内分泌系统和男性生殖系统产生毒性影响，对肝脏肾脏以及神经系统造成伤害。硼砂的成人中毒剂量为1~3g，15~20g即致死，婴儿致死量为2~5g。世界各国普遍禁止将其添加于食品中，我国相关的法律、法规也明令禁止硼砂作为食品添加剂使用。

吊白块又称雕白粉，化学名称为二水合次硫酸氢钠甲醛或二水甲醛合次硫酸氢钠，是一种工业用的漂白剂。一般用于印染工业中作拔染剂和还原剂，生产靛蓝染料、还原染料等，还用于橡胶工业中丁苯橡胶聚合活化剂，感光照相材料相助剂，日用工业漂白剂以及用于医药工业等。

在食品加工中添加吊白块，其分解产生的甲醛具有增加食品弹性、亚硫酸盐具有漂白食品的作用，但使用后会有相当的甲醛以及亚硫酸盐残留在食品中，给食品安全带来影响。食用添加了吊白块的食品后，其分解的甲醛通过消化道被吸收，降低了机体的呼吸功能、神经系统的信息整合功能和影响机体的免疫应答，对免疫系统、心血管系统、内分泌系统、消化系统、生殖系统以及肾脏均有毒性作用，并具有一定的遗传毒性，严重者可产生中毒，肾脏、肝脏受损等疾病，易患多发性神经炎，出现骨髓萎缩等症状，而且是强致癌物。甲醛急性中毒表现为咳嗽、打喷嚏、视线模糊、头晕、头痛、乏力、口腔黏膜糜烂、上腹部痛、呕吐等；病情加重时还会出现声音嘶哑、胸痛、呼吸困难等，会出现喉水肿及窒息、肺气肿、昏迷、休克，而亚硫酸盐会破坏维生素 B_1，影响生长发育。有资料显示，人体直接摄入10g吊白块就可致人死亡，直接危害人类的健康安全。因此，吊白块只可在其他工业上使用，食品加工上是严禁使用的。国家卫生部《关于禁止在食品中使用非食品添加剂的紧急通知》文件和《食品添加剂使用卫生标准》均规定严禁在食品中添加。

纠偏措施：

对面粉应采取严格市场准入制度，不应放任自流。政府应负起责任，有资质的面粉加工企业的产品才能进入市场，并要不定期对其加工产品进行抽检。对于违反国家相关规定企业，政府执法部门要及时发现，及时处理，对于滥用改良剂和其他各类添加剂性质恶劣企业应取消其面粉加工资格。

行业出台相应规范来约束企业行为非常重要。如果大家都能遵守相同行为准则，公平竞争，那就应给予政策支持和鼓励；对于违反相应法规行为，应予以严厉打击。

企业应加强员工食品安全培训，争取改进生产工艺、优化原粮搭配、优化工艺、降低生产能耗等环节，在生产出更健康更安全面粉同时，使面粉企业逐步走向良性发展。

思考题

1. 胶基糖果中基础剂物质主要分为哪几类？在胶基糖果中的作用是什么？
2. 什么是被膜剂？主要应用于哪些食品？
3. 在食品加工和贮藏中如何合理使用被膜剂？
4. 面粉处理剂有哪几类？它们的作用是什么？

参考文献

陈井旺，凡哪哪，游玉明，等．2009．溴酸钾禁用始末及其替代品研究进展[J]．现代面粉工业(2)：32－38.

范腾，董海洲，王兆生．2011．海藻酸钠复合涂膜对鲜切胡萝卜白变的影响[J]．食品与发酵工业，37(1)：206－210.

蒋文庆，李济涛，洪敏．2009．粉末胶基在糖果中的应用技术[J]．中国食品添加剂(S1)：212－213.

瞿青．2008．壳聚糖水果保鲜被膜液的改性及应用研究[D]．广州：华南理工大学．

姚晓敏，孙向军，任婕．2002．壳聚糖涂膜保鲜猕猴桃的研究[J]．食品研究与开发(1)：62－65.

张晓彦，刘伟民．2000．国内外果蔬涂膜技术动态[J]．食品科技(6)：2－3.

BERNARD C, CHRISTIAN A, JEAN L C, et al. 1995. Edible packing films based on fish myofibrillar proteins: formulation and functional properties [J]. Journal of Food Science, 60(6): 1369－1374.

RAYAS L M, HERNANDEZ R J, PERRY KW N. 1997. Development and characterization of biodegradable/edible wheat protein films [J]. Journal of Food Science, 62(1): 160－162, 189.

GARCíA M A, MARTINO M N, ZARITZKY N E. 1998. Starch－based coating: effect on refrigerated strawberry quality [J]. Journal of the Science of Food and Agriculture, 76(3): 411－420.

附录：

《（GB 2760—2011）食品安全国家标准 食品添加剂使用标准》 增补公告目录

（截至2012年6月30日）

1. 中华人民共和国卫生部公告2012年第7号
2. 中华人民共和国卫生部公告2012年第6号
3. 中华人民共和国卫生部公告2012年第4号
4. 中华人民共和国卫生部公告2012年第1号
5. 中华人民共和国卫生部公告2011年第19号
6. 中华人民共和国卫生部公告2011年第8号
7. 中华人民共和国卫生部公告2011年第7号
8. 中华人民共和国卫生部公告2011年第4号
9. 中华人民共和国卫生部公告2010年第23号
10. 中华人民共和国卫生部公告2010年第19号
11. 中华人民共和国卫生部公告2010年第18号
12. 中华人民共和国卫生部公告2010年第16号
13. 中华人民共和国卫生部公告2010年第12号